高校经典教材同步辅导丛书

数学分析（第四版·上册）同步辅导及习题全解

主 编 杨 阳

中国水利水电出版社
www.waterpub.com.cn
·北京·

内 容 提 要

本书是为了配合高等教育出版社出版，华东师范大学数学系编写的《数学分析》（第四版·上册）一书而编写的配套辅导书。

本书共 11 章，分别介绍实数集与函数、数列极限、函数极限、函数的连续性、导数和微分、微分中值定理及其应用、实数的完备性、不定积分、定积分、定积分的应用、反常积分等内容。本书按教材内容安排全书结构，各章基本都包括本章导航、各个击破、课后习题全解、走进考研四部分内容；对各章的重点、难点作了较深刻的分析，并针对各章节全部习题给出详细解题过程，并附以知识点窍和逻辑推理，思路清晰、逻辑性强，循序渐进地帮助读者分析并解决问题。各章还附有典型例题与解题技巧，以及历年考研真题评析。

本书可作为数学专业学生学习"数学分析"课程的辅导材料和复习参考用书，也可作为数学专业考研学生强化复习的指导书及"数学分析"课程教师的教学参考书。

由于时间仓促及编者水平有限，书中难免存在疏漏甚至错误之处，恳请广大读者和专家批评指正。如有疑问，请联系我们（微信：JZCS15652485156 或 QQ：753364288）。

图书在版编目（CIP）数据

数学分析（第四版·上册）同步辅导及习题全解 /
杨阳主编. -- 北京 ： 中国水利水电出版社，2018.9（2019.9 重印）
（高校经典教材同步辅导丛书）
ISBN 978-7-5170-6834-1

Ⅰ. ①数… Ⅱ. ①杨… Ⅲ. ①数学分析－高等学校－
教学参考资料 Ⅳ. ①O17

中国版本图书馆CIP数据核字（2018）第207930号

策划编辑：杨庆川　责任编辑：张玉玲　加工编辑：焦艳芳　王玉梅　封面设计：李佳

书　　名	高校经典教材同步辅导丛书 **数学分析（第四版·上册）同步辅导及习题全解** SHUXUE FENXI（DI-SI BAN·SHANGCE）TONGBU FUDAO JI XITI QUANJIE
作　　者	主编 杨阳
出版发行	中国水利水电出版社 （北京市海淀区玉渊潭南路 1 号 D 座　100038） 网址：www.waterpub.com.cn E-mail：mchannel@263.net（万水） 　　　　sales@waterpub.com.cn 电话：（010）68367658（营销中心）、82562819（万水）
经　　售	全国各地新华书店和相关出版物销售网点
排　　版	北京万水电子信息有限公司
印　　刷	三河市祥宏印务有限公司
规　　格	170mm×240mm　16 开本　19.5 印张　518 千字
版　　次	2018 年 9 月第 1 版　2019 年 9 月第 2 次印刷
定　　价	38.80 元

前　言

"数学分析"是数学专业最重要的一门专业基础课。大学本科乃至研究生阶段的很多后续课程在本质上都可以看作是它的延伸、深化或应用,至于它的基本概念、思想和方法,更可以说是无处不在。数学专业后续专业课程如"微分方程""实变函数和复变函数""概率论""统计及泛函分析""微分几何"等都要以"数学分析"为基础。同时,"数学分析"也是数学专业各个方向上考研必考的专业基础课。

华东师范大学数学系编写的《数学分析》(第四版·上册)以体系完整、结构严谨、层次清晰、深入浅出的特点成为这门课程的经典教材,被全国许多院校采用。为了帮助读者更好地学习这门课程,掌握更多的知识,我们根据多年的教学经验编写了这本配套辅导书。本书旨在使广大读者理解基本概念,掌握基本知识,学会基本解题方法与解题技巧,进而提高应试能力。

本书作为一种辅助性的教材,具有较强的针对性、启发性、指导性和补充性。考虑到"数学分析"这门课程的特点,我们在内容上作了以下安排:

1. 本章导航。以图文的形式概括各章知识点及其之间的联系,使读者对全章内容有一个清晰的了解。

2. 各个击破。对每章知识点作了简练概括,梳理了各知识点之间的脉络联系,突出各章主要定理及重要公式,使读者在各章学习过程中目标明确、有的放矢。

3. 课后习题全解。教材中课后习题丰富、层次多样,许多基础性问题从多个角度帮助学生理解基本概念和基本理论,促使其掌握基本解题方法。我们对教材的课后习题给出了详细的解答。

4. 走进考研。精选历年研究生入学考试中具有代表性的试题,并对其进行了详细的解答,以开拓广大同学的解题思路,使其能更好地掌握该课程的基本内容和解题方法。

编　者

2018 年 7 月

目 录
contents

目 录
contents

第一章

实数集与函数

本章导航

在"数学分析"这门学科中,基本研究对象就是定义在实数集上的函数:了解实数和函数的基本概念以及性质是我们继续走下去的第一步.在初高中阶段,大家对实数的概念已经很熟悉了:本章中实数的内容就是建立在中学知识的基础上,使学习者更加系统地认知实数.函数是数学分析中重要的概念,研究函数的性质(包括单调性、奇偶性等)从而得到具体问题的解决方案是数学分析中的基本方法:在本章中我们将给出函数性质的准确定义,毕竟严格是数学的魅力所在.

本章知识结构图如下:

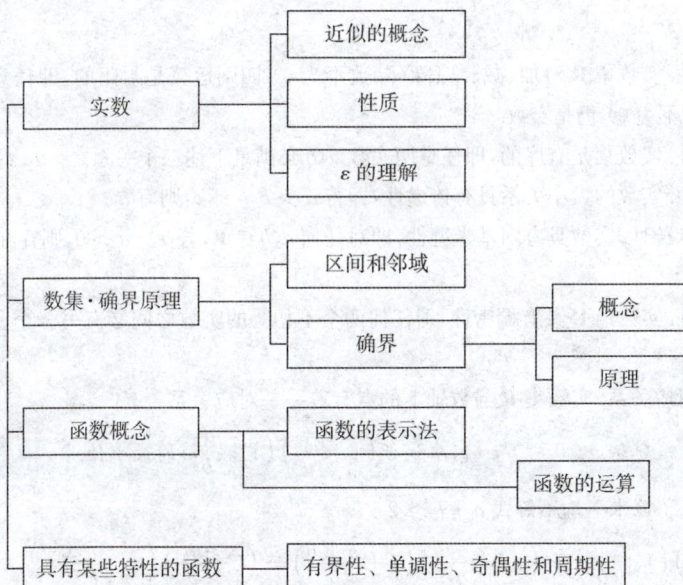

各个击破

■ 实数

1. 实数集 **R** 由有理数和无理数组成,任何实数都可用一个确切的无限小数或者有限小数来表示.

2. 实数的序关系

(1) 传递性:若实数 a,b,c 有 $a<b,b<c$,则 $a<c$;

(2) 对任意实数 a,b,两者的大小关系有三种:

$$a<b, a=b, a>b$$

并且这三种中有且只有一种成立.

3. 实数的 n 位不足近似和 n 位过剩近似

设 $x=a_0.a_1a_2\cdots a_n\cdots$ 为非负实数,称有理数 $x=a_0.$

$a_1a_2\cdots a_n$ 为实数 x 的 n 位不足近似,而有理数 $\overline{x_n}=x_n+\dfrac{1}{10^n}$ 为

实数 x 的 n 位过剩近似.

> **小提示** 实数 x 的 n 位不足近似 x_n 当 n 增大时不减，即
> $$\overline{x_0}\leqslant \overline{x_1}\leqslant \cdots \leqslant \cdots$$
> 而过剩近似 $\overline{x_n}$ 当 n 增大时不增，即
> $$\overline{x_0}\geqslant \overline{x_1}\geqslant \cdots \geqslant \cdots$$

命题:设 $x=a_0.a_1a_2\cdots a_n\cdots,y=b_0.b_1b_2\cdots b_n\cdots$ 为两实数,则 $x>y\Leftrightarrow \exists n$ 为正整数,使得 $x_n>\overline{y_n}$.

4. 实数性质

(1) 封闭性. 实数集 **R** 对加、减、乘、除(除数不为 0) 四则运算是封闭的,即任意两个实数的和、差、积、商(分母不为 0) 仍是实数.

(2) 有序性. 实数集是有序的,即任意两实数 a,b 必满足下述三个关系之一:$a<b,a>b,a=b$.

(3) 传递性. 实数的大小关系具有传递性,即若 $a>b,b>c$,则有 $a>c$.

(4) 阿基米德性. 实数具有阿基米德性,即对任何 $a,b\in \mathbf{R}$,若 $b>a>0$,则存在正整数 n,使得 $na>b$.

(5) 稠密性. 实数集 **R** 具有稠密性,即任何两个不相等的实数之间必有另一个实数,且既有有理数也有无理数.

(6) 一一对应关系. 实数集 **R** 与数轴上的点有着一一对应关系.

例 1 已知 $a>0,b>0,a+b=1$,求代数 $\left(1+\dfrac{1}{a}\right)\left(1+\dfrac{1}{b}\right)$ 的最小值.

分析 该题利用了算术平均不等式 $a+b\geqslant 2\sqrt{ab}$

$$\left(1+\frac{1}{a}\right)\left(1+\frac{1}{b}\right)=\left(1+\frac{a+b}{a}\right)\left(1+\frac{a+b}{b}\right)=\left(2+\frac{b}{a}\right)\left(2+\frac{a}{b}\right)$$

$$=5+2\left(\frac{b}{a}+\frac{a}{b}\right)\geqslant 5+2\times 2\sqrt{\frac{b}{a}\times\frac{a}{b}}=9$$

则此代数的最小值为 9.

数集·确界原理

区间	有限区间	开区间	设 $a,b\in\mathbf{R}$,且 $a<b$,则称数集 $\{x\mid a<x<b\}$ 为**开区间**,记作 (a,b)
		闭区间	数集 $\{x\mid a\leqslant x\leqslant b\}$ 称为**闭区间**,记作 $[a,b]$
		半开半闭区间	数集 $\{x\mid a\leqslant x<b\}$ 和 $\{x\mid a<x\leqslant b\}$ 都称为**半开半闭区间**,分别记作 $[a,b)$ 和 $(a,b]$
	无限区间		$(a,+\infty)=\{x\mid x>a\}$,$[a,+\infty)=\{x\mid x\geqslant a\}$,$(-\infty,a)=\{x\mid x<a\}$,$(-\infty,a]$ $=\{x\mid x\leqslant a\}$,$(-\infty,+\infty)=\{x\mid -\infty<x<+\infty\}$.这几类数集称为**无限区间**
邻域	邻域		设 $a\in\mathbf{R}$,$\delta>0$,满足绝对值不等式 $\mid x-a\mid<\delta$ 的全体实数 x 的集合,称为点 a 的 δ 邻域,记作 $U(a;\delta)$ 或 $U(a)$ 即有 $U(a;\delta)=\{x\mid\mid x-a\mid<\delta\}=(a-\delta,a+\delta)$
	空心邻域		点 a 的空心邻域为　$U^{O}(a;\delta)=\{x\mid 0<\mid x-a\mid<\delta\}$
	右邻域		点 a 的 δ 右邻域　$U_+(a;\delta)=[a,a+\delta)$,记为 $U_+(a)$
	左邻域		点 a 的 δ 左邻域　$U_-(a;\delta)=(a-\delta,a]$,记为 $U_-(a)$
确界	上确界		设 S 是 $\mathbf{R}$ 中的一个数集,若数 η 满足: (1) 对一切 $x\in S$,有 $x\leqslant\eta$,即 η 是 S 的上界; (2) 对任何 $a<\eta$,存在 $x_0\in S$,使得 $x_0>a$,即 η 又是 S 的最小上界,则称 η 为数集 S 的**上确界**,记作 $\eta=\sup S$
	下确界		设 S 是 $\mathbf{R}$ 中的一个数集,若数 ξ 满足: (1) 对一切 $x\in S$,有 $x\geqslant\xi$,即 ξ 是 S 的下界; (2) 对任何 $\beta>\xi$,存在 $x_0\in S$,使得 $x_0<\beta$,即 ξ 又是 S 的最大下界,则称 ξ 为数集 S 的**下确界**,记作 $\xi=\inf S$

(确界原理) 设 S 为非空数集,若 S 有上界,则 S 必有上确界;若 S 有下界,则 S 必有下确界.

例 2　讨论数集 $N_+=\{n\mid n$ 为正整数$\}$ 的有界性.

分析　任取 $n_0\in N_+$,显然有 $n_0\geqslant 1$,所以 N_+ 有下界 1;

假设 N_+ 有上界 M,则 $M>0$,按定义,对任意 $n_0\in N_+$,都有 $n_0\leqslant M$,这是不可能的,如取 $n_0=[M]+1$(符号 $[M]$ 表示不超过 M 的最大整数),则 $n_0\in N_+$,且 $n_0>M$.

综上所述知:N_+ 是有下界无上界的数集,因而是无界集.

例 3　试证明:设数集 A 有上(下)确界,则这上(下)确界必是唯一的.

分析　设 $\eta=\sup A$,$\eta'=\sup A$ 且 $\eta\neq\eta'$,则不妨设 $\eta<\eta'$

由上确界定义可知,对一切 $x_0\in A$,有 $x_0\leqslant\eta$,

同理,有 $\eta'=\sup A$,又因为 $\eta<\eta'$,

> **小提示**　同学们,这个命题可以直接拿来用哦!

所以 $\exists x_0\in A$ 使 $\eta<x_0$,

这与上确界定义矛盾,所以假设不正确,所以有 $\eta=\eta'$.

同理可证明下确界的唯一性.

名称	定义	重点	备注
函数	给定集合 X，若存在某种对应规则 f，对于 $\forall x \in X$，存在唯一 $y \in \mathbf{R}$ 与之对应，称 f 是从 X 到 $\mathbf{R}$ 的一个函数，记为 $y = f(x)$；X 称为定义域，x 称为自变量，y 为因变量，$\{f(x), x \in X\}$ 为值域	对应规则；定义域	
复合函数	设函数 $y = f(u)$ 的定义域包含 $u = g(x)$ 的值域，则在函数 $g(x)$ 的定义域 X 上可以确定一个函数 $y = f[g(x)]$，即为 g 与 f 的复合函数，记作 $y = f[g(x)]$ 或 $y = f \circ g$	对应规则；定义域；值域	结合律成立，也即 $(f \circ g) \circ h = f \circ (g \circ h)$，但没有交换律
反函数	设 $y = f(x)$ 在 X 上是一一对应的，值域为 Y，$\forall y \in Y$，有满足 $f(x) = y$ 的唯一确定的 $x \in X$ 与之对应，由这样的关系所确定的函数 $x = f^{-1}(y)$，就称为原函数 $y = f(x)$ 的反函数	一一对应	$f: X \to Y$ $f^{-1}: Y \to X$ $f^{-1}(f) = I_X: X \to X$ $f(f^{-1}) = I_Y: Y \to Y$ $(f^{-1})^{-1} = f: X \to Y$ I_X 表示 X 上恒同变换，I_Y 同理
初等函数	基本初等函数经过有限次的四则运算及复合运算后得到的函数	有限次复合	

例 4 求函数 $y = \dfrac{x^2 + 7}{\sqrt{x^2 + 3}}$ 的值域.

分析 利用换元法，令 $t = x^2 + 3$，则有 $y = \dfrac{t + 4}{\sqrt{t}}$，

所以 $y = \sqrt{t} + \dfrac{4}{\sqrt{t}} \geqslant 2\sqrt{\sqrt{t} \cdot \dfrac{4}{\sqrt{t}}} = 4$，

故函数的值域为 $[4, +\infty)$.

例 5 求函数 $f(x) = \begin{cases} x, & x < 1 \\ x^2, & 1 \leqslant x \leqslant 4 \\ 2^x, & x > 4 \end{cases}$ 的反函数.

分析 反函数的条件是：定义域与值域一一映射.

(1) $x < 1$ 时，$f(x) = x$ $\therefore f^{-1}(x) = x$

(2) $1 \leqslant x \leqslant 4$ 时，$f(x) = x^2$

$$x \in [1, 4], f(x) \in [1, 16] \quad \therefore x = \sqrt{f(x)}$$

$$\therefore f^{-1}(x) = \sqrt{x}$$

(3) $x > 4$ 时，$f(x) = 2^x$，$f(x) \in (6, +\infty)$

同样满足定义域与值域一一映射的条件

$\therefore x = \log_2 f(x)$

即 $f^{-1}(x) = \log_2 x$

综上所述

$$f^{-1}(x) = \begin{cases} x, x < 1 \\ \sqrt{x}, 1 \leqslant x \leqslant 16 \\ \log_2 x, x > 16 \end{cases}$$

例6 设 $f(x) = \dfrac{1}{\lg(3-x)} + \sqrt{49-x^2}$，求 $f(x)$ 的定义域和 $f(f(-7))$.

分析 由题意可知

$$\begin{cases} 3-x > 0 \\ 49-x^2 \geqslant 0 \Rightarrow -7 \leqslant x < 2 \text{ 或 } 2 < x < 3. \\ 3-x \neq 1 \end{cases}$$

∴ 定义域为 $[-7,2) \cup (2,3)$.

∵ $f(-7) = \dfrac{1}{\lg 10} = 1$

∴ $f(f(-7)) = f(1) = \dfrac{1}{\lg 2} + 4\sqrt{3}$.

■ 具有某些特性的函数

名称	定义	相关性质
有界函数	设 $f(x)$ 为定义在 D 上的函数，若存在正数 M，使得每一个 $x \in D$ 有 $\lvert f(x) \rvert \leqslant M$，则称 $f(x)$ 为 D 上的**有界函数**	$\inf\limits_{x \in D} f(x) + \inf\limits_{x \in D} g(x) \leqslant \inf\limits_{x \in D} \{f(x) + g(x)\}$, $\sup\limits_{x \in D} \{f(x) + g(x)\} \leqslant \sup\limits_{x \in D} f(x) + \sup\limits_{x \in D} g(x)$
单调函数	设 $f(x)$ 为定义在 D 上的函数，若对任何 $x_1, x_2 \in D$，当 $x_1 < x_2$ 时，总有 (1) $f(x_1) \leqslant f(x_2)$，则称 $f(x)$ 为 D 上的**增函数**，特别当严格不等式 $f(x_1) < f(x_2)$ 成立时，称 $f(x)$ 为 D 上的**严格增函数**； (2) $f(x_1) \geqslant f(x_2)$，则称 $f(x)$ 为 D 上的**减函数**，特别当严格不等式 $f(x_1) > f(x_2)$ 成立时，则称 $f(x)$ 为 D 上的**严格减函数**	严格单调函数必有反函数
奇函数和偶函数	设 D 为对称于原点的数集，$f(x)$ 为定义在 D 上的函数，若对每一个 $x \in D$ 有 $f(-x) = f(x)$ $(f(-x) = -f(x))$，则称 $f(x)$ 为 D 上的**偶(奇)函数**	
周期函数	设 $f(x)$ 为定义在数集 D 上的函数，若存在 $\sigma > 0$，使得一切 $x \in D$，有 $f(x \pm \sigma) = f(x)$，则称 $f(x)$ 为周期函数，σ 称为 $f(x)$ 的一个周期	周期函数不一定有**基本周期**，如 $\mathbf{R}$ 上的狄利克雷函数

例7 证明 $f: X \to \mathbf{R}$ 有界的充要条件为：$\exists M, m$，使得对 $\forall x \in X, m \leqslant f(x) \leqslant M$.

分析 (1) 如果 $f: X \to \mathbf{R}$ 有界，由定义可得

$\exists M > 0, \forall x \in X$ 有 $\lvert f(x) \rvert \leqslant M$，即 $-M \leqslant f(x) \leqslant M$，

取 $m = -M, M = M$ 即可.

(2) 反之如果 $\exists M, m$ 使得 $\forall x \in X, m \leqslant f(x) \leqslant M$，令 $M_0 = \max\{\lvert M \rvert + 1, \lvert m \rvert\}$，则 $\lvert f(x) \rvert \leqslant M_0$，即 $\exists M_0 > 0$，使得对 $\forall x \in X$ 有 $\lvert f(x) \rvert \leqslant M_0$，即 $f: X \to \mathbf{R}$ 有界.

例8 验证函数 $f(x) = \dfrac{5x}{2x^2+3}$ 在 **R** 内有界.

分析 **解法一** 由 $2x^2+3 = (\sqrt{2}x)^2+(\sqrt{3})^2 \geqslant 2\,|\,\sqrt{2}x \cdot \sqrt{3}\,| = 2\sqrt{6}\,|\,x\,|$,当 $x \neq 0$ 时,有

$$|\,f(x)\,| = \left|\,\dfrac{5x}{2x^2+3}\,\right| = \dfrac{5\,|\,x\,|}{2x^2+3} \leqslant \dfrac{5\,|\,x\,|}{2\sqrt{6}\,|\,x\,|} = \dfrac{5}{2\sqrt{6}} \leqslant 3.$$

$$|\,f(0)\,| = 0 \leqslant 3,$$

$\therefore$ 对 $\forall x \in \mathbf{R}$,总有 $|\,f(x)\,| \leqslant 3$,即 $f(x)$ 在 **R** 内有界.

解法二 令 $y = \dfrac{5x}{2x^2+3} \Rightarrow$ 关于 x 的二次方程 $2yx^2-5x+3y = 0$ 有实数根.

$\therefore \Delta = 5^2-24y^2 \geqslant 0 \Rightarrow y^2 \leqslant \dfrac{25}{24} \leqslant 4 \Rightarrow |\,y\,| \leqslant 2.$

即 $-2 \leqslant f(x) \leqslant 2$,故 $f(x)$ 在 **R** 内有界.

解法三 令 $x = \sqrt{\dfrac{3}{2}}\,\mathrm{tg}t, t \in \left(-\dfrac{\pi}{2}, \dfrac{\pi}{2}\right)$ 对应 $x \in (-\infty, +\infty)$. 于是

$$f(x) = \dfrac{5x}{2x^2+3} = \dfrac{5\sqrt{\dfrac{3}{2}}\,\mathrm{tg}t}{2\left(\sqrt{\dfrac{3}{2}}\,\mathrm{tg}t\right)^2+3} = \dfrac{5}{3}\sqrt{\dfrac{3}{2}}\,\dfrac{\mathrm{tg}t}{\mathrm{tg}^2t+1} = \dfrac{5}{\sqrt{6}}\,\dfrac{\sin t}{\cos t}\,\dfrac{1}{\sec^2 t}$$

$$= \dfrac{5}{2\sqrt{6}}\sin 2t \Rightarrow |\,f(x)\,| = \left|\,\dfrac{5}{2\sqrt{6}}\sin 2t\,\right| \leqslant \dfrac{5}{2\sqrt{6}}.$$

例9 证明:$y = x^3$ 在 $(-\infty, +\infty)$ 上是严格增函数.

分析 设 $x_1 < x_2, x_1^3-x_2^3 = (x_1-x_2)(x_1^2+x_1x_2+x_2^2)$

如 $x_1x_2 < 0$,则 $x_2 > 0 > x_1 \Rightarrow x_1^3 < x_2^3$

如 $x_1x_2 > 0$,则 $x_1^2+x_1x_2+x_2^2 > 0 \Rightarrow x_1^3 < x_2^3$

当 $x_1x_2 = 0$,不妨设 $x_2 = 0$,则 $x_1^3 < x_2^3 = 0$

同理 $x_1 = 0, x_1^3 < x_2^3$ 仍成立

综上 $x_1^3-x_2^3 < 0$,结论得证.

课后习题全解

▌实数(教材上册 P4)

1. **知识** **点窍** 有理数的定义;反证法.

逻辑 **推理** 利用有理数的定义表示出 $a+x$,再根据 a 为有理数,推出 x 的表达式,而 x 为无理数,可得到矛盾的结论,所以命题得证.

解题 **过程** (1) $a+x$ 是无理数.

假设 $a+x$ 是有理数,则存在整数 $p_1, q_1, q_1 \neq 0$,使得

$$a+x = \dfrac{p_1}{q_1}$$

a 是有理数,则存在整数 $p_2, q_2, q_2 \neq 0$,使得

$$a = \frac{p_2}{q_2} \qquad \text{②}$$

将式 ② 代入式 ① 得 $\qquad x = \dfrac{p_1 q_2 - p_2 q_1}{q_1 q_2}$

$p_1 q_2 - p_2 q_1, q_1, q_2$ 均为整数, $q_1 q_2 \neq 0$, 因此 x 是有理数, 与题设矛盾.

所以, $a + x$ 是无理数.

(2) 当 $a \neq 0$ 时, ax 是无理数.

采用与(1)类似方法, $a = \dfrac{p_2}{q_2}, ax = \dfrac{p_1}{q_1}, p_2, q_2, q_1$ 均不为零.

得 $\qquad x = \dfrac{p_1 q_2}{p_2 q_1}$

$p_1 q_2, p_2 q_1$ 均为整数, 且 $p_2 q_1 \neq 0$, 因此 x 是有理数, 与题设矛盾.

所以, ax 是无理数.

2. 知识点窍 对不等式化简, 找出零点, 再在实数轴上表示出来.

逻辑推理 (1) $x^2 - 1 = (x+1)(x-1)$.

(2) 将不等式两边同时平方, 去绝对值.

(3) 由平方根特性可知 $\sqrt{x-1} - \sqrt{2x-1} \geqslant 0$, 对不等式两边同时平方, 再化简.

解题过程 (1) 分解因式得 $\qquad x(x+1)(x-1) > 0$

考虑方程 $x(x+1)(x-1)$ 的零点 $0, -1, 1$ 将数轴分为 4 部分, 分别考虑 $x < -1, -1 < x < 0, 0 < x < 1, x > 1$.

经检验, $-1 < x < 0$ 或 $x > 1$ 满足不等式.

因此该不等式的解为

$$\{x \in \mathbf{R} \mid -1 < x < 0 \text{ 或 } x > 1\}$$

在数轴上表示, 如图 1-1 所示.

> 小提示 对不等式化简时, 平方根下的式子是否满足大于0, 分母是否不等于0, 移项是否要变号, 这些都是易错的地方.

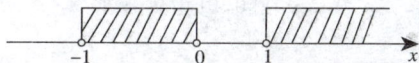

图 1-1

(2) 将不等式两边同时平方, 得

$$(x-1)^2 < (x-3)^2$$
$$\Rightarrow x^2 - 2x + 1 < x^2 - 6x + 9$$
$$4x < 8$$
$$x < 2$$

在数轴上表示, 如图 1-2 所示.

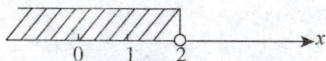

图 1-2

(3) 平方, 得

$$3x - 2 - 2\sqrt{(x-1)(2x-1)} \geqslant 3x - 2$$
$$\Rightarrow \sqrt{(x-1)(2x-1)} = 0 \Rightarrow x = 1 \text{ 或 } x = \frac{1}{2}$$

又 $\because 3x - 2 \geqslant 0 \Rightarrow x \geqslant \dfrac{2}{3}$

在数轴上表示, 如图 1-3 所示.

综上,将 $x=1$ 代入原式得 $-1>1$

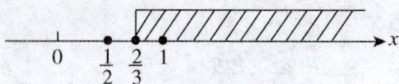

图 1-3

$\therefore x$ 无解

3. 知识点窍 实数集的有序性.

逻辑推理 若 $a\neq b$,则必有 $|a-b|>0$,又由题目可知,$\forall\varepsilon>0$,有 $|a-b|<\varepsilon$,所以 $a\neq b$ 不成立.

解题过程 不妨设 $a\neq b$,由实数有有序性可知
$$|a-b|>0,令\ \varepsilon_1=|a-b|,$$
又 $\because\forall\varepsilon>0$,有 $\varepsilon_1<\varepsilon$,这明显不成立.

$\therefore a\neq b$ 不成立

$\therefore a=b$,命题得证.

4. 知识点窍 可用多种方法解决.

逻辑推理 ① 将不等式平方后展开,即可证明;② 细心观察可发现当 $x=1$ 时,不等式两边相等,考虑利用函数来解决问题.

解题过程 方法一:因 $0\leqslant(|x|-1)^2=x^2+1-2|x|$,则 $x^2+1\geqslant2|x|$,所以
$$\frac{x^2+1}{|x|}=\left|x+\frac{1}{x}\right|=|x|+\frac{1}{|x|}\geqslant2$$
当且仅当 $|x|=1$,即 $x=\pm1$ 时,等号才成立.

方法二:令 $y=x+\dfrac{1}{x}$,$x>0$

对 y 求导,$y'=1-\dfrac{1}{x^2}$,

当 $x\in[0,1)$ 时,$\dfrac{1}{x^2}>1$.$\therefore y'<0$,$\therefore y$ 在 $[0,1]$ 为减函数.

当 $x=1$ 时,$y=2$.

当 $x\in(1,+\infty)$ 时,$\dfrac{1}{x^2}<1$.$\therefore y'>0$,$\therefore y$ 在 $(1,+\infty)$ 为增函数.

$\therefore y=2$ 为极小值点

$\therefore x+\dfrac{1}{x}\geqslant2$,$x>0$

当 $x<0$ 时,同理可证.

5. 知识点窍 $|a|+|b|+\cdots+|n|\geqslant|a+b+\cdots+n|$

逻辑推理 直接由定理即可得.

解题过程 (1) $|x-1|+|x-2|\geqslant|(x-1)-(x-2)|=1$

当且仅当 $x\in[1,2]$ 时,等式成立.

(2) $|x-1|+|x-2|+|x-3|\geqslant|x-1|+|x-3|$
$$\geqslant|(x-1)-(x-3)|=2$$
当且仅当 $x=2$ 时,等式成立.

6. 解题过程 欲证 $\left|\sqrt{a^2+b^2}-\sqrt{a^2+c^2}\right|\leqslant|b-c|$,

只需证 $(\sqrt{a^2+b^2}-\sqrt{a^2+c^2})^2\leqslant(b-c)^2$.即证 $2a^2-2\sqrt{(a^2+b^2)(a^2+c^2)}\leqslant-2bc$,

只需证 $a^2+bc\leqslant\sqrt{(a^2+b^2)(a^2+c^2)}$,即 $(a^2+bc)^2\leqslant(a^2+b^2)(a^2+c^2)$,

即证 $2a^2bc \leqslant a^2(b^2+c^2)$.

由于 a、b、$c \in \mathbf{R}^+$,所以 $2bc \leqslant b^2+c^2$,$a^2 > 0$,所以有 $2a^2bc \leqslant a^2(b^2+c^2)$ 成立.

所以原不等式成立.

几何意义:二维平面上两点 $A(a,b)$,$B(a,c)$,A,B 到原点的距离分别为

$\sqrt{a^2+b^2}$,$\sqrt{a^2+c^2}$,A,B 两点间距离为 $|b-c|$,原不等式等价于

$|OA-OB| \leqslant |AB|$,即两边之差小于第三边.

在坐标系中的表示如图 1-4 所示.

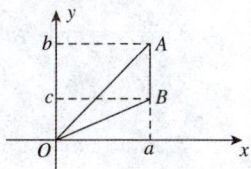

图 1-4

7. `解题过程` 若 $a < b$,因 $x > 0$,$b > 0$

所以
$$\begin{cases} a+x < b+x, \\ ax < bx, \end{cases}$$

由此可得
$$\begin{cases} a+x < b+x, \\ ab+ax < ab+bx, \end{cases}$$

变形得
$$\begin{cases} \dfrac{a+x}{b+x} < 1, \\ \dfrac{a+x}{b+x} > \dfrac{a}{b}, \end{cases}$$

即
$$\frac{a}{b} < \frac{a+x}{b+x} < 1;$$

若 $a > b$,因 $x > 0$,$b > 0$.

所以
$$\begin{cases} a+x > b+x, \\ ab+ax > ab+bx, \end{cases}$$

即得
$$1 < \frac{a+x}{b+x} < \frac{a}{b}.$$

综合上述结果,结论成立.

8. `知识点窍` 反证法;有理数 a 满足 $a = \dfrac{m}{n}$,$mn > 0$ 且 m,n 互质.

`逻辑推理` 该题的证明完全从有理数和质数的定义上去考虑,活用定义.

`解题过程` 不妨设 $\sqrt{p}$ 为有理数.

∴ ∃ 整数 m,n,$mn > 0$,且 m,n 互质,

> `小提示` 若一个数能表示成某个自然数的平方的形式,则称这个数为完全平方数.

使得 $\sqrt{p} = \dfrac{m}{n}$,即 $p = \dfrac{m^2}{n^2}$.

∵ p 为正整数 ∴ $pn^2 = m^2$

即 $np(n) = m^2$

∴ n 与 m^2 互质矛盾 ∴ n 与 m 不互质

这与假设矛盾

∴ $\sqrt{p}$ 为无理数.

9. `知识点窍` 注意考虑 a,b 的正负.

`逻辑推理` 分情况讨论,去掉绝对值符号,化为一般不等式.

`解题过程` (1) ∵ $|x-a| < |x-b|$,若 $x = b$,则无解.

∴ $\dfrac{|x-a|}{|x-b|} < 1 \Rightarrow -1 < \dfrac{x-a}{x-b} < 1$

即 $\begin{cases} \dfrac{x-a}{x-b}+1>0 \\ -\dfrac{x-a}{x-b}+1>0 \end{cases} \Rightarrow \begin{cases} x>b \\ b-a<0 \\ 2x-a-b>0 \end{cases}$ 或 $\begin{cases} x<b \\ b-a>0 \\ 2x-a-b<0 \end{cases}$

1) 若 $a=b$, 不等式无解

2) 若 $a>b, x>\dfrac{a+b}{2}$

3) 若 $a<b, x<\dfrac{a+b}{2}$

(2) $\because |x-a|<x-b$

$\therefore x>b$

由(1) 可知,

当 $b\geqslant a$ 时, $x<\dfrac{b+a}{2}$, 又 $\because x>b \therefore$ 无解.

当 $b<a$ 时, $x>\dfrac{b+a}{2}$, 满足 $x>b, \therefore x>\dfrac{b+a}{2}$

(3) 当 $b\leqslant 0$ 时, 原不等式的解集为 $\varnothing$.

当 $b>0$ 时, 原不等式等价于: $a-b<x^2<a+b$. 因此有

1) 当 $a+b\leqslant 0$ 时, 不等式的解集为 $\varnothing$;

2) 当 $a+b>0$ 时,

（ⅰ）如果 $a>b$, 则解为 $\sqrt{a-b}<|x|<\sqrt{a+b}$,

即 $\sqrt{a-b}<x<\sqrt{a+b}$ 或 $-\sqrt{a+b}<x<-\sqrt{a-b}$;

（ⅱ）如果 $a<b$, 则解为 $|x|<\sqrt{a+b}$,

即 $-\sqrt{a+b}<x<\sqrt{a+b}$.

■ 数集·确界原理（教材上册 P9）

1. **解题过程** (1) 当 $1-x\geqslant 0$ 时, 不等式化为 $1-x\geqslant x$, 解为 $x\leqslant\dfrac{1}{2}$;

当 $1-x<0$ 时, 不等式化为 $x-1\geqslant x$, 无解.

综上所述, 原不等式的解为 $x\leqslant\dfrac{1}{2}$.

用区间表示为 $x\in\left(-\infty,\dfrac{1}{2}\right]$.

(2) 两边同时平方, 得 $\left(x+\dfrac{1}{x}\right)^2\leqslant 36$,

化简, 得 $\qquad x^2+\dfrac{1}{x^2}-34\leqslant 0$,

分解因式得

$$\left[x-(17+12\sqrt{2})\dfrac{1}{x}\right]\left[x-(17-12\sqrt{2})\dfrac{1}{x}\right]\leqslant 0$$

即 $\qquad \dfrac{1}{x^2}\left[x^2-(17+12\sqrt{2})\right]\left[x^2-(17-12\sqrt{2})\right]\leqslant 0$

$$17-12\sqrt{2}\leqslant x^2\leqslant 17+12\sqrt{2}$$

$$-3-2\sqrt{2}\leqslant x\leqslant -3+2\sqrt{2} \text{ 或 } 3-2\sqrt{2}\leqslant x\leqslant 3+2\sqrt{2}.$$

用区间表示为 $\quad x \in [-3-2\sqrt{2}, -3+2\sqrt{2}] \bigcup [3-2\sqrt{2}, 3+2\sqrt{2}]$.

(3) 作函数 $f(x) = (x-a)(x-b)(x-c)$，$x \in \mathbf{R}$. 则由 $a < b < c$ 知

$$f(x) \begin{cases} < 0, & \text{当 } x \in (-\infty, a) \bigcup (b, c); \\ = 0, & \text{当 } x = a, b, c; \\ > 0, & \text{当 } x \in (a, b) \bigcup (c, +\infty). \end{cases}$$

因此 $f(x) > 0$，当且仅当 $x \in (a, b) \bigcup (c, +\infty)$.

故原不等式的解集为

$$x \in (a, b) \bigcup (c, +\infty).$$

(4) 该不等式的解为 $\dfrac{\pi}{4} + 2k\pi \leqslant x \leqslant \dfrac{3}{4}\pi + 2k\pi$，$k \in \mathbf{Z}$.

用区间表示为 $x \in \left[2k\pi + \dfrac{\pi}{4}, 2k\pi + \dfrac{3}{4}\pi \right]$，$k = 0, \pm 1, \pm 2, \cdots$.

2. 知识**点窍** 根据上确界的定义来模仿写出 S 无上界的定义.

解题**过程** (1) 设 S 为非空数集，对任意的正数 M，存在 $x_0 \in S$，使得 $x_0 > M$，则称数集 S 无上界.

(2) 设 S 为非空数集，若对任意的正数 M，存在 $x_0 \in S$，使得 $| x_0 | > M$，则称数集 S 无界.

3. 解题**过程** (1) 对任何 $x \in \mathbf{R}$，$y = 2 - x^2 \leqslant 2$，任何一个大于 2 的实数都是 S 的上界，故数集 S 有上界.

(2) 对任意的 $M > 0$，取 $x_0 = \sqrt{3 + M} \in \mathbf{R}$，存在 $y_0 = 2 - x_0^2 = 2 - 3 - M = -1 - M \in S$ 而 $y_0 < -M$，因此数集 S 无下界.

4. 知识**点窍** 根据上下界的定义去证明.

逻辑**推理** 根据数集计算出 x 的范围，确定上下界，再利用定义证明.

解题**过程** (1) $\because x^2 < 2$，$\therefore -\sqrt{2} < x < \sqrt{2}$

$\therefore S = (-\sqrt{2}, \sqrt{2})$，即上、下确界分别为 $\sqrt{2}$，$-\sqrt{2}$.

对 $\forall \varepsilon > 0$，不妨设 $\varepsilon < \sqrt{2}$.

取 $x_0 = \sqrt{2} - \dfrac{\varepsilon}{2}$，平方得

$$x_0^2 = 2 + \frac{\varepsilon^2}{4} - \sqrt{2}\varepsilon < 2.$$

$\therefore x_0 \in S$，且 $x_0 \geqslant \sqrt{2} - \varepsilon$

$\therefore \sqrt{2}$ 为 S 的上确界.

同理可证得 $-\sqrt{2}$ 为 S 的下确界.

(2) $\because x = n!$，$n \in \mathbf{N}_+$，$\therefore S$ 的上、下确界分别为 $+\infty$ 和 1.

对 $\forall M > 0$，取 $n = [M] + 1 \in \mathbf{N}_+$，则 $x = n! \geqslant M$

$\therefore S$ 的上确界为 $+\infty$.

对 $\forall n \in \mathbf{N}_+$ 均有 $x = n! \geqslant 1$，且对 $\forall \beta > 1$，$\exists 1 \in \mathbf{N}_+$ 及 $x_0 = 1! = 1 \in S$，

有 $x_0 < \beta$ $\therefore S$ 的下确界为 1.

(3) 由题意得 S 的上、下确界分别为 1，0.

设 $\alpha < 1$，且 $\alpha > 0$，由无理数稠密性可得 $\exists x_0 \in (\alpha, 1)$.

$\therefore 1$ 是 S 的上确界.

同理可证，0 是 S 的下确界.

(4) $\sup S = 1$，$\inf S = \dfrac{1}{2}$，下面依定义验证. 对任意的 $x \in S$，有 $\dfrac{1}{2} \leqslant x < 1$，所以 1、$\dfrac{1}{2}$ 分别是 S 的

上、下界,对任意的 $\varepsilon > 0$,必有正整数 $n_0 \in \mathbf{N}_+$,使得 $\dfrac{1}{2^{n_0}} < \varepsilon$,则存在 $x_0 = 1 - \dfrac{1}{2^{n_0}} \in S$,使 x_0

$> 1 - \varepsilon$,所以 $\sup S = 1$. 又存在 $x_1 = 1 - \dfrac{1}{2} = \dfrac{1}{2} \in S$,使 $x_1 < \dfrac{1}{2} + \varepsilon$,所以 $\inf S = \dfrac{1}{2}$.

5. 知识点拨 设 S 是 $\mathbf{R}$ 的一个数集,若数 ξ 满足:

① 对一切 $x \in S$,有 $x \geqslant \xi$,那 ξ 为 S 的下界;② 对任何 $\beta > \xi$,存在 $x_0 \in S$,使得 $x_0 < \beta$,即 ξ 又是 S 的最大下界,则称 ξ 为 S 的下确界.

逻辑推理 充要条件要从两个方向分别证明.

解题过程 设 $\inf S = \xi \in S$. $\because \xi$ 是 S 的下确界,

$\therefore \xi$ 为 S 的一个下界.

对 $\forall x \in S$,有 $x \geqslant \xi$.

又 $\because \xi \in S$. $\quad \therefore \xi = \min S$.

设 $\xi = \min S$,则 $\xi \in S$.

对 $\forall x \in S$,有 $x \geqslant \xi$.

$\therefore \xi$ 为 S 的一个下界.

对 $\forall \alpha > \xi$,取 $x_0 = \xi \in S$,则 $x_0 < \alpha$.

$\therefore \xi$ 为 S 的下确界.

6. 解题过程 (1) 令 $\xi = \inf S^-$,根据下确界的定义知 ξ 满足下列性质:

（ⅰ）对一切 $x \in S^-$,有 $x \geqslant \xi$;

（ⅱ）对任何 $\beta > \xi$,存在 $x_0 \in S^-$,使得 $x_0 < \beta$.

由（ⅰ）知 $S^- = \{x \mid -x \in S\}$,$x \geqslant \xi$,即 $-x \leqslant -\xi$. 即对 S 中的任意元素 $-x$,有 $-x \leqslant -\xi$,

即 $-\xi$ 是 S 的上界;

由（ⅱ）,对任何 $-\beta < -\xi$,存在 $-x_0 \in S$,使得 $(-x_0) > (-\beta)$,即 $-\xi$ 是 S 的最小上界.

因此,$\varepsilon = \sup S$,即 $\varepsilon = -\sup S$

由上可得 $\inf S^- = \varepsilon = -\sup S$.

(2) 同理可证.

7. 知识点拨 利用确界的定义证明.

逻辑推理 对数集 $A + B$ 结构的理解,理解 $A + B$ 中的任意一个数均由 A 中的一个数和 B 中的一个数相加而成.

解题过程 (1) 设 $\sup A = \xi_1$,$\sup B = \xi_2$,对 $\forall z \in A + B$. $\exists x \in A, y \in B$. 使得 $z = x + y$.

$\therefore x \leqslant \xi_1, y \leqslant \xi_2$,即 $z \leqslant \xi_1 + \xi_2$

对 $\forall \varepsilon > 0$,必 $\exists x_0 \in A, y_0 \in B$,

$\therefore x_0 > \xi_1 - \dfrac{\varepsilon}{2}, y_0 > \xi_2 - \dfrac{\varepsilon}{2}$

$\exists z_0 = x_0 + y_0$,使得 $z_0 > (\xi_1 + \xi_2) - \varepsilon$.

$\therefore \sup(A + B) = \xi_1 + \xi_2 = \sup A + \sup B$.

(2) 同理可证.

■ 函数概念（教材上册 P15）

1. 知识点拨 描点作图法有五步,重点在于抓住函数图像与坐标轴的交点、函数的单调性和特殊点.

解题过程 利用描点作图法,各函数的图像如图 1-5 至图 1-9 所示

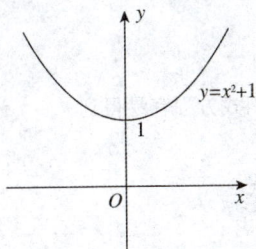

图 1-5

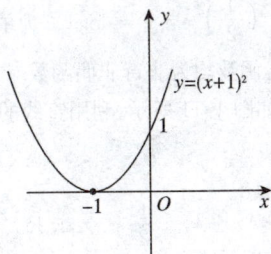

图 1-6

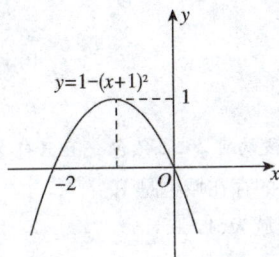

图 1-7

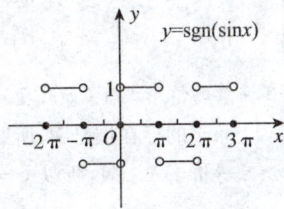

图 1-8

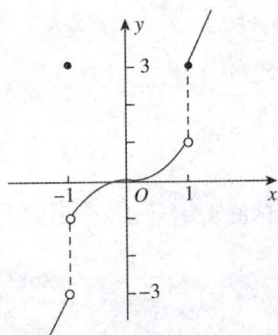

图 1-9

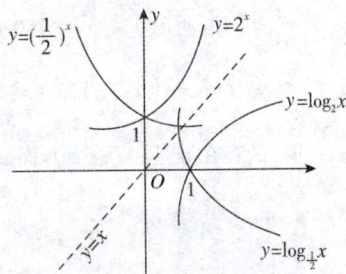

图 1-10

2. **知识点窍** 抓住 $y = x$ 这条线

逻辑推理 在所有的对称中,关于 $y = x$ 对称的函数最不好理解. 从图像直观上来看,它不符合我们的视觉常识,其实它只是将坐标轴逆时针旋转 45 度,在遇到这类问题时应随手画出草图,这样才不容易出错.

解题过程 如图 1-10 所示

对称性:$y = 2^x$ 与 $y = \left(\dfrac{1}{2}\right)^x$ 关于 y 轴对称;

$\qquad y = \log_{\frac{1}{2}} x$ 与 $y = \log_2 x$ 关于 x 轴对称;

$\qquad y = 2^x$ 与 $y = \log_2 x$ 关于 $y = x$ 对称;

$\qquad y = \left(\dfrac{1}{2}\right)^x$ 与 $y = \log_{\frac{1}{2}} x$ 关于 $y = x$ 对称;

单调性:$y = 2^x$ 与 $y = \log_2 x$ 为单调增函数;

小提示 函数的性质有很多,如单调性、奇偶性、对称性. 从函数图像上可以直观地帮助我们理解抽象的函数. 对于较复杂的函数,可以借用 Matlab 这类软件工具绘制图像以帮助我们理解.

$y = \left(\dfrac{1}{2}\right)^x$ 与 $y = \log_{\frac{1}{2}} x$ 为单调减函数.

奇偶性:四个函数均为非奇非偶函数.

3. **解题 过程** 如图 1-11 所示,利用直线的两点式方程或点斜式方程容易得到

$$f_1(x) = \begin{cases} 4x, & 0 \leqslant x \leqslant \dfrac{1}{2}, \\ -4x+4, & \dfrac{1}{2} < x \leqslant 1. \end{cases}$$

$$f_2(x) = \begin{cases} 16x, & 0 \leqslant x \leqslant \dfrac{1}{4}, \\ -16x+8, & \dfrac{1}{4} < x \leqslant \dfrac{1}{2}, \\ 0, & \dfrac{1}{2} < x \leqslant 1. \end{cases}$$

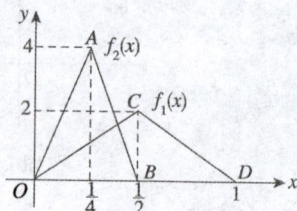

图 1-11

注 分段点在连续的情形之下(如此题)归属于左、右两段均可,但必须包含且只包含其中一段.

4. **解题 过程** (1) $\sin x$ 的存在域是 **R**,所以 $y = \sin(\sin x)$ 的存在域也是 **R**.

(2) 因 $\lg x > 0$ 等价于 $x > 1$,所以 $y = \lg(\lg x)$ 的存在域为 $(1, +\infty)$.

(3) $\dfrac{x}{10} > 0$ 等价于 $x > 0$.

$\arcsin x$ 的存在域是 $[-1,1]$,所以 $-1 \leqslant \lg \dfrac{x}{10} \leqslant 1$.

即 $\dfrac{1}{10} \leqslant \dfrac{x}{10} \leqslant 10$,所以 $1 \leqslant x \leqslant 100$.

取交集,得 $y = \arcsin\left(\lg \dfrac{x}{10}\right)$ 存在域为 $[1, 100]$.

(4) 因 $y = \lg u$ 的存在域是 $(0, +\infty)$,而 $u = \arcsin \dfrac{x}{10}$ 的值域为 $\left[-\dfrac{\pi}{2}, \dfrac{\pi}{2}\right]$,

∴ 由 $0 < u \leqslant \dfrac{\pi}{2}$,有 $0 < \dfrac{x}{10} \leqslant 1$,即 $0 < x \leqslant 10$,

所以 $y = \lg\left(\arcsin \dfrac{x}{10}\right)$ 的存在域为 $(0, 10]$.

5. **解题 过程** (1) $f(-3) = 2 + (-3) = -1$;

$f(0) = 2 + 0 = 2$;

$f(1) = 2^1 = 2$.

(2) $f(\Delta x) = 2^{\Delta x}$. 所以 $f(\Delta x) - f(0) = 2^{\Delta x} - 2$.

$f(-\Delta x) = 2 + (-\Delta x) = 2 - \Delta x$.

所以 $f(-\Delta x) - f(0) = 2 - \Delta x - 2 = -\Delta x$.

6. **知识 点窍** 复合函数的定义和性质.

逻辑 推理 应用"从里到外"的方式将函数层层剥开.

解题 过程 $f(2+x) = \dfrac{1}{1+(2+x)} = \dfrac{1}{x+3}$;

$f(2x) = \dfrac{1}{1+2x}$;

$f(x^2) = \dfrac{1}{1+x^2}$;

$$f(f(x)) = \frac{1}{1 + \frac{1}{1+x}} = \frac{1}{\frac{2+x}{1+x}} = \frac{1+x}{2+x};$$

$$f\left(\frac{1}{f(x)}\right) = \frac{1}{1 + \frac{1}{\frac{1}{1+x}}} = \frac{1}{x+2}.$$

7. 知识 点窍 牢记基本初等函数的表达式,从里到外逐级分解解决问题.

解题 过程 (1) $y = (1+x)^{20}$;由 $y = u^{20}, u = v+w, v = 1, w = x$ 复合而成.

(2) $y = (\arcsin x^2)^2$;由 $y = u^2, u = \arcsin v, v = x^2$ 复合而成.

(3) $y = \lg(1 + \sqrt{1+x^2})$;由 $y = \lg u, u = v+w, v = 1, w = S^{\frac{1}{2}}, S = v+t, t = x^2$ 复合而成.

(4) $y = 2^{\sin^2 x}$;由 $y = 2^u, u = v^2, v = \sin x$ 复合而成.

8. 知识 点窍 利用反函数的定义去求解.

逻辑 推理 注意 c 是否等于 0,分情况讨论.

解题 过程 (1) 当 $c = 0$ 时,$d \neq 0$.

$\therefore y_0 = \frac{a}{d}x + \frac{b}{d}$,$\because$ 反函数存在. $\therefore a \neq 0$

$\therefore y_0$ 的反函数为 $y_1 = \frac{d}{a}x - \frac{b}{a}$.

若 $y_1 = y_0$

则 $\begin{cases} \dfrac{a}{d} = \dfrac{d}{a} \\ \dfrac{b}{d} = -\dfrac{b}{a} \end{cases} \Rightarrow \begin{cases} a^2 = d^2 \\ b(a+d) = 0 \end{cases}$

$\therefore$ 当且仅当 $a + d = 0, a \neq 0$ 或 $a - d = 0, b = 0, a \neq 0$ 时,反函数是它本身.

(2) 当 $c \neq 0$ 时,$x \neq -\dfrac{d}{c}$,则 y 化简

$$y = \frac{a}{c} + \frac{1}{c^2} \cdot \frac{bc - ad}{x + \frac{d}{c}},$$

当 $ad - bc \neq 0$ 时,反函数为 $y = \dfrac{b - dx}{cx - a}$.

若反函数为自身,则 $a = -d$.

$\therefore$ 当 $ad - bc \neq 0$ 且 $a = -d$ 时,满足条件.

9. 知识 点窍 先作出一个周期内的图像,再在坐标轴上进行平移.

解题 过程 $y = \arcsin x$ 是以 2π 为周期的周期函数,定义域为 $\mathbf{R}$,值域为 $\left[-\dfrac{\pi}{2}, \dfrac{\pi}{2}\right]$,在 $[-\pi, \pi)$ 上的表达式为

$$y = \begin{cases} \pi - x, & \dfrac{\pi}{2} < x < \pi, \\ x, & -\dfrac{\pi}{2} \leqslant x \leqslant \dfrac{\pi}{2}, \\ -(\pi + x), & -\pi \leqslant x < -\dfrac{\pi}{2}. \end{cases}$$

图像如图 1-12 所示.

实数集与函数

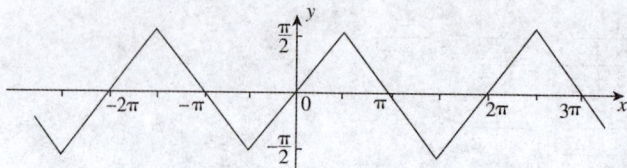

图 1-12

10. 解题过程 （1）等式成立的条件是 x 在反正切函数的定义域中，且使 $\arctan x$ 在正切函数的定义域中。而 $\tan x$ 的值域与 $\arctan x$ 的定义域都是 $\mathbf{R}$，$\arctan x \in \left(-\dfrac{\pi}{2}, \dfrac{\pi}{2}\right)$，在 $\tan x$ 的一个周期内，故等式成立.

（2）当 $x \in \left(-\dfrac{\pi}{2}+k\pi, \dfrac{\pi}{2}+k\pi\right)$ 时等式成立. 但当 x 落在此区间之外时，$\arctan(\tan x)$ 仍取在 $\left(-\dfrac{\pi}{2}, \dfrac{\pi}{2}\right)$ 中，不等于 x，故等式不成立.

应为：当 $x \in \left(k\pi - \dfrac{\pi}{2}, k\pi + \dfrac{\pi}{2}\right)$ 时 $(k \in \mathbf{Z})$，$\arctan(\tan x) = \arctan(\tan(x - k\pi)) = x - k\pi$.

11. 解题过程 $y = |x| = \sqrt{x^2}$，且定义域都是 $\mathbf{R}$.

可知原函数是由 $y = \sqrt{u}$ 与 $u = x^2$ 复合而成的，故 $y = |x|$ 是初等函数.

12. 解题过程 （1）当 $x > 0$ 时，$\dfrac{1}{x} > 0$，$\dfrac{1}{x} - 1 < \left[\dfrac{1}{x}\right] \leqslant \dfrac{1}{x}$，两边同乘 x，得 $1 - x < x\left[\dfrac{1}{x}\right] \leqslant 1$.

（2）当 $x < 0$ 时，$\dfrac{1}{x} < 0$，同样有 $\dfrac{1}{x} - 1 < \left[\dfrac{1}{x}\right] \leqslant \dfrac{1}{x}$，两边同乘 x，不等号改变方向，得 $1 \leqslant x\left[\dfrac{1}{x}\right] < 1 - x$.

■ 具有某些特性的函数（教材上册 P19）

1. 解题过程 $|f(x)| = \dfrac{|x|}{|x|^2 + 1}$

而 $\dfrac{|x|^2 + 1}{|x|} = |x| + \dfrac{1}{|x|} \geqslant 2 (x \neq 0)$

而当 $x = 0$ 时，$f(x) = 0$，

所以 $|f(x)| \leqslant \dfrac{1}{2}$，

取 $M = \dfrac{1}{2}$，则 $f(x)$ 是 $\mathbf{R}$ 上的有界函数.

2. 知识点窍 从定义去证明，再举例去了解无界函数.

逻辑推理 从定义去证明.

解题过程 （1）设 f 是定义在 D 上的函数，若对于任意正数 M，都存在 $x_0 \in D$，使得 $|f(x_0)| > M$，则称 f 为 D 上的无界函数.

（2）对任意正数 N，由 $\dfrac{1}{x^2} > N \Rightarrow x < \dfrac{1}{\sqrt{N}}$

取 $x_0 = \dfrac{1}{\sqrt{N+1}}$，则 $x_0 \in (0,1)$，且

$$|f(x_0)| = \frac{1}{x_0^2} = N+1 > N.$$

∴ $f(x) = \frac{1}{x^2}$ 是$(0,1)$ 上的无界函数.

(3) $f(x) = \begin{cases} 0, x=0 \\ \dfrac{1}{x^2}, 0 < x \leqslant 1 \end{cases}$，由(2) 可知 $f(x)$ 为$[0,1]$上的无界函数.

3. 解题过程 (1) 任取 $x_1, x_2 \in (-\infty, +\infty)$，$x_1 < x_2$，则

$$y_1 - y_2 = (3x_1 - 1) - (3x_2 - 1) = 3(x_1 - x_2) < 0,$$

即 $y_1 < y_2$.

所以，函数 $y = 3x - 1$ 在$(-\infty, +\infty)$ 上严格递增.

(2) 任取 $x_1, x_2 \in \left[-\dfrac{\pi}{2}, \dfrac{\pi}{2}\right]$，$x_1 < x_2$，则

$$y_1 - y_2 = \sin x_1 - \sin x_2 = 2\cos\frac{x_1+x_2}{2}\sin\frac{x_1-x_2}{2}$$

因为 $\dfrac{x_1+x_2}{2} \in \left(-\dfrac{\pi}{2}, \dfrac{\pi}{2}\right)$，所以 $\cos\dfrac{x_1+x_2}{2} > 0 (x_1 < x_2$，所以取不到 $\pm\dfrac{\pi}{2})$

因为 $\dfrac{x_1-x_2}{2} \in \left[-\dfrac{\pi}{2}, 0\right)$，所以 $\sin\dfrac{x_1-x_2}{2} < 0$

所以 $y_1 - y_2 < 0$，即 $y_1 < y_2$

综上所述，函数 $y = \sin x$ 是 $\left[-\dfrac{\pi}{2}, \dfrac{\pi}{2}\right]$上的严格递增函数.

(3) 任取 $x_1, x_2 \in [0, \pi]$，$x_1 < x_2$，则

$$y_1 - y_2 = \cos x_1 - \cos x_2 = -2\sin\frac{x_1+x_2}{2}\sin\frac{x_1-x_2}{2}$$

因为 $\dfrac{x_1+x_2}{2} \in (0, \pi)$，所以 $\sin\dfrac{x_1+x_2}{2} > 0$

因为 $\dfrac{x_1-x_2}{2} \in \left[-\dfrac{\pi}{2}, 0\right)$，所以 $\sin\dfrac{x_1-x_2}{2} < 0$

所以 $y_1 - y_2 > 0$，即 $y_1 > y_2$.

综上所述，函数 $y = \cos x$ 是$[0, \pi]$上的严格递减函数.

4. 解题过程 (1) $f(-x) = \dfrac{1}{2}(-x)^4 + (-x)^2 - 1 = \dfrac{1}{2}x^4 + x^2 - 1 = f(x)$（定义域为 **R**）

所以，$f(x)$ 是偶函数.

(2) $f(x)$ 的定义域为 **R**.

$$f(-x) = -x + \sin(-x) = -(x + \sin x) = -f(x)$$

所以，$f(x)$ 是 **R** 上的奇函数.

(3) $f(x)$ 的定义域为 **R**.

$$f(-x) = (-x)^2 e^{-(-x)^2} = x^2 e^{-x^2} = f(x)$$

所以，$f(x)$ 是 **R** 上的偶函数.

(4) $\begin{cases} 1 + x^2 \geqslant 0 \\ x + \sqrt{1+x^2} > 0 \end{cases}$，由此可知其定义域为 **R**.

$$f(-x) = \lg(-x + \sqrt{1+(-x)^2}) = \lg(-x + \sqrt{1+x^2})$$

$$= \lg\left(\frac{(x + \sqrt{1+x^2}) \cdot (-x + \sqrt{1+x^2})}{x + \sqrt{1+x^2}}\right)$$

$$= \lg\left(\frac{1}{x+\sqrt{1+x^2}}\right) = -\lg(x+\sqrt{1+x^2}) = -f(x)$$

所以，$f(x)$ 是 **R** 上的奇函数.

5. 知识 点窍 $\cos^2 x = \frac{1}{2}(1+\cos 2x), \tan x = \frac{\sin x}{\cos x}$

解题 过程 (1) $\because \cos^2 x = \frac{1}{2}(1+\cos 2x), \cos 2x$ 的周期 $T = \frac{2\pi}{2} = \pi, \therefore \cos^2 x$ 的周期为 π.

(2) $\because \tan x$ 的周期为 $\pi, \therefore \tan 3x$ 的周期为 $\frac{\pi}{3}$

(3) $\cos\frac{x}{2}$ 的周期为 $T_1 = \frac{2\pi}{\frac{1}{2}} = 4\pi, \sin\frac{x}{3}$ 的周期为 $T_2 = \frac{2\pi}{\frac{1}{3}} = 6\pi$.

4 和 6 的最小公倍数为 12，$\therefore \left(\cos\frac{x}{2} + 2\sin\frac{x}{3}\right)$ 周期为 12π.

6. 知识 点窍 奇偶函数的定义域肯定是关于原点对称的.

奇函数：$f(x) = -f(-x)$；偶函数：$f(x) = f(-x)$.

逻辑 推理 利用定义证明.

解题 过程 $\because f$ 定义在 $[-a, a]$ 上.

$\therefore F$、G 的定义域关于原点对称.

(1) $F(-x) = f(-x) + f(-(-x)) = f(-x) + f(x) = F(x)$

$\therefore F(x)$ 为偶函数.

(2) $G(-x) = f(-x) - f(-(-x)) = f(-x) - f(x) = -G(x)$

$\therefore G(x)$ 为奇函数.

(3) $\because f(x) = \frac{1}{2}(F(x) + G(x))$

而 $\frac{1}{2}F(x)$ 为偶函数，$\frac{1}{2}G(x)$ 为奇函数

$\therefore f$ 可表示成一个奇函数和一个偶函数之和.

7. 知识 点窍 上确界与最大值有关，下确界与最小值有关.

解题 过程 (1) 设 $\sup f(x) = \xi_1, \sup g(x) = \xi_2$

$\because$ 对 $\forall x \in D$, 有 $f(x) \leqslant g(x) \leqslant \xi_2 \Rightarrow \sup f(x) \leqslant \xi_2$

而 $\sup f(x) = \xi_1$

$\therefore \xi_1 \leqslant \xi_2$, 即 $\sup f(x) \leqslant \sup g(x)$

(2) 对 $\forall x \in D$, 有 $\inf f(x) \leqslant f(x) \leqslant g(x)$

$$\Rightarrow \inf f(x) \leqslant g(x)$$
$$\inf f(x) \leqslant \inf g(x)$$

8. 解题 过程 (1) 记 $\inf\limits_{x \in D} f(x) = \xi$. 由下确界的定义知，对任意的 $x \in D, f(x) \geqslant \xi$, 即 $-f(x) \leqslant -\xi$, 可见 $-\xi$ 是 $-f(x)$ 的一个上界；对任意的 $\varepsilon > 0$, 存在 $x_0 \in D$, 使 $f(x_0) < \xi + \varepsilon$, 即 $-f(x_0) < -\xi - \varepsilon$, 可见 $-\xi$ 是 $-f(x)$ 的上界中最小者，所以 $\sup\{-f(x)\} = -\xi = -\inf\limits_{x \in D} f(x)$.

(2) 同理可证结论成立. 也可直接用 (1) 的结论来证. 将 (1) 中 $f(x)$ 换为 $-f(x)$ 得，$\sup\limits_{x \in D} f(x) = \sup\limits_{x \in D}\{-(-f(x))\} = -\inf\limits_{x \in D}\{-f(x)\}$, 两边同乘以 -1 得

$$\inf\limits_{x \in D}\{-f(x)\} = -\sup\limits_{x \in D} f(x).$$

9. 知识点窍 $\tan x$ 在 $x = -\dfrac{\pi}{2}$ 和 $\dfrac{\pi}{2}$ 上无解.

逻辑推理 该题应分两步证明:① 证明 $\tan x$ 在 $\left(-\dfrac{\pi}{2}, \dfrac{\pi}{2}\right)$ 上无界;② 在任一 $[a,b]$

$\left(a, b \in \left(-\dfrac{\pi}{2}, \dfrac{\pi}{2}\right)\right)$ 上有界.

解题过程 方法一:对任意正数 M,取 $\left(-\dfrac{\pi}{2}, \dfrac{\pi}{2}\right)$ 上一点 $x_0 = \arctan(M+1)$,则有

$$|f(x_0)| = |\tan(\arctan(M+1))| = M+1 > M$$

故按定义,$f(x)$ 为 $\left(-\dfrac{\pi}{2}, \dfrac{\pi}{2}\right)$ 上的无界函数.

而在 $\left(-\dfrac{\pi}{2}, \dfrac{\pi}{2}\right)$ 内的任一区间 $[a,b]$,$|\tan x| \leqslant \max\{\tan a, \tan b\}$

故 $f(x)$ 为 $[a,b]$ 上的有界函数.

方法二:(1) 令 $y = \tan x$,求导,得

$$y' = \frac{1}{\cos^2 x} > 0$$

$\therefore y$ 在 $\left(-\dfrac{\pi}{2}, \dfrac{\pi}{2}\right)$ 上为单调递增函数.

当 $x \to -\dfrac{\pi}{2}$ 时,$\tan x \to -\infty$,

当 $x \to \dfrac{\pi}{2}$ 时,$\tan x \to +\infty$

$\therefore \tan x$ 在 $\left(-\dfrac{\pi}{2}, \dfrac{\pi}{2}\right)$ 上无界.

(2) $\because [a,b] \in \left(-\dfrac{\pi}{2}, \dfrac{\pi}{2}\right)$

$\therefore x$ 能取到 a, b.

又 $\because \tan x$ 为单调函数

$\therefore \tan x \in [\tan a, \tan b]$.

$\therefore$ 命题得证.

10. 解题过程 (1) 对 $\forall x \in \mathbf{R}$,恒有 $0 \leqslant D(x) \leqslant 1$,所以 $D(x)$ 在 $\mathbf{R}$ 上有界.

(2) 对任意有理数 r,由于实数的稠密性,存在无理数 α_1, α_2,使 $\alpha_1 < r < \alpha_2$,而 $D(\alpha_1) < D(r)$,
$D(\alpha_2) < D(r)$.

对任意无理数 α,由于实数的稠密性,存在有理数 r_1, r_2,使 $r_1 < \alpha < r_2$,而 $D(r_1) > D(\alpha)$,
$D(r_2) > D(\alpha)$.

所以 $D(x)$ 在 r 上无单调性.

(3) 对任意有理数 r,因为有理数与有理数之和是有理数,有理数与无理数之和是无理数,所以对
$\forall x \in \mathbf{R}$,有 $D(x+r) = D(x)$,即 $D(x)$ 是 $\mathbf{R}$ 上的周期函数,但是它没有基本周期.

11. 解题过程 任取 $x_1 、 x_2 \in (-\infty, +\infty)$,$x_1 < x_2$,则

$$f(x_2) - f(x_1) = (x_2 - x_1) + (\sin x_2 - \sin x_1)$$

$$= (x_2 - x_1) + 2\cos\frac{x_1 + x_2}{2}\sin\frac{x_2 - x_1}{2}$$

$$\geqslant (x_2 - x_1) - 2\left|\cos\frac{x_1 + x_2}{2}\right| \cdot \left|\sin\frac{x_2 - x_1}{2}\right|$$

$$> (x_2 - x_1) - 2 \cdot \left|\frac{x_2 - x_1}{2}\right| = 0$$

$$\left(\text{因为}\left|\sin\frac{x_2 - x_1}{2}\right| < \left|\frac{x_2 - x_1}{2}\right|\right)$$

即 $f(x_1) < f(x_2)$,所以 $f(x) = x + \sin x$ 在 $(-\infty, +\infty)$ 上严格递增.

12. 解题过程 (1) 在 $[0, \pi]$ 上,$f(x)$ 严格递减,故 $m(x) = f(x) = \cos x$. 在 $[\pi, +\infty)$ 上,$f(x)$ 不可能取得更小的值 (< -1),故 $m(x) = -1$.

同理,由于 $f(0) = 1 = \sup\limits_{x \geqslant 0} f(x)$,故 $M(x) = 1$.

(2) 在 $[-1, 0]$ 上,$f(x)$ 严格递减,故 $m(x) = f(x) = x^2$,在 $[0, +\infty)$ 上,$f(x)$ 严格递增,故 $m(x) = m(0) = 0$.

在 $[-1, 1]$ 上,$f(x) \leqslant 1$,且 $f(-1) = 1$,故 $M(x) = 1$.

在 $(1, +\infty)$ 上,$f(x) \geqslant 1$,且严格递增,故 $M(x) = x^2$.

(1) 与 (2) 的图像如图 1-13 及图 1-14 所示.

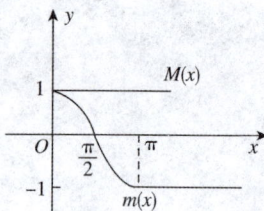

图 1-13

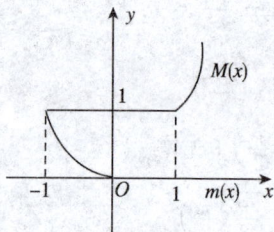

图 1-14

总练习题(教材上册 P20)

1. 解题过程 (1) 当 $a \geqslant b$ 时,$\frac{1}{2}(a + b + |a - b|) = \frac{1}{2}(a + b + a - b) = a$

当 $a < b$ 时,$\frac{1}{2}(a + b + |a - b|) = \frac{1}{2}(a + b + b - a) = b$

小提示 观察等式可发现交换 a, b 的位置,等式不会发生改变,所以可以不妨设 $a \geqslant b$.

综上,命题成立.

(2) 当 $a \geqslant b$ 时,$\frac{1}{2}(a + b - |a - b|) = \frac{1}{2}[a + b - (a - b)] = b$

当 $a < b$ 时,$\frac{1}{2}(a + b - |a - b|) = \frac{1}{2}[a + b - (b - a)] = a$

数学分析(第四版·上册)同步辅导及习题全解

综上,命题成立.

2. 知识点窍 由初等函数经过有限次四则运算与复合运算所得到的函数,均为初等函数.

逻辑推理 将 $M(x)$,$m(x)$ 化成 $f(x)$,$g(x)$ 用四则运算和复合运算表示的形式.

解题过程 由习题 1 得

$$M(x) = \frac{1}{2}\big[f(x)+g(x)+|f(x)-g(x)|\big] = \frac{1}{2}\big[f(x)+g(x)+\sqrt{[f(x)-g(x)]^2}\big]$$

$$m(x) = \frac{1}{2}\big[f(x)+g(x)-|f(x)-g(x)|\big] = \frac{1}{2}\big[f(x)+g(x)-\sqrt{[f(x)-g(x)]^2}\big]$$

$M(x)$ 与 $m(x)$ 都是由 D 上的初等函数 $f(x)$、$g(x)$ 经四则运算和有限次复合而成的函数,所以 $M(x)$ 和 $m(x)$ 都是初等函数.

3. 知识点窍 初等函数的熟练应用.

逻辑推理 将 $f(\ )$ 的 $(\ )$ 中的内容当作一个整体替换.

解题过程 $f(-x) = \frac{1-(-x)}{1+(-x)} = \frac{1+x}{1-x}$,$f(x+1) = \frac{1-(x+1)}{1+(x+1)} = -\frac{x}{x+2}$;

$$f(x)+1 = \frac{1-x}{1+x}+1 = \frac{2}{1+x},\quad f\Big(\frac{1}{x}\Big) = \frac{1-\frac{1}{x}}{1+\frac{1}{x}} = \frac{x-1}{x+1};$$

$$\frac{1}{f(x)} = \frac{1}{\frac{1-x}{1+x}} = \frac{1+x}{1-x},\quad f(x^2) = \frac{1-x^2}{1+x^2};$$

$$f(f(x)) = f\Big(\frac{1-x}{1+x}\Big) = \frac{1-\frac{1-x}{1+x}}{1+\frac{1-x}{1+x}} = \frac{(1+x)-(1-x)}{(1+x)+(1-x)} = \frac{2x}{2} = x.$$

4. 知识点窍 换元法

逻辑推理 令 $t = \frac{1}{x}$,代入式中即可得结果.

解题过程 令 $t = \frac{1}{x}$,则 $x = \frac{1}{t}$ $(t \neq 0)$. $f(t) = \frac{1}{t}+\sqrt{1+\Big(\frac{1}{t}\Big)^2} = \frac{1}{t}+\frac{\sqrt{t^2+1}}{|t|}$

于是 $f(x) = \frac{1}{x}+\frac{\sqrt{x^2+1}}{|x|}$ $(x \neq 0)$.

5. 解题过程 (1) 因余额满 3 人可补选一名,就是可在原来基础上增加 2 人后取整,于是

$$y = \Big[\frac{x+2}{5}\Big] (x = 30,31,\cdots,50).$$

(2) 由 $[x]$ 的定义知:$y = [x+0.5]$,$x > 0$.

6. 解题过程 (1) 把 $y = f(x)$ 的图像关于 x 轴对称;

(2) 把 $y = f(x)$ 的图像关于 y 轴对称;

(3) 把 $y = f(x)$ 的图像关于原点对称;

(4) $y = |f(x)| = \begin{cases} f(x), & x \in D_1 = \{x \mid f(x) \geqslant 0\} \\ -f(x), & x \in D_2 = \{x \mid f(x) < 0\} \end{cases}$;

$(5)\ y=\begin{cases}1,f(x)>0\\-1,f(x)<0;\\0,f(x)=0\end{cases}$

$(6)\ y=\begin{cases}f(x),f(x)\geqslant 0\\0,f(x)<0\end{cases}$ ，即 $y=\max\{0,f(x)\}$；

$(7)\ y=\begin{cases}-f(x),f(x)<0\\0,f(x)\geqslant 0\end{cases}$ ，即 $y=\max\{0,-f(x)\}$.

其图像如图 1-15 至图 1-18 所示.

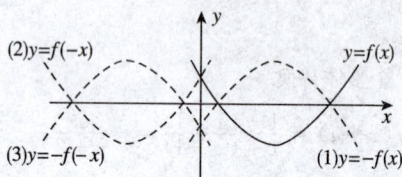

图 1-15

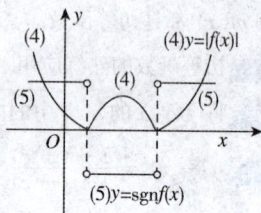

图 1-16

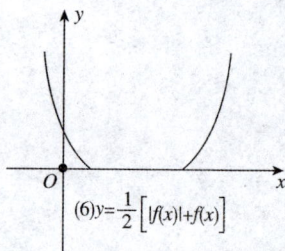

图 1-17

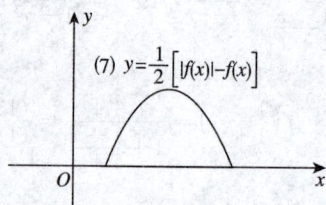

图 1-18

7. 解题过程 （1）将 $f(x)$ 与 $g(x)$ 画在同一坐标系中，取二者中较高者；

（2）将 $f(x)$ 与 $g(x)$ 画在同一坐标系中，取二者中较低者.

具体图像如图 1-19 和图 1-20 所示.

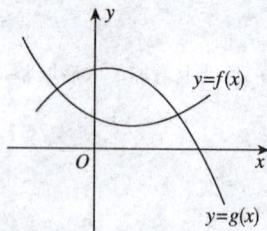

图 1-19

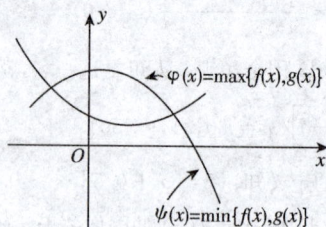

图 1-20

8. 解题过程 因对任意的 $x\in\mathbf{R}$，有 $f(x)\leqslant g(x)\leqslant h(x)$，且 $f(x)$、$g(x)$ 和 $h(x)$ 均为增函数，所以有

$$f(f(x))\leqslant f(g(x))\leqslant g(g(x))\leqslant g(h(x))\leqslant h(h(x))$$

即 $f(f(x))\leqslant g(g(x))\leqslant h(h(x))$.

9. 解题过程 (1) 任意 $x_1,x_2 \in (a,b),x_1 < x_2$,不妨设 $f(x_1) \geqslant g(x_1)$,则

$$\varphi(x_1) = \max\{f(x_1),g(x_1)\}$$
$$= f(x_1) \leqslant f(x_2) \leqslant \max\{f(x_2),g(x_2)\} = \varphi(x_2).$$

由定义知,$\varphi(x)$ 是 (a,b) 上的递增函数.

(2) 任意 $x_1,x_2 \in (a,b),x_1 < x_2$,不妨设 $f(x_1) \geqslant g(x_1)$,则

$$\psi(x_1) = \min\{f(x_1),g(x_1)\} = g(x_1) \leqslant g(x_2).$$

而 $g(x_1) \leqslant f(x_1) \leqslant f(x_2)$.所以 $\psi(x_1) \leqslant \min\{g(x_2),f(x_2)\} = \psi(x_2).$

由定义知,$\psi(x)$ 也是 (a,b) 上的递增函数.

10. 解题过程 任意 $x_1,x_2 \in [-a,0],x_1 < x_2$,则 $-x_1 > -x_2$,且 $-x_1,-x_2 \in [0,a]$,于是

$$f(-x_1) \geqslant f(-x_2).$$

若 $f(x)$ 为奇函数,$-f(x_1) \geqslant -f(x_2)$,即 $f(x_1) \leqslant f(x_2),f(x)$ 在 $[-a,0]$ 上递增.

若 $f(x)$ 为偶函数,$f(x_1) \geqslant f(x_2),f(x)$ 在 $[-a,0]$ 上递减.

11. 知识点窍 奇函数 $f(x) = -f(-x)$,偶函数 $f(x) = f(-x)$.

解题过程 (1) 设 $f(x),g(x)$ 为 D 上两个奇函数.

令 $F(x) = f(x)+g(x),G(x) = f(x)g(x)$

$$F(-x) = f(-x)+g(-x)$$
$$= -[f(x)+g(x)] = -F(x)$$

$\therefore F(x)$ 为 D 上的奇函数.

> **小提示** 这些结论同学们可以记在脑海中,以后解题时可以方便地拿出来用.

$G(-x) = f(-x)g(-x) = -f(x)\cdot[-g(x)] = f(x)g(x) = G(x)$

$\therefore G(x)$ 为 D 上的偶函数.

(2) 设 $f(x)、g(x)$ 是 D 上的两个偶函数.

令 $F(x) = f(x)+g(x),G(x) = f(x)g(x)$

$$F(-x) = f(-x)+g(-x) = f(x)+g(x) = F(x)$$

$G(x) = f(-x)g(x) = f(x)g(x) = G(x)$,命题得证.

(3) 设 $f(x)$ 为 D 上的奇函数,$g(x)$ 为 D 上的偶函数.

令 $F(x) = f(x)g(x)$.

$$F(-x) = f(-x)g(-x) = -f(x)\cdot g(x) = -F(x)$$

$\therefore F(x)$ 为 D 上的奇函数.

12. 解题过程 (1) 对 $\forall \varepsilon > 0$,由下确界定义可知

$\exists x_1 \in D$,使得 $f(x_1) < \inf\limits_{x \in D} f(x) + \varepsilon$,而 $g(x_1) \leqslant \sup\limits_{x \in D} g(x)$.

$\therefore \qquad f(x_1)+g(x_1) \leqslant \inf\limits_{x \in D} f(x) + \sup\limits_{x \in D} g(x) + \varepsilon.$

于是得到

$$\inf\limits_{x \in D}\{f(x)+g(x)\} \leqslant f(x_1)+g(x_1) \leqslant \inf\limits_{x \in D} f(x) + \sup\limits_{x \in D} g(x) + \varepsilon$$

$\because \varepsilon > 0, \quad \therefore \inf\limits_{x \in D}\{f(x)+g(x)\} \leqslant \inf\limits_{x \in D} f(x) + \sup\limits_{x \in D} g(x).$

(2) 对任意的 $x \in D$,由于

$$f(x) \leqslant \sup_{x \in D} f(x), g(x) \leqslant \sup_{x \in D} g(x)$$

有 $\qquad f(x) + g(x) \leqslant \sup_{x \in D} f(x) + \sup_{x \in D} g(x)$

所以 $\qquad \sup_{x \in D} \{f(x) + g(x)\} \leqslant \sup_{x \in D} f(x) + \sup_{x \in D} g(x)$ ①

据不等式 ① 知

$$\sup_{x \in D} \{f(x) + g(x) - g(x)\} \leqslant \sup_{x \in D} \{f(x) + g(x)\} + \sup_{x \in D} \{-g(x)\}$$

故 $\qquad -\sup_{x \in D} \{-g(x)\} + \sup_{x \in D} f(x) \leqslant \sup_{x \in D} \{f(x) + g(x)\}$

即 $\qquad \sup_{x \in D} f(x) + \inf_{x \in D} g(x) \leqslant \sup_{x \in D} \{f(x) + g(x)\}.$

13. 解题过程 （1）对任何 $x \in D$ 有 $0 \leqslant \inf_{x \in D} f(x) \leqslant f(x), 0 \leqslant \inf_{x \in D} g(x) \leqslant g(x)$,

于是有 $\qquad \inf_{x \in D} f(x) \cdot \inf_{x \in D} g(x) \leqslant f(x) \cdot g(x).$

上式表明，数 $\inf_{x \in D} f(x) \cdot \inf_{x \in D} g(x)$ 是函数 $f(x) \cdot g(x)$ 在 D 上的一个下界，从而

$$\inf_{x \in D} f(x) \cdot \inf_{x \in D} g(x) \leqslant \inf_{x \in D} \{f(x) \cdot g(x)\}.$$

（2）对任意 $x \in D, f(x) \geqslant 0, g(x) \geqslant 0$,则有

$$0 \leqslant f(x) \leqslant \sup_{x \in D} f(x), 0 \leqslant g(x) \leqslant \sup_{x \in D} g(x)$$

从而有 $\qquad f(x) \cdot g(x) \leqslant \sup_{x \in D} f(x) \cdot \sup_{x \in D} g(x)$

故有 $\qquad \sup_{x \in D} \{f(x) \cdot g(x)\} \leqslant \sup_{x \in D} f(x) \cdot \sup_{x \in D} g(x).$

14. 解题过程 （1）任取 $x \in (-\infty, 0)$,欲使 $f(x)$ 为奇函数,

$$f(x) = -f(-x) = -[\sin(-x) + 1]$$
$$= -(-\sin x + 1) = \sin x - 1, f(0) = 0$$

欲使 $f(x)$ 为偶函数,则

$$f(x) = f(-x) = \sin(-x) + 1 = -\sin x + 1$$

所以,奇函数 $f(x) = \begin{cases} \sin x - 1, & x < 0 \\ 0, & x = 0, \\ \sin x + 1, & x > 0 \end{cases}$

偶函数 $\qquad f(x) = \begin{cases} -\sin x + 1, & x < 0 \\ \sin x + 1, & x \geqslant 0 \end{cases}.$

（2）任取 $x \in (-\infty, -1)$,欲使 $f(x)$ 为奇函数,则

$$f(x) = -f(-x) = -(-x)^3 = x^3$$

任取 $x \in [-1, 0]$,则

$$f(x) = -f(-x) = -(1 - \sqrt{1 - (-x)^2}) = -1 + \sqrt{1 - x^2}, f(0) = 0 \text{满足}.$$

所以,奇函数 $f(x) = \begin{cases} x^3, & x \in (-\infty, -1) \bigcup (1, +\infty) \\ -1 + \sqrt{1 - x^2}, & x \in [-1, 0) \\ 1 - \sqrt{1 - x^2}, & x \in [0, 1] \end{cases}.$

欲使 $f(x)$ 为偶函数,任取 $x \in (-\infty, -1)$,则

$$f(x) = f(-x) = (-x)^3 = -x^3$$

任取 $x \in [-1,0)$，则 $f(x) = f(-x) = 1 - \sqrt{1-(-x)^2} = 1 - \sqrt{1-x^2}$

所以，偶函数 $f(x) = \begin{cases} -x^3, & x \in (-\infty, -1) \\ 1 - \sqrt{1-x^2}, & x \in [-1,1]. \\ x^3, & x \in (1, +\infty) \end{cases}$

15. 解题过程 任取 $x \in \mathbf{R}$，考虑 $x + \left(\dfrac{a+h-x}{h}\right)h$，由于

$$\frac{a+h-x}{h} - 1 \leqslant \left[\frac{a+h-x}{h}\right] < \frac{a+h-x}{h}$$

化简为 $\dfrac{a-x}{h} \leqslant \left[\dfrac{a+h-x}{h}\right] < \dfrac{a+h-x}{h}$

则代入得 $a \leqslant x + \left[\dfrac{a+h-x}{h}\right]h < a+h$（替换原式中 $\dfrac{a+h-x}{h}$ 部分）

则 $f(x) = f\left(x + \left[\dfrac{a+h-x}{h}\right]h\right)$，又因为 $f(x)$ 在 $[a, a+h]$ 上有界.

所以，$f(x)$ 在 $\mathbf{R}$ 上有界.

16. 解题过程 由上确界、下确界的定义知，对 $\forall x', x'' \in I$，有 $f(x') - f(x'') \geqslant m - M$，及 $f(x') - f(x'') \leqslant M - m$，所以 $|f(x') - f(x'')| \leqslant M - m$.

又因为对 $\forall \varepsilon > 0, \exists x_1, x_2 \in I$，使 $f(x_1) > M - \dfrac{\varepsilon}{2}, f(x_2) < m + \dfrac{\varepsilon}{2}$，所以有

$$f(x_1) - f(x_2) > \left(M - \frac{\varepsilon}{2}\right) - \left(m + \frac{\varepsilon}{2}\right) = (M-m) - \varepsilon$$

可取 ε 适当小，使 $0 < \varepsilon < M - m$，则就有 $|f(x_1) - f(x_2)| > (M-m) - \varepsilon$. 由上确界定义得

$$\sup_{x', x'' \in I} |f(x') - f(x'')| = M - m$$

当 $M = m$ 时，结论显然也成立.

17. 解题过程 对任意正数 M，满足 $x_0 + \delta' = \dfrac{\beta}{M}$，其中 $0 < \delta' < \delta$，都存在 $x \in (x_0 - \delta, x_0 + \delta)$，使 $x = \dfrac{\beta}{M'}$，其中 $M' > M$. 即 $f(x) = M' > M$.

所以 $f(x)$ 在 $(x_0 - \delta, x_0 + \delta)$ 上无界.

第二章

数列极限

本章导航

　　极限是高等数学中重要的概念，它用极其严格的数学语言描述，表达的是一种抽象的概念. 数列极限是后续理解函数极限的基础，灵活地运用好常见的数列极限对理解极限的性质和概念大有裨益，本章我们主要理解数列极限的概念，掌握收敛数列的性质和数列极限存在的条件.

　　本章知识结构图如下：

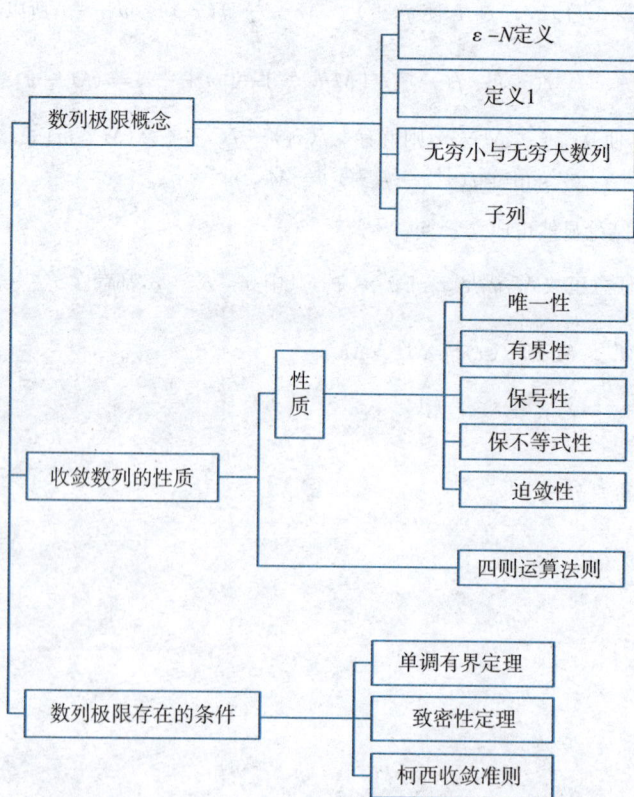

```
                                ┌─────────────────────┐
                          ┌─────│      ε-N定义          │
                          │     └─────────────────────┘
                          │     ┌─────────────────────┐
           ┌──────────┐   ├─────│       定义1           │
           │ 数列极限概念 │───┤     └─────────────────────┘
           └──────────┘   │     ┌─────────────────────┐
                          ├─────│  无穷小与无穷大数列     │
                          │     └─────────────────────┘
                          │     ┌─────────────────────┐
                          └─────│        子列          │
                                └─────────────────────┘

                                            ┌──────────┐
                                      ┌─────│  唯一性    │
                                      │     └──────────┘
                                      │     ┌──────────┐
                                      ├─────│  有界性    │
                          ┌──────┐    │     └──────────┘
                          │ 性质  │────┤     ┌──────────┐
           ┌───────────┐  └──────┘    ├─────│  保号性    │
           │ 收敛数列的性质│──┤          │     └──────────┘
           └───────────┘  │          │     ┌──────────┐
                          │          ├─────│ 保不等式性  │
                          │          │     └──────────┘
                          │          │     ┌──────────┐
                          │          └─────│  迫敛性    │
                          │                └──────────┘
                          │     ┌──────────────┐
                          └─────│  四则运算法则   │
                                └──────────────┘

                                ┌──────────────┐
                          ┌─────│  单调有界定理   │
           ┌────────────┐ │     └──────────────┘
           │数列极限存在的条件│─┤     ┌──────────────┐
           └────────────┘ ├─────│  致密性定理     │
                          │     └──────────────┘
                          │     ┌──────────────┐
                          └─────│  柯西收敛准则   │
                                └──────────────┘
```

各个击破

■ 数列极限概念

数列极限基本概念如下所列：

数列极限	$\varepsilon-N$ 定义	设 $\{a_n\}$ 为数列，a 为定数，若对任给的正数 ε，总存在正整数 N，使得当 $n>N$ 时有 $$\|a_n-a\|<\varepsilon$$ 则称**数列** $\{a_n\}$ **收敛于** a，定数 a 称为数列 $\{a_n\}$ 的**极限**，并记作 $\lim\limits_{n\to\infty}a_n=a$
	$\varepsilon-\delta$ 定义	任给 $\varepsilon>0$，若在 $U(a;\varepsilon)$ 之外数列 $\{a_n\}$ 中的项至多只有有限个，则称**数列** $\{a_n\}$ **收敛于极限** a
数列发散		$\lim\limits_{n\to\infty}a_n\neq a\Leftrightarrow\exists\varepsilon_0>0,\forall N\in\mathbf{N}_+,\exists n'\geq N$，使得 $$\|a_{n'}-a\|\geq\varepsilon_0$$
		$\lim\limits_{n\to\infty}a_n\neq a\Leftrightarrow\exists a$ 的某一 ε_0 邻域 $U(a;\varepsilon_0)$，数列中有无限多项 $$a_n\notin U(a;\varepsilon_0)$$
无穷小数列		$\lim\limits_{n\to\infty}a_n=0$，则称 $\{a_n\}$ 为**无穷小数列**，显然有 $$\{a_n\}\text{ 收敛于 }a\Leftrightarrow\{a_n-a\}\text{ 为无穷小数列}$$
无穷大数列		(1) 若数列 $\{a_n\}$ 满足：对任意正数 $M>0$，总存在正整数 N，使得当 $n>N$ 时有 $$\|a_n\|>M$$ 则称数列 $\{a_n\}$ 发散于无穷大，并记作 $\lim\limits_{n\to\infty}a_n=\infty$ 或 $a_n\to\infty$. (2) 若数列 $\{a_n\}$ 满足：对任意正数 $M>0$，总存在正整数 N，使得当 $n>N$ 时有 $$a_n>M\ (a_n<-M)$$ 则称数列 $\{a_n\}$ 发散于无穷大，并记作 $\lim\limits_{n\to\infty}a_n=+\infty$ 或 $a_n\to+\infty$ ($\lim\limits_{n\to\infty}a_n=-\infty$ 或 $a_n\to-\infty$)

> **小提示** 无界数列不一定就是无穷大数列，如 $\{[1+(-1)^n]n\}$ 是无界数列，却不是无穷大数列.

例1 证明 $\lim\limits_{n\to\infty}\sqrt[n]{a}=1$，其中 $a>0$.

分析 a 取不同范围的值时，数列变化的趋势是不同的.

(1) $a=1$ 时，结论显然成立.

(2) $a>1$ 时，记 $a_n=a^{\frac{1}{n}}-1$

> **小提示** 由于 ε 是任意小正数，可以限定 ε 小于一个确定的正数. 这个方法在有些题目中常用，可以方便解题.

$\because a>1,\dfrac{1}{n}\in(0,1]$　由幂函数性质可知

$$a_n>0$$

$\therefore a=(1+a_n)^n\geq 1+na_n=1+n(a^{\frac{1}{n}}-1)$

得

$$a^{\frac{1}{n}}-1\leq\dfrac{a-1}{n}$$

任给 $\varepsilon>0$，当 $n>\dfrac{a-1}{\varepsilon}=N$ 时，有 $a^{\frac{1}{n}}-1<\varepsilon$，即 $\|a^{\frac{1}{n}}-1\|<\cdot$

$$\therefore \lim_{n \to \infty} \sqrt[n]{a} = 1.$$

(3) $0 < a < 1$ 时，令 $\beta_n = 1 - a^{\frac{1}{n}}$，同理 $\beta_n > 0$

$$\therefore a = (1 - \beta_n)^n \geqslant 1 - n\beta_n = 1 - n(1 - a^{\frac{1}{n}})$$

得 $$1 - a^{\frac{1}{n}} \leqslant \frac{a-1}{n}$$

同理对于 $\forall \varepsilon > 0$，当 $n > \dfrac{a-1}{\varepsilon} = N$ 时，

有 $1 - a^{\frac{1}{n}} < \varepsilon$，即 $\left| a^{\frac{1}{n}} - 1 \right| < \varepsilon$，

$$\therefore \lim_{n \to \infty} \sqrt[n]{a} = 1$$

例 2 证明：$\lim\limits_{n \to \infty} \dfrac{n}{\sin n} = \infty$.

分析 注意 $\sin n \in [-1, 1]$. $\therefore \left| \dfrac{n}{\sin n} \right| > n$

对于 $\forall M > 0$，取 $N = [M] + 1$，当 $n > N$ 时，有

$$\left| \frac{n}{\sin n} \right| \geqslant n > N > M$$

$$\therefore \lim_{n \to \infty} \frac{n}{\sin n} = \infty.$$

收敛数列的性质

1. 基本性质

唯一性	若数列 $\{a_n\}$ 收敛，则它只有一个极限
有界性	若数列 $\{a_n\}$ 收敛，则 $\{a_n\}$ 为有界数列，即存在 M，对一切 $n \in \mathbf{N}_+$，有 $\|a_n\| \leqslant M$
保号性	若 $\lim\limits_{n \to \infty} a_n = a > 0$（或 <0），则对任何 $a' \in (0, a)$（或 $a' \in (a, 0)$），存在正整数 N，使得当 $n > N$ 时有 $a_n > a'$（或 $a_n < a'$）
保不等式性	设 $\{a_n\}$ 与 $\{b_n\}$ 均为收敛数列，若存在正整数 N_0，当 $n > N_0$ 时，有 $a_n \leqslant b_n$，则 $$\lim_{n \to \infty} a_n \leqslant \lim_{n \to \infty} b_n$$
追敛性	设收敛数列 $\{a_n\}$ 和 $\{b_n\}$ 都以 a 为极限，数列 $\{c_n\}$ 满足：存在正整数 N_0，当 $n > N_0$ 时，数列 $\{c_n\}$ 满足 $a_n \leqslant c_n \leqslant b_n$，则数列 $\{c_n\}$ 也收敛，且 $\lim\limits_{n \to \infty} c_n = a$

2. 四则运算法则

若数列 $\{a_n\}$ 和 $\{b_n\}$ 都收敛，则

$$\lim_{n \to \infty}(a_n \pm b_n) = \lim_{n \to \infty} a_n \pm \lim_{n \to \infty} b_n,$$
$$\lim_{n \to \infty}(a_n \cdot b_n) = \lim_{n \to \infty} a_n \cdot \lim_{n \to \infty} b_n$$

而且当 $\lim\limits_{n \to \infty} b_n \neq 0$ 时，有 $\lim\limits_{n \to \infty} \dfrac{a_n}{b_n} = \dfrac{\lim\limits_{n \to \infty} a_n}{\lim\limits_{n \to \infty} b_n}$.

> **小提示** 四则运算法则只适用于数列个数是有限的情况.

3. 一些常用的极限

$$(1)\ \lim_{n\to\infty}\frac{a_mn^m+a_{m-1}n^{m-1}+\cdots+a_1n+a_0}{b_kn^k+b_{k-1}n^{k-1}+\cdots+b_1n+b_0}=\begin{cases}\dfrac{a_m}{b_m},&k=m\\[2mm]0,&k>m\end{cases},(\text{其中 }k\geqslant m,a_m\neq0,b_k\neq0)$$

$$(2)\ \lim_{n\to\infty}\sqrt[n]{n}=1,\ \lim_{n\to\infty}\sqrt[n]{a}=1\quad(a>0)$$

$$(3)\ \text{若}\lim_{n\to\infty}a_n=a,\text{则}\lim_{n\to\infty}\frac{a_1+a_2+\cdots+a_n}{n}=a,\lim_{n\to\infty}\sqrt[n]{a_1a_2\cdots a_n}=a$$

$$(4)\ \lim_{n\to\infty}\frac{\log a^n}{n^k}=0\quad(a>0,a\neq1,k\geqslant1)$$

$$(5)\ \lim_{n\to\infty}\frac{n^k}{c^n}=0\quad(c>1)$$

$$(6)\ \lim_{n\to\infty}\frac{c^n}{n!}=0\quad(c>0)$$

$$(7)\ \lim_{n\to\infty}\frac{n!}{n^n}=0$$

$$(8)\ \text{若}\lim_{n\to\infty}a_n=a,a>0,a_n>0,\text{则}\lim_{n\to\infty}\sqrt[n]{a_n}=1$$

4. 数列的子列是收敛数列理论中的重要概念,其性质是:

(1) 数列$\{a_n\}$收敛$\Leftrightarrow\{a_n\}$的任何子列$\{a_{n_k}\}$都收敛.

(2) 数列$\{a_n\}$发散$\Leftrightarrow$存在$\{a_n\}$某子列是发散的,或者存在$\{a_n\}$的两个子列都收敛,但极限不相等.

例 3　数列的子列收敛,那么该数列一定收敛吗?

分析　答案显而易见是否定的. 但是可以由此发散出许多的思考,比如说,已知数列子列收敛,能得到些什么结论.

(1) 数列收敛$\Leftrightarrow$该数列的任何子列都收敛且极限相等.

(2) 存在一个子列发散$\Rightarrow$数列发散.

(3) 存在两个子列是收敛的,但是极限不相等$\Rightarrow$数列发散.

例 4　求$\lim_{n\to\infty}\left(\dfrac{1}{1\cdot2\cdot3}+\dfrac{1}{2\cdot3\cdot4}+\cdots+\dfrac{1}{n(n+1)(n+2)}\right)$的极限.

分析　表达式中项的个数趋向于无穷个,应首先将其化简.

研究通项$\dfrac{1}{i(i+1)(i+2)}$,发现可将其拆为

$$\frac{1}{i(i+1)}-\frac{1}{(i+1)(i+2)}=2\cdot\frac{1}{i(i+1)(i+2)}$$

$$\therefore\text{通项}=\frac{1}{2}\left[\frac{1}{i(i+1)}-\frac{1}{(i+1)(i+2)}\right]$$

$$\therefore\text{原式}=\lim_{n\to\infty}\left\{\frac{1}{2}\left(\frac{1}{1\times2}-\frac{1}{2\times3}\right)+\frac{1}{2}\left(\frac{1}{2\times3}-\frac{1}{3\times4}\right)+\cdots+\frac{1}{2}\left[\frac{1}{n(n+1)}-\frac{1}{(n+1)(n+n+2)}\right]\right\}$$

$$=\lim_{n\to\infty}\frac{1}{2}\left[\frac{1}{2}-\frac{1}{(n+1)(n+2)}\right]$$

$$=\frac{1}{4}$$

例5 证明 $\lim\limits_{n\to\infty}\dfrac{\cos n}{n-\pi}=0$.

分析 对 $\forall\varepsilon>0$,要使

$$|x_n-a|=\left|\frac{\cos n}{n-\pi}-0\right|=\frac{|\cos n|}{|n-\pi|}<\varepsilon$$

$\because n\to\infty$,先令 $n>4$,则 $n-\pi>n-4>0$.

$\therefore$ 当 $n>4$ 时.

$$|x_n-a|=\frac{|\cos n|}{|n-\pi|}=\frac{|\cos n|}{n-\pi}$$

又 $\because n-\pi>0$,且

$$\frac{1}{n-\pi}<\varepsilon\Leftrightarrow n-\pi>\frac{1}{\varepsilon}\Leftrightarrow n>\pi+\frac{1}{\varepsilon}$$

小提示
要使 $\dfrac{|\cos\pi|}{n-\pi}<\varepsilon$,
$\because \dfrac{|\cos\pi|}{n-\pi}\leqslant\dfrac{1}{n-\pi}$
$\therefore$ 只要 $\dfrac{1}{n-\pi}<\varepsilon$.

记 $\left[\pi+\dfrac{1}{\varepsilon}\right]=N_2$.

$\therefore\exists N=\max\{4,N_2\}\in N^+$,当 $n>N$ 时,有

$$|x_n-a|=\frac{|\cos n|}{|n-\pi|}=\frac{|\cos n|}{n-\pi}\leqslant\frac{1}{n-\pi}<\varepsilon$$

$\therefore\lim\limits_{n\to\infty}x_n=\lim\limits_{n\to\infty}\dfrac{\cos n}{n-\pi}=0.$

■ 数列极限存在的条件

1. 数列极限存在的判别准则

单调有界性定理	在实数系中,有界的单调数列必有极限
柯西收敛准则	数列 $\{a_n\}$ 收敛的充要条件是:对任给的 $\varepsilon>0$,存在正整数 N,使得当 $n,m>N$ 时,有 $|a_n-a_m|<\varepsilon$
无穷小判别法	变量以 a 为极限的充要条件为变量可以分解成 a 加无穷小量
两边夹定理	数列 $\{a_n\},\{b_n\},\{c_n\}$ 满足 $a_n\leqslant b_n\leqslant c_n$,且 $\lim\limits_{n\to\infty}a_n=\lim\limits_{n\to\infty}c_n=a\Rightarrow\lim\limits_{n\to\infty}b_n=a$

2. 自然对数的底 e

(1) 因数列 $\left\{\left(1+\dfrac{1}{n}\right)^n\right\}$ 是单调有界数列,记 $\lim\limits_{n\to\infty}\left(1+\dfrac{1}{n}\right)^n=\mathrm{e}$.

(2) $\left\{\left(1+\dfrac{1}{n}\right)^n\right\}$ 是递增数列,$\left\{\left(1+\dfrac{1}{n}\right)^{n+1}\right\}$ 是递减数列,且 $\left(1+\dfrac{1}{n}\right)^n<\mathrm{e}<\left(1+\dfrac{1}{n}\right)^{n+1}$.

(3) $\lim\limits_{n\to\infty}\left(1+\dfrac{1}{2}+\cdots+\dfrac{1}{n}-\ln n\right)=\gamma\approx0.577215.$

例6 求极限 $\lim\limits_{n\to\infty}\dfrac{2^n n!}{n^n}$.

分析 令 $x_n=\dfrac{2^n n!}{n^n}$.

$$\frac{x_{n+1}}{x_n} = \frac{2}{(1+\frac{1}{n})^n} \leqslant 1$$

$\therefore \{x_n\}$ 为递减数列,又 $\because x_n > 0$.

根据单调有界定理可知 $\{a_n\}$ 收敛.

设 $\lim\limits_{n \to \infty} a_n = a$,则 $a \geqslant 0$.

$$a_{n+1} = \frac{2}{(1+\frac{1}{n})^n} \cdot a_n$$

$\because \lim\limits_{n \to \infty} \left(1+\frac{1}{n}\right)^n = e$

$$\therefore a = \frac{2}{e} \cdot a \Rightarrow a = 0. \quad \therefore \lim\limits_{n \to \infty} \frac{2^n n!}{n^n} = 0.$$

> **小提示** 这些结论同学们可以记在脑海中,以后解题时可以方便拿出来用。在利用单调有界定理证明数列极限存在时,需要注意虽然其应用广泛,但是同时也存在一定的局限,例如并非所有的数列都是单调的;数列一般都存在有界性,如果无界的话,则其极限就不存在了.所以在利用单调有界定理时,要先对数列的单调性进行判断,特别要注意的是有些数列前几项不单调而从某项开始单调.

例 7 证明收敛数列的有界性.

分析 设数列 $\{x_n\}$ 收敛于 a,即 $\lim\limits_{n \to \infty} x_n = a$.

对于 $\varepsilon = 1 > 0$,$\exists N \in \mathbf{N}^+$,当 $n > N$ 时,

$$|x_n - a| < 1 \Leftrightarrow a - 1 < x_n < a + 1$$

表明从第 $N+1$ 项开始,x_n 全部落在了 $(a-1, a+1)$ 里面

而 $x_1, x_2, \cdots, x_N$ 是有限项,令 $M_1 = \max\{|x_n|\}$,则有

$$|x_n| \leqslant M_1 (n = 1, 2, \cdots, N)$$

取 $M = \max\{|a-1|, |a+1|, M_1\}$,则对一切 n,恒有 $|x_n| \leqslant M$ 成立.

课后习题全解

数列极限概念(教材上册 P28)

1. **知识点拨** 理解极限的含义,从举例到证明认识"无限趋向于"在极限证明中的重要作用.

解题过程 (1) 由于 $|a_n - 0| = \left|\frac{1+(-1)^n}{n} - 0\right| = \frac{1+(-1)^n}{n} \leqslant \frac{2}{n}$

因此,对任意的 $\varepsilon > 0$,只要 $\frac{2}{n} < \varepsilon$,便有

$$\left|\frac{1+(-1)^n}{n} - 0\right| < \varepsilon \qquad ①$$

即当 $n > \frac{2}{\varepsilon}$ 时,式 ① 成立.因此取 $N = \left[\frac{2}{\varepsilon}\right]$ 即可.将给定的 $\varepsilon_1, \varepsilon_2, \varepsilon_3$ 分别代入 如下:

当 $\varepsilon_1 = 0.1$ 时,相应的 $N = \left[\frac{2}{\varepsilon_1}\right] = 20$.

当 $\varepsilon_2 = 0.01$ 时,相应的 $N = \left[\dfrac{2}{\varepsilon_2}\right] = 200$.

当 $\varepsilon_3 = 0.001$ 时,相应的 $N = \left[\dfrac{2}{\varepsilon_3}\right] = 2000$.

(2) 对 $\varepsilon_1, \varepsilon_2, \varepsilon_3$ 找到相应的 N,并不能证明 a_n 趋于 0,据数列极限的 $\varepsilon-N$ 定义,需对任给的正数 ε,都有相应的正整数 N 存在,使得当 $n > N$ 时,有 $|a_n - a| < \varepsilon$. 对于该题,(1) 题已解出,只需取 $N = \left[\dfrac{2}{\varepsilon}\right] + 1$ 即可.

(3) 对给定的 ε,若存在 N,使得 $n > N$ 时,都有 $|a_n - a| < \varepsilon$,则对 $n > N+1, n > N+2, \cdots, |a_n - a| < \varepsilon$ 同样成立,因此对给定的 ε,若存在 N 满足条件,则存在无穷多个 N 满足条件.

2. 知识点窍 $\varepsilon-N$ 定义法证明极限.

逻辑推理 表达式与极限相减得表达式 A,对 $\forall \varepsilon > 0$,找出 N,使当 $n > N$ 时,有 $A < \varepsilon$ 即可.

解题过程 (1) 由于 $\left|\dfrac{n}{n+1} - 1\right| = \dfrac{1}{n+1}$. 故对任给的 $\varepsilon > 0$,只要取 $N = \left[\dfrac{1}{\varepsilon}\right] + 1$,则当 $n > N$ 时,

便有 $\dfrac{1}{n+1} < \dfrac{1}{N+1} < \varepsilon$. 这就证明了 $\lim\limits_{n \to \infty} \dfrac{n}{n+1} = 1$. 即

$$\left|\dfrac{n}{n+1} - 1\right| < \varepsilon.$$

(2) 由于 $\left|\dfrac{3n^2 + 2n}{2n^2 - 1} - \dfrac{3}{2}\right| = \dfrac{2n+3}{2(2n^2-1)} \leqslant \dfrac{2n+3}{2n}$ $(n \geqslant 1)$

因此对任给的 $\varepsilon > 0$,只要 $\dfrac{2n+3}{2n} < \varepsilon$,便有

$$\left|\dfrac{3n^2 + 2n}{2n^2 - 1} - \dfrac{3}{2}\right| < \varepsilon. \tag{①}$$

即当 $n > \dfrac{3}{2(\varepsilon-1)}$ 时,式 ① 成立,因此取 $N = \left[\dfrac{3}{2(\varepsilon-1)}\right] + 1$ 即可.

(3) 由 $\left|\dfrac{n!}{n^n} - 0\right| = \dfrac{n!}{n^n} < \dfrac{1}{n}$ $(n \geqslant 1)$

因此,对任给的 $\varepsilon > 0$,只要 $\dfrac{1}{n} < \varepsilon$,便有

$$\left|\dfrac{n!}{n^n} - 0\right| < \varepsilon \tag{②}$$

即当 $n > \dfrac{1}{\varepsilon}$ 时,式 ② 成立,因此取 $N = \left[\dfrac{1}{\varepsilon}\right] + 1$ 即可,即对任给的正数 ε,存在正整数 N $= \left[\dfrac{1}{\varepsilon}\right] + 1$,使得当 $n > N$ 时有 $\left|\dfrac{n!}{n^n} - 0\right| < \varepsilon$.

所以 $\lim\limits_{n \to \infty} \dfrac{n!}{n^n} = 0$.

(4) 由于 $\left|\sin\dfrac{\pi}{n} - 0\right| = \sin\dfrac{\pi}{n} < \dfrac{\pi}{n}$ $(n > 1)$

因此对任给的 $\varepsilon > 0$,只要 $\dfrac{\pi}{n} < \varepsilon$,便有

$$\left|\sin\dfrac{\pi}{n} - 0\right| < \varepsilon \tag{③}$$

即当 $n > \dfrac{\pi}{\varepsilon}$ 时,式 ③ 成立,因此取 $N = \left[\dfrac{\pi}{\varepsilon}\right] + 1$ 即可.

所以对任给的正数 ε,存在正整数 $N = \left[\dfrac{\pi}{\varepsilon}\right] + 1$,使得与 $n > N$ 时,有

第二章 数列极限

$$\left| \sin\frac{\pi}{n} - 0 \right| < \varepsilon$$

所以 $\lim\limits_{n\to\infty}\sin\dfrac{\pi}{n} = 0$.

（注：对任意正数 x 均存在不等式 $\sin x < x$，因此对所有正整数 n，$\sin\dfrac{\pi}{n} < \dfrac{\pi}{n}$ 恒成立.）

(5) $\lim\limits_{n\to\infty}\dfrac{n}{a^n} = 0(a > 1)$，设 $a = 1 + h, h > 0$，则对 $\forall n > m$，有

$$a^n = (1+h)^n = 1 + nh + \cdots + \frac{1}{m!}n(n-1)\cdots(n-m+1)h^m + \cdots + h^n$$

$$> \frac{1}{2}n(n-1)h^2$$

于是
$$\left| \frac{n}{a^n} - 0 \right| < \frac{2n}{n(n-1)h^2} = \frac{2}{(n-1)h^2}$$

则对 $\forall \varepsilon > 0$，取 $N = \left[\dfrac{2}{\varepsilon h^2}\right] + 1$，则

当 $n > N$ 时，有

$$\left| \frac{n}{a^n} - 0 \right| = \frac{n}{a^n} < \frac{2}{(n-1)h^2} < \varepsilon$$

所以
$$\lim_{n\to\infty}\frac{n}{a^n} = 0.$$

3. **知识点窍** 幂函数和指数函数型数列的极限.

解题过程 (1) $\lim\limits_{n\to\infty}\dfrac{1}{\sqrt{n}} = \lim\limits_{n\to\infty}\dfrac{1}{n^{\frac{1}{2}}} = 0$（用例 2 的结果，$a = \dfrac{1}{2}$），无穷小数列.

(2) $\lim\limits_{n\to\infty}\sqrt[n]{3} = 1$（用例 5 的结果，$a = 3$）.

(3) $\lim\limits_{n\to\infty}\dfrac{1}{n^3} = 0$（用例 2 的结果，$a = 3$），无穷小数列.

(4) $\lim\limits_{n\to\infty}\dfrac{1}{3^n} = \lim\limits_{n\to\infty}\left(\dfrac{1}{3}\right)^n = 0$（用例 4 的结果，$q = \dfrac{1}{3}$），无穷小数列.

(5) $\lim\limits_{n\to\infty}\dfrac{1}{\sqrt{2^n}} = \lim\limits_{n\to\infty}\left(\dfrac{1}{\sqrt{2}}\right)^n = 0$（用例 4 的结果，$q = \dfrac{1}{\sqrt{2}}$），无穷小数列.

(6) $\lim\limits_{n\to\infty}\sqrt[n]{10} = 1$（用例 5 的结果，$a = 10$）.

(7) $\lim\limits_{n\to\infty}\dfrac{1}{\sqrt[n]{2}} = \lim\limits_{n\to\infty}\sqrt[n]{\dfrac{1}{2}} = 1$（用例 5 的结果，$a = \dfrac{1}{2}$）.

4. **解题过程** $\lim\limits_{n\to\infty}a_n = a$，所以对任给的正数 ε，存在正整数 N，使得当 $n > N$ 时，有
$$|a_n - a| < \varepsilon$$
于是可知当 $n + k > N + k$ 时，
$$|a_{n+k} - a| < \varepsilon$$
因此，取 $N' = N + k$，则对任给的正数 ε，存在正整数 N'，使得当 $n + k > N'$ 时，有
$$|a_{n+k} - a| < \varepsilon$$
即 $\lim\limits_{n\to\infty}a_{n+k} = a$.

5. **知识点窍** 定义 $1'$：任给 $\varepsilon > 0$，若在 $U(a;\varepsilon)$ 之外数列 $\{a_n\}$ 中的项至多只有有限个，则称数列 $\{a_n\}$ 收敛于极限 a.

数列 $\{a_n\}$ 不以 a 为极限可根据定义的反推证明，数列发散则需证明对任何数 a，若存在某 $\varepsilon_0 > 0$，使

得数列 $\{a_n\}$ 中有无穷多个项落在 $U(a;\varepsilon_0)$ 之外,则 $\{a_n\}$ 一定不以 a 为极限.

解题过程 (1) 要证 $\left\{\dfrac{1}{n}\right\}$ 不以 1 为极限,即证存在某 $\varepsilon_0 > 0$,使得数列 $\left\{\dfrac{1}{n}\right\}$ 有无穷多个项落在 $(1-\varepsilon_0, 1+\varepsilon_0)$ 之外.

取 $\varepsilon_0 = \dfrac{1}{2}$,则 $\dfrac{1}{1-\varepsilon_0} = 2, n > 2$ 有无穷多项,此时 $n > \dfrac{1}{1-\varepsilon_0}$,可变形为

$$1 - \frac{1}{n} > \varepsilon_0 \Rightarrow |1 - \frac{1}{n}| > \varepsilon_0$$

由此可知 $\dfrac{1}{n} < 1 - \varepsilon_0$,满足此不等式只须 $n > 2$.

因此落在 $U\left(1;\dfrac{1}{2}\right)$ 之外数列 $\left\{\dfrac{1}{n}\right\}$ 的项有无限个,所以由定义 $1'$ 知数列 $\left\{\dfrac{1}{n}\right\}$ 不以 1 为极限.

另证(用定义 1 证明)

数列 $\{a_n\}$ 不以 a 为极限(即 $\lim\limits_{n\to\infty} a_n \neq a$)的定义是:$\exists \varepsilon_0 > 0, \forall N > 0, \exists n_0 > N, |a_{n_0} - a| \geq \varepsilon_0$.

(1) 取 $\varepsilon_0 = \dfrac{1}{2}, \forall N > 0$,取 $n_0 = N + 2 > N$,有 $\left|\dfrac{1}{n_0} - 1\right| = \left|\dfrac{1}{N+2} - 1\right| = \dfrac{N+1}{N+2}$

$\geq \dfrac{N+1}{2(N+1)} = \dfrac{1}{2} = \varepsilon_0$,故数列 $\left\{\dfrac{1}{n}\right\}$ 不以 1 为极限.

(2) 当 $a = 0$ 时,取 $\varepsilon_0 = 1$,则在 $U(a;\varepsilon_0)$ 之外有 $\{n^{(-1)^n}\}$ 中的所有偶数项;当 $a \neq 0$ 时,取 $\varepsilon_0 = \dfrac{|a|}{2}$,

则 $U(a;\varepsilon_0) = (a - \dfrac{|a|}{2}, a + \dfrac{|a|}{2})$ 不包含 0 点,则在 $U(a;\varepsilon_0)$ 之外有 $\{n^{(-1)^n}\}$ 的奇数项的无穷

多项,所以 $\{n^{(-1)^n}\}$ 不以任何数 a 为极限,即数列 $\{n^{(-1)^n}\}$ 发散.

6. 解题过程 (1) 定理 2.1:数列 $\{a_n\}$ 收敛于 a 的充要条件是 $\{a_n - a\}$ 为无穷小数列.

充分条件:

$\{a_n - a\}$ 为无穷小数列,由此可知 $\lim\limits_{n\to\infty}(a_n - a) = 0$.

对于任给的正数 ε,存在正整数 N,当 $n > N$ 时,有

$$|a_n - a - 0| = |a_n - a| < \varepsilon$$

即对任给的正数 ε,存在正整数 N,当 $n > N$ 时,有

$$|a_n - a| < \varepsilon$$

根据数列极限的 $\varepsilon - N$ 定义,知数列 $\{a_n\}$ 以 a 为极限,即

$$\lim\limits_{n\to\infty} a_n = a$$

必要条件:

数列 $\{a_n\}$ 收敛于 a,由此可知 $\lim\limits_{n\to\infty} a_n = a$.

对于任给的正数 ε,存在正整数 N,当 $n > N$ 时,有

$$|a_n - a| < \varepsilon$$

$|a_n - a| < \varepsilon \Rightarrow |(a_n - a) - 0| < \varepsilon$,因此对任给的正数 ε,存在正整数 N,当 $n > N$ 时,有

$$|(a_n - a) - 0| < \varepsilon$$

根据数列极限的 $\varepsilon - N$ 定义,知数列 $\{a_n - a\}$ 以 0 为极限,即

$$\lim\limits_{n\to\infty}(a_n - a) = 0$$

所以 $\{a_n - a\}$ 为无穷小数列.

(2) 要证 $\lim\limits_{n\to\infty}\left(1 + \dfrac{(-1)^n}{n}\right) = 1$,运用定理 2.1,即证

$$\lim\limits_{n\to\infty}\left[1 + \frac{(-1)^n}{n} - 1\right] = 0$$

即
$$\lim_{n\to\infty}\frac{(-1)^n}{n}=0$$

由于
$$\left|\frac{(-1)^n}{n}-0\right|=\frac{1}{n}(n\geq 1)$$

因此,对任给的 $\varepsilon>0$,只要 $\frac{1}{n}<\varepsilon$,便有
$$\left|\frac{(-1)^n}{n}-0\right|<\varepsilon \qquad\qquad ①$$

即当 $n>\frac{1}{\varepsilon}$ 时,式 ① 成立,因此取 $N=\left[\frac{1}{\varepsilon}\right]+1$ 即可,即对任给的正数 ε,存在正整数

$N=\left[\frac{1}{\varepsilon}\right]+1$,使得当 $n>N$ 时有
$$|a_n-0|=\left|\frac{(-1)^n}{n}-0\right|<\varepsilon$$

由数列极限的 $\varepsilon-N$ 定义知
$$\lim_{n\to\infty}\frac{(-1)^n}{n}=0$$

命题得证.

7. 解题过程

(1) $\lim_{n\to\infty}a_{2n}=+\infty$,

而 $\lim_{n\to\infty}a_{2n+1}=\lim_{n\to\infty}a_{2n+1}=0\neq\lim_{n\to\infty}a_{2n}$

故数列 $\{a_n\}$ 为无界数列,不是无穷大数列.

(2) 因为 $|a_n|\leq 1$ 且 $\lim_{n\to\infty}a_n$ 不存在

故数列 $\{a_n\}$ 为有界数列.

(3) $\lim_{n\to\infty}a_n=\lim_{n\to\infty}\frac{n^2}{n-\sqrt{5}}=\infty$

故数列 $\{a_n\}$ 为无穷大数列.

(4) $\lim_{n\to\infty}a_{2n}=\lim_{n\to\infty}4^n=+\infty$,而 $\lim_{n\to\infty}a_{2n+1}=\lim_{n\to\infty}\frac{1}{2^{2n+1}}=0$

因为 $\lim_{n\to\infty}a_{2n}\neq\lim_{n\to\infty}a_{2n+1}$

所以 $\{a_n\}$ 不是无穷大数列,但为无界数列.

8. 解题过程 $\lim_{n\to\infty}a_n=a$,所以对任何正数 ε,存在正整数 N,当 $n>N$ 时,有
$$|a_n-a|<\varepsilon$$

因为 $||a_n|-|a||\leq|a_n-a|$,因此
$$||a_n|-|a||<\varepsilon$$

即对任何正数 ε,存在正整数 N,当 $n>N$ 时,有
$$||a_n|-|a||<\varepsilon$$

所以数列 $\{|a_n|\}$ 以 $|a|$ 为极限,即
$$\lim_{n\to\infty}|a_n|=|a|$$

要想反之也成立,即可由 $||a_n|-|a||<\varepsilon\Rightarrow|a_n-a|<\varepsilon$,即
$$||a_n|-|a||\geq|a_n-a|$$

因此当 a 为零值时反之也成立.

9. 解题过程 (1) 由于

小提示 无穷大⇒无界,但是无界并不一定就是无穷大.

$$\left| \sqrt{n+1} - \sqrt{n} - 0 \right| = \left| \sqrt{n+1} - \sqrt{n} \right| = \frac{1}{\sqrt{n+1} + \sqrt{n}} < \frac{1}{2\sqrt{n}} \ (n \geqslant 1)$$

因此，对任给的 $\varepsilon > 0$，只要 $\frac{1}{2\sqrt{n}} < \varepsilon$，便有

$$\left| \sqrt{n+1} - \sqrt{n} - 0 \right| < \varepsilon \tag{①}$$

即当 $n > \frac{1}{4\varepsilon^2}$ 时，式 ① 成立，因此取 $N = \left[\frac{1}{4\varepsilon^2} \right] + 1$ 即可，即对任给的正数 ε，存在正整数 $N = \left[\frac{1}{4\varepsilon^2} \right] + 1$，可得当 $n > N$ 时，有

$$\left| \sqrt{n+1} - \sqrt{n} - 0 \right| < \varepsilon$$

由此可得 $\lim\limits_{n \to \infty} (\sqrt{n+1} - \sqrt{n}) = 0$.

(2) 由于 $\left| \dfrac{1 + 2 + \cdots + n}{n^3} - 0 \right| = \dfrac{1 + 2 + \cdots + n}{n^3} = \dfrac{\frac{n(n+1)}{2}}{n^3}$

$$= \frac{n+1}{2n^2} < \frac{n+1}{2(n^2-1)} = \frac{1}{2(n-1)} < \frac{1}{n-1} \ (n \geqslant 2)$$

因此，对任给的 $\varepsilon > 0$，只要 $\frac{1}{n-1} < \varepsilon$，便有

$$\left| \frac{1 + 2 + \cdots + n}{n^3} - 0 \right| < \varepsilon \tag{②}$$

即当 $n > \frac{1}{\varepsilon} + 1$ 时，式 ② 成立，又由于式 ② 是在 $n \geqslant 2$ 的条件下成立的；

故应取 $N = \max\left\{ 2, \frac{1}{\varepsilon} + 1 \right\}$，使得当 $n > N$ 时，有

$$\left| \frac{1 + 2 + \cdots + n}{n^3} - 0 \right| < \varepsilon$$

由此可得 $\quad \lim\limits_{n \to \infty} \dfrac{1 + 2 + \cdots + n}{n^3} = 0$.

(3) n 为偶数时，由于 $\left| \dfrac{n-1}{n} - 1 \right| = \dfrac{1}{n}$，因此对任给的 $\varepsilon > 0$，只要 $\frac{1}{n} < \varepsilon$，便有

$$\left| \frac{n-1}{n} - 1 \right| < \varepsilon \tag{③}$$

即当 $n > \frac{1}{\varepsilon}$ 时，式 ③ 成立.

n 为奇数时，由于

$$\left| \frac{\sqrt{n^2+n}}{n} - 1 \right| = \left| \frac{\sqrt{n^2+n} - n}{n} \right| = \left| \frac{n}{n(\sqrt{n^2+n} + \sqrt{n})} \right|$$

$$= \frac{1}{\sqrt{n^2+n} + \sqrt{n}} < \frac{1}{2\sqrt{n}} < \frac{1}{\sqrt{n}} \ (n \geqslant 1)$$

因此对任给的 $\varepsilon > 0$，只要 $\frac{1}{\sqrt{n}} < \varepsilon$，便有

$$\left| \frac{\sqrt{n^2+n}}{n} - 1 \right| < \varepsilon \tag{④}$$

即当 $n > \frac{1}{\varepsilon^2}$ 时，式 ④ 成立.

综合式 ③ 和式 ④,应取 $N = \max\left\{\dfrac{1}{\varepsilon}, \dfrac{1}{\varepsilon^2}\right\}$,则对任给的正数 ε,存在正整数 $N = \max\left\{\dfrac{1}{\varepsilon}, \dfrac{1}{\varepsilon^2}\right\}$,

使得当 $n > N$ 时,有

$$\left|\frac{n-1}{n} - 1\right| < \varepsilon \text{ 且 } \left|\frac{\sqrt{n^2+n}}{n} - 1\right| < \varepsilon$$

即 $\forall n, |a_n - 1| < \varepsilon$,由此可得

$$\lim_{n \to \infty} a_n = 1.$$

10. 解题过程 必要条件:

$\because \lim\limits_{n \to \infty} a_n = 0, \therefore$ 对 $\forall \varepsilon > 0, \exists N,$ 当 $n > N$ 时,有 $|a_n| < \varepsilon.$

又 $\because a_n \neq 0$

$\therefore \left|\dfrac{1}{a_n}\right| > \dfrac{1}{\varepsilon}$

对 $\forall M > 0,$ 令 $\varepsilon = \dfrac{1}{M},$ 当 $n > N$ 时,有 $\left|\dfrac{1}{a_n}\right| > M.$

$\therefore \lim\limits_{n \to \infty} \dfrac{1}{a_n} = \infty$

充分条件:

$\because \lim\limits_{n \to \infty} \dfrac{1}{a_n} = \infty,$ 对 $\forall M > 0, \exists N,$ 使得当 $n > N$ 时,有 $\left|\dfrac{1}{a_n}\right| > M.$

$\because a_n \neq 0$

$\therefore |a_n| < \dfrac{1}{M}$

对 $\forall \varepsilon > 0,$ 令 $M = \dfrac{1}{\varepsilon}, \exists N,$ 使得当 $n > N$ 时,有 $|a_n| < \dfrac{1}{M} = \varepsilon.$

$\therefore \lim\limits_{n \to \infty} a_n = 0$

收敛数列的性质(教材上册 P35)

1. 解题过程 (1) $\lim\limits_{n \to \infty} \dfrac{n^3 + 3n^2 + 1}{4n^3 + 2n + 3} = \lim\limits_{n \to \infty} \dfrac{1 + \dfrac{3}{n} + \dfrac{1}{n^3}}{4 + \dfrac{2}{n^2} + \dfrac{3}{n^3}} = \dfrac{1}{4}.$

(2) $\lim\limits_{n \to \infty} \dfrac{1 + 2n}{n^2} = \lim\limits_{n \to \infty} \left(\dfrac{1}{n^2} + \dfrac{2}{n}\right) = 0.$

(3) $\lim\limits_{n \to \infty} \dfrac{(-2)^n + 3^n}{(-2)^{n+1} + 3^{n+1}} = \lim\limits_{n \to \infty} \dfrac{(-\dfrac{2}{3})^n + 1}{(-2)(-\dfrac{2}{3})^n + 3}$

因 $|a| < 1$ 时,$\lim\limits_{n \to \infty} a^n = 0,$ 得

$$\lim_{n \to \infty} (-\frac{2}{3})^n = 0$$

根据由极限的四则运算法则

$$\lim_{n\to\infty}\frac{(-\frac{2}{3})^n+1}{(-2)(-\frac{2}{3})^n+3}=\frac{\lim_{n\to\infty}[(-\frac{2}{3})^n+1]}{\lim_{n\to\infty}[(-2)(-\frac{2}{3})^n+3]}=\frac{1}{3}.$$

(4) $\sqrt{n^2+n}-n=\dfrac{n}{\sqrt{n^2+n}+n}=\dfrac{1}{\sqrt{1+\dfrac{1}{n}}+1}$

因为 $\lim\limits_{n\to\infty}\dfrac{1}{\sqrt{1+\dfrac{1}{n}}+1}=\dfrac{1}{2}$

所以 $\lim\limits_{n\to\infty}(\sqrt{n^2+n}-n)=\dfrac{1}{2}$.

(5) 根据极限的四则运算法则

$$\lim_{n\to\infty}(\sqrt[n]{1}+\sqrt[n]{2}+\cdots+\sqrt[n]{10})=\lim_{n\to\infty}\sqrt[n]{1}+\lim_{n\to\infty}\sqrt[n]{2}+\cdots+\lim_{n\to\infty}\sqrt[n]{10}$$

因为 $\lim\limits_{n\to\infty}\sqrt[n]{a}=1(a>0)$

所以 $\lim\limits_{n\to\infty}(\sqrt[n]{1}+\cdots+\sqrt[n]{10})=1+1+\cdots+1=10$.

(6) $\dfrac{1}{2}+\dfrac{1}{2^2}+\cdots+\dfrac{1}{2^n}=\dfrac{1}{2}(1-\dfrac{1}{2^n})\Big/(1-\dfrac{1}{2})=1-\dfrac{1}{2^n}$

$\dfrac{1}{3}+\dfrac{1}{3^2}+\cdots+\dfrac{1}{3^n}=\dfrac{1}{3}(1-\dfrac{1}{3^n})\Big/(1-\dfrac{1}{3})=\dfrac{1}{2}(1-\dfrac{1}{3^n})$

所以 $\lim\limits_{n\to\infty}\dfrac{\dfrac{1}{2}+\cdots+\dfrac{1}{2^n}}{\dfrac{1}{3}+\cdots+\dfrac{1}{3^n}}=\lim\limits_{n\to\infty}\dfrac{1-\dfrac{1}{2^n}}{\dfrac{1}{2}(1-\dfrac{1}{3^n})}=\dfrac{\lim\limits_{n\to\infty}(1-\dfrac{1}{2^n})}{\lim\limits_{n\to\infty}\dfrac{1}{2}(1-\dfrac{1}{3^n})}$

$$=\frac{1-0}{\frac{1}{2}(1-0)}=2.$$

2. 知识点窍 保不等式性的逆运用.

解题过程 由 $a<b$，有 $a<\dfrac{a+b}{2}<b$. 因为 $\lim\limits_{n\to\infty}a_n=a<\dfrac{a+b}{2}$，

由保号性定理，存在 $N_1>0$，使得当 $n>N_1$ 时有 $a_n<\dfrac{a+b}{2}$.

又因为 $\lim\limits_{n\to\infty}b_n=b>\dfrac{a+b}{2}$，所以，又存在 $N_2>0$，使得当 $n>N_2$ 时有 $b_n>\dfrac{a+b}{2}$.

于是取 $N=\max\{N_1,N_2\}$，当 $n>N$ 时，有 $a_n<\dfrac{a+b}{2}<b_n$.

所以 $a_n<b_n$.

3. 解题过程 由题意知，$\lim\limits_{n\to\infty}a_n=0$，$\{b_n\}$ 有界，所以存在正数 M，对一切正整数 n，有 $|b_n|\leqslant M$. 利用数列极限的 $\varepsilon-N$ 定义证明 $\lim\limits_{n\to\infty}a_n=0$，所以对任何正数 ε，存在正整数 N，当 $n>N$ 时，有

$$|a_n-0|=|a_n|<\frac{\varepsilon}{M}$$

由此可知 $\qquad |a_nb_n-0|=|a_n||b_n|<\dfrac{\varepsilon}{M}\cdot M=\varepsilon$

所以对任何正数 ε，存在正整数 N，当 $n>N$ 时，有

$$|a_nb_n-0|<\varepsilon$$

由此可知 $\lim\limits_{n\to\infty} a_n b_n = 0$，即 $\{a_n b_n\}$ 为无穷小数列.

4. 解题过程 (1) $\dfrac{1}{1\cdot 2} + \dfrac{1}{2\cdot 3} + \cdots + \dfrac{1}{n(n+1)} = 1 - \dfrac{1}{2} + \dfrac{1}{2} - \dfrac{1}{3} + \cdots + \dfrac{1}{n} - \dfrac{1}{n+1} = 1 - \dfrac{1}{n+1}$

则 $\lim\limits_{n\to\infty}\left(\dfrac{1}{1\cdot 2} + \cdots + \dfrac{1}{n(n+1)}\right) = \lim\limits_{n\to\infty}\left(1 - \dfrac{1}{n+1}\right) = 1 - \lim\limits_{n\to\infty}\dfrac{1}{n+1}$
$$= 1 - 0 = 1.$$

(2) $\sqrt{2}\,\sqrt[4]{2}\cdots\sqrt[2^n]{2} = 2^{\frac{1}{2}} \cdot 2^{\frac{1}{4}} \cdot \cdots \cdot 2^{\frac{1}{2^n}} = 2^{\frac{1}{2} + \cdots + \frac{1}{2^n}} = 2^{\frac{1}{2}(1 - \frac{1}{2^n})/(1 - \frac{1}{2})} = 2^{1 - \frac{1}{2^n}}$

所以 $\lim\limits_{n\to\infty}(\sqrt{2}\,\sqrt[4]{2}\cdots\sqrt[2^n]{2}) = \lim\limits_{n\to\infty} 2^{1 - \frac{1}{2^n}} = 2^1 = 2.$

(3) 令 $S = \dfrac{1}{2} + \dfrac{3}{2^2} + \cdots + \dfrac{2n-1}{2^n}$ ①

则 $\dfrac{1}{2}S = \dfrac{1}{2^2} + \dfrac{3}{2^3} + \cdots + \dfrac{2n-1}{2^{n+1}}$ ②

①$-$② 得 $\dfrac{S}{2} = \dfrac{1}{2} + \dfrac{2}{2^2} + \cdots + \dfrac{2}{2^n} - \dfrac{2n-1}{2^{n+1}}$

故得 $S = 3 - \dfrac{1}{2^{n-2}} - \dfrac{2n-1}{2^n}$

由极限的四则运算法则，得
$$\lim\limits_{n\to\infty} S = 3 - \lim\limits_{n\to\infty}\dfrac{1}{2^{n-2}} - \lim\limits_{n\to\infty}\dfrac{2n-1}{2^n} = 3.$$

(4) $\sqrt[n]{1 - \dfrac{1}{n}} = \sqrt[n]{\dfrac{n-1}{n}} = \dfrac{\sqrt[n]{n-1}}{\sqrt[n]{n}}$

由极限的四则运算法则，得
$$\lim\limits_{n\to\infty}\sqrt[n]{1 - \dfrac{1}{n}} = \dfrac{\lim\limits_{n\to\infty}\sqrt[n]{n-1}}{\lim\limits_{n\to\infty}\sqrt[n]{n}} = \lim\limits_{n\to\infty}\sqrt[n]{n-1}$$

因为当 $n \geqslant 2$ 时，$1 = \sqrt[n]{1} \leqslant \sqrt[n]{n-1} < \sqrt[n]{n}$. 由迫敛性，有
$$\lim\limits_{n\to\infty}\sqrt[n]{n-1} = \lim\limits_{n\to\infty}\sqrt[n]{n} = 1$$

所以 $\lim\limits_{n\to\infty}\sqrt[n]{1 - \dfrac{1}{n}} = 1.$

(5) $\dfrac{n+1}{(2n)^2} \leqslant \dfrac{1}{n^2} + \cdots + \dfrac{1}{(2n)^2} \leqslant \dfrac{n+1}{n^2}$

因为 $\lim\limits_{n\to\infty}\dfrac{n+1}{(2n)^2} = \lim\limits_{n\to\infty}\dfrac{n+1}{4n^2} = 0$

由迫敛性知 $\lim\limits_{n\to\infty}\left(\dfrac{1}{n^2} + \cdots + \dfrac{1}{(2n)^2}\right) = 0.$

(6) $\dfrac{n}{\sqrt{n^2+n}} \leqslant \dfrac{1}{\sqrt{n^2+1}} + \cdots + \dfrac{1}{\sqrt{n^2+n}} \leqslant \dfrac{n}{\sqrt{n^2+1}}$

$$\lim\limits_{n\to\infty}\dfrac{n}{\sqrt{n^2+n}} = \lim\limits_{n\to\infty}\dfrac{1}{\sqrt{1 + \frac{1}{n}}} = \dfrac{1}{\lim\limits_{n\to\infty}\sqrt{1 + \frac{1}{n}}} = 1$$

$$\lim\limits_{n\to\infty}\dfrac{n}{\sqrt{n^2+1}} = \lim\limits_{n\to\infty}\dfrac{1}{\sqrt{1 + \frac{1}{n^2}}} = \dfrac{1}{\lim\limits_{n\to\infty}\sqrt{1 + \frac{1}{n^2}}} = 1$$

由迫敛性知，$\lim\limits_{n\to\infty}\left(\dfrac{1}{\sqrt{n^2+1}} + \cdots + \dfrac{1}{\sqrt{n^2+n}}\right) = 1.$

5. 知识点窍 极限的四则运算法则.

逻辑推理 利用反证法证明.

解题过程 不妨设 $\{a_n\}$ 是收敛数列，$\{b_n\}$ 是发散数列. 假设数列 $\{a_n+b_n\}$ 收敛，则 $b_n=(a_n+b_n)-a_n$ 收敛，这与 $\{b_n\}$ 是发散数列矛盾，所以，数列 $\{a_n+b_n\}$ 发散. 同理可得数列 $\{a_n-b_n\}$ 发散.

$\{a_nb_n\}$ 和 $\left\{\dfrac{a_n}{b_n}\right\}(b_n\neq 0)$ 不一定是发散数列. 例如，取 $a_n=\dfrac{(-1)^n}{n}$，$\{a_n\}$ 是无穷小数列，

$b_n=(-1)^n$，$\{b_n\}$ 是有界的发散数列，则 $\{a_nb_n\}=\left\{\dfrac{a_n}{b_n}\right\}=\dfrac{1}{n}$ 是无穷小数列，当然收敛.

但是，有下列结果：如果 $\lim\limits_{n\to\infty}a_n=a\neq 0$，$\{b_n\}$ 是发散数列，则 $\{a_nb_n\}$ 和 $\left\{\dfrac{b_n}{a_n}\right\}(a_n\neq 0)$ 一定是发散数列.

6. 知识点窍 数列子列与数列的收敛发散关系.

逻辑推理 举出该数列的一个子列发散或者两个子列收敛于不同值即可.

解题过程 (1) 当 n 为奇数时，$\lim\limits_{n\to\infty}(-1)^n\dfrac{n}{n+1}=\lim\limits_{n\to\infty}-\dfrac{n}{n+1}=-1$

当 n 为偶函数时，

$\lim\limits_{n\to\infty}(-1)^n\dfrac{n}{n+1}=\lim\limits_{n\to\infty}\dfrac{n}{n+1}=1$

由定理 2.8 知数列 $\left\{(-1)^n\dfrac{n}{n+1}\right\}$ 发散.

> 小提示 证明数列发散只需要找出它的子列中的一个发散或者两个子列收敛于不同值即可，一般不会按照数列发散定义去证明.

(2) 数列 $\{n^{(-1)^n}\}$ 的偶数项组成的子列 $\{(2n)^{(-1)^{2n}}\}$ 发散，由定理 2.8 知数列 $\{n^{(-1)^n}\}$ 发散.

(3) 数列 $\left\{\cos\dfrac{n\pi}{4}\right\}$ 的偶数项组成的子列 $\left\{\cos\dfrac{n\pi}{2}\right\}$ 收敛于 0，而部分奇数项组成的子列 $\left\{\cos\dfrac{(8n-1)\pi}{4}\right\}$ 收敛于 $\dfrac{\sqrt{2}}{2}$，由定理 2.8 知数列 $\left\{\cos\dfrac{n}{4}\pi\right\}$ 发散.

7. 解题过程 (1) 结论不一定成立. 例如，设 $a_n=(-1)^n$，则 $a_{2k}=1,a_{2k-1}=-1$ 都收敛，但 $a_n=(-1)^n$ 发散.

> 小提示 若 $\{a_{2k-1}\}$ 和 $\{a_{2k}\}$ 都收敛，且极限相等（即 $\lim\limits_{k\to\infty}a_{2k-1}=\lim\limits_{k\to\infty}a_{2k}$），则 $\{a_{2n}\}$ 收敛.

(2) 证明 设 $\lim\limits_{k\to\infty}a_{3k-2}=\lim\limits_{k\to\infty}a_{3k-1}=\lim\limits_{k\to\infty}a_{3k}=a$，则由数列极限的定义，知 $\forall\varepsilon>0,\exists K_1>0,\forall k>K_1$，$|a_{3k-2}-a|<\varepsilon$；同样也有 $\exists K_2>0,\forall k>K_2$，$|a_{3k-1}-a|<\varepsilon$；$\exists K_3>0,\forall k>K_3$，$|a_{3k}-a|<\varepsilon$. 取 $N=\max\{3K_1,3K_2,3K_3\}$，当 $n>N$ 时，对任意的自然数 n，若 $n=3k-2$，则必有 $k>K_1$，从而 $|a_n-a|<\varepsilon$；同样若 $n=3k-1$，则必有 $k>K_2$，从而也有 $|a_n-a|<\varepsilon$；若 $n=3k$，则必有 $k>K_3$，从而 $|a_n-a|<\varepsilon$. 所以 $\lim\limits_{n\to\infty}a_n=a$，即 $\{a_n\}$ 收敛.

8. 解题过程 (1) 先证 $\dfrac{1}{2}\cdot\dfrac{3}{4}\cdot\cdots\cdot\dfrac{2n-1}{2n}<\dfrac{1}{\sqrt{2n+1}}$

用数学归纳法证明：

当 $n=1$ 时，$\dfrac{1}{2}<\dfrac{1}{\sqrt{3}}$，命题成立.

假设 $n=k$ 时命题成立，此时 $\dfrac{1}{2}\cdot\dfrac{3}{4}\cdot\cdots\cdot\dfrac{2k-1}{2k}<\dfrac{1}{\sqrt{2k+1}}$

对于 $n=k+1$，

$\dfrac{1}{2}\cdot\dfrac{3}{4}\cdot\cdots\cdot\dfrac{2k-1}{2k}\cdot\dfrac{2k+1}{2(k+1)}<\dfrac{1}{\sqrt{2k+1}}\cdot\dfrac{2k+1}{2(k+1)}=\dfrac{\sqrt{2k+1}}{2(k+1)}$

$$= \frac{\sqrt{2k+1}}{\sqrt{4k^2+8k+4}} < \frac{\sqrt{2k+1}}{\sqrt{4k^2+8k+3}}$$

$$= \frac{1}{\sqrt{2k+3}}$$

命题同样成立.

因此对一切 $n \in N$,都有 $0 < \frac{1}{2} \cdot \frac{3}{4} \cdot \cdots \cdot \frac{2n-1}{2n} < \frac{1}{\sqrt{2n+1}}$.

且又因为 $\lim\limits_{n \to \infty} \frac{1}{\sqrt{2n+1}} = 0$

则由迫敛性得,$\lim\limits_{n \to \infty} \frac{1}{2} \cdot \frac{3}{4} \cdot \cdots \cdot \frac{2n-1}{2n} = 0$.

(2) $n! < \sum\limits_{p=1}^{n} p! < (n-2)(n-2)! + (n-1)! + n! < 2(n-1)! + n!$

所以 $1 < \dfrac{\sum\limits_{p=1}^{n} p!}{n!} < \dfrac{2(n-1)! + n!}{n!} = \dfrac{2}{n} + 1$

且 $\lim\limits_{n \to \infty}(\frac{2}{n} + 1) = 1$,则由迫敛性知,$\lim\limits_{n \to \infty} \dfrac{\sum\limits_{p=1}^{n} p!}{n!} = 1$.

(3) 先证 $0 < (n+1)^\alpha - n^\alpha < n^{\alpha-1}$.

$0 < \alpha < 1 \Rightarrow \alpha - 1 < 0 \Rightarrow (n+1)^{\alpha-1} < n^{\alpha-1}$

$\Rightarrow (n+1)^\alpha \leqslant (n+1) \cdot n^{\alpha-1} = n^\alpha + n^{\alpha-1}$

$\Rightarrow (n+1)^\alpha - n^\alpha < n^{\alpha-1}$

因为 $\lim\limits_{n \to \infty} n^{\alpha-1} = 0$,且 $0 < (n+1)^\alpha - n^\alpha < n^{\alpha-1}$

则由迫敛性知,$\lim\limits_{n \to \infty}[(n+1)^\alpha - n^\alpha] = 0$.

(4) 记 $P_n = (1+\alpha)(1+\alpha^2)\cdots(1+\alpha^{2^n}) \Rightarrow (1-\alpha)P_n = 1 - \alpha^{2^{n+1}}$,$|\alpha| < 1$

则得 $P_n = (1 - \alpha^{2^{n+1}})/(1-\alpha)$

因为 $\lim\limits_{n \to \infty} \alpha^{2^{n+1}} = 0$

由极限的四则运算法则,得

$$\lim\limits_{n \to \infty} P_n = \lim\limits_{n \to \infty} \frac{1 - \alpha^{2^{n+1}}}{1-\alpha} = \frac{1}{1-\alpha}$$

即 $\lim\limits_{n \to \infty}(1+\alpha)(1+\alpha^2)\cdots(1+\alpha^{2^n}) = \dfrac{1}{1-\alpha}$.

9. 解题过程 不妨令 $a_p = \max\{a_1, a_2, \cdots, a_n\}$

则下面不等式成立

$$a_p \leqslant a_1 + a_2 + \cdots + a_m \leqslant m a_p$$

因此可得

$$a_p^n \leqslant a_1^n + a_2^n + \cdots + a_m^n \leqslant m a_p^n$$

$$\Rightarrow \sqrt[n]{a_p^n} \leqslant \sqrt[n]{a_1^n + a_2^n + \cdots + a_m^n} \leqslant \sqrt[n]{m a_p^n}$$

$$\Rightarrow a_p \leqslant \sqrt[n]{a_1^n + a_2^n + \cdots + a_m^n} \leqslant m^{\frac{1}{n}} a_p$$

又 $\because$ 当 $n \to \infty$ 时,$m^{\frac{1}{n}} \to 1$

$$\therefore \lim_{n\to\infty} \sqrt[n]{a_1^n + a_2^n + \cdots + a_m^n} = a_p$$

∴ 等式得证.

10. 解题过程 (1) $na_n - 1 < [na_n] \leqslant na_n$，所以 $a_n - \dfrac{1}{n} < \dfrac{[na_n]}{n} \leqslant a_n$，

因 $\lim_{n\to\infty}(a_n - \dfrac{1}{n}) = \lim_{n\to\infty} a_n = a$，由迫敛性知，$\lim_{n\to\infty} \dfrac{[na_n]}{n} = a$.

(2) 因为 $\lim_{n\to\infty} a_n = a > 0$，则对 $\varepsilon_0 = \dfrac{a}{2} > 0$，存在 N_0，当 $n > N_0$ 时，

$$\frac{a}{2} = a - \varepsilon_0 < a_n < a + \varepsilon_0 = \frac{3}{2}a$$

所以有 $\sqrt[n]{\dfrac{1}{2}a} < \sqrt[n]{a_n} < \sqrt[n]{\dfrac{3}{2}a}$

又因 $\lim_{n\to\infty}\sqrt[n]{\dfrac{1}{2}a} = \lim_{n\to\infty}\sqrt[n]{\dfrac{3}{2}a} = 1$，故由迫敛性知，$\lim_{n\to\infty}\sqrt[n]{a_n} = 1$.

数列极限存在的条件(教材上册 P41)

1. 知识点窍 $\lim_{n\to\infty}\left(1 + \dfrac{1}{n}\right)^n = e$

逻辑推理 注意：(4) 中的求解用到了这样一个事实：若 $\lim_{n\to\infty} a_n = a$，且 $a_n \geqslant 0, n = 1, 2, \cdots$，则 $\lim_{n\to\infty}\sqrt{a_n} = \sqrt{a}$.

解题过程 (1) $(1 - \dfrac{1}{n})^n = (\dfrac{n-1}{n})^n = \dfrac{1}{(\dfrac{n}{n-1})^{n-1} \cdot (\dfrac{n}{n-1})} = \dfrac{n-1}{n} \cdot \dfrac{1}{(1 + \dfrac{1}{n-1})^{n-1}}$

因为 $\lim_{n\to\infty}\dfrac{n-1}{n} = 1, \lim_{n\to\infty}(1 + \dfrac{1}{n-1})^{n-1} = e$.

由极限的四则运算法则，得

$$\lim_{n\to\infty}(1 - \frac{1}{n})^n = \frac{1}{e}.$$

(2) $(1 + \dfrac{1}{n})^{n+1} = (1 + \dfrac{1}{n})^n (1 + \dfrac{1}{n})$

因为 $\lim_{n\to\infty}(1 + \dfrac{1}{n})^n = e, \lim_{n\to\infty}(1 + \dfrac{1}{n}) = 1$

由极限的四则运算法则，得

$$\lim_{n\to\infty}(1 + \frac{1}{n})^{n+1} = \lim_{n\to\infty}(1 + \frac{1}{n})^n \cdot \lim_{n\to\infty}(1 + \frac{1}{n}) = e.$$

(3) $(1 + \dfrac{1}{n+1})^n = (1 + \dfrac{1}{n+1})^{n+1} \Big/ (1 + \dfrac{1}{n+1})$

因为 $\lim_{n\to\infty}(1 + \dfrac{1}{n+1})^{n+1} = e, \lim_{n\to\infty}(1 + \dfrac{1}{n+1}) = 1 \neq 0$

由极限的四则运算法则，得

$$\lim_{n\to\infty}(1 + \frac{1}{n+1})^n = e/1 = e.$$

(4) 因为 $\lim_{n\to\infty}(1 + \dfrac{1}{2n})^{2n} = e$，所以

$$\lim_{n\to\infty}(1+\frac{1}{2n})^n = \lim_{n\to\infty}\sqrt{(1+\frac{1}{2n})^{2n}} = \sqrt{e}.$$

(5) 因为 $\lim_{n\to\infty}(1+\frac{1}{n})^n = e$，而 $\left\{(1+\frac{1}{n^2})^{n^2}\right\}$ 是 $\left\{(1+\frac{1}{n})^n\right\}$ 的子列，故

$$\lim_{n\to\infty}(1+\frac{1}{n^2})^{n^2} = e,$$

根据 §2 习题 10(2) 的结论推得

$$\lim_{n\to\infty}(1+\frac{1}{n^2})^n = \lim_{n\to\infty}\sqrt[n]{(1+\frac{1}{n^2})^{n^2}} = 1.$$

2. 解题过程 该解题方法是错误的. 因为只有证明了 a_n 的极限存在以后才可设 $\lim_{n\to\infty}a_n = a$. 而这里 $\{2^n\}$ 是递增且无上界的数列，它不存在极限，所以，该解题方法不正确.

3. 解题过程 (1) 先证 $\forall n, a_n < 2$.

当 $n = 1$ 时，$a_1 = \sqrt{2} < 2$，成立.

设 $n = k$ 时，成立，则 $a_k < 2$

当 $n = k+1$ 时，$a_{k+1} = \sqrt{2a_k} < \sqrt{2 \cdot 2} = 2$

因此对所有 n，有 $a_n < 2$ ①

所以 $\sqrt{2a_n} > a_n, n = 1, 2, \cdots$，即

$$a_{n+1} = \sqrt{2a_n} > a_n, n = 1, 2, \cdots \qquad ②$$

由式 ①、式 ② 知数列 $\{a_n\}$ 单调有界，由单调有界定理(定理 2.9)知，$\{a_n\}$ 的极限存在.

设 $\lim_{n\to\infty}a_n = a$，对等式 $a_{n+1}^2 = 2a_n$ 两边同时取极限，得 $a^2 = 2a, \Rightarrow a = 0$ 或 $a = 2$

因 $a_n > a_1 > 1, n = 1, 2, \cdots$，由数列极限的保不等式性，$a = 0$ 是不可能的，故有

$$\lim_{n\to\infty}a_n = 2.$$

(2) 先证对所有 n，有 $a_n < \dfrac{1+\sqrt{1+4c}}{2}$

$n = 1$ 时，$a_1 = \sqrt{c} < \dfrac{1+\sqrt{1+4c}}{2}$

设 $n = k$ 时，$a_k < \dfrac{1+\sqrt{1+4c}}{2}$

则 $n = k+1$ 时，$a_{k+1} = \sqrt{c + a_k}$

$$< \sqrt{c + \dfrac{1+\sqrt{1+4c}}{2}} = \dfrac{1}{2}\sqrt{4c+2+2\sqrt{1+4c}}$$

$$= \dfrac{1}{2} \cdot (1 + \sqrt{1+4c})$$

因此，对所有 n，均有 $a_n < \dfrac{1+\sqrt{1+4c}}{2}$

若要使 $\sqrt{c+a_n} > a_n$，需使 $a_n^2 - a_n - c < 0$，得

$$\dfrac{1-\sqrt{1+4c}}{2} < a_n < \dfrac{1+\sqrt{1+4c}}{2}$$

因 $0 < a_n < \dfrac{1+\sqrt{1+4c}}{2}$

因此 $a_n^2 - a_n - c < 0$ 对所有 n 成立，即

$$a_{n+1} = \sqrt{c+a_n} > a_n, n = 1, 2, \cdots$$

综上，$\{a_n\}$ 单调有界，因此 $\{a_n\}$ 的极限存在. $a_{n+1} = \sqrt{c+a_n}$，设 $\lim\limits_{n\to\infty}a_n = a$，两边同时取极限得 $a = \sqrt{c+a}$

解得 $a = \dfrac{1\pm\sqrt{1+4c}}{2}$

因对所有 $n, a_n \geqslant \sqrt{c}, \dfrac{1-\sqrt{1+4c}}{2} < 0$，因此取 $a = \dfrac{1+\sqrt{1+4c}}{2}$.

即 $\lim\limits_{n\to\infty}a_n = \dfrac{1+\sqrt{1+4c}}{2}$.

(3) 取正整数 $N = [c]$，当 $n > N$ 时，
$$0 < \frac{c^n}{n!} = \frac{c^N}{1\cdot 2\cdots N}\cdot\frac{c^{n-N}}{(N+1)\cdots n} < \frac{c^N}{N!}\cdot\frac{c^{n-N}}{(N+1)^{n-N}},$$

而 $\lim\limits_{n\to\infty}\dfrac{c^N}{N!}\cdot\dfrac{c^{n-N}}{(N+1)^{n-N}} = 0$，所以 $\lim\limits_{n\to\infty}\dfrac{c^n}{n!} = 0\left(\dfrac{c}{N+1} < 1\right)$.

4. 解题过程 设 $a_n = \left(1+\dfrac{1}{n+1}\right)^n = \left(\dfrac{n+2}{n+1}\right)^n$，要证 $a_{n-1} \leqslant a_n, n = 2, 3, \cdots$，即

因为 $\left\{\left(1+\dfrac{1}{n}\right)^n\right\}$ 为递增数列，所以有 $\left(1+\dfrac{1}{n}\right)^n < \left(1+\dfrac{1}{n+1}\right)^{n+1}$，

即 $\left(\dfrac{n+1}{n}\right)^n < \left(\dfrac{n+2}{n+1}\right)^{n+1}$，于是

$a_{n-1} = \left(\dfrac{n+1}{n}\right)^{n-1} < \left(\dfrac{n+2}{n+1}\right)^{n+1}\dfrac{n}{n+1} = \left(\dfrac{n+2}{n+1}\right)^n\cdot\dfrac{n+2}{n+1}\cdot\dfrac{n}{n+1} < \left(\dfrac{n+2}{n+1}\right)^n = a_n$.

所以 $\left\{\left(1+\dfrac{1}{n+1}\right)^n\right\}$ 为递增数列.

5. 知识点窍 对任给的 $\varepsilon > 0$，存在正整数 N，使得当 $n, m > N$ 时，有 $|a_n - a_m| < \varepsilon$.

逻辑推理 利用柯西收敛准则去证明.

解题过程 (1) 不妨设 $n > m$，则有

$$|a_n - a_m| = \left|\frac{\sin(m+1)}{2^{m+1}} + \frac{\sin(m+2)}{2^{m+2}} + \cdots + \frac{\sin n}{2^n}\right|$$

$$\leqslant \left|\frac{\sin(m+1)}{2^{m+1}}\right| + \left|\frac{\sin(m+2)}{2^{m+2}}\right| + \cdots + \left|\frac{\sin n}{2^n}\right| \leqslant \frac{1}{2^{m+1}} + \frac{1}{2^{m+2}} + \cdots + \frac{1}{2^n}$$

$$= \frac{1}{2^{m+1}}\left(1 + \frac{1}{2} + \cdots + \frac{1}{2^{n-m-1}}\right) < \frac{1}{2^{m+1}}\left(1 + \frac{1}{2} + \cdots + \frac{1}{2^{n-m-1}} + \frac{1}{2^{n-m}} + \cdots\right)$$

$$= \frac{1}{2^{m+1}}\cdot 2 = \frac{1}{2^m} < \frac{1}{m}$$

所以，$\forall \varepsilon > 0$，取 $N = \dfrac{1}{\varepsilon}$，$\forall n, m > N$，有 $|a_n - a_m| < \varepsilon$，由柯西收敛准则，$\{a_n\}$ 收敛.

(2) 不妨设 $n > m$，则有

$$|a_n - a_m| = \left|\frac{1}{(m+1)^2} + \frac{1}{(m+2)^2} + \cdots + \frac{1}{n^2}\right|$$

$$\leqslant \left|\frac{1}{m(m+1)} + \frac{1}{(m+1)(m+2)} + \cdots + \frac{1}{(n-1)n}\right|$$

$$= \left|\frac{1}{m} - \frac{1}{m+1} + \frac{1}{m+1} - \frac{1}{m+2} + \cdots + \frac{1}{n-1} - \frac{1}{n}\right| = \left|\frac{1}{m} - \frac{1}{n}\right| < \frac{1}{m}$$

所以，对 $\forall \varepsilon > 0$，取 $N = \dfrac{1}{\varepsilon}$，$\forall n, m > N$，有 $|a_n - a_m| < \varepsilon$，由柯西收敛准则得 $\{a_n\}$ 收敛.

6. **解题过程** 设 $\{a_n\}$ 单调递增,且有收敛子列 $\{a_{n_k}\}$,记 $\lim\limits_{n \to \infty} a_{n_k} = a$. 因为 $\{a_{n_k}\}$ 仍为递增数列,所以 $a_{n_k} \leqslant a$ $(k = 1, 2, \cdots)$,则对任一 k,有 $k \leqslant n_k$,从而 $a_k \leqslant a_{n_k} \leqslant a$. 由此知对任意的自然数 k,有 $a_k \leqslant a$,说明 $\{a_n\}$ 有上界 a,由单调有界定理知 $\{a_n\}$ 一定是收敛的.

7. **知识点睛** 单调有界定理,极限的保号性.

逻辑推理 先证明 $\{a_n\}$ 是收敛的,再找出 $\{a_n\}$ 收敛的值大于 0 的矛盾性即可.

解题过程 $\lim\limits_{n \to \infty} \dfrac{a_n}{a_{n+1}} = l > 1$,所以对任何 $a \in (1, l)$,存在正数 N,当 $n > N$ 时,有

$$\frac{a_n}{a_{n+1}} > a > 1$$

即 $n > N$ 时,$a_n > a_{n+1}$.

又因为 $a_n > 0$ 对所有 n 成立,则 $n > N$ 时,$\{a_n\}$ 单调有界.

根据单调有界定理,$\{a_N, a_{N+1}, \cdots\}$ 的极限存在. 所以 $\{a_n\}$ 的极限存在. 可得出数列收敛.

设 $\lim\limits_{n \to \infty} a_n = a$,$a_n > 0$,由极限保号性知 $\lim\limits_{n \to \infty} a_n = a \geqslant 0$.

若 $a \neq 0$,则 $\lim\limits_{n \to \infty} \dfrac{a_n}{a_{n+1}} = \dfrac{\lim\limits_{n \to \infty} a_n}{\lim\limits_{n \to \infty} a_{n+1}} = \dfrac{a}{a} = 1 \neq l$,矛盾.

因此 $a = 0$,即 $\lim\limits_{n \to \infty} a_n = 0$.

8. **解题过程** (1) 若 $\{a_n\}$ 为递增有界数列,得 $\{a_n\}$ 有上界,由确界原理得,数列 $\{a_n\}$ 有上确界. 设 $a = \sup\{a_n\}$,下面证明 a 就是 $\{a_n\}$ 的极限. 事实上,对任给 $\varepsilon > 0$,按上确界的定义,存在数列 $\{a_n\}$ 中某一项 a_N,使得 $a - \varepsilon < a_N$,又由 $\{a_n\}$ 的递增性,当 $n \geqslant N$ 时,有

$$a - \varepsilon < a_N \leqslant a_n$$

另外,由于 a 是 $\{a_n\}$ 的一个上界,故对一切 a_n 都有 $a_n \leqslant a < a + \varepsilon$,所以当 $n \geqslant N$ 时,有

$$a - \varepsilon < a_n < a + \varepsilon$$

这就证得 $\quad \lim\limits_{n \to \infty} a_n = a = \sup\{a_n\}$.

(2) 若 $\{a_n\}$ 为递减有界数列,得 $\{a_n\}$ 有下界,由确界原理得,数列 $\{a_n\}$ 有下确界,记 $a = \inf\{a_n\}$. 下面证明 a 就是 $\{a_n\}$ 的极限. 事实上,对任给 $\varepsilon > 0$,按下确界的定义,存在数列 $\{a_n\}$ 中某一项 a_N,使得 $a + \varepsilon > a_N$,又由 $\{a_n\}$ 的递减性,当 $n \geqslant N$ 时,有

$$a_n \leqslant a_N < a + \varepsilon$$

另外,由于 a 是 $\{a_n\}$ 的一个下界,故对一切 a_n 都有 $a_n \geqslant a > a - \varepsilon$,所以当 $n > N$ 时有

$$a - \varepsilon < a_n < a + \varepsilon$$

这就证得 $\quad \lim\limits_{n \to \infty} a_n = a = \inf\{a_n\}$

逆命题不成立.

9. **解题过程** $b^{n+1} - a^{n+1} > (n+1)a^n(b-a)$,$b > a > 0$,则

$$b^{n+1} > a^n[(n+1)b - na]$$

$$\Rightarrow b^{n+1} > a^{n+2}\left[\frac{(n+1)b}{a^2} - \frac{n}{a}\right]$$

取 $a = 1 + \dfrac{1}{n+1}$,$b = 1 + \dfrac{1}{n}$,代入得

$$\left(1 + \frac{1}{n}\right)^{n+1} > \left(1 + \frac{1}{n+1}\right)^{n+2}\left[\frac{(n+1)b}{a^2} - \frac{n}{a}\right]$$

又因为 $\quad \dfrac{(n+1)b}{a^2} - \dfrac{n}{a} = \dfrac{(n+1)^4}{n(n+2)^2} - \dfrac{n(n+1)}{(n+2)}$

$$= \frac{n+1}{n+2}\left[\frac{(n+1)^3}{n(n+2)} - n\right] = \frac{n^3 + 4n^2 + 4n + 1}{n^3 + 4n^2 + 4n} > 1$$

所以　$(1+\frac{1}{n})^{n+1} > (1+\frac{1}{n+1})^{n+2}$

由此可知数列$\{(1+\frac{1}{n})^{n+1}\}$为递减数列.

因此　$a_n = (1+\frac{1}{n})^{n+1} \leqslant a_1 = 4, n = 1,2,\cdots$

即$\{(1+\frac{1}{n})^n\}$为有界数列.

10. 解题过程　由 9 题知,对于 $a_n = (1+\frac{1}{n})^{n+1}, 0 < a_n \leqslant a_1, n = 1,2,\cdots$

$\{a_n\}$ 递减有界,所以$\{a_n\}$的极限存在,且 $\lim\limits_{n\to\infty} a_n = \inf\{a_n\}$,

由 1 题(2) 知　$\lim\limits_{n\to\infty}(1+\frac{1}{n})^{n+1} = e \Rightarrow e = \inf\{a_n\}$

所以　　　　　　$e < (1+\frac{1}{n})^{n+1}, n = 1,2,\cdots$

下面证　　　　　$(1+\frac{1}{n})^{n+1} < \frac{3}{n} + (1+\frac{1}{n})^n$　　　　　　①

只需证　　　　　$(1+\frac{1}{n})^n \cdot \frac{1}{n} < \frac{3}{n}$

所以　　　　　　$(1+\frac{1}{n})^n < 3$

因　　　　　　$\lim\limits_{n\to\infty}(1+\frac{1}{n})^n = e = \sup\{(1+\frac{1}{n})^n\}, e < 3$

所以　　　　　　$(1+\frac{1}{n})^n < 3, n = 1,2,\cdots$

不等式 ① 得证.

由式 ① 得　　$(1+\frac{1}{n})^{n+1} - (1+\frac{1}{n})^n < \frac{3}{n}$,又因 $e < (1+\frac{1}{n})^{n+1}$

且 $e > \left(1+\frac{1}{n}\right)^n, \left\{\left(1+\frac{1}{n}\right)^n 为递增数列\right\}$

故　　　　　　$|e - (1+\frac{1}{n})^n| < \frac{3}{n}$.

11. 解题过程　因为 $a_1 > b_1$,所以有 $a_{n+1} = \frac{a_n + b_n}{2} < \frac{a_n + a_n}{2} = a_n$,即$\{a_n\}$ 单调递减. 同样可得$\{b_n\}$

单调递增. 于是有 $a_1 \geqslant a_{n+1} = \frac{a_n + b_n}{2} \geqslant \sqrt{a_n b_n} = b_{n+1} \geqslant b_1$,即$\{a_n\}$ 单调递减有下界,$\{b_n\}$ 单调

递增有上界,故 $\lim\limits_{n\to\infty} a_n$ 与 $\lim\limits_{n\to\infty} b_n$ 皆存在.

在 $2a_{n+1} = a_n + b_n$ 的两端取极限,可得 $\lim\limits_{n\to\infty} a_n = \lim\limits_{n\to\infty} b_n$.

12. 解题过程　(1) 根据数列上下确界的性质,因为 $\bar{a}_n$ 和 $\underline{a}_n$ 是同一数集的上、下确界,所以得 $\bar{a}_n \geqslant \underline{a}_n$.

(2) $\bar{a}_n = \sup\{a_n, a_{n+1}, \cdots\}, \bar{a}_{n+1} = \sup\{a_{n+1}, \cdots\} \leqslant \sup\{a_n, a_{n+1}, \cdots\}$

即 $\bar{a}_{n+1} \leqslant \bar{a}_n$,又$\{a_n\}$ 有界 $\Rightarrow \{\bar{a}_n\}$ 递减有界.

$\underline{a}_n = \inf\{a_n, a_{n+1}, \cdots\}, \underline{a}_{n+1} = \inf\{a_{n+1}, \cdots\} \geqslant \inf\{a_n, a_{n+1}, \cdots\}$

即 $\underline{a}_{n+1} \geqslant \underline{a}_n$,又$\{a_n\}$ 有界 $\Rightarrow \{\underline{a}_n\}$ 递增有界.

当 $m < n$ 时,有　$\bar{a}_m \geqslant \underline{a}_n \geqslant \underline{a}_m$

当 $m = n$ 时, 由(1) 得, $\bar{a}_n \geqslant \underline{a}_n \geqslant \underline{a}_m$

当 $m > n$ 时, $\bar{a}_n \geqslant \underline{a}_m$

综上所述, 对任何正整数 n, m, 有 $\bar{a}_n \geqslant \underline{a}_m$.

(3) $\{\bar{a}_n\}$ 单调有界, $\{\underline{a}_n\}$ 单调有界, 由单调有界性定理知 $\{\bar{a}_n\}$, $\{\underline{a}_n\}$ 的极限均存在.

设 $\lim\limits_{n\to\infty}\bar{a}_n = \bar{a}, \lim\limits_{n\to\infty}\underline{a}_n = \underline{a}$,

由(1) 知, $\bar{a}_n \geqslant \underline{a}_n$, 两边同时取极限, 得 $\bar{a} \geqslant \underline{a}$.

(4) 充分条件:

$\bar{a}_n \geqslant a_n \geqslant \underline{a}_n$, $\lim\limits_{n\to\infty}\bar{a}_n = \lim\limits_{n\to\infty}\underline{a}_n = \bar{a} = \underline{a}$

由迫敛性知, 数列 $\{a_n\}$ 收敛, $\lim\limits_{n\to\infty}a_n = \bar{a} = \underline{a}$.

必要条件:

设 $\lim\limits_{n\to\infty}a_n = a$, 则对任给 $\varepsilon > 0$, 存在 N, 当 $n > N$ 时,

$|a_n - a| < \dfrac{\varepsilon}{2}$, 即 $a - \dfrac{\varepsilon}{2} < a_n < a + \dfrac{\varepsilon}{2}$, 从而当 $n > N$ 时, 有

$$\bar{a}_n = \sup\{a_n, a_{n+1}, \cdots\} \leqslant a + \dfrac{\varepsilon}{2}$$

$$\underline{a}_n = \inf\{a_n, a_{n+1}, \cdots\} \geqslant a - \dfrac{\varepsilon}{2}$$

所以 $0 \leqslant \bar{a} - \underline{a} \leqslant \left(a + \dfrac{\varepsilon}{2}\right) - \left(a - \dfrac{\varepsilon}{2}\right) = \varepsilon$

由 ε 的任意性知 $\bar{a} = \underline{a}$.

总练习题(教材上册 P42)

1. 知识 点窍 利用极限的性质和四则运算法则求解.

逻辑 推理 求解极限是对式子的化简和对性质的运用.

解题 过程 (1) 当 $n > 3$ 时, 有 $n^3 < 3^n$, 于是

$3 = \sqrt[n]{3^n} < \sqrt[n]{n^3 + 3^n} < \sqrt[n]{2 \cdot 3^n} = 3 \cdot \sqrt[n]{2} \to 3, (n \to \infty)$, 所以 $\lim\limits_{n\to\infty} \sqrt[n]{n^3 + 3^n} = 3$.

(2) **解法 1** 设 $e = 1 + h$, 则当 $n > 6$ 时,

$e^n = (1 + h)^n = 1 + nh + \dfrac{n(n-1)}{2!}h^2 + \cdots + h^n \geqslant \dfrac{n(n-1)\cdots(n-5)}{6!}h^6$, 于是

$0 < \dfrac{n^5}{e^n} < \dfrac{6! \cdot n^5}{n(n-1)(n-2)(n-3)(n-4)(n-5)h^6} \to 0, (n \to \infty)$, 所以 $\lim\limits_{n\to\infty}\dfrac{n^5}{e^n} = 0$.

解法 2 用习题7的结论. 设 $a_n = \dfrac{n^5}{e^n}, \lim\limits_{n\to\infty}\dfrac{a_n}{a_{n+1}} = \lim\limits_{n\to\infty}\dfrac{n^5}{e^n} \dfrac{e^{n+1}}{(n+1)^5} = e > 1$, 从而 $\lim\limits_{n\to\infty}\dfrac{n^5}{e^n} = \lim\limits_{n\to\infty}a_n$ $= 0$.

解法 3 用单调有界定理. 令 $a_n = \dfrac{n^5}{e^n}$, 则 $\dfrac{a_{n+1}}{a_n} = \dfrac{1}{e}\left(1 + \dfrac{1}{n}\right)^5$. 因为 $\lim\limits_{n\to\infty}\left(1 + \dfrac{1}{n}\right)^5 = 1 < e$,

所以存在 $N > 0$, 当 $n > N$ 时, $\left(1 + \dfrac{1}{n}\right)^5 < e$, 从而当 $n > N$ 时, 有 $\dfrac{a_{n+1}}{a_n} = \dfrac{1}{e}\left(1 + \dfrac{1}{n}\right)^5 < 1$.

于是从 $n > N$ 起数列 $\{a_n\}$ 递减, 且有下界, 因此 $\{a_n\}$ 收敛. 设 $\lim\limits_{n\to\infty}a_n = a$, 在等式 $a_{n+1} = \dfrac{1}{e}\left(1 + \dfrac{1}{n}\right)^5$

$\cdot a_n$ 的两端取极限, 得 $a = \dfrac{1}{e} \cdot a$, 所以 $a = 0$.

(3) $\lim\limits_{n\to\infty}(\sqrt{n+2}-2\sqrt{n+1}+\sqrt{n})=\lim\limits_{n\to\infty}[(\sqrt{n+2}-\sqrt{n+1})+(\sqrt{n}-\sqrt{n+1})]$

$=\lim\limits_{n\to\infty}\left[\dfrac{1}{\sqrt{n+2}+\sqrt{n+1}}+\dfrac{-1}{\sqrt{n+1}+\sqrt{n}}\right]=0$

2. 知识点窍 注意 $q=0$ 的情况要考虑进去.

解题过程 (1) 当 $q=0$ 时,结论成立.

当 $0<|q|<1$ 时,有 $\dfrac{1}{|q|}>1$,令 $\dfrac{1}{|q|}=1+h,h>0$,于是有 $q^n=\dfrac{1}{(1+h)^n}$,而由牛顿二项

式定理得,当 $n>3$ 时,有 $(1+h)^n\geqslant\dfrac{n(n-1)(n-2)}{3!}h^3$,从而

$$0<n^2q^n=\dfrac{n^2}{(1+h)^n}\leqslant\dfrac{n^2}{\dfrac{n(n-1)(n-2)}{3!}h^3}\to 0,(n\to\infty),$$

所以 $\lim\limits_{n\to\infty}n^2q^n=0$.

(2) 因为 $\lg x<x,x>0$,于是

$$0<\dfrac{\lg n}{n^a}=\dfrac{2\lg\sqrt{n}}{n^a}<\dfrac{2\sqrt{n}}{n^a}=\dfrac{2}{n^{a-\frac{1}{2}}}\to 0,(n\to\infty),\text{所以 }\lim\limits_{n\to\infty}\dfrac{\lg n}{n^a}=0.$$

3. 解题过程 (1) 需证对 $\forall\varepsilon>0$,存在 $N>0$,当 $n>N$ 时,有

$$\left|\dfrac{a_1+\cdots+a_n}{n}-a\right|<\varepsilon$$

因为

$$\lim\limits_{n\to\infty}a_n=a$$

所以对 $\dfrac{\varepsilon}{2}>0$,存在 $N_1>0$,当 $n>N_1$ 时,有

$$a-\dfrac{\varepsilon}{2}<a_n<a+\dfrac{\varepsilon}{2}$$

$a_1+\cdots+a_{N_1}$ 为有限个项的和,因此存在 $c>0$,有

$$N_1a-c<a_1+\cdots+a_{N_1}<N_1a+c$$

则

$$\dfrac{(n-N_1)(a-\dfrac{\varepsilon}{2})+N_1a-c}{n}<\dfrac{a_1+\cdots+a_n}{n}$$

$$<\dfrac{(n-N_1)(a+\dfrac{\varepsilon}{2})+N_1a+c}{n}$$

$$\Rightarrow-\dfrac{(n-N_1)\dfrac{\varepsilon}{2}+c}{n}$$

$$<\dfrac{a_1+\cdots+a_n}{n}-a<\dfrac{(n-N_1)\dfrac{\varepsilon}{2}+c}{n}$$

即

$$\left|\dfrac{a_1+\cdots+a_n}{n}-a\right|<\dfrac{(n-N_1)\dfrac{\varepsilon}{2}+c}{n}$$

取 $N>\left[\dfrac{2c}{\varepsilon}-N_1\right]$,则 $n>N$ 时,有 $\left|\dfrac{a_1+\cdots+a_n}{n}-a\right|<\varepsilon$

故由极限定义得 $\lim\limits_{n\to\infty}\dfrac{a_1+\cdots+a_n}{n}-a=0$.

(2) 因为对任意的自然数 $n,a_n>0$,所以 $a\geqslant0$. 当 $a>0$ 时,$\lim\limits_{n\to\infty}\dfrac{1}{a_n}=\dfrac{1}{a}$. 又由平均值不等式

48

数学分析（第四版·上册）同步辅导及习题全解

$$\frac{n}{\frac{1}{a_1}+\frac{1}{a_2}+\cdots+\frac{1}{a_n}}\leqslant\sqrt[n]{a_1 a_2\cdots a_n}\leqslant\frac{a_1+a_2+\cdots+a_n}{n}$$

及(1) 的结论得 $\lim\limits_{n\to\infty}\dfrac{a_1+a_2+\cdots+a_n}{n}=a$

$$\lim_{n\to\infty}\frac{n}{\frac{1}{a_1}+\frac{1}{a_2}+\cdots+\frac{1}{a_n}}=\lim_{n\to\infty}\frac{1}{\dfrac{\frac{1}{a_1}+\frac{1}{a_2}+\cdots+\frac{1}{a_n}}{n}}=\frac{1}{\frac{1}{a}}=a.$$

所以由迫敛性可得 $\qquad\qquad\lim\limits_{n\to\infty}\sqrt[n]{a_1 a_2\cdots a_n}=a$

当 $a=0$ 时,对任给 $\varepsilon>0$,存在 N_1,使得当 $n>N_1$ 时,$0<a_n<\varepsilon$,于是当 $n>N_1$ 时,

$$0<\sqrt[n]{a_1 a_2\cdots a_n}=\sqrt[n]{a_1 a_2\cdots a_{N_1}}\cdot\sqrt[n]{a_{N_1+1}a_{N_1+2}\cdots a_n}$$

$$<\sqrt[n]{a_1 a_2\cdots a_{N_1}}\cdot\varepsilon^{\frac{n-N_1}{n}}=\varepsilon\cdot\sqrt[n]{a_1 a_2\cdots a_{N_1}\varepsilon^{-N_1}}$$

由于 $\lim\limits_{n\to\infty}\sqrt[n]{a_1 a_2\cdots a_{N_1}\varepsilon^{-N_1}}=1$,因此当 $n>N_1$ 时,$0<\sqrt[n]{a_1 a_2\cdots a_n}<\varepsilon$,进而 $\lim\limits_{n\to\infty}\sqrt[n]{a_1 a_2\cdots a_n}=0.$

4. 解题过程 (1) 已知 $\lim\limits_{n\to\infty}\dfrac{1}{n}=0$,由第 3 题(1) 的结论得

$$\lim_{n\to\infty}\frac{1+\frac{1}{2}+\frac{1}{3}+\cdots+\frac{1}{n}}{n}=0.$$

(2) 当 $a=1$ 时,结论显然成立,现设 $a>1$,令 $a_n=a^{\frac{1}{n}}-1$

则 $a_n>0$,由 $a=(1+a_n)^n\geqslant 1+na_n=1+n(a^{\frac{1}{n}}-1)$,得

$$a^{\frac{1}{n}}-1\leqslant\frac{a-1}{n}$$

对任给 $\varepsilon>0$,由第 3 题(2) 式可知,当 $n>\dfrac{a-1}{\varepsilon}=N$ 时,就有 $a^{\frac{1}{n}}-1<\varepsilon$,即

$$|\,a^{\frac{1}{n}}-1\,|<\varepsilon$$

因此 $\lim\limits_{n\to\infty}\sqrt[n]{a}=1,0<a<1$ 类似可证.

(3) 令 $a_n=\dfrac{n}{n-1}(n\geqslant 2),a_1=1$,则

$$a_1 a_2\cdots a_n=1\cdot\frac{2}{1}\cdot\cdots\cdot\frac{n}{n-1}=n$$

因 $\lim\limits_{n\to\infty}a_n=1$,由第 3 题(2) 的结论得 $\lim\limits_{n\to\infty}\sqrt[n]{n}=1.$

(4) 令 $a_n=\dfrac{1}{n}$,则 $a_1\cdots a_n=\dfrac{1}{1}\cdot\dfrac{1}{2}\cdots\dfrac{1}{n}=\dfrac{1}{n!}$

且又知 $\lim\limits_{n\to\infty}a_n=0$

由第 3 题(2) 的结论得 $\lim\limits_{n\to\infty}\dfrac{1}{\sqrt[n]{n!}}=\lim\limits_{n\to\infty}\sqrt[n]{\dfrac{1}{n!}}=0.$

(5) 令 $a_n=(1+\dfrac{1}{n})^n$,知 $\lim\limits_{n\to\infty}a_n=\mathrm{e}$,因

$$\sqrt[n]{a_1 a_2\cdots a_n}=\sqrt[n]{\frac{2^1}{1^1}\cdot\frac{3^2}{2^2}\cdots\frac{(n+1)^n}{n^n}}=\sqrt[n]{\frac{(n+1)^n}{n!}}$$

由第 3 题(2) 的结论得 $\lim\limits_{n\to\infty}\sqrt[n]{\dfrac{(n+1)^n}{n!}}=\mathrm{e}$

$$\lim_{n\to\infty}\frac{n}{\sqrt[n]{n!}}=\lim_{n\to\infty}\sqrt[n]{\frac{n^n}{n!}}=\lim_{n\to\infty}\sqrt[n]{\frac{(n+1)^n}{n!}\cdot\frac{n^n}{(n+1)^n}}$$

$$=\lim_{n\to\infty}\sqrt[n]{\frac{(n+1)^n}{n!}}\cdot\frac{n}{n+1}$$

$$=\mathrm{e}\cdot1=\mathrm{e}.$$

（6）令 $a_n=\sqrt[n]{n}$，$\lim\limits_{n\to\infty}\sqrt[n]{n}=1$，由第 3 题(1) 的结论得

$$\lim_{n\to\infty}\frac{1+\sqrt[2]{2}+\cdots+\sqrt[n]{n}}{n}=1.$$

（7）令 $a_1=b_1,a_n=\dfrac{b_n}{b_{n-1}}(n\geqslant2)$，则

$$\lim_{n\to\infty}a_n=a,a_n>0$$

得 $a_1a_2\cdots a_n=b_1\dfrac{b_2}{b_1}\cdots\dfrac{b_n}{b_{n-1}}=b_n$

由第 3 题(2) 的结论得 $\lim\limits_{n\to\infty}\sqrt[n]{b_n}=a$.

（8）令 $b_n=a_n-a_{n-1}(n\geqslant2)$，$b_1=a_1$，则 $\lim\limits_{n\to\infty}b_n=d$

由第 3 题(1) 的结论得 $\lim\limits_{n\to\infty}\dfrac{b_1+b_2+\cdots+b_n}{n}$

$$=\lim_{n\to\infty}\frac{a_1+a_2-a_1+\cdots+a_n-a_{n-1}}{n}=\lim_{n\to\infty}\frac{a_n}{n}=d.$$

5. 知识点拨 单调有界定理.

逻辑推理 先证明 $\{a_n-b_n\}$ 是单调有界的，再利用极限的四则运算法则即可得到结果.

解题过程 $\{a_n\}$ 递增，$\{b_n\}$ 递减 $\Rightarrow\{a_n-b_n\}$ 为递增数列

$$\Rightarrow\lim_{n\to\infty}(a_n-b_n)=\sup\{a_n-b_n\}=0$$

$$\Rightarrow a_n-b_n\leqslant\sup\{a_n-b_n\}=0\Rightarrow a_n\leqslant b_n$$

$\{b_n\}$ 递减 $\Rightarrow b_n\leqslant b_1\Rightarrow a_n\leqslant b_1\Rightarrow\{a_n\}$ 有上界

$\{a_n\}$ 递增 $\Rightarrow a_n\geqslant a_1\Rightarrow b_n\geqslant a_1\Rightarrow\{b_n\}$ 有下界

综上所述，$\{a_n\}$，$\{b_n\}$ 均单调有界，由单调有界定理可知，$\{a_n\}$，$\{b_n\}$ 的极限存在.

由极限的四则运算法则

$$\lim_{n\to\infty}(a_n-b_n)=\lim_{n\to\infty}a_n-\lim_{n\to\infty}b_n=0$$

由此可知 $\lim\limits_{n\to\infty}a_n=\lim\limits_{n\to\infty}b_n$

即 $\lim\limits_{n\to\infty}a_n$ 与 $\lim\limits_{n\to\infty}b_n$ 都存在且相等.

6. 解题过程 $A_n=|a_2-a_1|+|a_3-a_2|+\cdots+|a_n-a_{n-1}|$

$A_{n+1}=|a_2-a_1|+|a_3-a_2|+\cdots+|a_n-a_{n-1}|+|a_{n+1}-a_n|$

因此 $A_{n+1}\geqslant A_n$，即 $\{A_n\}$ 递增. 又因 $A_n\leqslant M$，则对所有 n，由单调有界定理可得 $\{A_n\}$ 收敛.

由柯西收敛准则得，对任给的 $\varepsilon>0$，存在正整数 N，使得当 $n-1>N$ 时，有

$$|A_n-A_{n-1}|\leqslant\varepsilon$$

$$|A_n-A_{n-1}|=|a_n-a_{n-1}|\Rightarrow|a_n-a_{n-1}|<\varepsilon$$

则当 $n>m>N$ 时，有 $|a_n-a_m|=|a_n-a_{n-1}+\cdots+a_{m+1}-a_m|$

$$\leqslant|a_n-a_{n-1}|+\cdots+|a_{m+1}-a_m|$$

$$<(n-m)\varepsilon$$

由柯西收敛准则可得 $\{a_n\}$ 收敛.

7. 解题过程 $a_1 = \frac{1}{2}(a + \frac{\sigma}{a}) > \frac{1}{2} \cdot 2\sqrt{\sigma} = \sqrt{\sigma}$

$a_{n+1} = \frac{1}{2}(a_n + \frac{\sigma}{a_n}) \geqslant \sqrt{\sigma}, n = 1, 2, \cdots$

即对所有 $n, a_n \geqslant \sqrt{\sigma}$

$a_{n+1} - a_n = \frac{1}{2}(\frac{\sigma}{a_n} - a_n) = \frac{1}{2a_n}(\sigma - a_n^2) \leqslant 0$,所以 $a_{n+1} \leqslant a_n$,即 $\{a_n\}$ 递减.

对所有 $n, a_n > \sqrt{\sigma}$

因为对所有 $n, a_n \geqslant \sqrt{\sigma}$,所以 $\{a_n\}$ 有下界,由单调有界定理可得 $\{a_n\}$ 收敛.

令 $\lim\limits_{n \to \infty} a_n = a > 0$,对 $a_{n+1} = \frac{1}{2}(a_n + \frac{\sigma}{a_n})$ 两边求极限,得

$$a = \frac{1}{2}(a + \frac{\sigma}{a})$$

得 $a^2 = \sigma$,又因 $a > 0$,所以 $a = \sqrt{\sigma}$(负根舍去)

即 $\lim\limits_{n \to \infty} a_n = \sqrt{\sigma}$.

8. 解题过程 因为 $b_n = \frac{2a_{n-1} \cdot b_{n-1}}{a_{n-1} + b_{n-1}} \leqslant \frac{a_{n-1}^2 + b_{n-1}^2}{a_{n-1} + b_{n-1}} = \frac{(a_{n-1} + b_{n-1})^2 - 2a_{n-1} \cdot b_{n-1}}{a_{n-1} + b_{n-1}}$

$$= a_{n-1} + b_{n-1} - \frac{2a_{n-1} \cdot b_{n-1}}{a_{n-1} + b_{n-1}} = a_{n-1} + b_{n-1} - b_n$$

所以 $b_n \leqslant \frac{a_{n-1} + b_{n-1}}{2} = a_n, n = 2, 3, \cdots$

数列 $\{a_n\}$ 是递减的:$a_{n+1} = \frac{a_n + b_n}{2} \leqslant \frac{a_n + a_n}{2} = a_n, n = 1, 2, \cdots$

数列 $\{a_n\}$ 有下界:$a_n = \frac{a_{n-1} + b_{n-1}}{2} \geqslant 0, n = 1, 2, \cdots$,所以 $\{a_n\}$ 收敛,设 $\lim\limits_{n \to \infty} a_n = a$.

数列 $\{b_n\}$ 是递增的:$b_n = \frac{2a_{n-1} \cdot b_{n-1}}{a_{n-1} + b_{n-1}} \geqslant \frac{2a_{n-1} \cdot b_{n-1}}{a_{n-1} + a_{n-1}} = b_{n-1}, n = 2, 3, \cdots$

数列 $\{b_n\}$ 有上界:$b_n \leqslant a_n \leqslant a_1, n = 1, 2, \cdots$,所以 $\{b_n\}$ 收敛,设 $\lim\limits_{n \to \infty} b_n = b$.

令 $n \to \infty$,在 $a_n = \frac{a_{n-1} + b_{n-1}}{2}$ 的两端取极限,得 $a = b$.

$a_n = \frac{a_{n-1} + b_{n-1}}{2}$ 与 $b_n = \frac{2a_{n-1} \cdot b_{n-1}}{a_{n-1} + b_{n-1}}$ 两端分别相乘,得 $a_n b_n = a_{n-1} b_{n-1}, n = 2, 3, \cdots$

所以有 $a_n b_n = a_1 b_1, n = 2, 3, \cdots$,令 $n \to \infty$,取极限得 $ab = a_1 b_1$,从而 $a = b = \sqrt{a_1 b_1}$.

9. 解题过程 数列 $\{a_n\}$ 发散的充要条件是:对任给的正整数 N,都存在正数 ε. 当 $n, m > N$ 时,有 $|a_n - a_m| \geqslant \varepsilon$.

(1) $|a_n - a_m| = |(-1)^n n - (-1)^m m| \, (n > m)$

$\qquad\qquad\quad = |(-1)^{n-m} n - m|$

$\qquad\qquad\quad \geqslant |n| - |m| > 0$

取 $\varepsilon = |n| - |m|$,则数列 $\{a_n\}$ 满足发散的充要条件,数列 $\{a_n\}$ 发散.

(2) $|a_n - a_m| = |\sin \frac{n\pi}{2} - \sin \frac{m\pi}{2}|$

取 $\varepsilon = \frac{1}{2}$,对任意 $N > 0$,都可找到 $n, m > N$,使得 $\sin \frac{n\pi}{2} = 1, \sin \frac{m\pi}{2} = 0$($\sin x$ 的周期性)

$\Rightarrow |a_n - a_m| = 1 > \varepsilon$,由数列 $\{a_n\}$ 发散的充要条件得数列 $\{a_n\}$ 发散.

(3) $\mid a_n - a_m \mid = \mid \dfrac{1}{m+1} + \cdots + \dfrac{1}{n} \mid (n > m) = \dfrac{1}{m+1} + \cdots + \dfrac{1}{n} > \dfrac{1}{m+1} > 0$

取 $\varepsilon = \dfrac{1}{m+1}$，则数列 $\{a_n\}$ 满足发散的充要条件，得数列 $\{a_n\}$ 发散.

10. **解题过程** (1) 根据极限的运算法则，有

$$\lim_{n\to\infty} S_n = \lim_{n\to\infty} \max\{a_n, b_n\} = \lim_{n\to\infty} \dfrac{a_n + b_n + \mid a_n - b_n \mid}{2}$$

$$= \dfrac{\lim\limits_{n\to\infty} a_n + \lim\limits_{n\to\infty} b_n + \mid \lim\limits_{n\to\infty} a_n - \lim\limits_{n\to\infty} b_n \mid}{2}$$

$$= \dfrac{a + b + \mid a - b \mid}{2} = \max\{a, b\}.$$

(2) 同理，有 $T_n = \min\{a_n, b_n\} = \dfrac{1}{2}(a_n + b_n - \mid a_n - b_n \mid)$

$$\lim_{n\to\infty} \mid a_n - b_n \mid = \mid a - b \mid$$

即得 $\quad \lim\limits_{n\to\infty} T_n = \dfrac{1}{2}(a + b - \mid a - b \mid) = \min\{a, b\}$

11. **解题过程** 因为 $\{a_n\}$ 是无界数列，故一定存在数列 $\{a_{n_k}\} \leqslant \{a_n\}$，对任意正数 M_1，存在 N_1，当 $n_k > N_1$ 时，有 $\mid a_{n_k} \mid > \sqrt{M_1}$.

因为 $\{b_n\}$ 是无穷大数列，所以 $\lim\limits_{n\to\infty} b_n = \infty$.

则对任意正数 M_2，存在 N_2，当 $n > N_2$ 时，有 $\mid b_n \mid > \sqrt{M_2}$.

现取 $M = \max\{M_1, M_2\}$，$N = \max\{N_1, N_2\}$

则当 $n, n_k > N$ 时，$\mid a_{n_k} b_n \mid > M$

即 $\{a_n b_n\}$ 为无界数列.

12. **解题过程** $\{a_n b_n\}$ 不必为无界数列.

反例：设 $\{a_n\} = 2, \dfrac{1}{3}, 4, \dfrac{1}{5}, 6, \dfrac{1}{7}, \cdots$

$\quad\quad \{b_n\} = \dfrac{1}{2}, 3, \dfrac{1}{4}, 5, \dfrac{1}{6}, 7, \cdots$

则 $\{a_n\}$、$\{b_n\}$ 为无界数列.

而 $\{a_n b_n\} = 1, 1, 1, 1, 1, 1, \cdots\cdots$，为有界数列.

走近考研

1. (2012 数学一) 求幂级数 $\sum\limits_{n=0}^{\infty} \dfrac{4n^2 + 4n + 3}{2n + 1} x^{2n}$ 的收敛域及和函数.

分析 $R = \lim\limits_{n\to\infty} \left| \dfrac{a_n}{a_{n+1}} \right| = \lim\limits_{n\to\infty} \left| \dfrac{a_n}{a_{n+1}} \right| = \lim\limits_{n\to\infty} \left| \dfrac{\dfrac{4n^2 + 4n + 3}{2n + 1}}{\dfrac{4(n+1)^2 + 4(n+1) + 3}{2(n+1) + 1}} \right|$

$$= \lim_{n\to\infty} \left| \dfrac{4n^2 + 4n + 3}{2n + 1} \cdot \dfrac{2(n+1) + 1}{4(n+1)^2 + 4(n+1) + 3} \right| = 1$$

$$S(x) = \sum_{n=0}^{\infty} \dfrac{4n^2 + 4n + 3}{2n + 1} x^{2n}$$

$$\int_0^x S(t)\mathrm{d}t = \sum_{n=0}^{\infty}\int_0^x \frac{4n^2+4n+3}{2n+1}x^{2n}\mathrm{d}x$$

$x=1$ 时，$\displaystyle\sum_{n=0}^{\infty}\frac{4n^2+4n+3}{2n+1}x^{2n}$ 发散

$$\because \lim_{n\to\infty}\frac{\dfrac{4n^2+4n+3}{2n+1}}{\dfrac{1}{2n+1}}=\infty$$

$x=-1$ 时，$\displaystyle\sum_{n=0}^{\infty}\frac{4n^2+4n+3}{2n+1}(-1)^{2n}$ 收敛

$\therefore (-1,1)$ 为函数的收敛域.

和函数为 $S(x)=\displaystyle\sum_{n=0}^{\infty}\frac{4n^2+4n+3}{2n+1}x^{2n}\cdot\frac{1}{x}$

2. (2003 数学一) 设 $\{a_n\}$，$\{b_n\}$，$\{c_n\}$ 均为非负数列，且 $\lim\limits_{n\to\infty}a_n=0$，$\lim\limits_{n\to\infty}b_n=1$，$\lim\limits_{n\to\infty}c_n=\infty$，则必有（　　）.

A. $a_n<b_n$，对任意 n 都成立　　　　　B. $b_n<c_n$，对任意 n 都成立

C. 极限 $\lim\limits_{n\to\infty}a_nc_n$ 不存在　　　　D. 极限 $\lim\limits_{n\to\infty}b_nc_n$ 不存在

分析 极限只能反映在趋向于无穷时数列中数的大小，无法对任意的数进行判断，所以 A 和 B 错误.

（因为 $\lim\limits_{n\to\infty}b_n=1$，所以 $\lim\limits_{n\to\infty}b_nc_n=\infty$ 是不存在的）$\lim\limits_{n\to\infty}a_nc_n$ 的极限不一定不存在，如 $a_n=\dfrac{1}{n}$，$b_n=n$，则极限是存在的，为 1，所以选项为 D.

3. (2014 数学一) 设数列 $\{a_n\}$，$\{b_n\}$ 满足 $0<a_n<\dfrac{\pi}{2}$，$0<b_n<\dfrac{\pi}{2}$，$\cos a_n-a_n=\cos b_n$ 且级数 $\displaystyle\sum_{n=1}^{\infty}b_n$ 收敛.

证明 $\lim\limits_{n\to\infty}a_n=0$.

证明 由 $\cos a_n-a_n=\cos b_n$，$a_n=\cos a_n-\cos b_n$，及 $0<a_n<\dfrac{\pi}{2}$，$0<b_n<\dfrac{\pi}{2}$ 可得

$0<\cos a_n-\cos b_n<\dfrac{\pi}{2}$，所以 $0<a_n<b_n$.

由于级数 $\displaystyle\sum_{n=1}^{\infty}b_n$ 收敛，所以级数 $\displaystyle\sum_{n=1}^{\infty}a_n$ 也收敛，由收敛的必要条件可得 $\lim\limits_{n\to\infty}a_n=0$.

4. (2013 数学一) 设 $\{a_n\}$ 为正项数列，下列选项正确的是（　　）.

A. 若 $a_n>a_{n+1}$，则 $\displaystyle\sum_{n=1}^{\infty}(-1)^{n-1}a_n$ 收敛

B. 若 $\displaystyle\sum_{n=1}^{\infty}(-1)^{n-1}a_n$ 收敛，则 $a_n>a_{n+1}$

C. 若 $\displaystyle\sum_{n=1}^{\infty}a_n$ 收敛，则存在常数 $p>1$，使 $\lim\limits_{n\to\infty}n^p a_n$ 存在

D. 若存在常数 $p>1$，使 $\lim\limits_{n\to\infty}n^p a_n$ 存在，则 $\displaystyle\sum_{n=1}^{\infty}a_n$ 收敛

分析 若存在常数 $p>1$，使 $\lim\limits_{n\to\infty} n^p a_n$ 存在，令 $\lim\limits_{n\to\infty} n^p a_n = A$，则 $\lim\limits_{n\to\infty} \dfrac{|a_n|}{\dfrac{1}{n^p}} = |A|$，由于常数 $p>1$ 时，

级数 $\sum\limits_{n=1}^{\infty} \dfrac{1}{n^p}$ 收敛. 由正项级数比较判别法可知 $\sum\limits_{n=1}^{\infty} |a_n|$ 收敛，从而 $\sum\limits_{n=1}^{\infty} a_n$ 收敛，所以 D 正确.

5. (2015 数学一模拟) 设 $f'(1)=a$，则数列极限 $I = \lim\limits_{n\to+\infty} \dfrac{f\left(1+\dfrac{1}{n}\right) - f\left(1+\dfrac{1}{n^2}\right)}{\dfrac{1}{n} + \dfrac{1}{n^2}} = $ _____.

A. 0   B. a C. $2a$ D. $\dfrac{1}{2}a$

分析 这是由已知导数求某数列的极限的问题. 若已知 $f'(b)=a$，可求得数列极限

$$\lim\limits_{n\to\infty} \frac{f(b+x_n) - f(b)}{x_n} = f'(b)$$

只要其中数列 x_n 满足 $\lim\limits_{n\to\infty} x_n = 0$.

为了使用条件 $f'(1)=a$，将所求极限 I 改写成求导数的形式.

$$I = \lim\limits_{n\to\infty} \frac{\left[f\left(1+\dfrac{1}{n}\right) - f(1)\right] - \left[f\left(1+\dfrac{1}{n^2}\right) - f(1)\right]}{\dfrac{1}{n} + \dfrac{1}{n^2}}$$

$$= \lim\limits_{n\to\infty} \frac{f\left(1+\dfrac{1}{n}\right) - f(1)}{\dfrac{1}{n}} \cdot \frac{\dfrac{1}{n}}{\dfrac{1}{n} + \dfrac{1}{n^2}} - \lim\limits_{n\to\infty} \frac{f\left(1+\dfrac{1}{n^2}\right) - f(1)}{\dfrac{1}{n}} \cdot \frac{\dfrac{1}{n^2}}{\dfrac{1}{n} + \dfrac{1}{n^2}}$$

其中 $$\lim\limits_{n\to\infty} \frac{\dfrac{1}{n}}{\dfrac{1}{n} + \dfrac{1}{n^2}} = \lim\limits_{n\to\infty} \frac{1}{1+\dfrac{1}{n}} = 1.$$

$$\lim\limits_{n\to\infty} \frac{\dfrac{1}{n^2}}{\dfrac{1}{n} + \dfrac{1}{n^2}} = \lim\limits_{n\to\infty} \frac{1}{n+1} = 0,$$

因此 $I = f'(1) \cdot 1 - f'(1) \cdot 0 = a$，因此选 B.

评注 假设 $f(x)$ 在 $x=1$ 邻域可导且 $f'(x)$ 在 $x=1$ 处连续，我们可把该 $\dfrac{0}{0}$ 型数列极限转化为

函数极限，然后用洛必达法则.

$$I = \lim\limits_{n\to 0^-} \frac{f(1+x) - f(1+x^2)}{x+x^2} \left(将 \dfrac{1}{n} 改为 x\right)$$

$$\overset{\frac{0}{0}}{=\!=\!=} \lim\limits_{x\to 0^+} \frac{f'(1+x) - f'(1+x^2) \cdot 2x}{1+2x}$$

$$= \frac{f'(1) - 0}{1+0} = f'(1) = a$$

作为填空题或选择题，只看最后结果，我们仍可得正确答案. 若是解答题. 这种解法是错误的，因为题中只假定 $f(x)$ 在 $x=1$ 处可导，因条件不够，不能用上述解法.

6. (2015 数学一模拟) 数列极限 $I = \lim\limits_{n\to\infty}\left(\arctan\dfrac{n+1}{n} - \dfrac{\pi}{4}\right)\sqrt{n^2+n} = $ _____.

分析 这是求 $0 \cdot \infty$ 型数列的极限的问题,可先转化为 $\dfrac{0}{0}$ 型极限.

$$I = \lim\limits_{n\to\infty}\left[\left(\arctan\left(1+\dfrac{1}{n}\right) - \dfrac{\pi}{4}\right)n\sqrt{1+\dfrac{1}{n}}\right]$$

$$= \lim\limits_{n\to\infty}\dfrac{\arctan\left(1+\dfrac{1}{n}\right) - \dfrac{\pi}{4}}{\dfrac{1}{n}}$$

分析一 利用导数定义求极限.

$$I = \lim\limits_{n\to\infty}\dfrac{\arctan\left(1+\dfrac{1}{n}\right) - \arctan 1}{\dfrac{1}{n}}$$

$$= \lim\limits_{t\to 0}\dfrac{\arctan(1+t) - \arctan 1}{t}\text{(把求数列极限转化为求函数极限)}$$

$$\xrightarrow{\text{导数定义}} (\arctan x)'\Big|_{x=1} = \dfrac{1}{1+x^2}\Big|_{x=1} = \dfrac{1}{2}.$$

分析二 把求数列极限转化为求函数极限后也可用洛必达法则.

$$I = \lim\limits_{t\to 0}\dfrac{\arctan(1+t) - \dfrac{\pi}{4}}{t} \xrightarrow[\text{洛必达法则}]{\frac{0}{0}} \lim\limits_{t\to 0}\dfrac{1}{1+(1+t)^2} = \dfrac{1}{2}$$

第三章

函数极限

本章导航

　　函数极限为后面学习理解函数连续以及更重要的微积分打下基础. 严格的函数极限定义将微积分较为抽象笼统的概念转化为数学的严谨理论, 这正是数学的魅力所在. 本章我们将学习函数极限的概念、性质以及一些重要的极限, 理解记忆这些重要的极限对学习数学分析, 特别是微积分这一块很有帮助.

　　本章知识结构图如下:

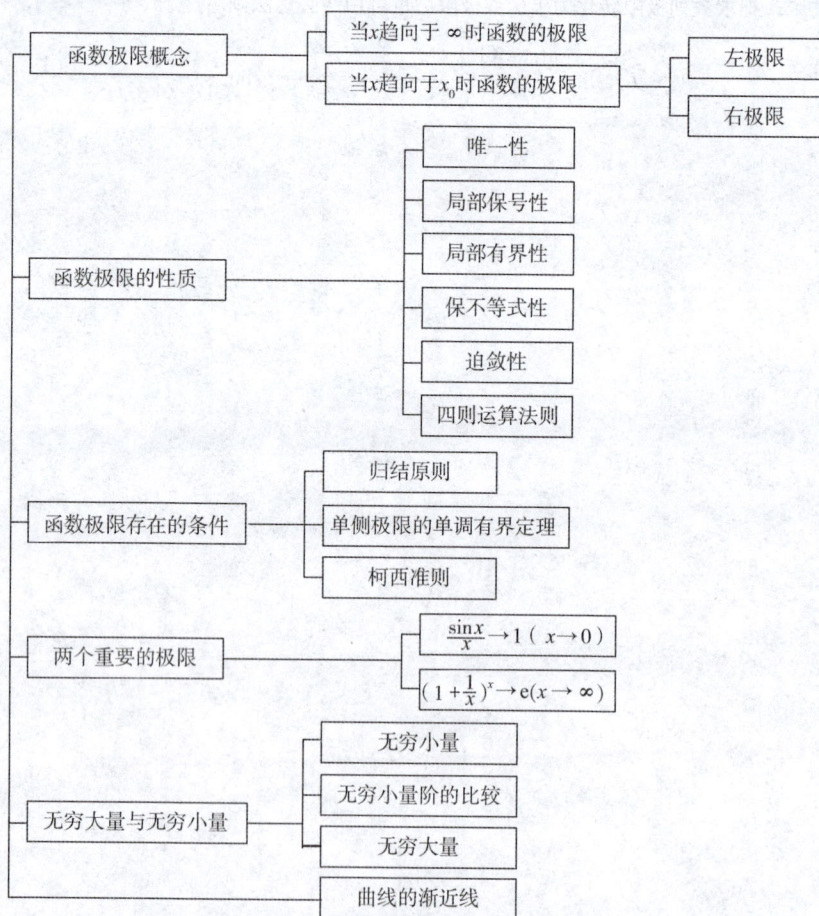

```
函数极限概念 ──┬── 当x趋向于 ∞ 时函数的极限
              └── 当x趋向于x₀时函数的极限 ──┬── 左极限
                                            └── 右极限

函数极限的性质 ──┬── 唯一性
                ├── 局部保号性
                ├── 局部有界性
                ├── 保不等式性
                ├── 迫敛性
                └── 四则运算法则

函数极限存在的条件 ──┬── 归结原则
                    ├── 单侧极限的单调有界定理
                    └── 柯西准则

两个重要的极限 ──┬── sinx/x → 1 ( x→0 )
                └── (1+1/x)^x → e(x→∞)

无穷大量与无穷小量 ──┬── 无穷小量
                    ├── 无穷小量阶的比较
                    ├── 无穷大量
                    └── 曲线的渐近线
```

各个击破

■ 函数极限概念

1. x 趋于 ∞ 时函数的极限

(1) $\lim\limits_{x \to +\infty} f(x) = A$：$\forall \varepsilon > 0$，$\exists M > 0$，当 $x > M$ 时，$|f(x) - A| < \varepsilon$.

(2) $\lim\limits_{x \to -\infty} f(x) = A$：$\forall \varepsilon > 0$，$\exists M > 0$，当 $x < -M$ 时，$|f(x) - A| < \varepsilon$.

(3) $\lim\limits_{x \to \infty} f(x) = A$：$\forall \varepsilon > 0$，$\exists M > 0$，当 $|x| > M$ 时，$|f(x) - A| < \varepsilon$.

2. x 趋于 x_0 时函数的极限

(1) $\lim\limits_{x \to x_0} f(x) = A$：$\forall \varepsilon > 0$，$\exists \delta > 0$，当 $0 < |x - x_0| < \delta$ 时，$|f(x) - A| < \varepsilon$.

(2) $\lim\limits_{x \to x_0^+} f(x) = A$：$\forall \varepsilon > 0$，$\exists \delta > 0$，当 $x_0 < x < x_0 + \delta$ 时，$|f(x) - A| < \varepsilon$.

(3) $\lim\limits_{x \to x_0^-} f(x) = A$：$\forall \varepsilon > 0$，$\exists \delta > 0$，当 $x_0 - \delta < x < x_0$ 时，$|f(x) - A| < \varepsilon$.

(1) 与 (2)、(3) 的关系：$\lim\limits_{x \to x_0} f(x) = A \Leftrightarrow \lim\limits_{x \to x_0^+} f(x) = \lim\limits_{x \to x_0^-} f(x) = A$.

例 1 已知 $f(x) = \begin{cases} a\sin x + b, & x > 0 \\ 0, & x = 0 \\ \cos x + 1, & x < 0 \end{cases}$，当 a, b 取值何值时，$\lim\limits_{x \to 0} f(x)$ 存在，其值为多少？

分析 $x = 0$ 是此分段函数的分段点，而 $\lim\limits_{x \to 0} f(x)$ 存在的充要条件是

$\lim\limits_{x \to 0^-} f(x)$ 与 $\lim\limits_{x \to 0^+} f(x)$ 都存在且相等.

小提示 解决此类题目的关键.

∵ $\lim\limits_{x \to 0^-} f(x) = \lim\limits_{x \to 0^-} (\cos x + 1) = 2$，$\lim\limits_{x \to 0^+} f(x) = \lim\limits_{x \to 0^+} (a\sin x + b) = b$，

∴ 当 $b = 2$，a 取任意实数时，$\lim\limits_{x \to 0} f(x)$ 存在，其值为 2.

例 2 $\lim\limits_{x \to 1} \left(\dfrac{1}{1-x} - \dfrac{2}{1-x^2} \right)$ 的值为多少？

分析 对极限化简处理：

$\dfrac{1}{1-x} - \dfrac{2}{1-x^2} = \dfrac{1}{1-x}\left(1 - \dfrac{2}{1+x}\right) = \dfrac{1}{1-x} \cdot \dfrac{x-1}{1+x} = -\dfrac{1}{1+x}$. 而 $\lim\limits_{x \to 1}\left(-\dfrac{1}{1+x}\right) = -\dfrac{1}{2}$.

需要注意的是当 $x = 1$ 时分式是否有意义.

■ 函数极限的性质

1. 极限性质

唯一性	若极限 $\lim\limits_{x \to x_0} f(x)$ 存在,则此极限是唯一的
局部保号性	若 $\lim\limits_{x \to x_0} f(x) = A > 0$(或 < 0),则对任何正数 $r < A$(或 $r < -A$),存在 $U^0(x_0)$,使得对一切 $x \in U^0(x_0)$ 有 $f(x) > r > 0$(或 $f(x) < -r < 0$)
局部有界性	若 $\lim\limits_{x \to x_0} f(x)$ 存在,则 $f(x)$ 在 x_0 的某空心邻域 $U^0(x_0)$ 内有界
保不等式性	设 $\lim\limits_{x \to x_0} f(x)$, $\lim\limits_{x \to x_0} g(x)$ 都存在,且在某邻域 $U^0(x_0;\delta)$ 内有 $f(x) \leqslant g(x)$,则 $\lim\limits_{x \to x_0} f(x) \leqslant \lim\limits_{x \to x_0} g(x)$
迫敛性	设 $\lim\limits_{x \to x_0} f(x) = \lim\limits_{x \to x_0} g(x) = A$,且在某邻域 $U^0(x_0;\delta)$ 内有 $f(x) \leqslant h(x) \leqslant g(x)$,则 $\lim\limits_{x \to x_0} h(x) = A$

2. 四则运算法则

若 $\lim\limits_{x \to x_0} f(x)$, $\lim\limits_{x \to x_0} g(x)$ 都存在,则

(1) $\lim\limits_{x \to x_0} [f(x) \pm g(x)] = \lim\limits_{x \to x_0} f(x) \pm \lim\limits_{x \to x_0} g(x)$;

(2) $\lim\limits_{x \to x_0} [f(x) \cdot g(x)] = \lim\limits_{x \to x_0} f(x) \cdot \lim\limits_{x \to x_0} g(x)$;

(3) $\lim\limits_{x \to x_0} \dfrac{f(x)}{g(x)} = \dfrac{\lim\limits_{x \to x_0} f(x)}{\lim\limits_{x \to x_0} g(x)} (\lim\limits_{x \to x_0} g(x) \neq 0)$.

3. 函数极限的复合运算法则

设 $\varphi(x)$ 在 x_0 的某空心邻域 $U^0(x_0;\delta_1)$ 内有定义且 $\varphi(x) \neq a$. 若 $\lim\limits_{x \to x_0} \varphi(x) = a$ 且 $\lim\limits_{t \to a} f(t) = A$, 则 $\lim\limits_{x \to x_0} f(\varphi(x)) = A$.

> **小提示** 掌握更多的已知的函数极限, 就更能促进对函数极限的性质的利用, 特别是在利用"迫敛性"和"四则运算法则"时, 可以从一些"简单函数极限"出发, 计算较多复杂函数的极限.

例 3 证明:如果函数 $f(x)$ 当 $x \to x_0$ 时的极限存在,则函数 $f(x)$ 在 x_0 的某个空心邻域内有界.

分析 函数极限和局部有界的定义.

证明:设 $\lim\limits_{x \to x_0} = A$,则对于任意正数 ε,存在正数 δ,当 $0 < |x - x_0| < \delta$ 时,有 $|f(x) - A| < \varepsilon$, 即 $A - \varepsilon < |f(x)| < A + \varepsilon$,取 $M = \max\{|A - \varepsilon|, |A + \varepsilon|\}$,则 $|f(x)| < M$.

$\therefore$ 当 $0 < |x - x_0| < \delta$ 时, $|f(x)| < M$.

例 4 已知 $\lim\limits_{x \to c} f(x) = 4$ 及 $\lim\limits_{x \to c} g(x) = 1$, $\lim\limits_{x \to c} h(x) = 0$,求:

(1) $\lim\limits_{x \to c} \dfrac{g(x)}{f(x)}$; (2) $\lim\limits_{x \to c} \dfrac{h(x)}{f(x) - g(x)}$; (3) $\lim\limits_{x \to c} [f(x) \cdot g(x)]$; (4) $\lim\limits_{x \to c} [f(x) \cdot h(x)]$

分析 函数极限四则运算法则.

解析 (1) $\lim\limits_{x \to c} \dfrac{g(x)}{f(x)} = \dfrac{\lim\limits_{x \to c} g(x)}{\lim\limits_{x \to c} f(x)} = \dfrac{1}{4}$;

(2) $\lim\limits_{x \to c} \dfrac{h(x)}{f(x) - g(x)} = \dfrac{\lim\limits_{x \to c} h(x)}{\lim\limits_{x \to c} f(x) - \lim\limits_{x \to c} g(x)} = 0$;

(3) $\lim\limits_{x \to c} [f(x) \cdot g(x)] = \lim\limits_{x \to c} f(x) \lim\limits_{x \to c} g(x) = 4$;

$(4) \lim_{x \to c}[f(x) \cdot h(x)] = \lim_{x \to c} f(x) \cdot \lim_{x \to c} h(x) = 0.$

例5 求极限 $\lim_{x \to -8} \dfrac{\sqrt{1-x}-3}{2+\sqrt[3]{x}}$.

分析 原式 $= \dfrac{(\sqrt{1-x}-3)(\sqrt{1-x}+3)}{(2+\sqrt[3]{x})(2^2-2\sqrt[3]{x}+\sqrt[3]{x^2})} \cdot \dfrac{2^2-2\sqrt[3]{x}+\sqrt[3]{x^2}}{\sqrt{1-x}+3}$

$\qquad = -\dfrac{x+8}{x+8} \cdot \dfrac{4-2\sqrt[3]{x}+\sqrt[3]{x^2}}{\sqrt{1-x}+3}$

$\therefore \lim_{x \to -8} \dfrac{\sqrt{1-x}-3}{2+\sqrt[3]{x}} = \lim_{x \to -8} -\dfrac{4-2\sqrt[3]{x}+\sqrt[3]{x^2}}{\sqrt{1-x}+3} = -2.$

函数极限存在的条件

1. 归结原则

设 $f(x)$ 在 $U^0(x_0;\delta')$ 内有定义，$\lim_{x \to x_0} f(x)$ 存在的充要条件是：对任何含于 $U^0(x_0;\delta')$ 且以 x_0 为极限的数列 $\{x_n\}$，极限 $\lim_{x \to x_0} f(x)$ 都存在且相等.

注：$(1) \lim_{x \to x_0} f(x) = A \Leftrightarrow$ 对任何数列 $x_n \to x_0 (n \to \infty)$，有 $\lim_{n \to \infty} f(x_n) = A$；

$\qquad (2) \lim_{x \to x_0^+} f(x) = A \Leftrightarrow$ 对任何数列 $x_n \to x_0^+ (n \to \infty)$，有 $\lim_{n \to \infty} f(x_n) = A$；

$\qquad (3) \lim_{x \to x_0^-} f(x) = A \Leftrightarrow$ 对任何数列 $x_n \to x_0^- (n \to \infty)$，有 $\lim_{n \to \infty} f(x) = A$.

2. 单侧极限的单调有界定理

$(1) \lim_{x \to x_0^+} f(x) = A \Leftrightarrow \begin{cases} \text{对任何以 } x_0 \text{ 为极限的递减数列} \\ \{x_n\} \subset U_+^0(x_0),\text{有} \lim_{n \to \infty} f(x_n) = A \end{cases}$

$(2) \lim_{x \to x_0^-} f(x) = A \Leftrightarrow \begin{cases} \text{对任何以 } x_0 \text{ 为极限的递增数列} \\ \{x_n\} \subset U_-^0(x_0),\text{有} \lim_{n \to \infty} f(x_n) = A \end{cases}$

> **小提示** 一般讨论的函数的单调递增，是在随着自变量增加时，因变量的变化，而当研究 $U^0(x_0)$ 时，$x \to x_0$ 是 x 减小的方向，就是说这时是与一般单调性相反的，希望读者仔细体会.

例6 试证明：$\lim_{x \to +\infty}(a\sin x + b\cos x + 1)$ 存在 $\Leftrightarrow a = b = 0$.

分析 先证明必要条件：

若 $a = b = 0$，明确

$$\lim_{x \to +\infty}(a\sin x + b\cos 2x + 1) = 1$$

再证明充分条件：

若 $\lim_{x \to +\infty}(a\sin x + b\cos x + 1)$ 存在，令

$$x_n = n\pi, y_n = \dfrac{\left(\dfrac{\pi}{2}+n\pi\right)}{2}, z_n = \dfrac{\left(-\dfrac{\pi}{2}+n\pi\right)x}{2}.$$

$$\therefore \lim_{n \to +\infty} x_n = +\infty. \text{同理,有} \lim_{n \to +\infty} y_n, \lim_{n \to +\infty} z_n \text{也等于} +\infty.$$

由归结原则有

$$\lim_{n \to +\infty}(a\sin x_n + b\cos 2x_n + 1) = \lim_{n \to +\infty}(a\sin y_n + b\cos 2y_n + 1) = \lim_{n \to +\infty}(a\sin z_n + b\cos z_n + 1)$$

$$\therefore b + 1 = a - b + 1 = -a - b + 1 \quad \therefore a = b = 0.$$

例7 设 $f(x) = \sin\dfrac{1}{x}, x \neq 0$,证明极限 $\lim_{x \to 0} f(x)$ 不存在.

证 设 $x'_n = \dfrac{1}{n\pi}, x''_n = \dfrac{1}{2n\pi + \dfrac{\pi}{2}}(n = 1, 2, \cdots)$,则显然有 $x'_n \to 0, x''_n \to 0(n \to \infty)$,但 $f(x'_n) = 0 \to$

$0, f(x''_n) = 1 \to 1(n \to \infty).$ 故由归结原则即得结论.

两个重要的极限

基本形式	变形	注意
$\lim_{x \to 0}\dfrac{\sin x}{x} = 1$	$\lim_{x \to a}\dfrac{\sin(f(x))}{f(x)} = 1$,必须保证 $x \to a$ 时 $f(x) \to 0$	分子、分母中 $f(x)$ 必须统一,包括系数和正负号
$\lim_{x \to \infty}(1 + \dfrac{1}{x})^x = e$	$\lim_{x \to a}[1 + g(x)]^{\frac{1}{g(x)}}$,必须保证 $x \to a$ 时,$g(x) \to 0$	$g(x)$ 形式上一定要统一

例8 求下列极限:

(1) $\lim_{x \to 0}\dfrac{\tan 5x}{x}$;(2) $\lim_{x \to 0}x\cot x$;(3) $\lim_{x \to 0}\dfrac{\tan x - \sin x}{x}$;(4) $\lim_{x \to 0}\dfrac{1 - \cos 2x}{x\sin x}$;

(5) $\lim_{x \to 0^+}\dfrac{x}{\sqrt{1 - \cos x}}$;(6) $\lim_{x \to \pi}\dfrac{\sin x}{\pi - x}$;(7) $\lim_{x \to 0}\dfrac{2\arcsin x}{3x}$;(8) $\lim_{x \to 0}\dfrac{x - \sin x}{x + \sin x}$.

分析 两个重要极限;当函数用三角函数和幂函数表达时,可考虑变形成 $\dfrac{\sin x}{x}$,其中 $x \to 0$;但本题解法不是唯一的,用等价无穷小代换来解更容易.

解题过程 (1) $\lim_{x \to 0}\dfrac{\tan 5x}{x} = \lim_{x \to 0}\dfrac{\sin 5x}{5x} \cdot \dfrac{1}{\cos 5x} \cdot 5 = 5$;(2) $\lim_{x \to 0}x\cot x = \lim_{x \to 0}\dfrac{x}{\sin x}\cos x = 1$;

(3) $\lim_{x \to 0}\dfrac{\tan x - \sin x}{x} = \lim_{x \to 0}\dfrac{\sin x\left(\dfrac{1}{\cos x} - 1\right)}{x} = \lim_{x \to 0}\dfrac{\sin x}{x} \cdot \lim_{x \to 0}\left(\dfrac{1}{\cos x} - 1\right) = 1 \cdot 0 = 0$;

(4) $\lim_{x \to 0}\dfrac{1 - \cos 2x}{x\sin x} = \lim_{x \to 0}\dfrac{2\sin^2 x}{x\sin x} = \lim_{x \to 0}2\dfrac{\sin x}{x} = 2$;

(5) $\lim_{x \to 0^+}\dfrac{x}{\sqrt{1 - \cos x}} = \lim_{x \to 0^+}\dfrac{x}{\sqrt{2\sin^2\dfrac{x}{2}}} = \lim_{x \to 0^+}\sqrt{2} \cdot \dfrac{\dfrac{x}{2}}{\sin\dfrac{x}{2}} = \sqrt{2}$;

(6) $\lim_{x \to \pi}\dfrac{\sin x}{\pi - x} \xlongequal{\pi - x = t} \lim_{t \to 0}\dfrac{\sin(\pi - t)}{t} = \lim_{t \to 0}\dfrac{\sin t}{t} = 1$;

(7) $x \to 0 \Rightarrow \arcsin x \to 0$,则 $\lim_{x \to 0}\dfrac{2\arcsin x}{3x} \xlongequal{\arcsin x = t} \lim_{t \to 0}\dfrac{2t}{3\sin t} = \dfrac{2}{3}$;

$(8) \lim\limits_{x \to 0} \dfrac{x - \sin x}{x + \sin x} = \lim\limits_{x \to 0} \dfrac{1 - \dfrac{\sin x}{x}}{1 + \dfrac{\sin x}{x}} = \dfrac{1 - \lim\limits_{x \to 0} \dfrac{x}{\sin x}}{1 + \lim\limits_{x \to 0} \dfrac{x}{\sin x}} = \dfrac{1 - 1}{1 + 1} = 0;$

例9 计算下列极限：

$(1) \lim\limits_{x \to 0} (1 - x)^{\frac{1}{x}};\ (2) \lim\limits_{x \to 0} (1 + 2x)^{\frac{1}{x}};\ (3) \lim\limits_{x \to \infty} \left(\dfrac{1 + x}{x} \right)^{3x};\ (4) \lim\limits_{x \to \infty} \left(1 - \dfrac{1}{x} \right)^{kx} (k \in \mathbf{N})$

$(5) \lim\limits_{x \to \infty} \left(\dfrac{x}{x + 1} \right)^{x + 3};\ (6) \lim\limits_{x \to \infty} \left(\dfrac{x + a}{x - a} \right)^{x};\ (7) \lim\limits_{x \to 0} (1 + x e^x)^{\frac{1}{x}};\ (8) \lim\limits_{x \to 0} \dfrac{1}{x} \ln \sqrt{\dfrac{1 + x}{1 - x}}$

分析 重要极限：$\lim\limits_{x \to 0} (1 + x)^{\frac{1}{x}} = e$ 或 $\lim\limits_{x \to \infty} \left(1 + \dfrac{1}{x} \right)^{x} = e$. 将函数表达式化成 $\lim\limits_{x \to 0} (1 + x)^{\frac{1}{x}} = e$ 或 $\lim\limits_{x \to \infty} \left(1 + \dfrac{1}{x} \right)^{x} = e$，并利用指数函数运算性质 $[e^{m+n} = e^m \cdot e^n, e^{mn} = (e^m)^n]$ 得出结果.

解题过程 $(1) \lim\limits_{x \to 0} (1 - x)^{\frac{1}{x}} = \lim\limits_{x \to 0} \left\{ [1 + (-x)]^{\frac{1}{-x} \times (-1)} \right\} = \left\{ \lim\limits_{x \to 0} [1 + (-x)]^{\frac{1}{-x}} \right\}^{-1} = e^{-1};$

$(2) \lim\limits_{x \to 0} (1 + 2x)^{\frac{1}{x}} = \left[\lim\limits_{x \to 0} (1 + 2x)^{\frac{1}{2x}} \right]^2 = e^2;$

$(3) \lim\limits_{x \to \infty} \left(\dfrac{1 + x}{x} \right)^{3x} = \lim\limits_{x \to \infty} \left(1 + \dfrac{1}{x} \right)^{x \times 3} = \left[\lim\limits_{x \to \infty} \left(1 + \dfrac{1}{x} \right)^x \right]^3 = e^3;$

$(4) \lim\limits_{x \to \infty} \left(1 - \dfrac{1}{x} \right)^{kx} = \lim\limits_{x \to \infty} \left[1 + \left(-\dfrac{1}{x} \right) \right]^{(-x)(-k)} = e^{-k};$

$(5) \lim\limits_{x \to \infty} \left(\dfrac{x}{x + 1} \right)^{x + 3} = \lim\limits_{x \to \infty} \left(\dfrac{x + 1 - 1}{x + 1} \right)^{x + 3} = \lim\limits_{x \to \infty} \left[1 + \left(-\dfrac{1}{1 + x} \right) \right]^{[-(1+x)] \frac{x+3}{x-1}}$

$= \left\{ \lim\limits_{x \to \infty} \left[1 + \left(-\dfrac{1}{1 + x} \right) \right]^{-(1+x)} \right\}^{\frac{1 + 3/x}{-1 - 1/x}} = e^{-1};$

$(6) \lim\limits_{x \to \infty} \left(\dfrac{x + a}{x - a} \right)^{x} = \lim\limits_{x \to \infty} \left(1 + \dfrac{2a}{x - a} \right)^{\frac{x-a}{2a} \cdot \frac{2ax}{x-a}} = \left[\lim\limits_{x \to \infty} \left(1 + \dfrac{2a}{x - a} \right)^{\frac{x-a}{2a}} \right]^{\frac{2a}{1 - a/x}} = e^{2a};$

$(7) \lim\limits_{x \to 0} (1 + x e^x)^{\frac{1}{x}} = \lim\limits_{x \to 0} (1 + x e^x)^{\frac{1}{x e^x} \cdot e^x} = e^1 = e;$

$(8) \lim\limits_{x \to 0} \dfrac{1}{x} \ln \sqrt{\dfrac{1 + x}{1 - x}} = \lim\limits_{x \to 0} \ln \left(\dfrac{1 + x}{1 - x} \right)^{\frac{1}{2x}} = \lim\limits_{x \to 0} \ln \left(1 + \dfrac{2x}{1 - x} \right)^{\frac{1-x}{2x} \cdot \frac{1}{1-x}} = \ln e = 1.$

小提示 利用重要极限 $\lim\limits_{x \to \infty} (1 + \frac{1}{x})^x = e$ 来求解的题目很多，难度各异，要注意是否符合条件. 同时要注意与 $\lim\limits_{x \to 0} (1 + \frac{1}{x})^{\frac{1}{x}} = e$ 的区分，两种趋向情况，一定不要混淆了.

无穷小量与无穷大量

1. 无穷小量与无穷大量的定义和性质

名称	定义	性质
无穷小量	设 $f(x)$ 在某个邻域 $U^0(x_0)$ 内有定义，若 $\lim\limits_{x \to x_0} f(x) = 0$，则称 $f(x)$ 为当 $x \to x_0$ 时的无穷小量	(1) 无穷小量的绝对值仍是无穷小量； (2) 无穷小量乘有界变量仍是无穷小量； (3) 变量有极限 a 的充要条件为变量可分解成 a 加无穷小量； (4) 有限个无穷小量的和、差、积仍是无穷小量
无穷大量	极限为无穷（包括 $+\infty$，$-\infty$）的变量称为无穷大量	若 $f(x)$ 在 $U^0(x_0)$ 有定义且不等于0，若 $f(x)$ 为 $x \to x_0$ 时的无穷大量，则 $\dfrac{1}{f(x)}$ 为 $x \to x_0$ 时的无穷小量

2. 无穷小量阶的比较

前提条件	定义	记号
设在同一极限过程中，$\alpha(x),\beta(x)$ 为无穷小量，且极限存在 $\lim\dfrac{\alpha(x)}{\beta(x)}=A$	$A\neq0,A$ 为常数，则称 $\alpha(x),\beta(x)$ 为同阶无穷小量	$\alpha(x)\sim A\beta(x)$
	$A=1$，则称 $\alpha(x),\beta(x)$ 为等价无穷小量	$\alpha(x)\sim\beta(x)$
	$A=0$，则称 $\alpha(x)$ 为 $\beta(x)$ 的高阶无穷小量	$\alpha(x)=o\beta(x)$
设在同一极限过程中，$\alpha(x),\beta(x)$ 为无穷小量	若 $\lim\dfrac{\beta(x)}{\alpha^k(x)}=l\neq0$，即 $\beta(x)$ 与 $\alpha^k(x)$ 为同阶无穷小量，称 $\beta(x)$ 是 $\alpha(x)$ 的 k 阶无穷小量	$\beta(x)\sim\alpha^k(x)$

3. 常见的等阶无穷小量

$x\to0$			
	$\sin x\sim x$	$\arcsin x\sim x$	$\arctan x\sim x$
	$\ln(1+x)\sim x$	$e^x-1\sim x$	$a^x-1\sim x\ln a$
	$1-\cos x\sim\dfrac{1}{2}x^2$	$(1+x)^a-1\sim ax$	$\log_a(1+x)\sim x\dfrac{1}{\ln a}$

4. 曲线的渐近线

(1) 若曲线 $y=f(x)$ 有斜渐近线 $y=kx+b$，则

$$\begin{cases}k=\lim\limits_{x\to+\infty}\dfrac{f(x)}{x}（或 k=\lim\limits_{x\to-\infty}\dfrac{f(x)}{x}）\\ b=\lim\limits_{x\to+\infty}[f(x)-kx]（或 b=\lim\limits_{x\to-\infty}[f(x)-kx]）\end{cases}$$

(2) 若函数 $f(x)$ 满足

$$\lim\limits_{x\to x_0}f(x)=\infty（或\lim\limits_{x\to x_0^+}f(x)=\infty,\lim\limits_{x\to x_0^-}f(x)=\infty）$$

则称 $f(x)$ 有垂直渐近线 $x=x_0$（或单侧垂直渐近线 $x=x_0$）.

例 10 当 $x\to0$ 时，$x-x^2$ 与 x^2-x^3 相比，哪一个是高阶无穷小量？

分析 无穷小量的比较关键是求两个无穷小量的极限，然后根据无穷小量比较的定义作出判断.

$$\lim\limits_{x\to0}\dfrac{x^2-x^3}{x-x^2}=\lim\limits_{x\to0}x=0；故 x^2-x^3 是 x-x^2 的高阶无穷小量.$$

例 11 当 $x\to0$ 时，$\left(\sin x+x^2\cos\dfrac{1}{x}\right)$ 与 $(1+\cos x)\ln(1+x)$ 是否为同阶无穷小量？

分析 无穷小量的比较可先利用等价无穷小量代换化简，然后再作判断.

当 $x\to0$ 时，$(1+\cos x)\to2$，$\ln(1+x)\sim x$ $\therefore(1+\cos x)\ln(1+x)\sim2\cdot x$

$$\left(\sin x+x^2\cos\dfrac{1}{x}\right)=x\left(\dfrac{\sin x}{x}+x\cos\dfrac{1}{x}\right),$$

由于 $\lim\limits_{x\to0}\dfrac{\sin x}{x}=1$，$\lim\limits_{x\to0}x\cos\dfrac{1}{x}=0$（有界量乘无穷小量为无穷小量）

$$\therefore\lim\limits_{x\to0}\left(\dfrac{\sin x}{x}+x\cos\dfrac{1}{x}\right)=1\Rightarrow x\left(\dfrac{\sin x}{x}+x\cos\dfrac{1}{x}\right)\sim x,$$

显然 $2x$ 与 x 同阶但不等价，由等价关系及同阶关系的传递性可得：

数学分析（第四版·上册）同步辅导及习题全解

$(1+\cos x)\ln(1+x)$ 与 $\left(\sin x+x^2\cos\dfrac{1}{x}\right)$ 同阶,但不等价.

例 12 设 $x\to x_0$ 时,$g(x)$ 是有界量,$f(x)$ 是无穷大量,证明:$f(x)\pm g(x)$ 是无穷大量.

分析 函数局部有界和无穷大的定义.可利用不等式 $|f(x)\pm g(x)|>|f(x)|-|g(x)|$ 及已知条件 $[g(x)$ 是有界量,$f(x)$ 是无穷大量] 证明结论.

$x\to x_0$ 时,$g(x)$ 是有界量,知存在正数 δ_1 及 M_1,当 $0<|x-x_0|<\delta_1$ 时,$|g(x)|\leqslant M_1$;

对任意常数 M(无论有多大),不妨设 $M>M_1$,

$\because x\to x_0$ 时,$f(x)$ 是无穷大量,

$\therefore$ 对于 $M_2=2M$,存在正数 δ_2,当 $0<|x-x_0|<\delta_2$ 时,$|f(x)|>M_2=2M$;

综上,无论 M 多大,总可以取 $\delta=\min(\delta_1,\delta_2)$,当 $0<|x-x_0|<\delta$ 时,$|g(x)|\leqslant M_1$ 和 $|f(x)|>M_2$ 同时成立.

则有 $|f(x)\pm g(x)|\geqslant|f(x)|-|g(x)|>M_2-M_1>M$ 成立,即 $f(x)\pm g(x)$ 是无穷大量.

例 13 求下列极限并说明理由:

(1) $\displaystyle\lim_{x\to\infty}\dfrac{3x+2}{x}$;(2) $\displaystyle\lim_{x\to 0}\dfrac{x^2-4}{x-2}$;(3) $\displaystyle\lim_{x\to 0}\dfrac{1}{1-\cos x}$;

分析 无穷小和无穷大的关系;先将函数作一定的化简.

(1) $\displaystyle\lim_{x\to\infty}\dfrac{3x+2}{x}=\lim_{x\to\infty}\left(3+\dfrac{2}{x}\right)=0$(依据无穷大的倒数是无穷小).

(2) $\displaystyle\lim_{x\to 0}\dfrac{x^2-4}{x-2}=\lim_{x\to 0}\dfrac{(x-2)(x+2)}{x-2}=\lim_{x\to 0}(x+2)=2$.

(3)$x\to 0\Rightarrow\cos x\to 1\Rightarrow 1-\cos x\to 0$,又因无穷小的倒数是无穷大,故 $\displaystyle\lim_{x\to 0}\dfrac{1}{1-\cos x}=\infty$.

课后习题全解

函数极限概念(教材上册 P49)

1. 知识点窍 函数极限的定义.

逻辑推理 注意区分趋于无穷大、趋于定点和趋于单侧的极限在定义上略有不同.

解题过程 (1) 任给 $\varepsilon>0$,

$\because\left|\dfrac{6x+5}{x}-6\right|=\dfrac{5}{|x|}<\varepsilon$

$\therefore|x|>\dfrac{5}{\varepsilon}$,取 $M=\dfrac{5}{\varepsilon}$

则当 $x>M$ 时,有 $\left|\dfrac{6x+5}{x}-6\right|<\varepsilon$ 成立.

$\therefore\displaystyle\lim_{x\to+\infty}\dfrac{6x+5}{x}=6$.

(2) 当 $x\neq 2$ 时,有

$$|x^2-6x+10-2|=|(x-2)(x-4)|=|x-2||x-4|$$

若限制 $0<|x-2|<1$,则 $|x-4|<3$,于是,对任给的 $\varepsilon>0$,取 $\delta=\min\{1,\dfrac{\varepsilon}{3}\}$,

则当 $0<|x-2|<\delta$ 时,便有
$$|x^2-6x+10-2|<|x-2||x-4|<3|x-2|<\varepsilon$$
所以 $\lim\limits_{x\to 2}(x^2-6x+10)=2$.

(3) $\left|\dfrac{x^2-5}{x^2-1}-1\right|=\dfrac{4}{|x^2-1|}$

∵ $x\to\infty$

∴ $\left|\dfrac{x^2-5}{x^2-1}-1\right|=\dfrac{4}{x^2-1}<\varepsilon\Rightarrow x^2>\dfrac{4}{\varepsilon}+1$,取 $M=\sqrt{\dfrac{4}{\varepsilon}+1}$

当 $|x|>M$ 时,有 $\left|\dfrac{x^2-5}{x^2-1}-1\right|<\varepsilon$

∴ $\lim\limits_{x\to\infty}\dfrac{x^2-5}{x^2-1}=1$

(4) $|x|\leqslant 2$,故有 $4-x^2=(2+x)(2-x)\leqslant 4(2-x)$

任给 $\varepsilon>0$,当 $4(2-x)<\varepsilon^2$ 时,就有 $\sqrt{4-x^2}<\varepsilon$　　　　　　①

于是取 $\delta=\dfrac{\varepsilon^2}{4}$,则当 $0<2-x<\delta$,即 $2-\delta<x<2$ 时,式 ① 成立,推出
$$\lim\limits_{x\to 2^-}\sqrt{4-x^2}=0.$$

(5) 因为 $|\sin x|\leqslant|x|$,$x\in\mathbf{R}$,则
$$|\cos x-\cos x_0|=2\left|\sin\dfrac{x+x_0}{2}\right|\cdot\left|\sin\dfrac{x-x_0}{2}\right|\leqslant|x-x_0|$$
对任给的 $\varepsilon>0$,只要取 $\delta=\varepsilon$,则当 $|x-x_0|<\delta$ 时,就有
$$|\cos x-\cos x_0|=\left|-2\sin\dfrac{x+x_0}{2}\sin\dfrac{x-x_0}{2}\right|\leqslant|x-x_0|<\delta=\varepsilon$$
所以 $\lim\limits_{x\to\infty}\cos x=\cos x_0$.

2. 解题过程 设函数 $f(x)$ 在点 x_0 的某个空心邻域 $U^0(x_0;\delta')$ 内有定义,若对给定的正数 $\delta(<\delta')$,都存在 $\varepsilon>0$,使得当 $0<|x-x_0|<\delta$ 时有
$$|f(x)-A|\geqslant\varepsilon$$
则称函数 $f(x)$ 当 x 趋于 x_0 时不以 A 为极限,记作
$$\lim\limits_{x\to x_0}f(x)\neq A.$$

3. 解题过程 $\lim\limits_{x\to x_0}f(x)=A\Rightarrow$ 任给 $\varepsilon>0$,存在正数 δ,使得当 $0<|x-x_0|<\delta$ 时,有
$$|f(x_0)-A|<\varepsilon$$
取 $x-x_0=h$,则对任给的 $\varepsilon>0$,存在正数 δ,使得当 $0<|h|=|h-0|<\delta$ 时,有
$$|f(x_0+h)-A|<\varepsilon$$
所以 $\lim\limits_{h\to 0}f(x_0+h)=A$.

4. 知识点窍 函数极限的定义.

解题过程 (1) ∵ $\lim\limits_{x\to x_0}f(x)=A$,由 $\varepsilon-\delta$ 定义可知

对 $\forall\varepsilon>0$,当 $0<|x-x_0|<\varepsilon$ 时,有

$|f(n)-A|<\varepsilon$ 成立,即

$||f(x)|-|A||<\varepsilon$ 也成立

∴ $\lim\limits_{x\to x_0}|f(x)|=|A|$

> 误区警示 同学们,千万不要直接举例说明 $A=0$ 时即有正确结果! 这是数学,需要你严谨地对待!

(2) 若 $\lim\limits_{x \to x_0} |f(x)| = |A|$，同理有
$$\Rightarrow f(x) = \pm A. \ ||f(x)| - |A|| < \varepsilon$$

当 $A > 0$ 时，$||f(x)| - A| < \varepsilon$

∴ 无法推出 $|f(x) - A| < \varepsilon$，同理，当 $A < 0$ 时，有同样结论.

当 $A = 0$ 时，若 $\lim\limits_{x \to x_0} f(x) = 0$，则有 $|f(x) - A| < \varepsilon$ 成立.

∴ 当且仅当 $A = 0$ 时，反之也成立.

5. **解题过程** 必要条件：

设 $\lim\limits_{x \to x_0} f(x) = A$，则对任给的 $\varepsilon > 0$，存在正数 δ，使得当 $0 < |x - x_0| < \delta$ 时，有
$$|f(x) - A| < \varepsilon$$

则当 $x_0 < x < x_0 + \delta$ 时，有 $|f(x) - A| < \varepsilon \Rightarrow \lim\limits_{x \to x_0^+} f(x) = A$

当 $x_0 - \delta < x < x_0$ 时，有 $|f(x) - A| < \varepsilon \Rightarrow \lim\limits_{x \to x_0^-} f(x) = A$

$$\Rightarrow \lim\limits_{x \to x_0^+} f(x) = \lim\limits_{x \to x_0^-} f(x) = A$$

充分条件：

$\lim\limits_{x \to x_0^+} f(x) = A$，则对任给的 $\varepsilon > 0$，存在正数 δ_1，使得当 $x_0 < x < x_0 + \delta_1$ 时，有
$$|f(x) - A| < \varepsilon$$

$\lim\limits_{x \to x_0^-} f(x) = A$，则对任给的 $\varepsilon > 0$，存在正数 δ_2，使得当 $x_0 - \delta_2 < x < x_0$ 时，有
$$|f(x) - A| < \varepsilon$$

所以对任给的 $\varepsilon > 0$，存在正数 $\delta = \min\{\delta_1, \delta_2\}$，使得当 $0 < |x - x_0| < \delta$ 时，有
$$|f(x) - A| < \varepsilon$$

故 $\lim\limits_{x \to x_0} f(x) = A$.

6. **知识点窍** 趋向于定点的极限.

解题过程 (1) $f(x) = \begin{cases} 1, & x > 0 \\ -1, & x < 0 \end{cases}$

$\Rightarrow f(0^-) = \lim\limits_{x \to 0^-} f(x) = \lim\limits_{x \to 0^-} (-1) = -1$

$f(0^+) = \lim\limits_{x \to 0^+} f(x) = \lim\limits_{x \to 0^+} (1) = 1$

因而 $\lim\limits_{x \to 0} f(x)$ 不存在.

(2) $x \to 0$，限制 $|x| < 1$，则 $f(x) = \begin{cases} -1, & -1 < x \leqslant 0 \\ 0, & 0 < x < 1 \end{cases}$

$\Rightarrow f(0^-) = \lim\limits_{x \to 0^-} f(x) = \lim\limits_{x \to 0^-} (-1) = -1$

$f(0^+) = \lim\limits_{x \to 0^+} f(x) = \lim\limits_{x \to 0^+} (0) = 0$

因此 $\lim\limits_{x \to 0} f(x)$ 不存在.

(3) 当 $x > 0$ 时，$f(x) = 2^x$，由 $|f(x) - 1| = 2^x - 1 < \varepsilon$ 可得 $x < \dfrac{\ln(1+\varepsilon)}{\ln 2}$. 所以对任意 $\varepsilon > 0$，

取 $\delta = \dfrac{\ln(1+\varepsilon)}{2}$，当 $0 < x < \delta$ 时，有
$$|f(x) - 1| < \varepsilon$$

所以 $f(0^+)=1$.

当 $x<0$ 时,$f(x)=1+x^2$,由 $|f(x)-1|=|(1+x^2)-1|=x^2<\varepsilon$ 可得 $-x<\sqrt{\varepsilon}$,即 $-\sqrt{\varepsilon}<x$,所以对任意 $\varepsilon>0$,取 $\delta=\sqrt{\varepsilon}$,当 $-\delta<x<0$ 时,有

$$|f(x)-1|<\varepsilon$$

所以 $f(0^-)=1$. 由此可知 $\lim\limits_{x\to 0}f(x)=1$.

7. `解题``过程` $\lim\limits_{x\to+\infty}f(x)=A\Rightarrow$ 任给 $\varepsilon>0$,存在正数 M,当 $x>M$ 时,有

$$|f(x)-A|<\varepsilon$$

取 $\delta=\dfrac{1}{M}$,则对任给的 $\varepsilon>0$,存在正数 δ,使得当 $0<x<\dfrac{1}{M}<\delta$ 时 $\Rightarrow\dfrac{1}{x}>M$,故有

$$\left|f\left(\dfrac{1}{x}\right)-A\right|<\varepsilon$$

所以 $\lim\limits_{x\to 0^+}f\left(\dfrac{1}{x}\right)=A$.

8. `解题``过程` $R(x)=\begin{cases}\dfrac{1}{q},\text{当 }x=\dfrac{p}{q}(p,q\text{ 为正整数},p/q\text{ 为既约真分数})\\[2mm]0,\text{ 当 }x=0,1\text{ 或}(0,1)\text{ 内的无理数}\end{cases}$

当 $0<x_0<1$ 时,要证 $\lim\limits_{x\to x_0}R(x)=0$,即对 $\forall\varepsilon>0$,存在 $\delta>0$,当 $0<|x-x_0|<\delta$ 时,有 $|R(x)|<\varepsilon$;当 x 为无理数时,$|R(x)|=0<\varepsilon$ 显然成立.

当 $x=\dfrac{p}{q}(p,q\in\mathbf{N}_+,p/q$ 为既约真分数$)$,要使 $|R(x)|=\dfrac{1}{|q|}=\dfrac{1}{q}<\varepsilon$,取 $q>\dfrac{1}{\varepsilon}$,此时有 $0<x=\dfrac{p}{q}<p\varepsilon,-x_0<x-x_0<p\varepsilon-x_0$,取 $\delta=\max\{|x_0|,|p\varepsilon-x_0|\}$,此时 $|R(x)|<\varepsilon$ 成立,由 ε 的任意性得当 $0<x_0<1$ 时,$\lim\limits_{x\to x_0}R(x)=0$.

当 $x_0=0$ 时,对任意 $\varepsilon>0$(不妨设 $\varepsilon<\dfrac{1}{p}$),取 $0<x<\delta=p\varepsilon$,则对任意 $x=\dfrac{p}{q}\in(0,p\varepsilon)$ 有 $|R(x)|=\left|\dfrac{1}{q}\right|<\varepsilon$,对任意 $(0,p\varepsilon)$ 中的无理数 x,$|R(x)|=0<\varepsilon$ 也成立,得 $\lim\limits_{x\to 0^+}R(x)=0$.

当 $x_0=1$ 时,对任意 $\varepsilon>0$,因 $\dfrac{p}{q}$ 为分数,可对 p 添加适当的倍数,使 $p>\dfrac{1}{\varepsilon}$,取 $\delta=\varepsilon p-1$,则对任意 $x=\dfrac{p}{q}\in(1-\delta,1)$,有 $\dfrac{1}{q}<\dfrac{1}{p}<\dfrac{1+z}{p}$,得 $|R(x)|=\left|\dfrac{1}{q}\right|<\varepsilon$,对任意 $\left(\dfrac{1}{p},p\varepsilon\right)$ 中的无理数 x,$|R(x)|=0<\varepsilon$ 也成立,得 $\lim\limits_{x\to 1^-}R(x)=0$.

综上所述,当 $x_0\in[0,1]$ 时,$\lim\limits_{x\to x_0}R(x)=0$.

函数极限的性质(教材上册 P53)

1. `知识``点窍` 极限的四则运算法则;因式分解;分子有理化等方法.

`逻辑``推理` 首先确定式子在该点是否能取到值,再根据性质进行化简求解.

`解题``过程` (1)根据极限的四则运算法则

$$\lim\limits_{x\to\frac{\pi}{2}}2(\sin x-\cos x-x^2)=\lim\limits_{x\to\frac{\pi}{2}}2\sin x-\lim\limits_{x\to\frac{\pi}{2}}2\cos x-\lim\limits_{x\to\frac{\pi}{2}}2x^2$$

$$=2\left(\sin\dfrac{\pi}{2}-\cos\dfrac{\pi}{2}-\left(\dfrac{\pi}{2}\right)^2\right)$$

$$= 2 - 0 - 2\left(\frac{\pi}{2}\right)^2 = 2 - \frac{\pi^2}{2}.$$

(2) $\dfrac{x^2-1}{2x^2-x-1} = \dfrac{(x+1)(x-1)}{(x-1)(2x+1)} = \dfrac{x+1}{2x+1}$(当 $x-1 \ne 0$ 时)

$$\lim_{x\to 0} \frac{x^2-1}{2x^2-x-1} = \lim_{x\to 0} \frac{x+1}{2x+1} = \frac{0+1}{0+1} = 1.$$

(3) 当 $x-1 \ne 0$ 时,有

$$\frac{x^2-1}{2x^2-x-1} = \frac{x+1}{2x+1}$$

$$\lim_{x\to 1} \frac{x^2-1}{2x^2-x-1} = \lim_{x\to 1} \frac{x+1}{2x+1} = \frac{1+1}{2+1} = \frac{2}{3}.$$

(4) 当 $x \ne 0$ 时,$\dfrac{(x-1)^3+(1-3x)}{x^2+2x^3} = \dfrac{x^3-3x^2+2x-1+(1-3x)}{x^2+2x^3} = \dfrac{x-3}{2x+1}$

$$\lim_{x\to 0} \frac{(x-1)^3+(1-3x)}{x^2+2x^3} = \lim_{x\to 0} \frac{x-3}{2x+1} = \frac{0-3}{0+1} = -3.$$

(5) 当 $x-1 \ne 0$ 时,有

$$\frac{x^n-1}{x^m-1} = \frac{(x-1)(x^{n-1}+x^{n-2}+\cdots+1)}{(x-1)(x^{m-1}+x^{m-2}+\cdots+1)} = \frac{x^{n-1}+\cdots+1}{x^{m-1}+\cdots+1}$$

$$\lim_{x\to 1} \frac{x^n-1}{x^m-1} = \lim_{x\to 1} \frac{x^{n-1}+\cdots+1}{x^{m-1}+\cdots+1} = \frac{1+\cdots+1}{1+\cdots+1} = \frac{n}{m}.$$

(6) $\dfrac{\sqrt{1+2x}-3}{\sqrt{x}-2} = \dfrac{(\sqrt{1+2x}-3)(\sqrt{1+2x}+3)}{(\sqrt{x}-2)(\sqrt{1+2x}+3)}$

$$= \frac{2(x-4)}{(\sqrt{x}-2)(\sqrt{1+2x}+3)} = \frac{2(\sqrt{x}+2)}{\sqrt{1+2x}+3}$$

$$\lim_{x\to 4} \frac{\sqrt{1+2x}-3}{\sqrt{x}-2} = \lim_{x\to 4} \frac{2(\sqrt{x}+2)}{\sqrt{1+2x}+3} = \frac{2(2+2)}{3+3} = \frac{4}{3}.$$

(7) $\dfrac{\sqrt{a^2+x}-a}{x} = \dfrac{(\sqrt{a^2+x}-a)(\sqrt{a^2+x}+a)}{x(\sqrt{a^2+x}+a)}$

$$= \frac{x}{x(\sqrt{a^2+x}+a)} = \frac{1}{\sqrt{a^2+x}+a}$$

$$\lim_{x\to 0} \frac{\sqrt{a^2+x}-a}{x} = \lim_{x\to 0} \frac{1}{\sqrt{a^2+x}+a} = \frac{1}{\sqrt{a^2+0}+a} = \frac{1}{2a}.$$

(8) $\displaystyle\lim_{x\to+\infty} \frac{(3x+6)^{70}(8x-5)^{20}}{(5x-1)^{90}} = \lim_{x\to+\infty} \frac{(3+\frac{6}{x})^{70}(8-\frac{5}{x})^{20}}{(5-\frac{1}{x})^{90}}$

$$= \frac{(3+0)^{70}(8-0)^{20}}{(5-0)^{90}} = \frac{3^{70}\cdot 8^{20}}{5^{90}}.$$

2. 知识点窍 迫敛性:设 $\displaystyle\lim_{x\to x_0} f(x) = \lim_{x\to x_0} g(x) = A$,且在某邻域 $U^0(x_0,\delta)$ 内有 $f(x) \leqslant h(x) \leqslant g(x)$,

则 $\displaystyle\lim_{x\to x_0} h(x) = A.$

逻辑推理 根据式子找出合适的 $f(x)$ 和 $g(x)$,再利用迫敛性证明.

解题过程 (1) 因 x 趋于负无穷,当 $x<0$ 时,

$$\frac{x+1}{x} \leqslant \frac{x-\cos x}{x} \leqslant \frac{x-1}{x}$$

$$\lim_{x \to \infty} \frac{x+1}{x} = \lim_{x \to \infty} \left(1 + \frac{1}{x}\right) = 1$$

$$\lim_{x \to \infty} \frac{x-1}{x} = \lim_{x \to \infty} \left(1 - \frac{1}{x}\right) = 1$$

由迫敛性得 $\lim\limits_{x \to \infty} \dfrac{x - \cos x}{x} = 1$.

(2) 因 x 趋于正无穷,当 $x > 2$ 时

$$\frac{-x}{x^2 - 4} \leqslant \frac{x \sin x}{x^2 - 4} \leqslant \frac{x}{x^2 - 4}$$

$$\lim_{x \to +\infty} \frac{-x}{x^2 - 4} = \lim_{x \to +\infty} \frac{-\dfrac{1}{x}}{1 - \dfrac{4}{x^2}} = \frac{0}{1 - 0} = 0$$

$$\lim_{x \to +\infty} \frac{x}{x^2 - 4} = \lim_{x \to +\infty} \frac{\dfrac{1}{x}}{1 - \dfrac{4}{x^2}} = \frac{0}{1 - 0} = 0$$

由迫敛性得 $\lim\limits_{x \to +\infty} \dfrac{x \sin x}{x^2 - 4} = 0$.

3. 知识点拨 极限的四则运算法则.

解题过程 (1) 只证 $\lim\limits_{x \to x_0} [f(x) + g(x)] = A + B$ 即可,$\lim\limits_{x \to x_0} [f(x) - g(x)] = A - B$ 类似可证.

因为 $\lim\limits_{x \to x_0} f(x) = A, \lim\limits_{x \to x_0} g(x) = B$,则对任给的 $\varepsilon > 0$,分别存在正数 δ_1 与 δ_2,使得

当 $0 < |x - x_0| < \delta_1$ 时,有 $A - \varepsilon < f(x) < A + \varepsilon$ ①

当 $0 < |x - x_0| < \delta_2$ 时,有 $B - \varepsilon < g(x) < B + \varepsilon$ ②

取 $\delta = \min\{\delta_1, \delta_2\}$,则①②两式同时成立,两式相加得

$$A + B - 2\varepsilon < f(x) + g(x) < A + B + 2\varepsilon$$

即 $|(f(x) + g(x)) - (A + B)| < 2\varepsilon$

所以 $\lim\limits_{x \to x_0} [f(x) + g(x)] = A + B$.

(2) $|f(x)g(x) - AB| = |[f(x)g(x) - Ag(x)] + (Ag(x) - AB)|$

$\qquad\qquad\qquad\qquad \leqslant |f(x)g(x) - Ag(x)| + |Ag(x) - AB|$

$\qquad\qquad\qquad\qquad \leqslant |f(x) - A||g(x)| + |A||g(x) - B|,$

因 $\lim\limits_{x \to x_0} g(x)$ 存在,所以 $g(x)$ 在 x_0 的某个邻域内有界,即存在 $M > 0$ 及 $\delta_1 > 0$,使得

$$|g(x)| \leqslant M, x \in U^0(x_0; \delta_1).$$

因 $\lim\limits_{x \to x_0} f(x) = A, \lim\limits_{x \to x_0} g(x) = B$,根据极限定义,对于任何 $\varepsilon > 0$,存在 $\delta_2 > 0, \delta_3 > 0$,当 $0 < |x - x_0| < \delta_2$ 时有

$$|f(x) - A| < \varepsilon,$$

当 $0 < |x - x_0| < \delta_3$ 时有

$$|g(x) - B| < \varepsilon.$$

取 $\delta = \min\{\delta_1, \delta_2, \delta_3\}$,当 $0 < |x - x_0| < \delta$ 时,有

$$|f(x)g(x) - AB| < M\varepsilon + |A|\varepsilon = (M + |A|)\varepsilon,$$

所以 $\lim\limits_{x \to x_0} f(x)g(x) = AB$.

(3) $\lim\limits_{x \to x_0} g(x) = B \neq 0$,根据函数极限的局部保号性,存在正数 δ_4,使得当 $0 < |x - x_0| < \delta_4$ 时,有

$|g(x)|>\dfrac{1}{2}|B|$,取 $\delta=\min\{\delta_2,\delta_4\}$(上一小题中),则当 $0<|x-x_0|<\delta$ 时,有

$$\left|\dfrac{1}{g(x)}-\dfrac{1}{B}\right|=\dfrac{|g(x)-B|}{|g(x)B|}<\dfrac{2|g(x)-B|}{B^2}<\dfrac{2\varepsilon}{B^2}$$

由 ε 的任意性,得 $\lim\limits_{x\to x_0}\dfrac{1}{g(x)}=\dfrac{1}{B}$

利用(2)题结论,有 $\lim\limits_{x\to x_0}f(x)\cdot\dfrac{1}{g(x)}=A\cdot\dfrac{1}{B}$

即 $\lim\limits_{x\to x_0}\dfrac{f(x)}{g(x)}=\dfrac{A}{B}$.

4. **逻辑**推理 将分子分母同乘以 $\dfrac{1}{x^n}$.

解题过程 $\dfrac{a_0x^m+a_1x^{m-1}+\cdots+a_{m-1}x+a_m}{b_0x^n+b_1x^{n-1}+\cdots+b_{n-1}x+b_n}=\dfrac{a_0\dfrac{1}{x^{n-m}}+a_1\dfrac{1}{x^{n-m+1}}+\cdots+a_{m-1}\dfrac{1}{x^{n-1}}+a_m\dfrac{1}{x^n}}{b_0+b_1\dfrac{1}{x}+\cdots+b_{n-1}\dfrac{1}{x^{n-1}}+b_n\dfrac{1}{x^n}}$

当 $n>m$ 时 $\Rightarrow\lim\limits_{x\to\infty}f(x)=\dfrac{0+0+\cdots+0+0}{b_0+0+\cdots+0+0}=0$

当 $n=m$ 时 $\Rightarrow\lim\limits_{x\to\infty}f(x)=\dfrac{a_0+0+\cdots+0+0}{b_0+0+\cdots+0+0}=\dfrac{a_0}{b_0}$

5. **知识**点睛 函数极限的局部保号性.

解题过程 当 $A=0$ 时,$\lim\limits_{x\to x_0}f(x)=0$,所以对任给 $\varepsilon>0$,存在正数 δ,当 $0<|x-x_0|<\delta$ 时,有 $|f(x)|<\varepsilon$.

由此可知 $\sqrt[n]{|f(x)|}<\sqrt[n]{\varepsilon}$

由 ε 的任意性,证得 $\lim\limits_{x\to x_0}\sqrt[n]{f(x)}=0$

当 $A\neq 0$ 时,由函数极限的局部保号性知,存在正数 δ_2,使得当 $0<|x-x_0|<\delta_2$ 时,有 $|f(x)|>\dfrac{1}{2}|A|$,取 $\delta'=\min\{\delta,\delta_2\}$,则当 $0<|x-x_0|<\delta'$ 时,有

$|f(x)-A|=|\sqrt[n]{f(x)}-\sqrt[n]{A}|\left\{[\sqrt[n]{f(x)}]^{n-1}+|A|^{\frac{1}{n}}[\sqrt[n]{f(x)}]^{n-2}+\cdots+|\varepsilon|^{\frac{n-1}{n}}]\right\}<\varepsilon$

由此可知

$|\sqrt[n]{f(x)}-\sqrt[n]{A}|=\dfrac{|f(x)-A|}{[\sqrt[n]{f(x)}]^{n-1}+A^{\frac{1}{n}}[\sqrt[n]{f(x)}]^{n-2}+\cdots+A^{\frac{n-1}{n}}}<\dfrac{|f(x)-A|}{(\sqrt[n]{A})^{n-1}}<\varepsilon$

由函数极限的 $\varepsilon-\delta$ 定义,证得 $\lim\limits_{x\to x_0}\sqrt[n]{f(x)}=\sqrt[n]{A}$.

6. **解题**过程 任给 $\varepsilon>0$(不妨设 $\varepsilon<1$),为使

$$|a^x-1|<\varepsilon$$

即 $1-\varepsilon<a^x<1+\varepsilon$,利用对数函数 $\log_a x$ 当 $0<a<1$ 时的严格递减性,只要

$$\log_a(1+\varepsilon)<x<\log_a(1-\varepsilon)$$

令 $\delta=\min\{\log_a(1-\varepsilon),-\log_a(1+\varepsilon)\}$ 则当 $0<|x|<\delta$ 时,就有 $|a^x-1|<\varepsilon$,从而

$$\lim\limits_{x\to x_0}a^x=1(0<a<1).$$

7. **知识**点睛 局部保号性;趋向于定点的函数极限的定义.

解题过程 (1)不一定.例如设 $f(x)=0,g(x)=x^2$,则在 $U^0(0)$ 上恒有 $f(x)<g(x)$,但 $\lim\limits_{x\to 0}f(x)=\lim\limits_{x\to 0}g(x)=0$.

(2) 对 $\varepsilon_0 = \dfrac{A-B}{2} > 0$，因 $\lim\limits_{x \to x_0} f(x) = A$，$\lim\limits_{x \to x_0} g(x) = B$，存在 $\delta_1 > 0$，在 $U^0(x_0;\delta_1)$ 上有

$$A - \varepsilon_0 < f(x) < A + \varepsilon_0, \quad \frac{A+B}{2} < f(x) < \frac{3A-B}{2};$$

存在 $\delta_2 > 0$，在 $U^0(x_0;\delta_2)$ 上有

$$B - \varepsilon_0 < g(x) < B + \varepsilon_0, \quad \frac{3B-A}{2} < g(x) < \frac{A+B}{2}.$$

取 $\delta = \min\{\delta_1, \delta_2\}$，则在 $U^0(x_0;\delta)$ 上有 $f(x) > g(x)$.

8. 解题过程 (1) $\lim\limits_{x \to 0^-} \dfrac{|x|}{x} \dfrac{1}{1+x^n} = \lim\limits_{x \to 0^-} \dfrac{|x|}{x} \lim\limits_{x \to 0^-} \dfrac{1}{1+x^n} = (-1) \cdot \dfrac{1}{1+0} = -1.$

(2) $\lim\limits_{x \to 0^+} \dfrac{|x|}{x} \dfrac{1}{1+x^n} = \lim\limits_{x \to 0^+} \dfrac{|x|}{x} \lim\limits_{x \to 0^+} \dfrac{1}{1+x^n} = 1 \cdot \dfrac{1}{1+0} = 1.$

(3) $\lim\limits_{x \to -1} \left(\dfrac{1}{x+1} - \dfrac{3}{x^3+1} \right) = \lim\limits_{x \to -1} \dfrac{x^3 - 3x - 2}{(x+1)(x^3+1)}$

$\qquad\qquad = \lim\limits_{x \to -1} \dfrac{(x+1)(x+1)(x-2)}{(x+1)(x+1)(x^2-x+1)}$

$\qquad\qquad = \lim\limits_{x \to -1} \dfrac{x-2}{x^2-x+1}$

$\qquad\qquad = -1.$

(4) 当 $x \neq 0$ 时，有

$$\frac{\sqrt[n]{1+x} - 1}{x} = \frac{\sqrt[n]{1+x} - 1}{(1+x) - 1} = \frac{\sqrt[n]{1+x} - 1}{(\sqrt[n]{1+x} - 1)\left[(\sqrt[n]{1+x})^{n-1} + \cdots + 1 \right]}$$

$$= \frac{1}{(\sqrt[n]{1+x})^{n-1} + (\sqrt[n]{1+x})^{n-2} + \cdots + 1}$$

所以

$$\lim\limits_{x \to 0} \frac{\sqrt[n]{1+x} - 1}{x} = \lim\limits_{x \to 0} \frac{1}{(\sqrt[n]{1+x})^{n-1} + (\sqrt[n]{1+x})^{n-2} + \cdots + 1}$$

$$= \frac{1}{1 + 1 + \cdots + 1} = \frac{1}{n}.$$

(5) $x - 1 < [x] \leqslant x$

当 $x \neq 0$ 时，$\dfrac{x-1}{x} < \dfrac{[x]}{x} \leqslant 1$ 或 $1 \leqslant \dfrac{[x]}{x} < \dfrac{x-1}{x}$

对于两种形式，均有

$$\lim\limits_{x \to \infty} \frac{x-1}{x} = \lim\limits_{x \to \infty} \left(1 - \frac{1}{x} \right) = 1 - 0 = 1$$

由迫敛性，得 $\lim\limits_{x \to \infty} \dfrac{[x]}{x} = 1$.

9. 解题过程 (1) 若 $\lim\limits_{x \to 0} f(x^3)$ 存在，设 $\lim\limits_{x \to 0} f(x^3) = A$，则任给正数 $\varepsilon > 0$，存在正数 δ，使得当 $0 < |x| < \delta$ 时，有

$$|f(x^3) - A| < \varepsilon$$

$0 < |x| < \delta \Rightarrow 0 < |x^3| < \delta^3$，此时有 $|f(x^3) - A| < \varepsilon$

$\Rightarrow$ 当 $0 < |y| < \delta^3$ 时，有 $|f(y) - A| < \varepsilon$，即 $\lim\limits_{y \to 0} f(y) = A$.

将 y 用 x 代替，则有 $\lim\limits_{x \to 0} f(x) = A$，得 $\lim\limits_{x \to 0} f(x) = \lim\limits_{x \to 0} f(x^3)$.

(2) 若 $\lim\limits_{x \to 0} f(x^2)$ 存在，则 $\lim\limits_{x \to 0} f(x) = \lim\limits_{x \to 0} f(x^2)$ 并不一定成立. 例如

$$f(x) = \text{sgn}(x) = \begin{cases} 1, & x > 0 \\ 0, & x = 0 \\ -1, & x < 0 \end{cases}$$

$$f(x^2) = \text{sgn}x^2 = \begin{cases} 1, & x \neq 0 \\ 0, & x = 0 \end{cases}$$

这里 $\lim\limits_{x \to 0} f(x^2) = 0$,但 $\lim\limits_{x \to 0} f(x)$ 不存在;若 $\lim\limits_{x \to 0} f(x) = A$,则 $\lim\limits_{x \to 0} f(x^2) = A$.

函数极限存在的条件(教材上册 P57)

1. **知识点窍** 归结原则.

   逻辑推理 试回忆 $\cos x$ 在坐标轴上的图像,在无穷处是一个不断振荡的函数.

   解题过程 设 $f(x)$ 在 $[a, +\infty)$ 有定义. $\lim\limits_{x \to +\infty} f(x)$ 存在的充分必要条件是:对任意含于 $[a, +\infty)$,当 $\lim\limits_{n \to \infty} x_n = +\infty$ 时的数列 $\{x_n\}$,极限 $\lim\limits_{n \to \infty} f(x_n)$ 存在且相等.

   取
   $$x'_n = 2n\pi, x''_n = 2n\pi + \frac{\pi}{2},$$

   则
   $$\lim\limits_{n \to \infty} x'_n = \lim\limits_{n \to \infty} 2n\pi = +\infty, \lim\limits_{n \to \infty} x''_n = \lim\limits_{n \to \infty}(2n\pi + \frac{\pi}{2}) = +\infty,$$

   但
   $$\lim\limits_{n \to \infty} f(x'_n) = \lim\limits_{n \to \infty}\cos(2n\pi) = 1, \lim\limits_{n \to \infty} f(x''_n) = \lim\limits_{n \to \infty}\cos(2n\pi + \frac{\pi}{2}) = 0,$$

   $\lim\limits_{n \to \infty} f(x'_n) \neq \lim\limits_{n \to \infty} f(x''_n)$,故 $\lim\limits_{x \to +\infty} f(x)$ 不存在.

2. **解题过程** 必要条件:

   $\lim\limits_{x \to +\infty} f(x)$ 存在,设 $\lim\limits_{x \to +\infty} f(x) = A \Rightarrow$ 取 $\varepsilon = 1$,存在正数 M,当 $x > M$ 时,有
   $$A - 1 < f(x) < A + 1$$
   $f(x)$ 为递增函数 $\Rightarrow x \in [a, M]$ 时,$f(x) \leqslant f(M)$.
   取 $M' = \max\{f(M), A+1\}$,则 $x \in [a, +\infty)$ 时,$f(x) \leqslant M' \Rightarrow f(x)$ 在 $[a, +\infty)$ 上有上界.
   充分条件:
   若 f 在 $[a, +\infty)$ 上有上界,设 $A = \sup\limits_{x \in [a, +\infty)}\{f(x)\}$. 由上确界的定义:$\forall \varepsilon > 0, \exists x_0 \in [a, +\infty)$,使得 $A - \varepsilon < f(x_0)$,取 $M = x_0$,因 f 为 $[a, +\infty)$ 上的增函数,故当 $x > M$ 时,有 $A - \varepsilon < f(x_0) \leqslant f(x)$,而显然有 $f(x) < A + \varepsilon$,所以 $\lim\limits_{x \to +\infty} f(x) = A$.

3. **解题过程** (1) 设 f 为定义在 $(-\infty, a]$ 上的函数,$\lim\limits_{x \to -\infty} f(x)$ 存在的充要条件是:任给 $\varepsilon > 0$,存在正数 M,使得对任何 $x', x'' < -M$,有 $|f(x') - f(x'')| < \varepsilon$.

   (2) $\lim\limits_{x \to -\infty} f(x)$ 不存在的充要条件是:存在 $\varepsilon_0 > 0$,对任何 $M > 0$,总可找到 $x, x' < -M$,使得 $|f(x') - f(x'')| \geqslant \varepsilon$.

   取 $\varepsilon_0 = \frac{1}{2}$,由于函数 $\sin x$ 的周期性,对任何 $M > 0$,总可找到 $x', x'' < -M$,使得
   $$\sin x' = 1, \sin x'' = 0$$

   $$\Rightarrow |\sin x' - \sin x''| = 1 > \frac{1}{2} = \varepsilon_0$$

   $$\Rightarrow \lim\limits_{x \to -\infty} \sin x \text{ 不存在}.$$

4. **逻辑推理** 利用反证法证明.

解题过程 设 $\{x_n\}\subset U^0(x_0),\{y_n\}\subset U^0(x_0)$，且 $\lim\limits_{n\to\infty}x_n=\lim\limits_{n\to\infty}y_n=x_0$.

若 $\lim\limits_{n\to\infty}f(x_n)\neq\lim\limits_{n\to\infty}f(y_n)$，令 $\{z_n\}$：

$$x_1,y_1,x_2,y_2,\cdots,$$

显然有 $\{z_n\}\subset U^0(x_0)$ 且 $\lim\limits_{n\to\infty}z_n=x_0$，但 $\lim\limits_{n\to\infty}f(z_n)$ 不存在，与假设矛盾，所以 $\lim\limits_{n\to\infty}f(x_n)=\lim\limits_{n\to\infty}f(y_n)$.

5. 解题过程 因为 $f(x)$ 为 $U^0(x_0)$ 上的递增函数. 取 $x_1\in U^0_-(x_0),x_2\in U^0_+(x_0)$.

(1) 对 $\forall x\in U^0_-(x_0)$. 由于 $x_1<x_2$，所以有 $f(x_1)\leqslant f(x_2)$. 按确界原理 $f(x)$ 在 $U^0_-(x_0)$ 上有上确界 $\sup\limits_{x\in U^0_-(x_0)}f(x)$（不妨设为 A）.

对 $\forall\varepsilon>0$，按上确界定义，$\exists x'\in U^0_-(x_0)$，使 $f(x')>A-\varepsilon\Rightarrow\exists\delta=x_0-x'>0$. 则当 $x'=x_0-\delta<x<x_0$ 时，有

$$A-\varepsilon<f(x')\leqslant f(x)\leqslant A<A+\varepsilon$$

故有 $\lim\limits_{x\to x_0^-}f(x)=f(x_0-0)=A=\sup\limits_{x\in U^0_-(x_0)}f(x)$.

(2) 对 $\forall x\in U^0_+(x_0)$，由于 $x_1<x$，所以有 $f(x)\geqslant f(x_1)$，所以 $f(x)$ 在 $U^0_+(x_0)$ 上有下确界 $\inf\limits_{x\in U^0_+(x_0)}f(x)$（不妨设为 B）.

对 $\forall\varepsilon>0$，按下确界定义，$\exists x''\in U^0_+(x_0)$，使 $f(x'')<B+\varepsilon\Rightarrow\exists\delta'=x''-x_0>0$，则当 $x_0<x<x_0+\delta'=x''$ 时，有

$$B-\varepsilon<B\leqslant f(x)\leqslant f(x'')<B+\varepsilon$$

所以有 $\lim\limits_{x\to x_0^+}f(x)=f(x_0+0)=B=\inf\limits_{x\in U^0_+(x_0)}f(x)$.

6. 解题过程 $D(x)=\begin{cases}1,x\text{ 为有理数},\\0,x\text{ 为无理数}.\end{cases}$

利用柯西准则进行证明，由实数的稠密性，取 $\varepsilon_0=\dfrac{1}{2}$，对任何 $\delta>0$，总可以找到 $x',x''\in U^0(x_0;\delta)$，使得

$$|D(x')-D(x'')|=1>\varepsilon_0,$$

故 $D(x)$ 在 x_0 处不满足柯西准则条件.

所以 $\lim\limits_{x\to x_0}D(x)$ 不存在 .

7. 解题过程 设 f 的定义域为 I，周期为 $T(T>0)$

取 $x_0\in I,\because\lim\limits_{x\to+\infty}f(x)=0$.

由归结原则有

$$\lim\limits_{n\to\infty}f(x_0+nT)=0$$

$\Rightarrow f(x_0)=\lim\limits_{n\to\infty}f(x_0)=\lim\limits_{n\to\infty}f(x_0+nT)=0$

$\Rightarrow f(x)\equiv 0$.

8. 解题过程 必要条件：

$\lim\limits_{x\to x_0^+}f(x)=A$，则对任给的 $\varepsilon>0$，存在正数 $\delta(\leqslant\delta')$，使得当 $x_0<x<x_0+\delta$ 时，有 $|f(x)-A|<\varepsilon$，另外，设数列 $\{x_n\}\subset U^0_+(x_0)$ 且 $\lim\limits_{n\to\infty}x_n=x_0$，对上述的 $\delta>0$，存在 $N>0$，使得当 $n>N$ 时，有 $x_0<x_n<x_0+\delta$，从而有 $|f(x_n)-A|<\varepsilon\Rightarrow\lim\limits_{n\to\infty}f(x_n)=A$.

充分条件：

设对任何递减数列 $\{x_n\}\subset U^0_+(x_0)$，且 $\lim\limits_{n\to\infty}x_n=x_0$，有 $\lim\limits_{n\to\infty}f(x_n)=A$，则可用反证法推出 $\lim\limits_{x\to x_0^+}f(x)$

$=A.$ 事实上,若 $x\to x_0^+$ 时, $f(x)$ 不以 A 为极限,则存在 $\varepsilon_0>0$,对任何 $\delta>0$,总存在一点 x,尽管 $x_0<x<x_0+\delta$,但有 $|f(x)-A|\geqslant\varepsilon_0$.

现依次取 $\delta=\delta',\dfrac{\delta'}{2},\dfrac{\delta'}{3},\cdots,\dfrac{\delta'}{n},\cdots$,取点 $x_1,x_2,\cdots,x_n,\cdots$,

$$x_0<x_n<x_0+\frac{\delta'}{n}<x_{n-1}<x_0+\frac{\delta'}{n-1}<\cdots<x_0+\frac{\delta'}{2}<x_1<\delta',则有$$

$$|f(x_n)-A|\geqslant\varepsilon_0\,(n=1,2,\cdots)$$

显然数列 $\{x_n\}\subset U^0(x_0;\delta')$ 且 $\lim\limits_{n\to\infty}x_n=x_0$,但当 $n\to\infty$ 时, $f(x_n)$ 不趋于 A,这与假设矛盾,因此必有 $\lim\limits_{x\to x_0^+}f(x)=A.$

两个重要的极限(教材上册 P60)

1. **解题**过程 (1) $\lim\limits_{x\to 0}\dfrac{\sin 2x}{x}=\lim\limits_{x\to 0}2\cdot\dfrac{\sin 2x}{2x}=2\cdot 1=2.$

(2) $\lim\limits_{x\to 0}\dfrac{\sin x^3}{(\sin x)^2}=\lim\limits_{x\to 0}\dfrac{\sin x^3}{x^3}\cdot\left(\dfrac{x}{\sin x}\right)^2\cdot x=0.$

(3) 令 $t=x-\dfrac{\pi}{2}$,则 $\cos x=-\sin t,x\to\dfrac{\pi}{2}$ 得 $t\to 0.$

由此可得 $\lim\limits_{x\to\frac{\pi}{2}}\dfrac{\cos x}{x-\dfrac{\pi}{2}}=\lim\limits_{t\to 0}\dfrac{-\sin t}{t}=-1.$

(4) $\lim\limits_{x\to 0}\dfrac{\tan x}{x}=\lim\limits_{x\to 0}\dfrac{\sin x}{x}\cdot\dfrac{1}{\cos x}=1.$

(5) $\lim\limits_{x\to 0}\dfrac{\tan x-\sin x}{x^3}=\lim\limits_{x\to 0}\dfrac{\sin x(1-\cos x)}{x^3\cos x}=\lim\limits_{x\to 0}\dfrac{\sin x}{x}\cdot\dfrac{2\sin^2\dfrac{x}{2}}{2\cdot\left(\dfrac{x}{2}\right)^2}\cdot\dfrac{1}{\cos x}=\dfrac{1}{2}.$

(6) 令 $\arctan x=t$,则 $x=\tan t,x\to 0$,则 $t\to 0.$

则 $\lim\limits_{x\to 0}\dfrac{\arctan x}{x}=\lim\limits_{t\to 0}\dfrac{t}{\tan t}=\lim\limits_{t\to 0}\cos t\cdot\left(\dfrac{\sin t}{t}\right)^{-1}=1.$

(7) 令 $t=\dfrac{1}{x}$,则 $x\to+\infty\Rightarrow t\to 0^+$

于是有 $\lim\limits_{x\to+\infty}x\sin\dfrac{1}{x}=\lim\limits_{t\to 0^+}\dfrac{\sin t}{t}=\lim\limits_{t\to 0}\dfrac{\sin t}{t}=1.$

(8) $\dfrac{\sin^2 x-\sin^2 a}{x-a}=\dfrac{(\sin x+\sin a)(\sin x-\sin a)}{x-a}$

$$=\dfrac{2\sin\dfrac{x+a}{2}\cos\dfrac{x-a}{2}\cdot 2\cos\dfrac{x+a}{2}\sin\dfrac{x-a}{2}}{x-a}=\dfrac{\sin(x+a)\sin(x-a)}{x-a}$$

令 $t=x-a$,则 $x\to a\Rightarrow t\to 0$

于是有 $\lim\limits_{x\to a}\dfrac{\sin^2 x-\sin^2 a}{x-a}=\lim\limits_{t\to 0}\dfrac{\sin t}{t}\cdot\sin(2a+t)=1\cdot\sin 2a=\sin 2a.$

(9) $\lim\limits_{x\to 0}\dfrac{\sin 4x}{\sqrt{x+1}-1}=\lim\limits_{x\to 0}4\cdot\dfrac{\sin 4x}{4x}\cdot(\sqrt{x+1}+1)=4\cdot 1\cdot 2=8.$

(10) $\dfrac{\sqrt{1-\cos x^2}}{1-\cos x}=\dfrac{\left|\sin\dfrac{x^2}{2}\right|}{\sqrt{2}\sin^2\dfrac{x}{2}}=\dfrac{\left|\sin\dfrac{x^2}{2}\right|}{\sin^2\dfrac{x}{2}}\cdot\dfrac{1}{\sqrt{2}}=\left(\dfrac{\sin\dfrac{x}{2}}{\dfrac{x}{2}}\right)^{-2}\cdot\dfrac{\left|\sin\dfrac{x^2}{2}\right|}{\dfrac{x^2}{2}}\cdot\sqrt{2}$

当 $0<x^2<2\pi$ 时， $\left|\sin\dfrac{x^2}{2}\right|=\sin\dfrac{x^2}{2}$.

得 $\lim\limits_{x\to 0}\dfrac{\sqrt{1-\cos x^2}}{1-\cos x}=\lim\limits_{x\to 0}\left(\dfrac{\sin\dfrac{x}{2}}{\dfrac{x}{2}}\right)^{-2}\dfrac{\sin\dfrac{x^2}{2}}{\dfrac{x^2}{2}}\sqrt{2}=\sqrt{2}$.

2. 解题过程 (1) $\lim\limits_{x\to\infty}\left(1-\dfrac{2}{x}\right)^{-x}=\lim\limits_{x\to\infty}\left[\left(1-\dfrac{2}{x}\right)^{-\frac{x}{2}}\right]^2=e^2.$

(2) 当 $\alpha=0$ 时， $\lim\limits_{x\to 0}(1+\alpha x)^{\frac{1}{x}}=1.$

当 $\alpha\neq 0$ 时 $\lim\limits_{x\to 0}(1+\alpha x)^{\frac{1}{x}}=\lim\limits_{x\to 0}\left[(1+\alpha x)^{\frac{1}{\alpha x}}\right]^{\alpha}=e^{\alpha},$

所以对任何非零实数 α ,均有 $\lim\limits_{x\to 0}(1+\alpha x)^{\frac{1}{x}}=e^{\alpha}.$

(3) 令 $t=\tan x$,则 $x\to 0\Rightarrow t\to 0$

所以 $\lim\limits_{x\to 0}(1+\tan x)^{\cot x}=\lim\limits_{t\to 0}(1+t)^{\frac{1}{t}}=e.$

(4) $\lim\limits_{x\to 0}\left(\dfrac{1+x}{1-x}\right)^{\frac{1}{x}}=\lim\limits_{x\to 0}\left[\left(1+\dfrac{2}{\dfrac{1}{x}-1}\right)^{\frac{\frac{1}{x}-1}{2}}\right]^2\left(\dfrac{1+x}{1-x}\right)=e^2\cdot 1=e^2.$

(5) $\left(\dfrac{3x+2}{3x-1}\right)^{2x-1}=\left(1+\dfrac{1}{x-\dfrac{1}{3}}\right)^{2x-1}=\left[\left(1+\dfrac{1}{x-\dfrac{1}{3}}\right)^{x-\frac{1}{3}}\right]^2\cdot\left(\dfrac{3x+2}{3x-1}\right)^{-\frac{1}{3}}$

$\qquad\qquad\qquad =\left[\left(1+\dfrac{1}{x-\dfrac{1}{3}}\right)^{x-\frac{1}{3}}\right]^2\cdot\left(\dfrac{3+\dfrac{2}{x}}{3-\dfrac{1}{x}}\right)^{-\frac{1}{3}}$

所以有 $\lim\limits_{x\to+\infty}\left(\dfrac{3x+2}{3x-1}\right)^{2x-1}=\lim\limits_{x\to+\infty}\left[\left(1+\dfrac{1}{x-\dfrac{1}{3}}\right)^{x-\frac{1}{3}}\right]^2\cdot\left(\dfrac{3+\dfrac{2}{x}}{3-\dfrac{1}{x}}\right)^{-\frac{1}{3}}$

$\qquad\qquad\qquad\qquad =e^2\cdot\left(\dfrac{3+0}{3-0}\right)^{-\frac{1}{3}}=e^2.$

(6) 当 $\alpha=0$ 或 $\beta=0$ 时,显然有 $\lim\limits_{x\to+\infty}\left(1+\dfrac{\alpha}{x}\right)^{\beta x}=1.$ 当 $\alpha\neq 0,\beta\neq 0$ 时, $\lim\limits_{x\to+\infty}\left(1+\dfrac{\alpha}{x}\right)^{\beta x}$

$\qquad =\lim\limits_{x\to+\infty}\left[\left(1+\dfrac{\alpha}{x}\right)^{\frac{x}{\alpha}}\right]^{\alpha\beta}=e^{\alpha\beta}.$

3. 解题过程 $\sin x=2\cos\dfrac{x}{2}\sin\dfrac{x}{2}=2^2\cos\dfrac{x}{2}\cos\dfrac{x}{4}\sin\dfrac{x}{4}=\cdots$

$\qquad\qquad\qquad =2^n\cos\dfrac{x}{2}\cos\dfrac{x}{4}\cdots\cos\dfrac{x}{2^n}\sin\dfrac{x}{2^n}.$

所以 $\lim\limits_{n\to\infty}(\cos x\cos\dfrac{x}{2}\cdot\cos\dfrac{x}{4}\cdots\cos\dfrac{x}{2^n})=\lim\limits_{n\to\infty}\left(\cos x\cdot\dfrac{\sin x}{2^n}\cdot\dfrac{1}{\sin\dfrac{x}{2^n}}\right)=\dfrac{\sin x}{x}\cdot\cos x.$

所以 $\lim\limits_{x\to 0}\dfrac{\sin x}{x}\cdot\cos x=\lim\limits_{x\to 0}\dfrac{\sin x}{x}\cdot\lim\limits_{x\to 0}\cos x=1$

得 $\lim\limits_{x \to 0}\left\{\lim\limits_{n \to \infty}(\cos x \cos \dfrac{x}{2} \cdots \cos \dfrac{x}{2^n})\right\} = 1.$

4. 解题过程 (1) 因 $\lim\limits_{x \to 0}\dfrac{\sin x}{x} = 1, \lim\limits_{n \to \infty}\dfrac{\pi}{n} = 0$,由归结原则:

$$\lim\limits_{n \to \infty}\dfrac{\sin \dfrac{\pi}{n}}{\dfrac{\pi}{n}} = 1,$$

所以

$$\lim\limits_{n \to \infty}\sqrt{n}\sin \dfrac{\pi}{n} = \lim\limits_{n \to \infty}\dfrac{\pi}{\sqrt{n}} \cdot \dfrac{\sin \dfrac{\pi}{n}}{\dfrac{\pi}{n}} = 0 \cdot 1 = 0.$$

(2) $\left(1 + \dfrac{1}{n}\right)^n < \left(1 + \dfrac{1}{n} + \dfrac{1}{n^2}\right)^n = \left(1 + \dfrac{n+1}{n^2}\right)^{\frac{n^2+n}{n+1}} < \left(1 + \dfrac{n+1}{n^2}\right)^{\frac{n^2}{n+1}} \cdot \left(1 + \dfrac{n+1}{n^2}\right),$

因 $\lim\limits_{x \to 0}(1+x)^{\frac{1}{x}} = e, \lim\limits_{n \to \infty}\dfrac{n+1}{n^2} = 0$,由归结原则:

$$\lim\limits_{n \to \infty}\left(1 + \dfrac{n+1}{n^2}\right)^{\frac{n^2}{n+1}} = e.$$

又

$$\lim\limits_{n \to \infty}\left(1 + \dfrac{1}{n}\right)^n = e, \lim\limits_{n \to \infty}\left(1 + \dfrac{n+1}{n^2}\right)^{\frac{n^2}{n+1}}\left(1 + \dfrac{n+1}{n^2}\right) = e,$$

由迫敛性定理得

$$\lim\limits_{n \to \infty}\left(1 + \dfrac{1}{n} + \dfrac{1}{n^2}\right)^n = e.$$

■ 无穷小量与无穷大量(教材上册 P68)

1. 解题过程 (1) $\lim\limits_{x \to 0}\dfrac{2x - x^2}{x} = \lim\limits_{x \to 0}(2 - x) = 2$,由函数极限的局部有界性可知 $\dfrac{2x - x^2}{x}$ 在 $U^0(0)$ 内有界,于是 $2x - x^2 = o(x)(x \to 0)$.

(2) $\lim\limits_{x \to 0^+}\dfrac{x \sin \sqrt{x}}{x^{\frac{3}{2}}} = \lim\limits_{x \to 0^+}\dfrac{\sin \sqrt{x}}{\sqrt{x}} = 1$,由函数极限的有界性可知 $\dfrac{x \sin \sqrt{x}}{x^{\frac{3}{2}}}$ 在 $U^0_+(0)$ 内有界,所以 $x \sin \sqrt{x} = o(x^{\frac{3}{2}})(x \to 0^+)$.

(3) $\lim\limits_{x \to 0}(\sqrt{1+x} - 1) = \sqrt{1+0} - 1 = 0$.

所以 $\sqrt{1+x} - 1 = o(1)$.

(4) 因为 $\lim\limits_{x \to 0}[(1+x)^n - 1 - nx] = \lim\limits_{x \to 0}(x^n + C_n^{n-1}x^{n-1} + \cdots + C_n^2 x^2) = 0$.

故 $(1+x)^n - 1 - nx = o(x)(x \to 0)$,即得 $(1+x^n) = 1 + nx + o(x)(x \to 0)$.

(5) $\lim\limits_{x \to \infty}\dfrac{2x^3 + x^2}{x^3} = \lim\limits_{x \to \infty}(2 + \dfrac{1}{x}) = 2 + 0 = 2$,由函数极限的局部有界性可知 $\dfrac{2x^3 + x^2}{x^3}$ 在某个 $x > M$ 内有界($M > 0$),所以 $2x^3 + x^2 = o(x^3)(x \to \infty)$.

(6) 任意 $f_1(x) = o(g(x))(x \to x_0), f_2(x) = o(g(x))(x \to x_0)$,则有 $\lim\limits_{x \to x_0}\dfrac{f_1(x)}{g(x)} = \lim\limits_{x \to x_0}\dfrac{f_2(x)}{g(x)} = 0$

由极限的四则运算法则,有

$$\lim_{x \to x_0} \frac{f_1(x) \pm f_2(x)}{g(x)} = \lim_{x \to x_0} \frac{f_1(x)}{g(x)} \pm \lim_{x \to x_0} \frac{f_2(x)}{g(x)} = 0$$

所以 $o(g(x)) \pm o(g(x)) = o(g(x))(x \to x_0)$.

(7) 任意 $f_1(x) = o(g_1(x))(x \to x_0), f_2(x) = o(g_2(x))(x \to x_0)$.

由极限的四则运算法则,有

$$\lim_{x \to x_0} \frac{f_1(x) f_2(x)}{g_1(x) \cdot g_2(x)} = \lim_{x \to x_0} \frac{f_1(x)}{g_1(x)} \cdot \lim_{x \to x_0} \frac{f_2(x)}{g_2(x)} = 0 \cdot 0 = 0$$

所以 $o(g_1(x)) \cdot o(g_2(x)) = o(g_1(x)g_2(x))$.

2. [知识]点窍 $\arctan \dfrac{1}{x} \sim \dfrac{1}{x}(x \to \infty), 1 - \cos x \sim \dfrac{1}{2}x^2(x \to 0)$.

[解题]过程 (1) $\arctan \dfrac{1}{x} \sim \dfrac{1}{x}(x \to \infty)$,由定理 3.12 得

$$\lim_{x \to \infty} \frac{x \arctan \dfrac{1}{x}}{x - \cos x} = \lim_{x \to \infty} \frac{x \cdot \dfrac{1}{x}}{x - \cos x} = \lim_{x \to \infty} \frac{1}{x - \cos x} = 0.$$

(2) $1 - \cos x \sim \dfrac{x^2}{2}(x \to 0)$,由定理 3.12 得

$$\lim_{x \to 0} \frac{\sqrt{1+x^2}-1}{1-\cos x} = \lim_{x \to 0} \frac{\sqrt{1+x^2}-1}{\dfrac{x^2}{2}} = \lim_{x \to 0} \frac{x^2}{\dfrac{x^2}{2}(\sqrt{1+x^2}+1)}$$

$$= \lim_{x \to 0} \frac{2}{\sqrt{1+x^2}+1} = 1.$$

3. [解题]过程 (1) $f(x)$ 为 $x \to x_0$ 时的无穷小量,即 $\lim\limits_{x \to x_0} f(x) = 0, f(x)$ 在 $U^0(x_0)$ 内不等于 0,根据极

限的四则运算法则,有 $\lim\limits_{x \to x_0} \dfrac{1}{f(x)} = \dfrac{1}{\lim\limits_{x \to x_0} f(x)} = \infty$,即 $\dfrac{1}{f(x)}$ 为 $x \to x_0$ 时的无穷大量.

(2) $g(x)$ 为 $x \to x_0$ 时的无穷大量,即 $\lim\limits_{x \to x_0} g(x) = \infty(-\infty, +\infty)$,根据极限的四则运算法则,有

$$\lim_{x \to x_0} \frac{1}{g(x)} = 0,\ \text{即} \ \frac{1}{g(x)} \ \text{为} \ x \to x_0 \ \text{时的无穷小量}.$$

4. [知识]点窍 求曲线的渐近线转化成数学问题就是求极限.

[逻辑]推理 求 $f(x)$ 与 x 之间的比趋向于无穷时的极限 $\lim\limits_{x \to \infty} \dfrac{f(x)}{x}$.

[解题]过程 (1) 设 $f(x) = \dfrac{1}{x}$,则 $\lim\limits_{x \to 0} f(x) = \lim\limits_{x \to 0} \dfrac{1}{x} = \infty$,故曲线 $y = \dfrac{1}{x}$ 有垂直渐近线 $x = 0$.

$$k = \lim_{x \to \infty} \frac{f(x)}{x} = \lim_{x \to \infty} \frac{1}{x^2} = 0, b = \lim_{x \to \infty}[f(x) - kx] = \lim_{x \to \infty} \frac{1}{x} = 0,$$

故曲线 $y = \dfrac{1}{x}$ 有水平渐近线 $y = 0$.

(2) 设 $f(x) = \arctan x$,则

$$k = \lim_{x \to +\infty} \frac{f(x)}{x} = \lim_{x \to +\infty} \left(\frac{1}{x} \cdot \arctan x\right) = \lim_{x \to +\infty} \frac{1}{x} \cdot \lim_{x \to +\infty} \arctan x = 0 \cdot \frac{\pi}{2} = 0,$$

$$\lim_{x \to +\infty}[f(x) - kx] = \lim_{x \to +\infty} \arctan x = \frac{\pi}{2},$$

故曲线 $y = \arctan x$ 有斜渐近线 $y = \dfrac{\pi}{2}$.

$$k = \lim_{x \to -\infty} \frac{f(x)}{x} = \lim_{x \to -\infty} \left(\frac{1}{x} \cdot \arctan x \right) = \lim_{x \to -\infty} \frac{1}{x} \cdot \lim_{x \to -\infty} \arctan x = 0 \cdot \left(-\frac{\pi}{2} \right) = 0,$$

$$\lim_{x \to -\infty} [f(x) - kx] = \lim_{x \to -\infty} \arctan x = -\frac{\pi}{2},$$

故曲线 $y = \arctan x$ 有斜渐近线 $y = -\dfrac{\pi}{2}$.

(3) 设 $f(x) = \dfrac{3x^3+4}{x^2-2x}$, 则 $\lim\limits_{x \to 0} \dfrac{3x^3+4}{x^2-2x} = \lim\limits_{x \to 0} \dfrac{3x^3+4}{x(x-2)} = \infty$, $\lim\limits_{x \to 2} \dfrac{3x^3+4}{x^2-2x} = \lim\limits_{x \to 2} \dfrac{3x^3+4}{x(x-2)} = \infty$, 故

曲线 $y = \dfrac{3x^3+4}{x^2-2x}$ 有垂直渐近线 $x = 0$ 与 $x = 2$.

又因 $k = \lim\limits_{x \to \infty} \dfrac{1}{x} \cdot \dfrac{3x^3+4}{x^2-2x} = 3$, $\lim\limits_{x \to \infty} \left(\dfrac{3x^3+4}{x^2-2x} - kx \right) = \lim\limits_{x \to \infty} \left(\dfrac{3x^3+4}{x^2-2x} - 3x \right) = 6$, 故曲线 $y =$

$\dfrac{3x^3+4}{x^2-2x}$ 有斜渐近线 $y = 3x+6$.

5. 解题过程 (1) $\lim\limits_{x \to 0} \dfrac{\sin 2x - 2\sin x}{x^\alpha} = \lim\limits_{x \to 0} \dfrac{2\sin x (\cos x - 1)}{x^\alpha} = \lim\limits_{x \to 0} \dfrac{-4\sin x \sin^2 \frac{x}{2}}{x^\alpha}$

当 $\alpha = 3$ 时, $\sin 2x - 2\sin x = o(x^3)$ 满足条件.

(2) $\lim\limits_{x \to 0} \dfrac{\frac{1}{1+x} - (1-x)}{x^\alpha} = \lim\limits_{x \to 0} \dfrac{x^2}{x^\alpha(1+x)}$

当 $\alpha = 2$ 时, $\lim\limits_{x \to 0} \dfrac{x^2}{x^2(1+x)} = \lim\limits_{x \to 0} \dfrac{x^2}{x^3+x^2} = \lim\limits_{x \to 0} \dfrac{1}{x+1} = 1 \neq 0$, 满足条件.

(3) $\lim\limits_{x \to 0} \dfrac{\sqrt{1+\tan x} - \sqrt{1-\sin x}}{x^\alpha} = \lim\limits_{x \to 0} \dfrac{\tan x + \sin x}{x^\alpha (\sqrt{1+\tan x} + \sqrt{1-\sin x})}$

$$= \lim\limits_{x \to 0} \dfrac{\sin x}{x^\alpha} \left(\dfrac{1}{\cos x} + 1 \right) \cdot \dfrac{1}{\sqrt{1+\tan x} + \sqrt{1-\sin x}}$$

当 $\alpha = 1$ 时, $\lim\limits_{x \to 0} \dfrac{\sin x}{x} \cdot \left(\dfrac{1}{\cos x} + 1 \right) \dfrac{1}{\sqrt{1+\tan x} + \sqrt{1-\sin x}} = 1 \cdot 2 \cdot \dfrac{1}{2} = 1 \neq 0$, 满足条件.

(4) 当 $\alpha = \dfrac{2}{5}$ 时, $\lim\limits_{x \to 0} \dfrac{\sqrt[5]{3x^2-4x^3}}{\sqrt[5]{x^2}} = \lim\limits_{x \to 0} \sqrt[5]{3-4x} = \sqrt[5]{3-0} = \sqrt[5]{3} \neq 0$, 满足条件.

6. 解题过程 (1) $\lim\limits_{x \to +\infty} \dfrac{\sqrt{x^2+x^5}}{\sqrt{x^5}} = \lim\limits_{x \to +\infty} \sqrt{\dfrac{1}{x^3}+1} = \sqrt{0+1} = 1 \neq 0$

当 $\alpha = \dfrac{5}{2}$ 时, $\sqrt{x^2+x^5}$ 与 x^α 当 $x \to +\infty$ 时为同阶无穷大量. (当 $x \to -\infty$ 时, $\sqrt{x^2+x^5}$ 无意义)

(2) 因为当 $|x| > 1$ 时

$$1 < \left| \dfrac{x+x^2(2+\sin x)}{x^2} \right| = \left| \dfrac{1}{x} + 2 + \sin x \right| < 4$$

故当 $\alpha = 2$ 时, $x+x^2(2\sin x)$ 与 x^α 当 $x \to \infty$ 时为同阶无穷大量.

(3) $\lim\limits_{x \to \infty} \dfrac{(1+x)(1+x^2)\cdots(1+x^n)}{x \cdot x^2 \cdots x^n} = \lim\limits_{x \to \infty} \left(\dfrac{1}{x}+1 \right) \left(\dfrac{1}{x^2}+1 \right) \cdots \left(\dfrac{1}{x^n}+1 \right)$

$$= (0+1)(0+1)\cdots(0+1) = 1 \neq 0$$

$\Rightarrow$ 当 $\alpha = 1+2+\cdots+n = \dfrac{n(n+1)}{2}$ 时, $(1+x)(1+x^2)\cdots(1+x^n)$ 与 x^α 当 $x \to \infty$ 时为同阶

无穷大量.

7. 知识点窍 数列的无穷大极限.

逻辑推理 归纳推理.

解题过程 令 $N=I$，$\exists x_1 \in S$，使得 $x_1 > N$.

又令 $N = \max\{2, x_1\}$，$\exists x_2 \in S$，使 $x_2 > N$，$\therefore x_2 > 2$ 且 $x_2 > x_1$.

依此类推可令 $N = \max\{k+1, x_k\}$，同理，$\exists x_{k+1} \in S$，使 $x_{k+1} > N$，即 $x_{k+1} > k+1$ 且 $x_{k+1} > x_k$.

$\therefore$ 存在一递增数列 $\{x_n\} \subset S$，使得 $x_n \to +\infty (n \to \infty)$.

8. **知识点窍** 极限的四则运算法则；局部保号性.

逻辑推理 根据极限的定义去证明.

解题过程 $\lim\limits_{x \to x_0} f(x) = \infty$. $\therefore$ 对 $\forall M > 0$，$\exists \delta_1 > 0$，使得当 $x \in U^0(x_0; \delta_1)$ 时，有 $|f(x)| > M$.

又因 $\lim\limits_{x \to x_0} g(x) = b \neq 0$，不妨设 $b > 0$.

$\therefore \exists \delta_2 > 0$，$x$ 在 (x_0, δ_2) 内，有 $g(x) \geqslant \dfrac{b}{2} > 0$.

取 $\delta \in \min\{\delta_1, \delta_2\}$.

当 $x \in U^0(x_0; \delta)$ 时，$|f(x)g(x)| > \dfrac{b}{2}M$

$\therefore \lim\limits_{x \to x_0} f(x)g(x) = \infty$.

9. **解题过程** $f(x) \sim g(x)(x \to x_0) \Rightarrow \lim\limits_{x \to x_0} \dfrac{f(x)}{g(x)} = 1$

$\Rightarrow \lim\limits_{x \to x_0} \dfrac{f(x) - g(x)}{f(x)} = \lim\limits_{x \to x_0} \left[1 - \dfrac{g(x)}{f(x)}\right] = 1 - \dfrac{1}{\lim\limits_{x \to x_0} \dfrac{f(x)}{g(x)}} = 1 - 1 = 0$

$\Rightarrow f(x) - g(x) = o(f(x))$

同理，$\lim\limits_{x \to x_0} \dfrac{f(x) - g(x)}{g(x)} = \lim\limits_{x \to x_0} \dfrac{f(x)}{g(x)} - 1 = 1 - 1 = 0$

$\Rightarrow f(x) - g(x) = o(g(x))(x \to x_0)$.

■ 总练习题(教材上册 P69)

1. **解题过程** （1）因为 $x \to 3^-$，故可限制 $2 < x < 3$，这时 $[x] = 2$ 及 $x - [x] = x - 2$

$\lim\limits_{x \to 3^-}(x - [x]) = 3 - 2 = 1$.

（2）$\lim\limits_{x \to 1^+}([x] + 1)^{-1} = (1 + 1)^{-1} = \dfrac{1}{2}$.

（3）$\lim\limits_{x \to +\infty}\left[\sqrt{(a+x)(b+x)} - \sqrt{(a-x)(b-x)}\right]$

$= \lim\limits_{x \to +\infty} \dfrac{2(a+b)x}{\sqrt{(a+x)(b+x)} + \sqrt{(a-x)(b-x)}}$

$= \lim\limits_{x \to +\infty} \dfrac{2(a+b)x}{\left[\sqrt{(\frac{a}{x}+1)(\frac{b}{x}+1)} + \sqrt{(\frac{a}{x}-1)(\frac{b}{x}-1)}\right]|x|}$

$= a + b$.

（4）$\lim\limits_{x \to +\infty} \dfrac{x}{\sqrt{x^2 - a^2}} = \lim\limits_{x \to +\infty} \dfrac{1}{\sqrt{1 - \dfrac{a^2}{x^2}}} = 1$.

(5) $\lim\limits_{x\to-\infty}\dfrac{x}{\sqrt{x^2-a^2}}=\lim\limits_{x\to\infty}\dfrac{-1}{\sqrt{1-\dfrac{a^2}{x^2}}}=-1.$

(6) $\dfrac{\sqrt{1+x}-\sqrt{1-x}}{\sqrt[3]{1+x}-\sqrt[3]{1-x}}=\dfrac{(1+x)-(1-x)}{(\sqrt[3]{1+x}-\sqrt[3]{1-x})\cdot(\sqrt{1+x}+\sqrt{1-x})}$

$$=\dfrac{(\sqrt[3]{1+x})^2+(\sqrt[3]{1-x})^2+\sqrt[3]{(1+x)(1-x)}}{\sqrt{1+x}+\sqrt{1-x}}$$

所以可得

$$\lim_{x\to0}\dfrac{\sqrt{1+x}-\sqrt{1-x}}{\sqrt[3]{1+x}-\sqrt[3]{1-x}}=\lim_{x\to0}\dfrac{(\sqrt[3]{1+x})^2+(\sqrt[3]{1-x})^2+\sqrt[3]{(1+x)(1-x)}}{\sqrt{1+x}+\sqrt{1-x}}$$

$$=\dfrac{1+1+1}{2}=\dfrac{3}{2}.$$

(7) 当 $m=n$ 时,此极限显然为零;

当 $m\neq n$ 时,不妨设 $m<n$,且 $m+l=n$,则

$$\dfrac{m}{1-x^m}-\dfrac{n}{1-x^n}=\dfrac{m(1+x+\cdots+x^{n-1})-n(1+x+\cdots+x^{m-1})}{(1-x)(1+x+\cdots+x^{m-1})(1+x+\cdots+x^{n-1})}$$

$$=\dfrac{-l-lx-\cdots-lx^{m-1}+mx^m+mx^{m+1}+\cdots+mx^{m+l-1}}{(1-x)(1+x+\cdots+x^{m-1})(1+x+\cdots+x^{n-1})}$$

$$=-\dfrac{mx^{m+l-2}+2mx^{m+l-3}+\cdots+mlx^{m-1}}{(1+x+\cdots+x^{m-1})(1+x+\cdots+x^{m+l-1})}$$

$$-\dfrac{l(m-1)x^{m-2}+l(m-2)x^{m-3}+\cdots+l}{(1+x+\cdots+x^{m-1})(1+x+\cdots+x^{n+l-1})}$$

所以

$$\lim_{x\to1}(\dfrac{m}{1-x^m}-\dfrac{n}{1-x^n})=\dfrac{m[1+2+\cdots+(l-1)]+l[m+(m-1)+\cdots+1]}{mn}$$

$$=-\dfrac{\dfrac{ml(l-1)}{2}+\dfrac{ml(m+1)}{2}}{mn}=-\dfrac{ml(m+l)}{2mn}=\dfrac{m-n}{2}$$

$m=n$ 时,上述结果等于零,仍适用.

可得不论 m 及 n 为任何自然数,均有 $\lim\limits_{x\to1}(\dfrac{m}{1-x^m}-\dfrac{n}{1-x^n})=\dfrac{m-n}{2}$.

2. **解题**过程 (1) 因为 $\lim\limits_{x\to+\infty}\left(\dfrac{x^2+1}{x+1}-ax-b\right)=\lim\limits_{x\to+\infty}\dfrac{x^2(1-a)-(a+b)x-b+1}{x+1}=0$,所以当 x

$\to+\infty$ 时,$(x+1$ 是比 $x^2(1-a)-(a+b)x-b+1$ 高阶的无穷大量),于是 $1-a=0,a+b=0$,所以 $a=1,b=-1$.

(2) $a=\lim\limits_{x\to-\infty}\dfrac{\sqrt{x^2-x+1}}{x}=-\lim\limits_{x\to-\infty}\sqrt{1-\dfrac{1}{x}+\dfrac{1}{x^2}}=-1$

$$b=\lim_{x\to-\infty}(\sqrt{x^2-x+1}+x)=\lim_{x\to-\infty}\dfrac{1-x}{\sqrt{x^2-x+1}-x}=\lim_{x\to-\infty}\dfrac{1-\dfrac{1}{x}}{\sqrt{1-\dfrac{1}{x}+\dfrac{1}{x^2}}+1}=\dfrac{1}{2}.$$

(3) $a=\lim\limits_{x\to+\infty}\dfrac{\sqrt{x^2-x+1}}{x}=\lim\limits_{x\to+\infty}\sqrt{1-\dfrac{1}{x}+\dfrac{1}{x^2}}=1$

$$b=\lim_{x\to+\infty}(\sqrt{x^2-x+1}-x)=\lim_{x\to+\infty}\dfrac{1-x}{\sqrt{x^2-x+1}+x}=\lim_{x\to+\infty}\dfrac{\dfrac{1}{x}-1}{\sqrt{1-\dfrac{1}{x}+\dfrac{1}{x^2}}+1}=-\dfrac{1}{2}.$$

3. 解题过程 (1) $f(x)\begin{cases} x^2, & x\neq 2 \\ 2, & x=2 \end{cases}$，此时 $\lim\limits_{x\to 2}f(x)=\lim\limits_{x\to 2}x^2=4$，但 $f(2)=2\neq 4$.

(2) $f(x)=\sin(\dfrac{1}{x-2})$，此时 $\lim\limits_{x\to 2}f(x)$ 不存在.

4. 解题过程 令 $f(x)=\begin{cases} x^2, & x\neq 0 \\ 1, & x=0 \end{cases}$，则 $\lim\limits_{x\to x_0}f(x)=0$，且 $f(x)>0$ 恒成立，满足题意.

因为 $\lim\limits_{x\to x_0}f(x)=0$，则对任给的 $\varepsilon>0$，存在 $U^0(x_0)$，使得对一切 $x\in U^0(x_0)$，有
$$-\varepsilon<f(x)<\varepsilon$$
$f(x)>0$ 时，此式仍可以成立，这与极限的局部保号性并不矛盾.

5. 解题过程 设 $\lim\limits_{x\to a}f(x)=A$，且在某 $U^0(a)$ 内 $f(x)\neq A$，$\lim\limits_{u\to A}g(u)=B$，则 $\lim\limits_{x\to a}g(f(x))=B$.

由 $\lim\limits_{u\to A}g(u)=B$，$\forall\varepsilon>0$，$\exists\eta>0$，$\forall u\in U^0(A;\eta)$，$|g(u)-B|<\varepsilon$.

由 $\lim\limits_{x\to a}f(x)=A$，对上述 $\eta>0$，$\exists\delta>0$，$\forall x\in U^0(a;\delta)$，$|f(x)-A|<\eta$. 即 $f(x)\in U(A;\eta)$.

注意到条件 $f(x)\neq A$，得 $f(x)\in U^0(A;\eta)$，于是有
$$|g(f(x))-B|<\varepsilon$$
所以 $\lim\limits_{x\to a}g(f(x))=B$.

6. 解题过程 (1) 令 $x_n=n\pi+\dfrac{\pi}{2}$，则 $x_n\to\infty(n\to\infty)$，$f(x_n)=0\to 0(n\to\infty)$.

(2) 令 $y_n=2n\pi$，则 $f(y_n)=2n\pi\cos 2n\pi=2n\pi\to+\infty(n\to\infty)$.

(3) 令 $z_n=-2n\pi$，则 $f(z_n)=-2n\pi\cos(-2n\pi)=-2n\pi\to-\infty(n\to\infty)$.

7. 解题过程 (1) 因为 $\lim\limits_{n\to\infty}\sqrt[n]{n}=1$，所以 $\lim\limits_{n\to\infty}\sqrt[n]{\dfrac{|a_n|}{n}}=\lim\limits_{n\to\infty}\sqrt[n]{|a_n|}/\lim\limits_{n\to\infty}\sqrt[n]{n}=r>1$

$\Rightarrow\lim\limits_{n\to\infty}\sqrt[n]{\dfrac{|a_n|}{n}}=r>1$，由极限的保号性，存在 $N>0$，当 $n>N$ 时，有 $\sqrt[n]{\dfrac{|a_n|}{n}}>1\Rightarrow|a_n|$

$>n\Rightarrow\{a_n\}$ 是无穷大数列.

(2) **解法一**：$\lim\limits_{n\to\infty}|\dfrac{a_{n+1}}{a_n}|=s,\forall\varepsilon>0$，存在 $M>0$，当 $n>M$ 时，有
$$||\dfrac{a_{n-1}}{a_n}|-s|<\varepsilon\Rightarrow s-\varepsilon<|\dfrac{a_{n+1}}{a_n}|<s+\varepsilon$$
$s>1$，取 $\varepsilon=s-1$，则 $\exists M'>0$，当 $n>M'$ 时，有
$$|\dfrac{a_{n+1}}{a_n}|>s-\varepsilon=s(s-1)=1$$
$\Rightarrow|a_{n+1}|>|a_n|$.

当 $n>M$ 时，数列 $\{a_n\}$ 有界，则 $\{|a_n|\}$ 为单调有界数列.

由单调有界定理知，$\{|a_n|\}$ 的极限存在，且 $\lim\limits_{n\to\infty}|a_n|=\sup\limits_{n>M}|a_n|$

设此极限为 A，则有 $\lim\limits_{n\to\infty}|\dfrac{a_{n+1}}{a_n}|=\dfrac{\lim\limits_{n\to\infty}|a_{n+1}|}{\lim\limits_{n\to\infty}|a_n|}=\dfrac{A}{A}=1$，与 $\lim\limits_{n\to\infty}|\dfrac{a_{n+1}}{a_n}|=s>1$ 矛盾.

因此假设错误，即 $n>M$ 时，数列 $\{a_n\}$ 无界 $\Rightarrow\lim\limits_{n\to\infty}|a_n|=+\infty$，因而 $\{a_n\}$ 是无穷大数列.

解法二：设 $s>q>1$，则存在 $N>0$，使得当 $n\geq N$ 时，$|\dfrac{a_{n+1}}{a_n}|>q$，于是有
$$|a_{N+1}|>q|a_N|,$$
$$|a_{N+2}|>q|a_{N+1}|$$
$$\vdots$$

$$|a_{N+k}|>q|a_{N+k-1}|$$

上述不等式两端分别相乘,可得 $|a_{N+k}|>q^k|a_N|,k=1,2,\cdots.$ 而 $\{q^k\}$ 是无穷大数列,所以 $\{a_{N+k}\}$ 是无穷大数列,从而 $\{a_n\}$ 是无穷大数列.

8. 解题过程 (1) $\lim\limits_{n\to\infty}\sqrt[n]{\left(1+\dfrac{1}{n}\right)^{n^2}}=\lim\limits_{n\to\infty}(1+\dfrac{1}{n})^n=e>1$

由上题(1) 的结论,有 $\lim\limits_{n\to\infty}(1+\dfrac{1}{n})^{n^2}=+\infty.$

(2) $\lim\limits_{n\to\infty}\sqrt[n]{(1-\dfrac{1}{n})^{-n^2}}=\lim\limits_{n\to\infty}(1-\dfrac{1}{n})^{-n}=e>1$

由上题(1) 知,$\lim\limits_{n\to\infty}(1-\dfrac{1}{n})^{-n^2}=\lim\limits_{n\to\infty}a_n=+\infty,$

因此由定理 3.13 知 $\lim\limits_{n\to\infty}(1-\dfrac{1}{n})^{n^2}=0.$

9. 解题过程 (1) 因为 $\lim\limits_{n\to\infty}a_n=+\infty,$(不妨设 $\forall n,a_n>0$),所以 $\forall 2G>0,\exists N,\forall n>N,a_n>2G.$

当 $n>2N$ 时,$n-N>\dfrac{n}{2},$

$$\dfrac{1}{n}(a_1+a_2+\cdots+a_n)\geqslant\dfrac{a_1+a_2+\cdots+a_N}{n}+\dfrac{a_{N+1}+\cdots+a_n}{n}$$

$$>\dfrac{n-N}{n}2G>\dfrac{n}{2}\cdot\dfrac{1}{n}2G=G$$

于是 $\forall G>0,\exists 2N,\forall n>2N$ 时,$\dfrac{a_1+a_2+\cdots+a_n}{n}>G.$

即 $\lim\limits_{n\to\infty}\dfrac{1}{n}(a_1+a_2+\cdots+a_n)=+\infty.$

(2) 因为 $\lim\limits_{n\to\infty}a_n=+\infty,$所以 $\forall e^G>0,\exists N,\forall n>N$ 时,$a_n>e^G,$于是 $\ln a_n>G,$即

$$\lim\limits_{n\to\infty}\ln a_n=+\infty$$

由(1) 便有

$$\lim\limits_{n\to\infty}\dfrac{1}{n}(\ln a_1+\ln a_2+\cdots+\ln a_n)=+\infty$$

即 $\lim\limits_{n\to\infty}\ln(\sqrt[n]{a_1a_2\cdots a_n})=+\infty$

由此可得

$$\lim\limits_{n\to\infty}\sqrt[n]{a_1a_2\cdots a_n}=+\infty.$$

10. 解题过程 (1) 令 $a_n=n,$则 $a_n>0$ 且 $\lim\limits_{n\to\infty}n=+\infty,$则 $\lim\limits_{n\to\infty}\sqrt[n]{1\cdot 2\cdot\cdots\cdot n}=\lim\limits_{n\to\infty}\sqrt[n]{n!}=+\infty.$

(2) 令 $a_n=\ln n,$则 $\lim\limits_{n\to\infty}\ln n=+\infty,$则 $\lim\limits_{n\to\infty}\dfrac{1}{n}(\ln 1+\ln 2+\cdots+\ln n)=\lim\limits_{n\to\infty}\dfrac{\ln(n!)}{n}=+\infty.$

11. 解题过程 先证 f 在 $U_-^0(x_0)$ 内有上界. 因为数列 $\{f(x_n)\}$ 收敛,所以数列 $\{f(x_n)\}$ 有上界,即存在 $M>0,$使得 $f(x_n)\leqslant M(n=1,2,\cdots).$ $\forall x\in U_-^0(x_0),$因为 $x_n\to x_0(n\to\infty),$所以存在数列 $\{x_n\}$ 中的一项 x_m 使得 $x_m>x.$ 又因 f 为 $U_-^0(x_0)$ 内的递增函数,于是有 $f(x)\leqslant f(x_m)\leqslant M,$所以 f 在 $U_-^0(x_0)$ 内有上界.

设 $B=\sup\limits_{x\in U_-^0(x_0)}f(x),$下面证明 f 在 x_0 的左极限 $f(x_0-0)=\sup\limits_{x\in U_-^0(x_0)}f(x)=B.$ 由上确界的定义,$\forall x\in U_-^0(x_0),$有 $f(x)\leqslant B;\forall \varepsilon>0,\exists x'\in U_-^0(x_0),$使得 $f(x')>B-\varepsilon.$ 取 $\delta=x_0-x'>0,$由 f 的递增性,$\forall x\in(x',x_0)=U_-^0(x_0;\delta),$有 $f(x)\geqslant f(x')>B-\varepsilon,$从而 $B-\varepsilon\leqslant f(x)\leqslant B+\varepsilon,$所以 $f(x_0-0)=B.$

下面证明:$A=B.$ 因为 B 是 f 在 $U_-^0(x_0)$ 内的上界,所以 $f(x_n)\leqslant B(n=1,2,\cdots),$于是 A

$= \lim\limits_{n\to\infty} f(x_n) \leqslant B.$ 由上确界的定义, $\forall \varepsilon > 0$, $\exists x' \in U^\circ_-(x_0)$, 使得 $f(x') > B - \varepsilon$. 又因 $x_n \to x_0 (n \to \infty)$, 所以存在 $N_1 > 0$, 当 $n > N_1$ 时, 有 $x_n > x'$, 从而有 $f(x_n) \geqslant f(x') > B - \varepsilon$. 又因 $\lim\limits_{n\to\infty} f(x_n) = A$, 存在 $N_2 > 0$, 当 $n > N_2$ 时, 有 $A - \varepsilon \leqslant f(x_n) \leqslant A + \varepsilon$. 取 $N = \max\{N_1, N_2\}$, 当 $n > N$ 时, 有 $A + \varepsilon > f(x_n) \geqslant f(x') > B - \varepsilon$, 于是 $B < A + 2\varepsilon$, 所以 $B \leqslant A$. 因此 $A = B$.

12. 解题过程 $\lim\limits_{x\to+\infty} f(x) = A \Rightarrow$ 任给 $\varepsilon > 0$, 存在正数 M, 当 $x > M$ 时, 有 $A - \varepsilon < f(x) < A + \varepsilon$, 当 $x < M$ 时 $\Rightarrow x/2 < M/2$, 此时有 $A - \varepsilon < f(x/2) = f(x) < A + \varepsilon$

即当 $x \to M/2$ 时, 同样有 $A - \varepsilon < f(x) < A + \varepsilon$ 成立.

类似结论对 $M/2^2, M/2^3, \cdots, M/2^n, \cdots$ 均有 $A - \varepsilon < f(x) < A + \varepsilon$ 成立.

从而对所有 $x > 0$, 均有 $A - \varepsilon < f(x) < A + \varepsilon$.

由 ε 的任意性得 $f(x) \equiv A$.

13. 解题过程 (1) $\forall x_0 \in (0,1)$, 记 $x_n = x_0^{2^{n-1}}$, $n = 1, 2, \cdots$, 则

$$\lim\limits_{n\to\infty} x_n = \lim\limits_{n\to\infty} x_0^{2^{n-1}} = 0$$

由归结原则得 $\lim\limits_{n\to\infty} f(x_n) = \lim\limits_{x\to0^+} f(x) = f(1)$.

但是 $f(x_n) = f(x_0^{2^{n-1}}) = f(x_0^{2^{n-2}}) = \cdots = f(x_0)$.

所以, 由归结原则有 $f(x_0) = \lim\limits_{n\to\infty} f(x_n) = f(1)$

(2) $\forall x_0 \in (1, +\infty)$, 记 $x'_n = x_0^{2^{n-1}}$, $n = 1, 2, \cdots$, 则 $\lim\limits_{n\to+\infty} x'_n = \lim\limits_{n\to+\infty} x_0^{2^{n-1}} = +\infty$.

由归结原则得 $\lim\limits_{n\to+\infty} f(x'_n) = \lim\limits_{x\to+\infty} f(x) = f(1)$.

而 $f(x'_n) = f(x_0^{2^{n-1}}) = f(x_0^{2^{n-2}}) = \cdots = f(x_0)$.

所以, 由归结原则有 $f(x_0) = \lim\limits_{n\to+\infty} f(x_0) = \lim\limits_{n\to+\infty} f(x'_n) = f(1)$.

综合 (1) 和 (2), 推得 $f(x) = f(1)$, $x \in (0, +\infty)$.

14. 解题过程 由条件 $\lim\limits_{x\to+\infty} [f(x+1) - f(x)] = A$, $\forall \varepsilon > 0$, $\exists G > 0$, $\forall x \geqslant G$ 有

$$|f(x+1) - f(x) - A| < \frac{\varepsilon}{3}$$

$\forall x \geqslant G$, x 可表为 $x = G + k + \alpha$. 其中 k 为非负整数, $0 \leqslant \alpha < 1$, 于是有

$$\left| \frac{f(x)}{x} - A \right| = \left| \frac{f(x) - f(G+\alpha) + f(G+\alpha)}{x} - \frac{G+k+\alpha}{x} A \right|$$

$$\leqslant \left| \frac{f(x) - f(G+\alpha)}{x} - \frac{k}{x} A \right| + \left| \frac{f(G+\alpha)}{x} \right| + \left| \frac{G+\alpha}{x} A \right|$$

因 $f(x)$ 在每一个有限区间 (a,b) 内有界, 得 $f(x)$ 在 $(a, G+1)$ 内有界, 只要取 $x(\geqslant G)$ 充分大, 就能同时成立.

$$\left| \frac{f(G+\alpha)}{x} \right| < \frac{\varepsilon}{3} \text{ 以及 } \left| \frac{G+\alpha}{x} A \right| < \frac{\varepsilon}{3}.$$

由 $|f(x+1) - f(x) - A| < \frac{\varepsilon}{3}$, 得

$$\left| \frac{f(x) - f(G+\alpha)}{x} - \frac{k}{x} A \right| = \frac{1}{x} |[f(x) - f(x-1) - A] + [f(x-1) - f(x-2) - A] + \cdots$$

$$+ [f(G+1+\alpha) - f(G+\alpha) - A] \leqslant \frac{1}{x} \cdot k \cdot \frac{\varepsilon}{3} < \frac{\varepsilon}{3}$$

推出 $\left| \frac{f(x)}{x} - A \right| < \varepsilon$.

由 ε 的任意性, 得 $\lim\limits_{x\to+\infty} \frac{f(x)}{x} = A$.

走近考研

1. (2003 数学一) $\lim\limits_{x\to 0}(\cos x)^{\frac{1}{\ln(1+x^2)}} = \dfrac{1}{\sqrt{e}}$.

分析 1^∞ 型未定式,化为指数函数或利用公式 $\lim f(x)^{g(x)}(1^\infty) = e^{\lim[f(x)-1]g(x)}$ 进行计算求极限均可.

详解 1 因为 $\lim\limits_{x\to 0}(\cos x - 1) \cdot \dfrac{1}{\ln(1+x^2)} = \lim\limits_{x\to 0}\dfrac{-\frac{1}{2}x^2}{x^2} = -\dfrac{1}{2}$,

所以原式 $= e^{-\frac{1}{2}} = \dfrac{1}{\sqrt{e}}$.

详解 2 $\lim\limits_{x\to 0}(\cos x)^{\frac{1}{\ln(1+x^2)}} = \lim\limits_{x\to 0}(1+\cos x - 1)^{\frac{1}{\cos x - 1}\cdot\frac{\cos x - 1}{\ln(1+x^2)}}$

$= \left[\lim\limits_{x\to 0}(1+\cos x - 1)^{\frac{1}{\cos x - 1}}\right]^{\lim\limits_{x\to 0}\frac{\cos x - 1}{\ln(1+x^2)}}$

$e^{\lim\limits_{x\to 0}\frac{-\frac{1}{2}x^2}{x^2}} = e^{-\frac{1}{2}} = \dfrac{1}{\sqrt{e}}$

2. (2005 数学一) 曲线 $y = \dfrac{x^2}{2x+1}$ 的斜渐近线方程为 $y = \dfrac{1}{2}x - \dfrac{1}{4}$.

分析 本题属基本题型,直接用斜渐近线方程公式进行计算即可.

详解 因为 $a = \lim\limits_{x\to\infty}\dfrac{f(x)}{x} = \lim\limits_{x\to\infty}\dfrac{x^2}{2x^2+x} = \dfrac{1}{2}$,

$b = \lim\limits_{x\to\infty}[f(x) - ax] = \lim\limits_{x\to\infty}\dfrac{-x}{2(2x+1)} = -\dfrac{1}{4}$,

于是所求斜渐近线方程为 $y = \dfrac{1}{2}x - \dfrac{1}{4}$.

3. (2006 数学一) $\lim\limits_{x\to 0}\dfrac{x\ln(1+x)}{1-\cos x} = 2$.

分析 本题为 $\dfrac{0}{0}$ 未定式极限的求解,利用等价无穷小代换即可.

详解 $\lim\limits_{x\to 0}\dfrac{x\ln(1+x)}{1-\cos x} = \lim\limits_{x\to 0}\dfrac{x\cdot x}{\frac{1}{2}x^2} = 2$.

4. (2007 数学一) 当 $x\to 0^+$ 时,与 $\sqrt{x}$ 等价的无穷小量是( ).

A. $1-e^{\sqrt{x}}$ B. $\ln\dfrac{1+x}{1-\sqrt{x}}$ C. $\sqrt{1+\sqrt{x}}-1$ D. $1-\cos\sqrt{x}$

分析 利用已知无穷小量的等价代换公式,尽量将四个选项先转化为其等价无穷小量,再进行比较分析以找出正确答案.

详解 当 $x\to 0^+$ 时,有 $1-e^{\sqrt{x}} = -(e^{\sqrt{x}}-1) \sim -\sqrt{x}$; $\sqrt{1+\sqrt{x}}-1 \sim \dfrac{1}{2}\sqrt{x}$;

$1-\cos\sqrt{x} \sim \dfrac{1}{2}(\sqrt{x})^2 = \dfrac{1}{2}x$.利用排除法知应选 B.

5. (2007 数学一) 曲线 $y = \dfrac{1}{x} + \ln(1+e^x)$,其渐近线的条数为( ).

A. 0   B. 1   C. 2   D. 3

分析 先找出无定义点,确定其是否有对应垂直渐近线;再考虑是否有水平或斜渐近线.

详解 因为 $\lim\limits_{x\to 0}[\dfrac{1}{x}+\ln(1+\mathrm{e}^x)]=\infty$,所以 $x=0$ 为垂直渐近线;

又 $\lim\limits_{x\to -\infty}[\dfrac{1}{x}+\ln(1+\mathrm{e}^x)]=0$,所以 $y=0$ 为水平渐近线;

进一步,$\lim\limits_{x\to +\infty}\dfrac{y}{x}=\lim\limits_{x\to +\infty}[\dfrac{1}{x^2}+\dfrac{\ln(1+\mathrm{e}^x)}{x}]=\lim\limits_{x\to +\infty}\dfrac{\ln(1+\mathrm{e}^x)}{x}=\lim\limits_{x\to +\infty}\dfrac{\mathrm{e}^x}{1+\mathrm{e}^x}=1$,

$$\lim\limits_{x\to +\infty}(y-1\cdot x)=\lim\limits_{x\to +\infty}[\dfrac{1}{x}+\ln(1+\mathrm{e}^x)-x]=\lim\limits_{x\to +\infty}[\ln(1+\mathrm{e}^x)-x]$$
$$=\lim\limits_{x\to +\infty}[\ln\mathrm{e}^x(1+\mathrm{e}^{-x})-x]=\lim\limits_{x\to +\infty}\ln(1+\mathrm{e}^{-x})=0,$$

于是有斜渐近线 $y=x$. 故应选 D.

6.(2008 数学一)求极限 $\lim\limits_{x\to 0}\dfrac{[\sin x-\sin(\sin x)]\sin x}{x^4}$.

详解 1 $\lim\limits_{x\to 0}\dfrac{[\sin x-\sin(\sin x)]\sin x}{x^4}=\lim\limits_{x\to 0}\dfrac{[\sin x-\sin(\sin x)]}{x^3}$

$$=\lim\limits_{x\to 0}\dfrac{\cos x-\cos(\sin x)\cos x}{3x^2}=\lim\limits_{x\to 0}\dfrac{1-\cos(\sin x)}{3x^2}$$

$$=\lim\limits_{x\to 0}\dfrac{\sin(\sin x)\cos x}{6x}\left[或=\lim\limits_{x\to 0}\dfrac{\dfrac{1}{2}(\sin x)^2}{3x^2},或=\lim\limits_{x\to 0}\dfrac{\dfrac{1}{2}\sin^2 x+o(\sin^2 x)}{3x^2}\right]$$

$$=\dfrac{1}{6}.$$

详解 2 $\lim\limits_{x\to 0}\dfrac{[\sin x-\sin(\sin x)]\sin x}{x^4}=\lim\limits_{x\to 0}\dfrac{[\sin x-\sin(\sin x)]\sin x}{\sin^4 x}$

$$=\lim\limits_{t\to 0}\dfrac{t-\sin t}{t^3}=\lim\limits_{t\to 0}\dfrac{1-\cos t}{3t^2}=\lim\limits_{t\to 0}\dfrac{\dfrac{t^2}{2}}{3t^2}(或=\lim\limits_{t\to 0}\dfrac{\sin t}{6t})$$

$$=\dfrac{1}{6}.$$

7.(2009 数学一)当 $x\to 0$ 时,$f(x)=x-\sin ax$ 与 $g(x)=x^2\ln(1-bx)$ 等价无穷小,则( ).

A. $a=1,b=-\dfrac{1}{6}$ B. $a=1,b=\dfrac{1}{6}$

C. $a=-1,b=-\dfrac{1}{6}$ D. $a=-1,b=\dfrac{1}{6}$

解析 $f(x)=x-\sin ax$,$g(x)=x^2\ln(1-bx)$ 为等价无穷小,则

$$\lim\limits_{x\to 0}\dfrac{f(x)}{g(x)}=\lim\limits_{x\to 0}\dfrac{x-\sin ax}{x^2\ln(1-bx)}=\lim\limits_{x\to 0}\dfrac{x-\sin ax}{x^2\cdot(-bx)}\xlongequal{洛必达法则}\lim\limits_{x\to 0}\dfrac{1-a\cos ax}{-3bx^2}$$

$$\xlongequal{洛必达法则}\lim\limits_{x\to 0}\dfrac{a^2\sin ax}{-6bx}$$

$$=\lim\limits_{x\to 0}\dfrac{a^2\sin ax}{-\dfrac{6b}{a}\cdot ax}=-\dfrac{a^3}{6b}=1$$

$\therefore a^3=-6b$,故排除 B,C.

另外 $\lim\limits_{x\to 0}\dfrac{1-a\cos ax}{-3bx^2}$ 存在,蕴含了 $1-a\cos ax\to 0(x\to 0)$,故 $a=1$. 排除 D.

所以本题选 A.

8. (2010 数学一) 极限 $\lim\limits_{x\to\infty}\left[\dfrac{x^2}{(x-a)(x+b)}\right]^x$ 等于( ).

A. 1 B. e C. e^{a-b} D. e^{b-a}

解答 $\lim\limits_{x\to\infty}\left[\dfrac{x^2}{(x-a)(x+b)}\right]^x = \lim\limits_{x\to\infty}\left\{\left[1+\dfrac{(a-b)x+ab}{(x-a)(x+b)}\right]^{\frac{(x-a)(x+b)}{(a-b)x+ab}}\right\}^{\frac{x[(a-b)x-ab]}{(x-a)(x+b)}} = e^{a-b}$,选 C.

9. (2015 数学一模拟) $\lim\limits_{n\to\infty}\left[\dfrac{\ln\left(1+\frac{1}{n}\right)}{n+1}+\dfrac{\ln\left(1+\frac{2}{n}\right)}{n+\frac{1}{2^2}}+\cdots+\dfrac{\ln\left(1+\frac{n}{n}\right)}{n+\frac{1}{n^2}}\right]=$ _____.

分析 令 $S_n = \dfrac{\ln\left(1+\frac{1}{n}\right)}{n+1}+\dfrac{\ln\left(1+\frac{2}{n}\right)}{n+\frac{1}{2^2}}+\cdots+\dfrac{\ln\left(1+\frac{n}{n}\right)}{n+\frac{1}{n^2}}$.

$T_n = \dfrac{1}{n}\left[\ln\left(1+\dfrac{1}{n}\right)+\ln\left(1+\dfrac{2}{n}\right)+\cdots+\ln\left(1+\dfrac{n}{n}\right)\right]$.

则不难发现 $\dfrac{n}{n+1}T_n \leqslant S_n \leqslant T_n (n=1,2,\cdots)$,其中 T_n 是把 $[0,1]$ n 等分,且取 $\xi_1 = \dfrac{k}{n}(k=1,$ $2,\cdots,n)$ 时 $\int_0^1\ln(1+x)\mathrm{d}x$ 对应的积分和,因函数 $\ln(1+x)$ 在 $[0,1]$ 上连续,故在 $[0,1]$ 上可积,则

$$\lim\limits_{n\to\infty}T_n = \int_0^1\ln(1+x)\mathrm{d}x = \int_0^1\ln(1+x)\mathrm{d}(1+x)$$
$$= (1+x)\ln(1+x)\Big|_0^1 - \int_0^1\mathrm{d}x = 2\ln2-1.$$

此外,还有 $\lim\limits_{n\to\infty}\dfrac{n}{n+1}T_n = \lim\limits_{n\to\infty}T_n = 2\ln2-1$,从而由极限存在的夹逼准则得

$$\lim\limits_{n\to\infty}S_n = 2\ln2-1.$$

10. (2015 数学一模拟) $\lim\limits_{x\to+\infty}\dfrac{(3+x^2)\sin\frac{1}{x}-\cos x}{x^2[\ln(1+x)-\ln x]}=$ _____.

分析 先用等价无穷小因子替换:

$$\ln(1+x)-\ln x = \ln\left(1+\dfrac{1}{x}\right) \sim \dfrac{1}{x}(x\to+\infty)$$

然后用分项求极限法可得

$$\lim\limits_{x\to+\infty}\dfrac{(3+x^2)\sin\frac{1}{x}-\cos x}{x^2[\ln(1+x)-\ln x]} = \lim\limits_{x\to+\infty}\dfrac{\sin\frac{1}{x}}{\frac{1}{x}}+\lim\limits_{x\to+\infty}\dfrac{3\sin\frac{1}{x}-\cos x}{x^2\cdot\frac{1}{x}} = 1+0 = 1$$

(后一项的分子为有界变量,分母是无穷大量,故其极限为 0.)

11. (2015 数学一模拟) $\lim\limits_{x\to1}\left(\dfrac{4^x-3^x}{x}\right)^{\frac{1}{x-1}}=$ _____.

分析
$$\lim\limits_{x\to1}\left(\dfrac{4^x-3^x}{x}\right)^{\frac{1}{x-1}} = e^{\lim\limits_{x\to1}\frac{\ln(4^x-3^x)-\ln x}{x-1}}$$
$$= e^{\lim\limits_{x\to1}\frac{\frac{1}{4^x-3^x}(4^x\ln4-3^x\ln3)-1}{1}}$$

$$= e^{4\ln 4 - 3\ln 3 - 1} = \frac{4^4}{3^3 4} = \frac{256}{274}$$

86

评注　本题极限是"1"型未定式,其一般形式为 $\lim\limits_{x\to\square} f(x)^{g(x)}$,其中 $\lim\limits_{x\to\square} f(x)=1, \lim\limits_{x\to\square} g(x)=\infty$. 为求极限,首先将幂指函数 $f(x)^{g(x)}$ 化为指数型复合函数 $e^{g(x)\ln f(x)}$,由于 $\lim\limits_{x\to\square}\ln f(x)=0$, 利用当 $y\to 0$ 时的等价无穷小关系 $\ln(1+y) y$ 可得,当 $x\to\square$ 时, $\ln f(x) \sim f(x)-1$,于是

$$\lim_{x\to\square} f(x)^{g(x)} = e^{\lim\limits_{x\to\square} g(x)\ln f(x)} = e^{\lim\limits_{x\to\square} g(x)[f(x)-1]}$$

从而,归结为求极限 $\lim\limits_{x\to\square} g(x)[f(x)-1]$.

12. (2015 数学一模拟) 若 $\lim\limits_{x\to 0}\left[\dfrac{3+e^{\frac{1}{x}}}{1+e^{\frac{2}{x}}} + \dfrac{\ln(1+ax)}{|x|}\right]$ 存在,则常数 $a = $ _____.

分析　注意 $|x|$ 是以 $x=0$ 为分界点的分段函数,且 $\lim\limits_{x\to 0^+} e^{\frac{1}{x}}=+\infty$, $\lim\limits_{x\to 0^+} e^{\frac{1}{x}}=0$,可见应分别求当 $x\to 0$ 时的左、右极限,因为

$$\lim_{x\to 0^+}\left[\frac{3+e^{\frac{1}{x}}}{1+e^{\frac{2}{x}}} + \frac{\ln(1+ax)}{|x|}\right] = \lim_{x\to 0^+}\frac{\ln(1+ax)}{x} + \lim_{x\to 0^+}\frac{3+e^{\frac{1}{x}}}{1+e^{\frac{2}{x}}}$$

$$= a + \lim_{x\to 0^+}\frac{1}{e^{\frac{1}{x}}}\cdot\frac{3e^{\frac{1}{x}}+1}{e^{\frac{2}{x}}+1} = a,$$

$$\lim_{x\to 0^-}\left[\frac{3+e^{\frac{1}{x}}}{1+e^{\frac{2}{x}}} + \frac{\ln(1+ax)}{|x|}\right] = 3 - \lim_{x\to 0^-}\frac{\ln(1+ax)}{x} = 3 - a.$$

所以,题中极限存在 $\Leftrightarrow a = 3 - a \Leftrightarrow a = \dfrac{3}{2}$

评注　在本例中用到了极限存在的如下充分必要条件:

$$\lim_{x\to x_0} f(x) = A \Leftrightarrow \lim_{x\to x_0^+} f(x) \text{ 和 } \lim_{x\to x_0^-} f(x) \text{ 都存在且同为 } A.$$

13. (2015 数学一模拟) 设 $\lim\limits_{x\to 0}\dfrac{\sin 3x + xf(x)}{x^3}=0$,则 $\lim\limits_{x\to 0}\dfrac{3+f(x)}{x^2} = $ _____.

分析一　$\lim\limits_{x\to 0}\dfrac{3+f(x)}{x^2} = \lim\limits_{x\to 0}\dfrac{3x+xf(x)}{x^3} = \lim\limits_{x\to 0}\dfrac{\sin 3x + xf(x)}{x^3} + \lim\limits_{x\to 0}\dfrac{3x-\sin 3x}{x^3}$

$$= \lim_{x\to 0}\frac{3x-\sin 3x}{x^3} \xlongequal{3x=t} 27\lim_{x\to 0}\frac{t-\sin t}{t^3} = 9\lim_{x\to 0}\frac{1-\cos t}{t^2} = \frac{9}{2}.$$

分析二　令 $\dfrac{\sin 3x + xf(x)}{x^3} = g(x)$,则 $\lim\limits_{x\to 0} g(x)=0$,且 $f(x)=x^2 g(x)-\dfrac{\sin 3x}{x}$

故　　　$\lim\limits_{x\to 0}\dfrac{3+f(x)}{x^2} = \lim\limits_{x\to 0}\dfrac{3+x^2 g(x)-\dfrac{\sin 3x}{x}}{x^2} = \lim\limits_{x\to 0} g(x) + \lim\limits_{x\to 0}\dfrac{3x-\sin 3x}{x^3}$

$$= \lim_{x\to 0}\frac{3x-\sin 3x}{x^3} = \frac{9}{2}.$$

分析三　不妨取满足题设条件的一个特例来计算,最简单的 $f(x)$ 是满足 $\dfrac{\sin 3x + xf(x)}{x^3}=0$ 的函数, 于是 $f(x) = -\dfrac{\sin 3x}{x}$,进而有

$$\lim_{x \to 0} \frac{3 + f(x)}{x^2} = \lim_{x \to 0} \frac{\dfrac{3 - \sin 3x}{x}}{x^2} = \lim_{x \to 0} \frac{3x - \sin 3x}{x^3} = \frac{9}{2}.$$

评注　【分析一】的基础是极限的四则运算法则,在找出要求的极限与题设的极限之间的关系后,就化为不含 $f(x)$ 的某个极限了.

【分析二】的基础是极限存在的变量与无穷小量的关系,$\lim\limits_{x \to \square} f(x) = A \Leftrightarrow f(x) = A + g(x)$,其中 $\lim\limits_{x \to \square} g(x) = 0$,于是可得到未知函数 $f(x)$ 的一个表达式 $\left(\text{在本例中是 } f(x) = x^2 g(x) - \dfrac{\sin 3x}{x}\right)$,由此即可计算包含它的极限.

第四章

函数的连续性

本章导航

连续性函数是一类重要的函数.直观地讲,连续性函数就是一条没有断开的曲线.掌握函数连续的概念,理解间断点之间的不同,掌握连续函数与最值之间的关系,是本章学习的主要任务.

本章知识结构图如下：

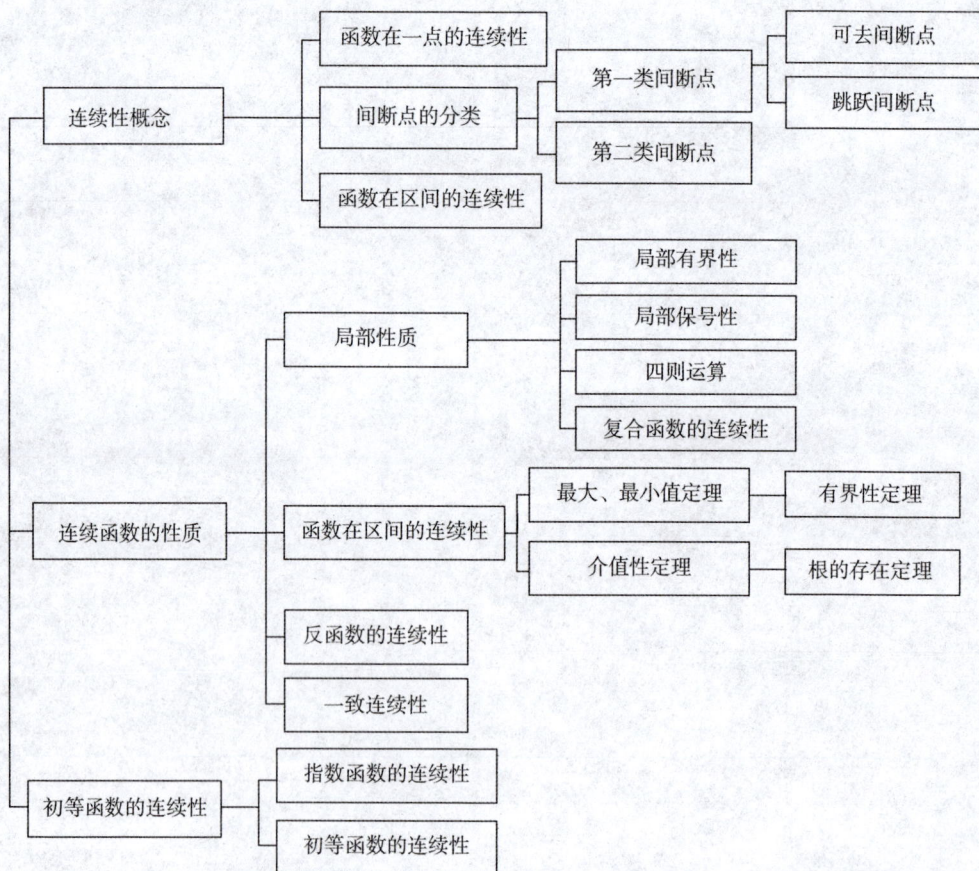

```
                    ┌─ 函数在一点的连续性
                    │
连续性概念 ─────────┼─ 间断点的分类 ──┬─ 第一类间断点 ──┬─ 可去间断点
                    │                 │                 └─ 跳跃间断点
                    │                 └─ 第二类间断点
                    └─ 函数在区间的连续性


                                      ┌─ 局部有界性
                                      │
                    ┌─ 局部性质 ──────┼─ 局部保号性
                    │                 ├─ 四则运算
                    │                 └─ 复合函数的连续性
                    │
连续函数的性质 ─────┼─ 函数在区间的连续性 ─┬─ 最大、最小值定理 ── 有界性定理
                    │                       └─ 介值性定理 ── 根的存在定理
                    │
                    ├─ 反函数的连续性
                    │
                    └─ 一致连续性


                    ┌─ 指数函数的连续性
初等函数的连续性 ───┤
                    └─ 初等函数的连续性
```

各个击破

■ 连续性概念

1. 函数在 x_0 点处连续的定义、性质

定义	等价条件与性质	补充说明
设函数 $f(x)$ 在某 $U(x_0)$ 内有定义,若 $\lim\limits_{x \to x_0} f(x) = f(x_0)$,则称 $f(x)$ 在点 x_0 处连续 (对 $\forall \varepsilon > 0, \exists \delta > 0$, 当 $\|x-x_0\| < \delta$ 时,有 $\|f(x)-f(x_0)\| < \varepsilon$)	**等价条件** $\lim\limits_{x \to x_0^+} f(x) = f(x_0 + 0)$, $\lim\limits_{x \to x_0^-} f(x) = f(x_0 - 0)$,则 $f(x_0 - 0) = f(x_0) = f(x_0 + 0)$ 即 $f(x)$ 在 x_0 点连续 $\Leftrightarrow f(x)$ 在 x_0 点左右极限存在且相等,等于 $f(x_0)$<hr>**四则运算性** $f(x), g(x)$ 在 x_0 点连续,则 $f(x) \pm g(x)$, $f(x) \cdot g(x)$, $\dfrac{f(x)}{g(x)}[g(x_0) \neq 0]$ 在 x_0 点也连续<hr>**复合函数** $y = f(t)$ 在 $t = t_0$ 连续,$t = g(x)$ 在 $x = x_0$ 连续 $\Rightarrow$ $y = f(g(x))$ 在 $x = x_0$ 连续	在 $\varepsilon - \delta$ 定义中没有 $\|x-x_0\| > 0$ 这一条件,即 $f(x)$ 在 x_0 点连续,必须要求 $f(x)$ 在 x_0 处有定义,这点与极限定义不同

2. 间断点及其分类

定义	分类		例
设函数 $f(x)$ 在某个 $U^0(x_0)$ 内有定义,若 $f(x)$ 在点 x_0 无定义,或 $f(x)$ 在点 x_0 有定义而不连续,则称点 x_0 为函数 $f(x)$ 的**间断点**	第一类间断点	可去间断点 $f(x_0-0) = f(x_0+0) = A$,但 f 在点 x_0 无定义,或有定义但 $f(x_0) \neq A$	$f(x) = \dfrac{\sin x}{x}, x \neq 0, (x_0 = 0$ 处$)$
		跳跃间断点 $f(x_0-0) \neq f(x_0+0)$	$f(x) = \text{sgn}(x), (x_0 = 0$ 处$)$
	第二类间断点	$f(x_0+0), f(x_0-0)$ 中至少有一个不存在	

例1 设 $f(x)=\begin{cases} x, & 0<x<1 \\ \dfrac{1}{2}, & x=1 \\ 1, & 1<x<2 \end{cases}$

(1) 求 $f(x)$ 在点 $x=1$ 处的左、右极限,函数 $f(x)$ 在点 $x=1$ 处是否有极限?

(2) 函数 $f(x)$ 在点 $x=1$ 处是否连续?

(3) 确定函数 $f(x)$ 的连续区间.

分析 对于函数 $f(x)$ 在给定点 x_0 处的连续性,关键是判断函数当 $x \to x_0$ 时的极限是否等于 $f(x_0)$; 函数在某一区间上任一点处都连续,则在该区间上连续.

(1) $\lim\limits_{x\to 1^-} f(x) = \lim\limits_{x\to 1^-} x = 1$

$\lim\limits_{x\to 1^+} f(x) = \lim\limits_{x\to 1^+} 1 = 1$

$\therefore \lim\limits_{x\to 1} f(x) = 1$

函数 $f(x)$ 在点 $x=1$ 处有极限.

小提示

只有 $\lim\limits_{x\to x_0^-} f(x) = \lim\limits_{x\to x_0^+} f(x)$,$\lim\limits_{x\to x_0} f(x)$ 才存在.

(2) $\because f(1) = \dfrac{1}{2} \neq \lim\limits_{x\to 1} f(x)$

函数 $f(x)$ 在点 $x=1$ 处不连续.

(3) 函数 $f(x)$ 的连续区间是 $(0,1),(1,2)$.

例2 讨论函数 $f(x)=(\lim\limits_{n\to\infty} \dfrac{1-x^n}{1+x^n}) \cdot x \,(0 \leqslant x < +\infty)$ 在 $x=1$ 与 $x=\dfrac{1}{2}$ 点处的连续性.

分析 分类讨论不仅是解决问题的一种逻辑方法,也是一种重要的数学思想.

由于 $f(x)$ 的表达式并非显式,所以须先求出 $f(x)$ 的解析式,再讨论其连续性,其中极限式中含 x^n,故须分类讨论.

解题过程 (1) 求 $f(x)$ 的表达式:

1) 当 $x<1$ 时,$f(x) = \dfrac{1-\lim\limits_{n\to\infty}x^n}{1+\lim\limits_{n\to\infty}x^n} \cdot x = \dfrac{1-0}{1+0} \cdot x = x$

2) 当 $x>1$ 时,$f(x) = \lim\limits_{n\to\infty} \dfrac{\left(\dfrac{1}{x}\right)^n - 1}{\left(\dfrac{1}{x}\right)^n + 1} \cdot x = \dfrac{0-1}{0+1} \cdot x = -x$

3) 当 $x=1$ 时,$f(x) = \lim\limits_{n\to\infty} \dfrac{1-1^n}{1+1^n} \cdot x = 0$

$\therefore f(x) = \begin{cases} x, & 0 \leqslant x < 1 \\ 0, & x=1 \\ -x, & 1 < x < +\infty \end{cases}$

(2) 讨论 $f(x)$ 在 $x=1$ 点处的连续性:

$\because \lim\limits_{x\to 1^-} f(x) = \lim\limits_{x\to 1^-} x = 1, \lim\limits_{x\to 1^+} f(x) = \lim\limits_{x\to 1^+} (-x) = -1$

$\therefore \lim\limits_{x\to 1^+} f(x) \neq \lim\limits_{x\to 1^-} f(x), f(x)$ 在 $x=1$ 点处不连续.

(3) 讨论 $f(x)$ 在 $x=\dfrac{1}{2}$ 点处的连续性:

$\because \lim\limits_{x\to \frac{1}{2}^-} f(x) = \lim\limits_{x\to \frac{1}{2}^-} x = \dfrac{1}{2}, \lim\limits_{x\to \frac{1}{2}^+} f(x) = \lim\limits_{x\to \frac{1}{2}^+} x = \dfrac{1}{2}$

$$\therefore \lim_{x \to \frac{1}{2}} f(x) = \frac{1}{2} = f\left(\frac{1}{2}\right), f(x) \text{ 在 } x = \frac{1}{2} \text{ 点处连续.}$$

例3 函数 $f(x) = \dfrac{x^2 - 4}{x - 2}$ 在区间 $(0,2)$ 内是否连续,在区间 $[0,2]$ 上呢?

分析 开区间内连续是指内部每一点处均连续,闭区间上连续指的是内部点连续,左端点处右连续,右端点处左连续.

$$f(x) = \frac{x^2 - 4}{x - 2} = x + 2 \quad (x \in \mathbf{R} \text{ 且 } x \neq 2)$$

任取 $0 < x_0 < 2$,则 $\lim\limits_{x \to x_0} f(x) = \lim\limits_{x \to x_0} (x + 2) = x_0 + 2 = f(x_0)$

$\therefore f(x)$ 在 $(0,2)$ 内连续.

但 $f(x)$ 在 $x = 2$ 处无定义,$\therefore f(x)$ 在 $x = 2$ 处不连续.

从而 $f(x)$ 在 $[0,2]$ 上不连续.

例4 指出下列函数的间断点及类型.

$$(1) f(x) = [|\cos|], \text{(注 "[ ]" 表示向下取整)}; (2) f(x) = \begin{cases} \dfrac{1}{x+7}, & -\infty < x < -7 \\ x, & -7 \leqslant x \leqslant 1 \\ (x-1)\sin\dfrac{1}{x-1}, & 1 < x < +\infty \end{cases}$$

解析 抓住定义域中出现的断点,尤其是分段函数各段之间的间隔点,还要注意各段函数表述式中所隐藏的断点.

$(1) \because f(x) = [|\cos x|] = \begin{cases} 0, & x \neq n\pi \\ 1, & x = n\pi \end{cases}$

$\therefore f(x)$ 在 $x = n\pi (n \in \mathbf{Z})$ 间断.

又 $\because \lim\limits_{x \to n\pi^+} f(x) = \lim\limits_{x \to n\pi^-} f(x) = 0$

$\therefore x = n\pi (n \in \mathbf{Z})$ 是 $f(x)$ 的第一类间断点中的可去间断点.

$(2) f(x)$ 在 $x = -7$ 和 1 处间断,

对 $x = -7$ 处,$\because \lim\limits_{x \to 7^+} f(x) = x \Big|_{x = -7} = -7$

$$\lim\limits_{x \to 7^-} f(x) = \lim\limits_{x \to -7^-} \frac{1}{-x + 7} = +\infty \text{ 不存在.}$$

$\because \lim\limits_{x \to 7^+} f(x) \neq \lim\limits_{x \to 7^-} f(x).\ \therefore x = -7$ 是 $f(x)$ 的第二类间断点.

对 $x = 1$ 处,

$$\lim\limits_{x \to 1^-} f(x) = x \Big|_{x = 1} = 1$$

$$\lim\limits_{x \to 1^+} f(x) = \lim\limits_{x \to 1^+} (x - 1) \sin \frac{1}{x - 1} = 0$$

$\because \lim\limits_{x \to 1^+} f(x) \neq \lim\limits_{x \to 1^-} f(x)$,且左、右极限存在.

$\therefore x = 1$ 是 $f(x)$ 的跳跃间断点.

■ **连续函数的性质** ━━━━━━━━━━━━━━━━━━━━━━━━━━

名称	性质	定义
连续函数的局部性质	局部有界性	若函数 $f(x)$ 在点 x_0 连续,则 $f(x)$ 在某邻域 $U(x_0)$ 内有界
	局部保号性	若函数 $f(x)$ 在点 x_0 连续,且 $f(x_0) > 0$(或 < 0),则对任何正数 $r < f(x_0)$[或 $-r > f(x_0)$],存在某 $U(x_0)$,使得一切 $x \in U(x_0)$,有 $f(x) > r$[或 $f(x) < -r$]
	四则运算	若函数 $f(x)$ 和 $g(x)$ 在点 x_0 连续,则 $f(x) \pm g(x), f(x) \cdot g(x), \dfrac{f(x)}{g(x)}[g(x_0) \neq 0]$ 也都在点 x_0 连续
	复合函数的连续性	若函数 $f(x)$ 在点 x_0 连续,$g(x)$ 在点 u_0 连续,$u_0 = f(x_0)$,则 $$\lim_{x \to x_0} g(f(x)) = g(\lim_{x \to x_0} f(x)) = g(f(x_0))$$
闭区间上连续函数的基本性质	有界性定理和最大、最小值定理	若函数 $f(x)$ 在闭区间 $[a,b]$ 上连续,则 $f(x)$ 在 $[a,b]$ 上有界,并取得最大、最小值
	介值性定理和根的存在性定理	若函数 $f(x)$ 在闭区间 $[a,b]$ 上连续,且 $f(a)$ 与 $f(b)$ 异号,则至少存在一点 $x_0 \in (a,b)$,使得 $f(x_0) = 0$,介值性定理是根的存在定理的推广
	反函数的连续性定理	若函数 $f(x)$ 在 $[a,b]$ 上严格单调并连续,则反函数 $f^{-1}(x)$ 在其定义域 $[f(a),f(b)]$ 或 $[f(b),f(a)]$ 上连续
	一致连续性定理	**定义** 设 $f(x)$ 为定义在区间 I 上的函数,若对任给 $\varepsilon > 0$,存在 $\delta = \delta(\varepsilon) > 0$,使得对任何 $x', x'' \in I$,只要 $\| x' - x'' \| < \delta$,就有 $\| f(x') - f(x'') \| < \varepsilon$,则称函数 $f(x)$ 在区间 I 上一致连续
		定理 若函数 $f(x)$ 在闭区间 $[a,b]$ 上连续,则 $f(x)$ 在 $[a,b]$ 上一致连续

例5 求 $\lim\limits_{x \to 1} \sin(1 - x^2)$.

分析 $\sin(1 - x^2)$ 可看作函数 $g(u) = \sin u$ 与 $u = 1 - x^2$ 的复合.可得
$$\lim_{x \to 1} \sin(1 - x^2) = \sin \lim_{x \to 1}(1 - x^2) = \sin 0 = 0$$

例6 设 f 在 $[a,b]$ 连续,满足
$$f([a,b]) \subset [a,b]$$
证明:存在 $x_0 \in [a,b]$,使得 $f(x_0) = x_0$.

分析 条件 $f([a,b]) \subset [a,b]$ 意味着:对任何 $x_0 \in [a,b]$ 有 $a \leqslant f(x_0) \leqslant b$,特别有 $a \leqslant f(a)$ 以及 $b \leqslant f(b)$.

若 $a = f(a)$ 或 $b = f(b)$,则取 $x_0 = a$ 或 b,从而 $f(x_0) = x_0$ 成立.现设 $a < f(a)$ 与 $b < f(b)$.令
$$F(x) = f(x) - x,$$
则 $F(a) = f(a) - a > 0, F(b) = f(b) - b < 0$.由根的存在性定理得,存在 $x_0 \in (a,b)$,使得 $F(x_0) = 0$ 即 $f(x_0) = x_0$.

例7 证明:有理幂函数 $y = x^a$ 在其定义区间上连续.

分析 设有理数 $\alpha = \dfrac{p}{q}$，这里 $p,q(\neq 0)$ 为整数. 因为 $y = x^{\frac{1}{q}}$ 与 $y = x^p$ 均在其定义区间上连续,所以复合函数 $y = (x^p)^{\frac{1}{q}} = x^\alpha$ 也是其定义区间上的连续函数.

例 8 证明:若 $f(x)$ 在点 x_0 连续且 $f(x_0) \neq 0$,则存在 x_0 的某一邻域 $U(x_0)$,当 $x \in U(x_0)$ 时, $f(x) \neq 0$.

分析 连续的定义以及极限的保号性.

证明:由于 $f(x_0) \neq 0$,不妨设 $f(x_0) < 0$,

$\because f(x)$ 连续,即 $\lim\limits_{x \to x_0} f(x) = f(x_0)$,

$\therefore$ 对 $\varepsilon = -\dfrac{1}{2}f(x_0) > 0$,存在正数 δ,当 $x \in U^0(x_0,\delta)$ 时, $| f(x) - f(x_0) | < \varepsilon$,

即 $| f(x) - f(x_0) | < -\dfrac{1}{2}f(x_0) \Rightarrow \dfrac{3}{2}f(x_0) < f(x) < \dfrac{1}{2}f(x_0) < 0$,故 $f(x) \neq 0$;

而已知 $f(x_0) \neq 0$,故当 $x \in U(x_0;\delta)$ 时, $f(x) \neq 0$.

同理可证,当 $f(x_0) > 0$ 时,存在 x_0 的某一邻域 $U(x_0;\delta)$,当 $x \in U(x_0;\delta)$ 时, $f(x) \neq 0$.

例 9 证明方程 $x = a\sin x + b(0 < a, 0 < b)$ 至少有一个正根,并且它不超过 $a+b$.

证明:设 $f(x) = x - a\sin x - b$,显然 $f(x)$ 在区间 $[0, a+b]$ 上连续;

$f(0) = -b, f(a+b) = a+b - a\sin(a+b) - b = a[1 - \sin(a+b)]$;

1) 若 $\sin(a+b) = 1$,则 $f(a+b) = 0$,此时 $a+b$ 即是 $x = a\sin x + b$ 的根;

2) 若 $\sin(a+b) \neq 1$,则 $0 < f(a+b), f(0) = -b < 0$,由零点定理,存在 $\xi \in (0, a+b)$,使得 $f(\xi) = 0$,即 ξ 是方程 $x = a\sin x + b$ 的根;综上,结论成立.

例 10 若 $f(x)$ 在 $[a,b]$ 上连续, $a < x_1 < x_2 < \cdots < x_n < b$,则在 $[x_1, x_n]$ 上必有 ξ,使 $f(\xi) = \dfrac{f(x_1) + f(x_2) + \cdots + f(x_n)}{n}$.

分析 闭区间上连续函数的最值定理与介值定理;先证明 $\dfrac{f(x_1) + f(x_2) + \cdots + f(x_n)}{n}$ 是最小值与最大值之间的某个值;再用介值定理.

证明: $f(x)$ 在 $[a,b]$ 上连续且 $[x_1, x_n] \subset [a,b]$,则 $f(x)$ 必在 $[x_1, x_n]$ 上连续,且在 $[a,b]$ 必有最值,最大值设为 M_1,最小值设为 m_1;

设 $M = \max\{f(x_1), f(x_2), \cdots, f(x_n)\} \leqslant M_1, m = \min\{f(x_1), f(x_2) \cdots f(x_n)\} \geqslant m_1$,

则 $m = \dfrac{m + \cdots + m}{n} \leqslant \dfrac{f(x_1) + f(x_2) + \cdots + f(x_n)}{n} \leqslant \dfrac{M + \cdots + M}{n} = M$,

即 $\dfrac{f(x_1) + f(x_2) + \cdots + f(x_n)}{n} \in [m, M] \subset [m_1, M_1]$,由介值定理,必存在 $\xi \in [a,b]$,使得 $f(\xi) = \dfrac{f(x_1) + f(x_2) + \cdots + f(x_n)}{n}$.

初等函数的连续性

指数函数的连续性	**定理** 设 $a>0, \alpha, \beta$ 为任意实数，则有 $$a^{\alpha} \cdot a^{\beta} = a^{(\alpha+\beta)}, (a^{\alpha})^{\beta} = a^{\alpha\beta}$$	
	定理 指数函数 $a^x (a>0, a \neq 1)$ 在 **R** 上是连续的，且满足 $$\lim_{x \to -\infty} a^x = 0, \lim_{x \to +\infty} a^x = +\infty (a>1);$$ $$\lim_{x \to -\infty} a^x = +\infty, \lim_{x \to +\infty} a^x = 0 (0<a<1)$$	
	指数函数的连续性在求极限中的应用	(1) 设 $\lim\limits_{x \to x_0} u(x) = a>0, \lim\limits_{x \to x_0} v(x) = b$，则 $\lim\limits_{x \to x_0} u(x)^{v(x)} = a^b$； (2) 设 $\lim\limits_{n \to \infty} u_n = a>0, \lim\limits_{n \to \infty} v_n = b$，则 $\lim\limits_{n \to \infty} u_n^{v_n} = a^b$
初等函数的连续性	(1) 一切基本初等函数都是定义域内的连续函数； (2) 任何初等函数都是在其定义区间内的连续函数	

例 11 求函数 $y = \dfrac{x^3+3x^2-x-3}{x^2+x-6}$ 的连续区间，并求 $\lim\limits_{x \to 0} f(x), \lim\limits_{x \to -3} f(x), \lim\limits_{x \to 2} f(x)$.

分析 初等函数连续性及连续函数的性质；初等函数在定义域内连续，函数在连续点处的极限值等于该点的函数值.

解：本函数的定义域为 $x^2+x-6 \neq 0$，解得 $x \neq 2$ 或 $x \neq -3$；

则本函数的连续区间为 $(-\infty, -3) \bigcup (-3, 2) \bigcup (2, +\infty)$；

$$\lim_{x \to 0} f(x) = f(0) = \frac{1}{2},$$

$$\lim_{x \to -3} f(x) = \lim_{x \to -3} \frac{x^3+3x^2-x-3}{x^2+x-6} = \lim_{x \to -3} \frac{(x+3)(x^2-1)}{(x+3)(x-2)} = \lim_{x \to -3} \frac{x^2-1}{x-2} = -\frac{8}{5};$$

$$\lim_{x \to 2} f(x) = \lim_{x \to 2} \frac{x^2-1}{x-2} = \infty.$$

例 12 试确定 a 的值，使函数 $f(x) = \begin{cases} x^2+a, & x \leqslant 0 \\ x\sin\dfrac{1}{x}, & x>0 \end{cases}$ 在 $(-\infty, +\infty)$ 上连续.

分析 初等函数在定义区间内一定是连续的；在某一点连续等价于既左连续又右连续；函数在分段点 $x=0$ 处连续，则必在该点既左连续又右连续，据此列等式求 a 值.

> **小提示** 初等函数的连续性在函数极限中的应用：如果 $f(x)$ 是初等函数，且 x_0 是 $f(x)$ 的定义区间内的点，则 $\lim\limits_{x \to x_0} f(x) = f(x_0)$.

显然 $f(x)$ 在 $(-\infty, 0) \bigcup (0, +\infty)$ 上是连续的，

在分段点 $x=0$ 处，$f(0+0) = \lim\limits_{x \to 0^+} x\sin\dfrac{1}{x} = 0, f(0-0) = \lim\limits_{x \to 0^-} (x^2+a) = a$，

由函数在 $x=0$ 连续，知 $0=a=f(0)$，知 $a=0$，此时 $f(x)$ 在 $(-\infty, +\infty)$ 上连续.

例 13 讨论函数 $f(x) = \lim\limits_{n \to \infty} \dfrac{1-x^{2n}}{1+x^{2n}}x$ 的连续性，若有间断点，判断其类型.

分析 函数的连续与间断；先计算极限，将函数表示成初等函数形式再讨论连续性.

当 $x=1$ 时,$f(x)=\lim\limits_{n\to\infty}\dfrac{1-x^{2n}}{1+x^{2n}}x=0$;当 $x=-1$ 时,$f(x)=\lim\limits_{n\to\infty}\dfrac{1-x^{2n}}{1+x^{2n}}x=0$;

当 $|x|<1$ 时,$f(x)=\lim\limits_{n\to\infty}\dfrac{1-x^{2n}}{1+x^{2n}}x=x$;

当 $1<|x|$ 时,$f(x)=\lim\limits_{n\to\infty}\dfrac{1-x^{2n}}{1+x^{2n}}x=\lim\limits_{n\to\infty}\dfrac{\dfrac{1}{x^{2n}}-1}{\dfrac{1}{x^{2n}}+1}x=-x$,即

$$f(x)=\begin{cases}x, & |x|<1\\0, & |x|=1\\-x, & 1<|x|\end{cases}$$,显然,函数在 $(-\infty,-1)\bigcup(-1,1)\bigcup(1,+\infty)$ 上连续,

又 $\lim\limits_{x\to-1^-}f(x)=\lim\limits_{x\to-1^-}(-x)=1$,$\lim\limits_{x\to-1^+}f(x)=\lim\limits_{x\to-1^+}x=-1\neq f(1-0)$,

故 $x=-1$ 是 $f(x)$ 的第一类跳跃间断点;

又 $\lim\limits_{x\to1^-}f(x)=\lim\limits_{x\to1^-}x=1$,$\lim\limits_{x\to1^+}f(x)=\lim\limits_{x\to1^+}(-x)=-1\neq f(1-0)$,

故 $x=1$ 是 $f(x)$ 的第一类跳跃间断点.

例 14 求函数 $y=\dfrac{1}{1-\ln^2 x}$ 的连续区间.

分析 函数的连续与间断;初等函数有定义的开区间即是连续区间.

解:函数的定义域为 $\begin{cases}1-\ln^2 x\neq0\\x>0\end{cases}\Rightarrow\begin{cases}\ln x\neq\pm1\\x>0\end{cases}\Rightarrow\left(0,\dfrac{1}{e}\right)\bigcup\left(\dfrac{1}{e},e\right)\bigcup(e,+\infty)$,

故它的连续区间是 $\left(0,\dfrac{1}{e}\right)\bigcup\left(\dfrac{1}{e},e\right)\bigcup(e,+\infty)$.

课后习题全解

■ 连续性概念(教材上册 P75)

1. **解题过程** (1) $f(x)$ 的定义域为 $(-\infty,0)\bigcup(0,+\infty)$,

对其定义域上任意一点 $x_0\neq0$,有

$$\lim\limits_{x\to x_0}f(x)=\lim\limits_{x\to x_0}\dfrac{1}{x}=\dfrac{1}{x_0}=f(x_0),$$

故 $f(x)$ 在 x_0 连续,由 x_0 的任意性知,$f(x)$ 在其定义

域内连续.

> **小提示** 函数在某点的连续性的证明,其实就是函数极限证明稍加"调整",把空心邻域变为了实心邻域.

(2) $f(x)$ 的定义域为 $(-\infty,+\infty)$. 对其定义域上任意一点 x_0,

$\forall\varepsilon>0$,取 $\delta=\varepsilon$,当 $|x-x_0|<\delta$ 时,有 $||x|-|x_0||\leqslant|x-x_0|<\delta=\varepsilon$,

故 $\lim\limits_{x\to x_0}|x|=|x_0|$,从而 $f(x)$ 在 x_0 连续,由 x_0 的任意性知,$f(x)$ 在其定义域内连续.

2. **知识点窍** 各类间断点的判断.

逻辑推理 根据间断点的定义去判断其属于哪一类.

解题过程 (1)因 $f(x)$ 仅在 $x=0$ 处无定义,故 $x=0$ 为函数的间断点,又因 $\lim\limits_{x\to0^+}f(x)=+\infty$,

$\lim\limits_{x\to0^-}f(x)=-\infty$,所以 $x=0$ 为第二类间断点.

(2) $\lim\limits_{x\to 0^+}\dfrac{\sin x}{|x|}=\lim\limits_{x\to 0^+}\dfrac{\sin x}{x}=1,\lim\limits_{x\to 0^-}\dfrac{\sin x}{|x|}=\lim\limits_{x\to 0^-}-\dfrac{\sin x}{x}=-1\neq 1.$

所以 $x=0$ 为该函数的第一类跳跃间断点.

(3) $\lim\limits_{x\to n\pi}[\,|\cos x|\,]=0,n\in \mathbf{Z}$,而 $f(n\pi)=[\,|\cos n\pi|\,]=1\neq 0$,所以 $x=n\pi(n\in\mathbf{Z})$ 为该函数的第一类可去间断点.

(4) $\lim\limits_{x\to 0}\mathrm{sgn}\,|x|=1$,而 $f(0)=\mathrm{sgn}\,|0|=0\neq 1\Rightarrow x=0$ 是该函数的第一类可去间断点.

(5) $\lim\limits_{x\to \frac{\pi}{2}+k\pi}\cos x=0$,令 $t=\cos x$,则 $x\to\dfrac{\pi}{2}+k\pi\Rightarrow t\to 0$

$\Rightarrow\lim\limits_{x\to \frac{\pi}{2}+k\pi}\mathrm{sgn}(\cos x)=\lim\limits_{t\to 0}\mathrm{sgn}(t)$,而 $\lim\limits_{t\to 0^+}\mathrm{sgn}(t)=1,\lim\limits_{t\to 0^-}\mathrm{sgn}(t)=-1$,且 $f(0)=\mathrm{sgn}(0)=0$,因此 $t=0$ 是函数 $\mathrm{sgn}(t)$ 的跳跃间断点.

即 $x=\dfrac{\pi}{2}+k\pi(k\in\mathbf{Z})$ 是 $\mathrm{sgn}(\cos x)$ 的第一类跳跃间断点.

(6) $\lim\limits_{x\to 0}f(x)=0=f(0)$,所以 $x=0$ 为该函数的连续点,而对于其他点,由实数的稠密性知其左、右极限均不存在,因此除 $x=0$ 外其他点均是该函数的第二类间断点.

(7) $\lim\limits_{x\to (-7)^-}f(0)=\lim\limits_{x\to (-7)^-}\dfrac{1}{x+7}=-\infty$,所以 $x=-7$ 是该函数的第二类间断点.

又 $\lim\limits_{x\to 1^+}f(x)=\lim\limits_{x\to 1^+}(x-1)\sin\dfrac{1}{x-1}=0,\lim\limits_{x\to 1^-}f(x)=\lim\limits_{x\to 1^-}x=1\neq 0$,所以 $x=1$ 是该函数的第一类跳跃间断点.

综上所述,$x=-7$ 是该函数的第二类间断点,$x=1$ 是该函数的第一类跳跃间断点.

3. **逻辑推理** 找出那些无定义的点,再使其等于左、右极限的值即可.

解题过程 (1) $f(x)$ 在 $x=2$ 时无定义,且 $\lim\limits_{x\to 2}f(x)=\lim\limits_{x\to 2}\dfrac{x^3-8}{x-2}=\lim\limits_{x\to 2}(x^2+2x+4)=12$

故 $x=2$ 为该函数的可去间断点.

令 $F(x)=\begin{cases}f(x),&x\neq 2\\12,&x=2\end{cases}$

则 $F(x)$ 为 $f(x)$ 在 $x\in\mathbf{R}$ 上的延拓,且在 $(-\infty,+\infty)$ 内连续.

(2) $f(x)$ 在 $x=0$ 时无定义,且

$\lim\limits_{x\to 0}\dfrac{1-\cos x}{x^2}=\lim\limits_{x\to 0}\dfrac{2\sin^2\dfrac{x}{2}}{x^2}=\lim\limits_{x\to 0}\dfrac{1}{2}\left(\dfrac{\sin\dfrac{x}{2}}{\dfrac{x}{2}}\right)^2=\dfrac{1}{2}$

所以 $x=0$ 为该函数的可去间断点.

令 $F(x)=\begin{cases}f(x),&x\neq 0\\\dfrac{1}{2},&x=0\end{cases}$

则 $F(x)$ 为 $f(x)$ 在 $x\in\mathbf{R}$ 上的延拓,且在 $(-\infty,+\infty)$ 内连续.

(3) $f(x)$ 在 $x=0$ 时无定义,且 $\lim\limits_{x\to 0}x\cos\dfrac{1}{x}=0$

所以 $x=0$ 为该函数的可去间断点.

令 $F(x)=\begin{cases}f(x),&x\neq 0\\0,&x=0\end{cases}$

则 $F(x)$ 为 $f(x)$ 在 $x\in\mathbf{R}$ 上的延拓,且在 $(-\infty,+\infty)$ 内连续.

4. **逻辑推理** 设 f 在 x_0 点连续,即 $\forall\varepsilon>0,\exists\delta>0$,使得当 $|x-x_0|<\delta$ 时,有 $|f(x)-f(x_0)|<\varepsilon$.

这时有 $||f(x)|-f(x_0)||\leqslant|f(x)-f(x_0)|<\varepsilon$,故 $|f|$ 也在点 x_0 连续.

解题过程 因为 $f(x)$ 在点 x_0 连续,所以 $\lim\limits_{x\to x_0}f(x)=f(x_0)$,对于任给 $\varepsilon>0$,存在 $\delta>0$,当 $|x-x_0|<\delta$ 时,有 $|f(x)-f(x_0)|<\varepsilon$.

则有 $||f(x)|-|f(x_0)||\leqslant|f(x)-f(x_0)|<\varepsilon$,

所以,$\lim\limits_{x\to x_0}|f(x)|=|f(x_0)|$.

即可知 $|f(x)|$ 在点 x_0 连续.

又因为 $|f^2(x)-f^2(x_0)|=|f(x)-f(x_0)||f(x)+f(x_0)|$,且 $f(x)$ 在点 x_0 连续,存在 $M>0,N>0,\delta>0$.

当 $|x-x_0|<\delta$ 时,$|f(x)|\leqslant N$,$|f(x)|\leqslant M$,对任给的 $\varepsilon>0$,取 $\delta_1=\min\{\delta,\delta'\}$,则当 $|x-x_0|<\delta_1$ 时,有

$$|f^2(x)-f^2(x_0)|=|f(x)-f(x_0)||f(x)+f(x_0)|<\varepsilon(M+N)$$

因此 $\lim\limits_{x\to x_0}f^2(x)=f^2(x_0)$,所以 $f^2(x)$ 在点 x_0 连续.

若 $f(x)$ 在 I 上某点 x_0 的值 $f(x_0)=-|f(x_0)|\neq0$,则 x_0 是 $f(x)$ 的可去间断点,从而 $f(x)$ 在 I 上未必连续.

5. **知识点窍** 极限的唯一性.

逻辑推理 反证法.

解题过程 用反证法,若 $f(x)$ 与 $g(x)$ 两者均在 $x=0$ 连续,则 $\lim\limits_{x\to0}f(x)=f(0)$,$\lim\limits_{x\to0}g(x)=g(0)$,$f(x)\equiv g(x)(x\neq0$ 时$)$,所以 $\lim\limits_{x\to0}f(x)=\lim\limits_{x\to0}g(x)$,从而有 $f(0)=g(0)$,这与假设矛盾.因此假设错误,$f(x)$ 与 $g(x)$ 两者中至多有一个在 $x=0$ 连续.

6. **解题过程** 不妨设 $f(x)$ 在区间 I 上递增,$x_0\in I$ 为 $f(x)$ 的间断点,由第三章 §3 的习题 5 知,$f(x_0-0)$ 和 $f(x_0+0)$ 都存在,因此 x_0 必是 f 的第一类间断点,$f(x)$ 在区间 I 上递减时类似可证.

7. **解题过程** 设 $f(x)$ 的定义域为 I,则对 $\forall x_0\in I$,

(1) 因为 $g(x_0)=\lim\limits_{y\to x_0}f(y)$,所以对 $\forall\varepsilon>0$,$\exists\delta>0$,当 $y'\in U(x_0;\delta)$ 时,就有

$$|f(y')-g(x_0)|<\frac{\varepsilon}{2}$$

(2) 对 $\forall x\in U(x_0;\delta)$,因为 $g(x)=\lim\limits_{y\to x}f(y)$,所以对同一 ε,$\exists\delta'>0$,使 $U(x;\delta')\subset U(x_0;\delta)$,且

$\forall y\in U(x;\delta')$ 时,有 $|f(y)-g(x)|<\frac{\varepsilon}{2}$,从而有

$|g(x)-g(x_0)|\leqslant|f(y')-g(x_0)|+|f(y)-g(x)|<\varepsilon$

$\Rightarrow\lim\limits_{x\to x_0}g(x)=g(x_0)$

所以 $g(x)$ 在点 x_0 处连续.

8. **解题过程** 假定 $f(x)$ 为 **R** 上的单调递增函数.

对 $\forall x_0\in\mathbf{R}$,因 $f(x_0+0)$ 存在,所以对 $\forall\varepsilon>0$,$\exists\delta>0$,当 $x_0<x<x_0+\delta$ 时,就有

$$|f(x)-f(x_0+0)|<\varepsilon.$$

取 x' 使 $x_0<x<x'<x_0+\delta$,由 $f(x)$ 在 **R** 上的单调递增性,得

$$f(x_0)\leqslant f(x_0+0)\leqslant f(x)\leqslant f(x+0)\leqslant f(x')$$

由此可知,对一切 $x\in(x_0,x_0+\delta)$,有 $|g(x)-g(x_0)|<\varepsilon$.

所以点 x_0 是 $g(x)$ 的右连续点,再由 x_0 在 **R** 上的任意性,推得 $g(x)$ 为 **R** 上的右连续函数.

9. **解题过程** (1) $f(x) = \begin{cases} \dfrac{1}{\left(x-\frac{1}{2}\right)\left(x-\frac{1}{3}\right)\left(x-\frac{1}{4}\right)} & \left(x \neq \frac{1}{2}, \frac{1}{3}, \frac{1}{4}\right) \\ 1 & \left(x = \frac{1}{2}, \frac{1}{3}, \frac{1}{4}\right) \end{cases}, \forall x \in [0,1].$

(2) $f(x) = \left(x-\frac{1}{2}\right)\left(x-\frac{1}{3}\right)\left(x-\frac{1}{4}\right)D(x), \forall x \in [0,1].$

(3) $f(x) = \begin{cases} x\left[\dfrac{1}{x}\right] & (x \neq 0,1) \\ 1 & (x = 0) \\ 0 & (x = 1) \end{cases}, \forall x \in [0,1].$

(4) $f(x) = xD(x), \forall x \in [0,1].$

连续函数的性质（教材上册 P85）

1. **知识点窍** 复合函数的连续性.

   逻辑推理 找出无定义的点，判断函数在该点是否连续，否则判断其为什么类型的间断点.

   解题过程 (1) $f \circ g(x) = \mathrm{sgn}(1+x^2) = 1$，处处连续.

   $g \circ f(x) = \begin{cases} 2 & x \neq 0 \\ 1 & x = 0 \end{cases}$，除 $x = 0$ 外，处处连续，$x = 0$ 是可去间断点.

   (2) $f \circ g(x) = \mathrm{sgn}((1-x^2)x) = \begin{cases} 1, & x < -1 \text{ 或 } 0 < x < 1 \\ 0, & x = 0, -1, 1 \\ -1, & -1 < x < 0 \text{ 或 } x > 1 \end{cases}$

   $\Rightarrow x = 0, 1, -1$ 为 $f \circ g$ 的跳跃间断点，$f \circ g$ 在其余点上连续.

   又由于 $g(f(x)) \equiv 0$.

   $\Rightarrow g \circ f$ 在所有点上连续.

   > **小提示** 注意函数复合时的先后顺序，同时加强对一些常见函数的掌握，比如符号函数、取整函数等，有时题目可能不会给出这些函数的定义.

2. **知识点窍** 连续函数的局部保号性.

   解题过程 (1) 令 $F(x) = f(x) - g(x)$，则 $F(x_0) > 0$.

   又因为 $f(x), g(x)$ 在点 x_0 连续，由定理 4.4 可知，$F(x)$ 在点 x_0 连续.

   由连续函数的局部保号性知，对任何正数 $r < F(x_0)$，存在某 $U(x_0)$，使得对一切 $x \in U(x_0)$，有 $F(x) > r > 0$.

   即存在 $U(x_0)$，使得对一切 $x \in U(x_0)$，有
   $$F(x) = f(x) - g(x) > 0$$
   即 $f(x) > g(x)$.

   (2) 设在 $U(x_0; \delta')$ 内，有 $f(x) > g(x)$. 因为 $\lim\limits_{x \to x_0} f(x) = f(x_0), \lim\limits_{x \to x_0} g(x) = g(x_0)$，所以对 $\forall \varepsilon > 0$，分别存在 $\delta_1 > 0, \delta_2 > 0$，使得当 $|x - x_0| < \delta_1$ 时有 $g(x_0) - \varepsilon < g(x)$，当 $|x - x_0| < \delta_2$ 时有 $f(x) < f(x_0) + \varepsilon$. 令 $\delta = \min\{\delta', \delta_1, \delta_2\}$，则当 $|x - x_0| < \delta$ 时，有 $g(x_0) - \varepsilon < g(x) < f(x) < f(x_0) + \varepsilon$，从而 $g(x_0) < f(x_0) + 2\varepsilon$. 由 ε 的任意性可得 $g(x_0) \leqslant f(x_0)$.

3. **解题过程** 由第一章总练习题 1 知

$$F(x) = \max\{f(x), g(x)\} = \frac{1}{2}[f(x) + g(x) + |f(x) - g(x)|]$$

$$G(x) = \min\{f(x), g(x)\} = \frac{1}{2}[f(x) + g(x) - |f(x) - g(x)|]$$

由本章 §1 习题 4 知,$f(x)$ 在点 x 连续,则 $|f(x)|$ 也在点 x 连续. 而 $f(x), g(x)$ 均在区间 I 上连续,因此 $f(x) - g(x)$ 在 I 上连续,故 $|f(x) - g(x)|$ 也在 I 上连续. 由连续函数性质知,$F(x)$,$G(x)$ 都在 I 上连续.

4. **解题过程** 解法一:$F(x) = \max\{-c, \min\{c, f(x)\}\}$,因常数函数是 **R** 上的连续函数. 由 3 题结论知,$\min\{c, f(x)\}$ 为 **R** 上的连续函数,$-c$ 为 **R** 上的连续函数,因此 $\max\{-c, \min\{c, f(x)\}\}$ 也是 **R** 上的连续函数,即 $F(x)$ 在 **R** 上连续.

解法二:$F(x) = \frac{1}{2}\{|c + f(x)| - |c - f(x)|\}$,而 $c + f(x), c - f(x), |c + f(x)|, |c - f(x)|$ 都是连续函数. 由连续函数的代数运算知,$F(x)$ 在 **R** 上连续.

5. **解题过程** $x \leqslant 0$ 时,$g(x) = x - \pi, f(g(x)) = \sin(x - \pi) = -\sin x$

$x > 0$ 时,$g(x) = x + \pi, f(g(x)) = \sin(x + \pi) = -\sin x$

所以 $f(g(x)) = -\sin x$.

故 $f \circ g$ 在 $x = 0$ 处连续,$\lim\limits_{x \to 0} f(g(x)) = 0 = -\sin 0 = f(g(0))$.

而 $\lim\limits_{x \to 0^+} g(x) = \lim\limits_{x \to 0^+}(x + \pi) = \pi, \lim\limits_{x \to 0^-} g(x) = \lim\limits_{x \to 0^-}(x - \pi) = -\pi$

$\Rightarrow g(x)$ 在 $x = 0$ 处不连续.

6. **知识点拨** 闭区间上连续函数的最大值、最小值定理.

逻辑推理 注意是闭区间.

解题过程 $\lim\limits_{x \to +\infty} f(x)$ 存在,设 $\lim\limits_{x \to +\infty} f(x) = A \Rightarrow$ 对 $\varepsilon = 1$,存在 $M > 0$,当 $x > M$ 时,有

$$|f(x) - A| < \varepsilon = 1 \Rightarrow A - 1 < f(x) < A + 1$$

$f(x)$ 在 $[a, M]$ 上连续,由定理 4.6 知,函数 $f(x)$ 在 $[a, M]$ 上有最大值与最小值,分别设为 B_1, B_2,则 $B_2 \leqslant f(x) \leqslant B_1, x \in [a, M]$,取

$$B' = \min\{A - 1, B_2\}, A' = \max\{A + 1, B_1\}$$

则对一切 $x \in [a, +\infty)$,均有 $B' \leqslant f(x) \leqslant A' \Rightarrow f(x)$ 在 $[a, +\infty)$ 上有界.

$[a, +\infty)$ 不是闭区间,因此 $f(x)$ 在 $[a, +\infty)$ 上不一定有最大值或最小值.

7. **知识点拨** 闭区间上连续函数的最大值、最小值定理.

解题过程 $\forall x_0 \in (a, b)$,取 $\varepsilon = \frac{1}{2}\min\{x_0 - a, b - x_0\}$,于是 $x_0 \in [a + \varepsilon, b - \varepsilon]$,由题设知,$f$ 在 $[a + \varepsilon, b - \varepsilon]$ 上连续,从而在 x_0 连续. 由 x_0 的任意性知,f 在 (a, b) 内连续.

8. **解题过程** (1) 由于 $(\pi - x)\tan x$ 为初等函数,点 $\frac{\pi}{4}$ 在定义域内,从而函数在该点连续,于是有

$$\lim\limits_{x \to \frac{\pi}{4}}(\pi - x)\tan x = (\pi - \lim\limits_{x \to \frac{\pi}{4}} x)\lim\limits_{x \to \frac{\pi}{4}}\tan x = \left(\pi - \frac{\pi}{4}\right) \cdot 1 = \frac{3}{4}\pi.$$

(2) 该函数为初等函数,在 $x = 1$ 处右连续,故

$$\lim\limits_{x \to 1^+}\frac{x\sqrt{1 + 2x} - \sqrt{x^2 - 1}}{x + 1} = \left.\frac{x\sqrt{1 + 2x} + \sqrt{x^2 - 1}}{x + 1}\right|_{x=1} = \frac{\sqrt{1 + 2} - 0}{1 + 1} = \frac{\sqrt{3}}{2}$$

(直接代值求)

9. **知识点拨** 根的存在性定理.

逻辑推理 反证法.

解题过程 假设 f 在 $[a,b]$ 上不是恒正或恒负.

则存在 $x_1,x_2 \in [a,b]$,使得 $f(x_1)>0, f(x_2)<0$.

不妨设 $x_1<x_2$,则 f 在 $[x_1,x_2]$ 上连续,且 $f(x_1)$ 与 $f(x_2)$ 异号,由根的存在定理知,存在 $x_0 \in (x_1,x_2)$,使得 $f(x_0)=0$,很明显这与题设"对任何 $x \in [a,b]$,$f(x) \neq 0$"矛盾.

所以假设不成立,即 f 在 $[a,b]$ 上是恒正或恒负.

10. 解题过程 任取一实系数奇次方程 $f(x)$,设其最高次项的系数大于 0(小于 0 类似可证),有

$$\lim_{x \to +\infty} f(x)=+\infty, \quad \lim_{x \to -\infty} f(x)=-\infty$$

$\lim\limits_{x \to +\infty} f(x)=+\infty \Rightarrow$ 任给 $M>0$,存在 $N>0$,当 $x>N$ 时,$f(x)>M>0$;

$\lim\limits_{x \to -\infty} f(x)=-\infty \Rightarrow$ 任给 $M'<0$,存在 $N'<0$,当 $x<N'$ 时,$f(x)<M'<0$.

由上可知,$f(x)$ 在 $[M'-1,M+1]$ 上连续,且 $f(M'-1)<0, f(M+1)>0$,由根的存在性定理可知,至少存在一点 $x_0 \in (M'-1,M+1)$,使得 $f(x_0)=0 \Rightarrow f(x)$ 至少有一个实根.

11. 知识点窍 一致连续的定义.

解题过程 因为 f,g 都在区间 I 上一致连续,所以对 $\forall \varepsilon>0$,分别存在 $\delta_1>0, \delta_2>0$,使得 $\forall x'$, $x'' \in I$,当 $|x'-x''|<\delta_1$ 时,有 $|f(x')-f(x'')|<\varepsilon$,当 $|x'-x''|<\delta_2$ 时,有 $|g(x')-g(x'')|<\varepsilon$. 取 $\delta=\min\{\delta_1,\delta_2\}$,则对 $\forall x',x'' \in I$,当 $|x'-x''|<\delta$ 时,有
$|[f(x')+g(x')]-[f(x'')+g(x'')]| \leqslant |f(x')-f(x'')|+|g(x')-g(x'')|<\varepsilon+\varepsilon=2\varepsilon$
所以 $f+g$ 也在 I 上一致连续.

12. 解题过程 $[0,+\infty)=[0,1] \bigcup [1,+\infty)$.

要证 $f(x)=\sqrt{x}$ 在 $[0,+\infty)$ 上一致连续,只需证 $f(x)=\sqrt{x}$ 在 $[0,1]$ 和 $[1,+\infty)$ 上均一致连续. 下面分别证明 $f(x)$ 在两个区间上的一致连续性.

(1)可以利用定理 4.9 的结论.

对于任意 $x_0 \in (0,1]$,任给 $\varepsilon>0$,取 $\delta=\sqrt{x_0}\varepsilon$,则当 $x \in U(x_0;\delta)$ 时,有 $|\sqrt{x}-\sqrt{x_0}|=\dfrac{|x-x_0|}{\sqrt{x}+\sqrt{x_0}}$

$<\dfrac{|x-x_0|}{\sqrt{x_0}}<\dfrac{\delta}{\sqrt{x_0}}=\varepsilon$. 由 ε 的任意性,有 $\lim\limits_{x \to x_0}\sqrt{x}=\sqrt{x_0}$,从而对任意 $x_0 \in (0,1]$,$f(x)$ 在 x_0 点连续.

若 $x_0=0$,对任意 $\varepsilon>0$,取 $\delta=\varepsilon^2$,则当 $x \in U(0;\delta)$ 时,有 $|\sqrt{x}|=\sqrt{|x|}<\sqrt{\delta}=\varepsilon \Rightarrow \sqrt{x}$ 在点 $x=0$ 处连续.

综上所述,$f(x)$ 在 $[0,1]$ 上连续,由定理 4.9 可知,$f(x)$ 在 $[0,1]$ 上一致连续.

(2)对于任意 $x_0 \in [1,+\infty)$,任给 $\varepsilon>0$,由于 $|f(x')-f(x'')|=|\sqrt{x'}-\sqrt{x''}|=\dfrac{|x'-x''|}{\sqrt{x'}+\sqrt{x''}}$

$\leqslant \dfrac{|x'-x''|}{2}$. 故可选取 $\delta=2\varepsilon$,则对任何 $x',x'' \in [1,+\infty)$,只要 $|x'-x''|<\delta$,就有 $|f(x')$

$-f(x'')|<\varepsilon \Rightarrow f(x)=\sqrt{x}$ 在 $[1,+\infty)$ 上一致连续.

综上所述,$f(x)$ 在 $[0,+\infty)$ 上一致连续.

13. 解题过程 直接利用定理 4.9.

$\because f(x)=x^2$ 在 $[a,b]$ 上连续

$\therefore f(x)=x^2$ 在 $[a,b]$ 上一致连续

但 $f(x)=x^2$ 在 $(-\infty,+\infty)$ 上不一致连续.

取 $\varepsilon_0=1$,无论 $\delta>0$ 取得多小,由 $\lim\limits_{n \to \infty}\dfrac{1}{n}=0$ 知,只要 n 充分大,总可以使 $x'=n+\dfrac{1}{n}, x''=n$ 的

距离 $|x'-x''|=\dfrac{1}{n}<\delta$,但

$$|f(x')-f(x'')|=\left(n+\dfrac{1}{n}\right)^2-n^2=2+\left(\dfrac{1}{n}\right)^2>1=\varepsilon_0$$

故 $f(x)=x^2$ 在 $(-\infty,+\infty)$ 上非一致连续.

14. 知识点窍 一致连续的定义.

解题过程 任给 $\varepsilon>0$,由于 $|f(x')-f(x'')|\leqslant L|x'-x''|$

故选取 $\delta=\dfrac{\varepsilon}{L}$,则对任何 $x',x''\in I$,只要 $|x'-x''|<\delta$,就有

$$|f(x')-f(x'')|<\varepsilon$$

$\Rightarrow f(x)$ 在区间 I 上一致连续.

15. 知识点窍 一致连续的定义.

解题过程 任给 $\varepsilon>0$,由于

$$|\sin x'-\sin x''|\leqslant|x'-x''|$$

故选取 $\delta=\varepsilon$,则对任何 $x',x''\in(-\infty,+\infty)$,只要 $|x'-x''|<\delta$,就有

$$|\sin x'-\sin x''|<\varepsilon$$

$\Rightarrow\sin x$ 在 $(-\infty,+\infty)$ 上一致连续.

16. 解题过程 设 $\lim\limits_{x\to+\infty}f(x)=A$. 于是对任给的 $\varepsilon>0$,存在 $N>a$,当 $x>N$ 时,有

$$|f(x)-A|<\dfrac{\varepsilon}{2} \qquad\qquad ①$$

因 $f(x)$ 在 $[a,N+1]$ 上连续,故 f 在 $[a,N+1]$ 上一致连续. 从而存在 $0<\delta<1$,使得当 $x',x''\in[a,N+1]$ 且 $|x'-x''|<\delta$ 时,有

$$|f(x')-f(x'')|<\varepsilon \qquad\qquad ②$$

下面说明,当 $x',x''\in[a,+\infty)$ 且 $|x'-x''|<\delta$ 时,必有 $|f(x')-f(x'')|<\varepsilon$.
事实上,若 $x',x''\in[a,N+1]$,则由式 ② 知有 $|f(x')-f(x'')|<\varepsilon$ 成立;若 $x',x''>\delta$,则由式 ①,可得 $|f(x')-f(x'')|\leqslant|f(x')-A|+|f(x'')-A|<\dfrac{\varepsilon}{2}+\dfrac{\varepsilon}{2}=\varepsilon$.

所以 f 在 $[a,+\infty)$ 上一致连续.

17. 解题过程 令 $F(x)=f(x)-f(x+a)$,则

$$F(0)=f(0)-f(a),F(a)=f(a)-f(2a)$$
$$f(0)=f(2a)\Rightarrow F(0)+F(a)=f(0)-f(2a)=0$$

若 $F(0)=F(a)=0$,则 $f(0)=f(a)$,取 $x_0=0$ 即可.
若 $F(0)\neq 0$,则 $F(0)$ 与 $F(a)$ 异号,$f(x)$ 在 $[0,2a]$ 上连续,所以 $F(x)$ 在 $[0,a]$ 上连续,由根的存在性定理,至少存在一点 $x_0\in(0,a)$,使得 $F(x_0)=f(x_0)-f(x_0+a)=0$.
综上所述,存在点 $x_0\in[0,a]$,使得 $f(x_0)=f(x_0+a)$.

18. 解题过程 用反证法. 若 f 有间断点 x_0,则由教材 P54 习题 5,知 $f(x_0-0)$ 与 $f(x_0+0)$ 都存在,且 $f(x_0-0)<f(x_0+0)$. 又因 f 为 $[a,b]$ 上的增函数,所以有

$$f(a)\leqslant f(x_0-0)\leqslant f(x_0)\leqslant f(x_0+0)\leqslant f(b)$$

于是 $(f(x_0-0),f(x_0+0))\subset[f(a),f(b)]$ 且区间 $(f(x_0-0),f(x_0+0))$ 只含 f 的值域中的一个点 $f(x_0)$,这与 f 的值域为 $[f(a),f(b)]$ 矛盾.

19. 解题过程 因 $x_1,\cdots,x_n$ 的大小不影响本题的结论,不妨设 $x_1\leqslant x_2\leqslant\cdots\leqslant x_n$,
令 $F(x)=nf(x)-f(x_1)-\cdots-f(x_n)$,则 $F(x_1)\leqslant 0,F(x_n)\geqslant 0$,若 $F(x_1),F(x_n)$ 有一为零,直接

取 $\zeta = x_1$ 或 x_n 即可,若 $F(x_1) < 0, F(x_n) > 0, f(x)$ 在 $[a,b]$ 上连续 $\Rightarrow F(x)$ 在 $[a,b]$ 上连续.

由根的存在性定理知,至少存在一点 $\xi \in (a,b)$,使得 $F(\xi) = 0$,即

$$f(\xi) = \frac{1}{n}[f(x_1) + \cdots + f(x_n)].$$

20. 解题过程 $[0, +\infty) = [0,1] \bigcup [1, +\infty)$.

当 $x \in [0,1]$ 时,$f(x)$ 可看成函数 $g(u) = \cos u$ 与 $u(x) = \sqrt{x}$ 的复合函数,由定理 4.5 知,$f(x)$ 在 $[0,1]$ 上连续;由定理 4.9 知,$f(x)$ 在 $[0,1]$ 上一致连续.

当 $x \in [1, +\infty)$ 时,任给 $\varepsilon > 0$,由于

$$| \cos \sqrt{x'} - \cos \sqrt{x''} | \leqslant | \sqrt{x'} - \sqrt{x''} | \leqslant | x' - x'' |$$

故选取 $\delta = \varepsilon$,则对任何 $x', x'' \in [1, +\infty)$,只要 $| x' - x'' | < \delta$,就有

$$| \cos \sqrt{x'} - \cos \sqrt{x''} | < \varepsilon$$

$\Rightarrow \cos \sqrt{x}$ 在 $[1, +\infty)$ 上一致连续.

由例 10 的结论知,$\cos \sqrt{x}$ 在 $[0, +\infty)$ 上一致连续.

初等函数的连续性(教材上册 P88)

1. 解题过程 (1) 由初等函数的连续性知,$x = 0$ 属于 $f(x) = \dfrac{e^x \cos x + 5}{1 + x^2 + \ln(1-x)}$ 的定义域,得

$$\lim_{x \to 0} \frac{e^x \cos x + 5}{1 + x^2 + \ln(1-x)} = f(0) = 6.$$

(2) $\sqrt{x + \sqrt{x + \sqrt{x}}} - \sqrt{x} = \dfrac{\sqrt{x + \sqrt{x}}}{\sqrt{x + \sqrt{x + \sqrt{x}}} + \sqrt{x}}$

由初等函数的连续性有

$$\lim_{x \to +\infty} \left(\sqrt{x + \sqrt{x + \sqrt{x}}} - \sqrt{x} \right) = \lim_{x \to +\infty} \frac{\sqrt{1 + \dfrac{1}{\sqrt{x}}}}{\sqrt{1 + \dfrac{\sqrt{1 + \dfrac{1}{\sqrt{x}}}}{\sqrt{x}}} + 1} = \frac{\sqrt{1+0}}{\sqrt{1+0}+1} = \frac{1}{2}.$$

(3) $\lim\limits_{x \to 0^+} \left(\sqrt{\dfrac{1}{x} + \sqrt{\dfrac{1}{x} + \sqrt{\dfrac{1}{x}}}} - \sqrt{\dfrac{1}{x} - \sqrt{\dfrac{1}{x} + \sqrt{\dfrac{1}{x}}}} \right)$

$$= \lim_{x \to 0^+} \frac{2\sqrt{\dfrac{1}{x} + \sqrt{\dfrac{1}{x}}}}{\sqrt{\dfrac{1}{x} + \sqrt{\dfrac{1}{x} + \sqrt{\dfrac{1}{x}}}} + \sqrt{\dfrac{1}{x} - \sqrt{\dfrac{1}{x} + \sqrt{\dfrac{1}{x}}}}}$$

$$= \lim_{x \to 0^+} \frac{2\sqrt{1 + \sqrt{x}}}{\sqrt{1 + \sqrt{x + x^{\frac{3}{2}}}} + \sqrt{1 - \sqrt{x + x^{\frac{3}{2}}}}} = \frac{2\sqrt{1+0}}{\sqrt{1+0} + \sqrt{1-0}} = 1.$$

(4) $\lim\limits_{x \to +\infty} \dfrac{\sqrt{x + \sqrt{x + \sqrt{x}}}}{\sqrt{x+1}} = \lim\limits_{x \to +\infty} \dfrac{\sqrt{1 + \sqrt{\dfrac{1}{x} + x^{-\frac{3}{2}}}}}{\sqrt{1 + \dfrac{1}{x}}} = \dfrac{\sqrt{1+0}}{\sqrt{1+0}} = 1.$

(5) $\lim\limits_{x\to 0}(1+\sin x)^{\cot x}=\lim\limits_{x\to 0}\left[(1+\sin x)^{\frac{1}{\sin x}}\right]^{\cos x}=e^1=e.$

2. 解题 过程 因 $\lim\limits_{n\to\infty}a_n=a>0$,故存在 N,当 $n>N$ 时,有 $a_n>0$,从而

$$\lim\limits_{n\to\infty}a_n^{b_n}=\lim\limits_{n\to\infty}e^{(b_n\ln a_n)}=e^{b\ln a}=a^b.$$

■ 总练习题(教材上册P89) ━━━━━

1. 解题 过程 (1) 记 $f(a+0)=A,f(b-0)=B$,则对于 $\varepsilon_0=1,\exists\delta_1>0$,当 $a<x<a+\delta_1$ 时,有 $|f(x)-A|<\varepsilon_0=1$,即 $A-1<f(x)<A+1.$

取 $\max\{|A-1|,|A+1|\}=M_1$,则有

$\qquad |f(x)|<M_1,x\in(a,a+\delta_1)$

$\exists\delta_2>0$,当 $b-\delta_2<x<b$ 时,有 $|f(x)-B|<\varepsilon_0=1$,即 $B-1<f(x)<B+1.$

取 $\max\{|B-1|,|B+1|\}=M_2$,则有

$\qquad |f(x)|<M_2,x\in(b-\delta_2,b)$

由 $f(x)$ 在 (a,b) 上连续,得 $f(x)$ 在 $[a+\delta_1,b-\delta_2]$ 上连续,故 $\exists M_3>0$,使得

$\qquad |f(x)|<M_3,x\in[a_1+\delta_1,b-\delta_2]$

综上所述,记 $M=\max\{M_1,M_2,M_3\}$,得对 $\forall x\in(a,b)$,有 $|f(x)|<M$,即 $f(x)$ 在 (a,b) 有界.

(2) 构造辅助函数 $F(x)=\begin{cases}f(a+0),x=a\\ f(x),\quad a<x<b\\ f(b-0),x=b\end{cases}$

则 $\qquad\lim\limits_{x\to a^+}F(x)=\lim\limits_{x\to a^+}f(x)=f(a+0)=F(a)$

$\qquad\lim\limits_{x\to b^-}F(x)=\lim\limits_{x\to b^-}f(x)=f(b-0)=F(b)$

且 $F(x)$ 在 (a,b) 上连续,得 $F(x)$ 在 $[a,b]$ 上连续,故 $F(x)$ 在 $[a,b]$ 上一定取得最大值 M,则对 $\exists\zeta\in[a,b]$,有 $F(\zeta)=M$,且对 $\forall x\in[a,b]$ 均有 $F(x)\leqslant F(\zeta)$,注意到 $\xi\in(a,b)$,故 $F(\zeta)\geqslant F(\xi)=f(\xi)\geqslant\max\{f(a+0),f(b-0)\}$

若 $F(\zeta)=F(\xi)=f(\xi)$,则 $f(\zeta)$ 为 $f(x)$ 在 (a,b) 内的最大值,$\zeta\in(a,b).$

若 $F(\zeta)>F(\xi)=f(\xi)\geqslant\max\{f(a+0),f(b-0)\}$,则 $f(\zeta)$ 为 $f(x)$ 内的最大值,$\zeta\in(a,b).$

综上所述,知 $f(x)$ 在 (a,b) 内取到最大值.

(3) 令 $F(x)=\begin{cases}f(x),\quad a<x<b\\ f(a+0),\quad x=a\\ f(b-0),\quad x=b\end{cases}$,因为 $f(x)$ 在 (a,b) 连续.

故 $F(x)$ 在 $[a,b]$ 上连续,则 $F(x)$ 在 $[a,b]$ 上一致连续.

故 $f(x)$ 在 (a,b) 上一致连续.

2. 解题 过程 因为 $f(a+0)=f(b-0)=+\infty$,所以对 $G=f\left(\dfrac{a+b}{2}\right)$,分别存在 $0<\delta_1<\dfrac{b-a}{2}$,$0<\delta_2<\dfrac{b-a}{2}$,使得当 $0<x-a<\delta_1$ 时,有 $f(x)>f\left(\dfrac{a+b}{2}\right)$;当 $0<b-x<\delta_2$ 时,有 $f(x)>f\left(\dfrac{a+b}{2}\right)$. 因为 f 在闭区间 $[a+\delta_1,b-\delta_2]\subset(a,b)$ 连续,于是在 $[a+\delta_1,b-\delta_2]$ 上有最小值 m,

由于 $\frac{a+b}{2} \in [a+\delta_1, b-\delta_2]$，故 $m \leqslant f\left(\frac{a+b}{2}\right)$，从而 m 也是 f 在 (a,b) 内的最小值.

3. **解题**过程 (1) 对任何无理数 $x_0 \in [a,b]$，取有理点列 $\{r_n\} \subset [a,b]$，使 $r_n \to x_0 (n \to \infty)$，则由 $f(x)$ 的连续性以及 $f(r_n) = 0$ 得 $f(x_0) = \lim\limits_{n \to \infty} f(r_n) = 0$，证得在 $[a,b]$ 上 $f(x) \equiv 0$.

(2) $\forall x_1, x_2 \in I, x_1 < x_2$，要证 $f(x_1) < f(x_2)$. 取有理数 $r_1, r_2 \in (x_1, x_2), r_1 < r_2$. 由 f 在点 x_1，x_2 的连续性知，对 $\varepsilon = \frac{1}{2}[f(r_2) - f(r_1)] > 0$，存在正数 $\delta < \min(r_1 - x_1, x_2 - r_2)$，使得当有理数 $r'_1 \in (x_1, x_1 + \delta)$ 时，有 $f(x_1) < f(r'_1) + \varepsilon$；当有理数 $r'_2 \in (x_2 - \delta, x_2)$ 时，有 $f(x_2) > f(r'_2) - \varepsilon$. 注意到 $r'_1 < r_1 < r_2 < r'_2$ 以及 f 在有理点集上的严格递增性，可得
$$f(x_1) < f(r'_1) + \varepsilon < f(r_1) + \varepsilon = f(r_2) - \varepsilon < f(r'_2) - \varepsilon < f(x_2)$$
所以 f 在 I 上严格递增.

4. **解题**过程 令 $f(x) = a_1(x - \lambda_2)(x - \lambda_3) + a_2(x - \lambda_1)(x - \lambda_3) + a_3(x - \lambda_1)(x - \lambda_2)$.

$f(x)$ 为初等函数，因此 $f(x)$ 为连续函数.

a_1, a_2, a_3 均大于零，$\lambda_1 < \lambda_2 < \lambda_3 \Rightarrow f(\lambda_1) > 0, f(\lambda_2) < 0, f(\lambda_3) > 0$.

$f(\lambda_1) f(\lambda_2) < 0$，且 $f(x)$ 在 $[\lambda_1, \lambda_2]$ 上连续，由根的存在性定理可知，至少存在一点 $x_0 \in (\lambda_1, \lambda_2)$，使得 $f(x_0) = 0$，因 $f(x)$ 的最高次幂为 $2, f(x)$ 至多有两个根，得 $f(x)$ 在 (λ_1, λ_2) 与 (λ_2, λ_3) 各有一个根，其中一根为 x_0，设另一根为 x'_0

令
$$g(x) = \frac{a_1}{x - \lambda_1} + \frac{a_2}{x - \lambda_2} + \frac{a_3}{x - \lambda_3}$$

则
$$g(x_0) = \frac{f(x_0)}{(x - \lambda_1)(x - \lambda_2)(x - \lambda_3)} = 0$$
$$g(x'_0) = \frac{f(x'_0)}{(x - \lambda_1)(x - \lambda_2)(x - \lambda_3)} = 0$$

即 $g(x) = 0$ 在 (λ_1, λ_2) 与 (λ_2, λ_3) 内各有一个根.

5. **解题**过程 解法一：由 §1 的习题 9 知，$f(x)$ 在点 x_0 连续，所以 $|f(x)|$ 在 x_0 连续. 因为 $f(x)$ 在 $[a,b]$ 上连续，所以 $|f(x)|$ 在 $[a,b]$ 上连续，由定理 4.6 知，$|f(x)|$ 在 $[a,b]$ 上有最小值，设其最小值为 $m = |f(\xi)|$，若 $m = 0$，则已得证，若 $m > 0$，由题设条件知，存在 $y \in [a,b]$，使得 $|f(y)| < \frac{1}{2}|f(\xi)| = \frac{1}{2}m < m$，这与 m 是 $|f(x)|$ 在 $[a,b]$ 上的最小值矛盾，因此必有 $m = 0$，即存在 $\xi \in [a,b]$，使得 $f(\xi) = 0$.

解法二：反证法.

假设对任何 $x \in [a,b]$，都有 $f(x) \neq 0$，于是 $f(x)$ 恒正或恒负，否则由介值性定理知，必有零点. 不妨设 $\forall x \in [a,b], f(x) > 0$. 因为 f 在 $[a,b]$ 上连续，所以有最小值，设 $f_{\min} = f(x_0) > 0, x_0 \in [a,b]$. 由题设条件知，存在 $y_0 \in [a,b]$，使得 $0 < f(y_0) \leqslant \frac{1}{2} f(x_0) < f(x_0)$，这与 $f(x_0)$ 是 f 在 $[a,b]$ 上的最小值矛盾. 结论得证.

6. **解题**过程 令
$$f(x_i) = \max\{f(x_1), f(x_2), \cdots, f(x_n)\}$$
$$f(x_j) = \min\{f(x_1), f(x_2), \cdots, f(x_n)\}$$

设 $x_i < x_j$

(1) 若 $f(x_i) = f(x_j)$，则 $f(x_1) = f(x_2) = \cdots = f(x_n)$，此时有
$$f(x_k) = \lambda_1 f(x_1) + \lambda_2 f(x_2) + \cdots + \lambda_n f(x_n), k = 1, 2, \cdots, n$$

取 $\xi = x_k$ 即可.

(2) 若 $f(x_i) \neq f(x_j)$，则 $f(x_i) > f(x_j)$，故有

$$f(x_j) < \lambda_1 f(x_1) + \lambda_2 f(x_2) + \cdots + \lambda_n f(x_n) < f(x_i)$$

由连续函数介值性定理知有 $\exists \xi \in [x_i, x_j] \subset [a,b]$,使得

$$f(\xi) = \lambda_1 f(x_1) + \lambda_2 f(x_2) + \cdots + \lambda_n f(x_n)$$

由此本题得证.

7. 解题过程 (1) $a_{n+1} = f(a_n) \leqslant a_n \Rightarrow$ 数列 $\{a_n\}$ 递减.

$a_1 \geqslant 0, a_{n+1} = f(a_n) \geqslant 0, n = 1, 2, \cdots \Rightarrow \{a_n\}$ 有界.

由单调有界定理知,$\{a_n\}$ 为收敛数列.

(2) $\lim\limits_{n \to \infty} a_n = t$,$f(x)$ 连续 $\Rightarrow \lim\limits_{n \to \infty} a_{n+1} = \lim\limits_{n \to \infty} f(a_n) = f(\lim\limits_{n \to \infty} a_n) = f(t) = t.$

(3) $0 \leqslant f(x) < x$ 时,$\{a_n\}$ 仍为收敛数列,且 $\lim\limits_{n \to \infty} a_n = \inf\limits_{n \in x}\{a_n\} = t$,由(2)题知,$f(t) = t, t \geqslant 0$,但 $f(x) < t, t \in [0, +\infty)$,因此 $t = 0$.

8. 解题过程 $n = 1$ 时,取 $\xi = 0$,则 $f(0) = f(1)$,命题得证.

$n > 1$ 时,令 $F(x) = f(x + \dfrac{1}{n}) - f(x), f(0) = f(1)$,则 $F(0) + F(\dfrac{1}{n}) + \cdots + F(\dfrac{n-1}{n}) = 0.$

若 $F(0) = \cdots = F(\dfrac{n-1}{n}) = 0$,则任取 $0, \cdots, \dfrac{n-1}{n}$ 中一点,则已得证.

若 $F(0), \cdots, F(\dfrac{n-1}{n})$ 不全为 0,则必有两点 $i, j, F(i)F(j) < 0 (i, j \in (0, \cdots, \dfrac{n-1}{n}))$.

$f(x)$ 在 $[0,1]$ 上连续,所以 $F(x)$ 在 $[i,j]$ 上连续,由根的存在定理知,至少存在一点 $\xi \in (i, j)$,使得 $F(\xi) = f(\xi + \dfrac{1}{n}) - f(\xi) = 0.$

综上所述,对任何正整数 n,存在 $\xi \in [0, 1]$,使得 $f(\xi + \dfrac{1}{n}) = f(\xi).$

9. 解题过程 (1) 将 $x = y = 0$ 代入 $f(x + y) = f(x) + f(y)$,可得 $f(0) = 0$. 由 f 在 $x = 0$ 连续,得 $\lim\limits_{x \to 0} f(x) = f(0) = 0.$

$\forall x_0 \in \mathbf{R}$,由 $f(x) = f(x - x_0 + x_0) = f(x - x_0) + f(x_0)$,得

$$\lim_{x \to x_0} f(x) = \lim_{x \to x_0} [f(x - x_0) + f(x_0)] = f(0) + f(x_0) = f(x_0)$$

所以 f 在 x_0 连续.

(2) 对正整数 p,有 $f(p) = f(p - 1 + 1) = f(p - 1) + f(1) = \cdots = pf(1)$

对正整数 q,有

$$f(1) = f(q \cdot \dfrac{1}{q}) = f((q-1) \cdot \dfrac{1}{q} + \dfrac{1}{q}) = f((q-1) \cdot \dfrac{1}{q}) + f(\dfrac{1}{q}) = \cdots = qf(\dfrac{1}{q})$$

于是 $f(\dfrac{1}{q}) = \dfrac{1}{q} f(1).$

将 $y = -x$ 代入 $f(x + y) = f(x) + f(y)$,可知 f 为奇函数. 因此知道对一切整数都有等式 $f(p) = pf(1), f(\dfrac{1}{q}) = \dfrac{1}{q} f(1).$

从而对任何有理数 $r = \dfrac{p}{q}$,有 $f(r) = f(\dfrac{p}{q}) = pf(\dfrac{1}{q}) = \dfrac{p}{q} f(1) = rf(1).$

对任何实数 x,取有理数列 $\{r_n\}$,使得 $r_n \to x(n \to \infty)$,则由 f 的连续性得

$$f(x) = \lim_{n \to \infty} f(r_n) = \lim_{n \to \infty} r_n f(1) = xf(1)$$

10. 解题过程 $f(x^2) = f(x), f(x^2) = f(-x) \Rightarrow f(-x) = f(x) \Rightarrow f(x)$ 为偶函数.

$f(x^2) = f(x) \Rightarrow f(x) = f(x^{\frac{1}{2n}}) (x > 0), \lim\limits_{n \to \infty} x^{\frac{1}{2n}} = 1, f(x)$ 在 $x = 1$ 处连续.

$$\Rightarrow \lim_{n\to\infty} f(x^{\frac{1}{2n}}) = f(1)$$

$\Rightarrow x > 0$ 时, $f(x) = f(1)$

$\Rightarrow x < 0$ 时, $f(-x) = f(1) = f(x)$

$\Rightarrow x \neq 0$ 时, $f(x) = f(1)$, 又 $f(0) = \lim_{x\to 0} f(x) = \lim_{x\to 0} f(1) = f(1)$.

$\Rightarrow$ 对所有 $x \in \mathbf{R}$, 有 $f(x) = f(1)$. 命题得证.

11. 解题过程 任给 $\varepsilon > 0$, 由于 $|f(x') - f(x'')| = |x'^a - x''^a| \leqslant |x' - x''|$, 故可选取 $\delta = \varepsilon$, 则对任意 $x', x'' \in [0, +\infty]$, 只要 $|x' - x''| < \delta$, 就有

$$|f(x') - f(x'')| < \varepsilon$$

即 $f(x) = x^a, a \in [0, 1]$, 在 $[0, +\infty)$ 上一致连续.

12. 解题过程 (1) 用反证法, 即设对所有 $[\alpha, \beta] \subset [a, b]$, 都有 $m \leqslant f(x) \leqslant M, x \in (a, b)$, 则对任意 $x \in [a, b]$, 取 $[\alpha, \beta] = [x - \Delta x, x + \Delta x]$, 则 $f(x) = M = m$, 此时 $f(x)$ 为常数函数, 与题设矛盾. 故存在 $[\alpha, \beta] \subset [a, b]$, 使 $m < f(x) < M, x \in (\alpha, \beta)$.

(2) 因为 $f(x)$ 为非常数函数. 所以 $M \neq m$.

且根据连续函数最值性定理, 存在 $x', x'' \in [a, b]$, 使 $f(x') = M, f(x'') = m$.

则令 $\alpha = x', \beta = x''$ (或 $\alpha = x'', \beta = x'$), 此时 $f(\alpha), f(\beta)$ 恰好是 $f(x)$ 在 $[a, b]$ 上的最大值、最小值 (最小值、最大值).

走近考研

1. (2004 数学一) 设函数 $f(x)$ 连续, 且 $f'(0) > 0$, 则存在 $\delta > 0$, 使得( ).

A. $f(x)$ 在 $(0, \delta)$ 内单调增加

B. $f(x)$ 在 $(-\delta, 0)$ 内单调减少

C. 对任意的 $x \in (0, \delta)$, 有 $f(x) > f(0)$

D. 对任意的 $x \in (-\delta, 0)$, 有 $f(x) > f(0)$

分析 函数 $f(x)$ 只在一点的导数大于零, 一般不能推导出单调性, 因此可排除 A, B 选项, 再利用导数的定义及极限的保号性进行分析即可.

详解 由导数的定义知

$$f'(0) = \lim_{x\to 0} \frac{f(x) - f(0)}{x} > 0,$$

根据保号性知存在 $\delta > 0$, 当 $x \in (-\delta, 0) \bigcup (0, \delta)$ 时, 有

$$\frac{f(x) - f(0)}{x} > 0$$

即当 $x \in (-\delta, 0)$ 时, $f(x) < f(0)$; 而当 $x \in (0, \delta)$ 时, 有 $f(x) > f(0)$. 故应选 C.

2. (2005 数学一) 设 $F(x)$ 是连续函数 $f(x)$ 的一个原函数, "$M \Leftrightarrow N$" 表示 "M 的充分必要条件是 N", 则必有( ).

A. $F(x)$ 是偶函数 $\Leftrightarrow f(x)$ 是奇函数

B. $F(x)$ 是奇函数 $\Leftrightarrow f(x)$ 是偶函数

C. $F(x)$ 是周期函数 $\Leftrightarrow f(x)$ 是周期函数

D. $F(x)$ 是单调函数 $\Leftrightarrow f(x)$ 是单调函数

分析 本题可直接推证, 但最简便的方法还是通过反例用排除法找到答案.

详解 方法一:任一原函数可表示为 $F(x) = \int_0^x f(t)\mathrm{d}t + C$,且 $F'(x) = f(x)$.

当 $F(x)$ 为偶函数时,有 $F(-x) = F(x)$,于是 $F'(-x) \cdot (-1) = F'(x)$,即 $-f(-x) = f(x)$,

也即 $f(-x) = -f(x)$,可见 $f(x)$ 为奇函数;反过来,若 $f(x)$ 为奇函数,则 $\int_0^x f(t)\mathrm{d}t$ 为偶函数,

从而 $F(x) = \int_0^x f(t)\mathrm{d}t + C$ 为偶函数,可见 A 为正确选项.

方法二:令 $f(x) = 1$,则取 $F(x) = x + 1$,排除 B,C;令 $f(x) = x$,则取 $F(x) = \frac{1}{2}x^2$,排除

D;故应选 A.

3. (2004 数学一) 已知函数 $f(x)$ 在 $[0,1]$ 上连续,在 $(0,1)$ 内可导,且 $f(0) = 0$,$f(1) = 1$.证明:

(Ⅰ) 存在 $\xi \in (0,1)$,使得 $f(\xi) = 1 - \xi$;

(Ⅱ) 存在两个不同的点 $\eta, \zeta \in (0,1)$,使得 $f'(\eta)f'(\zeta) = 1$.

分析 第一部分显然用闭区间上连续函数的介值性定理即可证明;第二部分为双介值问题,可考虑用拉格朗日中值定理证明,但应注意利用第一部分已得结论.

详解 (Ⅰ) 令 $F(x) = f(x) - 1 + x$,则 $F(x)$ 在 $[0,1]$ 上连续,且 $F(0) = -1 < 0$,$F(1) = 1 > 0$,于是由介值性定理知,存在 $\xi \in (0,1)$,使得 $F(\xi) = 0$,即 $f(\xi) = 1 - \xi$.

(Ⅱ) 在 $[0,\xi]$ 和 $[\xi,1]$ 上对 $f(x)$ 分别应用拉格朗日中值定理,知存在两个不同的点 $\eta \in (0,\xi)$,$\zeta \in (\xi,1)$,使得 $f'(\eta) = \dfrac{f(\xi) - f(0)}{\xi - 0}$,$f'(\zeta) = \dfrac{f(1) - f(\xi)}{1 - \xi}$.

于是 $f'(\eta)f'(\zeta) = \dfrac{f(\xi)}{\xi} \cdot \dfrac{1 - f(\xi)}{1 - \xi} = \dfrac{1 - \xi}{\xi} \cdot \dfrac{\xi}{1 - \xi} = 1$.

4. (2007 数学一) 设函数 $f(x)$ 在 $x = 0$ 处连续,下列命题错误的是( ).

A. 若 $\lim\limits_{x \to 0} \dfrac{f(x)}{x}$ 存在,则 $f(0) = 0$

B. 若 $\lim\limits_{x \to 0} \dfrac{f(x) + f(-x)}{x}$ 存在,则 $f(0) = 0$

C. 若 $\lim\limits_{x \to 0} \dfrac{f(x)}{x}$ 存在,则 $f'(0)$ 存在

D. 若 $\lim\limits_{x \to 0} \dfrac{f(x) - f(-x)}{x}$ 存在,则 $f'(0)$ 存在

分析 本题为极限的逆问题,已知某极限存在的情况下,需要利用极限的四则运算等进行分析讨论.

详解 A,B 两项中分母的极限为 0,因此分子的极限也必须为 0,均可推导出 $f(0) = 0$.

若 $\lim\limits_{x \to 0} \dfrac{f(x)}{x}$ 存在,则 $f(0) = 0$,$f'(0) = \lim\limits_{x \to 0} \dfrac{f(x) - f(0)}{x - 0} = \lim\limits_{x \to 0} \dfrac{f(x)}{x} = 0$,可见 C 也正确,故应

选 D. 事实上,可举反例:$f(x) = |x|$ 在 $x = 0$ 处连续,且 $\lim\limits_{x \to 0} \dfrac{f(x) - f(-x)}{x}$

$= \lim\limits_{x \to 0} \dfrac{|x| - |-x|}{x} = 0$ 存在,但 $f(x) = |x|$ 在 $x = 0$ 处不可导.

5. (2008 数学一) 设函数 $f(x)$ 在 $(-\infty, +\infty)$ 内单调有界,$\{x_n\}$ 为数列,下列命题正确的是( ).

A. 若 $\{x_n\}$ 收敛,则 $\{f(x_n)\}$ 收敛

B. 若 $\{x_n\}$ 单调,则 $\{f(x_n)\}$ 收敛

C. 若 $\{f(x_n)\}$ 收敛,则 $\{x_n\}$ 收敛

D. 若 $\{f(x_n)\}$ 单调,则 $\{x_n\}$ 收敛

详解 若 $\{x_n\}$ 单调，则由函数 $f(x)$ 在 $(-\infty,+\infty)$ 内单调有界知，若 $\{f(x_n)\}$ 单调有界，则 $\{f(x_n)\}$ 收敛. 故应选 B.

6. 确定常数 a 和 $b(>0)$ 的值，使函数

$$f(x)=\begin{cases}(2x^2+\cos^2 x)^{x^{-2}}, & x<0,\\ a, & x=0, \quad \text{在}(-\infty,+\infty)\text{上连续.}\\ \dfrac{b^n-1}{x}, & x>0\end{cases}$$

详解 当 $x<0$ 时，$f(x)$ 等于初等函数 $(2x^2+\cos^2 x)^{x^{-2}}$，由初等函数连续性知 $f(x)$ 在 $(-\infty,0)$ 上连续，且

$$f(0-0)=\lim_{x\to 0^-}f(x)=\lim_{x\to 0^-}(2x^2+\cos^2 x)^{x^{-2}}$$

$$=\mathrm{e}\lim_{x\to 0^-}\frac{\ln(2x^2+\cos^2 x)}{x^2}=\mathrm{e}\lim_{x\to 0^-}\frac{2x^2+\cos^2 x-1}{x^2}=\mathrm{e}^2\lim_{x\to 0^-}\frac{1-\cos 2x}{x^2}=\mathrm{e}.$$

当 $x>0$ 时 $f(x)$ 等于初等函数 $\dfrac{b^n-1}{x}=\dfrac{1}{x}(\mathrm{e}^{x\ln b}-1)$，由初等函数的连续性知 $f(x)$ 在 $(0,+\infty)$ 上连续，且

$$f(0+0)=\lim_{x\to 0^+}f(x)=\lim_{x\to 0^+}\frac{\mathrm{e}^{x\ln b}-1}{x}=\ln b.$$

从而，为使 $f(x)$ 在 $(-\infty,+\infty)$ 上连续，必须且只需 $f(x)$ 还在点 $x=0$ 处连续，即

$$f(0-0)=a=f(0+0)\Rightarrow\mathrm{e}=a=\ln b$$

故当 $a=\mathrm{e}$ 且 $b=\mathrm{e}^a$ 时 $f(x)$ 在 $(-\infty,+\infty)$ 上连续.

评注 本例是讨论分段函数连续性的典型题，在本例中 $f(x)$ 在 $x>0$ 或 $x<0$ 均为初等函数，故由初等函数的连续性得出 $f(x)$ 分别在 $(-\infty,0)$ 与 $(0,+\infty)$ 内连续，在分界点 $x=0$ 处，则用连接的充分必要条件：$f(0-0)=f(0+0)$ 都存在且等于 $f(0)$ 来确定常数 a 和 b，以达到使 $f(x)$ 在 $(-\infty,+\infty)$ 上连续的目的.

7. 设函数 $f(x)=\lim\limits_{n\to\infty}\dfrac{2x^{2n}-3}{x^{2n}+1}\sin\dfrac{1}{x}$，则函数 $f(x)$ 有（ ）

A. 两个第一类间断点

B. 三个第一类间断点

C. 两个第一类间断点与一个第二类间断点

D. 一个第一类间断点与一个第二类间断点

分析 利用当 $|x|<1$ 时，$\lim\limits_{n\to\infty}x^{2n}=0$，当 $|x|>1$ 时，$\lim\limits_{n\to\infty}x^{2n}=+\infty$，不难得出

$$f(x)\begin{cases}-3\sin\dfrac{1}{x}, & 0<|x|<1,\\ -\dfrac{1}{2}\sin\dfrac{1}{x}, & |x|=1,\\ 2\sin\dfrac{1}{x}, & |x|>1,\end{cases}$$

由此可见，$x=-1$ 与 $x=1$ 都是 $f(x)$ 的第一类间断点，而 $x=0$ 是 $f(x)$ 的第二类间断点，故应选 C.

8. 设 $f(x)=\lim\limits_{n\to\infty}\dfrac{x}{x^{2n}+1}$

$$f(x)=\lim_{n\to\infty}\frac{x^{2n-1}+ax^2+bx}{1+x^{2n}}$$

（Ⅰ）若 $f(x)$ 处处连续,求 a,b 的值;

（Ⅱ）若 a,b 不是（Ⅰ）中求出的值时,$f(x)$ 有何间断点,并指出它的类型.

分析与求解 （Ⅰ）首先求出 $f(x)$,注意到

$$\lim_{n\to\infty}x^{2n}=\begin{cases}\infty, & |x|>1,\\ 1, & |x|=1,\\ 0, & |x|<1,\end{cases}\quad \text{故要分段求出 }f(x)\text{ 的表达式},$$

当 $|x|>1$ 时,$f(x)=\lim\limits_{n\to\infty}\dfrac{x^{-1}+ax^{2-2n}+bx^{1-2n}}{1+x^{-2n}}=\dfrac{1}{x}$;

当 $|x|<1$ 时,$f(x)=\lim\limits_{n\to\infty}\dfrac{ax^2+bx}{1}=ax^2+bx$

于是得
$$f(x)=\begin{cases}\dfrac{1}{x}, & |x|>1,\\[2mm] \dfrac{1}{2}(a+b+1), & x=1,\\[2mm] \dfrac{1}{2}(a-b-1), & x=-1,\\[2mm] ax^2+bx, & |x|<1,\end{cases}$$

其次,由初等函数的连续性知 $f(x)$ 分别在 $(-\infty,-1),(-1,1),(1,+\infty)$ 内连续.

最后,只需考察 $f(x)$ 在分界点 $x=\pm 1$ 处的连续性,这就是按定义考察连续性,分别计算:

$$\lim_{x\to 1+0}f(x)=\lim_{x\to 1+0}\frac{1}{x}=1 \qquad \lim_{x\to 1-0}(ax^2+bx)=a+b,$$

$$\lim_{x\to -1+0}f(x)=\lim_{x\to -1+0}(ax^2+bx)=a-b,\quad \lim_{x\to -1-0}f(x)=\lim_{x\to -1-0}\frac{1}{x}=-1$$

从而 $f(x)$ 在 $x=1$ 连续 $\Leftrightarrow f(1+0)=f(1-0)=f(1)\Leftrightarrow a+b=1=\dfrac{1}{2}(a+b+1)$

$$\Leftrightarrow a+b=1$$

$f(x)$ 在 $x=-1$ 连续 $\Leftrightarrow f(-1+0)=f(-1-0)=f(-1)$

$$\Leftrightarrow a-b=-1=\frac{1}{2}(a-b-1)$$

$$\Leftrightarrow a-b=-1$$

因此 $f(x)$ 在 $x=\pm 1$ 均连续 $\Leftrightarrow \begin{cases}a+b=1,\\ a-b=-1\end{cases}\Leftrightarrow a=0,b=1$,当且仅当 $a=0,b=1$ 时 $f(x)$ 处处连续.

（Ⅱ）当 $(a,b)\neq(0,1)$ 时,若 $a+b=1$(则 $a-b\neq-1$),则 $x=1$ 是连续点,$x=1$ 是间

断点,且是第一类间断点;若 $a-b=-1$(则 $a+b\neq 1$),则 $x=-1$ 是连续点,$x=1$ 是间断点,且是第一类间断点;若 $a-b\neq -1$ 且 $a+b\neq 1$. 则 $x=1,x=-1$ 均是第一类间断点.

9. 设 $f(x)$ 在 $(-\infty,+\infty)$ 连续,存在极限 $\lim\limits_{x\to-\infty}f(x)=A$,$\lim\limits_{x\to+\infty}f(x)=B$,证明：

（Ⅰ）设 $A<B$,则对 $\forall \mu\in(A,B)$,$\exists \xi\in(-\infty,+\infty)$,使得 $f(\xi)=\mu$;

（Ⅱ）$f(x)$ 在 $(-\infty,+\infty)$ 有界.

证法一 利用极限的性质转化为有界区间的情形.

（Ⅰ）由 $\lim\limits_{x\to-\infty}f(x)=A<\mu$ 极限的不等式性质可知,$\exists x_1$ 使得 $f(x_1)<\mu$.

由 $\lim\limits_{x\to+\infty}f(x)=B>\mu$ 可知,$\exists x_2>x_1$ 使得 $f(x_2)>\mu$,因 $f(x)$ 在 $[x_1,x_2]$ 上连续,$f(x_1)<\mu<f(x_2)$,由连续函数介值性定理知 $\exists \xi\in(x_1,x_2)\subset(-\infty,+\infty)$,使得 $f(\xi)=u$.

（Ⅱ）因 $\lim\limits_{x\to-\infty}f(x)=A$,$\lim\limits_{x\to+\infty}f(x)=B$,由存在极限的函数的局部有界性定理(定理1,4)可知 $\exists x_1$ 使得当 $x\in(-\infty,x_1)$ 时,$f(x)$ 有界;$\exists x_2(>x_1)$ 使得当 $x\in(x_2,+\infty)$ 时,$f(x)$ 有界,又由有界闭区间上连续函数的有界性定理(定理1.16)可知,$f(x)$ 在 $[x_1,x_2]$ 上有界,因此 $f(x)$ 在 $(-\infty+\infty)$ 上有界.

证法二 利用变量替换与构造替换辅助函数的方法转化为有界区间的情形.

（Ⅰ）令 $t=\arctan x$,即 $x=\tan t$,$x\in(-\infty,+\infty)\Leftrightarrow t\in\left(-\dfrac{\pi}{2},\dfrac{\pi}{2}\right)$,再令

$$F(t)=\begin{cases} A, & t=-\dfrac{\pi}{2}, \\ f(\tan t), & t\in\left(-\dfrac{\pi}{2},\dfrac{\pi}{2}\right), \\ B, & t=\dfrac{\pi}{2}, \end{cases}$$

由复合函数的连续性知 $F(t)=f(\tan t)$ 在 $t\in\left(-\dfrac{\pi}{2},\dfrac{\pi}{2}\right)$ 上连续,又

$$\lim_{t\to\frac{\pi}{2}}f(x)=A,\quad \lim_{t\to-\frac{\pi}{2}+0}f(\tan t)=\lim_{x\to-\infty}f(x)=A=F\left(-\dfrac{\pi}{2}\right)$$

同理

$$\lim_{t\to\frac{\pi}{2}-0}F(t)=F\left(\dfrac{\pi}{2}\right).$$

因此 $F(t)$ 在 $\left[-\dfrac{\pi}{2},\dfrac{\pi}{2}\right]$ 上连续,由连续函数介值性定理知,$\exists t^*\in\left(-\dfrac{\pi}{2},\dfrac{\pi}{2}\right)$ 使得 $F(t^*)=\mu$,令 $\xi=\tan t^*$,则 $\xi\in(-\infty,+\infty)$,$f(\xi)=f(\tan t^*)=f(i^*)=\mu$.

（Ⅱ）当 $x\in(-\infty,+\infty)$ 时,$f(x)=f(\tan i)=F(t)$,$i\in\left(-\dfrac{\pi}{2},\dfrac{\pi}{2}\right)$. 因 $F(t)$ 在 $\left[-\dfrac{\pi}{2},\dfrac{\pi}{2}\right]$ 上有界,从而 $F(t)$ 在 $\left(-\dfrac{\pi}{2},\dfrac{\pi}{2}\right)$ 上有界,因此 $f(x)$ 在 $(-\infty,+\infty)$ 上有界.

10. 设 $f(x)$ 在 $[0,1]$ 上连续,且 $f(0)=f(1)$,证明：在 $[0,1]$ 上至少存在一点 ξ,使得

$$f(\xi)=f\left(\xi+\dfrac{1}{n}\right).$$

分析与证明 即证：$F(x)=f(x)-f\left(x+\dfrac{1}{n}\right)$ 在 $[0,1]$ 上存在零点,因 $f(x)$ 在 $[0,1]$ 上连续,所以

$$F(x)=f(x)-f\left(x+\dfrac{1}{n}\right)\text{在}\left[0,1-\dfrac{1}{n}\right]\text{上连续.}$$

事实上,我们要证 $F(x)$ 在 $\left[0,1-\dfrac{1}{n}\right]$ 存在零点,只需证 $F(x)$ 在 $\left[0,1-\dfrac{1}{n}\right]$ 有两点异号,需考察

$$\begin{cases} F(0) = f(0) - f\left(\dfrac{1}{n}\right), \\ F\left(\dfrac{1}{n}\right) = f\left(\dfrac{1}{n}\right) - f\left(\dfrac{2}{n}\right), \\ F\left(\dfrac{2}{n}\right) = f\left(\dfrac{2}{n}\right) - f\left(\dfrac{3}{n}\right), \\ \cdots\cdots \\ F\left(\dfrac{n-1}{n}\right) = f\left(\dfrac{n-1}{n}\right) - f(1) \end{cases}$$

则 $F(0) + F\left(\dfrac{1}{n}\right) + \cdots + F\left(\dfrac{n-1}{n}\right) = f(0) - f(1) = 0.$

于是 $F(0), F\left(\dfrac{1}{n}\right), \cdots, F\left(\dfrac{n-1}{n}\right)$ 中或全为 0,或至少有两个值是异号的,于是由连续函数介值性定理知,存在 $\exists \xi \in \left[0,1-\dfrac{1}{n}\right]$,使得 $F(\xi) = 0$,即 $f(\xi) = f\left(\xi + \dfrac{1}{n}\right)$.

第五章

导数和微分

本章导航

在微积分学中，微分和积分都是极其重要的概念．而其中微分的概念与导数又密不可分．本章的主要讲解围绕着导数相关知识．首先，我们应该结合图形细细感受和理解导数的概念．然后，利用导数去解决问题，掌握求导法则，熟记基本初等函数的求导公式，这时候再进一步学习参变量函数的导数和高阶导数．

本章知识结构图如下：

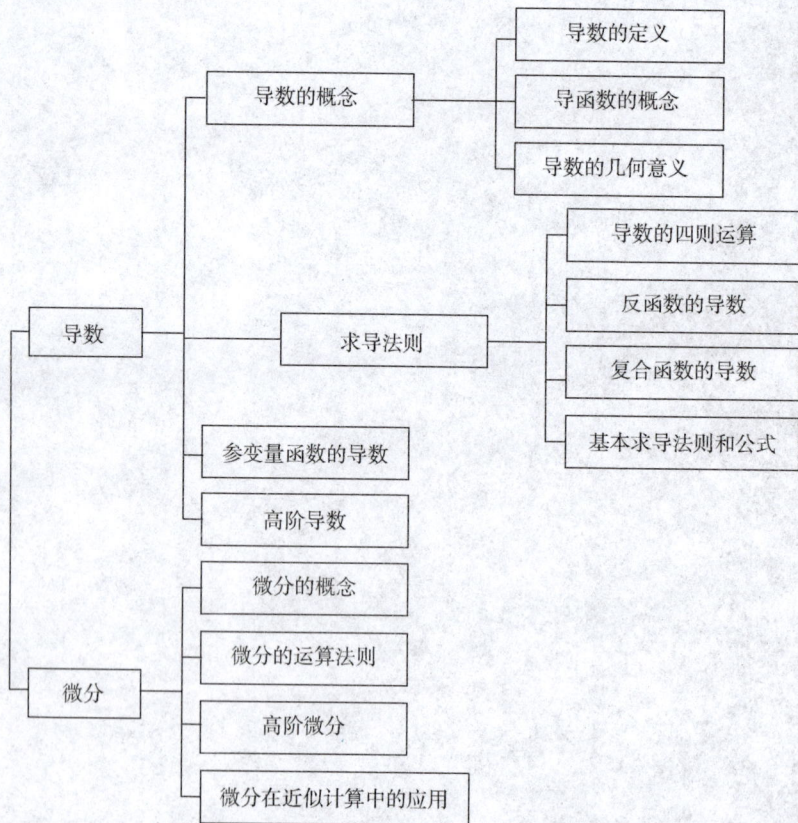

```
                                        ┌─── 导数的定义
                        ┌─── 导数的概念 ───┼─── 导函数的概念
                        │                 └─── 导数的几何意义
                        │
                        │                 ┌─── 导数的四则运算
         ┌─── 导数 ──────┼─── 求导法则 ────┼─── 反函数的导数
         │              │                 ├─── 复合函数的导数
         │              │                 └─── 基本求导法则和公式
         │              │
         │              ├─── 参变量函数的导数
         │              └─── 高阶导数
         │
         │              ┌─── 微分的概念
         └─── 微分 ──────┼─── 微分的运算法则
                        ├─── 高阶微分
                        └─── 微分在近似计算中的应用
```

各个击破

■ 导数的概念

1. 导数的定义

名称	定义	记号
函数 $f(x)$ 在 x_0 点可导	设函数 $y=f(x)$ 在 (a,b) 上有定义，$x_0 \in (a,b)$，若极限 $\lim\limits_{\Delta x \to 0} \dfrac{\Delta y}{\Delta x} = \lim\limits_{\Delta x \to 0} \dfrac{f(x_0+\Delta x)-f(x_0)}{\Delta x}$ 存在，则称 $f(x)$ 在点 x_0 可导(或 $\lim\limits_{x \to x_0} \dfrac{f(x)-f(x_0)}{x-x_0}$ 存在)，并称该极限为函数 $f(x)$ 在点 x_0 处的导数，并记作 $f'(x_0)$	$f'(x_0) = \lim\limits_{\Delta x \to 0} \dfrac{f(x_0+\Delta x)-f(x_0)}{\Delta x}$
$f(x)$ 在 x_0 点的左导数	若极限值 $\lim\limits_{\Delta x \to 0^-} \dfrac{f(x_0+\Delta x)-f(x_0)}{\Delta x}$(或 $\lim\limits_{x \to x_0^-} \dfrac{f(x)-f(x_0)}{x-x_0}$) 存在,则称其为 $f(x)$ 在 x_0 点的左导数	$f'(x_0-0)$ 或 $f'_-(x_0)$
$f(x)$ 在 x_0 点的右导数	若极限值 $\lim\limits_{\Delta x \to 0^+} \dfrac{f(x_0+\Delta x)-f(x_0)}{\Delta x}$(或 $\lim\limits_{x \to x_0^+} \dfrac{f(x)-f(x_0)}{x-x_0}$) 存在,则称其为 $f(x)$ 在 x_0 点的右导数	$f'(x_0+0)$ 或 $f'_+(x_0)$
导函数	若函数在区间 I 上上每一点都可导,则称 $f(x)$ 为 I 上的可导函数,此时对每一个 $x \in I$,都有 $f(x)$ 的一个导数 $f'(x)$ 与之对应,这样就定义了一个在 I 上的函数,称 $f'(x)$ 为 I 上的导函数,简称导数	f',y' 或 $\dfrac{\mathrm{d}y}{\mathrm{d}x}$

2. 函数可导的条件

函数 $f(x)$ 在 x_0 处可导的充要条件是:函数 $f(x)$ 在 x_0 点的左、右导数存在且相等.

3. 函数可导性与连续的关系

函数 $f(x)$ 在 x_0 处可导 $\Rightarrow$ 函数在 x_0 处连续.

4. 导数的几何意义

几何意义	内容	
导数 $f'(x_0)$ 表示曲线 $y=f(x)$ 在 $P_0(x_0,f(x_0))$ 点的切线斜率	切线方程：$$y-f(x_0)=f'(x_0)(x-x_0)$$	法线方程：$$y-f(x_0)=-\frac{1}{f'(x_0)}(x-x_0),f'(x_0)\neq 0$$
费马定理	函数 $f(x)$ 在极值点 $x=x_0$ 可导，那么这点的**切线平行于 x 轴**	设函数 $f(x)$ 在点 x_0 的某邻域内有定义，且在点 x_0 可导，若点 x_0 为 $f(x)$ 的极值点，则必有 $$f'(x_0)=0$$

5. 达布定理（导函数介值定理）

若函数 $f(x)$ 在 $[a,b]$ 上可导，且 $f'_+(a)\neq f'_-(b)$，k 为介于 $f'_+(a)$，$f'_-(b)$ 之间任一实数，则至少存在一点 $\xi\in(a,b)$，使得 $f'(\xi)=k$.

6. 导函数的单侧极限与单侧导数

两者虽然含义不同，但在一定条件下可以由导函数的单侧极限推导出单侧导数. 如果函数 $f(x)$ 在 $x=x_0$ 处左（或者右）连续，在 x_0 的左（或者右）空心邻域可导，则当 $f'(x_0-0)(f'(x_0+0))$ 存在时，$f'_-(x_0)(f'_+(x_0))$ 也存在，且两者相等.

> **小提示** 虽然在中学接触过导数的概念，并掌握了一些简单的导数计算，但是一定要认真学习概念，切不可直接将中学学习的内容简单照搬，甚至不求甚解.

例 1 函数 $f(x)=x(x-1)(x-2)\cdots(x-100)$ 在 $x=0$ 处的导数值为（　　）.
    A. 0 　　　　B. 100^2 　　　　C. 200 　　　　D. 100!

分析 解法一：$f'(0)=\lim\limits_{\Delta x\to 0}\dfrac{f(0+\Delta x)-f(0)}{\Delta x}=\lim\limits_{\Delta x\to 0}\dfrac{\Delta x(\Delta x-1)(\Delta x-2)\cdots(\Delta x-100)-0}{\Delta x}$

$=\lim\limits_{\Delta x\to 0}(\Delta x-1)(\Delta x-2)\cdots(\Delta x-100)=(-1)(-2)\cdots(-100)=100!$　$\therefore$ 选 D.

解法二：设 $f(x)=a_{101}x^{101}+a_{100}x^{100}+\cdots+a_1x+a_0$，则 $f'(0)=a_1$，而 $a_1=(-1)(-2)\cdots(-100)=100!$.　$\therefore$ 选 D.

例 2 已知函数 $f(x)=c_n^0+c_n^1x+\dfrac{1}{2}c_n^2x^2+\cdots+\dfrac{1}{k}c_n^kx^k+\cdots+\dfrac{1}{n}c_n^nx^n,n\in \mathbf{N}^*$，则

$\lim\limits_{\Delta x\to 0}\dfrac{f(2+2\Delta x)-f(2-\Delta x)}{\Delta x}=$ _____.

分析 导数定义中的"增量 Δx"有多种形式，可以为正也可以为负，如 $\lim\limits_{-\Delta x\to 0}\dfrac{f(x_0-m\Delta x)-f(x_0)}{-m\Delta x}$，且其定义形式可以是 $\lim\limits_{\Delta x\to 0}\dfrac{f(x_0-m\Delta x)-f(x_0)}{-m\Delta x}$，也可以是 $\lim\limits_{x\to x_0}\dfrac{f(x)-f(x_0)}{x-x_0}$（令 $\Delta x=x-x_0$ 得到），本题是导数的定义与多项式函数求导及二项式定理有关知识的综合题，连接交汇自然，背景新颖.

又 $\because f'(x)=c_n^1+c_n^2x+\cdots+c_n^kx^{k-1}+\cdots+c_n^nx^{n-1}$，

$\therefore f'(2)=\dfrac{1}{2}(2c_n^1+2^2c_n^2+\cdots+2^kc_n^k+\cdots+2^nc_n^n)=\dfrac{1}{2}\big[(1+2)^n-1\big]=\dfrac{3}{2}(3^n-1)$.

$$\therefore \lim_{\Delta x \to 0} \frac{f(2+2\Delta x) - f(2-\Delta x)}{\Delta x} = 2\lim_{\Delta x \to 0} \frac{f(2+2\Delta x) - f(2)}{2\Delta x} + \lim_{-\Delta x \to 0} \frac{f[2+(-\Delta x)] - f(2)}{-\Delta x}$$
$$= 2f'(2) + f'(2) = 3f'(2).$$

求导法则

法则	公式或定理
导数四则运算	(1) $(u \pm v)' = u' \pm v'$ (2) $(uv)' = u'v + uv'$; $\quad (cu)' = c \cdot u'$(c 为常数) (3) $\left(\dfrac{u}{v}\right)' = \dfrac{u'v - uv'}{v^2}$; $\left(\dfrac{1}{v}\right)' = -\dfrac{1}{v^2}$
基本初等公式	(1) $(C)' = 0$ $\qquad\qquad\qquad$ (2) $(x^\mu)' = \mu x^{\mu-1}$ (3) $(\sin x)' = \cos x$ $\qquad\qquad$ (4) $(\cos x)' = -\sin x$ (5) $(\tan x)' = \sec^2 x$ $\qquad\quad$ (6) $(\cot x)' = -\csc^2 x$ (7) $(\sec x)' = \sec x \tan x$ $\qquad$ (8) $(\csc x)' = -\csc x \cot x$ (9) $(a^x)' = a^x \ln a$ $\qquad\qquad$ (10) $(e^x)' = e^x$ (11) $(\log_a x)' = \dfrac{1}{x \ln a}$ $\qquad$ (12) $(\ln x)' = \dfrac{1}{x}$ (13) $(\arcsin x)' = \dfrac{1}{\sqrt{1-x^2}}$ $\quad$ (14) $(\arccos x)' = -\dfrac{1}{\sqrt{1-x^2}}$ (15) $(\arctan x)' = \dfrac{1}{1+x^2}$ $\quad$ (16) $(\text{arccot} x)' = -\dfrac{1}{1+x^2}$
反函数的导数	设 $y = f(x)$ 为 $x = \varphi(y)$ 的反函数,若 $\varphi(y)$ 在点 y_0 的某邻域内连续,严格单调且 $\varphi'(y_0) \neq 0$,则 $f(x)$ 在点 x_0 可导,且 $f'(x_0) = \dfrac{1}{\varphi'(y_0)}$
复合函数的导数	设 $u = \varphi(x)$ 在点 x_0 可导,$y = f(u)$ 在点 $u_0 = \varphi(x_0)$ 可导,则复合函数 $f \circ \varphi$ 在点 x_0 可导,且 $(f \circ \varphi)'(x_0) = f'(u_0)\varphi'(x_0) = f'(\varphi(x_0))\varphi'(x_0)$,复合函数的求导公式也称为链式法则
对数求导法	设 $f(x) > 0$,则 $(\ln f(x))' = \dfrac{f'(x)}{f(x)}$,由此得 $$f'(x) = f(x)(\ln f(x))',$$ 一般适用于多个函数相乘(除)的求导,或者幂指函数 $f(x) = u(x)^{v(x)}$ 的求导. 对这类函数,先两边同时取对数,化为隐函数,再求导.

例 3 证明:(1) $(\csc x)' = -\cot x \csc x$;(2) $(\cot x)' = -\csc^2 x$;(3) $(\arccos x)' = -\dfrac{1}{\sqrt{1-x^2}}$;

(4) $(\text{arccot} x)' = -\dfrac{1}{1+x^2}$.

分析 (1) $(\csc x)' = \left[\dfrac{1}{\sin x}\right]' = -\dfrac{(\sin x)'}{\sin^2 x} = -\dfrac{\cos x}{\sin^2 x} = -\cot x \csc x$.

(2) $(\cot x)' = \left[\dfrac{1}{\tan x}\right]' = -\dfrac{(\tan x)'}{\tan^2 x} = -\dfrac{\sec^2 x}{\tan^2 x} = -\dfrac{1}{\sin^2 x} = -\csc^2 x$.

(3) $(\arccos x)' = \left(\dfrac{\pi}{2} - \arcsin x\right)' = -\dfrac{1}{\sqrt{1-x^2}}$.

$(4)(\operatorname{arccot}x)' = (\frac{\pi}{2} - \arctan x)' = -\frac{1}{1+x^2}.$

例4 求下列函数的导数：

$(1) f(x) = 3\sin x + \ln x - \sqrt{x};$ 　　　$(2) f(x) = x\cos x + x^2 + 3;$

$(3) f(x) = (x^2 + 7x - 5)\sin x;$ 　　$(4) f(x) = x^2(3\tan x + 2\sec x);$

$(5) f(x) = e^x \sin x - 4\cos x + \dfrac{3}{\sqrt{x}};$ 　　$(6) f(x) = \dfrac{2\sin x + x - 2^x}{\sqrt[3]{x^2}};$

$(7) f(x) = \dfrac{1}{x + \cos x};$ 　　　$(8) f(x) = \dfrac{x\sin x - 2\ln x}{\sqrt{x}+1}.$

分析 $(1) f'(x) = (3\sin x)' + (\ln x)' - (\sqrt{x})' = 3\cos x + \dfrac{1}{x} - \dfrac{1}{2\sqrt{x}}.$

$(2) f'(x) = x'\cos x + x(\cos x)' + (x^2)' + (3)' = \cos x - x\sin x + 2x.$

$(3) f'(x) = (x^2 + 7x - 5)'\sin x + (x^2 + 7x - 5)(\sin x)'$
$\qquad = (2x+7)\sin x + (x^2 + 7x - 5)\cos x.$

$(4) f'(x) = (x^2)'(3\tan x + 2\sec x) + x^2(3\tan x + 2\sec x)'$
$\qquad = 2x(3\tan x + 2\sec x) + x^2(3\sec^2 x + 2\tan x\sec x).$

$(5) f'(x) = (e^x)'\sin x + e^x(\sin x)' - (4\cos x)' + (\dfrac{3}{\sqrt{x}})'$

$\qquad = e^x(\sin x + \cos x) + 4\sin x - \dfrac{3}{2}x^{-\frac{3}{2}}.$

$(6) f'(x) = (x + 2\sin x - 2^x)'x^{-\frac{2}{3}} + (x + 2\sin x - 2^x)(x^{-\frac{2}{3}})'$

$\qquad = (1 + 2\cos x - 2^x\ln 2)x^{-\frac{2}{3}} - \dfrac{2}{3}(x + 2\sin x - 2^x)x^{-\frac{5}{3}}.$

$(7) f'(x) = -\dfrac{(x + \cos x)'}{(x + \cos x)^2} = \dfrac{\sin x - 1}{(x + \cos x)^2}.$

$(8) f'(x) = \dfrac{(x\sin x - 2\ln x)'(\sqrt{x}+1) - (x\sin x - 2\ln x)(\sqrt{x}+1)'}{(\sqrt{x}+1)^2}$

$\qquad = \dfrac{2(x\sin x + x^2\cos x - 2)(\sqrt{x}+1) - \sqrt{x}(x\sin x - 2\ln x)}{2x(\sqrt{x}+1)^2}.$

例5 已知 $y = \sqrt{\dfrac{(x-1)(x-2)}{(x-3)(x-4)}}$，求 y'.

分析 此题可用复合函数求导法则进行求导，但是比较麻烦，下面我们利用对数求导法进行求导.
先两边取对数

$$\ln y = \frac{1}{2}[\ln(x-1) + \ln(x-2) - \ln(x-3) - \ln(x-4)]$$

再两边求导

$$\frac{1}{y}y' = \frac{1}{2}\left(\frac{1}{x-1} + \frac{1}{x-2} - \frac{1}{x-3} - \frac{1}{x-4}\right)$$

因为 $y = \sqrt{\dfrac{(x-1)(x-2)}{(x-3)(x-4)}}$，所以

$$y' = \frac{1}{2}\sqrt{\frac{(x-1)(x-2)}{(x-3)(x-4)}}\left(\frac{1}{x-1} + \frac{1}{x-2} - \frac{1}{x-3} - \frac{1}{x-4}\right)$$

■ 参变量函数的导数

1. 参变量函数的求导

(1) 设参量方程 $\begin{cases} x = \varphi(t), \\ y = \phi(t), \end{cases} a \leqslant t \leqslant \beta,$

其中 $\varphi(t)$ 和 $\phi(t)$ 可导,且 $\varphi'(t) \neq 0$,由它所表示的函数的导数为 $\dfrac{\mathrm{d}y}{\mathrm{d}x} = \dfrac{\phi'(t)}{\varphi'(t)}$.

(2) 若曲线由极坐标方程 $\rho = \rho(\theta)$ 表示,则 $\dfrac{\mathrm{d}y}{\mathrm{d}x} = \dfrac{\rho'(\theta)\tan\theta + \rho(\theta)}{\rho'(\theta) - \rho(\theta)\tan\theta}$.

2. 光滑曲线的切线方程和法线方程

设曲线 $c: \begin{cases} x = \varphi(t), \\ y = \phi(t), \end{cases} a \leqslant t \leqslant \beta,$ 为光滑曲线,则在点 $(\varphi(t), \phi(t))$ 处的切线方程为

$$(Y - \phi(t))\varphi'(t) - (X - \varphi(t))\phi'(t) = 0$$

法线方程为

$$(Y - \phi(t))\phi'(t) + (X - \varphi(t))\varphi'(t) = 0$$

例 6　求摆线 $\begin{cases} x = a(t - \sin t) \\ y = a(1 - \cos t) \end{cases}$ 在 $t = \dfrac{\pi}{2}$ 处的切线.

分析　$\because \dfrac{\mathrm{d}y}{\mathrm{d}x} = \dfrac{\dfrac{\mathrm{d}y}{\mathrm{d}t}}{\dfrac{\mathrm{d}x}{\mathrm{d}t}} = \dfrac{a\sin t}{a - a\cos t} = \dfrac{\sin t}{1 - \cos t}$

> **小提示**　求导的关键是分清求导的对象,即到底是关于哪个变量求导.

$\therefore \dfrac{\mathrm{d}y}{\mathrm{d}x}\Big|_{t=\frac{\pi}{2}} = \dfrac{\sin\dfrac{\pi}{2}}{1 - \cos\dfrac{\pi}{2}} = 1.$

当 $t = \dfrac{\pi}{2}$ 时,$x = a(\dfrac{\pi}{2} - 1)$,$y = a$.

所求切线方程为 $y - a = x - a(\dfrac{\pi}{2} - 1)$,即 $y = x + a(2 - \dfrac{\pi}{2})$.

■ 高阶导数

1. 二阶导数和高阶导数的定义

二阶导数	若函数 $f(x)$ 的导函数 $f'(x)$ 在点 x_0 可导,则称 $f'(x)$ 在 x_0 的导数为 $f(x)$ 在 x_0 的**二阶导数**,即 $\lim\limits_{x \to x_0} \dfrac{f'(x) - f'(x_0)}{x - x_0} = f''(x_0)$,记为 $f''(x_0)$
高阶导数	同理,若 $f^{(n-1)}(x)$ 为 $f(x)$ 的 $(n-1)$ 阶导函数,由 $f(x)$ 的 $(n-1)$ 阶导数定义的 n 阶导数 $f^n(x) = [f^{(n-1)}(x)]'$. 二阶及二阶以上的导数称为**高阶导数**

2. 基本高阶导数公式

$(1)(a^x)^{(n)} = a^x(\ln a)^n, (a > 0); (e^x)^{(n)} = e^x$

$(2)(\sin x)^{(n)} = \sin(x + \frac{n\pi}{2})$

$(3)(\cos x)^{(n)} = \cos(x + \frac{n\pi}{2})$

$(4)(x^m)^{(n)} = m(m-1)\cdots(m-n+1)x^{m-n} \ (m \geqslant n)$

$(5)(\ln x)^{(n)} = (-1)^{n-1}(n-1)!/x^n$

$(6)\left(\dfrac{1}{x+a}\right)^{(n)} = \dfrac{(-1)^n n!}{(x+a)^{n+1}}$

3. 莱布尼茨公式

若函数 $u(x), v(x)$ 有 n 阶导数,则

$$(u \cdot v)^{(n)} = \sum_{k=0}^{n} C_n^k u^{(n-k)} v^{(k)}$$

4. 参变量的二阶导数

若 $\varphi(t), \psi(t)$ 在 $[\alpha, \beta]$ 上二阶可导,则由参变量方程 $\begin{cases} x = \varphi(t) \\ y = \psi(t) \end{cases}, t \in [\alpha, \beta]$ 所确定的函数的二阶导数是

$$\frac{d^2 y}{dx^2} = \frac{\psi''(t)\varphi'(t) - \psi'(t)\varphi(t)''}{(\varphi'(t))^3}$$

例7 设 $y = x^\alpha (\alpha \in \mathbf{R})$,求 $y^{(n)}$.

分析 对 y 求导,$y' = \alpha x^{\alpha-1}$

再对结果求导,$y'' = (\alpha x^{\alpha-1})' = \alpha(\alpha-1)x^{\alpha-2}$

$y''' = (\alpha(\alpha-1)x^{\alpha-2})' = \alpha(\alpha-1)(\alpha-2)x^{\alpha-3}$

……

$y^{(n)} = \alpha(\alpha-1)\cdots(\alpha-n+1)x^{\alpha-n} \qquad (n \geqslant 1)$

若 α 为自然数 n,则

$y^{(n)} = (x^n)^{(n)} = n!, y^{(n+1)} = (n!)' = 0.$

例8 设 $y = \sin^6 x + \cos^6 x$,求 $y^{(n)}$.

分析 $y = (\sin^2 x)^3 + (\cos^2 x)^3$

$= (\sin^2 x + \cos^2 x)(\sin^4 x - \sin^2 x \cos^2 x + \cos^4 x)$

$= (\sin^2 x + \cos^2 x)^2 - 3\sin^2 x \cos^2 x$

$= 1 - \dfrac{3}{4}\sin^2 2x = 1 - \dfrac{3}{4} \cdot \dfrac{1 - \cos 4x}{2}$

$= \dfrac{5}{8} + \dfrac{3}{8}\cos 4x$

$\therefore y^{(n)} = \dfrac{3}{8} \cdot 4^n \cdot \cos\left(4x + n \cdot \dfrac{\pi}{2}\right).$

数学分析(第四版·上册)同步辅导及习题全解

■ 微分

1. 函数的微分

函数 $y = f(x)$ 在点 x_0 处的增量如果可以表示为

$$\Delta y = f(x_0 + \Delta x) - f(x_0) = A\Delta x + o(\Delta x) \qquad ①$$

则称函数 $f(x)$ 在点 x_0 可微，$A\Delta x$ 称为函数 $f(x)$ 在点 x_0 处的**微分**，记作

$$dy\big|_{x=x_0} = A\Delta x \text{ 或 } df(x)\big|_{x=x_0} = A\Delta x$$

$f(x)$ 在 x_0 处可微的充要条件是 $f'(x_0)$ 在 x_0 处可导，而且式 ① 中的 A 等于 $f'(x_0)$.

2. 微分的运算法则

(1) $d[u(x) \pm v(x)] = du(x) \pm dv(x)$

(2) $d[u(x)v(x)] = v(x)du(x) + u(x)dv(x)$

(3) $d\left[\dfrac{u(x)}{v(x)}\right] = \dfrac{v(x)du(x) - u(x)dv(x)}{v^2(x)}$

(4) $d(f \circ g(x)) = f'(u)g'(x)dx$，其中 $u = g(x)$

3. 一阶微分形式的不变性

设 $y = f(g(x))$ 由 $y = f(u)$ 与 $u = g(x)$ 复合而成. 这时，既可将 y 看作 u 的函数，又可将 y 看作 x 的函数，其分别作为 u 的函数和 x 的函数，都有各自的微分 dy_u, dy_x. 但这两个微分在形式上是完全一致的. 这个性质就称为函数的一阶微分形式的不变性.

4. 高阶微分

若函数 $f(x)$ 二阶可导，则 $f(x)$ 的**二阶微分**为 $d^2y = f''(x)dx^2$. 若函数 $f(x)$ n 阶可导，则 $f(x)$ 的 **n 阶微分**为 $d^ny = f^{(n)}(x)dx^n$.

5. 微分在近似计算中的应用

函数值的近似计算	$f(x_0) \approx f(x_0) + f'(x_0)\Delta x$	在 $x = 0$ 点附近的近似公式 $\sin x \sim x$; $\quad\tan x \sim x$; $\ln(1+x) \sim x$; $\quad e^x \sim 1 + x$
误差估计	设量 y 由函数 $y = f(x)$ 经计算得到，x_0 是 x 的近似值，若测量值 x_0 的**误差限**为 δ_x，即 $$\|\Delta x\| = \|x - x_0\| \leqslant \delta_x$$ $f(x_0)$ 是 $f(x)$ 的近似值，则可得 y 的相对**误差限**为 $\left\|\dfrac{dy}{f(x_0)}\right\| = \left\|\dfrac{f'(x_0)}{f(x)}\right\|\delta_x$	当 δ_x 很小时， $\|\Delta y\| = \|f(x) - f(x_0)\|$ $\approx \|f'(x_0)\Delta x\|$ $\leqslant \|f'(x_0)\|\delta_x$

例 9 已知 $y = \ln(1 + e^{x^2})$，求 dy.

分析 $dy = \dfrac{1}{1+e^{x^2}} d(1+e^{x^2}) = \dfrac{1}{1+e^{x^2}} \cdot e^{x^2} d(x^2)$

$\qquad = \dfrac{1}{1+e^{x^2}} \cdot e^{x^2} \cdot 2x dx$

$\qquad = \dfrac{2x e^{x^2}}{1+e^{x^2}} dx$

例 10 求 $\sin 29°$ 的近似值.

分析 设 $f(x) = \sin x$，取 $x_0 = 30° = \dfrac{\pi}{6}$，$x = 29° = \dfrac{29}{180}\pi$

$\qquad$ 则 $dx = -\dfrac{\pi}{180}$

$\qquad \sin 29° = \sin \dfrac{29}{180}\pi \approx \sin \dfrac{\pi}{6} + \cos \dfrac{\pi}{6} \left(-\dfrac{\pi}{180}\right)$

$\qquad\qquad = \dfrac{1}{2} + \dfrac{\sqrt{3}}{2} \cdot (-0.0175) \approx 0.485$

例 11 设测得圆钢截面的直径 $D = 60.0$ mm，测量值 D 的绝对误差限 $\delta_D = 0.05$ mm，欲利用公式 $A = \dfrac{\pi}{4} D^2$ 计算圆钢截面面积，试估计面积的误差.

分析 计算 A 的绝对误差限约为

$$\delta_A = |A'| \cdot \delta_D = \dfrac{\pi}{2} D \cdot \delta_D = \dfrac{\pi}{2} \times 60.0 \times 0.05 \approx 4.715$$

A 的相对误差限约为

$$\dfrac{\delta_A}{|A|} = \dfrac{\dfrac{\pi}{2} D \delta_D}{\dfrac{\pi}{4} D^2} = 2 \dfrac{\delta_D}{D} = 2 \times \dfrac{0.05}{60.0} = 0.17\%$$

课后习题全解

■ 导数的概念(教材上册 P97)

1. 知识点窍 从物理问题角度去认识导数.

逻辑推理 路程 s 和速度 v 之间的关系.

解题过程 (1) 当 $\Delta t = 1s$ 时，从 $t = 4 \to 4 + \Delta t$.

$\Delta s = 10 \times (4 + \Delta t) + 5 \times (4 + \Delta t)^2 - 10 \times 4 - 5 \times 4^2$

$\qquad = 50\Delta t + 5\Delta t^2 = 55$ m

$\therefore \bar{v} = \dfrac{\Delta s}{\Delta t} = 55$ m/s

(2) 当 $\Delta t = 0.1s$ 时，同理

$$\bar{v} = 50.5 \text{ m/s}$$

(3) 当 $\Delta t = 0.01s$ 时，同理

小提示 从结论来看，当 Δt 越小时，$\bar{v}$ 越大，越接近于 v，当 $\Delta t \to 0$ 时，$\bar{v} \to v$

$$\bar{v} = 50.05 \text{ m/s}$$

当 $t = 4$ 时,瞬时速度 $v = \lim\limits_{\Delta t \to 0} \dfrac{\Delta s}{\Delta t} = 50 \text{ m/s}$.

2. 解题过程 变速旋转的角速度包括平均角速度与瞬时角速度,平均角速度是差商概念. $\bar{\omega}$ $= \dfrac{\theta(t + \Delta t) - \theta(t)}{\Delta t}$ 为在 $[t, t + \Delta t]$ 内的平均角速度.

瞬时角速度是极限(导数)概念. $w = \lim\limits_{\Delta t \to 0} \dfrac{\theta(t + \Delta t) - \theta(t)}{\Delta t} = \dfrac{\mathrm{d}\theta(t)}{\mathrm{d}t}$ 为在 t 时刻的瞬时角速度.通常所说的变速旋转的角速度多指瞬时角速度.

3. 知识点窍 导数的定义.

解题过程 根据导数的定义,有

$$f'(x_0) = \lim\limits_{\Delta x \to 0} \dfrac{f(x_0 + \Delta x) - f(x_0)}{\Delta x}$$

又 $\because f(x_0) = 0$

$\therefore \lim\limits_{\Delta x \to 0} \dfrac{f(x_0 + \Delta x)}{\Delta x} = f'(x_0) = 4$.

4. 知识点窍 左、右导数应相等.

逻辑推理 根据分段函数分别求出 $f'_+(x)$ 和 $f'_-(x)$.

再令 $\begin{cases} f_+(x) = f_-(x) \\ f'_+(x) = f'_-(x) \end{cases}$ 求出 a, b.

解题过程 $f'_-(3) = \lim\limits_{x \to 3^-} \dfrac{f(x) - f(3)}{x - 3} = \lim\limits_{x \to 3^-} \dfrac{ax + b - 9}{x - 3} = \lim\limits_{x \to 3^-} \dfrac{ax - 3a}{x - 3} = a$.

$f_+(3) = f_-(3)$,故得 $3a + b = 9, b = 9 - 3a$.

综上所述,$a = 6, b = -9$.

5. 知识点窍 切线的斜率即为该点的导数.

逻辑推理 求出直线的斜率和 $y = \ln x$ 的导函数,令导函数 $y' = k$ 即可.

解题过程 (1) $y = x - 1$ 的斜率 $k_1 = 1$.

$\because (\ln x)' = \dfrac{1}{x}, x > 0$

令 $\dfrac{1}{x} = 1$,得 $x = 1$,又 $\because y = x - 1$ 通过 $(1, 0)$ 点

$\therefore$ 点 $(1, 0)$ 的切线重合于直线 $y = x - 1$.

(2) $y = 2x - 3$ 的斜率 $k_2 = 2$.

令 $\dfrac{1}{x} = 2 \Rightarrow x = \dfrac{1}{2}$

又 $\because y = 2x - 3$ 不通过 $\left(\dfrac{1}{2}, -\ln 2\right)$

点 $\left(\dfrac{1}{2}, -\ln 2\right)$ 的切线平行于直线 $y = 2x - 3$.

> 🐦 误区警示 注意平行与重合的区别.

6. 解题过程 (1) $y' = \dfrac{x}{2}, y'|_{x=2} = 1$.所以切线方程为 $y - 1 = x - 2$,即 $y = x - 1$.

法线斜率为 -1,所以法线方程为 $y - 1 = -(x - 2)$,即 $y = -x + 3$.

(2) $y' = -\sin x, y'|_{x=0} = 0$.

所以切线方程为 $y - 1 = 0$,法线方程为 $x = 0$.

7. **解题过程** (1) 当 $x<0$ 时，$f(x)=-x^3$，$f'(x)=-3x^2$；当 $x>0$ 时，$f(x)=x^3$，$f'(x)=3x^2$.

当 $x=0$ 时，$f'_+(x)=0$，$f'_-(x)=0$，故导数存在且等于0.

所以 $f'(x)=\begin{cases} -3x^2, & x<0 \\ 0, & x=0. \\ 3x^2, & x>0 \end{cases}$

(2) 当 $x>0$ 时，$f'(x)=1$；当 $x<0$ 时，$f'(x)=0$；当 $x=0$ 时，$f'_+(x)=1$，$f'_-(x)=0$. 两者不相等，故导数不存在.

故 $f'(x)=\begin{cases} 1, & x>0 \\ 不存在, & x=0. \\ 0, & x<0 \end{cases}$

8. **知识点窍** 函数连续要求每一点的左、右极限与函数值都相等；函数可导则要求每一点的左、右导数存在且相等.

逻辑推理 求出 $f'(x)$，令 $f'_+(x)=f'_-(x)$ 和 $f_+(x)=f_-(x)$ 同时成立，求出 m 值.

解题过程 (1) 在 $x\neq 0$ 时，$f(x)$ 显然连续，只需考察零点情况.

当 $x\neq 0$ 时，$\sin\dfrac{1}{x}$ 有界但极限不存在（$x\to 0$），因此 $f(x)$ 在 $x=0$ 连续，当且仅当 $x^m\to 0$（$x\to 0$），于是有正整数 $m\geq 1$.

(2) 当 $x\neq 0$ 时，$\dfrac{f(x)-f(0)}{x-0}=x^{m-1}\sin\dfrac{1}{x}$；当 $x\to 0$ 时，$\sin\dfrac{1}{x}$ 有界但无极限，因此 $f'(0)$ 存在. 当且仅当 $x^{m-1}\to 0$（$x\to 0$），于是有正整数 $m\geq 2$，这时 $f'(0)=0$.

9. **知识点窍** 导数 $f'(x)=0$ 的点为稳定点.

解题过程 (1) 令 $f'(x)=\cos x+\sin x=\sqrt{2}\sin\left(x+\dfrac{\pi}{4}\right)=0$. 则 $x+\dfrac{\pi}{4}=k\pi$，$k\in \mathbf{Z}$，故 $x=k\pi-\dfrac{\pi}{4}$，$k\in \mathbf{Z}$ 是原函数 $f(x)$ 的稳定点.

(2) 令 $f'(x)=1-\dfrac{1}{x}=0$. 故 $x=1$ 是函数 $f(x)$ 的稳定点.

10. **解题过程** 记 $\Delta y=f(x_0+\Delta x)-f(x_0)$，只需证 $\lim\limits_{\Delta x\to 0}\Delta y=0$.

因为 $f(x)$ 在点 x_0 右可导，即 $\lim\limits_{\Delta x\to 0^+}\dfrac{\Delta y}{\Delta x}=f'_+(x_0)$ 存在，所以

$\lim\limits_{\Delta x\to 0^+}\Delta y=\lim\limits_{\Delta x\to 0^+}\dfrac{\Delta y}{\Delta x}\cdot\Delta x=\lim\limits_{\Delta x\to 0^+}\dfrac{\Delta y}{\Delta x}\cdot\lim\limits_{\Delta x\to 0^+}\Delta x=f'_+(x_0)\cdot 0=0$

同理，根据 $f(x)$ 在点 x_0 左可导，有 $\lim\limits_{\Delta x\to 0^-}\Delta y=0$.

所以，$\lim\limits_{\Delta x\to 0}\Delta y=0$，即 $f(x)$ 在 x_0 连续.

> **小提示** 可导是连续的充分条件：可导一定连续.

11. **知识点窍** 复合函数的求导.

解题过程 由 $f(x)$ 可知，$x=0$ 为可去间断点

$$f'(0)=\lim\limits_{x\to 0}\dfrac{f(x)-f(0)}{x-0}=\lim\limits_{x\to 0}\dfrac{g(x)}{x}\cdot\sin\dfrac{1}{x}.$$

又由导数的定义得

$$g'(0)=\lim\limits_{x\to 0}\dfrac{g(x)-g(0)}{x-0}=\lim\limits_{x\to 0}\dfrac{g(x)}{x}=0$$

$\because \sin\dfrac{1}{x}$ 为有界函数. $\therefore f'(0)=0$.

12. 解题过程 取 x_1 为 x，x_2 为 Δx，则 $f(x+\Delta x)=f(x)f(\Delta x)$.

取 x_1 为 x，x_2 为 0，则 $f(x+0)=f(x)\cdot f(0)$. 即 $f(x)[f(0)-1]=0$. $f(x)\equiv 0$ 或 $f(0)=1$.

若 $f(x)\equiv 0$，则 $f'(x)\equiv 0$ 与 $f'(0)=1$ 矛盾，故 $f(0)=1$ 成立. 即在 $x=0$ 处，$f(0)=1$. 而 $f'(0)$

$=\lim\limits_{\Delta x\to 0}\dfrac{f(\Delta x)-f(0)}{\Delta x}=1$. 即 $\lim\limits_{\Delta x\to 0}\dfrac{f(\Delta x)-1}{\Delta x}=1$. 即 $\lim\limits_{\Delta x\to 0}[f(\Delta x)-1]=0$.

依导数定义，对任意 $x\in \mathbf{R}$，有

$$f'(x)=\lim\limits_{\Delta x\to 0}\frac{f(x+\Delta x)-f(x)}{\Delta x}=\lim\limits_{\Delta x\to 0}\frac{f(x)[f(\Delta x)-1]}{\Delta x}=f(x)$$

于是，原命题成立，对任意 $x\in \mathbf{R}$，都有 $f'(x)=f(x)$.

13. 知识点窍 导数的定义.

解题过程 $\because f'(x_0)$ 存在，由定义可知

$$f'(x_0)=\lim\limits_{\Delta x\to 0}\frac{f(x_0+\Delta x)-f(x_0-\Delta x)}{\Delta x}$$

$$=\lim\limits_{\Delta x\to 0}\frac{f(x_0+\Delta x)-f(x_0)-[f(x_0-\Delta x)-f(x_0)]}{\Delta x}$$

$$=\lim\limits_{\Delta x\to 0}\left[\frac{f(x_0+\Delta x)-f(x_0)}{\Delta x}+\frac{f(x_0-\Delta x)-f(x_0)}{-\Delta x}\right]$$

$$=f'(x_0)+f'(x_0)=2f'(x_0).$$

14. 解题过程 不妨设 $f'_+(a)>0$，$f'_-(b)>0$. 即

$$\lim\limits_{x\to a^+}\frac{f(x)-f(a)}{x-a}=\lim\limits_{x\to a^+}\frac{f(x)-K}{x-a}>0$$

$$\lim\limits_{x\to b^-}\frac{f(x)-f(b)}{x-b}=\lim\limits_{x\to b^-}\frac{f(x)-K}{x-b}>0$$

依据极限保号性，分别存在 $\delta_1>0$ 和 $\delta_2>0$，使得当 $x\in (a,a+\delta_1)$ 时，$\dfrac{f(x)-K}{x-a}>0$，从而 $f(x)$

$>K$；当 $x\in (b-\delta_2,b)$ 时，$\dfrac{f(x)-K}{x-b}>0$，从而 $f(x)<K$.

取 $x_1\in (a,a+\delta_1)$，$x_2\in (b-\delta_2,\delta_2)$，则 $f(x_1)>K>f(x_2)$. 因 $f(x)$ 在 $[x_1,x_2]$ 上连续，由介值性定理知至少存在一点 $\xi\in (x_1,x_2)\subset (a,b)$，使 $f(\xi)=K$.

15. 解题过程 建立坐标系，如图 5-1 所示. 则悬点坐标为 $A(50,10)$，$B(-50,10)$. 铁链方程为 y

$=\dfrac{x^2}{250}$.

因为 $y'=\dfrac{x}{125}$，$y'|_{x=50}=\dfrac{2}{5}$，所以铁链在 A 处的切线倾角 $\theta=\arctan\dfrac{2}{5}$，铁链在 A 处与支柱的夹角为

$\varphi=\pi-\arctan\dfrac{2}{5}$.

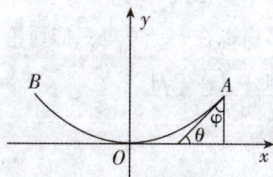

图 5-1

16. 解题过程 设 P 点坐标为 (x_0,x_0^3)，则曲线 $y=x^3$ 在 P 点的导数为 $y'|_{x=x_0}=3x^2|_{x=x_0}=3x_0^2$，

即过 P 的切线斜率为 $3x_0^2$. 该切线方程为

$$y - x_0^3 = 3x_0^2(x - x_0).$$

将此方程与 $y = x^3$ 联立

$$\begin{cases} y - x_0^3 = 3x_0^2(x - x_0) \\ y = x^3 \end{cases}$$

求得交点 Q 的坐标为 $(-2x_0, -8x_0^3)$.

曲线 $y = x^3$ 在 Q 点的导数为 $y'|_{x=-2x_0} = 3x^2|_{x=-2x_0} = 12x_0^2$,即过 Q 点的切线斜率为 $12x_0^2$ $= 4 \cdot 3x_0^2$,故曲线在 Q 处的切线斜率正好是在 P 处切线斜率的 4 倍.

17. **解题** 过程 $\because \lim\limits_{x \to +\infty} f(x) = \lim\limits_{x \to +\infty} x^n + a_1 \lim\limits_{x \to +\infty} x^{n-1} + \cdots + a_n$

由幂函数特性可知

$\because \lim\limits_{x \to \infty} x^n = \infty$ 且是 $x^{n-1}, \cdots, x$ 的高阶的无穷大量

$\therefore \lim\limits_{x \to +\infty} f(x) = +\infty$

又 $\because x_0$ 为最大零点,$\therefore$ 当 $x \in (x_0, +\infty)$ 时,$f(x) > 0$

而 $f'(x_0) = \lim\limits_{\Delta x \to 0^+} \dfrac{f(x_0 + \Delta x) - f(x_0)}{\Delta x} = \lim\limits_{\Delta x \to 0^+} \dfrac{f(x_0 + \Delta x)}{\Delta x} > 0$

$\therefore x_0$ 处的切线斜率 $k \geqslant 0$,即 $f'(x_0) \geqslant 0$.

■ 求导法则(教材上册 P105)

1. **解题** 过程 (1) 因为 $x \in \mathbf{R}$,$f(x)$ 为 $\mathbf{R}$ 上的连续函数,依据多项式求导法则,$f'(x) = 12x^3 + 6x^2$. 于是

$$f'(0) = 12 \times 0^3 + 6 \times 0^2 = 0$$
$$f'(1) = 12 \times 1^3 + 6 \times 1^2 = 18$$

(2) $f'(x) = \dfrac{1 \cdot \cos x - x \cdot (-\sin x)}{\cos^2 x} = \dfrac{\cos x + x \sin x}{\cos^2 x}$,$x \in \mathbf{R}$ 且 $x \neq \dfrac{\pi}{2}$

> **小提示** 注意 x 的定义域.

$+ k\pi, k \in \mathbf{Z}$

故 $f'(0) = \dfrac{\cos 0 + 0 \times \sin 0}{\cos^2 0} = 1$,$f'(\pi) = \dfrac{\cos \pi + \pi \times \sin \pi}{\cos^2 \pi} = -1$

(3) $f'(x) = \dfrac{1}{2}(1 + \sqrt{x})^{-\frac{1}{2}} \cdot \dfrac{1}{2} \cdot x^{-\frac{1}{2}} = \dfrac{1}{4\sqrt{x} \cdot \sqrt{1 + \sqrt{x}}}$

故 $f'(1) = \dfrac{1}{4 \times 1 \times \sqrt{2}} = \dfrac{\sqrt{2}}{8}$

$f'(4) = \dfrac{1}{4 \times 2 \times \sqrt{3}} = \dfrac{\sqrt{3}}{24}$

由于 $f(x)$ 的定义域为 $x \geqslant 0$,所以在 $x = 0$ 处只能讨论右导数.

$$f'_+(0) = \lim\limits_{x \to 0^+} \dfrac{\sqrt{1 + \sqrt{x}} - \sqrt{1}}{x - 0} = +\infty$$

所以 $f'_+(0)$ 不存在.

2. **解题** 过程 (1) $y' = 6x$.

(2) $y' = \dfrac{(1 - x^2)'(1 + x + x^2) - (1 - x^2)(1 + x + x^2)'}{(1 + x + x^2)^2}$

$= \dfrac{-2x(1 + x + x^2) - (1 - x^2)(1 + 2x)}{(1 + x + x^2)^2}$

$$= \frac{-2x - 2x^2 - 2x^3 - 1 - 2x + x^2 + 2x^3}{(1 + x + x^2)^2}$$

$$= -\frac{1 + 4x + x^2}{(1 + x + x^2)^2}.$$

(3) $y' = nx^{n-1} + n.$

(4) $y' = \frac{1}{m} - \frac{m}{x^2} + 2 \cdot \frac{1}{2} \cdot \frac{1}{\sqrt{x}} + 2 \cdot \left(-\frac{1}{2}\right) \frac{1}{x\sqrt{x}} = \frac{1}{m} - \frac{m}{x^2} + \frac{1}{\sqrt{x}} - \frac{1}{x\sqrt{x}}.$

(5) $y' = 3x^2 \log_3 x + x^3 \cdot \frac{1}{x\ln 3} = 3x^2 \log_3 x + \frac{x^2}{\ln 3}.$

(6) $y' = (e^x)' \cos x + e^x (\cos x)' = e^x \cos x - e^x \sin x.$

(7) $y' = (x^2 + 1)'(3x - 1)(1 - x^3) + (x^2 + 1)(3x - 1)'(1 - x^3) + (x^2 + 1)(3x - 1)(1 - x^3)'$

$\quad = 2x(3x - 1)(1 - x^3) + (x^2 + 1) \cdot 3(1 - x^3) + (x^2 + 1)(3x - 1) \cdot (-3x^2)$

$\quad = -18x^5 + 5x^4 - 12x^3 + 12x^2 - 2x + 3.$

(8) $y' = \frac{(\tan x)'x - \tan x \cdot x'}{x^2} = \frac{x \cdot \sec^2 x - \tan x}{x^2}.$

(9) $y' = \frac{x'(1 - \cos x) - x(1 - \cos x)'}{(1 - \cos x)^2} = \frac{1 - \cos x - x \cdot \sin x}{(1 - \cos x)^2}$

$\quad = \frac{1 - \cos x - x\sin x}{(1 - \cos x)^2}.$

(10) $y' = \frac{(1 + \ln x)'(1 - \ln x) - (1 + \ln x)(1 - \ln x)'}{(1 - \ln x)^2}$

$\quad = \frac{\dfrac{1}{x}(1 - \ln x) + \dfrac{1}{x}(1 + \ln x)}{(1 - \ln x)^2} = \frac{2}{x(1 - \ln x)^2}.$

(11) $y' = (\sqrt{x} + 1)' \arctan x + (\sqrt{x} + 1)(\arctan x)'$

$\quad = \frac{1}{2\sqrt{x}} \cdot \arctan x + (\sqrt{x} + 1) \cdot \frac{1}{1 + x^2}.$

(12) $y' = \frac{(1 + x^2)'(\sin + \cos x) - (1 + x^2)(\sin x + \cos x)'}{(\sin x + \cos x)^2}$

$\quad = \frac{2x(\sin x + \cos x) - (1 + x^2)(\cos x - \sin x)}{(\sin x + \cos x)^2}.$

3. 解题过程 (1) $y' = x'\sqrt{1 - x^2} + x(\sqrt{1 - x^2})'$

$$= \sqrt{1 - x^2} + x \cdot \frac{1}{2 \cdot \sqrt{1 - x^2}} \cdot (1 - x^2)'$$

$$= \sqrt{1 - x^2} + \frac{x}{2\sqrt{1 - x^2}} \cdot (-2x) = \frac{(1 - x^2) - x^2}{\sqrt{1 - x^2}} = \frac{1 - 2x^2}{\sqrt{1 - x^2}}.$$

(2) $y' = 3(x^2 - 1)^2 \cdot (x^2 - 1)' = 3(x^2 - 1)^2 \cdot 2x = 6x(x^2 - 1)^2.$

(3) $y' = 3\left(\frac{1 + x^2}{1 - x}\right)^2 \cdot \left(\frac{1 + x^2}{1 - x}\right)'$

$\quad = 3\left(\frac{1 + x^2}{1 - x}\right)^2 \cdot \frac{2x(1 - x) - (-1)(1 + x^2)}{(1 - x)^2}$

$\quad = 3\left(\frac{1 + x^2}{1 - x}\right)^2 \cdot \frac{1 + 2x - x^2}{(1 - x)^2} = \frac{3(1 + x^2)^2(1 + 2x - x^2)}{(1 - x)^4}.$

(4) $y' = \frac{1}{\ln x} \cdot (\ln x)' = \frac{1}{x\ln x}.$

(5) $y' = \dfrac{1}{\sin x} \cdot (\sin x)' = \dfrac{\cos x}{\sin x} = \cot x.$

(6) $y' = \dfrac{1}{\ln 10} \cdot \dfrac{1}{x^2+x+1} \cdot (x^2+x+1)' = \dfrac{2x+1}{\ln 10 \cdot (x^2+x+1)}.$

(7) $y' = \dfrac{(x+\sqrt{1+x^2}\,)'}{x+\sqrt{1+x^2}} = \dfrac{1}{x+\sqrt{1+x^2}} \cdot \left(1 + \dfrac{2x}{2\sqrt{1+x^2}}\right)$

$\qquad = \dfrac{1}{x+\sqrt{1+x^2}} \cdot \dfrac{\sqrt{1+x^2}+x}{\sqrt{1+x^2}} = \dfrac{1}{\sqrt{1+x^2}}.$

(8) $y = \ln \dfrac{\sqrt{1+x}-\sqrt{1-x}}{\sqrt{1+x}+\sqrt{1-x}} = \ln \dfrac{(\sqrt{1+x}-\sqrt{1-x})^2}{(\sqrt{1+x}+\sqrt{1-x})(\sqrt{1+x}-\sqrt{1-x})}$

$\qquad = \ln \dfrac{(1+x)+(1-x)-2\sqrt{1-x^2}}{(1+x)-(1-x)} = \ln \dfrac{1-\sqrt{1-x^2}}{x}$ （先分母有理化）

所以 $y' = \dfrac{x}{1-\sqrt{1-x^2}} \cdot \dfrac{-\dfrac{1}{2\sqrt{1-x^2}}(-2x)\cdot x - (1-\sqrt{1-x^2})}{x^2}$

$\qquad = \dfrac{x}{1-\sqrt{1-x^2}} \cdot \dfrac{\dfrac{x^2}{\sqrt{1-x^2}}-1+\sqrt{1-x^2}}{x^2}$

$\qquad = \dfrac{x^2-\sqrt{1-x^2}+(1-x^2)}{x(1-\sqrt{1-x^2})\sqrt{1-x^2}} = \dfrac{1}{x\sqrt{1-x^2}}.$

(9) $y' = 3(\sin x + \cos x)^2 \cdot (\cos x - \sin x) = 3\cos 2x(\cos x + \sin x).$

(10) $y' = 3\cos^2 4x \cdot (-\sin 4x) \cdot 4 = -12\cos^2 4x \sin 4x = -6\cos 4x \sin 8x.$

(11) $y' = \cos\sqrt{1+x^2} \cdot \dfrac{1}{2\sqrt{1+x^2}} \cdot 2x = \dfrac{x \cdot \cos\sqrt{1+x^2}}{\sqrt{1+x^2}}.$

(12) $y' = 3(\sin x^2)^2 \cdot \cos x^2 \cdot 2x = 6x\sin^2 x^2 \cos x^2.$

(13) $y' = \dfrac{1}{\sqrt{1-\left(\dfrac{1}{x}\right)^2}} \cdot \left(-\dfrac{1}{x^2}\right) = \dfrac{-1}{|x|\sqrt{x^2-1}}.$

(14) $y' = 2\arctan x^3 \cdot \dfrac{1}{1+(x^3)^2} \cdot 3x^2 = \dfrac{6x^2}{1+x^6} \cdot \arctan x^3.$

(15) $y' = -\dfrac{1}{1+\left(\dfrac{1+x}{1-x}\right)^2} \cdot \dfrac{1\cdot(1-x)-(-1)\cdot(1+x)}{(1-x)^2}$

$\qquad = \dfrac{-2}{(1-x)^2+(1+x)^2} = \dfrac{-1}{1+x^2}.$

(16) $y' = \dfrac{1}{\sqrt{1-\sin^4 x}} \cdot 2\sin x \cdot \cos x = \dfrac{\sin 2x}{\sqrt{1-\sin^4 x}}.$

(17) $y' = e^{x+1}.$

(18) $y' = 2^{\sin x} \cdot \ln 2 \cdot \cos x.$

(19) 用对数求导法. $\ln y = \sin x \ln x.$

两边求导得 $\dfrac{y'}{y} = \cos x \ln x + \dfrac{\sin x}{x}$

整理得 $y' = \left(\cos x \ln x + \dfrac{\sin x}{x}\right) x^{\sin x}.$

(20) 用对数求导法. $\ln y = x^r \ln x,$

两边取对数,得 $\ln(\ln y) = \ln(\ln x) + x \ln x$,两边求导,得

$$\frac{1}{\ln y} \cdot \frac{1}{y} \cdot y' = \frac{1}{\ln x} \cdot \frac{1}{x} + \ln x + x \cdot \frac{1}{x}$$

整理后,有 $y' = \ln y \cdot y \cdot \left(\frac{1}{x \ln x} + \ln x + 1\right) = x^{x^x} \cdot x^x \ln x \left(\frac{1}{x \ln x} + \ln x + 1\right)$

$$= x^{x^x} \cdot x^x \cdot \left(\frac{1}{x} + \ln^2 x + \ln x\right).$$

(21) $y' = e^{-x} \cdot (-1) \cdot \sin 2x + 2e^{-x} \cos 2x = e^{-x}(2\cos 2x - \sin 2x).$

(22) $y' = \dfrac{1}{2\sqrt{x + \sqrt{x + \sqrt{x}}}} \cdot \left[1 + \dfrac{1}{2\sqrt{x + \sqrt{x}}} \cdot \left(1 + \dfrac{1}{2\sqrt{x}}\right)\right]$

$$= \frac{4\sqrt{x} \cdot \sqrt{x + \sqrt{x}} + 2\sqrt{x} + 1}{8\sqrt{x} \cdot \sqrt{x + \sqrt{x}} \cdot \sqrt{x + \sqrt{x + \sqrt{x}}}}.$$

(23) $y' = \cos(\sin(\sin x)) \cdot \cos(\sin x) \cdot \cos x.$

(24) $y' = \cos\left[\dfrac{x}{\sin\left(\frac{x}{\sin x}\right)}\right] \cdot \dfrac{\sin\left(\frac{x}{\sin x}\right) - x \cdot \cos\left(\frac{x}{\sin x}\right) \cdot \frac{\sin x - x\cos x}{\sin^2 x}}{\sin^2\left(\frac{x}{\sin x}\right)}.$

(25) 用对数求导法, $\ln y = \displaystyle\sum_{k=1}^{n} \alpha_k \ln(x - a_k)$,两边求导,得

$$\frac{y'}{y} = \sum_{k=1}^{n} \frac{\alpha_k}{x - a_k}$$

整理后,为 $y' = \left[\displaystyle\prod_{j=1}^{n}(x - a_j)^{a_j}\right]\left(\displaystyle\sum_{k=1}^{n}\frac{\alpha_k}{x - a_k}\right).$

(26) $y' = \dfrac{1}{\sqrt{a^2 - b^2}} \cdot \dfrac{1}{\sqrt{1 - \left(\frac{a\sin x + b}{a + b\sin x}\right)^2}} \cdot \dfrac{a\cos x(a + b\sin x) - b\cos x(a\sin x + b)}{(a + b\sin x)^2}$

$$= \frac{1}{\sqrt{a^2 - b^2}} \cdot \frac{|a + b\sin x|}{\sqrt{a^2 - b^2} \cdot |\cos x|} \cdot \frac{(a^2 - b^2)\cos x}{(a + b\sin x)^2}$$

$$= \frac{\cos x}{|\cos x| \, |a + b\sin x|}.$$

4. 逻辑推理 将 $x+1, x-1$ 分别看作一个函数,然后对 f 求导,再对 $x+1, x-1$ 求导.

解题过程 (1) $f'(x) = 3x^2$,所以 $f'(x+1) = 3(x+1)^2, f'(x-1) = 3(x-1)^2.$

(2) 令 $x+1 = t$,则 $f(t) = (t-1)^3$,

于是 $f'(t) = 3(t-1)^2$

所以 $f'(x) = 3(x-1)^2, f'(x+1) = 3(x+1-1)^2 = 3x^2$,

$f'(x-1) = 3(x-1-1)^2 = 3(x-2)^2$

(3) $f(x) = (x+1)^3$,所以 $f'(x) = 3(x+1)^2, f'(x+1) = 3(x+2)^2, f'(x-1) = 3x^2.$

5. 解题过程 (1) $f'(x) = g'(x + g(a)).$

(2) $f'(x) = g'(x + g(x))(x + g(x))' = g'(x + g(x)) \cdot (1 + g'(x)).$

(3) $f'(x) = g'(xg(a)) \cdot g(a).$

(4) $f'(x) = g'(xg(x)) \cdot (xg(x))' = g'(xg(x)) \cdot (g(x) + xg'(x)).$

6. 解题过程 因为 $\dfrac{d}{dx}f(x^2) = 2xf'(x^2), \dfrac{d}{dx}f^2(x) = 2f(x)f'(x)$,所以当 $x = 1$ 时有 $\dfrac{d}{dx}f(x^2)\Big|_{x=1}$

$= 2f'(1)$，$\dfrac{\mathrm{d}}{\mathrm{d}x}f^2(x)\Big|_{x=1} = 2f(1)f'(1)$，由题设知，有 $2f'(1) = 2f(1)f'(1)$，于是 $f'(1)(1-f(1))$

$= 0$，从而 $f'(1) = 0$ 或 $f(1) = 1$.

另证：当 $x = 1$ 时，

$$\dfrac{\mathrm{d}}{\mathrm{d}x}f(x^2)\Big|_{x=1} = \lim_{x \to 1}\dfrac{f(x^2) - f(1^2)}{x-1} = \lim_{x \to 1}\dfrac{f(x^2) - f(1^2)}{x^2 - 1}(x+1)$$

$$= \lim_{t \to 1}\dfrac{f(t) - f(1)}{t-1} \cdot \lim_{x \to 1}(x+1) = 2f'(1)$$

$$\dfrac{\mathrm{d}}{\mathrm{d}x}f^2(x)\Big|_{x=1} = \lim_{x \to 1}\dfrac{f^2(x) - f^2(1)}{x-1} = \lim_{x \to 1}\dfrac{f(x) - f(1)}{x-1}(f(x) + f(1))$$

$$= \lim_{x \to 1}\dfrac{f(x) - f(1)}{x-1} \cdot \lim_{x \to 1}(f(x) + f(1)) = 2f(1)f'(1)$$

由题设知，有 $2f'(1) = 2f(1)f'(1)$，于是 $f'(1)(1-f(1)) = 0$，从而 $f'(1) = 0$ 或 $f(1) = 1$.

7. 解题过程 (1) $(\mathrm{sh}x)' = \left(\dfrac{\mathrm{e}^x - \mathrm{e}^{-x}}{2}\right)' = \dfrac{\mathrm{e}^x - (-\mathrm{e}^{-x})}{2} = \dfrac{\mathrm{e}^x + \mathrm{e}^{-x}}{2} = \mathrm{ch}x$.

(2) $(\mathrm{ch}x)' = \left(\dfrac{\mathrm{e}^x + \mathrm{e}^{-x}}{2}\right)' = \dfrac{\mathrm{e}^x - \mathrm{e}^{-x}}{2} = \mathrm{sh}x$.

(3) $(\mathrm{th}x)' = \left(\dfrac{\mathrm{sh}x}{\mathrm{ch}x}\right)' = \dfrac{(\mathrm{sh}x)'\mathrm{ch}x - (\mathrm{ch}x)'\mathrm{sh}x}{\mathrm{ch}^2 x}$

$= \dfrac{\mathrm{ch}^2 x - \mathrm{sh}^2 x}{\mathrm{ch}^2 x} = \dfrac{(\mathrm{ch}x + \mathrm{sh}x)(\mathrm{ch}x - \mathrm{sh}x)}{\mathrm{ch}^2 x} = \dfrac{\mathrm{e}^x \cdot \mathrm{e}^{-x}}{\mathrm{ch}^2 x} = \dfrac{1}{\mathrm{ch}^2 x}$.

(4) $(\coth x)' = \left(\dfrac{\mathrm{ch}x}{\mathrm{sh}x}\right)' = \dfrac{(\mathrm{ch}x)'\mathrm{sh}x - (\mathrm{sh}x)'\mathrm{ch}x}{\mathrm{sh}^2 x}$

$= \dfrac{\mathrm{sh}^2 x - \mathrm{ch}^2 x}{\mathrm{sh}^2 x} = \dfrac{(\mathrm{sh}x + \mathrm{ch}x)(\mathrm{sh}x - \mathrm{ch}x)}{\mathrm{sh}^2 x} = \dfrac{\mathrm{e}^x \cdot (\mathrm{e}^{-x})}{\mathrm{sh}^2 x} = \dfrac{-1}{\mathrm{sh}^2 x}$.

8. 解题过程 (1) $y' = 3\mathrm{sh}^2 x \cdot (\mathrm{sh}x)' = 3\mathrm{sh}^2 x\,\mathrm{ch}x$.

(2) $y' = \mathrm{ch}'(\mathrm{sh}x) \cdot (\mathrm{sh}x)' = \mathrm{sh}(\mathrm{sh}x) \cdot \mathrm{ch}x$.

(3) $y' = \ln'(\mathrm{ch}x) \cdot (\mathrm{ch}x)' = \dfrac{1}{\mathrm{ch}x} \cdot \mathrm{sh}x = \mathrm{th}x$.

(4) $y' = \arctan'(\mathrm{th}x) \cdot (\mathrm{th}x)' = \dfrac{1}{1 + \mathrm{th}^2 x} \cdot \dfrac{1}{\mathrm{ch}^2 x} = \dfrac{1}{\mathrm{sh}^2 x + \mathrm{ch}^2 x}$.

9. 解题过程 (1) $y' = \dfrac{1}{\mathrm{sh}'(y)} = \dfrac{1}{\mathrm{ch}(y)} = \dfrac{1}{\mathrm{ch}(\mathrm{sh}^{-1}x)}$. 而 $\mathrm{ch}^2 x - \mathrm{sh}^2 x = 1$，故当 $\mathrm{sh}t = x$ 时，$\mathrm{ch}t$

$= \sqrt{1+x^2}$，于是 $y' = \dfrac{1}{\sqrt{1+x^2}}$.

(2) $y' = \dfrac{1}{\mathrm{ch}'(y)} = \dfrac{1}{\mathrm{sh}(y)} = \dfrac{1}{\mathrm{sh}(\mathrm{ch}^{-1}x)} = \dfrac{1}{\sqrt{x^2 - 1}}$.

(3) $y' = (\mathrm{th}^{-1}x)' = \dfrac{1}{(\mathrm{th}y)'} = \mathrm{ch}^2 y = \dfrac{\mathrm{ch}^2 y}{\mathrm{ch}^2 y - \mathrm{sh}^2 y} = \dfrac{1}{1 - \mathrm{th}^2 y} = \dfrac{1}{1 - x^2}(\,|x| < 1)$.

(4) $y' = (\coth^{-1}x)' = \dfrac{1}{(\coth y)'} = -\mathrm{sh}^2 y = -\dfrac{\mathrm{sh}^2 y}{\mathrm{ch}^2 y - \mathrm{sh}^2 y}$

$= \dfrac{1}{1 - \coth^2 y} = \dfrac{1}{1 - x^2}(\,|x| > 1)$.

(5) $y' = (\mathrm{th}^{-1}x)' - \left(\coth^{-1}\dfrac{1}{x}\right)' = \dfrac{1}{1 - x^2} - \dfrac{-1}{\left(\dfrac{1}{x}\right)^2 - 1} \cdot \left(\dfrac{1}{x}\right)'$

$$= \frac{1}{1-x^2} + \frac{x^2}{1-x^2} \cdot \left(-\frac{1}{x^2}\right) = 0.$$

(6) 令 $t = \tan x$，则 $y = \text{sh}^{-1}(t)$，根据(1)中的结论，得 $\dfrac{\mathrm{d}y}{\mathrm{d}t} = \dfrac{1}{\sqrt{1+t^2}}$，而 $\dfrac{\mathrm{d}t}{\mathrm{d}x} = \sec^2 x$，故由复合函数

求导的链式法则得

$$y' = \frac{\mathrm{d}y}{\mathrm{d}t} \cdot \frac{\mathrm{d}t}{\mathrm{d}x} = \frac{1}{\sqrt{1+\tan^2 x}} \cdot \sec^2 x = |\sec x|.$$

■ 参变量函数的导数(教材上册 P109)

1. 知识点窍 参变量函数的导数求法.

逻辑推理 将 $\dfrac{\mathrm{d}y}{\mathrm{d}x} = \dfrac{\mathrm{d}y}{\mathrm{d}t} \Big/ \dfrac{\mathrm{d}x}{\mathrm{d}t}$，分别求出 $\dfrac{\mathrm{d}y}{\mathrm{d}t}$ 和 $\dfrac{\mathrm{d}x}{\mathrm{d}t}$.

解题过程 (1) $\dfrac{\mathrm{d}y}{\mathrm{d}x} = \dfrac{\mathrm{d}y}{\mathrm{d}t} \Big/ \dfrac{\mathrm{d}x}{\mathrm{d}t} = \dfrac{(\sin^4 t)'}{(\cos^4 t)'} = \dfrac{4\sin^3 t \cdot \cos t}{-4\cos^3 t \cdot \sin t} = -\dfrac{\sin^2 t}{\cos^2 t}$

则 $-\dfrac{\mathrm{d}y}{\mathrm{d}x}\Big|_{t=\frac{\pi}{3}} = -\dfrac{\sin^2 t}{\cos^2 t}\Big|_{t=\frac{\pi}{3}} = -3.$

(2) $\dfrac{\mathrm{d}y}{\mathrm{d}t} = \dfrac{(1-t)'(1+t) - (1+t)'(1-t)}{(1+t)^2} = \dfrac{-1-t-1+t}{(1+t)^2} = -\dfrac{2}{(1+t)^2}$

$\dfrac{\mathrm{d}x}{\mathrm{d}t} = \dfrac{t'(1+t) - (1+t)'t}{(1+t)^2} = \dfrac{1+t-t}{(1+t)^2} = \dfrac{1}{(1+t)^2}$

故 $\dfrac{\mathrm{d}y}{\mathrm{d}x} = \dfrac{\mathrm{d}y}{\mathrm{d}t} \Big/ \dfrac{\mathrm{d}x}{\mathrm{d}t} = -\dfrac{2}{(1+t)^2} \Big/ \dfrac{1}{(1+t)^2} = -2(t>0).$

2. 知识点窍 参变量函数的导数求法.

解题过程 $\dfrac{\mathrm{d}x}{\mathrm{d}t} = a(t-\sin t)' = a(1-\cos t), \dfrac{\mathrm{d}y}{\mathrm{d}t} = a(1-\cos t)' = a\sin t$

故 $\dfrac{\mathrm{d}y}{\mathrm{d}x} = \dfrac{\mathrm{d}y}{\mathrm{d}t} \Big/ \dfrac{\mathrm{d}x}{\mathrm{d}t} = \dfrac{a\sin t}{a(1-\cos t)} = \dfrac{\sin t}{1-\cos t}$

于是 $\dfrac{\mathrm{d}y}{\mathrm{d}x}\Big|_{t=\frac{\pi}{2}} = \dfrac{\sin \frac{\pi}{2}}{1-\cos \frac{\pi}{2}} = \dfrac{1}{1-0} = 1,$

$\dfrac{\mathrm{d}y}{\mathrm{d}x}\Big|_{t=\pi} = \dfrac{\sin \pi}{1-\cos \pi} = \dfrac{0}{1-(-1)} = 0.$

3. 知识点窍 参变量函数的导数与切线方程、法线方程.

解题过程 $\dfrac{\mathrm{d}x}{\mathrm{d}t} = (1-t^2)' = -2t, \dfrac{\mathrm{d}y}{\mathrm{d}t} = (t-t^2)' = 1-2t$

故 $\dfrac{\mathrm{d}y}{\mathrm{d}x} = \dfrac{\mathrm{d}y}{\mathrm{d}t} \Big/ \dfrac{\mathrm{d}x}{\mathrm{d}t} = \dfrac{1-2t}{-2t} = \dfrac{2t-1}{2t}$

(1) $\dfrac{\mathrm{d}y}{\mathrm{d}x}\Big|_{t=1} = \dfrac{2\times1-1}{2\times1} = \dfrac{1}{2}, x_0 = 1-1^2 = 0, y_0 = 1-1^2 = 0$

于是曲线在点 (x_0, y_0) 处的切线方程为 $y-0 = \dfrac{1}{2}(x-0)$，即 $y = \dfrac{x}{2}$

法线方程为 $y-0 = -2(x-0)$，即 $y = -2x$.

(2) $\dfrac{\mathrm{d}y}{\mathrm{d}x}\Big|_{t=\frac{\sqrt{2}}{2}}=\dfrac{2\times\frac{\sqrt{2}}{2}-1}{2\times\frac{\sqrt{2}}{2}}=\dfrac{\sqrt{2}-1}{\sqrt{2}}$，$x_0=1-\left(\dfrac{\sqrt{2}}{2}\right)^2=\dfrac{1}{2}$，$y_0=\dfrac{\sqrt{2}}{2}-\left(\dfrac{\sqrt{2}}{2}\right)^2=\dfrac{\sqrt{2}-1}{2}$

于是曲线在点(x_0,y_0)处的切线方程为

$$y-\dfrac{\sqrt{2}-1}{2}=\dfrac{\sqrt{2}-1}{\sqrt{2}}\left(x-\dfrac{1}{2}\right)$$

化简后得　　$2y-(2-\sqrt{2})x=\dfrac{3}{2}\sqrt{2}-2$

法线方程为　$y-\dfrac{\sqrt{2}-1}{2}=-\dfrac{\sqrt{2}}{\sqrt{2}-1}\left(x-\dfrac{1}{2}\right)$

化简后，得 $2x+(2-\sqrt{2})y=\dfrac{3}{2}\sqrt{2}-1$.

4. **解题过程** 曲线上$(x(t),y(t))$处的法线斜率和切线斜率：

$$\dfrac{\mathrm{d}x}{\mathrm{d}t}=a(\cos t+t\sin t)'=a(-\sin t+\sin t+t\cos t)=at\cos t$$

$$\dfrac{\mathrm{d}y}{\mathrm{d}t}=a(\sin t-t\cos t)'=a(\cos t-\cos t+t\sin t)=at\sin t$$

故当$t=t_0$时，$\dfrac{\mathrm{d}y}{\mathrm{d}x}=\dfrac{\mathrm{d}y}{\mathrm{d}t}\Big/\dfrac{\mathrm{d}x}{\mathrm{d}t}=\dfrac{at\sin t}{at\cos t}=\tan t\Big|_{t=t_0}=\tan t_0$，即为切线斜率.

故法线斜率为$-\dfrac{1}{\tan t_0}=-\cot t_0$.

当$t=t_0$时，$x_0=a(\cos t_0+t_0\sin t_0)$，$y_0=a(\sin t_0-t_0\cos t_0)$

得法线方程为　$y-a(\sin t_0-t_0\cos t_0)=-\cot t_0[x-a(\cos t_0+t_0\sin t_0)]$

化简得　　　　$\cos t_0\cdot x+\sin t_0\cdot y-a=0$

原点$(0,0)$到该直线的距离

$$d=\dfrac{|\cos t_0\cdot 0+\sin t_0\cdot 0-a|}{\sqrt{\cos^2 t_0+\sin^2 t_0}}=a$$

与t_0无关，证毕.

5. **解题过程** $\tan\varphi=\dfrac{\rho(\theta)}{\rho'(\theta)}=\dfrac{2a\sin\theta}{2a\cos\theta}=\tan\theta$，而$\varphi$与$\theta$取值在$[0,\pi)$范围内，在此区间内$\tan x$为单值

函数（一一对应），故有$\varphi=\theta$，即圆上任一点的切线与向径的夹角等于向径的极角.

6. **解题过程** $\tan\varphi=\dfrac{\rho(\theta)}{\rho'(\theta)}=\dfrac{a(1+\cos\theta)}{a\cdot(-\sin\theta)}=\dfrac{1+\cos\theta}{-\sin\theta}$

用万能公式$\cos\theta=\dfrac{1-\tan^2\frac{\theta}{2}}{1+\tan^2\frac{\theta}{2}}$，$\sin\theta=\dfrac{2\tan\frac{\theta}{2}}{1+\tan^2\frac{\theta}{2}}$. 代入上式，得

$$\tan\varphi=\dfrac{1+\dfrac{1-\tan^2\frac{\theta}{2}}{1+\tan^2\frac{\theta}{2}}}{\dfrac{-2\tan^2\frac{\theta}{2}}{1+\tan^2\frac{\theta}{2}}}=-\cot\dfrac{\theta}{2}=\tan\dfrac{\theta+\pi}{2}$$

当$0\leqslant\theta<\pi$时，$\varphi=\dfrac{\theta+\pi}{2}$；当$\pi\leqslant\theta<2\pi$时，$\varphi=\dfrac{\theta+\pi}{2}-\pi=\dfrac{\theta-\pi}{2}$.

■ 高阶导数(教材上册 P113)

1. **解题过程** (1) $f'(x)=9x^2+8x-5, f''(x)=18x+8, f'''(x)=18, f^{(4)}(x)=0$

   故 $f''(1)=18\times1+8=26, f'''(1)=18, f^{(4)}(1)=0.$

   (2) $f'(x)=\dfrac{x'(\sqrt{1+x^2})-(\sqrt{1+x^2})'\cdot x}{(\sqrt{1+x^2})^2}=\dfrac{\sqrt{1+x^2}-\dfrac{x^2}{\sqrt{1+x^2}}}{1+x^2}=\dfrac{1}{\sqrt{(1+x^2)^3}}$

   $f''(x)=\left(\dfrac{1}{\sqrt{(1+x^2)^3}}\right)'=\left[(1+x^2)^{-\frac{3}{2}}\right]'$

   $\qquad =-\dfrac{3}{2}(1+x^2)^{-\frac{5}{2}}\cdot(1+x^2)'$

   $\qquad =-\dfrac{3}{2}(1+x^2)^{-\frac{5}{2}}\cdot2x=-3x(1+x^2)^{-\frac{5}{2}}$

   故 $f''(0)=0$

   $f''(1)=-3(1+1^2)^{-\frac{5}{2}}=-\dfrac{3}{4\sqrt{2}}$

   $f''(-1)=-3\cdot(-1)\cdot(1+1)^{2-\frac{5}{2}}=\dfrac{3}{4\sqrt{2}}.$

2. **知识点窍** $\dfrac{d^2}{dx^2}f^2(x)=\dfrac{(df^2(x))^2}{dx}.$

   解题过程 因为 f 在点 $x=1$ 处二阶可导,所以在 $x=1$ 的某邻域内 f 一阶可导,并且

   $\dfrac{d}{dx}f^2(x)=2f(x)f'(x), \dfrac{d}{dx}f^2(x)\Big|_{x=1}=2f(1)f'(1)=0$

   $\dfrac{d}{dx}f(x^2)=2xf'(x^2), \dfrac{d}{dx}f(x^2)\Big|_{x=1}=2f'(1)=0$

   在 $x=1$ 处有

   $\dfrac{d^2}{dx^2}f^2(x)\Big|_{x=1}=\lim\limits_{x\to1}\dfrac{2f(x)f'(x)-0}{x-1}=\lim\limits_{x\to1}\dfrac{2f(x)f'(x)-2f(x)f'(1)}{x-1}$

   $\qquad =\lim\limits_{x\to1}\dfrac{f'(x)-f'(1)}{x-1}\cdot2f(x)=2f''(1)f(1)=0$

   所以在 $x=1$ 处有 $\dfrac{d}{dx}f(x^2)=\dfrac{d^2}{dx^2}f^2(x).$

3. **知识点窍** 基本高阶导数公式和莱布尼茨公式.

   逻辑推理 对于 2、3 等低阶导数,按照求导规则一阶一阶地求解. 对于 n 阶导数,利用已掌握的公式求解.

   解题过程 (1) $f'(x)=x\cdot\dfrac{1}{x}+1\cdot\ln x=1+\ln x,$ 故 $f''(x)=\dfrac{1}{x}.$

   (2) $f'(x)=e^{-x^2}\cdot(-2x),$ 故

   $f''(x)=-2e^{-x^2}-2x\cdot e^{-x^2}\cdot(-2x)=2e^{-x^2}(2x^2-1)$

   $f'''(x)=(f''(x))'=2e^{-x^2}\cdot4x+(2x^2-1)2e^{-x^2}\cdot(-2x)$

   $\qquad =4xe^{-x^2}(2+1-2x^2)=(3-2x^2)\cdot4xe^{-x^2}.$

(3) $f'(x) = \dfrac{1}{1+x}, f''(x) = -\dfrac{1}{(1+x)^2}, f'''(x) = \dfrac{2}{(1+x)^3}$

$\qquad f^{(4)}(x) = \dfrac{-6}{(1+x)^4}$，故 $f^{(5)}(x) = (f^{(4)}(x))' = \dfrac{24}{(1+x)^5}.$

(4) $f^{(10)}(x) = \displaystyle\sum_{k=0}^{10} C_{10}^k (x^3)^{(k)} (e^x)^{(10-k)}$

$\qquad = e^x(C_{10}^0 x^3 + C_{10}^1 3x^2 + C_{10}^2 6x + C_{10}^3 6 + 0)$

$\qquad = e^x(x^3 + 30x^2 + 270x + 720).$

数学分析（第四版·上册）同步辅导及习题全解

4. 知识点窍 求复合函数的高阶导数.

解题过程 (1) $y' = f'(\ln x) \cdot \dfrac{1}{x}$,

$\qquad y'' = \dfrac{1}{x} \cdot f''(\ln x) \cdot \dfrac{1}{x} + f'(\ln x) \cdot \dfrac{-1}{x^2} = \dfrac{f''(\ln x) - f'(\ln x)}{x^2}.$

(2) $y' = f'(x^n) \cdot nx^{n-1}$,

$\qquad y'' = f''(x^n)nx^{n-1} \cdot nx^{n-1} + f'(x^n) \cdot n(n-1)x^{n-2}$

$\qquad = (nx^{n-1})^2 f''(x^n) + n(n-1)x^{n-2} f'(x^n).$

(3) $y' = f'(f(x)) \cdot f'(x)$,

$\qquad y'' = f'(f(x)) \cdot f''(x) + f'(x) \cdot f''(f(x)) \cdot f'(x)$

$\qquad = f''(x) \cdot f'(f(x)) + (f'(x))^2 f''(f(x)).$

5. 解题过程 (1) $y' = \dfrac{1}{x}, y'' = -x^{-2}, \cdots, y^{(n)} = (-1)^{n-1} \cdot (n-1)! \cdot x^{-n}.$

(2) $y' = (a^x)' = a^x \ln a, y'' = \ln a \cdot (a^x)' = (\ln a)^2 \cdot a^x, \cdots, y^{(n)} = a^x \cdot \ln^n a.$

(3) 因为 $y = \dfrac{1}{x(1-x)} = \dfrac{1}{x} + \dfrac{1}{1-x}$，所以

$\qquad y^{(n)} = \left(\dfrac{1}{x}\right)^{(n)} + \left(\dfrac{1}{1-x}\right)^{(n)} = \dfrac{(-1)^n n!}{x^{n+1}} + \dfrac{n!}{(1-x)^{n+1}}.$

(4) $y' = \left(\dfrac{\ln x}{x}\right)' = \dfrac{\dfrac{1}{x} \cdot x - \ln x \cdot 1}{x^2} = \dfrac{1}{x} - \dfrac{\ln x}{x}$,

$\qquad y'' = \left(\dfrac{1}{x}\right)' - \left(\dfrac{\ln x}{x}\right)' = \dfrac{-1}{x^2} - \dfrac{1}{x} + \dfrac{\ln x}{x}$,

$\qquad y''' = \left(\dfrac{-1}{x^2}\right)' - \left(\dfrac{1}{x}\right)' + \left(\dfrac{\ln x}{x}\right)' = 2x^{-3} - x^{-2} + x^{-1} - \dfrac{\ln x}{x}, \cdots$

$\qquad y^{(n)} = x^{-1} - x^{-2} + 2x^{-3} - 3x^{-4} + \cdots - (n-1)(-x)^{-n} + (-1)^n \dfrac{\ln x}{x}$

$\qquad = (-1)^n n! x^{-(n+1)} \left(\ln x - \displaystyle\sum_{k=1}^n \dfrac{1}{k}\right).$

(5) 构造等比数列 $1, x, x^2, \cdots, x^{n-1}$，则其前 n 项和为 $\dfrac{1 \cdot (1-x^n)}{1-x} = \dfrac{1-x^n}{1-x}$,

$\qquad$ 故 $f(x) = -\displaystyle\sum_{k=0}^{n-1} x^k + \dfrac{1}{1-x}$，而 $(x^k)^{(n)} = 0, k = 0, 1, \cdots, n-1.$

$\qquad$ 故 $f^{(n)}(x) = \left(\dfrac{1}{1-x}\right)^{(n)} = n!(1-x)^{-n-1}.$

(6) $(e^{ax} \sin bx)' = ae^{ax} \sin bx + be^{ax} \cos bx = \sqrt{a^2+b^2}\, e^{ax} \sin(bx+\varphi)$

$\qquad$ 其中 $\sin\varphi = \dfrac{b}{\sqrt{a^2+b^2}}, \cos\varphi = \dfrac{a}{\sqrt{a^2+b^2}}, \varphi = \arctan\dfrac{b}{a}.$

$$(\mathrm{e}^{ax}\sin bx)'' = \sqrt{a^2+b^2}\,(a\mathrm{e}^{ax}\sin(bx+\varphi)+b\mathrm{e}^{ax}\cos(bx+\varphi))$$

$$= \sqrt{a^2+b^2}\,\sqrt{a^2+b^2}\,\mathrm{e}^{ax}\sin(bx+\varphi+\varphi) = (a^2+b^2)\mathrm{e}^{ax}\sin(bx+2\varphi)$$

一般地可推得

$$(\mathrm{e}^{ax}\sin bx)^{(n)} = (a^2+b^2)^{\frac{n}{2}}\mathrm{e}^{ax}\sin(bx+n\varphi)$$

6. 解题 过程 (1) $\dfrac{\mathrm{d}y}{\mathrm{d}t} = 3a\sin^2 t\cos t,\ \dfrac{\mathrm{d}x}{\mathrm{d}t} = -3a\cos^2 t\sin t$,

故 $\dfrac{\mathrm{d}y}{\mathrm{d}x} = \dfrac{\mathrm{d}y}{\mathrm{d}t}\Big/\dfrac{\mathrm{d}x}{\mathrm{d}t} = \dfrac{3a\sin^2 t\cos t}{-3a\cos^2 t\sin t} = -\tan t$.

故 $\dfrac{\mathrm{d}^2 y}{\mathrm{d}x^2} = \dfrac{\mathrm{d}\left(\frac{\mathrm{d}y}{\mathrm{d}x}\right)\Big/\mathrm{d}t}{\mathrm{d}x/\mathrm{d}t} = \dfrac{(-\tan t)'}{-3a\cos^2 t\sin t} = \dfrac{-\sec^2 t}{-3a\cos^2 t\sin t} = \dfrac{1}{3a\cos^4 t\sin t}$.

(2) $\dfrac{\mathrm{d}y}{\mathrm{d}t} = \mathrm{e}^t\sin t + \mathrm{e}^t\cos t = \mathrm{e}^t(\sin t + \cos t)$,

$\dfrac{\mathrm{d}x}{\mathrm{d}t} = \mathrm{e}^t\cos t - \mathrm{e}^t\sin t = \mathrm{e}^t(\cos t - \sin t)$,

故 $\dfrac{\mathrm{d}y}{\mathrm{d}x} = \dfrac{\mathrm{d}y}{\mathrm{d}t}\Big/\dfrac{\mathrm{d}x}{\mathrm{d}t} = \dfrac{\mathrm{e}^t(\sin t + \cos t)}{\mathrm{e}^t(\cos t + \sin t)} = \dfrac{\cos t + \sin t}{\cos t - \sin t}$

于是有

$$\mathrm{d}\left(\frac{\mathrm{d}y}{\mathrm{d}x}\right)\Big/\mathrm{d}t = \frac{(\cos t + \sin t)'(\cos t - \sin t) - (\cos t - \sin t)'(\cos t + \sin t)}{(\cos t - \sin t)^2}$$

$$= \frac{(\cos t - \sin t)^2 + (\cos t + \sin t)^2}{(\cos t - \sin t)^2} = \frac{2\cos^2 t + 2\sin^2 t}{(\cos t - \sin t)^2} = \frac{2}{(\cos t - \sin t)^2}$$

故 $\dfrac{\mathrm{d}^2 y}{\mathrm{d}x^2} = \dfrac{\mathrm{d}\left(\frac{\mathrm{d}y}{\mathrm{d}x}\right)\Big/\mathrm{d}t}{\mathrm{d}x/\mathrm{d}t} = \dfrac{2}{(\cos t - \sin t)^2}\Big/\mathrm{e}^t(\cos t - \sin t) = \dfrac{2}{\mathrm{e}^t(\cos t - \sin t)^3}$.

7. 知识 点窍 考虑绝对值函数的"尖"性.

解题 过程 首先计算一阶导数:因为 $f(x) = |x^3| = \begin{cases} -x^3, & x < 0 \\ x^3, & x \geqslant 0 \end{cases}$,所以当 $x < 0$ 时,$f'(x) = -3x^2$,当

$x > 0$ 时,$f'(x) = 3x^2$. $f'_-(0) = \lim\limits_{x\to 0^-}\dfrac{f(x)-f(0)}{x-0} = \lim\limits_{x\to 0^-}\dfrac{-x^3}{x} = 0,\ f'_+(0) = \lim\limits_{x\to 0^+}\dfrac{x^3}{x} = 0$,所

以 $f'(0) = 0$. 于是 $f'(x) = \begin{cases} -3x^2, & x < 0, \\ 0, & x = 0 \\ 3x^2, & x > 0 \end{cases}$.

其次计算二阶导数:当 $x < 0$ 时,$f''(x) = -6x$,当 $x > 0$ 时,$f''(x) = 6x$. $f''_-(0) = \lim\limits_{x\to 0^-}$

$\dfrac{f'(x)-f'(0)}{x-0} = \lim\limits_{x\to 0^-}\dfrac{-3x^2}{x} = 0,\ f''_+(0) = \lim\limits_{x\to 0^+}\dfrac{3x^2}{x} = 0$,所以 $f''(0) = 0$,从而 $f''(x)$

$= \begin{cases} -6x, & x < 0 \\ 0, & x = 0 \\ 6x, & x > 0 \end{cases}$.

三阶导数:$f'''_-(0) = \lim\limits_{x\to 0^-}\dfrac{f''(x)-f''(0)}{x-0} = \lim\limits_{x\to 0^-}\dfrac{-6x}{x} = -6,\ f'''_+(0) = \lim\limits_{x\to 0^+}\dfrac{6x}{x} = 6$,所以 $f''(0)$ 不

存在.

8. 解题 过程 $(f^{-1})'(y) = \dfrac{1}{f'(x)}$

$$(f^{-1})''(y) = \left[(f^{-1})'(x) \right]' = \left(\frac{1}{f'(x)} \right)' = \frac{-f''(x)(f^{-1})'(x)}{(f'(x))^2} = -\frac{f''(x)}{(f'(x))^3}$$

$$(f^{-1})'''(y) = \left[(f^{-1})''(x) \right]' = \frac{\mathrm{d}}{\mathrm{d}x} \left(-\frac{f''(x)}{(f'(x))^3} \right) = \frac{3(f''(x))^2 - f'(x) \cdot f'''(x)}{(f'(x))^5}$$

9. **解题过程** (1) 由 $y'(x) = \dfrac{1}{1+x^2}$ 得到 $y(0) = 0$ 和 $y'(0) = 1$. 将等式 $(1+x^2)y'(x) = 1$ 两边对 x 求一次导数, 有 $(1+x^2)y'' + 2xy' = 0$.

(2) 对 (1) 中 $(1+x^2)y'' + 2xy' = 0$ 的 x 求 n 阶导数, 得

$$(1+x^2)y^{(n+2)} + 2(n+1)xy^{(n+1)} + n(n+1)y^{(n)} = 0$$

由 $y = \arctan x$ 得 $y(0) = 0$; 由 $y' = \dfrac{1}{1+x^2}$ 得 $y'(0) = 1$; 由 $(1+x^2)y'' + 2xy' = 0$ 得 $y''(0) = 0$;

由 $(1+x^2)y^{(n+2)} + 2(n+1)xy^{(n+1)} + n(n+1)y^{(n)} = 0$, 得 $y^{(n+2)}(0) = -n(n+1)y^{(n)}(0)$. 从而有 $y^{(2m)}(0) = 0, y^{(2m+1)}(0) = (-1)^m(2m)!$.

10. **解题过程** (1) 解法一: 先求 y' 和 y'' $\qquad y' = \dfrac{1}{\sqrt{1-x^2}}$

$$y'' = \left(\frac{1}{\sqrt{1-x^2}} \right)' = \frac{x}{(1-x^2)^{\frac{3}{2}}} = \frac{x}{1-x^2} \cdot y'$$

即 $n = 0$ 成立; $(1-x^2)y'' - xy' = 0$

对 $(1-x^2)y'' - xy' = 0$ 等式两边求 n 阶导数, 并用莱布尼茨公式得

$(1-x^2)y^{(n+2)} - 2nxy^{(n+1)} - n(n-1)y^{(n)} - (xy^{(n+1)} + ny^{(n)}) = 0$

即 $(1+x^2)y^{(n+2)} - x(2n-1)y^{(n+1)} - n^2 y^{(n)} = 0$ 成立 $(n = 0)$.

解法二: 用数学归纳法证明: 由 $y' = \dfrac{1}{\sqrt{1-x^2}}$, 于是有 $y'' = \dfrac{x}{(1-x^2)^{\frac{3}{2}}} = \dfrac{x}{(1-x^2)}y'$, 即 $n = 0$ 时, 有

$$(1-x^2)y'' - xy' = 0$$

假设 $n = k$ 时, 有 $(1-x^2)y^{(k+2)} - (2k+1)xy^{(k+1)} - k^2 y^{(k)} = 0$

将上式对 x 求导数, 得

$$-2xy^{(k+2)} + (1-x^2)y^{(k+3)} \frac{1}{\sqrt{1-x^2}} - (2k+1)y^{(k+1)} - (2k+1)xy^{(k+2)} \frac{1}{\sqrt{1-x^2}}$$

$$-k^2 y^{(k+1)} \frac{1}{\sqrt{1-x^2}} = 0$$

于是有 $(1-x^2)y^{(k+3)} - (2(k+1)+1)xy^{(k+2)} - (k+1)^2 y^{(k+1)} = 0$, 即当 $n = k+1$ 时, 等式也成立.

(2) 令 $x = 0$, 得 $y^{(n+2)}(0) = n^2 y^{(n)}(0), n \geqslant 0$

又有 $y(0) = 0, y'(0) = 1$, 得到

$$y^{(2m)} \big|_{x=0} = 0, \quad y^{(2m+1)} \big|_{x=0} = \left[(2m-1)! \right]^2$$

即 $\qquad y^{(n)} \big|_{x=0} = \begin{cases} 0, & n = 2m, \\ \left[(2m-1)! \right]^2, & n = 2m+1. \end{cases}$

11. **解题过程** $f'_-(0) = \lim\limits_{x \to 0^-} \mathrm{e}^{-\frac{1}{x^2}} \cdot \dfrac{2}{x^3} = 0, f'_+(0) = \lim\limits_{x \to 0^+} \mathrm{e}^{-\frac{1}{x^2}} \cdot \dfrac{2}{x^3} = 0$

故 $f'(0)$ 存在且等于 0.

以下用数学归纳法证明 $f^{(n)}(x) = \dfrac{p_n(x)}{x^{3n}} \mathrm{e}^{-\frac{1}{x^2}}, x \neq 0$. 其中 $p_n(x)$ 为次数不超过 $3n$ 的多项式.

当 $n=1$ 时, $f'(x)=\dfrac{2}{x^3}\cdot\mathrm{e}^{-\frac{1}{x^2}}$, $p_n(x)=2$, 满足上式.

若 $f^{(n)}(x)=\dfrac{p_n(x)}{x^{3n}}\mathrm{e}^{-\frac{1}{x^2}}$, 则

$$f^{(n+1)}(x)=(f^{(n)}(x))'=\mathrm{e}^{-\frac{1}{x^2}}\cdot\frac{2}{x^3}\cdot\frac{p_n(x)}{x^{3n}}+\mathrm{e}^{-\frac{1}{x^2}}\cdot\frac{p_n'(x)\cdot x^{3n}-3nx^{3n-1}p_n(x)}{x^{6n}}$$

$$=\mathrm{e}^{-\frac{1}{x^2}}\cdot\frac{2p_n(x)+x^3\cdot p_n'(x)-3np_n(x)\cdot x^2}{x^{3(n+1)}}.$$

$p_n(x)$ 为次数不超过 $3n$ 的多项式, 故 p_n' 为次数不超过 $(3n-1)$ 的多项式.

于是 $f^{(n+1)}(x)$ 的分子次数 $\leqslant\max\{3n,3+(3n-1),2+3n\}=3n+2<3(n+1)$.

故 $f^{(n)}(x)=\dfrac{p_n(x)}{x^{3n}}\mathrm{e}^{-\frac{1}{x^2}}$, $x\neq 0$ 对任意 $n\geqslant 0$ 均成立.

当 $x\to 0$ 时, $\lim\limits_{x\to 0}\mathrm{e}^{-\frac{1}{x^2}}\cdot x^m=0$, 任意 $m\in\mathbf{N}_+$(由极限部分结论得), 故 $\mathrm{e}^{-\frac{1}{x^2}}$ 是 x^m(任意 $m\in\mathbf{N}_+$) 的高阶无穷小, 于是 $\lim\limits_{x\to 0}f^{(n)}(x)=0=f^{(n)}(0)$.

证毕.

■ 微分(教材上册 P120)

1. **知识点窍** 理解微分的含义, 当 Δy 不断减小时, 与 $\mathrm{d}y$ 之间的差值也就越小.

   解题过程 当 $\Delta x=0.1$ 时, $\mathrm{d}y=y'|_{x=1}\cdot\Delta x=2\times 1\times 0.1=0.2$

   $\Delta y=(x+\Delta x)^2-x^2=(1+0.1)^2-1^2=0.21$, $\Delta y-\mathrm{d}y=0.01$

   当 $\Delta x=0.01$ 时, $\Delta y=(x+\Delta x)^2-x^2=(1+0.01)^2-1^2=0.0201$

   $\mathrm{d}y=y'|_{x=1}\cdot\Delta x=2\times 1\times 0.01=0.02$, $\Delta y-\mathrm{d}y=0.0001$.

2. **解题过程** (1) $\mathrm{d}y=\mathrm{d}x+\mathrm{d}(2x^2)-\mathrm{d}\left(\dfrac{1}{3}x^3\right)+\mathrm{d}(x^4)$

   $$=\mathrm{d}x+4x\mathrm{d}x-x^2\mathrm{d}x+4x^3\mathrm{d}x$$

   $$=(1+4x-x^2+4x^3)\mathrm{d}x.$$

   > **小提示** 求函数的导数和求函数的微分, 在结果的形式上只是相差了一个$\mathrm{d}x$.

   (2) $\mathrm{d}y=\mathrm{d}(x\ln x)-\mathrm{d}x=x\mathrm{d}(\ln x)+\ln x\mathrm{d}x-\mathrm{d}x$

   $$=x\cdot\frac{1}{x}\mathrm{d}x+\ln x\mathrm{d}x-\mathrm{d}x=\ln x\mathrm{d}x.$$

   (3) $\mathrm{d}y=\mathrm{d}(x^2\cos 2x)=x^2\mathrm{d}(\cos 2x)+\cos 2x\mathrm{d}x^2$

   $$=x^2\cdot(-\sin 2x)\cdot 2\mathrm{d}x+\cos 2x\cdot 2x\mathrm{d}x$$

   $$=(-2x^2\sin 2x+2x\cos 2x)\mathrm{d}x.$$

   (4) $\mathrm{d}y=\mathrm{d}\left(\dfrac{x}{1-x^2}\right)=\dfrac{(1-x^2)\mathrm{d}x-x\mathrm{d}(1-x^2)}{(1-x^2)^2}$

   $$=\frac{(1-x^2)\mathrm{d}x-x\cdot(-2x)\cdot\mathrm{d}x}{(1-x^2)^2}=\frac{1+x^2}{(1-x^2)^2}\mathrm{d}x.$$

   (5) $\mathrm{d}y=\mathrm{d}(\mathrm{e}^{ax}\sin bx)=\mathrm{e}^{ax}\cdot\mathrm{d}(\sin bx)+\sin bx\cdot\mathrm{d}(\mathrm{e}^{ax})$

   $$=\mathrm{e}^{ax}\cdot b\cos bx\cdot\mathrm{d}x+\sin bx\cdot a\mathrm{e}^{ax}\mathrm{d}x$$

   $$=\mathrm{e}^{ax}(b\cos bx+a\sin bx)\mathrm{d}x.$$

   (6) $\mathrm{d}y=\mathrm{d}(\arcsin\sqrt{1-x^2})=\dfrac{1}{\sqrt{1-(1-x^2)}}\cdot\mathrm{d}(\sqrt{1-x^2})$

$$= \frac{1}{|x|} \cdot \frac{-2x}{2\sqrt{1-x^2}} \cdot dx = \frac{-xdx}{|x|\sqrt{1-x^2}}.$$

3. 解题 过程 (1) 因为

$$\frac{d^3(uv)}{dx^3} = u'''v + C_3^1 u''v' + C_3^2 u'v'' + uv''' = \frac{2}{x^3}e^x + 3 \cdot \frac{-1}{x^2}e^x + 3 \cdot \frac{1}{x}e^x + \ln x \cdot e^x$$

$$= \left(\frac{2}{x^3} - \frac{3}{x^2} + \frac{3}{x} + \ln x\right)e^x$$

所以 $d^3(uv) = \frac{d^3(uv)}{dx^3}dx^3 = e^x\left(\frac{2}{x^3} - \frac{3}{x^2} + \frac{3}{x} + \ln x\right)dx^3$

$$\frac{d^3}{dx^3}\left(\frac{u}{v}\right) = \frac{d^3}{dx^3}(\ln x \cdot e^{-x}) = \frac{2}{x^3} + 3 \cdot \frac{-1}{x^2}(-e^{-x}) + 3 \cdot \frac{1}{x} \cdot e^{-x} + \ln x \cdot (-e^{-x})$$

$$= e^{-x}\left(\frac{2}{x^3} + \frac{3}{x^2} + \frac{3}{x} - \ln x\right)$$

所以 $d^3\left(\frac{u}{v}\right) = e^{-x}\left(\frac{2}{x^3} + \frac{3}{x^2} + \frac{3}{x} - \ln x\right)dx^3$

(2) $d^3(uv) = \sum_{k=0}^{3} C_3^k (\cos 2x)^{(k)} (e^{\frac{x}{2}})^{(3-k)} dx^3$

$$= (\cos 2x \cdot \frac{1}{8}e^{\frac{x}{2}} + 3 \cdot (-2\sin 2x) \cdot \frac{1}{4}e^{\frac{x}{2}}$$

$$+ 3 \cdot (-4\cos 2x) \cdot \frac{1}{2}e^{\frac{x}{2}} + 8\sin 2x \cdot e^{\frac{x}{2}})dx^3$$

$$= \frac{1}{8}e^{\frac{x}{2}}(52\sin 2x - 47\cos 2x)dx^3.$$

$$d^3\left(\frac{u}{v}\right) = \sum_{k=0}^{3} C_3^k (\sec 2x)^{(k)} (e^{\frac{x}{2}})^{(3-k)} dx^3$$

$$= [\sec 2x \cdot \frac{1}{8}e^{\frac{x}{2}} + 3 \cdot 2\sec 2x \tan 2x \cdot \frac{1}{4}e^{\frac{x}{2}} + 3 \cdot 4\sec 2x(1 + \tan^2 2x) \cdot \frac{1}{2}e^{\frac{x}{2}}$$

$$+ 8\sec 2x \tan 2x(5 + 6\tan^2 2x)]dx^3$$

$$= e^{\frac{x}{2}}\sec 2x\left(48\tan^3 2x + 12\tan^2 2x + \frac{83}{2}\tan 2x + \frac{49}{8}\right)dx^3.$$

4. 逻辑 推理 解题重点是选择一个易于计算函数值的点.

解题 过程 (1) $\sqrt[3]{1.02} = 1.02^{\frac{1}{3}} = (1 + 0.02)^{\frac{1}{3}}$,因此取 $f(x) = x^{\frac{1}{3}}, x_0 = 1, \Delta x = 0.02$,于是有

$$\sqrt[3]{1.02} \approx 1^{\frac{1}{3}} + \frac{1}{3} \times 1^{-\frac{2}{3}} \times 0.02 = 1 + 0.007 = 1.007.$$

(2) 令 $f(x) = \ln x$,因 $e = 2.71828$,取 $x_0 = 2.7, \Delta x = 0.01828$

由 $f(x_0 + \Delta x) \approx f(x_0) + f'(x_0)\Delta x$ 得

$$\ln e \approx \ln 2.7 + \frac{1}{2.7} \times 0.01828$$

所以 $\ln 2.7 \approx 1 - \frac{0.01828}{2.7} = 0.9933.$

(3) $\tan 45°10' = \tan\left(45° + \frac{1}{6} \cdot \frac{1}{180}\pi\right)$,因此取 $f(x) = \tan x, x_0 = 45°, \Delta x = \frac{\pi}{1080}$,于是有

$$\tan 45°10' \approx \tan 45° + \sec^2 45° \cdot \frac{\pi}{1080} = 1 + 2 \cdot \frac{\pi}{1080} = 1 + \frac{\pi}{540} \approx 1.0058.$$

(4) $\sqrt{25} = (26 + 1)^{\frac{1}{2}}$,因此取 $f(x) = x^{\frac{1}{2}}, x_0 = 25, \Delta x = 1$,于是有

$$\sqrt{26} = 25^{\frac{1}{2}} + \frac{1}{2\sqrt{25}} \times 1 = 5 + 0.1 = 5.1.$$

5. **解题过程** 由半径 r 计算球的体积的函数式 $V = \frac{4}{3}\pi r^3$，于是 $V'(r_0) = \frac{4}{3}\pi \cdot 3r_0^2 = 4\pi r_0^2$，故有

$$\frac{\Delta v}{|V_0|} = \left| \frac{V'(r_0)}{V(r_0)} \right| \cdot \Delta r，即 1\% = \frac{4\pi r_0^2}{\frac{4}{3}\pi r_0^3} \cdot \Delta r，故 1\% = 3 \cdot \frac{\Delta r}{r_0}，所以度量半径 r 时允许发生的相对$$

误差至多应为 $\frac{\Delta r}{V_0} = 0.33\%$.

6. **解题过程** 量角时面积 $S(\theta) = \frac{\theta}{360} \cdot \pi r^2 = \frac{\theta}{90}$（$\theta$ 以度数表示）

则误差 $|\Delta S(\theta)| \leqslant |S'(\theta_0)| \cdot \Delta \theta = \frac{1}{90} \times 0.5$

$$= \frac{1}{180} \approx 5.556 \times 10^{-3}\,\mathrm{m}^2$$

量弦长时面积 $S(l) = \pi r^2 \cdot \frac{1}{2\pi} \cdot \arcsin\frac{\frac{l}{2}}{2} = \frac{r^2}{2} \cdot \arcsin\frac{l}{4}$，

则误差

$$|\Delta S(l)| \leqslant |S'(l_0)| \cdot \Delta l = \frac{r^2}{2} \cdot \frac{1}{\sqrt{1 - \left(\frac{1}{4}\right)^2}} \cdot \frac{1}{4} \cdot 3 \cdot 10^{-3}$$

$$= \frac{1.5}{\cos 27.5°} \times 10^{-3} \approx 1.691 \times 10^{-3}\,\mathrm{m}^2$$

$|\Delta S(\theta)| > |\Delta S(l)|$，故量中心角所对应的弦长的检验结果较为精确，应采用此种检验方法.

■ 总练习题（教材上册 P120）

1. **解题过程** (1) $y' = \left(\frac{ax+b}{cx+d}\right)' = \frac{(ax+b)'(cx+d) - (cx+d)'(ax+b)}{(cx+d)^2}$

$$= \frac{a(cx+d) - c(ax+b)}{(cx+d)^2} = \frac{1}{(cx+d)^2} \begin{vmatrix} a & b \\ c & d \end{vmatrix}$$

(2) 由(1)知，当 $n=1$ 时，结论成立；假设对于 n，结论成立，则再对 $y^{(n)}$ 求一次导数，得

$$y^{(n+1)} = (y^{(n)})' = \left[(-1)^{n+1} \cdot \frac{n!c^{n-1}}{(cx+d)^{n+1}} \cdot \begin{vmatrix} a & b \\ c & d \end{vmatrix} \right]'$$

$$= (-1)^{n+1} \cdot n!c^{n-1} \cdot \begin{vmatrix} a & b \\ c & d \end{vmatrix} \left[\frac{1}{(cx+d)^{n+1}} \right]'$$

$$= (-1)^{n+1} n!c^{n-1} \begin{vmatrix} a & b \\ c & d \end{vmatrix} \cdot (-1) \cdot (n+1) \cdot \frac{c}{(cx+d)^{n+2}}$$

$$= (-1)^{n+2} \cdot (n+1)!c^n \begin{vmatrix} a & b \\ c & d \end{vmatrix} \frac{1}{(cx+d)^{n+2}}$$

这说明题中结论对于 $n+1$ 也成立，由数学归纳法得结论对于任意的 $n \geqslant 0$ 均成立.
证毕.

2. **知识点拨** 当极限不存在或者左右导数不相等时函数在此点不可导.

解题过程 (1) 证 $\lim\limits_{x \to 0^-} \frac{x^{\frac{2}{3}} - 0}{x - 0} = \lim\limits_{x \to 0^-} \frac{x^{\frac{2}{3}}}{x} = \lim\limits_{x \to 0^-} \frac{1}{x^{\frac{1}{3}}} = -\infty$，所以 $f(x) = x^{\frac{2}{3}}$ 在 $x=0$ 处不可导

(2) 证 $\lim\limits_{x \to 0^-} \dfrac{|\ln|x-1||-0}{x-0} = \lim\limits_{x \to 0^-} \dfrac{|\ln|x-1||}{x} = \lim\limits_{x \to 0^-} \dfrac{\ln|x-1|}{x}$

$$= \lim\limits_{y \to 0^+} \dfrac{\ln(1+y)}{-y} = -1$$

$\lim\limits_{x \to 0^+} \dfrac{|\ln|x-1||-0}{x-0} = \lim\limits_{x \to 0^+} \dfrac{-\ln|x-1|}{x} = \lim\limits_{x \to 0^+} \dfrac{-\ln(1-x)}{x} = \lim\limits_{y \to 0^-} \dfrac{\ln(1+y)}{y} = 1$

左导数与右导数不相等，所以 $f(x) = |\ln|x-1||$ 在 $x = 0$ 处不可导.

3. 解题过程 (1) $f(x) = \sum\limits_{k=1}^{n} |x - a_k|$ 或 $f(x) = \prod\limits_{k=1}^{n} |x - a_k|$.

(2) $f(x) = \prod\limits_{k=1}^{n} (x - a_k)^2 \cdot D(x)$，其中 $D(x)$ 为狄利克雷函数.

4. 解题过程 (1) 导函数 $f(x)$ 为偶函数，则对任意 $x_0 \in \mathbf{R}, f'(x_0) = \lim\limits_{x \to x_0} \dfrac{f(x) - f(x_0)}{x - x_0}$

$f'(-x_0) = \lim\limits_{-x \to x_0} \dfrac{f(-x) - f(-x_0)}{(-x) - (-x_0)} = \lim\limits_{x \to x_0} \dfrac{f(x) - f(x_0)}{x_0 - x} = -f'(x_0).$

由 x_0 的任意性知，$f'(x)$ 是奇函数.

(2) 导函数 $f(x)$ 为奇函数，则对任意 $x_0 \in \mathbf{R}, f'(x_0) = \lim\limits_{x \to x_0} \dfrac{f(x) - f(x_0)}{x - x_0}$

$f'(-x_0) = \lim\limits_{-x \to x_0} \dfrac{f(-x) - f(-x_0)}{(-x) - (-x_0)} = \lim\limits_{x \to x_0} \dfrac{(-f(x)) - (-f(x_0))}{x_0 - x}$

$$= \lim\limits_{x \to x_0} \dfrac{f(x) - f(x_0)}{x - x_0} = f'(x_0).$$

由 x_0 的任意性知，$f'(x)$ 是偶函数.

(3) 导函数 $f(x)$ 为周期函数，设周期为 T，则对任意 $x_0 \in \mathbf{R}$,

$f'(x_0) = \lim\limits_{x \to x_0} \dfrac{f(x) - f(x_0)}{x - x_0}$

$f'(x_0 + T) = \lim\limits_{x+T \to x_0+T} \dfrac{f(x+T) - f(x_0+T)}{(x+T) - (x_0+T)}$

$$= \lim\limits_{x \to x_0} \dfrac{f(x) - f(x_0)}{x - x_0} = f'(x_0).$$

由 x_0 的任意性知，$f'(x)$ 是周期函数，也以 T 为周期.

5. 解题过程 (1) 此命题是错误的. 例如，设 $\varphi(x) = D(x), \psi(x) = -D(x)$，其中 $D(x)$ 是狄利克雷函数. 则 $f = \varphi + \psi \equiv 0$ 处处可导，但 φ, ψ 处处不可导.

(2) 证 反证法. 假设 f 在点 x_0 可导，由于 φ 在点 x_0 可导，则 $\psi = f - \varphi$ 在点 x_0 可导，这与 ψ 在点 x_0 不可导矛盾.

(3) 解 此命题是错误的. 例如，设 $\varphi(x) = \psi(x) = \begin{cases} 1, x \text{ 为有理数} \\ -1, x \text{ 为无理数} \end{cases}$，则 $f = \varphi \cdot \psi \equiv 1$ 处处可导，但 φ, ψ 处处不可导.

(4) 证 若 $\varphi(x_0) \neq 0$，则 f 在点 x_0 一定不可导. 反证法. 假设 f 在点 x_0 可导，由于 φ 在点 x_0 可导且 $\varphi(x_0) \neq 0$，则 $\psi = \dfrac{f}{\varphi}$ 在点 x_0 可导，这与 ψ 在点 x_0 不可导矛盾.

若 $\varphi(x_0) = 0$，则 f 在点 x_0 不一定可导. 例如，$\varphi = 0$，则 $f = \varphi \cdot \psi \equiv 0$ 处处可导.

6. 解题过程 $f'_-(a) = \lim\limits_{x \to a^-} \dfrac{f(x) - f(a)}{x - a} = \lim\limits_{x \to a^-} \dfrac{|x-a|\varphi(x) - 0}{x - a} = -\varphi(a)$

$f'_+(a) = \lim\limits_{x \to a^+} \dfrac{f(x) - f(a)}{x - a} = \lim\limits_{x \to a^+} \dfrac{|x-a|\varphi(x) - 0}{x - a} = \varphi(a)$

故当 $\varphi(a) = 0$ 时，$f'(a)$ 存在.

7. 解题过程 (1) $y' = [f(e^x)]'e^{f(x)} + [e^{f(x)}]'f(e^x)$

$\qquad\qquad\quad = f'(e^x) \cdot e^x \cdot e^{f(x)} + e^{f(x)} \cdot f'(x) \cdot f(e^x)$.

$\qquad\qquad\quad = e^{f(x)}[e^x \cdot f'(e^x) + f'(x) \cdot f(e^x)].$

(2) $y' = f'(f(f(x))) \cdot f'(f(x)) \cdot f'(x).$

8. 解题过程 (1) 若 $\varphi^2 + \psi^2 = 0$，则 $y' = 0$

$\qquad$ 若 $\varphi^2 + \psi^2 \neq 0$，$y' = \dfrac{1}{2\sqrt{(\varphi(x))^2 + (\psi(x))^2}} \cdot [2\varphi(x)\varphi'(x) + 2\psi(x)\psi'(x)]$

$\qquad\qquad\qquad = \dfrac{\varphi(x)\varphi'(x) + \psi(x)\psi'(x)}{\sqrt{(\varphi(x))^2 + (\psi(x))^2}}$

(2) $y' = \arctan'\left[\dfrac{\varphi(x)}{\psi(x)}\right] = \dfrac{1}{1 + \left(\dfrac{\varphi(x)}{\psi(x)}\right)^2} \cdot \dfrac{\varphi'(x)\psi(x) - \varphi(x)\psi'(x)}{\psi^2(x)}$

$\qquad = \dfrac{\varphi'(x)\psi(x) - \varphi(x)\psi'(x)}{\varphi^2(x) + \psi^2(x)}.$

(3) $y' = (\log_{\varphi(x)}\psi(x))' = \dfrac{\ln\psi(x)}{\ln\varphi(x)}$

$\qquad = \dfrac{\ln\varphi(x) \cdot [\ln\psi(x)]' - [\ln\varphi(x)]'\ln\psi(x)}{[\ln\varphi(x)]^2}$

$\qquad = \dfrac{\ln\varphi(x) \cdot \dfrac{\psi'(x)}{\psi(x)} - \dfrac{\varphi'(x)}{\varphi(x)} \cdot \ln\psi(x)}{[\ln\varphi(x)]^2}$

$\qquad = \dfrac{\psi'(x)\varphi(x)\ln\varphi(x) - \varphi'(x)\psi(x)\ln\psi(x)}{\varphi(x)\psi(x)\ln^2\varphi(x)}.$

9. 解题过程 利用导数的定义及行列式的性质，得

$$\lim_{\Delta x \to 0}\frac{1}{\Delta x}\left(\begin{vmatrix} f_{11}(x+\Delta x) & f_{12}(x+\Delta x) & \cdots & f_{1n}(x+\Delta x) \\ f_{21}(x+\Delta x) & f_{22}(x+\Delta x) & \cdots & f_{2n}(x+\Delta x) \\ \vdots & \vdots & \vdots & \vdots \\ f_{n1}(x+\Delta x) & f_{n2}(x+\Delta x) & \cdots & f_{nn}(x+\Delta x) \end{vmatrix} - \begin{vmatrix} f_{11}(x) & f_{12}(x) & \cdots & f_{1n}(x) \\ f_{21}(x) & f_{22}(x) & \cdots & f_{2n}(x) \\ \vdots & \vdots & \vdots & \vdots \\ f_{n1}(x) & f_{n2}(x) & \cdots & f_{nn}(x) \end{vmatrix}\right)$$

$$= \lim_{\Delta x \to 0}\frac{1}{\Delta x}\sum_{k=1}^{n}\begin{vmatrix} f_{11}(x) & f_{12}(x) & \cdots & f_{1n}(x) \\ f_{21}(x) & f_{22}(x) & \cdots & f_{2n}(x) \\ \vdots & \vdots & & \vdots \\ f_{k1}(x+\Delta x)-f_{k1}(x) & f_{k2}(x+\Delta x)-f_{k2}(x) & \cdots & f_{kn}(x+\Delta x)-f_{kn}(x) \\ \vdots & \vdots & & \vdots \\ f_{n1}(x) & f_{n2}(x) & \cdots & f_{nn}(x) \end{vmatrix}$$

$$= \sum_{k=1}^{n}\begin{vmatrix} f_{11}(x) & f_{12}(x) & \cdots & f_{1n}(x) \\ f_{21}(x) & f_{22}(x) & \cdots & f_{2n}(x) \\ \vdots & \vdots & & \vdots \\ f'_{k1}(x) & f'_{k2}(x) & \cdots & f'_{kn}(x) \\ \vdots & \vdots & & \vdots \\ f_{n1}(x) & f_{n2}(x) & \cdots & f_{nn}(x) \end{vmatrix}$$

(1) $F'(x) = \begin{vmatrix} 1 & 0 & 0 \\ -3 & x & 3 \\ -2 & -3 & x+1 \end{vmatrix} + \begin{vmatrix} x-1 & 1 & 2 \\ 0 & 1 & 0 \\ -2 & -3 & x+1 \end{vmatrix} + \begin{vmatrix} x-1 & 1 & 2 \\ -3 & x & 3 \\ 0 & 0 & 1 \end{vmatrix}$

$$= \begin{vmatrix} x & 3 \\ -3 & x+1 \end{vmatrix} + \begin{vmatrix} x-1 & 2 \\ -2 & x+1 \end{vmatrix} + \begin{vmatrix} x-1 & 1 \\ -3 & x \end{vmatrix} = 3x^2 + 15.$$

(2) $F'(x) = \begin{vmatrix} 1 & 2x & 3x^2 \\ 1 & 2x & 3x^2 \\ 0 & 2 & 6x \end{vmatrix} + \begin{vmatrix} x & x^2 & x^3 \\ 0 & 2 & 6x \\ 0 & 2 & 6x \end{vmatrix} + \begin{vmatrix} x & x^2 & x^3 \\ 1 & 2x & 3x^3 \\ 0 & 2 & 6 \end{vmatrix}$

$$= 0 + 0 + 6 \begin{vmatrix} x & x^2 \\ 1 & 2x \end{vmatrix} = 6x^2.$$

走近考研

1. (2010 数学一) 设 $x = e^{-t}$, $y = \int_0^t \ln(1+u^2)\,du$, 则 $\dfrac{d^2 y}{dx^2}\Big|_{t=0} =$ _____.

解析 $\dfrac{dy}{dx} = \dfrac{dy/dt}{dx/dt} = -e^t \ln(1+t^2)$,

$$\dfrac{d^2 y}{dx^2} = \dfrac{d\left(\dfrac{dy}{dx}\right)/dt}{dx/dt} = -\left[e^t \ln(1+t^2) + e^t \dfrac{2t}{1+t^2}\right] \cdot (-e^t) = e^{2t}\left[\ln(1+t^2) + \dfrac{2t}{1+t^2}\right],$$

于是 $\dfrac{d^2 y}{dx^2}\Big|_{t=0} = 0$.

2. (2009 数学一) 求二元函数 $f(x,y) = x^2(2+y^2) + y\ln y$ 的极值.

解析 令

$$\begin{cases} f'_x(x,y) = 2x(2+y^2) = 0 \\ f'_y(x,y) = 2x^2 y + \ln y + 1 = 0 \end{cases}$$

故 $x = 0$, $y = \dfrac{1}{e}$

$$f''_{xx} = 2(2+y^2),\quad f''_{yy} = 2x^2 + \dfrac{1}{y},\quad f''_{xy} = 4xy$$

则

$$f''_{xx}\Big|_{\left(0,\frac{1}{e}\right)} = 2\left(2+\dfrac{1}{e^2}\right)$$

$$f''_{xy}\Big|_{\left(0,\frac{1}{e}\right)} = 0$$

$$f''_{yy}\Big|_{\left(0,\frac{1}{e}\right)} = e$$

$\because f''_{xx} > 0$ 而 $(f''_{xy})^2 - f''_{xx}f''_{yy} < 0$

$\therefore$ 二元函数存在极小值 $f\left(0, \dfrac{1}{e}\right) = -\dfrac{1}{e}$.

3. (2008 数学一) 设函数 $f(x)$ 在 $(0, +\infty)$ 上具有二阶导数, 且 $f''(x) > 0$. 令 $u_n = f(n)(n=1,$ $2,\cdots,)$, 则下列结论正确的是(   ).

A. 若 $u_1 > u_2$, 则 $\{u_n\}$ 必收敛   B. 若 $u_1 > u_2$, 则 $\{u_n\}$ 必发散

C. 若 $u_1 < u_2$, 则 $\{u_n\}$ 必收敛   D. 若 $u_1 < u_2$, 则 $\{u_n\}$ 必发散

分析 可直接证明或利用反例通过排除法进行讨论.

详解 设 $f(x) = x^2$, 则 $f(x)$ 在 $(0, +\infty)$ 上具有二阶导数, 且 $f''(x) > 0$, $u_1 < u_2$, 但 $\{u_n\} = \{n^2\}$ 发

散,排除 C;设 $f(x) = \dfrac{1}{x}$,则 $f(x)$ 在 $(0, +\infty)$ 上具有二阶导数,且 $f''(x) > 0$,$u_1 > u_2$,但 $\{u_n\}$ $= \left\{\dfrac{1}{n}\right\}$ 收敛,排除 B;又设 $f(x) = -\ln x$,则 $f(x)$ 在 $(0, +\infty)$ 上具有二阶导数,且 $f''(x) > 0$,$u_1 > u_2$,但 $\{u_n\} = \{-\ln n\}$ 发散,排除 A. 故应选 D.

4. (2006 数学一) 设函数 $y = f(x)$ 具有二阶导数,且 $f'(x) > 0$,$f''(x) > 0$,Δx 为自变量 x 在点 x_0 处的增量,Δy 与 $\mathrm{d}y$ 分别为 $f(x)$ 在点 x_0 处对应的增量与微分,若 $\Delta x > 0$,则(　　).

　A. $0 < \mathrm{d}y < \Delta y$　　　　　　　　　B. $0 < \Delta y < \mathrm{d}y$

　C. $\Delta y < \mathrm{d}y < 0$　　　　　　　　　D. $\mathrm{d}y < \Delta y < 0$

分析 题设条件有明显的几何意义,用图 5-2 求解.

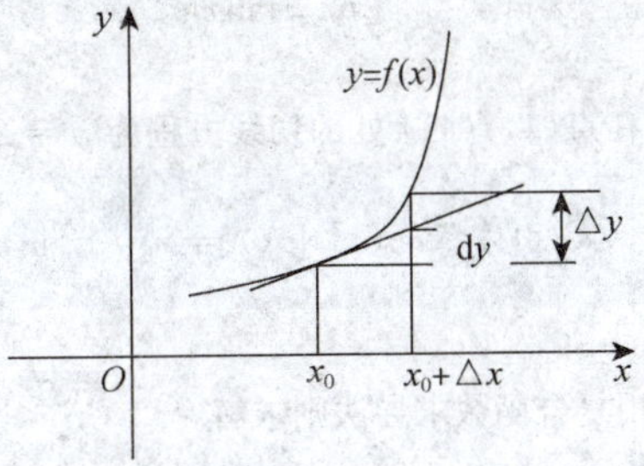

图 5-2

详解 由 $f'(x) > 0$,$f''(x) > 0$ 知,函数 $f(x)$ 单调增加,曲线 $y = f(x)$ 凹向,作函数 $y = f(x)$ 的图形如图 5-2 所示,显然当 $\Delta x > 0$ 时,$\Delta y > \mathrm{d}y = f'(x_0)\mathrm{d}x = f'(x_0)\Delta x > 0$,故应选 A.

5. (2005 数学一) 设函数 $f(x) = \lim\limits_{n \to \infty} \sqrt[n]{1 + |x|^{3n}}$,则 $f(x)$ 在 $(-\infty, +\infty)$ 内(　　).

　A. 处处可导　　　　　　　　　　　B. 恰有一个不可导点

　C. 恰有两个不可导点　　　　　　　D. 至少有三个不可导点

分析 先求出 $f(x)$ 的表达式,再讨论其可导情形.

详解 当 $|x| < 1$ 时,$f(x) = \lim\limits_{n \to \infty} \sqrt[n]{1 + |x|^{3n}} = 1$;

当 $|x| = 1$ 时,$f(x) = \lim\limits_{n \to \infty} \sqrt[n]{1 + 1} = 1$;

当 $|x| > 1$ 时,$f(x) = \lim\limits_{n \to \infty} |x|^3 \left(\dfrac{1}{|x|^{3n}} + 1\right)^{\frac{1}{n}} = |x|^3$.

即 $f(x) = \begin{cases} -x^3, & x < -1, \\ 1, & -1 \leqslant x \leqslant 1, \\ x^3, & x > 1. \end{cases}$　可见 $f(x)$ 仅在 $x = \pm 1$ 时不可导,故应选 C.

6. 设 $f(x)$ 是周期为 3 的连续函数,$f(x)$ 在点 $x = 1$ 处可导,且满足恒等式

$$f(1 + \tan x) - 4f(1 - 3\tan x) = 26x + g(x),$$

其中 $g(x)$ 当 $x \to 0$ 时是比 x 高阶的无穷小量,求曲线 $y = f(x)$ 在点 $(4, f(4))$ 处的切线方程.

解题过程 曲线 $y = f(x)$ 在点 $(4, f(4))$ 处的切线方程是

$$y = f(4) + f(4)(x - 4)$$

由 $f(x)$ 的连续性可知

$$\lim\limits_{x \to 0}[f(1 + \tan x) - 4f(1 - 3\tan x)] = \lim\limits_{x \to 0}[26x + g(x)]$$

$$\Leftrightarrow f(1) - 4f(1) = 0 \quad \Leftrightarrow \quad f(1) = 0.$$

再由 $f(x)$ 在 $x = 1$ 处的可导性与 $f(1) = 0$ 可得

$$\lim_{x \to 0} \frac{f(1 + \tan x) - 4f(1 - 3\tan x)}{\tan x} = \lim_{x \to 0} \frac{26x + g(x)}{\tan x} \qquad ①$$

在式 ① 左端中作换元 $\tan x = t$，则有

$$\lim_{x \to 0} \frac{f(1 + \tan x) - 4f(1 - 3\tan x)}{\tan x} = \lim_{t \to 0} \frac{f(1 + t) - 4f(1 - 3t)}{t}$$

$$= \lim_{t \to 0} \frac{f(1 + t) - f(t)}{t} + 4 \lim_{t \to 0} \frac{3[f(1 - 3t) - f(1)]}{-3t}$$

$$= f'(1) + 12f'(1) = 13f'(1)$$

而式 ① 右端 $\displaystyle \lim_{x \to \tan x} = \lim_{x \to 0} \left[26 + \frac{g(x)}{x} \right] \frac{x}{\tan x} = 26$,

从而有 $\qquad f'(1) = 2$

于是曲线 $y = f(x)$ 在点 $(4, f(4))$ 处的切线方程为 $y = 2(x - 4)$，即 $y = 2x - 8$.

7. (1999 数学二) 设函数 $y = y(x)$ 由方程 $\ln(x^2 + y) = x^3 y + \sin x$ 确定，则 $\left. \dfrac{\mathrm{d}y}{\mathrm{d}x} \right|_{x=0} = \underline{\qquad}$.

答案 1.

分析 这是一个隐函数，可以利用复合函数求导法则求解.

解答 把 $x = 0$ 代入已知等式得 $y = 1$.

对 $\ln(x^2 + y) = x^3 y + \sin x$ 两边求导，得

$$\frac{2x + y'}{x^2 + y} = 3x^2 y + x^3 y' + \cos x,$$

把 $x = 0, y = 1$ 代入上式，得

$$y'(0) = 1,$$

故 $\left. \dfrac{\mathrm{d}y}{\mathrm{d}x} \right|_{x=0} = 1.$

8. (1998 数学一) 函数 $f(x) = (x^2 - x - 2)|x^3 - x|$ 不可导点的个数是（ ）.

A. 3   B. 2   C. 1   D. 0

答案 B.

分析 因为函数带有绝对值，可以用左右极限的办法来判断函数在某点的左右导数.

解答 因为 $f(x) = (x^2 - x - 2)|x(x+1)(x-1)|$，则函数除了分段点外都可导，在分段点有可能不可导，因此只要判断函数在分段点不可导的个数.

容易判断函数在 $x = 0, 1$ 处不可导，而在 $x = -1$ 处可导，故选 B.

9. (2003 数学二) 设函数 $y = y(x)$ 由参数方程 $\begin{cases} x = 1 + 2t^2, \\ y = \displaystyle\int_1^{1+2\ln t} \dfrac{\mathrm{e}^u}{u} \, \mathrm{d}u (t > 1) \end{cases}$ 所确定，求 $\left. \dfrac{\mathrm{d}^2 y}{\mathrm{d}x^2} \right|_{x=9}$.

分析 运用参数方程求导法则计算.

解答 由 $\qquad \dfrac{\mathrm{d}y}{\mathrm{d}t} = \dfrac{\mathrm{e}^{1+2\ln t}}{1 + 2\ln t} \cdot \dfrac{2}{t} = \dfrac{2\mathrm{e}t}{1 + 2\ln t} \cdot \dfrac{\mathrm{d}x}{\mathrm{d}t} = 4t.$

则

$$\frac{\mathrm{d}y}{\mathrm{d}x} = \frac{\dfrac{\mathrm{d}y}{\mathrm{d}t}}{\dfrac{\mathrm{d}x}{\mathrm{d}t}} = \frac{\dfrac{2\mathrm{e}t}{1 + 2\ln t}}{4t} = \frac{\mathrm{e}}{2(1 + 2\ln t)},$$

所以

$$\frac{\mathrm{d}^2 y}{\mathrm{d}x^2} = \frac{\mathrm{d}}{\mathrm{d}x}\left(\frac{\mathrm{d}y}{\mathrm{d}x}\right) = \frac{\mathrm{d}}{\mathrm{d}t}\left(\frac{\mathrm{d}y}{\mathrm{d}x}\right)\frac{1}{\frac{\mathrm{d}x}{\mathrm{d}t}} = -\frac{\mathrm{e}}{4t^2(1+2\ln t)^2},$$

当 $x=9$ 时,由于 $x=1+2t^2$ 和 $t>0$ 得 $t=2$,故

$$\frac{\mathrm{d}^2 y}{\mathrm{d}x^2}\bigg|_{x=9} = \frac{\mathrm{e}}{16(1+2\ln 2)^2}.$$

10. (2002 数学二) 已知函数 $f(x)$ 在 $(0,+\infty)$ 内可导, $f(x)>0$, $\lim\limits_{x\to+\infty} f(x)=1$. 且满足

$$\lim_{h\to 0}\left[\frac{f(x+hx)}{f(x)}\right]^{\frac{1}{h}} = \mathrm{e}^{\frac{1}{x}}, \quad 求 f(x).$$

分析 先对 $\left[\dfrac{f(x+hx)}{f(x)}\right]^{\frac{1}{h}}$ 取对数,再由导数定义列出微分方程,最后得出 $f(x)$.

解答 设 $y = \left[\dfrac{f(x+hx)}{f(x)}\right]^{\frac{1}{h}}$,则

$$\ln y = \frac{1}{h}\ln\left[\frac{f(x+hx)}{f(x)}\right].$$

因为

$$\lim_{n\to 0}\ln y = \frac{1}{h}\left[\frac{f(x+hx)}{f(x)}\right]$$

$$= \lim_{n\to\infty x}\frac{\left[x(\ln f(x+hx) - \ln f(x)\right]}{hx}$$

$$= x[\ln f(x)]'.$$

故 $\lim\limits_{n\to 0}\left[\dfrac{f(x+hx)}{f(x)}\right]^{\frac{1}{h}} = \mathrm{e}^{x[\ln f(x)]'}$,因此

$$x[\ln f(x)]' = \frac{1}{x},$$

从而

$$[\ln f(x)]' = \frac{1}{x^2},$$

解之得 $f(x) = C\mathrm{e}^{-\frac{1}{x}}$,由 $\lim\limits_{x\to+\infty} f(x)=1$ 得

$$f(x) = \mathrm{e}^{-\frac{1}{x}}.$$

11. (1999 数学三) 设 $f(x) = x(x+1)(x+2)\cdots(x+n)$,则 $f'(0) = $ _____.

分析 由于 $f(x)$ 是一个多项式,而且是由 n 个一次因式乘积形式给出的,直接计算非常困难,但是用导数的定义计算反而简单.

解答
$$f'(0) = \lim_{x\to 0}\frac{f(x) - f(0)}{x}$$
$$= \lim_{x\to 0}\frac{f(x) - f(0)}{x}$$
$$= \lim_{x\to 0}\frac{x(x+1)(x+2)\cdots(x+n)}{x}$$
$$= \lim_{x\to 0}(x+1)(x+2)\cdots(x+n) = n!$$

12. (1996 数学三) 设 $\begin{cases} x = \int_0^t f(u^2)\,\mathrm{d}u, \\ y = [f(t^2)]^2, \end{cases}$ 其中 $f(u)$ 具有二阶导数，且 $f(u) \neq 0$，求 $\dfrac{\mathrm{d}^2 y}{\mathrm{d}x^2}$.

分析 函数用参数方程给出，因此可以用参数方程的求导公式求解.

解答 因为 $\dfrac{\mathrm{d}x}{\mathrm{d}t} = f(t^2), \dfrac{\mathrm{d}y}{\mathrm{d}t} = 4tf(t^2)f'(t^2)$，所以

$$\frac{\mathrm{d}y}{\mathrm{d}x} = \frac{\dfrac{\mathrm{d}y}{\mathrm{d}t}}{\dfrac{\mathrm{d}x}{\mathrm{d}t}} = 4tf'(t^2),$$

故

$$\frac{\mathrm{d}^2 y}{\mathrm{d}x^2} = \frac{\mathrm{d}}{\mathrm{d}x}\left(\frac{\mathrm{d}y}{\mathrm{d}x}\right) = \frac{\mathrm{d}}{\mathrm{d}t}\left(\frac{\mathrm{d}y}{\mathrm{d}x}\right) \cdot \frac{1}{\dfrac{\mathrm{d}x}{\mathrm{d}t}} = \frac{4[f'(t^2) + 2t^2 f''(t^2)]}{f(t^2)}$$

13. (2003 数学二) 已知 $y = \dfrac{x}{\ln x}$ 是微积分方程 $y' = \dfrac{y}{x} + \phi\left(\dfrac{x}{y}\right)$ 的解，则 $\phi\left(\dfrac{x}{y}\right)$ 的表达式为（　　）

A. $-\dfrac{y^2}{x^2}$ 　　　　 B. $\dfrac{y^2}{x^2}$ 　　　　 C. $-\dfrac{x^2}{y^2}$ 　　　　 D. $\dfrac{x^2}{y^2}$

分析 将所给的解代入微分方程，求出函数的表达式.

解答 由于 $y = \dfrac{x}{\ln x}$，则有

$$\frac{\mathrm{d}y}{\mathrm{d}x} = \frac{1}{\ln x} - \frac{1}{\ln^2 x} = \frac{y}{x} - \frac{y^2}{x^2}.$$

代入有

$$\frac{y}{x} - \frac{y^2}{x^2} = \frac{y}{x} + \phi\left(\frac{x}{y}\right).$$

故

$$\phi\left(\frac{x}{y}\right) = -\frac{y^2}{x^2}.$$

14. (2002 数学二) 设函数 $f(u)$ 可导，$y = f(x^2)$ 当自变量 x 在 $x = -1$ 处取得增量 $\Delta x = -0.1$ 时，相应的函数增量 Δy 的线性主部为 0.1，则 $f'(1) = $ _____.

分析 相应的函数增量 Δy 的线性主部就是微分 $\mathrm{d}y$，因此利用微分可以解决. 此题考查学生对书本的熟悉程度.

解答 因为 $\dfrac{\mathrm{d}y}{\mathrm{d}x} \cdot 2xf'(x^2)$，则

$$\mathrm{d}y\Big|_{\substack{x=-1 \\ \Delta x=-0.1}} = 2xf'(x^2) \cdot \Delta x \Big|_{\substack{x=-1 \\ \Delta x=-0.1}},$$

即 $0.1 = 2(-1)f'(1) \cdot (-0.1)$

故

$$f'(1) = 0.5.$$

15. (1995 数学) 设 $f(x) = \begin{cases} \arctan \dfrac{1}{x^3} & x \neq 0 \\ 0, & x \neq 0. \end{cases}$ 讨论 $f'(x)$ 在 $x = 0$ 处的连续性.

分析 如函数 $f(x)$ 在 $x=0$ 的连续,则 $\lim\limits_{x\to 0}f(x)=f(0)$.因此要先求 $\lim\limits_{x\to 0}f'(x)$ 和 $f'(0)$.

解答
$$f'(0)=\lim_{x\to 0}\frac{x\arctan\dfrac{1}{x^2}}{x}=\frac{\pi}{2},$$

$$\lim_{x\to 0}f'(x)=\lim_{x\to 0}\left(\arctan\frac{1}{x^2}-\frac{2x^2}{1+x^4}\right)=\frac{\pi}{2},$$

所以 $f'(x)$ 在 $x=0$ 处连续.

16. (2003 数学一) 已知 $f'(\mathrm{e}^x)=x\mathrm{e}^{-x}$,且 $f(0)=0$,则 $f(x)=$ _____.

分析 先换元 $u=\mathrm{e}^x$,求出 $f'(u)$,再计算.

解答 令 $u=\mathrm{e}^x$,则 $x=\ln u$,从而 $f'(\mathrm{e}^x)=x\mathrm{e}^{-x}$ 变为

$$f'(u)=\frac{1}{u}\ln u,$$

所以

$$f(u)=\int f'(u)\mathrm{d}u=\int\frac{1}{u}\ln u\,\mathrm{d}u=\frac{1}{2}(\ln u)^2+C.$$

因为 $f(0)=0$,则 $C=0$,故

$$f(x)=\frac{1}{2}(\ln x)^2.$$

17. (2011 数学) 设函数 $f(x)=\lim\limits_{n\to\infty}\sqrt[n]{1+\mid x\mid^{3n}}$,则 $f(x)$ 在 $(-\infty,+\infty)$ 内( ).

A. 处处可导   B. 恰有一个不可导点

C. 恰有两个不可导点   D. 至少有三个不可导点

分析 先求出 $f(x)$ 的表达式,再讨论其可导情形.

详解 当 $\mid x\mid<1$ 时,$f(x)=\lim\limits_{n\to\infty}\sqrt[n]{1+\mid x\mid^{3n}}=1$;

当 $\mid x\mid=1$ 时,$f(x)=\lim\limits_{n\to\infty}\sqrt[n]{1+1}=1$;

当 $\mid x\mid>1$ 时,$f(x)=\lim\limits_{n\to\infty}\sqrt[n]{1+\mid x\mid^{3n}}=\mid x\mid^3$.

即 $f(x)=\begin{cases}-x^3, & x<-1.\\ 1, & -1\leqslant x\leqslant 1.\\ x^3, & x>1.\end{cases}$ 可见 $f'_-(-1)=-3,f'_+(-1)=0,f'_+(1)=3,f'_-(1)$

$=0$

显然 $f(x)$ 仅在 $x=\pm 1$ 时不可导,故应选 C.

评注 本题综合考查了数列极限和导数概念两个知识点.

第六章

微分中值定理及其应用

本章导航

　　本章中，我们将要学习微分学中最重要的部分——微分中值定理. 它及它的重要应用帮助我们建立自变量增量、函数增量与导数之间的关系. 据此，我们可以利用导数去发现函数本身的性质，如单调性、极值等. 泰勒公式是微分学中最一般的情形，学会如何求函数的泰勒公式是必须掌握的基本功. 在本章中，我们要学会根据图形去解决问题.

　　本章知识结构图如下：

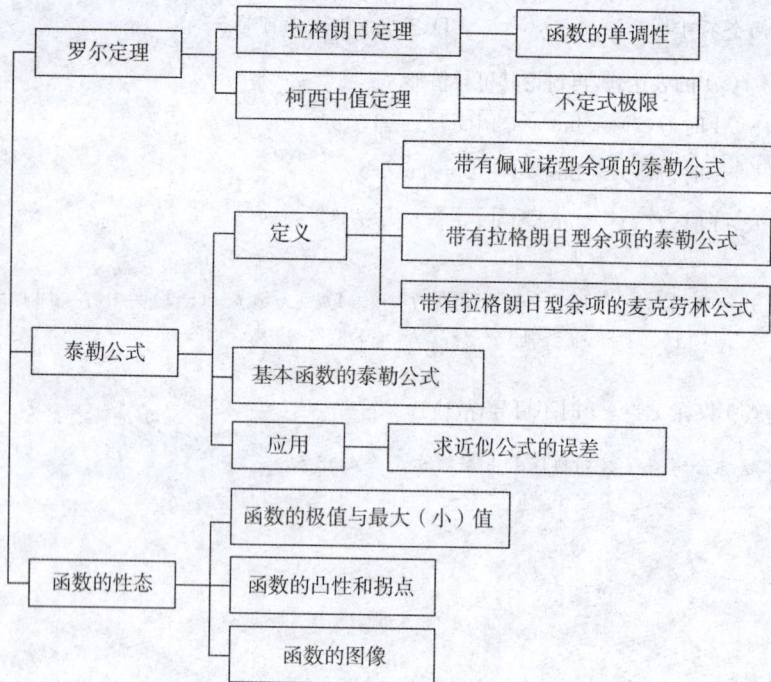

各个击破

■ 拉格朗日定理和函数的单调性

1. 罗尔定理与拉格朗日定理

名称	定理	图形	几何意义
罗尔定理	若函数 $f(x)$ 满足如下条件: (1) $f(x)$ 在闭区间 $[a,b]$ 上连续; (2) $f(x)$ 在开区间 (a,b) 内可导; (3) $f(a) = f(b)$ 则在 (a,b) 内至少存在一点 ξ,使得 $f'(\xi) = 0$		若连接曲线端点的弦是水平的,则曲线上必有一点,该点的切线也是水平的
拉格朗日定理	若函数 $f(x)$ 满足如下条件: (1) $f(x)$ 在闭区间 $[a,b]$ 上连续; (2) $f(x)$ 在开区间 (a,b) 内可导; 则在 (a,b) 内存在一点 ξ,使得 $$f'(\xi) = \frac{f(b) - f(a)}{b - a}$$		曲线上总存在一点,该点的切线与连接曲线端点的弦平行

推论 1:函数 $f(x)$ 在区间 I 上可导,且 $f'(x) \equiv 0$,则 f 为 I 上的一个常量函数.

推论 2:函数 $f(x)$ 和 $g(x)$ 均在区间 I 上可导,且 $f'(x) \equiv g'(x)$,则在区间 I 上 $f(x)$ 与 $g(x)$ 只相差某一常数 c,即 $f(x) = g(x) + c$.

> **小提示** 微分中值定理中的中值并不是一个确定的值.它仅仅是 (a,b) 之间的一个点,确定位置的话还得视具体情况而定.

2. 函数的单调性

(1) 函数递增(递减)的判别

设函数 $f(x)$ 在区间 I 上可导,则 $f(x)$ 在 I 上递增(或递减)的充要条件是 $f'(x) \geqslant 0(f'(x) \leqslant 0)$.

(2) 函数严格递增(递减)的判别

设函数 $f(x)$ 在区间 I 内可导,则在 I 内 $f(x)$ 严格递增(或严格递减)的充要条件为:

1) 对 $\forall x \in I$,有 $f'(x) \geqslant 0$ (或 $f'(x) \leqslant 0$);

2) 在 I 内任意子区间上 $f'(x) \not\equiv 0$.

(3) 函数严格单调的充分条件

设函数 $f(x)$ 在区间 I 上可微,若 $f'(x) > 0$ (或 $f'(x) < 0$),则 $f(x)$ 在 I 上严格递增(严格递减).

3. 导数极限定理

设函数 $f(x)$ 在点 x_0 的某邻域 $u(x_0)$ 内连续, 在 $u^\circ(x_0)$ 内可导. 若极限 $\lim\limits_{x \to x_0} f'(x)$ 存在,则

$f'(x_0)$ 也存在，且 $f'(x_0) = \lim\limits_{x \to x_0} f'(x)$.

4. 达布定理

若函数 $f(x)$ 在 $[a,b]$ 上可导，且 $f'(a) \neq f'(b)$，k 是介于 $f'(a)$ 与 $f'(b)$ 之间的任一实数，则在 (a,b) 内至少存在一点 ξ，使得

$$f'(\xi) = k$$

例 1 试证明：设 $f(x)$ 在区间 I 上可微，且 $|f'(x)| \leqslant M$，则函数 $f(x)$ 在区间 I 上一致连续.

分析 抓住一致连续的定义，根据定义利用 ε 构造相应的 δ，证明当 $|x_1 - x_2| < \delta$ 时，有 $|f(x_2) - f(x_1)| < \varepsilon$.

证明 对于任意正数 ε，取 $\delta = \dfrac{\varepsilon}{M+1}$，对任意的 $x_1, x_2 \in I$，$x_1 < x_2$，只要 $|x_1 - x_2| < \delta$，便有

$$|f(x_2) - f(x_1)| \leqslant |f'(\xi)| |x_2 - x_1| \leqslant \frac{M\varepsilon}{M+1} < \varepsilon, \quad x_1 < \xi < x_2,$$

故 $f(x)$ 在 I 上一致连续.

例 2 试证明：$\arctan b - \arctan a \leqslant b - a, (a < b)$.

分析 根据拉格朗日定理，可直接证明. 在证明过程中不等号可以成为严格的. 事实上，当 a, b 同号时，ξ 显而易见是不为零的，严格不等式是成立的；当 a, b 异号时，亦可证明严格不等式成立.

证明 设 $f(x) = \arctan x$，显然 $f(x)$ 在区间 $[a,b]$ 上，满足拉格朗日定理条件，故有

$$\arctan b - \arctan a = \frac{1}{1+\xi^2}(b-a) \leqslant b - a, \quad a < \xi < b.$$

例 3 设 $f(x) = x^3 - x$. 讨论函数 f 的单调区间.

分析 求出导数，画出导数的草图，经观察可得 f 的单调区间.

解析 由 $f(x) = x^3 - x$ 可求得

$$f'(x) = 3x^2 - 1 = (\sqrt{3}x + 1)(\sqrt{3}x - 1),$$

可作出导数的草图（图 6-1）：

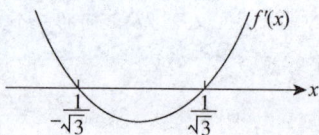

图 6-1

由此可知：

当 $x \in \left(-\infty, -\dfrac{1}{\sqrt{3}}\right)$ 时，$f'(x) > 0$，f 递增；

当 $x \in \left(-\dfrac{1}{\sqrt{3}}, \dfrac{1}{\sqrt{3}}\right)$ 时，$f'(x) < 0$，f 递减；

当 $x \in \left(\dfrac{1}{\sqrt{3}}, +\infty\right)$ 时，$f'(x) > 0$，f 递增.

■ 柯西中值定理和不定式极限

1. 柯西中值定理

设函数 f 和 g 满足：

(1) 在闭区间 $[a,b]$ 上连续;

(2) 在开区间 (a,b) 内可导;

(3) f' 和 g' 在 (a,b) 内不同时为零;

(4) $g(a) \neq g(b)$.

则在 (a,b) 内至少存在一点 ξ,使得 $\dfrac{f'(\xi)}{g'(\xi)} = \dfrac{f(b)-f(a)}{g(b)-g(a)}$.

2. 不定式极限

类型	条件	结论
$\dfrac{0}{0}$ 型不定式	若函数 f 和 g 满足:① $\lim\limits_{x\to x_0} f(x) = \lim\limits_{x\to x_0} g(x) = 0$;② 在点 x_0 的某邻域 $U^\cdot(x_0)$ 内两者均可导,且 $g'(x) \neq 0$;③ $\lim\limits_{x\to x_0} \dfrac{f'(x)}{g'(x)} = A$($A$ 可以为实数,$\pm\infty$,∞)	$\lim\limits_{x\to x_0} \dfrac{f(x)}{g(x)} = \lim\limits_{x\to x_0} \dfrac{f'(x)}{g'(x)} = A$
$\dfrac{\infty}{\infty}$ 型不定式	若函数 f 和 g 满足:① $\lim\limits_{x\to x_0} f(x) = \lim\limits_{x\to x_0} g(x) = 0$;② 在点 x_0 的某邻域 $U^\cdot(x_0)$ 内两者均可导,且 $g'(x) \neq 0$;③ $\lim\limits_{x\to x_0} \dfrac{f'(x)}{g'(x)} = A$($A$ 可以为实数,$\pm\infty$)	$\lim\limits_{x\to x_0^+} \dfrac{f(x)}{g(x)} = \lim\limits_{x\to x_0^+} \dfrac{f'(x)}{g'(x)} = A$
其他类型不定式极限	$0\cdot\infty, 1^\infty, 0^0, \infty^0, \infty-\infty$ 等类型不定式可以通过四则运算或变换 $u(x) = e^{\ln u(x)}(u(x)>0)$ 化为 $\dfrac{0}{0}$ 或 $\dfrac{\infty}{\infty}$ 型的不定式	

例 4 罗尔定理、拉格朗日定理和柯西中值定理三者之间的关系?

分析 显而易见,罗尔定理是三者之中结论最简单的.我们可以由罗尔定理推出拉格朗日定理和柯西中值定理.

从条件可以看出,当令 $g(x) = x$ 时,柯西中值定理就是拉格朗日定理,而罗尔定理又是拉格朗日定理在 $f(a) = f(b)$ 时的特例.它们的关系如图 6-2 所示.

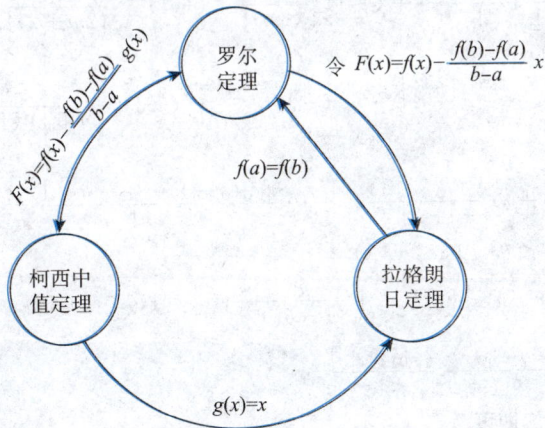

图 6-2

■ 泰勒公式

1. 带有佩亚诺型余项的泰勒公式

设 $f(x)$ 在 x_0 点处的 n 阶导数存在,则

$$f(x) = f(x_0) + \frac{f'(x_0)}{1!}(x-x_0) + \frac{f''(x_0)}{2!}(x-x_0)^2 + \cdots + \frac{f^{(n)}(x_0)}{n!}(x-x_0)^n + o((x-x_0)^n)(x \to x_0)$$

麦克劳林公式: $x_0 = 0$ 处,

$$f(x) = f(0) + \frac{f'(0)}{1!} + \cdots + \frac{f^{(n)}}{n!}(x^n - x_0)^n + o(x^n)$$

> **小提示** 两种余项的不同之处:
> (1) 形式不同;
> (2) 成立条件不同;
> (3) 证明方法不同;
> (4) 应用不同.

2. 带有拉格朗日型余项的泰勒公式

若函数 $f(x)$ 在 $[a,b]$ 上存在直到 n 阶的连续导函数, 在 (a,b) 内存在 $(n+1)$ 阶导数, 对 $\forall x, x_0 \in [a,b]$,存在 $\xi \in (a,b)$,使

$$f(x) = f(x_0) + \frac{f'(x_0)}{1!}(x - x_0) + \frac{f''(x_0)}{2!}(x - x_0)^2 + \cdots + \frac{f^{(n)}(x_0)}{n!}(x - x_0)^n$$
$$+ \frac{f^{(n+1)}(\xi)}{(n+1)!}(x - x_0)^{n+1},$$

麦克劳林公式:设 $f(x)$ 满足上面条件,在 $x_0 = 0$ 处,

$$f(x) = f(0) + \frac{f'(0)}{1!} + \frac{f''(0)}{2!}x^2 + \cdots + \frac{f^{(n)}(0)}{n!}x^n + \frac{f^{(n+1)}(\theta x)}{(n+1)!}x^{n+1}, (0 < \theta < 1).$$

3. 六个常用的麦克劳林公式

(1) $e^x = 1 + x + \frac{x^2}{2!} + \cdots + \frac{x^n}{n!} + \frac{e^{\theta x}}{(n+1)!}x^{n+1}, (0 < \theta < 1, x \in (-\infty, +\infty)).$

(2) $\sin x = x - \frac{x^3}{3!} + \cdots + (-1)^{m-1}\frac{x^{2m-1}}{(2m-1)!} + (-1)^m \frac{\cos\theta x}{(2m+1)!}x^{2m+1}, (0 < \theta < 1, x \in (-\infty, +\infty)).$

(3) $\cos x = 1 - \frac{x^2}{2!} + \frac{x^4}{4!} + \cdots + (-1)^m\frac{x^{2m}}{(2m)!} + (-1)^{m+1}\frac{\cos\theta x}{(2m+2)!}x^{2m+2}, (0 < \theta < 1, x \in (-\infty, +\infty)).$

(4) $\ln(1+x) = x - \frac{x^2}{2} + \frac{x^3}{3} + \cdots + (-1)^{n-1}\frac{x^n}{n} + (-1)^n\frac{x^{n+1}}{(n+1)(1+\theta x)^{n+1}}, (0 < \theta < 1, x > -1).$

(5) $(1+x)^\alpha = 1 + \alpha x + \frac{\alpha(\alpha-1)}{2!}x^2 + \cdots + \frac{\alpha(\alpha-1)\cdots(\alpha-n+1)}{n!}x^n + \frac{\alpha(\alpha-1)\cdots(\alpha-n)}{(n+1)!}(1+\theta x)^{\alpha-n-1}, (0 < \theta < 1, x > -1).$

(6) $\frac{1}{1-x} = 1 + x + x^2 + \cdots + x^n + \frac{x^{n+1}}{(1-\theta x)^{n+2}}, (x < 1, \theta \in (0,1)).$

例 5 求 $\lim\limits_{x \to 0} \dfrac{\ln(1-x^2) - e^{-x^2} - \sin x^3 + 1}{x^3}$.

分析 利用泰勒公式求解即可.

解析　因为 $\begin{cases} \ln(1-x^2) = -x^2 - \dfrac{x^4}{2} + o(x^4), \\ \sin x^3 = x^3 + o(x^3), \\ e^{-x^2} = 1 - x^2 + \dfrac{x^4}{2!} + o(x^4), \end{cases}$

可推出 $\lim\limits_{x \to 0} \dfrac{\ln(1-x^2) - e^{-x^2} - \sin x^3 + 1}{x^3} = \lim\limits_{x \to 0} \dfrac{-x^3 + o(x^3)}{x^3} = -1.$

例6　求极限 $\lim\limits_{x \to 0} \dfrac{e^x - 1 - x - \dfrac{x}{2}\sin x}{\sin x - x \cos x}.$

分析　此题若用洛必达法则会很麻烦,可用泰勒公式将 $\cos x$、$\sin x$、e^x 展开后求解.

解析　$e^x - 1 - x - \dfrac{x}{2}\sin x = 1 + x + \dfrac{x^2}{2} + \dfrac{x^3}{6} + o(x^3) - 1 - x - \dfrac{x}{2}\left(x - \dfrac{x^3}{6} + o(x^3)\right)$

$$= \dfrac{x^3}{6} + \dfrac{x^4}{12} + o(x^3) = \dfrac{x^3}{6} + o(x^3)$$

$$\sin x - x\cos x = x - \dfrac{x^3}{6} + o(x^3) - x\left(1 - \dfrac{x^2}{2} + o(x^3)\right) = \dfrac{x^3}{3} + o(x^3)$$

于是

$$\lim\limits_{x \to 0} \dfrac{e^x - 1 - x - \dfrac{x}{2}\sin x}{\sin x - x\cos x} = \lim\limits_{x \to 0} \dfrac{\dfrac{x^3}{6} + o(x^3)}{\dfrac{x^3}{3} + o(x^3)} = \dfrac{1}{2}.$$

■ 函数的极值与最大(小)值

1. 极值判别法

(1) 必要条件(费马定理)

设 $f(x)$ 在 x_0 有极值,且 $f'(x)$ 存在,则 $f'(x_0) = 0$.

> 🔍 **误区警示**　导数为零的点不一定是极值点, $f(x)=x^3$ 在 $x=0$ 处就是一个典型的例子.

(2) 充分条件

1) 极值的第一充分条件

设函数 $f(x)$ 在 x_0 连续,在某邻域 $U^0(x_0; \delta)$ 内可导. 则

ⅰ. $f'(x_0)(x - x_0) < 0 \Rightarrow f(x_0)$ 为极大值;

ⅱ. $f'(x_0)(x - x_0) > 0 \Rightarrow f(x_0)$ 为极小值.

2) 极值的第二充分条件

设 $f(x)$ 在点 x_0 的某邻域 $U(x_0; \delta)$ 内可导, $f''(x_0)$ 存在. 若 $f'(x_0) = 0, f''(x_0) \neq 0$,

ⅰ. $f''(x_0) > 0$,则 $f(x)$ 在 $x = x_0$ 处取极小值;

ⅱ. $f''(x_0) < 0$,则 $f(x)$ 在 $x = x_0$ 处取极大值.

3) 极值的第三充分条件

设 f 在点 x_0 的某邻域内存在直到 $(n-1)$ 阶的导数,且 $f^{(n)}(x_0)$ 存在. 若

$f'(x_0) = f''(x_0) = \cdots = f^{(n-1)}(x_0) = 0, f^{(n)}(x_0) \neq 0$,则有

ⅰ. n 为偶数时, x_0 为 $\begin{cases} \text{极小值点,当 } f^{(n)}(x_0) > 0, \\ \text{极大值点,当 } f^{(n)}(x_0) < 0; \end{cases}$

ⅱ. n 为奇数时, x_0 不是极值点.

⚡ **误区警示** 函数 $f(x)$ 在 x_0 处取得极大值并不意味着该函数在 x_0 邻域内左侧递增、右侧递减.

2. 最大(小)值的求法

若 $f(x)$ 为 $[a,b]$ 上的连续函数, 为了求最大(小)值, 只要比较 $f(x)$ 在所有稳定点、不可导点和区间端点处的函数值, 便可求出 $f(x)$ 在 $[a,b]$ 上的最大(小)值.

例 7 求函数 $f(x) = 3\arctan x - \ln x$ 的极值点.

分析 求得 $f'(x)$, 再求得稳定点, 根据稳定点左右 $f'(x)$ 的正负性判断取极大值还是极小值.

解析 由 $f(x) = 3\arctan x - \ln x$ 求导, 得

$$f'(x) = \frac{3}{1+x^2} - \frac{1}{x} = \frac{-(x^2 - 3x + 1)}{x(1+x^2)}, \diamondsuit f'(x) = 0,$$

$$\Rightarrow x_1 = \frac{3-\sqrt{5}}{2}, x_2 = \frac{3+\sqrt{5}}{2}.$$

当 $0 < x < \frac{3-\sqrt{5}}{2}$ 时, $f'(x) < 0$;

当 $\frac{3-\sqrt{5}}{2} < x < \frac{3+\sqrt{5}}{2}$ 时, $f'(x) > 0$;

当 $x > \frac{3+\sqrt{5}}{2}$ 时, $f'(x) < 0$.

所以 x_1 是 $f(x)$ 的极小值点, x_2 是 $f(x)$ 的极大值点.

例 8 求函数 $f(x) = x^4 (x-1)^3$ 的极值.

解析 对 $f(x) = x^4 (x-1)^3$ 求导可得,

$$f'(x) = x^3 (x-1)^2 (7x-4) = 0,$$

$$\Rightarrow x_1 = 0, x_2 = 1, x_3 = \frac{4}{7}$$

又 $\because f''(x) = 6x^2 (x-1)(7x^2 - 8x + 2)$,

$f''(0) = f''(1) = 0, f''\left(\frac{4}{7}\right) > 0$, 由第二判别法求得极小值 $f\left(\frac{4}{7}\right) = -\frac{6912}{823543}$.

由第三充分条件可得, $f'''(x) = 6x(35x^3 - 60x^2 + 30x - 4)$,

$\therefore f'''(0) = 0, f'''(1) > 1$,

$\therefore x = 1$ 不是极值点($n = 3$ 是奇数).

又 $\because f^{(4)}(x) = 24(35x^3 - 45x^2 + 15x - 1) < 0$

$\therefore$ 所以 $f(0) = 0$ 是极大值($n = 4$ 是偶数).

💬 **小提示** 第三充分条件并不能用于判断所有的可能极值点.

函数的凸性与拐点

1. 凸(凹)函数的定义

设 f 为区间 I 上的函数. 若对于 I 上的任意两点 x_1, x_2 和任意实数 $\lambda \in (0,1)$, 总有

$$f(\lambda x_1 + (1-\lambda)x_2) \leqslant \lambda f(x_1) + (1-\lambda)f(x_2),$$

则称 f 为 I 上的一个凸函数. 反之如果总有

$$f(\lambda x_1 + (1-\lambda)x_2) \geqslant \lambda f(x_1) + (1-\lambda)f(x_2)$$

则称 f 为 I 上的一个凹函数.

几何意义:若曲线任意两点间的弧线段总位于连结两点的直线段之下,则是凸函数(图 6-3);同理,若曲线任意两点间的弧线段总位于连结两点的直线段之上,则是凹函数(图 6-4).

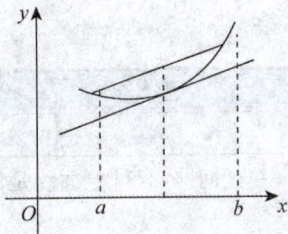

图 6-3

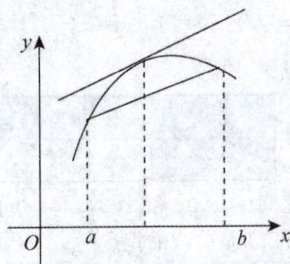

图 6-4

2. 凸函数的判别定理

(1) $f(x)$ 对于区间 I 上的任意三点 $x_1 < x_2 < x_3$,有 $\dfrac{f(x_2)-f(x_1)}{x_2-x_1} \leqslant \dfrac{f(x_3)-f(x_2)}{x_3-x_2}$,则 $f(x)$ 为区间 I 上的凸函数.

(2) 设 $f(x)$ 为区间 I 的可导函数,$f'(x)$ 为区间 I 上的增函数,则 $f(x)$ 为区间 I 上的凸函数.

(3) 设 $f(x)$ 为区间 I 的可导函数,对 I 上的任意两点 x_1,x_2,有
$$f(x_2) \geqslant f(x_1) + f'(x_1)(x_2 - x_1),$$
则 $f(x)$ 为区间 I 上的凸函数.

(4) 设 $f(x)$ 为区间 I 上的二阶可导函数,且 $f''(x) \geqslant 0, x \in I$,则 $f(x)$ 为区间 I 上的凸函数.

> ✈ **误区警示** 四个判别定理本质上是一致的,关键是看在什么情况下应用哪一条判别定理.

3. 詹森不等式

若 $f(x)$ 为 $[a,b]$ 上的凸函数,则对于任意的 $x_i \in [a,b], \lambda_i > 0, (i=1,2,\cdots,n), \sum\limits_{i=1}^{n}\lambda_i = 1$

有 $f(\sum\limits_{i=1}^{n}\lambda_i x_i) \leqslant \sum\limits_{i=1}^{n}\lambda_i f(x_i)$.

4. 拐点的定义及判别法

定义	性质	判别法
设曲线 $y=f(x)$ 在点 $(x_0,f(x_0))$ 处有穿过曲线的切线,且在切点附近,曲线的切线的两侧分别是严格凸和严格凹,这时称 $(x_0,f(x_0))$ 为曲线 $y=f(x)$ 的**拐点**	(1) 在拐点处,$f''(x_0)=0$; (2) 拐点是凸和凹曲线的分界点	**必要条件** 若 $f(x)$ 在点 x_0 二阶可导,且 $(x_0,f(x_0))$ 为曲线 $y=f(x)$ 的拐点,则 $f''(x_0)=0$
		充要条件 设 $f(x)$ 在点 x_0 可导,在 $U^0(x_0)$ 二阶可导,若 $f''(x)$ 在 $U^0_+(x_0),U^0_-(x_0)$ 的符号相反,那么,$(x_0,f(x_0))$ 为曲线 $y=f(x)$ 的拐点

例 9 求曲线 $y=3x^4 - 4x^3 + 1$ 的拐点及凹、凸的区间.

解析 易知,函数 $y=3x^4-4x^3+1$ 的定义域为 $(-\infty,+\infty)$.

可求得 $y'=12x^3-12x^2$,$y''=36x^2-24x=36x(x-\dfrac{2}{3})$.

推出 $y''=0$,得 $x_1=0$,$x_2=\dfrac{2}{3}$.

列表判断:

	$(-\infty,0)$	0	$(0,2/3)$	2/3	$(2/3,+\infty)$
$f''(x)$	$+$	0	$-$	0	$+$

所以在区间 $(-\infty,0]$ 和 $[2/3,+\infty)$ 上曲线是凸的,在区间 $[0,2/3]$ 上曲线是凹的.点 $(0,1)$ 和 $(2/3,11/27)$ 是曲线的拐点.

例 10 证明不等式 $(abc)^{\frac{a+b+c}{3}} \leqslant a^a b^b c^c$,其中 a,b,c 均为正数.

证明 设 $f(x)=x\ln x$,可推出

$$f'(x)=\ln x+1,\quad f''(x)=\frac{1}{x}>0,$$

所以当 $x>0$ 时,$f(x)=x\ln x$ 为严格凸,由詹森不等式可得

$$f\left(\frac{a+b+c}{3}\right)\leqslant \frac{1}{3}(f(a)+f(b)+f(c)),$$

$$\frac{a+b+c}{3}\ln\frac{a+b+c}{3}\leqslant \frac{1}{3}\ln a^a b^b c^c.$$

$$\because \sqrt[3]{abc}\leqslant \frac{a+b+c}{3},\therefore \frac{a+b+c}{3}\ln\sqrt[3]{abc}\leqslant \frac{1}{3}\ln(a^a b^b c^c).$$

又因为对数函数是严格递增的,所以 $(abc)^{\frac{a+b+c}{3}}\leqslant a^a b^b c^c$.

函数图像的讨论与方程的近似解

1. 作函数图像的一般程序

(1) 先讨论函数的定义域;

(2) 考察函数的特性,如奇偶性、周期性、对称性等;

(3) 求函数的某些特殊点,如与坐标轴的交点、不连续点、不可导点等;

(4) 确定函数的稳定点、单调区间、极值点、凹(凸)性区间及拐点等;

(5) 讨论函数的渐近线;

(6) 综合上述结果列表,作出函数图像.

2. 方程的近似解

(1) 牛顿切线法

设函数 $f(x)$ 在区间 $[a,b]$ 上二阶可导,满足 $f'(x)\cdot f''(x)\neq 0$,$f(a)f(b)<0$.

1) 初值取法

a. 若 $f'(x)<0$,$f''(x)>0$,于是 $f(a)>0$,$f(b)<0$,取 $x_0=a$;

b. 若 $f'(x)>0$,$f''(x)>0$,于是 $f(a)<0$,$f(b)>0$,取 $x_0=b$;

c. 若 $f'(x)>0$,$f''(x)<0$,于是 $f(a)<0$,$f(b)>0$,取 $x_0=a$;

d. 若 $f'(x)<0$,$f''(x)<0$,于是 $f(a)>0$,$f(b)<0$,取 $x_0=b$.

上面四种情况对应图 6-5 至图 6-8.

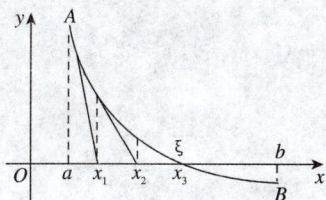

图 6-5

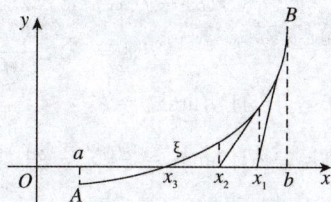

图 6-6

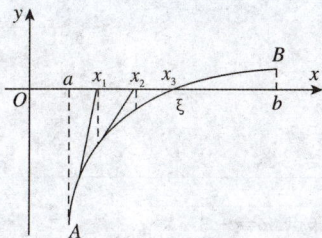

图 6-7

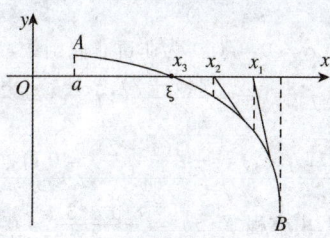

图 6-8

即 $f'(x) \cdot f''(x) > 0$ 时，取 b 为初值；$f'(x) \cdot f''(x) < 0$，取 a 为初值.

2) 迭代程序：$x_n = x_{n-1} - \dfrac{f(x_{n-1})}{f'(x_{n-1})}$, $n = 1, 2, \cdots$

3) 误差估计：$|x_n - \varepsilon| \leqslant \dfrac{|f(x_n)|}{m}$, 其中 $m = \inf\limits_{x \in [a,b]} |f'(x)|$.

(2) 比例法（弦线法）

若函数 $f(x)$ 在 $[a,b]$ 上连续，在 (a,b) 内二阶可导且满足

$$f'(x) \cdot f''(x) \neq 0, \quad f(a)f(b) < 0$$

则方程 $f(x) = 0$ 在 $[a,b]$ 内存在唯一实数根 ε.

如图 6-9 所示，讨论 $f'(x) > 0, f''(x) > 0, f(a) < 0, f(b) > 0$ 的情况，取点 $P(a, f(a))$ 与点 $P'(b, f(b))$ 的连线与 x 轴交点的坐标.

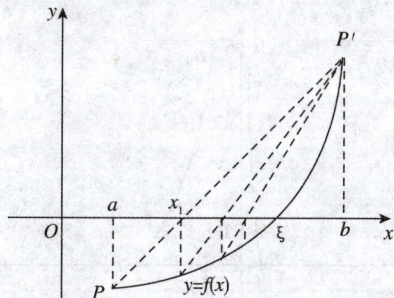

图 6-9

$$x_i = a - \frac{f(a)}{f(b) - f(a)}(b - a)$$

为根 ε 的第一近似值.

由曲线的凸性可得 $a < x_1 < \xi, f(x_1) < 0$, 再对 $[x_1, b]$ 应用上述方法，得到 ε 的第二近似值

$x_2 = x_1 - \dfrac{f(x_1)}{f(b) - f(x_1)}(b - x_1)$，则由 x_{n-1} 得到 x_n：

$$x_n = x_{n-1} - \dfrac{f(x_{n-1})}{f(b) - f(x_{n-1})}(b - x_{n-1}), n = 2, 3, \cdots$$

于是可以证明 $\lim\limits_{n \to \infty} x_n = \xi$

且误差估计 $\lim\limits_{n \to \infty} x_n = \xi \mid x_n - \xi \mid \leqslant \dfrac{\mid f(x_n) \mid}{m}$

其中 $m = \inf\limits_{x \in [a,b]} \mid f'(x) \mid$.

例 11 作函数 $f(x) = \dfrac{4(x+1)}{x^2} - 2$ 的图形.

解析 $\because D: x \neq 0$，$f(x)$ 为非奇非偶函数，

且有 $f'(x) = -\dfrac{4(x+2)}{x^3}$，$f''(x) = \dfrac{8(x+3)}{x^4}$.

由方程 $f'(x) = -\dfrac{4(x+2)}{x^3} = 0$ 可推出驻点 $x = -2$，

同理，由方程 $f''(x) = \dfrac{8(x+3)}{x^4} = 0$ 可推出特殊点 $x = -3$.

$\therefore \lim\limits_{x \to \infty} f(x) = \lim\limits_{x \to \infty} [\dfrac{4(x+1)}{x^2} - 2] = -2$，即水平渐近线为 $y = -2$.

$\lim\limits_{x \to 0} f(x) = \lim\limits_{x \to 0} [\dfrac{4(x+1)}{x^2} - 2] = +\infty$，即铅直渐近线为 $x = 0$.

列表讨论：

x	$(-\infty, -3)$	-3	$(-3, -2)$	-2	$(-2, 0)$	0	$(0, +\infty)$
$f'(x)$	$-$		$-$	0	$+$	不存在	$-$
$f''(x)$	$-$	0	$+$		$+$		$+$
$f(x)$	↘	拐点	↘	极值点	↗	间断点	↘

补充点：$(1-\sqrt{3}, 0), (1+\sqrt{3}, 0), A(-1, -2), B(1, 6), C(2, 1)$.

作图，如图 6-10 所示.

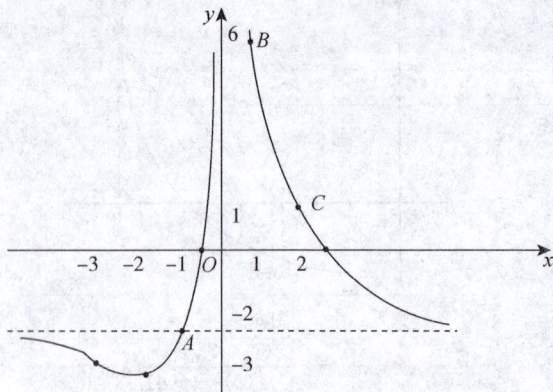

图 6-10

课后习题全解

■ 拉格朗日定理和函数的单调性（教材上册 P127）

1. **解题过程** (1) $f(x)$ 在 $\left(0,\dfrac{1}{\pi}\right]$ 上已经连续，只需考察 $f(x)$ 在 $x=0$ 处是否右连续.

而 $\left|\sin\dfrac{1}{x}\right|\leqslant 1$，有界，故 $\lim\limits_{x\to 0^+}x\sin\dfrac{1}{x}\leqslant\lim\limits_{x\to 0^+}x=0=f(0)$，即 $f(x)$ 在 $x=0$ 处右连续，故 $f(x)$ 在 $\left[0,\dfrac{1}{\pi}\right]$ 内连续；

$f'(x)=\sin\dfrac{1}{x}+x\cos\dfrac{1}{x}\cdot\left(-\dfrac{1}{x^2}\right)=\sin\dfrac{1}{x}-\dfrac{1}{x}\cos\dfrac{1}{x}$，在 $\left(0,\dfrac{1}{\pi}\right)$ 内可导；

$f\left(\dfrac{1}{\pi}\right)=\dfrac{1}{\pi}\sin\pi=0=f(0)$.

故 $f(x)$ 在 $\left(0,\dfrac{1}{\pi}\right)$ 内存在一点 ξ，使 $f'(\xi)=0$.

(2) $f(x)=|x|=\begin{cases}x, & 0\leqslant x\leqslant 1 \\ -x, & -1\leqslant x<0.\end{cases}$ 在 $x=0$ 处，$f_+'(x)=f_-'(x)$
$=0$，故 $f(x)$ 在 $[-1,1]$ 内连续；

在 $x=0$ 处，$f_+'(0)=1$；$f_-'(0)=-1$，$f_+'(0)\neq f_-'(0)$，于是 $f(x)$ 在 $(-1,1)$ 上不可导.

故由罗尔中值定理无法判断函数 f 在 $[-1,1]$ 内是否存在一点 ξ，使 $f'(\xi)=0$. 事实上，由图 6-11 很容易看出，不存在满足要求的点 ξ，使 $f'(\xi)=0$.

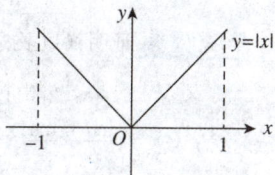

图 6-11

2. **知识点窍** 构造辅助函数，利用罗尔定理和反证法求解.

解题过程 证明：(1) 构造函数 $f(x)=x^3-3x+c$，

∴ 求导可得 $f'(x)=3x^2-3$，令 $f'(x)=0$，推出 $x=\pm 1$，

画出 $f'(x)=3x^2-3$ 的草图.

由图像可知，当 $x\in(0,1)$ 时，$f'(x)<0$.　　　　　　①

假设在区间 $[0,1]$ 内有两个不同的实根 x_1,x_2，不妨设 $x_1<x_2$，则 $f(x_1)=f(x_2)=0$.

又由罗尔定理可知，在区间 $[x_1,x_2]$ 存在 ξ，使得 $f'(\xi)=0$.

这明显与①矛盾，所以假设不成立，即方程 $x^3-3x+c=0$（这里 c 为常数）在区间 $[0,1]$ 内不可能有两个不同的实根.

(2) 构造函数 $f(x)=x^n+px+q$，其导数为 $f'(x)=nx^{n-1}+p$.

当 $n=1$ 时，至多只有 1 个实根；当 $n=2$ 时，至多只有两个实根；当 $n=3$ 时，至多只有 3 个实根，满足结论.

当 $n\geqslant 4$ 时，设 n 为正偶数，假设 $f(x)=x^n+px+q$ 有三个以上的零点，分别为 x_1,x_2,x_3，

∴ $f(x_1)=f(x_2)=f(x_3)=0$.

根据罗尔定理可知，$\exists\xi_1\in(x_1,x_2)$，$\xi_2\in(x_2,x_3)$，使得 $f'(\xi_1)=f'(\xi_2)=0$　②

又 ∵ $f'(x)=nx^{n-1}+p$，当 $f'(x)=0$，推出 $x=\sqrt[n-1]{-\dfrac{p}{n}}$，只有　，实根，这与②有矛盾，∴ 假

设不成立.

同理,对于 n 为正奇数,相同的方法可证得至多有三个实根.

3. 解题过程 取 $F(x)=f(x)-g(x)$,则 $F'(x)=f'(x)-g'(x)\equiv 0,x\in I.$ 故 $F(x)\equiv c,x\in I,$ 即 $f(x)=g(x)+c,f(x)$ 与 $g(x)$ 只相差某一常数.

4. 解题过程 (1) $f(x)$ 在 $[a,b]$ 上满足拉格朗日定理的条件,因此在 (a,b) 内至少存在一点 ξ,使得

$$f'(\xi)=\frac{f(b)-f(a)}{b-a},$$ 又由 $f'(x)\geqslant m,$ 得到 $\frac{f(b)-f(a)}{b-a}\geqslant m,$ 即

$$f(b)\geqslant f(a)+m(b-a).$$

(2) $f(x)$ 在 $[a,b]$ 上满足拉格朗日定理的条件,因此在 (a,b) 内至少存在一点 ξ,使得 $f'(\xi)=\frac{f(b)-f(a)}{b-a},$ 又由 $|f'(x)|\leqslant M,$ 得到 $\left|\frac{f(b)-f(a)}{b-a}\right|\leqslant M,$ 即

$$|f(b)-f(a)|\leqslant M|b-a|.$$

(3) 应用(2)中结论,不妨设 $x_1<x_2,$ 取 $f(x)=\sin x,[a,b]=[x_1,x_2],$ 则 $f'(x)=\cos x,|f'(x)|\leqslant 1,$ 对任意 $x\in(-\infty,+\infty)$ 均成立. 故 $|f(x_2)-f(x_1)|=|\sin x_2-\sin x_1|\leqslant 1\cdot(x_2-x_1)=|x_2-x_1|,$ 不等式成立.

5. 知识点窍 观察不等式形式,构造恰当的函数作为解题的依托是非常明显而又简单的解题路径.

逻辑推理 ① 注意到 $\ln b-\ln a=\ln\frac{b}{a},$ 构造函数 $f(x)=\ln x$;② 构造函数 $f(x)=\arctan x.$

解题过程 证明:(1) 构造函数 $f(x)=\ln x,\therefore f'(x)=\frac{1}{x},$

又 $\because 0<a<b,$ 由拉格朗日定理可得,至少存在一点 $\xi\in(a,b),$ 使得

$$f'(\xi)=\frac{\ln b-\ln a}{b-a}$$

$\because f'(\xi)=\frac{1}{\xi}$

$\therefore \frac{1}{\xi}=\frac{\ln b-\ln a}{b-a}$

由题意可知,$\xi\in(a,b),\therefore a<\xi<b\Rightarrow\frac{1}{b}<\frac{1}{\xi}<\frac{1}{a}$

即 $\frac{1}{b}<\frac{\ln b-\ln a}{b-a}<\frac{1}{a},$ 得证.

(2) 令 $f(x)=\arctan x,$ 求导可得 $f'(x)=\frac{1}{1+x^2}$

由拉格朗日定理可得,至少存在一点 $\xi\in(0,h),$ 使得

$$f'(\xi)=\frac{\arctan h-\arctan 0}{h-0}$$

$\because f'(\xi)=\frac{1}{1+\xi^2}$

$\therefore \frac{1}{1+\xi^2}=\frac{\arctan h-\arctan 0}{h-0}\Rightarrow\arctan h-\arctan 0=\frac{h}{1+\xi^2}$

$\because \xi\in(0,h),\therefore \frac{h}{1+h^2}<\frac{h}{1+\xi^2}<h$

故 $\frac{h}{1+h^2}<\arctan h<h$

> 小提示 构造恰当的函数并建立不等式是解题的关键!

6. 解题过程 (1) $f'(x)=3-2x,$ 因此当 $x\in\left(-\infty,\frac{3}{2}\right]$ 时,$f'(x)\geqslant 0,f(x)$ 递增;当

$x \in \left[\dfrac{3}{2}, +\infty \right)$ 时, $f'(x) \leqslant 0, f(x)$ 递减.

(2) $f'(x) = 4x - \dfrac{1}{x}$, 因此当 $x \in \left(0, \dfrac{1}{2} \right]$ 时, $f'(x) \leqslant 0, f(x)$ 递减; 当 $x \in \left[\dfrac{1}{2}, +\infty \right)$ 时, $f'(x) \geqslant 0, f(x)$ 递增.

(3) $f'(x) = \dfrac{2 - 2x}{2\sqrt{2x - x^2}}$, 因此当 $x \in [0,1]$ 时, $f'(x) \geqslant 0, f(x)$ 递增; 当 $x \in [1,2]$ 时, $f'(x) \leqslant 0, f(x)$ 递减.

(4) $f'(x) = 1 + \dfrac{1}{x^2}$, 故 $f'(x)$ 恒大于 0, $f(x)$ 在 $(-\infty, 0)$ 上和 $(0, +\infty)$ 上均单调递增.

7. **知识点窍** 将不等式两边相减(或相除),并令其差值(或比值) 为 $f(x)$, 比较 $f(x)$ 与 0(或 1) 的大小.

逻辑推理 (1) 令 $f(x) = \tan x - x + \dfrac{x^3}{3}$, 再求导, 根据导数的正负性来确定 $f(x)$ 的单调性.

(2) 令 $f(x) = x - \sin x, g(x) = \dfrac{\sin x}{x}$, 分别判断不等式两边是否成立, 注意要用到二次求导. (3) 和 (2) 的过程一样, 设两个函数 $f(x), g(x)$.

解题过程 证明 (1) 构造函数 $f(x) = \tan x - x + \dfrac{x^3}{3}$, 对其求导得, $f'(x) = \sec^2 x - 1 + x^2$, 即 $f'(x) = \tan^2 x + x^2 > 0$.

$\therefore f(x)$ 在 $\left(0, \dfrac{\pi}{2} \right)$ 内严格单调递增, 且 $f(x)$ 在 $x = 0$ 处连续, 所以当 $x \in \left(0, \dfrac{\pi}{2} \right)$ 时, 有 $f(x) > f(0) = 0$, 因此 $\tan x > x - \dfrac{x^3}{3}$.

(2) 构造函数 $f(x) = x - \sin x$, 其导函数为 $f'(x) = 1 - \cos x > 0$, 同理可得, $f(x)$ 在 $x = 0$ 处连续, $f(x) > f(0) = 0$, 因此 $x > \sin x, x \in \left(0, \dfrac{\pi}{2} \right)$

构造函数 $g(x) = \dfrac{\sin x}{x}$, 有 $g'(x) = \dfrac{x \cos x - \sin x}{x^2}$.

再令 $h(x) = x \cos x - \sin x$, 对 $h(x)$ 求导可得, $h'(x) = -x \sin x$.

易知 $h(0) = 0, \therefore h(x)$ 在 $\left(0, \dfrac{\pi}{2} \right)$ 内单调递减, $h(x)$ 为连续函数, $\therefore h(0) = 0$.

可得 $g'(x) < 0, \therefore g(x)$ 在 $\left(0, \dfrac{\pi}{2} \right]$ 内单调递减, 而 $g(x)$ 在 $x = \dfrac{\pi}{2}$ 处连续, $\therefore g(x) > g\left(\dfrac{\pi}{2} \right)$ $= \dfrac{2}{\pi}$, 即 $\sin x > \dfrac{2x}{\pi}$.

(3) 构造函数 $f(x) = x - \dfrac{x^2}{2(1 + x)} - \ln(1 + x), x \geqslant 0$, 对其求导得

$$f'(x) = \dfrac{x^2}{2(1 + x)^2} > 0.$$

$\therefore f(x)$ 在 $x \geqslant 0$ 上严格单调递增且 $f(x)$ 在 $x = 0$ 处连续, $f(x) > f(0) = 0$,

$\therefore x - \dfrac{x^2}{2(1 + x)} > \ln(1 + x)$ ①

同理, 令 $g(x) = \ln(1 + x) - x + \dfrac{x^2}{2}$, 求导可得

$$g'(x) = \dfrac{1}{1 + x} - 1 + x = \dfrac{x^2}{1 + x},$$

又 $x > 0$,

$\therefore g(x)$ 在 $x>0$ 上严格单调递增且 $g(x)$ 在 $x=0$ 处连续,$g(x)>g(0)=0$,

$$\therefore x-\frac{x^2}{2}<\ln(1+x) \qquad ②$$

综合式 ①、式 ②,不等式得证.

8. [知识]点窍 利用几何投影和行列式可分别证明.

[逻辑]推理 证法一:利用三角形在 x 轴上的投影将三角形面积分割后利用罗尔定理. 证法二:用行列式表示三角形面积.

[解题]过程 证法一 如图 6-12 所示,

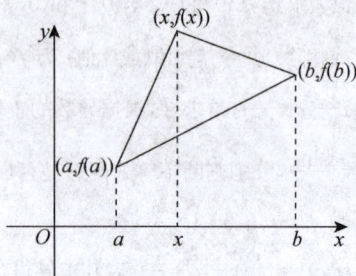

图 6-12

设 $f(x)$ 在 $[a,b]$ 上连续,在 (a,b) 上可导

$$S(x)=\frac{1}{2}(x-a)[f(a)+f(x)]+\frac{1}{2}(b-x)[f(b)+f(x)]-\frac{1}{2}(b-a)[f(b)+f(a)]$$

$$=\frac{1}{2}(b-a)f(x)-\frac{1}{2}[f(b)-f(a)]x-\frac{1}{2}bf(a)+\frac{1}{2}af(b)$$

由函数可以看出,$S(a)=S(b)=0$.

$\because S(x)$ 在 $[a,b]$ 上连续,在 (a,b) 上可导. 由罗尔定理可知存在 $\xi\in(a,b)$,使得 $S'(\xi)=0$.

即 $S'(\xi)=-\frac{1}{2}(f(b)-f(a))+\frac{1}{2}f'(\xi)(b-a)=0$

$$\therefore f'(\xi)=\frac{f(b)-f(a)}{b-a}.$$

证法二 令 $S(x)=\frac{1}{2}\begin{vmatrix} 1 & a & f(a) \\ 1 & b & f(b) \\ 1 & x & f(x) \end{vmatrix}$

$S(a)=S(b)=0$,$\because S(x)$ 在 $[a,b]$ 上连续,在 (a,b) 上可导. 由罗尔定理可知存在 $\exists\xi\in(a,b)$,使得 $S'(\xi)=0$. 即

$$S'(\xi)=\frac{1}{2}\begin{vmatrix} 1 & a & f(a) \\ 1 & b & f(b) \\ 0 & 1 & f(\xi) \end{vmatrix}=0$$

求得 $f(b)-f(a)-f'(\xi)(b-a)=0$,$\therefore f'(\xi)=\frac{f(b)-f(a)}{b-a}$

9. [知识]点窍 两次应用拉格朗日定理.

[解题]过程 $\because f(x)$ 在 $[a,c]$ 上满足拉格朗日定理条件,可得存在 $\exists\xi_1\in(a,c)$,使得 $f'(\xi_1)=\frac{f(c)-f(a)}{c-a}>0$.

同理可得,$f(x)$ 在 $[c,b]$ 上也满足拉格朗日定理条件,

$\therefore$ 存在 $\exists \xi_2 \in (c,b)$, 使得 $f'(\xi_2) = \dfrac{f(b)-f(c)}{b-c} < 0$.

又 $\because f'(x)$ 在 $[\xi_1,\xi_2]$ 上满足拉格朗日定理条件,

$\therefore$ 存在 $\exists \xi \in (\xi_1,\xi_2)$, 使得 $f''(\xi) = \dfrac{f(\xi_1)-f(\xi_2)}{\xi_1-\xi_2}$.

10. 解题过程 不妨设 $f'(x)$ 在 (a,b) 内递增. 从而对 (a,b) 内任一点 x_0, $f'(x)$ 在 $U_-(x_0)$ 内递增且以 $f'(x_0)$ 为上界, 在 $U_+(x_0)$ 内递增且以 $f'(x_0)$ 为下界. 根据定理 3.10 或 §3 习题 5 知, 必存在 $\lim\limits_{x \to x_0^-} f'(x)$ 和 $\lim\limits_{x \to x_0^+} f'(x)$. 由导数极限定理得

$$\lim_{x \to x_0^-} f'(x) = f'_-(x_0), \quad \lim_{x \to x_0^+} f'(x) = f'_+(x_0)$$

又 $f'_-(x_0) = f'_+(x_0) = f'(x_0)$, 所以 $\lim\limits_{x \to x_0} f'(x) = f'(x_0)$.

故 $f'(x)$ 在 (a,b) 内连续.

11. 解题过程 α 为 $p(x)=0$ 的 r 重实根, 故 $p(x) = (x-\alpha)^r q_0(x)$, 其中 $q_0(x) \neq 0$.

故 $p'(x) = r(x-\alpha)^{r-1} q_0(x) + (x-\alpha)^r q'_0(x)$

$\qquad = (x-\alpha)^{r-1}[r q_0(x) + (x-\alpha) q'_0(x)]$

而 $r q_0(\alpha) + (\alpha-\alpha) q'_0(\alpha) \neq 0$, 否则 $q_0(\alpha) = 0$, 与假设矛盾. 这就证明了 α 是 $p'(x)$ 的 $r-1$ 重实根.

12. 知识点窍 探究 $f(x)$ 与 $f^n(x)$ 之间的关系, 考虑到罗尔定理中有关于 $f(x)$ 和 $f'(x)$ 的关系式, 所以对 $f(x)$ 多次应用罗尔定理, 可由 $f(x)$ 推出 $f^n(x)$.

逻辑推理 假设 $f(x)=0$ 有 $n+1$ 个相异的实根, 利用罗尔定理可推出 $f'(x)$ 有 n 个相异的实根, 以此类推, 即可得出结论.

解题过程 $\because f^{(n)}(x)$ 存在, $\therefore f(x), f'(x), \cdots, f^{(n-1)}(x)$ 连续且可导.

假设 $x_1 < x_a < x_b < \cdots < x_n < x_{n+1}$, $x_k \in \mathbf{R}$ 且有

$$f(x_k) = 0 \, (k=1,2,\cdots,n+1)$$

$\therefore$ 在 $[x_k, x_{k+1}]$ 上, $f(x)$ 满足罗尔定理.

即存在 $\exists \xi_k^{(1)} \in (x_k, x_{k+1})$, 使得 $f'(\xi_k^{(1)}) = 0$.

又 $\because f(x) = 0$ 有 n 个根 ξ_k, 且 $\xi_1 < \xi_2 < \xi_3 \cdots < \xi_n$,

又由罗尔定理可得 $\exists \xi_k^{(2)} \in (\xi_k^{(1)}, \xi_{k+1}^{(1)})$, 使得 $f''(\xi_k^{(2)}) = 0$.

依此类推, 可得 $\exists \xi_0^{(n-1)}, \xi_1^{(n-1)}$, 有

$$f^{(n-1)}(\xi_0^{(n-1)}) = f^{(n-1)}(\xi_1^{(n-1)}) = 0$$

$\therefore$ 存在 $\exists \xi \in (\xi_0^{(n-1)}, \xi_1^{(n-1)})$, 使得 $f^{(n)}(\xi) = 0$.

即 $x = \xi$ 为 $f^{(n)}(x) = 0$ 的实根, 命题得证.

13. 解题过程 因为 $\lim\limits_{x \to -\infty} f(x) = -\infty$ 且 $\lim\limits_{x \to +\infty} f(x) = +\infty$, 又因为 $f(x) \in C$ (C 为常数), 故 $f(x)$ 在 $\mathbf{R}$ 上存在零点.

又因 $f'(x) = 3x^2 + a > 0$, 则 $f(x)$ 在 $\mathbf{R}$ 上单调递增.

故 $f(x)$ 在 $\mathbf{R}$ 上存在唯一零点.

14. 逻辑推理 一次求导得不出结果, 则对 $f'(x)$ 再次求导. 研究 $f''(x)$ 的单调性, 判断其在定义域内的正负性, 再推出 $f'(x)$ 在定义域内的正负性, 得出 $f(x)$ 在定义域内的正负情况.

解题过程 令 $f(x) = \sin x \tan x - x^2$, $x \in \left[0, \dfrac{\pi}{2}\right)$, 对 $f(x)$ 求导, 得 $f'(x) = \sin x(1 + \sec^2 x) - 2x$.

对 $f(x)$ 二阶求导, 得 $f''(x) = \left(\cos x + \dfrac{1}{\cos x} - 2\right) + 2\sec x \tan^2 x > 0$.

$\therefore$ 在 $\left[0,\dfrac{\pi}{2}\right)$ 内，$f'(x)$ 严格单调递增，即有 $f'(x) > f'(0) = 0$.

因此，$f(x)$ 在 $\left[0,\dfrac{\pi}{2}\right)$ 内严格单调递增，即有 $f(x) > f(0) = 0$.

即 $\sin x\tan x - x^2 > 0 \Rightarrow \dfrac{\tan x}{x} > \dfrac{x}{\sin x}$. 命题得证.

15. 解题过程 令 $F(x) = f(x) - g(x)$，$x \in [a,b]$，则
$$F(a) = f(a) - g(a) = 0$$
$$F'(x) = f'(x) - g'(x) > 0,$$
由定理 6.3 知当 $x \in [a,b]$ 时，故 $F(x)$ 在 $[a,b]$ 上单调递增. 对任意 $x \in [a,b]$，$F(x) \geqslant F(a) = 0$，即在 $(a,b]$ 内 $f(x) > g(x)$ 成立.
证毕.

柯西中值定理和不定式极限（教材上册 P136）

1. 解题过程 （1）显然成立；（2）显然成立；（3）$f'(x) = 2x$，$g'(x) = 3x^2$，当 $x = 0$ 时，$f'(0) = g'(0) = 0$，不满足柯西中值定理的条件（3）；（4）$g(-1) = (-1)^3 = -1 \neq 1 = 1^3 = g(1)$.
综上，不满足柯西中值定理的条件（3），故不能应用柯西中值定理得到相应的结论.

2. 知识点窍 构造函数 $F(x)$，利用罗尔定理可以证明.

逻辑推理 从公式 $2\xi[f(b) - f(a)] = (b^2 - a^2)f'(\xi)$ 可以看出 2ξ 可由 x^2 求导得来，$f'(\xi)$ 可由 $f(x)$ 求导得来.

解题过程 设 $F(x) = x^2[f(b) - f(a)] - (b^2 - a^2)f(x)$，由 $f(x)$ 在 $[a,b]$ 上可导知，$F(x)$ 在 $[a,b]$ 上可导，又因为 $F(a) = a^2 f(b) - b^2 f(a) = F(b)$，故由罗尔定理知存在 $\exists \xi \in (a,b)$，使 $F'(\xi) = 0$，即
$$2\xi[f(b) - f(a)] = (b^2 - a^2)f'(\xi).$$

3. 解题过程 令 $F(x) = f(a+x) + f(a-x)$，$G(x) = x^2$，$x \in [0,h]$，则可以验证 $F(x)$ 与 $G(x)$ 满足柯西中值定理成立的四个条件，于是由柯西中值定理知存在 $\xi \in (0,h)$，使得
$$\frac{F'(\xi)}{G'(\xi)} = \frac{F(h) - F(0)}{G(h) - G(0)} = \frac{f(a+h) + f(a-h) - 2f(a)}{h^2 - 0}$$
而 $\dfrac{F'(\xi)}{G'(\xi)} = \dfrac{f'(a+\xi) - f'(a-\xi)}{2\xi}$.

于是 $\displaystyle\lim_{h\to 0}\frac{f(a+h) + f(a-h) - 2f(a)}{h^2} = \lim_{\xi\to 0}\frac{f'(a+\xi) - f'(a-\xi)}{2\xi}$
$$= \frac{1}{2}\lim_{\xi\to 0}\left[\frac{f'(a+\xi) - f'(a)}{\xi} + \frac{f'(a-\xi) - f'(a)}{-\xi}\right]$$
$$= \frac{1}{2}[f''(a) + f''(a)] = f''(a).$$

4. 解题过程 令 $f(x) = \sin x$，$g(x) = \cos x$，则 $f(x)$ 与 $g(x)$ 在 $[\alpha,\beta]$ 上满足柯西中值定理成立的四个条件，故由柯西中值定理知存在 $\theta \in (\alpha,\beta)$，使得 $\dfrac{f'(\theta)}{g'(\theta)} = \dfrac{f(\beta) - f(\alpha)}{g(\beta) - g(\alpha)}$，即
$$\frac{\cos\theta}{-\sin\theta} = \frac{\sin\beta - \sin\alpha}{\cos\beta - \cos\alpha}$$

$$\frac{\sin\alpha-\sin\beta}{\cos\beta-\cos\alpha}=\cot\theta$$

证毕.

5. **知识点窍** 利用洛必达法则,构造函数化简.

解题过程 (1) $\lim\limits_{x\to0}\dfrac{e^x-1}{\sin x}=\lim\limits_{x\to0}\dfrac{(e^x-1)'}{(\sin x)'}=\lim\limits_{x\to0}\dfrac{e^x}{\cos x}=1.$

(2) $\lim\limits_{x\to\frac{\pi}{6}}\dfrac{1-2\sin x}{\cos3x}=\lim\limits_{x\to\frac{\pi}{6}}\dfrac{(1-2\sin x)'}{(\cos3x)'}=\lim\limits_{x\to\frac{\pi}{6}}\dfrac{-2\cos x}{-3\sin3x}=\dfrac{2}{3}\cdot\dfrac{\cos\frac{\pi}{6}}{\sin\frac{\pi}{2}}=\dfrac{\sqrt{3}}{3}.$

(3) $\lim\limits_{x\to0}\dfrac{\ln(1+x)-x}{\cos x-1}=\lim\limits_{x\to0}\dfrac{[\ln(1+x)-x]'}{(\cos x-1)'}$

$$=\lim\limits_{x\to0}\dfrac{\frac{1}{1+x}-1}{-\sin x}=\lim\limits_{x\to0}\dfrac{\left(\frac{1}{1+x}-1\right)'}{(-\sin x)'}=\lim\limits_{x\to0}\dfrac{-\frac{1}{(1+x)^2}}{-\cos x}=1.$$

(4) $\lim\limits_{x\to0}\dfrac{\tan x-x}{x-\sin x}=\lim\limits_{x\to0}\dfrac{(\tan x-x)'}{(x-\sin x)'}=\lim\limits_{x\to0}\dfrac{\sec^2 x-1}{1-\cos x}=\lim\limits_{x\to0}\dfrac{\tan^2 x}{1-\cos x}=\lim\limits_{x\to0}\dfrac{(\tan^2 x)'}{(1-\cos x)'}$

$$=\lim\limits_{x\to0}\dfrac{2\tan x\cdot\sec^2 x}{\sin x}=\lim\limits_{x\to0}\dfrac{2}{\cos^3 x}=2.$$

(5) $\lim\limits_{x\to\frac{\pi}{2}}\dfrac{\tan x-6}{\sec x+5}=\lim\limits_{x\to\frac{\pi}{2}}\dfrac{(\tan x-6)'}{(\sec x+5)'}=\lim\limits_{x\to\frac{\pi}{2}}\dfrac{\sec^2 x}{\frac{1}{\cos^2 x}\cdot(-\sin x)}=\lim\limits_{x\to\frac{\pi}{2}}\dfrac{1}{\sin x}=1.$

(6) $\lim\limits_{x\to0}\left(\dfrac{1}{x}-\dfrac{1}{e^x-1}\right)=\lim\limits_{x\to0}\dfrac{e^x-1-x}{x(e^x-1)}=\lim\limits_{x\to0}\dfrac{(e^x-1-x)'}{[x(e^x-1)]'}$

$$=\lim\limits_{x\to0}\dfrac{e^x-1}{e^x-1+x\cdot e^x}=\lim\limits_{x\to0}\dfrac{(e^x-1)'}{(e^x-1+x\cdot e^x)'}$$

$$=\lim\limits_{x\to0}\dfrac{e^x}{e^x+e^x+x\cdot e^x}=\lim\limits_{x\to0}\dfrac{1}{x+2}=\dfrac{1}{2}.$$

(7) $\lim\limits_{x\to0}(\tan x)^{\sin x}=\lim\limits_{x\to0}e^{\ln(\tan x)^{\sin x}}=\lim\limits_{x\to0}e^{\sin x\ln\tan x}=e^{\lim\limits_{x\to0}\sin x\ln\tan x}$

$$=e^{\lim\limits_{x\to0}\frac{\ln(\tan x)}{\frac{1}{\sin x}}}=e^{\lim\limits_{x\to0}\frac{[\ln(\tan x)]'}{(\frac{1}{\sin x})'}}=e^{\lim\limits_{x\to0}\frac{\frac{1}{\tan x}\cdot\sec^2 x}{-\frac{1}{\sin^2 x}\cdot\cos x}}$$

$$=e^{-\lim\limits_{x\to0}\frac{\sin x}{\cos^2 x}}=e^0=1.$$

(8) $\lim\limits_{x\to1}x^{\frac{1}{1-x}}=\lim\limits_{x\to1}e^{\ln x^{\frac{1}{1-x}}}=e^{\lim\limits_{x\to1}\frac{\ln x}{1-x}}=e^{\lim\limits_{x\to1}\frac{(\ln x)'}{(1-x)'}}=e^{\lim\limits_{x\to1}\frac{\frac{1}{x}}{-1}}=\dfrac{1}{e}.$

(9) $\lim\limits_{x\to0}(1+x^2)^{\frac{1}{x}}=\lim\limits_{x\to0}e^{\ln(1+x^2)^{\frac{1}{x}}}=e^{\lim\limits_{x\to0}\frac{\ln(1+x^2)}{x}}=e^{\lim\limits_{x\to0}\frac{[\ln(1+x^2)]'}{x'}}$

$$=e^{\lim\limits_{x\to0}\frac{\frac{2x}{1+x^2}}{1}}=e^0=1.$$

(10) $\lim\limits_{x\to0^+}\sin x\ln x=\lim\limits_{x\to0^+}\dfrac{\ln x}{\frac{1}{\sin x}}=\lim\limits_{x\to0^+}\dfrac{(\ln x)'}{\left(\frac{1}{\sin x}\right)'}=\lim\limits_{x\to0^+}\dfrac{\frac{1}{x}}{-\frac{\cos x}{\sin x}}=\lim\limits_{x\to0^+}\dfrac{-\sin^2 x}{x\cos x}$

$$=\lim\limits_{x\to0^+}\dfrac{\sin x}{x}\cdot(-\tan x)=1\cdot0=0.$$

(11) $\lim\limits_{x\to0}\left(\dfrac{1}{x^2}-\dfrac{1}{\sin^2 x}\right)=\lim\limits_{x\to0}\dfrac{\sin x+x}{x}\cdot\dfrac{\sin x-x}{x^3}=\lim\limits_{x\to0}\dfrac{\cos+1}{1}\cdot\lim\limits_{x\to0}\dfrac{\cos x-1}{3x^2}$

$$= 2\lim_{x \to 0} \frac{-2\sin^2 \frac{x}{2}}{3x^2} = -\frac{1}{3}.$$

(12) $\lim_{x \to 0}\left(\frac{\tan x}{x}\right)^{\frac{1}{x^2}} = \lim e^{\ln\left(\frac{\tan x}{x}\right)^{\frac{1}{x^2}}} = e^{\lim_{x \to 0}\frac{\ln\left(\frac{\tan x}{x}\right)}{x^2}} = e^{\lim_{x \to 0}\frac{\frac{x}{\tan x} \cdot \frac{\sec^2 x \cdot x - \tan x}{x^2}}{2x}}$

$$= e^{\lim_{x \to 0}\frac{\frac{x}{\cos^3 x} - \tan^2 x}{2x^2}} = e^{\lim_{x \to 0}\frac{x\sin x - \sin^2 x\cos x}{4x\cos^3 x}} = e^{\lim_{x \to 0}\frac{\sin x + x\cos x - 2\sin x\cos^2 x - \sin^3 x}{4\cos^3 x + 4x \cdot 3\cos^2 x(-\sin x)}}$$

$$= e^{\lim_{x \to 0}\frac{2\sin x + x\cos x - 3\cos^2 x \sin x}{4\cos^3 x - 12\cos^2 x \sin x}} = e^{\frac{1}{3}}.$$

6. 知识点窍 从证明结果看出可构造函数 $F(x)$、$G(x)$，利用柯西中值定理可得到证明结果.

逻辑推理 令 $F(x) = f(a+x) + f(a-x)$，$G(x) = x^2$，首先利用柯西中值定理，再构造函数 $H(x) = f'(a+x) + f'(a-x)$，利用拉格朗日定理得出结论.

解题过程 设 f 在 $U(a;\delta)$ 内具有二阶导数，不妨设 $0 < h < \delta$，

令 $F(x) = f(a+x) + f(a-x)$，$G(x) = x^2$

由假设条件可知，$F(x)$、$G(x)$ 满足柯西中值定理条件

故存在 $\exists \xi \in (0,h)$，使得

$$\frac{F(h) - F(0)}{G(h) - G(0)} = \frac{f(a+h) + f(a-h) - 2f(a)}{h^2 - 0^2}$$

$$= \frac{f'(a+\xi) - f'(a-\xi)}{2\xi} \qquad ①$$

再令 $H(x) = f'(a+x) - f'(a-x)$，

$\because H(x)$ 在 $[0,\xi]$ 上连续，在 $(0,\xi)$ 上可导，$\therefore \exists \xi_1 \in (0,\xi)$

$\therefore \qquad \dfrac{H(\xi) - H(0)}{\xi - 0} = H'(\xi_1)$

即 $f'(a+\xi) - f'(a-\xi) = [f''(a+\xi_1) + f''(a-\xi_1)]\xi$

$\therefore$ 式 $① = \dfrac{f''(a+\xi_1) + f''(a-\xi_1)}{2}$

再令 $\theta = \dfrac{\xi_1}{h}$，则

$$\frac{f(a+h) + f(a-h) - 2f(a)}{h^2} = \frac{f''(a+\theta h) + f''(a-\theta h)}{2}$$

7. 解题过程 (1) $\lim_{x \to 1}\dfrac{\ln\cos(x-1)}{1 - \sin\frac{\pi x}{2}} = \lim_{x \to 1}\dfrac{(\ln\cos(x-1))'}{\left(1 - \sin\frac{\pi x}{2}\right)'} = \lim_{x \to 1}\dfrac{\frac{-\sin(x-1)}{\cos(x-1)}}{-\cos\frac{\pi}{2}x \cdot \frac{\pi}{2}}$

$$= \lim_{x \to 1}\frac{2}{\pi} \cdot \frac{\tan(x-1)}{\cos\frac{\pi}{2}x} = \frac{2}{\pi}\lim_{x \to 1}\frac{(\tan(x-1))'}{\left(\cos\frac{\pi}{2}x\right)'}$$

$$= \frac{2}{\pi}\lim_{x \to 1}\frac{\sec^2(x-1)}{-\frac{\pi}{2}\sin\frac{\pi}{2}x} = \frac{-4}{\pi^2}\lim_{x \to 1}\frac{\sec^2(x-1)}{\sin\frac{\pi}{2}x}$$

$$= -\frac{4}{\pi^2}.$$

(2) $\lim_{x \to +\infty}(\pi - 2\arctan x)\ln x = \lim_{x \to +\infty}\dfrac{2\arctan x}{\frac{1}{\ln x}}$

$$= \lim_{x \to +\infty} \frac{-\dfrac{2}{1+x^2}}{-\dfrac{1}{\ln^2 x} \cdot \dfrac{1}{x}} = \lim_{x \to +\infty} \frac{2x\ln^2 x}{1+x^2}$$

$$= \lim_{x \to +\infty} \frac{2x^2}{1+x^2} \cdot \frac{\ln^2 x}{x} = 2\lim_{x \to +\infty} \frac{\dfrac{2\ln x}{x}}{1} = 4\lim_{x \to +\infty} \frac{1}{x^2} = 0.$$

(3) $\lim\limits_{x \to 0^+} x^{\sin x} = \lim\limits_{x \to 0^+} \mathrm{e}^{\ln x^{\sin x}} = \mathrm{e}^{\lim\limits_{x \to 0^+} \frac{\ln x}{\frac{1}{\sin x}}} = \mathrm{e}^{\lim\limits_{x \to 0^+} \frac{\frac{1}{x}}{-\frac{1}{\sin^2 x} \cdot \cos x}} = \mathrm{e}^{-\lim\limits_{x \to 0^+} \frac{\sin^2 x}{x \cos x}} = \mathrm{e}^0 = 1.$

(4) $\lim\limits_{x \to \frac{\pi}{4}} (\tan x)^{\tan 2x} = \lim\limits_{x \to \frac{\pi}{4}} \mathrm{e}^{\tan 2x \cdot \ln \tan x} = \mathrm{e}^{\lim\limits_{x \to \frac{\pi}{4}} \frac{\ln \tan x}{\cot 2x}} = \mathrm{e}^{\lim\limits_{x \to \frac{\pi}{4}} \frac{\cot x \cdot \sec^2 x}{\csc^2 2x \cdot 2}}$

$$= \mathrm{e}^{-\lim\limits_{x \to \frac{\pi}{4}} \frac{2\csc 2x}{2\csc^2 2x}} = \mathrm{e}^{-\lim\limits_{x \to \frac{\pi}{4}} \sin 2x} = \mathrm{e}^{-1}.$$

(5) $\lim\limits_{x \to 0} \left(\dfrac{\ln(1+x)^{1+x}}{x^2} - \dfrac{1}{x} \right) = \lim\limits_{x \to 0} \dfrac{(1+x)\ln(1+x) - x}{x^2}$

$$= \lim_{x \to 0} \frac{\ln(1+x) + \dfrac{1+x}{1+x} - 1}{2x} = \lim_{x \to 0} \frac{\ln(1+x)}{2x} = \lim_{x \to 0} \frac{\dfrac{1}{1+x}}{2} = \frac{1}{2}.$$

(6) $\lim\limits_{x \to 0} \left(\cot x - \dfrac{1}{x} \right) = \lim\limits_{x \to 0} \left(\dfrac{\cos x}{\sin x} - \dfrac{1}{x} \right) = \lim\limits_{x \to 0} \dfrac{x(\cos - \sin x)}{x \sin x} = \lim\limits_{x \to 0} \dfrac{x\cos x - \sin x}{x^2}$

$$= \lim_{x \to 0} \frac{\cos x - x\sin x - \cos x}{2x} = \lim_{x \to 0} \frac{\sin x}{2} = 0.$$

(7) 令 $y = (1+x)^{\frac{1}{x}}$，则 $\ln y = \dfrac{1}{x}\ln(1+x)$，

$(\ln y)' = \dfrac{y'}{y} = \left[\dfrac{1}{x}\ln(1+x) \right]' = -\dfrac{\ln(1+x)}{x^2} + \dfrac{1}{x(1+x)}$

故 $y' = y\left[\dfrac{1}{x(1+x)} - \dfrac{\ln(1+x)}{x^2} \right] = (1+x)^{\frac{1}{x}} \cdot \dfrac{x - (1+x)\ln(1+x)}{x^2(1+x)}$

故由洛必达法则得

$$\lim_{x \to 0} \frac{(1+x)^{\frac{1}{x}} - \mathrm{e}}{x} = \lim_{x \to 0} \frac{\left[(1+x)^{\frac{1}{x}} \right]' - 0}{1} = \lim_{x \to 0} \left[(1+x)^{\frac{1}{x}} \right]'$$

$$= \lim_{x \to 0} (1+x)^{\frac{1}{x}} \cdot \frac{x - (1+x)\ln(1+x)}{x^2(1+x)}$$

$$= \mathrm{e} \cdot \lim_{x \to 0} \frac{x - (1+x)\ln(1+x)}{x^2(1+x)}$$

$$= \mathrm{e} \cdot \lim_{x \to 0} \frac{1 - \ln(1+x) - \dfrac{1+x}{1+x}}{2x + 3x^2}$$

$$= \mathrm{e} \lim_{x \to 0} \frac{-\ln(1+x)}{3x^2 + 2x} = \mathrm{e} \cdot \lim_{x \to 0} \frac{-\dfrac{1}{1+x}}{6x + 2} = -\frac{\mathrm{e}}{2}.$$

(8) $\lim\limits_{x \to +\infty} \left(\dfrac{\pi}{2} - \arctan x \right)^{\frac{1}{\ln x}} = \lim\limits_{x \to +\infty} (\operatorname{arccot} x)^{\frac{1}{\ln x}} = \mathrm{e}^{\lim\limits_{x \to +\infty} \frac{\ln(\operatorname{arccot} x)}{\ln x}}$

$$= \mathrm{e}^{\lim\limits_{x \to +\infty} \frac{\frac{1}{\operatorname{arccot} x} \cdot \frac{-1}{1+x^2}}{\frac{1}{x}}} = \mathrm{e}^{-\lim\limits_{x \to +\infty} \frac{x}{1+x^2} \cdot \frac{1}{\operatorname{arccot} x}}$$

$$= \mathrm{e}^{-\lim\limits_{x \to +\infty} \frac{1}{2x\operatorname{arccot} x + (1+x^2) \cdot \frac{-1}{1+x^2}}} = \mathrm{e}^{-\lim\limits_{x \to +\infty} \frac{1}{2x\operatorname{arccot} x - 1}} = \mathrm{e}^{-1}.$$

8. 知识点窍 利用 $x^{f(x)} = e^{f(x)\ln x}$ 证明.

解题过程 对 $\lim\limits_{x \to 0^+} x^{f(x)}$ 变形,有 $\lim\limits_{x \to 0^+} x^{f(x)} = e^{\lim\limits_{x \to 0^+} f(x)\ln x}$

对指数项求极限

$$\lim_{x \to 0^+} f(x)\ln x = \lim_{x \to 0^+} \frac{\ln x}{\dfrac{1}{f(x)}} \xrightarrow{\text{用洛必达法则}} \lim_{x \to 0^+} \frac{\dfrac{1}{x}}{-\dfrac{f'(x)}{f^2(x)}}$$

$$= -\frac{1}{f'(0)} \cdot \lim_{x \to 0^+} \frac{f^2(x)}{x}$$

$$\xrightarrow[\text{同时求导}]{\text{分子分母}} \frac{1}{f'(0)} \cdot \lim_{x \to 0^+} \frac{2f(x)f'(x)}{1}$$

$\because f(x) = 0, f'(0) \neq 0 \quad \therefore \lim\limits_{x \to 0^+} f(x)\ln x = 0$

$\therefore \lim\limits_{x \to 0^+} x^{f(x)} = e^0 = 1.$

9. 解题过程 命题:若 $f(x)$ 和 $g(x)$ 满足:

(1) $\lim\limits_{x \to +\infty} f(x) = 0, \lim\limits_{x \to +\infty} g(x) = 0$;

(2) $f(x)$、$g(x)$ 在 $+\infty$ 某邻域 $(M_0, +\infty)$ 内可导,且 $g'(x) \neq 0$;

(3) $\lim\limits_{x \to +\infty} \dfrac{f'(x)}{g'(x)} = A$($A$ 可为实数,也可为 $\pm\infty$ 或 ∞),则

$$\lim_{x \to +\infty} \frac{f(x)}{g(x)} = \lim_{x \to +\infty} \frac{f'(x)}{g'(x)} = A$$

证明:作代换 $t = \dfrac{1}{x}$,则 $x \to +\infty$ 等价于 $t \to 0^+$,故有

$$\lim_{t \to 0^+} f\left(\frac{1}{t}\right) = 0, \lim_{t \to 0^+} g\left(\frac{1}{t}\right) = 0, \lim_{t \to 0^+} \frac{f'\left(\dfrac{1}{t}\right)}{\left(\dfrac{1}{t}\right)} = A$$

因 $f\left(\dfrac{1}{t}\right)$ 与 $g\left(\dfrac{1}{t}\right)$ 在 $\left(0, \dfrac{1}{|M_0|}\right)$ 内满足定理 6.6 条件,故得

$$\lim_{t \to 0^+} \frac{f\left(\dfrac{1}{t}\right)}{g\left(\dfrac{1}{t}\right)} = \lim_{t \to 0^+} \frac{f'\left(\dfrac{1}{t}\right)\left(-\dfrac{1}{t^2}\right)}{g'\left(\dfrac{1}{t}\right)\left(-\dfrac{1}{t^2}\right)} = A$$

从而 $$\lim_{x \to +\infty} \frac{f(x)}{g(x)} = \lim_{t \to 0^+} \frac{f\left(\dfrac{1}{t}\right)}{g\left(\dfrac{1}{t}\right)} = A = \lim_{x \to +\infty} \frac{f'(x)}{g'(x)}.$$

10. 解题过程 因为 $\lim\limits_{x \to \infty} f(x) = \lim\limits_{x \to \infty} x^3 e^{-x^2} = \lim\limits_{x \to \infty} \dfrac{3x^2}{2xe^{x^2}} = \dfrac{3}{2} \lim\limits_{x \to \infty} \dfrac{x}{e^{x^2}}$

$$= \frac{3}{2} \lim_{x \to +\infty} \frac{1}{2xe^{x^2}} = 0$$

所以对 $\varepsilon = 1$,$\exists M > 0$,当 $|x| > M$ 时,就有 $|f(x)| < \varepsilon = 1$.

而在 $[-M, M]$ 上,因为 $f(x) = x^3 e^{-x^3}$ 连续,推得 $f(x)$ 在 $[-M, M]$ 上有界,即存在 $S > 0$,使 $\forall x \in [-M, M]$,有 $|f(x)| < S$,

$\Rightarrow \forall x \in (-\infty, +\infty)$,均有 $|f(x)| < \max\{S, 1\}$

所以 $f(x)$ 在 $(-\infty, +\infty)$ 内为有界函数.

泰勒公式(教材上册 P145)

1. 解题过程 (1) $f'(x) = -\frac{1}{2}(1+x)^{-\frac{3}{2}}$

$$f''(x) = \left(-\frac{1}{2}\right)\left(-\frac{3}{2}\right) \cdot (1+x)^{-\frac{5}{2}}$$

$$\cdots\cdots$$

$$f^{(n)}(x) = (-1)^n \cdot \frac{(2n-1)!}{2^n}(1+x)^{-\frac{2n+1}{2}}$$

故 $f^{(n)}(0) = (-1)^n \frac{(2n-1)!}{2^n}$

于是 $f(x)$ 带有佩亚诺型余项的麦克劳林公式为

$$f(x) = 1 - \frac{1}{2}x + \frac{\frac{1}{2} \cdot \frac{3}{2}}{2!}x^2 + \cdots + (-1)^n \frac{(2n-1)!}{n!2^n}x^n + o(x^n).$$

(2) $f(0) = \arctan 0 = 0, f'(x) = \frac{1}{1+x^2}$,故 $f'(0) = 1.$

$$f''(x) = \left(\frac{1}{1+x^2}\right)' = -\frac{2x}{(1+x^2)^2}, 故 f''(0) = 0.$$

$$f^{(3)}(x) = \left[-\frac{2x}{(1+x^2)^2}\right]' = -\frac{2(1+x^2)^2 - 2x \cdot 2(1+x^2) \cdot 2x}{(1+x^2)^4}$$

故 $f^{(3)}(0) = -2, f^{(4)}(x) = \left[f^{(3)}(x)\right]', f^{(4)}(0) = 0.$

同理,继续求出 $f^{(5)}(0) = 24$

于是 $f(x) = x - \frac{1}{3}x^3 + \frac{1}{5}x^5 + o(x^5).$

(3) $f(0) = \tan 0 = 0, f'(x) = \sec^2 x$,故 $f'(0) = \sec^2 0 = 1$

$$f''(x) = (\sec^2 x)' = 2\sec x \cdot \frac{\sin x}{\cos^2 x} = \frac{2\sin x}{\cos^3 x}, 故 f''(0) = 0$$

$$f^{(3)}(x) = \left(\frac{2\sin x}{\cos^3 x}\right)' = \frac{(2\sin x)'\cos^3 x - 2\sin x \cdot (\cos^3 x)'}{\cos^6 x}$$

$$= \frac{2\cos^4 x - 2\sin x \cdot 3\cos^2 x \cdot (-\sin x)}{\cos^6 x}$$

$$= \frac{2\cos^2 x + 6\sin^2 x}{\cos^4 x}$$

故 $f^{(3)}(0) = 2$

$$f^{(4)}(x) = \left(\frac{2\cos^2 x + 6\sin^2 x}{\cos^4 x}\right)'$$

$$= 2 \cdot \frac{4\sin x \cdot \cos x \cdot \cos^4 x + (1+2\sin^2 x)4\cos^3 x \cdot \sin x}{\cos^8 x}$$

$$= 8 \cdot \frac{\sin x\cos^2 x + \sin x + \sin^3 x}{\cos^5 x} = \frac{16\sin x}{\cos^5 x}$$

故 $f^{(4)}(0) = 0$

$$f^{(5)}(x) = 16\left(\frac{\sin x}{\cos^5 x}\right)' = 16 \cdot \frac{\cos^6 x + \sin^2 x \cdot 5\cos^4 x}{\cos^{10} x} = 16 \cdot \frac{\cos^2 x + 5\sin^2 x}{\cos^6 x}$$

故 $f^{(5)}(0) = 16$

于是 $f(x) = x + \dfrac{1}{3}x^3 + \dfrac{2}{15}x^5 + o(x^5)$.

2. 知识点窍 将 e^x、$\sin x$、$\ln\left(1+\dfrac{1}{x}\right)$ 化成带有佩亚诺型余项的泰勒公式求解.

解题过程 (1) $\displaystyle\lim_{x\to 0}\dfrac{e^x\sin x - x(1+x)}{x^3}$；

$$e^x\sin x = \left(1+x+\dfrac{x^2}{2!}+\dfrac{x^3}{3!}+o(x^3)\right)\left(x-\dfrac{x^3}{3!}+o(x^3)\right)$$
$$= x+x^2+\left(\dfrac{1}{2!}-\dfrac{1}{3!}\right)x^3+o(x^3)$$

于是

$$\lim_{x\to 0}\dfrac{e^x\sin x - x(1+x)}{x^3} = \lim_{x\to 0}\dfrac{x+x^2+\left(\dfrac{1}{2!}-\dfrac{1}{3!}\right)x^3+o(x^3)-x(1+x)}{x^3}$$
$$= \lim_{x\to 0}\left[\dfrac{1}{3}+o(1)\right] = \dfrac{1}{3}.$$

(2) $\ln\left(1+\dfrac{1}{x}\right) = \dfrac{1}{x}-\dfrac{1}{2x^2}+\dfrac{1}{3x^3}+o\left(\dfrac{1}{x^3}\right)$，故

$$\lim_{x\to\infty}\left[x-x^2\ln\left(1+\dfrac{1}{x}\right)\right] = \lim_{x\to\infty}\left[x-x^2\left(\dfrac{1}{x}-\dfrac{1}{2x^2}+\dfrac{1}{3x^3}+o\left(\dfrac{1}{x^3}\right)\right)\right]$$
$$= \lim_{x\to\infty}\left[\dfrac{1}{2}-\dfrac{1}{3x}+o\left(\dfrac{1}{x}\right)\right] = \dfrac{1}{2}.$$

(3) $\displaystyle\lim_{x\to 0}\dfrac{1}{x}\left(\dfrac{1}{x}-\cot x\right) = \lim_{x\to 0}\dfrac{1}{x}\left(\dfrac{1}{x}-\dfrac{1}{\tan x}\right) = \lim_{x\to 0}\dfrac{\tan x - x}{x^2\tan x}$

$$= \lim_{x\to 0}\dfrac{x+\dfrac{1}{3}x^3+o(x^3)-x}{x^3} = \dfrac{1}{3}.$$

3. 解题过程 (1) $f(1) = 1^3+4\times 1^2+5 = 10$，$f'(x) = 3x^2+8x$

故 $f'(1) = 3\times 1^2+8\times 1 = 11$，$f''(x) = 6x+8$

$f''(1) = 6\times 1+8 = 14$，$f^{(3)}(1) = 6$，$f^{(n)}(1) = 0$，$n > 3$

$$f(x) = 10+\dfrac{11}{1!}(x-1)+\dfrac{14}{2!}(x-1)^2+\dfrac{6}{3!}(x-1)^3+0$$
$$= 10+11(x-1)+7(x-1)^2+(x-1)^3$$

其拉格朗日余项为 0.

(2) $f(0) = \dfrac{1}{1+0} = 1$，$f'(x) = -\dfrac{1}{(1+x)^2}$，故 $f'(0) = -1$.

$f''(x) = \dfrac{2}{(1+x)^3}$，故 $f''(0) = 2$，$f^{(n)}(x) = \dfrac{(-1)^n n!}{(1+x)^{n+1}}$，$f^{(n)}(0) = (-1)^n n!$

于是 $f(x) = 1-x+x^2-x^3+x^4-\cdots+(-1)^n x^n+\dfrac{(-1)^{n+1}(n+1)!}{(n+1)!(1+\theta x)^{n+2}}x^{n+1}$

$$= 1-x+x^2-x^3+\cdots+(-1)^n x^n+(-1)^{n+2}\dfrac{x^{n+1}}{(1+\theta x)^{n+2}}\ (0<\theta<1).$$

4. 解题过程 (1) 因 $\sin x - x + \dfrac{x^3}{6} = \dfrac{\cos\theta x}{5!}x^5$

所以当 $x\in[0,1]$ 时，$|R_4(x)| = \left|\dfrac{\cos\theta x}{5!}x^5\right| \leqslant \dfrac{|x|^5}{5!} \leqslant \dfrac{1}{2^5\cdot 5!}$.

(2) 因 $\sqrt{1+x}-1-\dfrac{x}{2}+\dfrac{x^2}{8} = \dfrac{\dfrac{1}{2}\left(\dfrac{1}{2}-1\right)\left(\dfrac{1}{2}-2\right)}{3!}(1+\theta x)^{\frac{1}{2}-2-1}x^3$

$$= \frac{1 \cdot 3}{2^3 \cdot 3!}(1+\theta x)^{-\frac{5}{2}}x^3$$

所以 $\qquad |R_2(x)| = |\frac{1}{16}(1+\theta x)^{-\frac{5}{2}}x^3| \leqslant \frac{1}{16}.$

5. **解题过程** (1) $\mathrm{e} = 1+1+\frac{1}{2!}+\frac{1}{3!}+\cdots+\frac{1}{n!}+\frac{\mathrm{e}^\theta}{(n+1)!}(0<\theta<1)$

(e^x 的泰勒展开式中令 $x=1$)

故 $R_n(1) = \frac{\mathrm{e}^\theta}{(n+1)!} < \frac{3}{(n+1)!}.$

当 $n=12$ 时,便有 $|R_n(1)| < \frac{3}{13!} = 4.82 \times 10^{-10} < 10^{-9}.$

从而略去 $R_n(1)$ 而求得 e 的近似值为

$\mathrm{e} \approx 1+1+\frac{1}{2!}+\frac{1}{3!}+\cdots+\frac{1}{12!} \approx 2.718281828.$

(2) $\ln 2.7 = \ln \mathrm{e}(1-0.0067) = \ln \mathrm{e} + \ln 0.99327$
$\qquad\qquad = 1 + \ln 0.99327$

$\ln(1-x) = -x - \frac{x^2}{2} - \frac{x^3}{3} - \cdots - \frac{x^n}{n} - \frac{x^{n+1}}{(n+1)(1-\theta x)^{n+1}}, (0<\theta<1)$

$|R_n(0.0067)| \leqslant \frac{0.0067^{n+1}}{(n+1)(1-0.0067)^{n+1}} \leqslant \left(\frac{0.0067}{1-0.0067}\right)^{n+1} \approx 0.0067^{n+1}$

当 $n=3$ 时,有 $|R_n(0.0067)| < 10^{-5}$,故

$\ln 2.7 \approx 1+(-0.0067 - \frac{0.0067^2}{2} - \frac{0.0067^3}{3}) \approx 0.99325.$

■ 函数的极值与最大(小)值(教材上册 P150)

1. **解题过程** (1) $f'(x) = 6x^2 - 4x^3 = 0$

得稳定点为 $x=0$ 或 $x=\frac{3}{2}.$

$f''(x) = 12x - 12x^2, f''(0) = 0,$ 故 $x=0$ 不是极值点.

$f''(\frac{3}{2}) = -9 < 0,$ 故 $x=\frac{3}{2}$ 是 $f(x)$ 的极大值点.

极大值 $f(\frac{3}{2}) = 2x(\frac{3}{2})^3 - (\frac{3}{2})^4 = \frac{27}{16}.$

(2) $f'(x) = \frac{2(1+x^2) - 2x \cdot 2x}{(1+x^2)^2} = \frac{2(1-x^2)}{(1+x^2)^2} = 0$

得稳定点为 $x=1$ 或 $x=-1.$

$f''(x) = (f'(x))' = \frac{-4x(1+x^2)^2 - 2(1-x^2) \cdot 2(1+x^2) \cdot 2x}{(1+x^2)^4}$

$\qquad = -\frac{4x(1+x^2) + 8x(1-x^2)}{(1+x^2)^3} = \frac{-12x + 4x^3}{(1+x^2)^3}$

于是 $f''(1) = -1 < 0,$ 故 $x=1$ 是 $f(x)$ 的极大值点,极大值 $f(1)=1.$

$\quad f''(-1) = 1 > 0,$ 故 $x=-1$ 是 $f(x)$ 的极小值点,极小值 $f(-1)=-1.$

(3) $f'(x) = \frac{2\ln x \cdot \frac{1}{x} \cdot x - (\ln x)^2}{x^2} = \frac{2\ln x - (\ln x)^2}{x^2} = 0$

得稳定点为 $\ln x = 0$ 或 2,即 $x = 1$ 或 e^2.

$$f''(x) = \dfrac{(\dfrac{2}{x} - 2\ln x \cdot \dfrac{1}{x})x^2 - 2x(2\ln x - (\ln x)^2)}{x^4}$$

$$= \dfrac{2 - 2\ln x - 4\ln x + 2(\ln x)^2}{x^3} = \dfrac{2 - 6\ln x + 2(\ln x)^2}{x^3}$$

$f'(1) = 2 > 0$,故 $x = 1$ 是 $f(x)$ 的极小值点,极小值 $f(1) = 0$.

$f''(e^2) = -\dfrac{2}{e^6} < 0$,故 $x = e^2$ 是 $f(x)$ 的极大值点,极大值 $f(e^2) = \dfrac{4}{e^2}$.

(4) $f'(x) = \dfrac{1}{1+x^2} - \dfrac{2x}{2(1+x^2)} = \dfrac{1-x}{1+x^2} = 0$

得稳定点为 $x = 1$.

$$f''(x) = \dfrac{-(1+x^2) - 2x(1-x)}{(1+x^2)^2} = \dfrac{-1 - 2x + x^2}{(1+x^2)^2}$$

$f''(1) = -\dfrac{1}{2} < 0$,故 $x = 1$ 是 $f(x)$ 的极大值点.

极大值 $f(1) = \arctan 1 - \dfrac{1}{2}\ln 2 = \dfrac{\pi}{4} - \dfrac{1}{2}\ln 2$.

2. **解题过程** (1) 当 $x \neq 0$ 时,$f(x) = x^4 \sin^2 \dfrac{1}{x} \geqslant 0$,当 $x = 0$ 时,$f'(x) = 0$,故由极值的定义知,$x = 0$ 是 $f(x)$ 的极小值点.

(2) 当 $x \neq 0$ 时,$f'(x) = 4x^3 \sin \dfrac{1}{x} - x^2 \sin \dfrac{2}{x} = 2x^2 \sin \dfrac{1}{x}(2x \sin \dfrac{1}{x} - \cos \dfrac{1}{x})$,

$f'(0) = \lim\limits_{x \to 0} x^3 \sin^2 \dfrac{1}{x} = 0$. 然而

$x_k = (k\pi + \dfrac{\pi}{4})^{-1}, k = 1, 2, \cdots$ 时,$f'(x_k) < 0$

$x'_k = (k\pi + \dfrac{3\pi}{4})^{-1}, k = 1, 2, \cdots$ 时,$f'(x'_k) > 0$

从而对 $\forall \delta > 0$,在 $(0, \delta)$ 区间内 $f'(x)$ 总是有正也有负,在 $(-\delta, 0)$ 内可推得同样的结果.

所以 $f(x)$ 在极小值点 $x = 0$ 处并不满足第一充分条件.

而 $f''(0) = \lim\limits_{x \to 0} 2x \sin \dfrac{1}{x}(2x \sin \dfrac{1}{x} - \cos \dfrac{1}{x}) = 0$. 显然 $f(x)$ 在极小值点 $x = 0$ 处也不满足第二个充分条件.

3. **解题过程** 不妨令 $f'_+(x_0) < 0, f'_-(x_0) > 0$

那

$$\lim\limits_{x \to x_0^+} \dfrac{f(x) - f(x_0)}{x - x_0} < 0$$

由极限的保号性,可知对 $\exists \delta_1 > 0$,当 $x \in (x_0, x_0 + \delta_2)$ 时,有

$$\dfrac{f(x) - f(x_0)}{x - x_0} < 0 \Rightarrow f(x) < f(x_0)$$

同理可知,对 $\exists \delta_2 > 0$,当 $x \in (x_0 - \delta_1, x_0)$ 时,有

$$f(x) < f(x_0)$$

令 $\delta = \min\{\delta_1, \delta_2\}$,当 $x \in U(x_0; \delta)$ 时,

$$f(x) < f(x_0)$$

$\therefore x_0$ 为 f 的极大值点.

同理可证,当 $f'_+(x) > 0, f'_-(x) < 0$ 时,x_0 为 f 的极小值点.

小提示 从极值的基本定义出发，找出对应的 $U(x_0; \delta)$，使得在该邻域内有 $f(x) < f(x_0)$ $(f(x) \geqslant f(x_0))$

4. 解题 过程 （1）$y' = 5x^4 - 20x^3 + 15x^2 = 0$，即 $5x^2(x-1)(x-3) = 0$，求得稳定点为 $x = 0,1,3$，

其中 0 和 1 在 $[-1,2]$ 内．

$y'' = 20x^3 - 60x^2 + 30x = 10x(2x^2 - 6x + 3)$

$y''\big|_{x=0} = 0$，故 $x = 0$，不是 y 的极值点．

$y''\big|_{x=1} = -10 < 0$，故 $x = 1$ 是 y 的极大值点．

$y\big|_{x=1} = 2$；

再看端点情况：$y\big|_{x=-1} = -10, y\big|_{x=2} = -7$

综上比较知，$f_{最小} = f(-1) = -10, f_{最大} = f(1) = 2$．

（2）不妨令 $t = \tan x$，则 $t \in [0, +\infty)$．$y = 2t - t^2 = -(t-1)^2 + 1$

当 $t = 1$ 时，$y_{最大} = 1$，即 $f(\frac{\pi}{4}) = 1$，最小值不存在．

（3）$y' = \frac{1}{2\sqrt{x}}\ln x + \frac{\sqrt{x}}{x} = \frac{\ln x + 2}{2\sqrt{x}} = 0$，求得稳定点为 $x = e^{-2}$．

$y'' = \dfrac{\frac{1}{x} \cdot 2\sqrt{x} - (\ln x + 2) \cdot \frac{1}{\sqrt{x}}}{(2\sqrt{x})^2} = \frac{-\ln x}{4x\sqrt{x}}, y''\big|_{x=e^{-2}} = \frac{2}{4e^{-3}} = \frac{e^3}{2} > 0$

故 $x = e^{-2}$ 是 y 的极小值点，$y\big|_{x=e^{-2}} = -\frac{2}{e}$

故 $f_{最小} = f(e^{-2}) = -\frac{2}{e}$，最大值不存在．

5. 知识 点窍 用反证法证明．

解题 过程 不妨设 x_0 是 f 的极大值点．

假设 x_0 不是 $f(x)$ 在 I 上的最大值点．

$\therefore \exists x_1 \in I$，有 $f(x_1) > f(x_0)$

$\because f(x)$ 在 I 上连续，$\therefore$ 在 $[x_1,x_0]$（不妨设 $x_1 < x_2$）上存在最小值 m．

$\because f(x_1) > f(x_0), \therefore \exists x_2 \in (x_1, x_0)$

使得 $f(x_2) = m$，取 $\delta = \min\{x_0 - x_2, x_2 - x_1\}$

即当 $x \in U(x_2; \delta)$ 时，$f(x) \geqslant m = f(x_2)$

$\therefore x_2$ 为 $f(x)$ 在 I 上的一个极小值点，与条件矛盾．

$\therefore$ 命题成立．

6. 逻辑 推理 根据三角形面积公式列出函数，再利用其求解最值．

解题 过程 设其中一段长为 $x (0 < x < l)$，则另一段长为 $(l-x)$，矩形面积为 S

$\therefore S = x(l-x)$

对 S 求导，得 $S' = l - 2x$

令 $S' = 0 \Rightarrow x = \frac{l}{2}$

又 $\because S'' = -2 < 0$

$\therefore x = \frac{l}{2}$ 为 S 的极大值点．

小提示 从实际问题中提炼出数学模型．

∴ 当 $x = \dfrac{l}{2}$ 时，矩形面积最大.

7. **解题过程** 设底的半径为 x，则 $V = \pi x^2 h$，故容器的高 $h = \dfrac{V}{\pi x^2}$.

容器的表面积 $f(x) = \pi x^2 + 2\pi x h = \pi x^2 + 2\pi x \dfrac{V}{\pi x^2} = \pi x^2 + \dfrac{2V}{x}$

于是 $f'(x) = 2\pi x - \dfrac{2V}{x^2} = 0$，

求得 $x = \sqrt[3]{\dfrac{V}{\pi}}$，

$f''(x) = 2\pi + \dfrac{4V}{x^3}$，故 $f''(\sqrt[3]{\dfrac{V}{\pi}}) = 6\pi > 0$.

故 $x = \sqrt[3]{\dfrac{V}{\pi}}$ 是 $f(x)$ 的极小值点，此时，$h = \dfrac{V}{\pi x^2} = \dfrac{V}{3\sqrt{\pi V^2}} = \sqrt[3]{\dfrac{V}{\pi}}$，

故 $\dfrac{x}{h} = \dfrac{1}{1}$.

即底的半径与容器高的比例为 $1:1$ 时，容器的表面积为最小.

8. **逻辑推理** 数值 x 与这 n 个数之差的平方和为最小，令 $f(x) = \displaystyle\sum_{i=1}^{n} (x - a_i)^2$.

解题过程 设 x 与 n 个数之差的平方和为 $f(x)$.

依题意可得 $f(x) = \displaystyle\sum_{i=1}^{n} (x - a_i)^2$.

求导得 $f'(x) = 2\displaystyle\sum_{i=1}^{n} (x - a_i)$ 　令 $f'(x) = 0 \Rightarrow x = \dfrac{1}{n}\displaystyle\sum_{i=1}^{n} a_i$

又 $\because f''(n) = 2n > 0$

∴ $x = \dfrac{1}{n}\displaystyle\sum_{i=1}^{n} a_i$ 为 $f(x)$ 的最小值点.

9. **解题过程** $f(a) = a + \dfrac{1}{a}$，$f'(a) = 1 - \dfrac{1}{a^2} = 0$，求得 $a = \pm 1$，舍去 -1，得 $a = 1$

经验证 $f''(a) = \dfrac{2}{a^3}$，故 $f''(1) = 2 > 0$，即 $a = 1$ 是 $f(a)$ 的极小值，故 $a = 1$ 时，它与其倒数之和最小.

10. **知识点窍** 利用求导来计算极值.

逻辑推理 (1) 因为含有绝对值所以将定义域分段求解；(2) 直接求导；(3) 直接求导.

解题过程 (1) 分段，当 $x \leqslant -1$ 时，$f(x) = -x(x^2 - 1)$，$f'(x)$

$= -3x^3 + 1 = 0$，得 $x = \pm\dfrac{\sqrt{3}}{3}$，均不属于 $(-\infty, -1]$，考察

端点 $f(-1) = 0$；

> **小提示** 在求函数的导数时要注意定义域！

当 $x \in (-1, 0]$ 时，$f'(x) = 3x^2 - 1 = 0$，得 $x = \pm\dfrac{\sqrt{3}}{3}$，

当 $x = -\dfrac{\sqrt{3}}{3}$ 时，$f''(x) = 6x < 0$，故 $x = -\dfrac{\sqrt{3}}{3}$ 是 $f(x)$ 的极大值点.

当 $x \in (0, 1]$ 时，$f'(x) = -3x^2 + 1 = 0$，得 $x = \pm\dfrac{\sqrt{3}}{3}$，

当 $x=\dfrac{\sqrt{3}}{3}$ 时，$f''(x)=-6x<0$，故 $x=\dfrac{\sqrt{3}}{3}$ 也是 $f(x)$ 的极大值点.

当 $x>1$ 时，无极值点，端点 $f(1)=0$，另有 $f(0)=0$.

综上讨论知，$x=\pm\dfrac{\sqrt{3}}{3}$ 是 $f(x)$ 的极大值点，极大值 $f(\pm\dfrac{\sqrt{3}}{3})=\dfrac{2\sqrt{3}}{9}$.

$x=-1,0,+1$ 均为 $f(x)$ 的极小值点，极小值 $f(0)=f(-1)=f(1)=0$.

(2) $f'(x)=\dfrac{(3x^2+1)(x^4-x^2+1)-x(x^2+1)(4x^3-2x)}{(x^4-x^2+1)^2}$

$\qquad\ \ =-\dfrac{x^6+4x^4-4x^2-1}{(x^4-x^2+1)^2}=0$

得 $x=1$ 或 -1.

经验证 $f''(1)<0,f''(-1)>0$，故 $x=1$ 是 $f(x)$ 的极大值点，极大值 $f(1)=2$；$x=-1$ 是 $f(x)$ 的极小值，极小值 $f(-1)=-2$.

(3) $f'(x)=2(x-1)(x+1)^3+3(x+1)^2(x-1)^2$

$\qquad\ \ =(x^2-1)[2(x+1)^2+3(x^2-1)]$

$\qquad\ \ =(x^2-1)(5x^2+4x-1)$

$\qquad\ \ =(x+1)^2(x-1)(5x-1)=0$

得 $x=-1$ 或 1 或 $\dfrac{1}{5}$.

$f''(x)=2(x+1)(x-1)(5x-1)+(x+1)^2(5x-1)+5(x+1)^2(x-1)$

$\qquad\ \ =(x+1)[2(5x^2-6x+1)+(5x^2+4x-1)+5(x^2-1)]$

$\qquad\ \ =(x+1)(20x^2-8x-4)$

$f''(-1)=0$，故 $x=-1$ 不是 $f(x)$ 的极值点；$f''(1)=16>0$，故 $x=1$ 是 $f(x)$ 的极小值点.

$f''(\dfrac{1}{5})=-\dfrac{144}{25}<0$，故 $x=\dfrac{1}{5}$ 是 $f(x)$ 的极大值点.

极小值（最小值）$f(1)=0$，极大值（最大值）$f(\dfrac{1}{5})=\dfrac{3456}{3125}$.

11. 解题过程 $f'(x)=\dfrac{a}{x}+2bx+1$，$f'(1)=0$，即 $a+2b+1=0$

$f'(2)=0$，即 $\dfrac{a}{2}+4b+1=0$

联立以上两式，可以解得 $a=-\dfrac{2}{3}$，$b=-\dfrac{1}{6}$

$f''(x)=-\dfrac{a}{x^2}+2b=\dfrac{2}{3x^2}-\dfrac{1}{3}$，故 $f''(1)=\dfrac{1}{3}>0$，$x=1$ 时，$f(x)$ 取得极小值；

$f''(2)=-\dfrac{1}{6}<0$，$x=2$ 时，$f(x)$ 取得极大值.

12. 知识点窍 两点之间的距离 $d=\sqrt{(x_1-x_0)^2+(y_1-y_0)^2}$.

逻辑推理 利用解析几何的知识，分别设抛物线与法线相交两点的坐标为 (x_1,y_1)，(x_0,y_0). 根据两点间的距离公式求出 d 与 y_0 的关系式，再求解.

解题过程 设 $p(x_0,y_0)$ 为抛物线 $y^2=2px$ 上的一点，则通过该点的切线斜率为 $\dfrac{\mathrm{d}y}{\mathrm{d}x}\Big|_{x=x_0}=\dfrac{p}{y_0}$

$\therefore p$ 点处的法线方程为 $y=y_0-\dfrac{y_0}{p}(x-x_0)$

极法线与 $y^2=2px$ 的另一交点为 (x_1,y_1). 两点距离 d 满足

$$d^2 = (x_1 - x_0)^2 + (y_1 - y_0)^2 = \frac{4(y_0^2 + p^2)^3}{y_0^4}$$

令 $f(y_0) = \dfrac{4(y_0^2 + p^2)^3}{y_0^4}$,求导可得 $f'(y)$

则 $f'(y_0) = \dfrac{2(p + y_0^2)^3(y_0^2 - 2p^2)}{y_0^5} = 0 \Rightarrow y_0 = \pm\sqrt{2}\,p$

∴ 所求点坐标为 $(p, \pm\sqrt{2}\,p)$.

13. 解题过程 如图 6-13 所示,设 $CM = x$,则 $BM = \sqrt{x^2 + a^2}$,

总运费 $f(x) = \beta \cdot \sqrt{x^2 + a^2} + (d - x)\alpha$

$$f'(x) = \frac{\beta}{2\sqrt{x^2 + a^2}} \cdot 2x - \alpha = 0$$

得 $x = \pm\dfrac{\alpha a}{\sqrt{\beta^2 - \alpha^2}}$,负值舍去

取 $x = \dfrac{\alpha a}{\sqrt{\beta^2 - \alpha^2}}$,经验证 $f''(x) > 0$,故距 C 为 $\dfrac{\alpha a}{\sqrt{\beta^2 - \alpha^2}}$ km 的 M 点

处总运费最省.

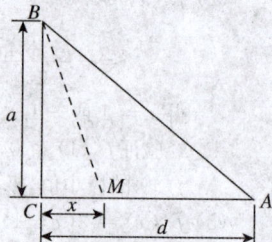

图 6-13

函数的凸性与拐点(教材上册 P157)

1. 知识点窍 凸函数的判别法.

逻辑推理 求出 y',y'' 根据凸函数的判别法判断凸区间,判断临界点左右两侧是否分别为严格凸和严格凹从而判断拐点.

解题过程 (1) $y' = 6x^2 - 6x - 36$,$y'' = 12x - 6 = 0$,得 $x = \dfrac{1}{2}$ 为曲线 $y = 2x^3 - 3x^2 - 36x + 25$ 的拐点横坐标.

当 $x \leqslant \dfrac{1}{2}$ 时,$y'' \leqslant 0$;当 $x \geqslant \dfrac{1}{2}$ 时,$y'' \geqslant 0$. 故 y 的凹区间 $\left(-\infty, \dfrac{1}{2}\right)$,凸区间 $\left(\dfrac{1}{2}, +\infty\right)$,拐点为 $\left(\dfrac{1}{2}, \dfrac{13}{2}\right)$.

(2) $y' = 1 + \dfrac{1}{x^2}$,$y'' = \dfrac{2}{x^3} \neq 0$,故无拐点,当 $x \in (-\infty, 0)$ 时,$y'' < 0$,当 $x \in (0, +\infty)$ 时,$y'' > 0$,故 y 的凹区间为 $(-\infty, 0)$,凸区间为 $(0, +\infty)$.

(3) $y' = 2x - \dfrac{1}{x^2}$,$y'' = 2 + \dfrac{2}{x^3} = 0$,得 $x = -1$ 为拐点横坐标;定义域为 $(-\infty, 0) \bigcup (0, +\infty)$;当 $x \in (-1, 0)$ 时,$y'' < 0$,为凹函数;当 $x \in (-\infty, -1) \bigcup (0, +\infty)$ 时,$y'' > 0$,为凸函数;点 $(-1, 0)$ 为曲线的拐点.

(4) $y' = \dfrac{2x}{x^2 + 1}$,$y'' = \dfrac{2(x^2 + 1) - 2x \cdot 2x}{(x^2 + 1)^2} = \dfrac{2(1 - x^2)}{(x^2 + 1)^2} = 0$,得 $x = \pm 1$ 为拐点横坐标.

当 $x \in (-\infty, -1) \bigcup (1, +\infty)$ 时,$y'' < 0$;当 $x \in (-1, 1)$ 时,$y'' > 0$.

故 y 的凹区间为 $(-\infty, -1) \bigcup (1, +\infty)$,凸区间为 $(-1, 1)$,拐点为 $(\pm 1, \ln 2)$.

(5) $y' = \dfrac{2x}{(1 + x^2)^2}$

$$y'' = \frac{-2(1 + x^2)^2 + 2x \cdot 2(1 + x^2) \cdot 2x}{(1 + x^2)^4} = \frac{8x^2 - 2(1 + x^2)}{(1 + x^2)^3} = \frac{6x^2 - 2}{(1 + x^2)^3} = 0$$

得 $x=\pm\frac{\sqrt{3}}{3}$，即为拐点横坐标。当 $x\in(\frac{\sqrt{3}}{3},\frac{\sqrt{3}}{3})$ 时，$y''<0$；当 $x\in(-\infty,-\frac{\sqrt{3}}{3})\bigcup(\frac{\sqrt{3}}{3},+\infty)$ 时，

$y''>0$，故 y 的凹区间为 $(-\frac{\sqrt{3}}{3},\frac{\sqrt{3}}{3})$，凸区间为 $(-\infty,-\frac{\sqrt{3}}{3})\bigcup(\frac{\sqrt{3}}{3},+\infty)$，拐点为 $(\pm\frac{\sqrt{3}}{3},\frac{3}{4})$。

2. **解题**过程 $\begin{cases} a\cdot 1^3+b\cdot 1^2=3 \\ f''(1)=6ax+2b\big|_{x=1}=6a+2b=0 \end{cases}$

解方程组，得 $\begin{cases} a=-\dfrac{3}{2} \\ b=\dfrac{9}{2} \end{cases}$.

3. **知识**点窍 凸函数的定义.

解题过程 (1) 设 f 在区间 I 上为凸函数.

∴ 对 $\forall x_1,x_2\in I,\exists\mu\in(0,1)$

有 $f(\mu x_1+(1-\mu)x_2)\leqslant\mu f(x_0)+(1-\mu)f(x_2)$

设 $\lambda>0$，有 $\lambda[f(\mu x_1+(1-\mu)x_2)]\leqslant\lambda[\mu f(x_1)+(1-\mu)f(x_2)]$

$\Rightarrow(\lambda f)[\mu x_1+(1-\mu)x_2]\leqslant\mu(\lambda f)(x_1)+(1-\mu)(\lambda f)(x_2)$.

∴λf 为凸函数

> 小提示 $f(\lambda x_1+(1-\lambda)x_2)$
> $\leqslant\lambda f(x_1)+(1-\lambda)f(x_2)$.

(2) 同理，有 f,g 在区间 I 上为凸函数，$\lambda\in(0,1)$

∴$f(\lambda x_1+(1-\lambda)x_2)\leqslant\lambda f(x_1)+(1-\lambda)f(x_2)$ ①

$g(\lambda x_1+(1-\lambda)x_2)\leqslant\lambda g(x_1)+(1-\lambda)g(x_2)$ ②

①+②，得

$$(f+g)[\lambda x_1+(1-\lambda)x_2]<\lambda(f+g)(x_1)+(1+\lambda)(f+g)(x_2)$$

∴$f+g$ 为凸函数.

(3) 由凸函数定义可知，对 $\forall x_1,x_2\in I,\lambda\in(0,1)$ 时有

$$f(\lambda x_1+(1-\lambda)x_2)\leqslant\lambda f(x_1)+(1-\lambda)f(x_2).$$

∵g 为 $J\supset f(I)$ 上的增函数，g 为凸函数.

∴ $\begin{cases} g[f(\lambda x_1+(1-\lambda)x_2)]\leqslant g[\lambda f(x_1)+(1-\lambda)f(x_2)] \\ g[\lambda f(x_1)+(1-\lambda)f(x_2)]\leqslant\lambda g[f(x_1)]+(1-\lambda)g[f(x_2)] \end{cases}$

$\Rightarrow(g\circ f)[\lambda x_1+(1-\lambda)x_2]\leqslant\lambda(g\circ f)(x_1)+(1-\lambda)(g\circ f)(x_2)$，

∴$g\circ f$ 为 I 上的凸函数.

4. **知识**点窍 反证法；凸函数的定义.

逻辑推理 假设函数 $f(x)$ 有异于 x_0 的另一极小值点 x_1，根据凸函数的定义

$$f(\lambda x_0+(1-\lambda)x_1)<\lambda f(x_0)+(1-\lambda)f(x_1)$$

可推出与假设矛盾的结果.

解题过程 假设 f 在 I 上存在另一个极值点 $x_1(x_1\neq x_0)$，不妨设 $f(x_1)\geqslant f(x_0)$

∵f 是 I 上严格凸函数. ∴ 对 $\forall\lambda\in(0,1)$ 有

$$f[\lambda x_0+(1-\lambda)x_1]<\lambda f(x_0)+(1-\lambda)f(x_1)$$

将 $f(x_0)$ 用 $f(x_1)$ 替换，

右边 $=\lambda f(x_1)+(1-\lambda)f(x_1)=f(x_1)$

∴$f[\lambda x_0+(1-\lambda)x_1]<f(x_1)$

又 ∵$\exists x=\lambda x_0+(1-\lambda)x_1\in U^\circ(x_1;\delta)\bigcap I$

使得 $x \in I, f(x) < f(x_1)$

这与假设矛盾,故命题得证.

5. (1) 由 e^x 图像可知,e^x 是 $(-\infty, +\infty)$ 上的凸函数.

$\therefore \qquad\qquad e^{\lambda a + (1-\lambda)b} \leqslant \lambda e_a + (1-\lambda)e^b$

令 $\lambda = \dfrac{1}{2}$,有

$$e^{\frac{a+b}{2}} \leqslant \frac{1}{2}(e^a + e^b)$$

(2) 对 $\arctan x$ 二阶求导,有 $(\arctan x)'' = \dfrac{-2x}{(1+x^2)^2}$

$\because$ 当 $x \geqslant 0$ 时,$(\arctan x)'' \leqslant 0$

$\therefore \arctan x$ 是 $[0, +\infty)$ 上的凹函数.

$\therefore$ 令 $\lambda = \dfrac{1}{2}$,有

$$\arctan\left(\frac{a+b}{2}\right) \geqslant \frac{1}{2}(\arctan a + \arctan b).$$

6. 知识点窍 不等式的证明.

逻辑推理 设函数等于不等式两边相减,求该函数的正负情况.

解题过程 令 $f(x) = \sin \pi x - \dfrac{\pi^2}{2}x(1-x)$,

求导,得 $f'(x) = \pi\cos \pi x - \dfrac{\pi^2}{2}(1-2x)$

再次求导得 $f''(x) = \pi^2(1 - \sin \pi x)$

$\because |\sin \pi x| \leqslant 1 \quad \therefore f''(x) \geqslant 0$

$\therefore f(x)$ 在 $[0,1]$ 上是凸函数,$f(x) \leqslant \max\{f(0), f(1)\}$

又 $\because f(0) = 0, f(1) = 0$

$\therefore f(x) \leqslant 0$,即 $\sin x \leqslant \dfrac{\pi^2}{2}x(1-x)$

7. 知识点窍 凸函数的定义.

逻辑推理 对 $f(x)$ 和 $g(x)$ 分别写出凸函数定义的不等式,再证明.

解题过程 由题意可得,f, g 均为 I 上的凸函数

$\therefore$ 对于 $\forall x_1, x_2 \in I, \exists \lambda \in (0,1)$,有

$$f(\lambda x_1 + (1-\lambda)x_2) \leqslant \lambda f(x_1) + (1-\lambda)f(x_2)$$
$$g(\lambda x_1 + (1-\lambda)x_2) \leqslant \lambda g(x_1) + (1-\lambda)g(x_2)$$

又 $\because F(x) = \max\{f(x), g(x)\}$.

$\therefore$ 可推出,$f(x_1) \leqslant F(x_1), g(x_1) \leqslant F(x_1)$

$\qquad f(x_2) \leqslant F(x_2), g(x_2) \leqslant F(x_2)$

$\therefore \lambda f(x_1) + (1-\lambda)f(x_1) \leqslant \lambda F(x_1) + (1-\lambda)F(x_2)$

同理将上式中的 $f(x_1), f(x_2)$ 换成 $g(x_1), g(x_2)$ 也成立.

综上,有 $\max\{f(\lambda x_1 + (1-\lambda)x_2), g(\lambda x_1 + (1-\lambda)x_2)\} \leqslant \lambda F(x_1) + (1-\lambda)F(x_2)$

即 $F(\lambda x_1 + (1-\lambda)x_2) \leqslant \lambda F(x_1) + (1-\lambda)F(x_2)$

$\therefore F(x)$ 为 I 上的凸函数.

8. **解题过程** (1) $\Delta = \begin{vmatrix} 1 & x_1 & f(x_1) \\ 1 & x_2 & f(x_2) \\ 1 & x_3 & f(x_3) \end{vmatrix} = \begin{vmatrix} 1 & x_1 & f(x_1) \\ 0 & x_2-x_1 & f(x_2)-f(x_1) \\ 0 & x_3-x_2 & f(x_3)-f(x_2) \end{vmatrix}$

$$= (x_2-x_1)(x_3-x_2)\left[\left(\frac{f(x_3)-f(x_2)}{x_3-x_2} - \frac{f(x_2)-f(x_1)}{x_2-x_1}\right)\right]$$

由于 $x_1 < x_2 < x_3$,故$(x_2-x_1)(x_3-x_2) \neq 0$,于是$f(x)$为凸函数的充要条件是$\Delta \geqslant 0$,$f(x)$为严格凸函数的充要条件是$\Delta > 0$.

(2) 将(1)中证明中的"$\geqslant$"改为"$>$",即可得证.

9. **知识点窍** 詹森不等式.

解题过程 (1) 设$f(x) = -\ln x, x > 0$,由$f(x)$的一阶及二阶导数$f'(x) = \frac{-1}{x}$,$f''(x) = \frac{1}{x^2}$可见,

$f(x) = -\ln x$在$x > 0$时为严格凸函数,依詹森不等式有$f\left(\frac{a_1+\cdots+a_n}{n}\right) \leqslant \frac{1}{n}[f(a_1)+\cdots+f(a_n)]$,即

$$-\ln\frac{a_1+a_2+\cdots+a_n}{n} \leqslant -\frac{1}{n}(\ln a_1 + \cdots + \ln a_n)$$

即$\frac{a_1+\cdots+a_n}{n} \geqslant \sqrt[n]{a_1\cdots a_n}$成立,另一不等式同理可证.

(2)(i)先证$n=1$时结论成立,即:若$a,b > 0, p > 1, q > 1, \frac{1}{p} + \frac{1}{q} = 1$.则

$$ab \leqslant \frac{1}{p}a^p + \frac{1}{q}b^q$$

事实上,仍由$-\ln x$为凸函数,取$x_1 = a^p, x_2 = b^q, \lambda_1 = \frac{1}{p}, \lambda_2 = \frac{1}{q}$,有

$$-\ln\left(\frac{a^p}{p} + \frac{b^q}{q}\right) \leqslant -\frac{1}{p}\ln a^p - \frac{1}{q}\ln b^q$$

由此得 $\qquad \frac{a^p}{p} + \frac{b^q}{q} \geqslant a+b.$

(ii)再证$n > 1$时结论成立.

在(i)所得不等式中,分别令$a = \dfrac{a_k}{\left(\sum\limits_{i=1}^{n}a_i^p\right)^{\frac{1}{p}}}, b = \dfrac{b_k}{\left(\sum\limits_{i=1}^{n}b_i^q\right)^{\frac{1}{q}}} (k=1,2,3,\cdots,n)$,得

$$\frac{a_k b_k}{\left(\sum\limits_{i=1}^{n}a_i^p\right)^{\frac{1}{p}}\left(\sum\limits_{i=1}^{i}b_i^q\right)^{\frac{1}{q}}} \leqslant \frac{1}{p}\frac{a_k^p}{\sum\limits_{i=1}^{n}a_i^p} + \frac{1}{q}\frac{b_k^q}{\sum\limits_{i=1}^{n}b_i^q}, (k=1,2,\cdots,n)$$

将上述n个不等式两端分别相加,去分母,得

$$\sum_{i=1}^{n}a_ib_i \leqslant \left(\sum_{i=1}^{n}a_i^p\right)^{\frac{1}{p}}\left(\sum_{i=1}^{n}b_i^q\right)^{\frac{1}{q}}.$$

■ 函数图像的讨论(教材上册P159)

解题过程 按与教材154页例题相同的方法和步骤求出下列各表,画出大致的草图,具体步骤从略.

(1)

x	$(-\infty,-5)$	-5	$(-5,-2)$	-2	$(-2,1)$	1	$\frac{1}{2}$	$(1,+\infty)$
y'	$+$	0	$-$	$-$	$-$	0	0	$+$
y''	$-$	$-$	$-$	0	$+$	$+$	0	$+$
y	增凹 ↗	极大值 $f(-5)=80$	减凹 ↘	拐点 $(-2,26)$	减凸 ↘	极小值 $f(1)=-28$	拐点 $\left(\frac{1}{2},\frac{1}{18}\right)$	增凸 ↗

图像如图 6-14(a) 所示.

(2)

x	$(-\infty,-1)$	-1	$(-1,0)$	0	$(0,\frac{1}{2})$	$(\frac{1}{2},+\infty)$
y'	$+$	不存在	$-$	0	$+$	$+$
y''	$-$	不存在	$+$		$+$	$-$
y	增凸 ↗	不存在	减凸 ↘	极小值 0	凸增 ↗	增凹 ↗

渐近线 $x=-1,y=\frac{1}{2}$,图像如图 6-14(b) 所示.

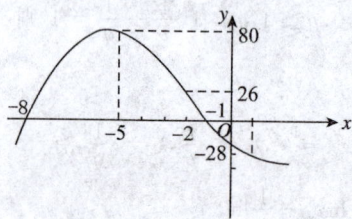

图 6-14(a)

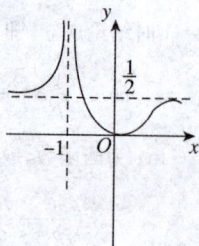

图 6-14(b)

(3)

x	$(-\infty,-1)$	-1	$(-1,0)$	0	$(0,1)$	1	$(1,+\infty)$
y'	$+$	0	$-$	$-$	$-$	0	$+$
y''	$-$	$-$	$-$	0	$+$	$+$	$+$
y	增凹 ↗	极大值 $f(-1)=\frac{\pi}{2}-1$	减凹 ↘	拐点 $(0,0)$	减凸 ↘	极小值 $f(1)=1-\frac{\pi}{2}$	增凸 ↗

渐近线 $y=x-\pi,y=x+\pi$;图像如图 6-14(c) 所示.

(4)

x	$(-\infty,1)$	1	$(1,2)$	2	$(2,+\infty)$
y'	$+$	0	$-$	$-$	$-$
y''	$-$	$-$	$-$	0	$+$
y	增凹 ↗	极大值 $f(1)=\frac{1}{e}$	减凹 ↘	拐点 $\left(2,\frac{2}{e^2}\right)$	减凸 ↘

渐近线 $y=0$;图像如图 6-14(d) 所示.

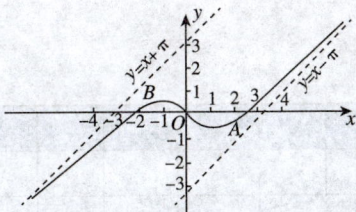

图 6-14(c)

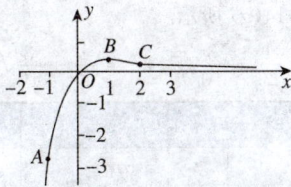

图 6-14(d)

（5）奇函数.

x	0	$(0, \frac{\sqrt{2}}{2})$	$\frac{\sqrt{2}}{2}$	$(\frac{\sqrt{2}}{2}, 1)$	1	$(1, +\infty)$
y'	0	$-$	$-$	$-$	0	$+$
y''	0	$-$	0	$+$	$+$	$+$
y	拐点 $(0,0)$	减凹 ↘	拐点 $(\frac{\sqrt{2}}{2}, -\frac{7}{8}\sqrt{2})$	减凸 ↘	极小值 -2	增凸 ↗

图像见图 6-14(e).

（6）偶函数.

x	0	$(0, \frac{\sqrt{2}}{2})$	$\frac{\sqrt{2}}{2}$	$(\frac{\sqrt{2}}{2}, +\infty)$
y'	0	$-$	$-$	$-$
y''	$-$	$-$	0	$+$
y	极大值 $f(0)=1$	减凹 ↘	拐点 $(\frac{\sqrt{2}}{2}, \frac{1}{\sqrt{e}})$	减凸 ↘

渐近线 $y=0$；图像如图 6-14(f) 所示.

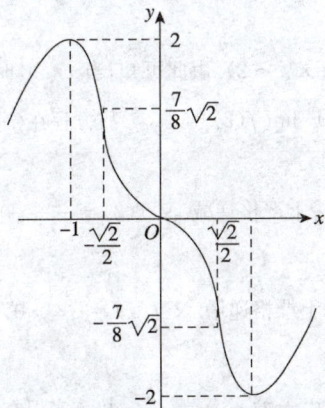

图 6-14(e)

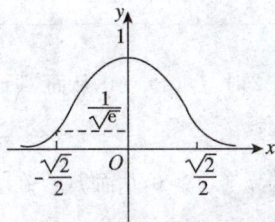

图 6-14(f)

（7）

x	$(-\infty, -\frac{1}{5})$	$-\frac{1}{5}$	$(-\frac{1}{5}, 0)$	0	$(0, \frac{2}{5})$	$\frac{2}{5}$	$(\frac{2}{5}, +\infty)$
y'	$+$	$+$	$+$	不存在	$-$	0	$+$
y''	$-$	0	$+$	不存在	$+$	$+$	$+$
y	增凹 ↗	拐点 $(-\frac{1}{5}, -\frac{6}{5}(\frac{1}{5})^{\frac{2}{3}})$	增凸 ↗	极大值 0	减凸 ↘	极小值 $-3\frac{\sqrt[3]{20}}{25}$	增凸 ↗

图像如图 6-14(g) 所示.

(8) 设 $x_1 = \frac{1}{2} - \frac{3}{10}\sqrt{5}$, $x_2 = \frac{1}{2} + \frac{3}{10}\sqrt{5}$.

x	$(-\infty, x_1)$	x_1	$(x_1, 0)$	0	$(0, \frac{1}{2})$	$\frac{1}{2}$	$(\frac{1}{2}, x_2)$	x_2	$(x_2, 2)$	2	$(2, +\infty)$
y'	$-$	$-$		不存在	$+$	0	$-$	$-$	$-$	0	$+$
y''	$+$	0	$-$	不存在	$-$	$-$	$-$	0	$+$	$+$	$+$
y	减凸 ↘	拐点 $(x_1, f(x_1))$	减凹 ↘	极小值 $f(0)=0$	增凹 ↗	极大值 $f(\frac{1}{2})$ $=\frac{9}{4}(\frac{1}{2})^{\frac{2}{3}}$	减凹 ↘	拐点 $(x_2, f(x_2))$	减凸 ↘	极小值 $f(2)=0$	增凸 ↗

图像如图 6-14(h) 所示.

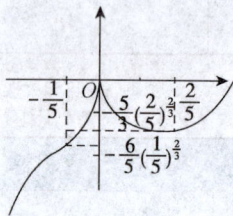

图 6-14(g)

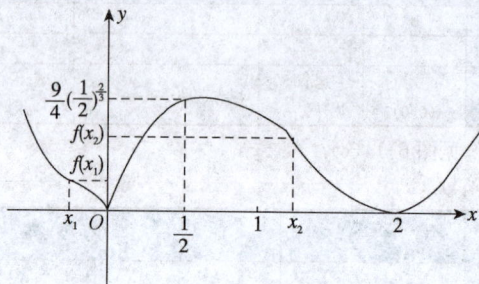

图 6-14(h)

方程的近似解（教材上册 P162）

1. **解题过程** 设 $f(x) = \frac{x^3}{3} - x^2 + 2$, 则 $f'(x) = x(x-2)$. 由此可知, 当 $x < 0$ 时, $f'(x) > 0$, 从而 $f(x)$ 在 $(-\infty, 0]$ 上严格递增. 又 $f(0) = 2 > 0$, $\lim\limits_{x \to -\infty} f(2) = -\infty$. 故方程在 $(-\infty, 0]$ 上存在唯一实根.

当 $0 < x < 2$ 时, $f'(x) < 0$, 从而 $f(x)$ 在 $[0, 2]$ 上严格递减. 又 $f(2) = \frac{2}{3} > 0$, 所以方程在 $[0, 2]$ 上没有实根.

当 $x > 2$ 时, $f'(x) > 0$, 从而 $f(x)$ 在 $[2, +\infty)$ 上严格递增. 又 $f(x) = \frac{2}{3} > 0$, 故方程在 $[2, +\infty)$ 上没有实根.

综上所述, 方程有唯一实根且在 $(-\infty, 0)$ 内. 又由于 $f(-2) = -\frac{14}{3}$, 故该实根在 $(-2, 0)$ 内. 现用牛顿切线法求方程近似解. 此时 $f''(x) = 2(x-1) < 0$, 故从点 $(-2, f(-2))$ 起开始迭代:

$$x_1 = -2 - \frac{f(-2)}{f'(-2)} = -1.417$$

$$x_2 = -1.417 - \frac{f(-1.417)}{f'(-1.417)} = -1.219$$

$$x_3 = -1.219 - \frac{f(-1.219)}{f'(-1.219)} = -1.196$$

$$x_4 = -1.196 - \frac{f(-1.196)}{f'(-1.196)} = -1.195$$

因此,取 $\varepsilon \approx -1.20$.

2. 解题过程 设 $f(x) = x - 0.538\sin x - 1$. 由于
$$f'(x) = 1 - 0.538\cos x > 0$$
所以 $f(x)$ 在 $(-\infty, +\infty)$ 上严格递增. 又因为
$$f(1) = -0.538\sin 1 = -0.451 < 0$$
$$f(2) = 1 - 0.538\sin 2 = 0.51 > 0$$
所以实根可能在区间 $[1,2]$ 上. 在此区间上, $f''(x) = 0.538\sin x > 0$, 故从点 $(2, f(2))$ 处开始迭代.
$$x_1 = 2 - \frac{f(2)}{f'(2)} = 2 - \frac{0.51}{1.219} = 1.582$$
现估计以 x_1 代替方程根 ξ 的误差, $|f'(x)|$ 在 $[1,2]$ 上的最小值 $m = f'(1) = 0.707$, 而 $f(x_1) = 0.582 - 0.538\sin 1.582 = 0.044$, 故
$$|x_1 - \xi| \leqslant \frac{|f(x_1)|}{m} = \frac{0.044}{0.707} = 0.062$$
此时精度只到小数点后一位数, 继续迭代.
$$x_2 = 1.582 - \frac{f(1.582)}{f'(1.582)} = 1.582 - 0.044 = 1.538$$
由于 $f(x_2) = 0.538(1 - \sin 1.538) = 0.0000538$, 此时
$$|x_2 - \xi| \leqslant \frac{|f(x_2)|}{m} = \frac{0.0000538}{0.707} < 0.001$$
因此, 取 $\xi = 1.538$ 可使精度达到 0.001.

总练习题(教材上册 P162)

1. 解题过程 令 $f(a) = f(b) = \lim\limits_{x \to a^+} f(x) = \lim\limits_{x \to b^-} f(x)$, 则 $f(x)$ 在闭区间 $[a,b]$ 内满足罗尔定理的条件, 于是存在一点 $\xi \in [a,b]$, 使 $f'(\xi) = 0$.

2. 解题过程 (1) 令 $f(t) = \sqrt{t}$, 在 $[x, x+1]$ 上应用拉格朗日定理, 有
$$\sqrt{x+1} - \sqrt{x} = \frac{1}{2\sqrt{x + \theta(x)}}, 0 < \theta(x) < 1$$
由上式得到 $\theta(x) = \frac{1}{4} + \frac{\sqrt{x^2 + x} - x}{2}, x \in [0, +\infty)$. 因 $\sqrt{x}(\sqrt{x+1} - \sqrt{x}) > 0$, 故 $\theta(x) > \frac{1}{4}$, 又因 $\sqrt{x}(\sqrt{x+1} - \sqrt{x}) = \frac{\sqrt{x}}{\sqrt{x+1} + \sqrt{x}} < \frac{\sqrt{x}}{\sqrt{x} + \sqrt{x}} = \frac{1}{2}$, 故 $\theta(x) < \frac{1}{2}$, 于是 $\frac{1}{4} < \theta(x) < \frac{1}{2}$, 得证.

(2) $\lim\limits_{x \to 0}\theta(x) = \lim\limits_{x \to 0}[\frac{1}{4} + \frac{1}{2}\sqrt{x}(\sqrt{x+1} - \sqrt{x})] = \frac{1}{4}$
$$\lim\limits_{x \to +\infty} \theta(x) = \lim\limits_{x \to +\infty}[\frac{1}{4} + \frac{\sqrt{x}}{2(\sqrt{x+1} + \sqrt{x})}] = \lim\limits_{x \to +\infty}[\frac{1}{4} + \frac{1}{2(\sqrt{1 + \frac{1}{x}} + 1)}]$$
$$= \frac{1}{4} + \frac{1}{4} = \frac{1}{2}.$$

3. 知识点窍 应用柯西中值定理.

逻辑推理 从题设要求可以看出 f 满足柯西中值定理条件,关键在于构建新的函数.

解题过程 $\because \dfrac{1}{a-b}\begin{vmatrix} a & b \\ f(a) & f(b) \end{vmatrix} = \dfrac{\dfrac{f(b)}{b}-\dfrac{f(a)}{a}}{\dfrac{1}{b}-\dfrac{1}{a}}$

假设 $G(x)=\dfrac{f(x)}{x}$,$H(x)=\dfrac{1}{x}$,$x \in [a,b]$

由假设可知,G,H 在 $[a,b]$ 上满足柯西中值定理条件.

$\therefore \exists \xi \in (a,b)$,使得

$$\dfrac{1}{a-b}\begin{vmatrix} a & b \\ f(a) & f(b) \end{vmatrix} = \dfrac{G(b)-G(a)}{H(b)-H(a)} = \dfrac{G'(\xi)}{H'(\xi)}$$
$$= f(\xi)-\xi f'(\xi)$$

4. 知识点窍 应用柯西中值定理.

逻辑推理 同学们有兴趣的话也可以试着利用罗尔定理去证明.

解题过程 不妨令 $F(x)=(x-a)^3$,$G(x)=f(x)-f(a)-\dfrac{1}{2}(x-a)[f'(a)+f'(x)]$

$\therefore F(x),G(x)$ 在 $[a,b]$ 上满足柯西中值定理条件.

$\therefore \exists \xi_1 \in (a,b)$,使得

$$\dfrac{G(b)-G(a)}{F(b)-F(a)} = \dfrac{G'(\xi_1)}{F'(\xi_1)}$$

$\because F(a)=0,G(a)=0.$ $F'(a)=0,G'(a)=0$

$\therefore \dfrac{G(b)}{F(b)} = \dfrac{G(b)-G(a)}{F(b)-F(a)} = \dfrac{G'(\xi_1)}{F'(\xi_1)} = \dfrac{G'(\xi_1)-G'(a)}{F'(\xi_1)-F'(a)}$

又 $\exists \xi \in (a,\xi_1) \subset (a,b)$,使得 $\dfrac{G(b)}{F(b)} = \dfrac{G''(\xi)}{F''(\xi)}$

$\because G''(x)=-\dfrac{1}{2}(x-a)f'''(x)$,$F''(x)=6(x-a)$

$$\dfrac{G(b)}{F(b)} = \dfrac{G''(\xi)}{F''(\xi)} = \dfrac{-\dfrac{1}{2}(\xi-a)f'(x)}{6(\xi-a)} = -\dfrac{f'''(\xi)}{12}$$

$\therefore$ 原命题得证.

5. 知识点窍 应用拉格朗日定理.

解题过程 假设 $f(x)=\ln(1+x)$,求导可得 $f'(x)=\dfrac{1}{1+x}$.

由拉格朗日中值定理可得

$$\ln(1+x) = \ln(1+x)-\ln 1 = \dfrac{x}{1+\theta x},0<\theta<1$$
$$\Rightarrow \dfrac{1}{\ln(1+x)} = \dfrac{1+\theta x}{x}$$
$$\Rightarrow \dfrac{1}{\ln(1+x)}-\dfrac{1}{x} = \dfrac{1+\theta x}{x}-\dfrac{1}{x} = \theta \in (0,1)$$

$\therefore 0 < \dfrac{1}{\ln(1+x)}-\dfrac{1}{x} < 1.$

6. 解题过程 (1) 当 $x \to 0$ 时,此为 1^∞ 型不定式极限,于是

$$\lim_{x \to 0}\ln f(x) = \lim_{x \to 0}\dfrac{\ln(a_1^x+\cdots+a_n^x)-\ln n}{x}$$

$$= \lim_{x \to 0} \frac{a_1^x \ln a_1 + \cdots + a_n^x \ln a_n}{a_1^x + \cdots + a_n^x} = \frac{\ln(a_1 \cdots a_n)}{n}$$

有 $\lim_{x \to 0} f(x) = \lim_{x \to 0} \mathrm{e}^{\ln f(x)} = \mathrm{e}^{\lim_{x \to 0} \ln f(x)} = \mathrm{e}^{\frac{\ln(a_1 \cdots a_n)}{n}} = \sqrt[n]{a_1 \cdots a_n}.$

(2) 设 $a_j = \max\{a_1, \cdots, a_n\}$，有

$$a_j \left(\frac{1}{n}\right)^{\frac{1}{x}} \leqslant f(x) = a_j \left(\frac{1}{n}\right)^{\frac{1}{x}} \left[\left(\frac{a_1}{a_j}\right)^x + \cdots + \left(\frac{a_n}{a_j}\right)^x\right]^{\frac{1}{x}}$$

$$\leqslant a_j \left(\frac{1}{n}\right)^{\frac{1}{x}} \times n^{\frac{1}{x}} = a_j$$

因为 $\lim_{x \to +\infty} \left(\frac{1}{n}\right)^{\frac{1}{x}} = 1$，于是由迫敛性得

$$\lim_{x \to \infty} f(x) = a_j = \max\{a_1, \cdots, a_n\}.$$

7. 解题过程 (1) 属于 0^0 型极限：

$$\lim_{x \to 1^-} (1-x^2)^{\frac{1}{\ln(1-x)}} = \lim_{x \to 1^-} \mathrm{e}^{\ln(1-x^2) \frac{1}{\ln(1-x)}} = \mathrm{e}^{\lim\limits_{x \to 1^-} \frac{\ln(1-x^2)}{\ln(1-x)}}$$

$$= \mathrm{e}^{1 + \lim\limits_{x \to 1^-} \frac{\ln(1+x)}{\ln(1-x)}} = \mathrm{e}^{1 + \lim\limits_{x \to 1^-} \frac{\frac{1}{1+x}}{\frac{1}{1-x}}} = \mathrm{e}^{1 - \lim\limits_{x \to 1^-} \frac{1-x}{1+x}} = \mathrm{e}.$$

(2) 属于 $\frac{0}{0}$ 型极限：

$$\lim_{x \to 0} \frac{x\mathrm{e}^x - \ln(1+x)}{x^2} = \lim_{x \to 0} \frac{\mathrm{e}^x + x\mathrm{e}^x - \frac{1}{1+x}}{2x} = \lim_{x \to 0} \frac{\mathrm{e}^x(1+x)^2 - 1}{2x(1+x)}$$

$$= \lim_{x \to 0} \frac{\mathrm{e}^x(1+x)^2 + \mathrm{e}^x \cdot 2(1+x)}{2+4x} = \lim_{x \to 0} \frac{\mathrm{e}^x(1+x)(3+x)}{4x+2} = \frac{3}{2}.$$

(3) 属于 $\frac{0}{0}$ 型极限，但不能使用洛必达法则.

$$\lim_{x \to 0} \frac{x^2 \sin \frac{1}{x}}{\sin x} = \lim_{x \to 0} \frac{x}{\sin x} \cdot x \sin \frac{1}{x} = 1 \cdot \lim_{x \to 0} x \sin \frac{1}{x} = 0.$$

8. 逻辑推理 将函数 f 展成带有 $n+2$ 阶拉格朗日余项的泰勒公式，利用拉格朗日定理化解.

解题过程 由 $f(a+h) = f(a) + f'(a)h + \cdots + \frac{f^{(n+1)}(a)}{(n+1)!}h^{n+1} + \frac{f^{(n+2)}(a)}{(n+2)!}h^{n+2} + o(h^{n+2})$

$$f^{(n+1)}(a+\theta h) = f^{(n+1)}(a) + f^{(n+2)}(a) \cdot \theta h + o(h)$$

得到 $\qquad \dfrac{f^{(n+2)}(a)}{(n+1)!} \theta h^{n+2} = \dfrac{f^{(n+2)}(a)}{(n+2)!} h^{n+2} + o(h^{n+2})$

由于 $f^{(n+2)}(a) \neq 0$，有 $\theta = \dfrac{1}{n+2} + o(1)(h \to 0)$

证毕.

9. 解题过程 令 $f(x) = \arctan x - kx, x \in [0, +\infty)$，则有

$$f(0) = 0, f'(x) = \frac{1}{1+x^2} - k, f'(0) = 1-k$$

因为 $f'(x)$ 是 $[0, +\infty)$ 上的严格递减函数，而且有

$$\lim_{x \to +\infty} f(x) = -\infty, \lim_{x \to +\infty} f'(x) = -k$$

当 $k \geqslant 1$ 时，$f'(x) < 0, x > 0$，于是 $f(x) < f(0) = 0, x > 0$，即

当 $k \geqslant 1$ 时，$f'(x) > 0, x \in [0, \sqrt{\frac{1-k}{k}})$；$f'(x) < 0, x \in (\sqrt{\frac{1-k}{k}}, +\infty)$，

于是 $f(x)$ 在 $[0,\sqrt{\dfrac{1-k}{k}}]$ 上严格递增,在区间 $[\sqrt{\dfrac{1-k}{k}},+\infty)$ 上严格递减,于是有 $f(\sqrt{\dfrac{1-k}{k}})>$

$f(0)=0,\lim\limits_{x\to+\infty}f(x)=-\infty$,根据连续函数的介值性定理和 $f(x)$ 的单调性,方程 $f(x)=0$ 在 $(\sqrt{\dfrac{1-k}{k}},$

$+\infty)$ 内有唯一正根 x_0.

10. **解题过程** 设 $p(x)=a_0x^n+a_1x^{n-1}+\cdots+a_{n-1}x+a_n,n=1,2,\cdots,a_0\neq0$.

又设 $a_0>0$,则 $p'(x)=na_0x^{n-1}+(n-1)a_1x^{n-2}+\cdots+a_{n-1}$.

当 n 为偶数时,$n-1$ 为奇数,因此有 $\lim\limits_{x\to-\infty}p'(x)=-\infty,\lim\limits_{x\to+\infty}p'(x)=+\infty$,故存在 $x_1<0,x_2>0$,

使得当 $x<x_1$ 时,$p'(x)<0$,当 $x>x_2$ 时,$p'(x)>0$.

(1) 在 $(-\infty,x_1)$ 内 $p(x)$ 严格递减,在 $(x_2,+\infty)$ 内 $p(x)$ 严格递增.

(2) 当 n 为奇数时,$n-1$ 为偶数,则 $\lim\limits_{x\to-\infty}p'(x)=\lim\limits_{x\to+\infty}p'(x)=+\infty$,故存在 $x_0>0$,使得当 $|x|$

$>x_0$ 时,$p'(x)>0$.

令 $x_1=-x_0,x_2=x_0$,则 $p(x)$ 在 $(-\infty,x_1)$ 与 $(x_2,+\infty)$ 内分别严格递增.

11. **解题过程** (1) $\lim\limits_{x\to0}\dfrac{f(x)-f(0)}{x-0}=\lim\limits_{x\to0}\dfrac{\dfrac{x}{2}+x^2\sin\dfrac{1}{x}}{x}=\lim\limits_{x\to0}(\dfrac{1}{2}+x\sin\dfrac{1}{x})=\dfrac{1}{2}+0=\dfrac{1}{2}$,

故 $f(x)$ 在 $x=0$ 点可导,$f'(0)=\dfrac{1}{2}$.

(2) 当 $x\neq0$ 时,$f'(x)=\dfrac{1}{2}+2x\sin\dfrac{1}{x}-\cos\dfrac{1}{x}$,$f'(x)$ 在 $x=0$ 的任何邻域内都不能保持相同

符号. 对一切正整数 k,有

$$f'(\dfrac{1}{2k\pi})=-\dfrac{1}{2},f'[\dfrac{1}{(2k+1)\pi}]=\dfrac{3}{2}$$

而 $\lim\limits_{k\to\infty}\dfrac{1}{2k\pi}=\lim\limits_{k\to\infty}\dfrac{1}{(2k+1)\pi}=0$,故 $f(x)$ 在 $x=0$ 的任何邻域内都不单调.

12. **知识点窍** 带有拉格朗日型余项的泰勒公式.

逻辑推理 将 $f(\dfrac{a+b}{2})$ 分别在 a,b 展开为二阶拉格朗日余项的泰勒公式,相减求得.

解题过程 将 $f(\dfrac{a+b}{2})$ 分别在 a,b 展开为二阶拉格朗日余项的泰勒公式.

$$f(\dfrac{a+b}{2})=f(a)+f'(a)\dfrac{b-a}{2}+\dfrac{f''(\xi_1)}{2}(\dfrac{b-a}{2})^2,a<\xi_1<\dfrac{a+b}{2} \qquad ①$$

$$f(\dfrac{a+b}{2})=f(b)+f'(b)\dfrac{a-b}{2}+\dfrac{f''(\xi_2)}{2}(\dfrac{a-b}{2})^2,\dfrac{a+b}{2}<\xi_2<b. \qquad ②$$

②－① 得,$|f(b)-f(a)|\leqslant\dfrac{(a-b)^2}{8}[|f''(\xi_2)|+|f''(\xi_1)|]$.

设 $|f''(\xi)|=\max\{|f''(\xi_1)|,|f''(\xi_2)|\}$,

有 $|f''(\xi)|\geqslant\dfrac{4}{(b-a)^2}|f(b)-f(a)|$

13. **解题过程** $f(x)$ 在 $(0,a)$ 内取得最大值,也就是说,最大值不在端点处取到,一定是极大值. 设该

点为 ξ,则 $f'(\xi)=0,f''(\xi)<0$,不妨设 $f'(0)>0,f'(a)<0$,则

左边 $=f'(0)-f'(a)=f''(\xi_1)\cdot a$

其中 $\xi_1\in(0,a)$,而 $|f''(\xi_1)|\leqslant M$,故 $|f'(0)|+|f'(a)|\leqslant Ma$ 成立.

14. **解题过程** 令 $g(x)=e^{-x}f(x),x\in[0,+\infty)$,则

$$g(0)=f(0)=0,g(x)\geqslant0,x\in(0,+\infty) \qquad ①$$

数学分析(第四版·上册)同步辅导及习题全解

由 $g'(x)=\mathrm{e}^{-x}(f'(x)-f(x))\leqslant 0,x\in[0,+\infty)$,因此 $g(x)$ 在$[0,+\infty)$ 上单调递减,

$g(x)\leqslant g(0)=0,x\in[0,+\infty)$ ②

由 ①② 可知

$g(x)\equiv 0\Rightarrow f(x)\equiv 0,x\in[0,+\infty)$.

15. 知识点窍 反证法.

解题过程 假设 f 在$[x_0,x_1]$ 上不恒为 0.

由题意可知,f 在$[x_0,x_1]$ 上有最大值和最小值.

又 $\because f(x_0)=f(x_1)=0$,不妨设 $x_2\in(x_0,x_1)$,x_2 为 f 的最大值点.

$\therefore f(x_2)>0,f'(x_2)=0,f''(x_2)\leqslant 0$

即 $0\geqslant f''(x_2)=f(x_2)>0$

与假设矛盾,$\therefore$ 命题得证.

16. 解题过程 半径为 r 的圆内接正 n 边形的面积为

$$\delta(n)=\frac{1}{2}r^2 n\sin\frac{2\pi}{n}$$

小提示 半径为r的圆内接正n边形的面积为 $S(n)=\frac{1}{2}r^2 n\sin\frac{2\pi}{n}$

令 $g(x)=\frac{1}{2}r^2 x\sin\frac{2\pi}{x},x\geqslant 3$

$\Rightarrow g'(x)=\frac{1}{2}r^2\left(\sin\frac{2\pi}{x}-\frac{2\pi}{x}\cos\frac{2\pi}{x}\right)$

当 $3\leqslant x\leqslant 4$ 时,$\frac{\pi}{2}\leqslant\frac{2\pi}{x}\leqslant\frac{2\pi}{3}$

$\therefore g'(x)>0$,而当 $x>4$ 时,

$g'(x)=\frac{1}{2}r^2\cos\frac{2\pi}{x}\left(\tan\frac{2\pi}{x}-\frac{2\pi}{x}\right)>0,x>4$.

$\therefore g(x)$ 在$[3,+\infty)$ 严格递增.

$\therefore\delta(n)$ 随 n 的增加而增加.

17. 知识点窍 充要条件需要从两个方向分别去证明.

解题过程 必要条件:

设 $f(x)$ 为 I 上的凸函数,则对任意的 $\lambda_1,\lambda_2\in[0,1]$ 及 $k\in(0,1)$,有

$\varphi(k\lambda_1+(1-k)\lambda_2)$

$=f[(k\lambda_1+(1-k)\lambda_2)\cdot x_1+(1-k\lambda_1-(1-k)\lambda_2)\cdot x_2]$

$=f[k(\lambda_1 x_1+(1-\lambda_1)x_2)+(1-k)(\lambda_2 x_1+(1-\lambda_2)x_2)]$

$\leqslant kf(\lambda_1 x_1+(1-\lambda_1)x_2)+(1-k)f(\lambda_2 x_1+(1-\lambda_2)x_2)$

$=k\varphi(\lambda_1)+(1-k)\varphi(\lambda_2)$

按定义,$\varphi(x)$ 为$[0,1]$ 上的凸函数.

充分条件:

设 $\varphi(x)$ 为$[0,1]$ 上的凸函数,则对任意的 $x_1,x_2\in I$ 及 $\lambda\in(0,1)$,有

$f(\lambda x_1+(1-\lambda)x_2)=\varphi(\lambda)=\varphi(\lambda\cdot 1+(1-\lambda)\cdot 0)$

$\leqslant\lambda\varphi(1)+(1-\lambda)\varphi(0)$

$=\lambda f(x_1)+(1-\lambda)f(x_2)$

按定义,$f(x)$ 为 I 上的凸函数.

18. 知识点窍 拉格朗日定理、归结原则、归纳法.

逻辑推理 对(2)的证明,感兴趣的同学可以采用归纳法和展开泰勒公式两种方式去证明.

第六章 微分中值定理及其应用

解题 **过程** (1) 因为 $\lim\limits_{x\to+\infty}f(x)$ 存在,由函数极限的柯西准则知,对 $\forall\varepsilon_k>0(\varepsilon_k\to0)$,$\exists X_k$,当 x',

$x''>X_k$ 时,$|f(x')-f(x'')|<\varepsilon_k$

取正整数 $n_k>X_k$(且 $n_{k+1}>n_k+1$),有

$$|f(n_k+1)-f(n_k)|<\varepsilon_k$$

利用拉格朗日定理,对 $\exists\xi_k,n_k<\xi_k<n_k+1$,使

$$|f'(\xi_k)|<\varepsilon_k$$

于是 $\lim\limits_{k\to\infty}|f'(\xi_k)|=0$

因为 $\lim\limits_{x\to+\infty}f'(x)$ 存在,由归结原则可知

$$\lim\limits_{x\to+\infty}f'(x)=0.$$

(2) 把函数 $f(x+j)(j=1,2,\cdots,n-1)$ 在点 x 处泰勒展开到 n 阶余项,有

$$f(x+j)=f(x)+\frac{f'(x)}{1!}j+\cdots+\frac{f^{(n-1)}(x)}{(n-1)!}j^{n-1}+\frac{f^{(n)}(\xi_j)}{n!}j^n,$$

$$j=1,2,\cdots,n-1,\quad x<\xi_j<x+j$$

把 $f'(x),f''(x),\cdots,f^{(n-1)}(x)$ 看作变量,解出上述线性方程组,这些导数可以表示为 $f(x+j)$ $-f(x),f^{(n)}(\xi_j),(j=1,2,\cdots,n-1)$ 的线性组合. 由题设条件: $\lim\limits_{x\to+\infty}f(x),\lim\limits_{x\to+\infty}f^{(n)}$ 存在,故有

$$\lim\limits_{x\to+\infty}(f(x+j)-f(x))=0,\lim\limits_{x\to+\infty}f^{(n)}(\xi_j)\text{ 存在},(j=1,2,\cdots,n-1).$$

于是 $\lim\limits_{x\to+\infty}f^{(k)}(x),(k=1,2,\cdots,n-1)$ 存在. 由(1)可知:从 $\lim\limits_{x\to+\infty}f^{(n-1)}(x),\lim\limits_{x\to+\infty}f^{(n)}(x)$ 存在,可得

$$\lim\limits_{x\to+\infty}f^{(n)}(x)=0$$

由前面所证得

$$\lim\limits_{x\to+\infty}f^{(k)}(x)=0,(k=1,2,\cdots,n-1).$$

19. **知识** **点窍** 导数介值性定理.

解题 **过程** 反证法:假设 $f''(x)\neq0$,由导数介值性定理可知

$$f''(x)>0(\text{或}<0)(x\in(-\infty,+\infty))$$

不妨令 $f''(x)>0,x\in(-\infty,+\infty),\therefore f(x)$ 为严格凸函数.

且 $f'(x)$ 严格递增

$\therefore\exists\xi$,使 $f'(\xi)\neq0$,且

$$f(x)>f(\xi)+f'(\xi)(x-\xi)$$

若 $f'(\xi)>0$,有

$$\lim\limits_{x\to+\infty}f(x)>\lim\limits_{x\to+\infty}[f(\xi)+f'(\xi)(x-\xi)]=+\infty$$

同理,若 $f'(\xi)<0,f(x)$ 上无下界.

$\therefore$ 与假设矛盾,原命题得证.

走近考研

1. (2014 数学一)设函数 $f(x)$ 具有二阶导数,$g(x)=f(0)(1-x)+f(1)x$,则在 $[0,1]$ 上(　　　).

A. 当 $f'(x)\geqslant0$ 时,$f(x)\geqslant g(x)$ 　　　　B. 当 $f'(x)\geqslant0$ 时,$f(x)\leqslant g(x)$

C. 当 $f''(x)\leqslant0$ 时,$f(x)\geqslant g(x)$ 　　　　D. 当 $f''(x)\leqslant0$ 时,$f(x)\leqslant g(x)$

知识 **点窍** 此题考查的是曲线的凹凸性的定义及判断方法.

分析过程 1　如果对曲线在区间 $[a,b]$ 上凹凸的定义比较熟悉的话,可以直接作出判断. 如果对区间上任意两点 x_1,x_2 及常数 $0\leqslant\lambda\leqslant1$,恒有 $f((1-\lambda)x_1+\lambda x_2)\geqslant(1-\lambda)f(x_1)+\lambda f(x_2)$,则曲线是凸的.

显然此题中 $x_1=0,x_2=1,\lambda=x$,则 $(1-\lambda)f(x_1)+\lambda f(x_2)=f(0)(1-x)+f(1)x=g(x)$,而 $f((1-\lambda)x_1+\lambda x_2)=f(x)$,

故当 $f''(x)\leqslant0$ 时,曲线是凸的,即 $f((1-\lambda)x_1+\lambda x_2)\geqslant(1-\lambda)f(x_1)+\lambda f(x_2)$,也就是 $f(x)\geqslant g(x)$,应该选 C.

分析过程 2　如果对曲线在区间 $[a,b]$ 上凹凸的定义不熟悉的话,可令 $F(x)=f(x)-g(x)=f(x)-f(0)(1-x)-f(1)x$,则 $F(0)=F(1)=0$,且 $F''(x)=f''(x)$,故当 $f''(x)\leqslant0$ 时,曲线是凸的,从而 $F(x)\geqslant F(0)=F(1)=0$,即 $F(x)=f(x)-g(x)\geqslant0$,也就是 $f(x)\geqslant g(x)$,应该选 C.

2. (2010 数学三) 设函数 $f(x)$、$g(x)$ 具有二阶导数,且 $g(x_0)=a,g(x_0)=a$ 是 $g(x)$ 的极值,则 $f[g(x)]$ 在 x_0 处取得极大值的一个充分条件是(　　).

A. $f'(a)<0$　　　B. $f'(a)>0$　　　C. $f''(a)<0$　　　D. $f''(a)>0$

分析过程　记 $h(x)=f(g(x))$,在 x_0 处取得极大值的一个充分条件:

$$\begin{cases}h'(x_0)=f'(g(x_0))\cdot g'(x_0)=0\\h''(x_0)=f''(g(x_0))\cdot(g'(x_0))2+f'(g(x_0))\cdot g''(x_0)\neq0\end{cases}$$

因为 $g(x_0)=a$,又有 $g'(x_0)=0,g''(x)<0\Rightarrow\begin{cases}h'(x_0)=f'(a)\cdot g'(x_0)=0\\h''(x_0)=f'(a)\cdot g''(x_0)<0\end{cases}$

必有 $f'(a)>0$,故选 B.

3. (2013 数学三) 设函数 $f(x)$ 在 $[0,+\infty)$ 上可导,$f(a)=0$ 且 $\lim\limits_{x\to+\infty}f(x)=2$.证明:

(Ⅰ) 存在 $a>0$,使得 $f(a)=1$;

(Ⅱ) 对(Ⅰ)中的 a,存在 $\xi\in(0,a)$,使得 $f'(\xi)=\dfrac{1}{a}$.

分析　(Ⅰ) 利用零点定理证明存在 $a>0$,使得 $f(a)=1$. 关键是找一点 c,使得 $F(x)=f(x)-1$ 在区间 $[0,c]$ 两个端点处的函数值异号,对此可利用极限保号性定理来完成;

(Ⅱ) 构造辅助函数 $F(x)=f(x)-\dfrac{1}{a}x$,由罗尔定理推出结论.

解题过程　(Ⅰ) 因为 $\lim\limits_{x\to+\infty}f(x)=2>\dfrac{3}{2}$,从而由极限的保号性定理可得,存在 $X>0$,

当 $x>X$ 时,恒有 $f(x)>\dfrac{3}{2}$.

取 $c\in(X,+\infty)$,则 $f(c)>\dfrac{3}{2}$,

构造辅助函数 $F(x)=f(x)-1$,

由题设可知 $F(x)$ 在 $[0,c]$ 上连续,且 $F(0)=f(0)-1=-1<0$,又 $F(c)=f(c)-1>0$.

于是由闭区间上连续函数零点定理可得:存在 $a\in(0,c)\subset(0,+\infty)$,使得 $f(a)=1$.

(Ⅱ) 对(Ⅰ)中的 a,令 $F(x)=f(x)-\dfrac{1}{a}x$,则 $F(x)$ 在 $[0,a]$ 上连续,在 $(0,a)$ 内可导,且 $F(0)=F(a)=0$,从而由罗尔定理可得

存在 $\xi\in(0,a)$,使得 $F'(\xi)=0$,即 $f'(\xi)=\dfrac{1}{a}$.

4. 求 $\ln(1+x-x^2)$ 的带有佩亚诺型余项的麦克劳林公式到 x^4 项.

解题过程 把 $\ln(1+x)$ 的麦克劳林公式中的 x 换为 $x-x^2$，可得

$$\ln(1+x-x^2) = x-x^2 - \frac{1}{2}(x-x^2)^2 + \frac{1}{3}(x-x^2)^3 - \frac{1}{4}(x-x^2)^4 + o(x-x^2)$$

注意
$$(x-x^2)^2 = x^2 - 2x^3 + x^4,$$
$$(x-x^2)^3 = x^3(1-x)^3 = x^3(1-3x+3x^2-x^3) = x^3 - 3x^4 + o(x^4),$$
$$(x-x^2)^4 = x^4(1-x)^4 = x^4 + o(x^4).$$
$$o((x-x^2)^4) = o((1-x)^4 x^4) = o(x^4),$$

代入即得 $\ln(1+x-x^2) = x-x^2 - \frac{1}{2}(x^2-2x^3+x^4) + \frac{1}{3}\left[x^3 - 3x^4 + o(x^4)\right]$

$$- \frac{1}{4}\left[x^4 + o(x^4)\right] + o(x^4)$$

$$= x - \frac{3}{2}x^2 + \frac{4}{3}x^3 - \frac{7}{4}x^4 + o(x^4)$$

5. 求极限 $\displaystyle\lim_{x\to 0} \frac{\sqrt{1+x^3} - \left(1-x+\frac{x^2}{2}\right)e^x}{\tan x - x}.$

解题过程 利用 $\tan x = \dfrac{\sin x}{\cos x}$ 与极限的四则运算法则可得

$$\lim_{x\to 0} \frac{\sqrt{1+x^3} - \left(1-x+\frac{x^2}{2}\right)e^x}{\sin x - x\cos x} \cdot \cos x = \lim_{x\to 0} \frac{\sqrt{1+x^3} - \left(1-x+\frac{x^2}{2}\right)e^x}{\sin x - x\cos x}$$

把带有佩亚诺余项的麦克劳林公式

$$e^x = 1 + x + \frac{x^2}{2} + \frac{x^3}{6} + o(x^3), \quad \sqrt{1+x^3} = 1 + \frac{1}{2}x^3 + o(x^3),$$

$$\sin x = x - \frac{x^3}{6} + o(x^3), \qquad \cos x = 1 - \frac{x^2}{2} + o(x^2)$$

代入可得 $\left(1-x+\frac{x^2}{2}\right)e^x = \left(1-x+\frac{x^2}{2}\right)\left[1+x+\frac{x^2}{2}+\frac{x^3}{6}+o(x^3)\right] = 1 + \frac{x^3}{6}$

$$+ o(x^3).$$

$$\sin x - x\cos x = x - \frac{x^3}{6} + o(x^3) - x\left[1 - \frac{x^2}{2} + o(x^2)\right] = \frac{x^3}{3} + o(x^3).$$

故 $\displaystyle\lim_{x\to 0} \frac{\sqrt{1+x^3} - \left(1-x+\frac{x^2}{2}\right)e^x}{\tan x - x} = \lim_{x\to 0} \frac{1+\frac{x^3}{2}+o(x^3) - 1 - \frac{x^3}{6}+o(x^3)}{\frac{x^3}{3}+o(x^3)}$

$$= \lim_{x\to 0}\left(\frac{\frac{x^3}{3}+o(x^3)}{\frac{x^3}{3}+o(x^3)}\right)\lim_{x\to 0}\left(\frac{\frac{1}{3}+\frac{o(x^2)}{x^3}}{\frac{1}{3}+\frac{o(x^3)}{x^3}}\right) = \frac{3}{3} = 1.$$

在用带有佩亚诺余项的泰勒公式求 "$\frac{0}{0}$" 未定式的极限 $\displaystyle\lim_{x\to 0}\frac{f(x)}{g(x)}$ 时，只需分别写出 $g(x)$ 的如下形式的泰勒公式即可：

$$f(x) = A(x-a)^n + o((x-a)^n).$$
$$g(x) = B(x-a)^m + o((x-a)^m).$$

其中系数 A, B 都不等于 0，而 n 与 m 是正整数，代入可得

$$\lim_{x\to 0}\frac{f(x)}{g(x)} = \lim_{x\to 0}\frac{A(x-a)^n + o((x-a)^n)}{B(x-a)^n + a((x-a)^n)}$$

$$\frac{A}{B} \lim_{x \to 0} (x-a)^{e-n} = \begin{cases} \infty, & 1 \leqslant n < m, \\ \dfrac{A}{B}, & n = m. \\ 0, & n > m. \end{cases}$$

6. 设函数 $f(x)$ 在 $x=0$ 的某邻域中二阶可导,且 $\lim_{x \to 0} \dfrac{2\sin x + xf(x)}{x^3} = 0$,求 $f(0)$,$f'(0)$ 与 $f''(0)$ 之值.

解题过程　　**解法一**　利用 $\sin x$ 的 $f(x)$ 的麦克劳林公式

$$\sin x = x - \frac{x^3}{6} + o(x^3) \cdot f(x) = f(0) + f'(0) + \frac{1}{2}f''(0)x^2 + o(x^2).$$

代入可得　　$0 = \lim_{x \to 0} \dfrac{2\sin x + xf(x)}{x^3}$

$$= \lim_{x \to 0} \frac{[2+f(0)]x + f'(0)x^2 + \left[\frac{1}{2}f'(0) - \frac{1}{3}\right]x^3 + o(x^3)}{x^3}$$

$$= \lim_{x \to 0} \left[\frac{2+f(0)}{x^2} + \frac{f'(0)}{x}\right] + \frac{1}{2}f''(0) - \frac{1}{3}.$$

即　　　　$\lim_{x \to 0} \dfrac{2+f(0)+f'(0)x}{x^2} = \dfrac{1}{3} - \dfrac{1}{2}f''(0),$　　　　　　（＊）

由此可得　　$2+f(0) = 0$ 且 $f'(0) = 0$,从而 $f''(0) - \dfrac{2}{3}$

因为若 $2+f(0) \neq 0$,对任何 $f'(0)$,（＊）式左端都是无穷大量,从而导致矛盾,这表明必有 $2+f(0) = 0$,即 $f(0) = -2$,从而（＊）式又可改写为

$$\lim_{x \to 0} \frac{f'(0)}{x} = \frac{1}{3} - \frac{1}{2}f''(0).$$

同理,若 $f'(0) \neq 0$,则上式左端是无穷大量,同样导致矛盾,这表明必有 $f'(0) = 0$,故上面的式子其实就是 $\dfrac{1}{3} - \dfrac{1}{2}f''(0) = 0$,即 $f''(0) = \dfrac{2}{3}$.

综合得 $f(0) = -2$,$f'(0) = 0$,$f''(0) = \dfrac{2}{3}$.

解法二　由极限与无穷小量的关系得

$\dfrac{2\sin x + xf(x)}{x^3} = a(x)$,$x \to 0$ 时 $a(x)$ 为无穷小量.

又 $\sin x = x - \dfrac{1}{6}x^3 + o(x^3)$.代入得

$$xf(x) = -2\sin x + x^3 a(x) = -2\left(x - \frac{1}{6}x^3\right) + o(x^3)$$

$$f(x) = -2 + \frac{1}{3}x^2 + o(x^2).$$

由泰勒公式的唯一性得

$$f(0) = -2, \quad f'(0) = 0, \quad f''(0) = \frac{2}{3}.$$

评注　把本题的有关结论一般化可得:设函数 $f(x)$ 在点 $x=a$ 具有 n 阶导数,且 $\lim_{x \to a} \dfrac{f(x)}{(x-a)^n} = A$,其中 A 是一个常数,则 $f(a) = f'(a) = \cdots = f^{(n-1)}(a) = 0$,$f^{(n)}(a) = a!n$.

7. (1)确定常数 a,b,c 的值,使得函数 $f(x)=x+ax^5+(b+cx^2)\tan x=o(x^5)$,其中 $o(x)$ 是当 $x\to 0$ 时比 x^5 高阶的无穷小量.

(2)确定常数 a 与 b 的值,使得函数 $f(x)=x-(a+b\cos x)\sin x$ 当 $x\to 0$ 时成为尽可能高阶的无穷小量.

解题过程 (1)**方法1** 用极限的方法确定常数 a,b,c 的值,注意 $f(x)=o(x^5)$,即 $\lim\limits_{x\to 0}\dfrac{f(x)}{x^5}=0$. 由此可得 $\lim\limits_{x\to 0}\dfrac{f(x)}{x^3}=\lim\limits_{x\to 0}\dfrac{f(x)}{x}=0$,这样就有

$$0=\lim_{x\to 0}\frac{f(x)}{x}=1+\lim_{x\to 0}\Big[ax^4+(b+cx^2)\frac{\tan x}{x}\Big]=1+b\Leftrightarrow b=-1.$$

$$0=\lim_{x\to 0}\frac{f(x)}{x^3}=\lim_{x\to 0}\Big[\frac{x-\tan x}{x^3}+ax^2+c\frac{\tan x}{x}\Big]=c+\lim\frac{x-\tan x}{x^2}$$

$$=c+\frac{1}{3}\lim_{x\to 0}\frac{1-\dfrac{1}{\cos^2 x}}{x^2}=c-\frac{1}{3}\lim_{x\to 0}\frac{1-\cos^2 x}{x^2\cos^2 x}=c-\frac{1}{3}\lim_{x\to 0}\frac{\tan^2 x}{x^2}$$

$$=c-\frac{1}{3}\Leftrightarrow c=\frac{1}{3}.$$

从而 $0=\lim\limits_{x\to 0}\dfrac{f(x)}{x^5}=a+\lim\limits_{x\to 0}\dfrac{x-\tan x+\dfrac{1}{3}x^2\tan x}{x^5}=a+\dfrac{1}{3}\lim\limits_{x\to 0}\dfrac{3(x-\tan x)+x^2\tan x}{x^5}$

这表明

$$a=-\frac{1}{3}\lim_{x\to 0}\frac{3(x-\tan x)+x^2\tan x}{x^5}=-\frac{1}{3}\lim_{x\to 0}\frac{3(x\cos x-\sin x)+x^2\sin x}{x^5\cos x}.$$

$$=-\frac{1}{3}\lim_{x\to 0}\frac{3(x\cos x-\sin x)+x^2\sin x}{x^5}$$

$$=-\frac{1}{15}\lim_{x\to 0}\frac{3(\cos x-x\sin x-\cos x)+2x\sin x+x^2\cos x}{x^4}$$

$$=\frac{1}{15}\lim_{x\to 0}\frac{x\cos x-\sin x}{x^3}=\frac{1}{45}\lim_{x\to 0}\frac{\cos x-x\sin x-\cos x}{x^2}=-\frac{1}{45}.$$

故常数 a,b,c 的值分别是 $a=-\dfrac{1}{45},b=-1,c=\dfrac{1}{3}$.

方法2 用 $\tan x$ 的带有佩亚诺余项的麦克劳林公式求解,因 $\tan x$ 是奇函数,从而 $\tan x$ 的带有佩亚诺余项的麦克劳林公式可设为 $\tan x=ax+bx^3+cx^5+o(x^5)$. 又 $\sin x=x-\dfrac{x^3}{3!}+\dfrac{x^5}{5!}+o(x^5)$,$\cos x=1-\dfrac{x^2}{2!}+\dfrac{x^4}{4!}+o(x^4)$,代入 $\sin x=\tan x\cdot\cos x$ 即得

$$x-\frac{x^3}{6}+\frac{x^5}{120}+o(x^5)=\Big[1-\frac{x^2}{2}+\frac{x^4}{24}+o(x^4)\Big]x[ax+bx^3+cx^3+o(x^5)]$$

故 $a=1,b=-\dfrac{a}{2}=-\dfrac{1}{6},c-\dfrac{b}{2}+\dfrac{a}{24}=\dfrac{1}{120}$,即 $b=\dfrac{1}{3},c=\dfrac{2}{15}$. 这样就有

$$\tan x=x+\frac{1}{3}x^3+\frac{2}{15}x^3+o(x^5).$$

利用所得的 $\tan x$ 的麦克劳林公式就有

$$f(x)=x+ax^5+(b+cx^2)\Big[x+\frac{1}{3}x^3+\frac{5}{12}x^5+o(x^5)\Big]$$

$$=(1+b)x+\Big(c+\frac{b}{3}\Big)x^3+\Big(a+\frac{c}{3}+\frac{2}{15}\Big)x^5+o(x^5).$$

从而符合要求的 a,b,c 应满足 $1+b=0, c+\dfrac{b}{3}=0, a+\dfrac{c}{3}+\dfrac{2}{15}=0.$

即 $b=-1, c=\dfrac{1}{3}, a=-\dfrac{2}{15}+\dfrac{1}{9}=-\dfrac{1}{45}$

方法 3 还有一种用洛必达法则求极限的方法确定常数 a,b 和 c, 由于 $f(x)=o(x^5)$, 于是

$$0=\lim_{x\to 0}\frac{x+ax^5+(b+cx^2)\tan x}{x^5}=a+\lim_{x\to 0}\frac{x+(b+cx^2)\tan x}{x^5}$$

从而 $\qquad a=-\lim_{x\to 0}\dfrac{x+(b+cx^2)\tan x}{x^5}=-\dfrac{1}{5}\lim_{x\to 0}\dfrac{1+2cx\tan x+\dfrac{b+cx^2}{\cos^2 x}}{x^4}$

这表明极限 $\lim_{x\to 0}\dfrac{1+2cx\tan x+\dfrac{b+cx^2}{\cos^2 x}}{x^4}=-5a$, 从而分子当 $x\to 0$ 时的极限为 0, 即

$$0=\lim_{x\to 0}\left(1+cx\tan x+\frac{cx^2+b}{\cos^2 x}\right)=1+b\Leftrightarrow b=-1.$$

代入又有

$$-5a=\lim_{x\to 0}\frac{1+2cx\tan x+\dfrac{cx^2-1}{\cos^2 x}}{x^4}=\lim_{x\to 0}\frac{\cos^2 x+cx\sin 2x+cx^2-2}{x^4\cos^2 x}$$

这仍然是 “$\dfrac{0}{0}$” 型的不定式, 利用 $\lim_{x\to 0}\cos x=1.$ 从上式可得

$$-5a=\lim_{x\to 0}\frac{cx\sin 2x+cx^2-\sin^2 x}{x^4}=\lim_{x\to 0}\frac{c\left(1+\dfrac{\sin 2x}{x}\right)-\left(\dfrac{\sin x}{x}\right)^2}{x^2}$$

利用右端极限中的分子当 $x\to 0$ 时的极限为 0, 得 $3c-1=0\Leftrightarrow c=\dfrac{1}{3}.$

最后计算 a, 应有

$$a=-\lim_{x\to 0}\frac{x+(b+cx^2)\tan x}{x^3}=-\lim_{x\to 0}\frac{x+\left(\dfrac{x^2}{3}-1\right)\tan x}{x^5}=-\frac{1}{45}$$

(最后一步参阅方法 1 中的计算结果.)

(2) 先作恒等变形: $f(x)=x-a\sin x-\dfrac{1}{2}b\sin 2x$, 再利用泰勒展开式.

由 $\sin x=x-\dfrac{x^5}{120}+o(x^6), \sin 2x=2x-\dfrac{(2x)^3}{6}+\dfrac{(2x)^5}{120}+o(x^6)=2x-\dfrac{4}{3}x^3+\dfrac{4}{15}x^5+o(x^6)$

可得 $\qquad f(x)=(1-a-b)x+\left(\dfrac{a}{6}+\dfrac{2b}{3}\right)x^3-\left(\dfrac{a}{120}+\dfrac{2b}{15}\right)x^5+o(x^5).$

欲使 $f(x)$ 当 $x\to 0$ 时是尽可能高阶的无穷小量, 应设上式中 x 与 x^3 的系数为零, 即 $1-a-b=0, \dfrac{a}{6}+\dfrac{2b}{3}=0.$ 解之得 $a=\dfrac{4}{3}, b=-\dfrac{1}{3}.$ 这时

$$f(x)=\left(\frac{4}{360}-\frac{2}{45}\right)x^5+o(x^5)=\frac{1}{30}x^5+o(x^5).$$

即 $f(x)$ 为 $x\to 0$ 时关于 x 的五阶无穷小量.

第七章

实数的完备性

本章导航

本章知识结构图如下：

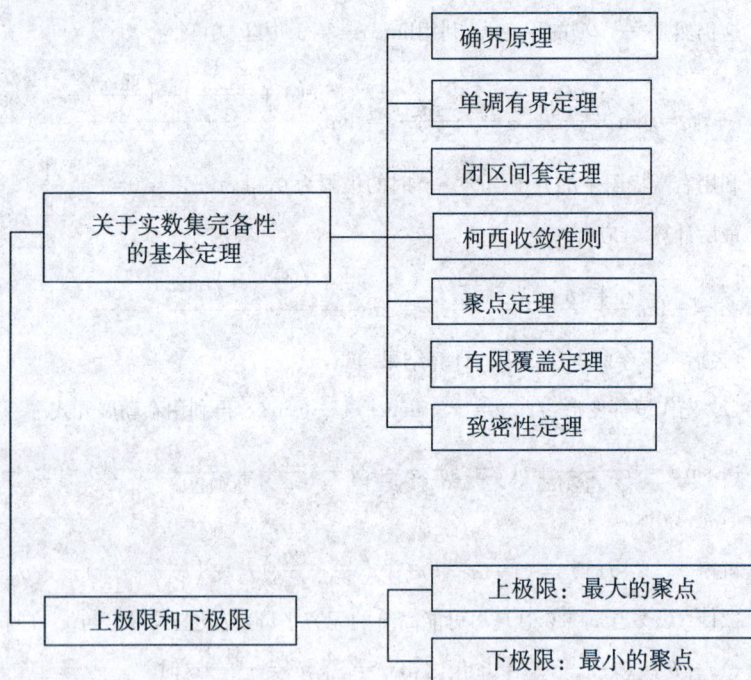

```
                                    ┌─── 确界原理
                                    │
                                    ├─── 单调有界定理
                                    │
                                    ├─── 闭区间套定理
                 关于实数集完备性    │
                 的基本定理 ─────────┼─── 柯西收敛准则
                                    │
                                    ├─── 聚点定理
                                    │
                                    ├─── 有限覆盖定理
                                    │
                                    └─── 致密性定理


                                    ┌─── 上极限：最大的聚点
                 上极限和下极限 ─────┤
                                    └─── 下极限：最小的聚点
```

各个击破

■ 关于实数集完备性的基本定理

1. 区间套定理与柯西收敛准则

区间套定理	若$\{[a_n,b_n]\}$是一个区间套,则存在唯一的实数ξ,使得$\xi\in[a_n,b_n],n=1,2,\cdots$,即 $$a_n\leqslant\xi\leqslant b_n,n=1,2,\cdots$$ **推论** 若$\xi\in[a_n,b_n](n=1,2,\cdots)$是区间套$\{[a_n,b_n]\}$所确定的点,则对任给$\varepsilon>0$,存在$N>0$,使得当$n>N$时,$[a_n,b_n]\subset U(\xi;\varepsilon)$且同时有$\lim\limits_{n\to\infty}a_n=\lim\limits_{n\to\infty}b_n=\xi$
柯西收敛准则	数列$\{a_n\}$收敛的充要条件是:对任给的$\varepsilon>0$,存在$N>0$,使得对一切$m,n>N$,有 $$\|a_m-a_n\|<\varepsilon$$

2. 聚点定理与有限覆盖定理

聚点定义	(1) 设S为数轴上的点集,ξ为定点(它可以属于S,也可以不属于S),若ξ的任何邻域内都含有S中无穷多个点,则称ξ为点集S的一个**聚点**; (2) 对于点集S,若点ξ的任何ε邻域内都含有S中异于ξ的点,即$U^\circ(\xi;\varepsilon)\bigcap S\neq\varnothing$,则称$\xi$为$S$的一个**聚点**; (3) 若存在各项互异的收敛数列$\{x_n\}\subset S$,则其极限$\lim\limits_{n\to\infty}x_n=\xi$称为$S$的一个**聚点**
聚点定理	(1) 实轴上的任一有界无限点集S至少有一个聚点; (2) **推论(致密性定理)** 有界数列必含有收敛子列
有限覆盖定理	设H是闭区间$[a,b]$的一个(无限)开覆盖,则从H中可选出有限个开区间来覆盖$[a,b]$

3. 实数完备性基本定理之间的等价性

① 确界原理;② 单调有界定理;③ 区间套定理;④ 有限覆盖定理;⑤ 聚点定理;⑥ 柯西收敛准则,这六个基本定理是相互等价的,其中任何一个都可以作为实数完备性的定义.

■ 闭区间上连续函数性质的证明

有界性定理	若函数$f(x)$在闭区间$[a,b]$上连续,则$f(x)$在$[a,b]$上有界
最大、最小值定理	若函数$f(x)$在闭区间$[a,b]$上连续,则$f(x)$在$[a,b]$上有最大值和最小值
介值性定理	设函数$f(x)$在闭区间$[a,b]$上连续,且$f(a)\neq f(b)$,若μ为介于$f(a)$与$f(b)$之间的任何实数($f(a)<\mu<f(b)$或$f(a)>\mu>f(b)$),则存在$x_0\in(a,b)$,使得$f(x_0)=\mu$
一致连续性定理	若函数$f(x)$在闭区间$[a,b]$上连续,则$f(x)$在$[a,b]$上一致连续

■ 上极限和下极限

1. 定义

名称	定义	备注
数列的聚点	若在数 a 的任一邻域内含有数列 $\{x_n\}$ 的无限多个项,则称 a 为 $\{x_n\}$ 的一个聚点	数列的聚点 a 是在 a 的任一邻域内含有数列的"无限多项",而数集的聚点 ε,是在 ε 的任一邻域内含有数集中"无限多个点",这是两者的差别,但若把数列中不同的项看作不同的点时,两者一致
上极限和下极限	有界数列(点列)$\{x_n\}$ 的最大聚点 $\overline{A}$ 和最小聚点 $\underline{A}$ 分别称为 $\{x_n\}$ 的**上极限**和**下极限**. 记作 $\overline{A} = \overline{\lim_{n\to\infty}} x_n, \underline{A} = \underline{\lim_{n\to\infty}} x_n$	

2. 相应定理和性质

定理	有界点列(数列)$\{x_n\}$ 至少有一个聚点,且存在最大聚点与最小聚点
性质	对任何有界数列 $\{x_n\}$ 有 $\underline{\lim_{n\to\infty}} x_n \leqslant \overline{\lim_{n\to\infty}} x_n$
定理	$\lim_{n\to\infty} x_n = A$ 的充要条件是 $\overline{\lim_{n\to\infty}} x_n = \underline{\lim_{n\to\infty}} x_n = A$
上、下极限的保不等式性	设有界数列 $\{x_n\}, \{y_n\}$ 满足,存在 $N_0 > 0$,当 $n > N_0$ 时有 $x_n \leqslant y_n$,则 $$\overline{\lim_{n\to\infty}} x_n \leqslant \overline{\lim_{n\to\infty}} y_n, \underline{\lim_{n\to\infty}} x_n \leqslant \underline{\lim_{n\to\infty}} y_n$$
性质	若 $\{x_n\}, \{y_n\}$ 为有界数列,则 $$\underline{\lim_{n\to\infty}} x_n + \underline{\lim_{n\to\infty}} y_n \leqslant \underline{\lim_{n\to\infty}} (x_n + y_n)$$ $$\overline{\lim_{n\to\infty}} (y_n + x_n) \leqslant \overline{\lim_{n\to\infty}} x_n + \overline{\lim_{n\to\infty}} y_n$$
定理	设 $\{x_n\}$ 为有界数列,则 (1) $\overline{A}$ 为 $\{x_n\}$ 上极限的充要条件是 $\overline{A} = \lim_{n\to\infty} \sup_{k \geqslant n} \{x_k\}$; (2) $\underline{A}$ 为 $\{x_n\}$ 下极限的充要条件是 $\underline{A} = \lim_{n\to\infty} \inf_{k \geqslant n} \{x_k\}$
上、下极限的判定定理	设 $\{x_n\}$ 为有界数列 (1) $\overline{A}$ 为 $\{x_n\}$ 上极限的充要条件是:任给 $\varepsilon > 0$, (i) 存在 $N > 0$,使得当 $n > N$ 时有 $x_n < \overline{A} + \varepsilon$; (ii) 存在子列 $\{x_{n_k}\}$,$x_{n_k} > \overline{A} - \varepsilon, k = 1, 2, \cdots$ (2) $\underline{A}$ 为 $\{x_n\}$ 下极限的充要条件是:任给 $\varepsilon > 0$, (i) 存在 $N > 0$,使得当 $n > N$ 时有 $x_n > \underline{A} - \varepsilon$; (ii) 存在子列 $\{x_{n_k}\}$,$x_{n_k} < \underline{A} + \varepsilon, k = 1, 2, \cdots$
	设 $\{x_n\}$ 为有界数列,则 (1) $\overline{A}$ 为 $\{x_n\}$ 上极限的充要条件是:对任何 $\alpha > \overline{A}$,$\{x_n\}$ 中大于 α 的项至多有限个;对任何 $\beta < \overline{A}$,$\{x_n\}$ 中大于 β 的项有无限多个; (2) $\underline{A}$ 为 $\{x_n\}$ 下极限的充要条件是:对任何 $\beta < \underline{A}$,$\{x_n\}$ 中小于 β 的项至多有限个;对任何 $\alpha > \underline{A}$,$\{x_n\}$ 中小于 α 的项有无限多个

课后习题全解

关于实数集完备性的基本定理(教材上册 P171)

1. 解题 过程 当 n 为奇数时,$(-1)^n+\dfrac{1}{n}=-1+\dfrac{1}{n}$,$\lim\limits_{n\to\infty}\{(-1)^n+\dfrac{1}{n}\}=-1$;

当 n 为偶数时,$(-1)^n+\dfrac{1}{n}=1+\dfrac{1}{n}$,$\lim\limits_{n\to\infty}\{(-1)^n+\dfrac{1}{n}\}=1$.

而奇、偶包含了 n 的全部可能取值,故数集 $\{(-1)^n+\dfrac{1}{n}\}$ 有且只有 1 和 -1 两个聚点.

2. 解题 过程 依教材 172 页定义 2,若存在聚点 ξ,则在其任何邻域内都含有 S 中无穷多个点,这与有限数集明显矛盾,故任何有限数集都没有聚点.

3. 解题 过程 对于闭区间套 $\{[a_n,b_n]\}$,由区间套定义知,存在唯一一点 ξ,使得 $\xi\in[a_n,b_n]$,$n=1,2,\cdots$.

$\xi=\lim\limits_{n\to\infty}a_n=\lim\limits_{n\to\infty}b_n$.

反证法:若存在 $N>0$,使得 ξ 不属于 (a_N,b_N),则 $\xi\leqslant a_N$ 或 $\xi\geqslant b_N$,由 $a_1<a_2<\cdots<a_n<\cdots<b_n$ $<\cdots<b_2<b_1$,当 $n>N$ 时,ξ 一定不属于 $[a_n,b_n]$,这与前面的结论矛盾,于是存在唯一的一点 ξ,使得 $a_n<\xi<b_n$,$n=1,2,\cdots$,此 ξ 即为闭区间套定理中得出的 ξ.

4. 解题 过程 设 $a_n=(1+\dfrac{1}{n})^n$,$n=1,2,\cdots$,则 $\{a_n\}$ 是有理数列.

(1) 点集 $S=\{a_n\mid n=1,2,\cdots\}$ 非空有界,但在有理数集内无上确界;

(2) 数列 $\{a_n\}$ 递增有上界,但在有理数集内无极限;

(3) 点集 $\{a_n\mid n=1,2,\cdots\}$ 有界无限,但在有理数集内不存在聚点;

(4) 数列 $\{a_n\}$ 满足柯西准则条件,但在有理数集内 $\{a_n\}$ 不存在极限.

5. 解题 过程 (1) H 能覆盖 $(0,1)$. 因为对任一点 $x\in(0,1)$ 存在正整数 n,使 $\dfrac{1}{n+2}<x<\dfrac{1}{n}$. 事实

上,要想使 $\dfrac{1}{n+2}<x<\dfrac{1}{n}$,也就是 $n<\dfrac{1}{x}<n+2$,只要取 $n=\left[\dfrac{1}{x}\right]-1$ 就行.

(2)(ⅰ)不能从 H 中选出有限个开区间覆盖 $(0,\dfrac{1}{2})$. 因为对 H 中任意有限个开区间,设其中左端

点的最小值为 $\dfrac{1}{N+2}$,则 $(0,\dfrac{1}{N+2})$ 中的点不属于这个有限个开区间中的任何一个.

(ⅱ)能从 H 中选出有限个开区间覆盖 $(\dfrac{1}{100},1)$. 例如选取 $(\dfrac{1}{n+2},\dfrac{1}{n})\in H$,$n=1,2,\cdots,98$,

就能满足要求.

6. 解题 过程 由定义(2)知,若 $[a,b]$ 中点 ξ 的任何 ε 邻域内都含有 $[a,b]$ 中异于 ξ 的点,即 $U^{\circ}(\xi;\varepsilon)\bigcap$ $[a,b]\neq\varnothing$,则 ξ 为 $[a,b]$ 的聚点.

考察 $[a,b]$ 中任意点 ξ,由实数集的稠密性知,任给 $\varepsilon>0$,$U^{\circ}(\xi;\varepsilon)$ 中均有点属于 $[a,b]$,即使对端点,在单侧也可取出这样的点,故 $[a,b]$ 中所有点均为其本身的聚点;另外,对 $[a,b]$ 外一点 η,只要取

ε,使 $0<\varepsilon<a-\eta$(若 $\eta<a$) 或 $0<\varepsilon<\eta-b$(若 $\eta>b$),则在 $\overset{\circ}{U}(\eta;\varepsilon)$ 中无 $[a,b]$ 中的点存在,故 η 不是 $[a,b]$ 的聚点.

综上所述,闭区间 $[a,b]$ 的全体聚点的集合是 $[a,b]$ 本身.

7. **解题过程** 不妨设 $\{x_n\}$ 递增.

（ⅰ）先证明 $\{x_n\}$ 存在聚点,则必是唯一的. 假定 ξ,η 都是 $\{x_n\}$ 的聚点,且 $\xi<\eta$. 取 $\varepsilon_0=\dfrac{\eta-\xi}{2}$,由于 η 是 $\{x_n\}$ 聚点,必存在 $x_N\in U(\eta;\varepsilon_0)$. 又因 $\{x_n\}$ 递增,故 $n\geqslant N$ 时,恒有

$$x_n\geqslant x_N>\eta-\varepsilon_0=\frac{\xi+\eta}{2}=\xi+\varepsilon_0$$

于是,在 $U(\xi;\varepsilon_0)$ 中至多含 $\{x_n\}$ 的有限多项. 这与 ξ 是 $\{x_n\}$ 的聚点相矛盾. 因此 $\{x_n\}$ 的聚点存在时必唯一.

（ⅱ）再证 $\{x_n\}$ 上确界存在且等于聚点 ξ.

(a)ξ 为 $\{x_n\}$ 上界. 如果某个 $x_N>\xi$,则 $n\geqslant N$ 时,恒有 $x_N>\xi$. 取 $\varepsilon_0=x_N-\xi>0$,则在 $U(\xi,\varepsilon_0)$ 内至多含 $\{x_n\}$ 的有限多项. 与 ξ 为 $\{x_n\}$ 的聚点相矛盾.

(b) 对任意的 $\varepsilon>0$,由聚点定义,存在 x_N,使 $\xi-\varepsilon<x_N<\xi+\varepsilon$.

按定义,$\xi=\sup\{x_n\}$.

8. **解题过程** 设有界无穷点集 $S\subset[-M,M]$,显然 S 若有聚点,必然于 $[-M,M]$ 内,现假设 $[-M,M]$ 内的每一点均不是 S 的聚点,则对任意 $x\in[-M,M]$,存在 $\delta_x>0$,使得 $U(x;\delta_x)\bigcap S$ 为有限点集. 记 $H=\{U(x;\delta_x)\mid x\in[-M,M]\}$,则 H 为 $[-M,M]$ 的一个开覆盖. 由有限覆盖定理知,H 中存在有限个开区间 $U(x_1;\delta_1),\cdots,U(x_n;\delta_n)$,使得 $S\subset[-M,M]\subset U(x_i;\delta_i)$. 由于 $U(x_i;\delta_i)\bigcap S$ 为有限点集$(i=1,2,\cdots,n)$,故由上式可导出 S 为有限点集,与假设矛盾,所以在 $[-M,M]$ 内至少有 S 的一个聚点.

9. **解题过程** 柯西收敛准则:数列 $\{a_n\}$ 收敛的充要条件是任给 $\varepsilon>0$,存在 $N\in\mathbf{N}^+$,任意 $n,m\geqslant N$ 有 $|a_n-a_m|<\varepsilon$(称为柯西条件).

充分性:若 $\{x_n\}$ 收敛,设收敛点为 A,则由极限定义知,任给 $\varepsilon>0$,存在 $N\in\mathbf{N}^+$,当 $n>N$ 时,$|a_n-A|<\dfrac{\varepsilon}{2}$,于是,当 $n,m>N$ 时,$|a_m-a_n|\leqslant|a_m-A|+|a_n-A|<\dfrac{\varepsilon}{2}+\dfrac{\varepsilon}{2}=\varepsilon$.柯西条件成立.

必要性:设数列 $\{a_n\}$,对任给 $\varepsilon>0$,存在 $N\in\mathbf{N}^+$,任意 $m,n\geqslant N$,有 $|a_n-a_m|<\varepsilon$. 要证 $\{a_n\}$ 收敛. 取 $\varepsilon=1$,存在 $N_1\in\mathbf{N}^+$,对任意 $n\geqslant N_1$,有 $|a_n-a_{N_1}|<1\Rightarrow|a_n|<|a_{N_1}|+1,n=N_1+1,N_1+2,\cdots$ 由此易知 $\{a_n\}$ 有界(N_1 前面的有限项显然有界). 按致密性定理(作为聚点定理的直接推论),存在收敛子列 $\{a_{n_k}\}$,设其极限为 a,对任意 $\varepsilon>0$,存在 $N\in\mathbf{N}^+$,任意 $n,k\geqslant N$(此时 $n_k\geqslant k\geqslant N$),有 $|a_n-a_{n_k}|<\varepsilon$,即 $a_{n_k}-\varepsilon<a_n<a_{n_k}+\varepsilon$. 在上式中令 $k\to\infty$,由数列极限的保不等式性有 $a-\varepsilon\leqslant a_n\leqslant a+\varepsilon$. 这就证明了数列 $\{a_n\}$ 收敛.

10. **知识点窍** 根的存在性定理:若函数 f 在 $[a,b]$ 上连续,且 $f(a)f(b)<0$,则在 (a,b) 内至少有 $f(x)$ 的一个零点,即存在 $x_0\in(a,b)$,使 $f(x_0)=0$.

解题过程 反证法. 假设任意 $x\in(a,b),f(x)\neq0$. 由连续函数的定义知,对每个使 $f(x)>0$ 的 x,必定存在其 ε 邻域 $(x-\varepsilon,x+\varepsilon)$,在这个开区间上,$f(x)>0$,当 $f(x)<0$ 时同理亦成立;不妨

设 $f(a)>0$，则存在 $\varepsilon_1>0$，使在 $[a,a+\varepsilon_1)$ 内 $f(x)>0$. 对于 $[a,a+\varepsilon_1)$ 内任一点 x，又存在 ε_2，使在 $(x-\varepsilon_2,x+\varepsilon_2)$ 内 $f(x)>0$. 依此类推，得到 $[a,b]$ 的一个开覆盖，由有限覆盖定理知，存在这样的有限个开区间覆盖 $[a,b]$，在每个开区间上 $f(x)>0$，故 $f(b)>0$，于是 $f(a)f(b)>0$，与条件矛盾，则假设不成立，原命题（根的存在性定理）得证.

11. 解题过程 设 $f(x)$ 在 $[a,b]$ 上连续，故对任意 $\varepsilon>0$，任意 $x\in[a,b]$，存在 $\delta_x>0$，

当 $\mu\in[a,b]\bigcap(x-\delta_x,x+\delta_x)$ 时，$|f(\mu)-f(x)|<\dfrac{\varepsilon}{2}$.

当 $x',x''\in[a,b]\bigcap(x-\delta_x,x+\delta_x)$ 时，

$$|f(x')-f(x'')|\leqslant|f(x')-f(x)|+|f(x'')-f(x)|<\dfrac{\varepsilon}{2}+\dfrac{\varepsilon}{2}=\varepsilon. \qquad (*)$$

显然，$H=\left\{\left(x-\dfrac{\delta_x}{2},x+\dfrac{\delta_x}{2}\right)\mid x\in[a,b]\right\}$ 为 $[a,b]$ 的一个开区间覆盖，由有限覆盖定理可知，存在有限子覆盖

$$H_1=\left\{\left(x_R-\dfrac{\delta_{x_R}}{2},x_R+\dfrac{\delta_{x_R}}{2}\right)\mid R=1,2,\cdots,n\right\}\subset H$$

令 $\delta=\min\left\{\dfrac{x_R}{2}\mid R=1,2,\cdots,n\right\}>0$，

则对任意 $x',x''\in[a,b]$，$|x'-x''|<\delta$，存在 $R\in N,R\leqslant n$，使

$$x'\in\left(x_R-\dfrac{\delta_{x_R}}{2},x_R+\dfrac{\delta_{x_R}}{2}\right)$$

于是 $|x''-x_R|\leqslant|x''-x'|+|x'-x_R|<\delta+\dfrac{\delta_{x_R}}{2}\leqslant\delta_{x_R}$，

即 $x''\in(x_R-\delta_{x_R},x_R+\delta_{x_R})$，由 $(*)$ 式推得

$|f(x')-f(x'')|<\varepsilon$，

从而 $f(x)$ 在 $[a,b]$ 上一致连续.

上极限和下极限（教材上册 P175）

1. 解题过程 （1）当 n 为偶数时，$1+(-1)^n=2$；当 n 为奇数时，$1+(-1)^n=0$

于是 $\overline{\lim\limits_{n\to\infty}}[1+(-1)^n]=2$，$\varliminf\limits_{n\to\infty}[1+(-1)^n]=0$.

（2）当 n 为偶数时，$(-1)^n\dfrac{n}{2n+1}=\dfrac{n}{2n+1}$，$\lim\limits_{n\to\infty}\dfrac{n}{2n+1}=\dfrac{1}{2}$

当 n 为奇数时，$(-1)^n\dfrac{n}{2n+1}=-\dfrac{n}{2n+1}$，$\lim\limits_{n\to\infty}\dfrac{-n}{2n+1}=-\dfrac{1}{2}$

于是 $\overline{\lim\limits_{n\to\infty}}(-1)^n\dfrac{n}{2n+1}=\dfrac{1}{2}$，$\varliminf\limits_{n\to\infty}(-1)^n\dfrac{n}{2n+1}=-\dfrac{1}{2}$.

（3）$\lim\limits_{n\to\infty}(2n+1)=+\infty$，故 $\overline{\lim\limits_{n\to\infty}}(2n+1)=\varliminf\limits_{n\to\infty}(2n+1)=+\infty$.

（4）当 $n=4k$ 时（k 为整数），$\sin\dfrac{n\pi}{4}=0$，所以 $\lim\limits_{n\to\infty}\dfrac{2n}{n+1}\sin\dfrac{n\pi}{4}=0$

当 $n=8k+1$ 或 $8k+3$ 时，$\sin\dfrac{n\pi}{4}=\dfrac{\sqrt{2}}{2}$，所以 $\lim\limits_{n\to\infty}\dfrac{2n}{n+1}\sin\dfrac{n\pi}{4}=2\times\dfrac{\sqrt{2}}{2}=\sqrt{2}$

当 $n=8k-1$ 或 $8k-3$ 时，$\sin\dfrac{n\pi}{4}=-\dfrac{\sqrt{2}}{2}$，所以

$$\lim_{n\to\infty}\frac{2n}{n+1}\sin\frac{n\pi}{4}=2\times\left(-\frac{\sqrt{2}}{2}\right)=-\sqrt{2}$$

当 $n=8k+2$ 时，$\sin\dfrac{n\pi}{4}=1$，所以 $\lim\limits_{n\to\infty}\dfrac{2n}{n+1}\sin\dfrac{n\pi}{4}=2\times1=2$

当 $n=8k-2$ 时，$\sin\dfrac{n\pi}{4}=-1$，所以 $\lim\limits_{n\to\infty}\dfrac{2n}{n+1}\sin\dfrac{n\pi}{4}=2\times(-1)=-2$

于是 $\varlimsup\limits_{n\to\infty}\dfrac{2n}{n+1}\sin\dfrac{n\pi}{4}=2,\varliminf\limits_{n\to\infty}\dfrac{2n}{n+1}\sin\dfrac{n\pi}{4}=-2.$

(5) $\lim\limits_{n\to\infty}\dfrac{n^2+1}{n}\sin\dfrac{\pi}{n}=\lim\limits_{n\to\infty}n\sin\dfrac{\pi}{n}+\lim\limits_{n\to\infty}\dfrac{1}{n}\sin\dfrac{\pi}{n}$

当 $n\to\infty$ 时，$\left|\sin\dfrac{\pi}{n}\right|\leqslant1$，而 $\dfrac{1}{n}\to0$，故 $\lim\limits_{n\to\infty}\dfrac{1}{n}\sin\dfrac{\pi}{n}=0$

而 $\lim\limits_{n\to\infty}n\sin\dfrac{\pi}{n}=\lim\limits_{n\to\infty}\dfrac{\sin\dfrac{\pi}{n}}{\dfrac{\pi}{n}}\cdot\pi=\pi\times1=\pi$

于是 $\lim\limits_{n\to\infty}\dfrac{n^2+1}{n}\sin\dfrac{\pi}{n}=\pi$

则 $\varlimsup\limits_{n\to\infty}\dfrac{n^2+1}{n}\sin\dfrac{\pi}{n}=\varliminf\limits_{n\to\infty}\dfrac{n^2+1}{n}\sin\dfrac{\pi}{n}=\pi.$

(6) $\lim\limits_{n\to\infty}\left|\cos\dfrac{n\pi}{3}\right|^{\frac{1}{n}}=\lim\limits_{n\to\infty}\left|1-2\sin^2\dfrac{n\pi}{6}\right|^{\frac{1}{n}}=\lim\limits_{n\to\infty}\left\{\left|1-2\sin^2\dfrac{n\pi}{6}\right|^{\frac{1}{2\sin^2\frac{n\pi}{6}}}\right\}^{-\frac{1}{n}\cdot2\sin^2\frac{n\pi}{6}}$

$$=\mathrm{e}^{-\lim\limits_{n\to\infty}\frac{2}{n}\sin^2\frac{n}{6}\pi}=\mathrm{e}^{-\lim\limits_{n\to\infty}\left\{\frac{\sin\frac{\pi}{6}}{\frac{\pi}{6}\pi}\cdot\sin\frac{n}{6}\pi\cdot2\times\frac{\pi}{6}\right\}}=\mathrm{e}^{-1\times0\times2\times\frac{\pi}{6}}=1$$

于是 $\varlimsup\limits_{n\to\infty}\left|\cos\dfrac{n\pi}{3}\right|^{\frac{1}{n}}=\varliminf\limits_{n\to\infty}\left|\cos\dfrac{n\pi}{3}\right|^{\frac{1}{n}}=1.$

2. 解题过程 (1) $\{a_n\}$ 为有界数列，则 $\{-a_n\}$ 也有界，于是，左边、右边的下、上极限都存在.

设 $A=\varliminf\limits_{n\to\infty}a_{n_k}$，则对任意 $\varepsilon>0$，存在 $N>0$，对任意 $n>N$，有 $a_n>A-\varepsilon$；又存在子列 $\{a_{n_k}\}$，使得 $a_{n_k}<A+\varepsilon(k$ 为正整数$)$.

于是，对于 $\{-a_n\}$，任给 $\varepsilon>0$，存在 $N>0$，对任意 $n>N$，有 $-a_n<-A-\varepsilon$；又存在子列 $\{-a_{n_k}\}$，使得 $-a_{n_k}>-A-\varepsilon$. 按上确界的定义，$-A=\varlimsup\limits_{n\to\infty}(-a_n)$. 即 $\varliminf\limits_{n\to\infty}a_n=-\varlimsup\limits_{n\to\infty}(-a_n)$.

(2) 设 $\varliminf\limits_{n\to\infty}a_n=A,\varliminf\limits_{n\to\infty}b_n=B$，按 $\varepsilon-N$ 定义，则任给 $\varepsilon>0$，存在 $N>0$，对任意的 $n>N$ 有 $a_n>A-\varepsilon,b_n>B-\varepsilon\Rightarrow a_n+b_n>A+B-2\varepsilon$. 由下极限的保不等式性得 $\varliminf\limits_{n\to\infty}(a_n+b_n)\geqslant A+B-2\varepsilon$.

由 ε 的任意性有，$\varliminf\limits_{n\to\infty}(a_n+b_n)\geqslant A+B=\varliminf\limits_{n\to\infty}a_n+\varliminf\limits_{n\to\infty}b_n$.

(3) 设 $\varliminf\limits_{n\to\infty}a_n=A,\varliminf\limits_{n\to\infty}b_n=B$，由 $\varepsilon-N$ 定义知，对任给 $\varepsilon>0$，存在 $N>0$，对于任意的 $n>N$，有 $a_n>A-\varepsilon,b_n>B-\varepsilon\Rightarrow a_nb_n>(A-\varepsilon)(B-\varepsilon)=AB-\varepsilon(A+B)+\varepsilon^2$. 由下极限的保不等式性，

有 $\varliminf_{n\to\infty}(a_nb_n) \geqslant AB - \varepsilon(A+B) + \varepsilon^2$，$A,B$ 有限，故由 ε 的任意性有 $\varliminf_{n\to\infty}a_n \cdot \varliminf_{n\to\infty}b_n \leqslant \varliminf_{n\to\infty}a_nb_n$.

同理 $\varlimsup_{n\to\infty}a_n \cdot \varlimsup_{n\to\infty}b_n \geqslant \varlimsup_{n\to\infty}a_nb_n$ 成立.

(4) 存在子列 $\{a_{n_k}\}$，使得

$$\varlimsup_{n\to\infty}\left(\frac{1}{a_n}\right) = \lim_{k\to\infty}\left(\frac{1}{a_{n_k}}\right) = \frac{1}{\varliminf_{n\to\infty}a_{n_k}} \leqslant \frac{1}{\varliminf_{n\to\infty}a_n}$$

又存在子列 $\{a'_{n_k}\}$，使得

$$\frac{1}{\varliminf_{n\to\infty}a_n} = \frac{1}{\lim_{k\to\infty}a'_{n_k}} = \lim_{k\to\infty}\left(\frac{1}{a'_{n_k}}\right) \leqslant \varlimsup_{n\to\infty}\left(\frac{1}{a_n}\right)$$

由以上两不等式得 $\varlimsup_{n\to\infty}\frac{1}{a_n} = \frac{1}{\varliminf_{n\to\infty}a_n}$.

3. 解题过程　若 $\{a_n\}$ 无界，则 $\varliminf_{n\to\infty}a_n = \varlimsup_{n\to\infty}a_n = +\infty$，等式成立.

若 $\{a_n\}$ 有界，设其上确界为 A，则由单调有界定理知，$\varlimsup_{n\to\infty}a_n$ 存在且等于 A，取 $\{a_{n_k}\}$ 为 $\{a_n\}$ 本身，则 $\{a_{n_k}\}$ 收敛于 A，且由上极限的保不等式性，由 $a_n \leqslant A$ 得 $\varlimsup_{n\to\infty}a_n \leqslant A$，因此 $\varlimsup_{n\to\infty}a_n = A = \lim a_n$，等式亦成立.

证毕.

4. 解题过程　由 2 题(4) 的结论，当 $\varliminf_{n\to\infty}a_n > 0$ 时，$\varlimsup_{n\to\infty}\frac{1}{a_n} = \frac{1}{\varliminf_{n\to\infty}a_n}$

又由 $\varlimsup_{n\to\infty}\frac{1}{a_n} \cdot \varliminf_{n\to\infty}a_n = 1$，得 $\varlimsup_{n\to\infty}\frac{1}{a_n} = \frac{1}{\varlimsup_{n\to\infty}a_n}$. 于是 $\varliminf_{n\to\infty}a_n = \varlimsup_{n\to\infty}a_n$，$\{a_n\}$ 收敛.

当 $\varliminf_{n\to\infty}a_n = 0$ 时，$\varlimsup_{n\to\infty}\frac{1}{a_n} = +\infty$（取对应的子列即可），由条件 $\varlimsup_{n\to\infty}a_n \cdot \varlimsup_{n\to\infty}\frac{1}{a_n} = 1$，$\varlimsup_{n\to\infty}a_n = 0$，故 $\varliminf_{n\to\infty}a_n = \varlimsup_{n\to\infty}a_n = 0$，数列 $\{a_n\}$ 收敛于 0.

综上，命题成立. 证毕.

5. 解题过程　设 $\overline{A}$ 为 $\{a_n\}$ 的上极限，$\overline{B}$ 为 $\{b_n\}$ 的上极限，则对任给 $\varepsilon > 0$，存在 $N_1 > 0$，当 $n > N_1$ 时有 $b_n < \overline{B} + \varepsilon$，而且由已知条件知，存在 $N_0 > 0$，当 $n > N_0$ 时有 $a_n \leqslant b_n$，故 $\varlimsup_{n\to\infty}a_n = \overline{A} \leqslant b_n$，当 $n > N_0$ 时，而由上极限的定义，存在 N_1，当 $n > N_1$ 后，$b_n \leqslant \varlimsup_{n\to\infty}b_n = \overline{B}$，取 $N = \max\{N_0, N_1\}$，则当 $n > N$ 时，原不等式成立. 又因上、下极限与具体项无关，是一常数，故有 $\varlimsup_{n\to\infty}a_n \leqslant \varlimsup_{n\to\infty}b_n$. 同理 $\varliminf_{n\to\infty}a_n \leqslant \varliminf_{n\to\infty}b_n$.

对于后一结论，当 $n > N_0$ 时有 $\alpha \leqslant a_n \leqslant \beta$，由已知结论及定理 7.5 有

$$\alpha \leqslant \varliminf_{n\to\infty}\alpha \leqslant \varliminf_{n\to\infty}a_n \leqslant \varlimsup_{n\to\infty}\beta = \beta.$$

6. 解题过程　对于(1)，先考察数列 $\{y_n\} = \{\sup_{k\geqslant n}\{x_k\}\}$，则由上确界定义知，显然 $\{y_n\}$ 为单调递增数列，$\{x_k\}$ 有界，设其上、下确界各为 $\overline{M}, \underline{M}$，则 $\underline{M} \leqslant y_n \leqslant \overline{M}$，故 $\{y_n\}$ 有界，于是由单调有界定理知，$\{y_n\}$ 有极限，设为 Y，以下证明 $Y = \lim_{n\to\infty}\sup_{k\geqslant n}\{x_k\} = \varlimsup_{n\to\infty}x_n = A$.

在 $\{y_n\}$ 中剔除重复的项，即构成 $\{x_n\}$ 的一个严格单调递增的子列 $\{x_{n_k}\}$，且 $\lim_{k\to\infty}x_{n_k} = \lim_{n\to\infty}y_n = Y$. 即

Y 是 $\{x_n\}$ 的一个聚点(子列极限),只须证其是最大聚点.即证明对 $\{x_n\}$ 的任一聚点 X,均有 $X \leqslant Y$. 而 $\{y_n\}$ 的极限 $Y = \sup_n \{y_n\} \geqslant \sup_n \{x_n\}$,故显然有任意 x_n,$x_n \leqslant Y$,由极限的保不等式性知,任意聚点 $X \leqslant Y$,故 Y 是 $\{x_n\}$ 的最大聚点.

综上所述,(1) 中命题得证,$\overline{A}$ 为 $\{x_n\}$ 上极限的充要条件是 $\overline{A} = \lim_{n \to \infty} \sup_{k \geqslant n} \{x_k\}$.

对于(2),由题 2 的(1)得 $\varliminf_{n \to \infty} x_n = -\varlimsup_{n \to \infty} (-x_n)$

又由(1)结论知 $\qquad \varlimsup_{n \to \infty} (-x_n) = \lim_{n \to \infty} \sup_{k \geqslant n} \{-x_k\} = -\lim_{n \to \infty} \inf_{k \geqslant n} \{x_k\}$

所以 $\qquad\qquad\qquad \varliminf_{n \to \infty} x_n = \lim_{n \to \infty} \inf_{k \geqslant n} \{x_k\}$.

■ 上极限和下极限(教材上册 P175)

1. **解题过程** 设 x_0 是 E' 的一个聚点,即 x_0 的任一邻域都含有无穷个 E 的聚点.任给 x_0 的邻域 $U^{\circ}(x_0; \varepsilon)$,其中有聚点集为 $\{x_1, x_2, \cdots, x_n, \cdots\}$,则对于 $U^{\circ}(x_i; \varepsilon_i) \subset U^{\circ}(x_0; \varepsilon)$,其中有 E 中的无穷多点,则在 $U^{\circ}(x_0; \varepsilon)$ 亦有 E 中的无穷多点,即 x_0 是 E 的一个聚点,则 $x_0 \in E'$.

2. **解题过程** (1) 令 $S = \{x \mid a < x \leqslant b, [a, x]$ 能被 H 中有限个开区间覆盖$\}$;

(2) 显然 S 有上界,因 H 覆盖闭区间 $[a, b]$,所以存在一个开区间 $(\alpha, \beta) \in H$,使 $a \in (\alpha, \beta)$,取 $x \in (\alpha, \beta)$,则 $[a, x]$ 能被 H 中有限个开区间覆盖.从而 $x \in S$,故 S 非空;

(3) 由确界原理知存在 $\zeta = \sup S$;

(4) 现证 $\zeta = b$,用反证法.

若 $\zeta \neq b$,则 $a < \zeta < b$,由 H 覆盖闭区间 $[a, b]$ 知,一定存在 $(\alpha_1, \beta_1) \in H$,使 $\zeta \in (\alpha_1, \beta_1)$,取 x_1,x_2,使 $\alpha_1 < x_1 < \zeta < x_2 < \beta_1$,且 $x_1 \in S$,则 $[a, x_1]$ 能被 H 中有限个开区间覆盖,把 (α_1, β_1) 加进去,就推得 $x_2 \in S$. 这与 $\zeta = \sup S$ 矛盾,故 $\zeta = b$,即定理结论成立.

3. **解题过程** 使用反证法证明,由于 $\varliminf_{n \to \infty} x_n = A$ 且 $\varlimsup_{n \to \infty} x_n = B$,则 A,B 已知为数列 $\{x_n\}$ 的聚点,只需证 (A, B) 上的每个点也是数列 $\{x_n\}$ 的聚点.

$\exists x_0 \in (A, B)$,假设 x_0 不是数列 $\{x_n\}$ 的聚点,则据定义可知 $\exists \sigma > 0$,使 $V(x_0; \sigma)$ 中不包含数列 $\{x_n\}$ 中的任何一项,其中应有 $V(x_0; \sigma) \subset (A, B)$,即 $\sigma = \min\{\dfrac{x_0 - A}{2}, \dfrac{B - x_0}{2}\}$.

由于 $\lim_{n \to \infty} (x_{n+1} - x_n) = 0$,则对 $\exists N \in \mathbf{N}$,当 $n \geqslant N$ 时有 $|x_{n+1} - x_n| < \sigma$,即 $|x_{N+k} - x_{N+k-1}| < \sigma$,$k = 1, 2, \cdots$

由于 $x_N \notin U(x_0; \sigma)$,则有 $x_N < x_0 - \sigma$ 或 $x_N > x_0 + \sigma$.

当 $x_N < x_0 - \sigma$ 时,若 $x_{N+1} > x_0 + \sigma$,则 $x_{N+1} - x_N > 2\sigma$,矛盾. 那么,此时必有 $x_{N+1} < x_0 + \sigma$,也就有 $x_{N+k} < x_0 - \sigma$,也就有 $x_{N+k} < x_0 + \sigma$,$k = 1, 2, \cdots$. 此时数列 $\{x_n\}$ 不可能有大于 $x_0 + \sigma$ 的聚点,即与 $\varlimsup_{n \to \infty} x_n = B$ 矛盾.

同理可证当 $x_N > x_0 + \sigma$ 时,与数列 $\{x_n\}$ 的最小聚点为 A 的条件矛盾.

因此不存在不是数列 $\{x_n\}$ 聚点的 $[A, B]$ 中的点,即数列 $\{x_n\}$ 的零点全体恰为区间 $[A, B]$.

第八章

不定积分

在下一章定积分中由微积分基本公式可知 —— 求定积分的问题，实质上是求被积函数的原函数问题；后续课程无论是二重积分、三重积分、曲线积分还是曲面积分，最终的解决都归结为对定积分的求解；而求解某些微分方程更是直接归结为求不定积分. 从这种意义来讲，不定积分在整个积分学理论中起到了根基的作用，会不会求解积分的问题及求解的快慢程度，几乎完全取决于对这一章掌握的好坏. 这一点随着学习的深入，同学们会慢慢体会到.

本章知识结构图如下：

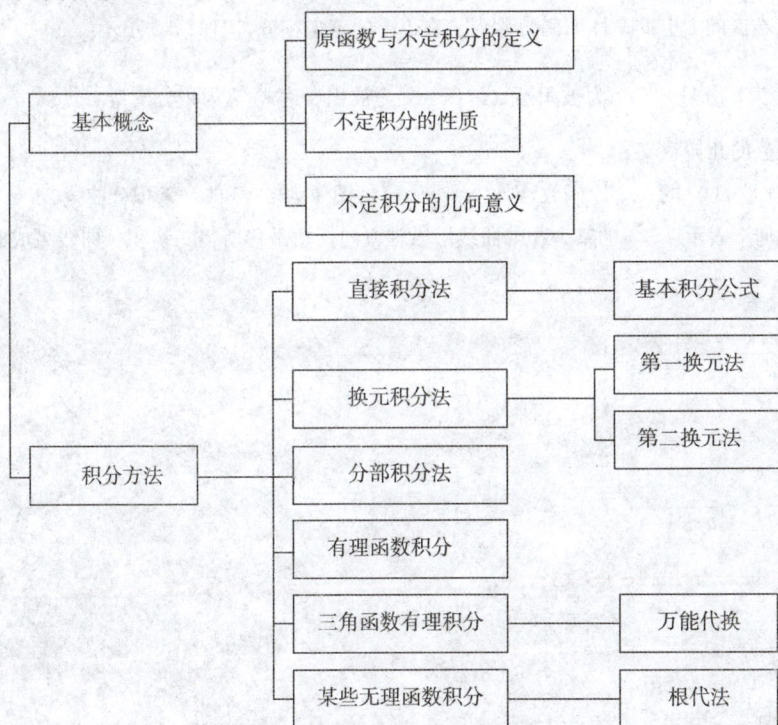

```
                          ┌─── 原函数与不定积分的定义
              ┌─ 基本概念 ─┼─── 不定积分的性质
              │           └─── 不定积分的几何意义
              │
              │           ┌─── 直接积分法 ──── 基本积分公式
              │           │                 ┌─ 第一换元法
              │           ├─── 换元积分法 ───┤
              └─ 积分方法 ─┤                 └─ 第二换元法
                          ├─── 分部积分法
                          ├─── 有理函数积分
                          ├─── 三角函数有理积分 ──── 万能代换
                          └─── 某些无理函数积分 ──── 根代法
```

各个击破

■ 不定积分概念与基本积分公式

1. 原函数与不定积分

原函数：

设 $f(x)$，$x \in I$，若存在函数 $F(x)$，使得对任意 $x \in I$ 均有 $F'(x) = f(x)$ 或 $\mathrm{d}F(x) = f(x)\mathrm{d}x$，则称 $F(x)$ 为 $f(x)$ 在 I 上的一个原函数.

两个重要定理：

(1) 若函数 f 在区间 I 上连续，则 f 在 I 上存在原函数 F，即 $F'(x) = f(x)$，$x \in I$.

(2) 设 F 是 f 在区间 I 上的一个原函数，则

（ⅰ）$F + C$ 也是 f 在 I 上的原函数，其中 C 为任意常量函数；

（ⅱ）f 在 I 上的任意两个原函数之间，只可能相差一个常量.

不定积分：

函数 f 在区间 I 上的全体原函数称为 f 在 I 上的不定积分，记作 $\int f(x)\mathrm{d}x$

式中，$\int$ 为积分号，$f(x)$ 为被积函数，$f(x)\mathrm{d}x$ 为被积表达式，x 为积分变量.

不定积分的几何意义：

若 $F(x)$ 是 $f(x)$ 的一个原函数，则称 $y = F(x)$ 的图像为 $f(x)$ 的一条积分曲线. 于是，$f(x)$ 的不定积分在几何上表示 $f(x)$ 的某一积分曲线沿纵轴方向任意平移所得一切积分曲线组成的曲线族.

2. 基本积分表

(1) $\int 0\mathrm{d}x = C$

(2) $\int 1\mathrm{d}x = \int \mathrm{d}x = x + C$

(3) $\int x^a \mathrm{d}x = \dfrac{x^{a+1}}{a+1} + C \quad (a \neq -1, x > 0)$

(4) $\int \dfrac{1}{x}\mathrm{d}x = \ln|x| + C \quad (x \neq 0)$

(5) $\int \mathrm{e}^x \mathrm{d}x = \mathrm{e}^x + C$

(6) $\int a^x \mathrm{d}x = \dfrac{a^x}{\ln a} + C \quad (a > 0, a \neq 1)$

(7) $\int \cos ax \, \mathrm{d}x = \dfrac{1}{a}\sin ax + C \quad (a \neq 0)$

(8) $\int \sin ax \, \mathrm{d}x = -\dfrac{1}{a}\cos ax + C \quad (a \neq 0)$

(9) $\int \sec^2 x \, \mathrm{d}x = \tan x + C$

(10) $\int \csc^2 x \, \mathrm{d}x = -\cot x + C$

(11) $\int \sec x \cdot \tan x \, \mathrm{d}x = \sec x + C$

(12) $\int \csc x \cdot \cot x \, \mathrm{d}x = -\csc x + C$

(13) $\int \dfrac{\mathrm{d}x}{\sqrt{1-x^2}} = \arcsin x + C = -\arccos x + C_1$

(14) $\int \dfrac{\mathrm{d}x}{1+x^2} = \arctan x + C = -\operatorname{arccot} x + C_1$

3. 不定积分的线性运算法则

若函数 f 与 g 在区间 I 上都存在原函数,k_1,k_2 为两个任意常数,则 $k_1 f + k_2 g$ 在 I 上也存在原函数,且当 k_1 和 k_2 不同时为零时有

$$\int [k_1 f(x) + k_2 g(x)] \mathrm{d}x = k_1 \int f(x) \mathrm{d}x + k_2 \int g(x) \mathrm{d}x$$

例 1 求下列不定积分:

$(1) \int \dfrac{\mathrm{d}x}{x^2 \sqrt{x}}; \qquad (2) \int (\sqrt[3]{x} - \dfrac{1}{\sqrt{x}}) \mathrm{d}x; \quad (3) \int (2^x + x^2) \mathrm{d}x; \quad (4) \int \dfrac{3x^4 + 3x^2 + 1}{x^2 + 1} \mathrm{d}x$

分析 直接积分法的练习——求不定积分的基本方法. 利用不定积分的运算性质和基本积分公式,直接求出不定积分. (2)(3) 根据不定积分的线性性质,将被积函数分为两项,分别积分. (4) 观察到 $\dfrac{3x^4 + 3x^2 + 1}{x^2 + 1} = 3x^2 + \dfrac{1}{x^2 + 1}$ 后,根据不定积分的线性性质,将被积函数分项,分别积分.

$(1) \displaystyle\int \dfrac{\mathrm{d}x}{x^2 \sqrt{x}} = \int x^{-\frac{5}{2}} \mathrm{d}x = -\dfrac{2}{3} x^{-\frac{3}{2}} + C$

$(2) \displaystyle\int (\sqrt[3]{x} - \dfrac{1}{\sqrt{x}}) \mathrm{d}x = \int (x^{\frac{1}{3}} - x^{-\frac{1}{2}}) \mathrm{d}x = \int x^{\frac{1}{3}} \mathrm{d}x - \int x^{-\frac{1}{2}} \mathrm{d}x = \dfrac{3}{4} x^{\frac{4}{3}} - 2x^{\frac{1}{2}} + C$

$(3) \displaystyle\int (2^x + x^2) \mathrm{d}x = \int 2^x \mathrm{d}x + \int x^2 \mathrm{d}x = \dfrac{2^x}{\ln 2} + \dfrac{1}{3} x^3 + C$

$(4) \displaystyle\int \dfrac{3x^4 + 3x^2 + 1}{x^2 + 1} \mathrm{d}x = \int 3x^2 \mathrm{d}x + \int \dfrac{1}{1+x^2} \mathrm{d}x = x^3 + \arctan x + C$

例 2 设 $f(x)$ 的导函数为 $\sin x$,求 $f(x)$ 的全体原函数.

分析 考查不定积分(原函数)与被积函数的关系,因为是已知导函数求原函数,求两次不定积分即可.

由题意可知,$f(x) = \displaystyle\int \sin x \mathrm{d}x = -\cos x + C_1$

所以 $f(x)$ 的原函数全体为 $\displaystyle\int (-\cos x + C_1) \mathrm{d}x = -\sin x + C_1 x + C_2$.

其中,C_1,C_2 为任意常数.

换元积分法	第一换元法：若 u 是自变量，有 $\int f(u)\mathrm{d}u = F(u)+C$，当 u 是 x 的可微函数时，也有 $\int f[u(x)]\mathrm{d}u(x)=F(u(x))+C$； 第二换元法：设变换函数 $x=x(t)$ 在开区间上的导数不为零，若 $\int f[x(t)]x'(t)\mathrm{d}t = G(t)+C$，则 $\int f(x)\mathrm{d}x = G(t(x))+C$，其中 $t=t(x)$ 为 $x=x(t)$ 的反函数
分部积分法	若 $u(x),v(x)$ 可导，不定积分 $\int u'(x)v(x)\mathrm{d}x$ 存在，则 $$\int u(x)v'(x)\mathrm{d}x = u(x)v(x)-\int v(x)u'(x)\mathrm{d}x$$

例3 求下列不定积分.

(1) $\int e^{3t}\mathrm{d}t$；　(2) $\int (3-5x)^3\mathrm{d}x$；　(3) $\int \dfrac{1}{\sqrt[3]{5-3x}}\mathrm{d}x$；　(4) $\int \dfrac{\mathrm{d}x}{\sin x\cos x}$

分析 （凑微分）第一换元积分法的练习. 拿到题目后先看看是否可以凑微分, 观察表达式中有没有成块的形式作为一个整体变量, 这种能够马上观察出来的功夫来自对微积分基本公式的熟练掌握.

(1) $\int e^{3t}\mathrm{d}t = \dfrac{1}{3}\int e^{3t}\mathrm{d}(3t) = \dfrac{1}{3}e^{3t}+C$

(2) $\int (3-5x)^3\mathrm{d}x = -\dfrac{1}{5}\int (3-5x)^3\mathrm{d}(3-5x) = -\dfrac{1}{20}(3-5x)^4+C$

(3) $\int \dfrac{1}{\sqrt[3]{5-3x}}\mathrm{d}x = -\dfrac{1}{3}\int \dfrac{1}{\sqrt[3]{5-3x}}\mathrm{d}(5-3x) = -\dfrac{1}{3}\int (5-3x)^{-\frac{1}{3}}\mathrm{d}(5-3x) = -\dfrac{1}{2}(5-3x)^{\frac{2}{3}}+C.$

(4) 解法一：倍角公式 $\sin 2x = 2\sin x\cos x$.
$$\int \frac{\mathrm{d}x}{\sin x\cos x} = \int \frac{2\mathrm{d}x}{\sin 2x} = \int \csc 2x\mathrm{d}2x = \ln|\csc 2x - \cot 2x|+C$$

解法二：将被积函数凑出 $\tan x$ 的函数和 $\tan x$ 的导数.
$$\int \frac{\mathrm{d}x}{\sin x\cos x} = \int \frac{\cos x}{\sin x\cos^2 x}\mathrm{d}x = \int \frac{1}{\tan x}\sec^2 x\mathrm{d}x = \int \frac{1}{\tan x}\mathrm{d}\tan x = \ln|\tan x|+C$$

解法三：三角公式 $\sin^2 x + \cos^2 x = 1$，然后凑微分.
$$\int \frac{\mathrm{d}x}{\sin x\cos x} = \int \frac{\sin^2 x + \cos^2 x}{\sin x\cos x}\mathrm{d}x = \int \frac{\sin x}{\cos x}\mathrm{d}x + \int \frac{\cos x}{\sin x}\mathrm{d}x = -\int \frac{\mathrm{d}\cos x}{\cos x} + \int \frac{\mathrm{d}\sin x}{\sin x}$$
$$= -\ln|\cos x| + \ln|\sin x|+C = \ln|\tan x|+C$$

例4 求下列不定积分：

(1) $\int \dfrac{\mathrm{d}x}{1+\sqrt{1-x^2}}$；(2) $\int \dfrac{\sqrt{x^2-9}}{x}\mathrm{d}x$；(3) $\int \dfrac{x^2+1}{x\sqrt{x^4+1}}\mathrm{d}x$；(4) $\int \sqrt{5-4x-x^2}\,\mathrm{d}x$

分析 第二换元积分法的练习. 题目特征是被积函数中有二次根式. 如何化无理式为有理式? 三角函数中, 下列两个恒等式起到了重要的作用.
$$\sin^2 x + \cos^2 x = 1;\ \sec^2 x - \tan^2 x = 1.$$
为保证替换函数的单调性, 通常将角的范围加以限制, 以确保函数单调. 不妨将角的范围统一限制在锐角范围内,得出新变量的表达式,再形式化地换回原变量即可.

(1) 令 $x = \sin t$,$|t| < \dfrac{\pi}{2}$,则 $\mathrm{d}x = \cos t\mathrm{d}t$.

小提示 万能公式
$\tan\dfrac{t}{2} = \dfrac{\sin t}{1+\cos t} = \dfrac{1-\cos t}{\sin t}$

$$\therefore \int \frac{\mathrm{d}x}{1+\sqrt{1-x^2}} = \int \frac{\cos t\mathrm{d}t}{1+\cos t} = \int \mathrm{d}t - \int \frac{\mathrm{d}t}{1+\cos t}$$

$$= t - \int \frac{\mathrm{d}t}{2\cos^2\dfrac{t}{2}}$$

$$= t - \int \sec^2\frac{t}{2}\mathrm{d}\frac{t}{2}$$

$$= t - \tan\frac{t}{2} + C$$

$$= \arcsin x - \frac{x}{1+\sqrt{1-x^2}} + C (\text{或} = \arcsin x - \frac{1-\sqrt{1-x^2}}{x} + C).$$

(2) 令 $x = 3\sec t$,$t \in (0, \dfrac{\pi}{2})$,则 $\mathrm{d}x = 3\sec t\tan t\mathrm{d}t$.

$$\therefore \int \frac{\sqrt{x^2-9}}{x}\mathrm{d}x = \int \frac{3\tan t}{3\sec t}3\sec t\tan t\mathrm{d}t = 3\int \tan^2 t\mathrm{d}t = 3\int(\sec^2 t - 1)\mathrm{d}t$$

$$= 3\tan t - 3t + C = \sqrt{x^2-9} - 3\arccos\frac{3}{|x|} + C.$$

$$(x = 3\sec x \text{ 时},\cos x = \frac{3}{x},\sin x = \frac{\sqrt{x^2-9}}{x},\tan x = \frac{\sqrt{x^2-9}}{3})$$

(3) $\because \displaystyle\int \frac{x^2+1}{x\sqrt{x^4+1}}\mathrm{d}x = \frac{1}{2}\int \frac{x^2+1}{x^2\sqrt{x^4+1}}\mathrm{d}x^2$,令 $u = x^2$ 得

$$\int \frac{x^2+1}{x\sqrt{x^4+1}}\mathrm{d}x = \frac{1}{2}\int \frac{u+1}{u\sqrt{u^2+1}}\mathrm{d}u, \text{令} u = \tan t,|t| < \frac{\pi}{2},\text{则} \mathrm{d}u = \sec^2 t\mathrm{d}t,$$

$$\therefore \int \frac{x^2+1}{x\sqrt{x^4+1}}\mathrm{d}x = \frac{1}{2}\int \frac{u+1}{u\sqrt{u^2+1}}\mathrm{d}u = \frac{1}{2}\int \frac{\tan t+1}{\tan t\cdot\sec t}\sec^2 t\mathrm{d}t = \frac{1}{2}\int \frac{\tan t+1}{\tan t}\sec t\mathrm{d}t$$

$$= \frac{1}{2}\int(\csc t+\sec t)\mathrm{d}t = \frac{1}{2}\ln|\sec t+\tan t| + \frac{1}{2}\ln|\csc t-\cot t| + C$$

$$= \frac{1}{2}\ln|\sqrt{u^2+1}+u| + \frac{1}{2}\ln\left|\frac{\sqrt{u^2+1}}{u} - \frac{1}{u}\right| + C$$

$$= \frac{1}{2}\ln|\sqrt{x^4+1}+x^2| + \frac{1}{2}\ln\left|\frac{\sqrt{x^4+1}-1}{x^2}\right| + C.$$

(4) $\because 5-4x-x^2 = 9-(x+2)^2$,令 $x+2 = 3\sin t$,$|t| < \dfrac{\pi}{2}$,则 $\mathrm{d}x = 3\cos t\mathrm{d}t$.

$$\therefore \int \sqrt{5-4x-x^2}\mathrm{d}x = \int 9\cos^2 t\mathrm{d}t = 9\int \frac{1+\cos 2t}{2}\mathrm{d}t = 9(\frac{t}{2} + \frac{1}{4}\sin 2t) + C$$

$$= \frac{9}{2}\arcsin\frac{x+2}{3} + \frac{x+2}{2}\sqrt{5-4x-x^2} + C.$$

例 5 设 $I_n = \displaystyle\int \tan^n x\mathrm{d}x$,,求证:$I_n = \dfrac{1}{n-1}\tan^{n-1}x - I_{n-2}$,并求 $\displaystyle\int \tan^5 x\mathrm{d}x$.

分析 由目标式子可以看出应将被积函数 $\tan^n x$ 分成 $\tan^{n-2}x\tan^2 x$,进而写成 $\tan^{n-2}x(\sec^2 x - 1) = \tan^{n-2}x\sec^2 x - \tan^{n-2}x$,然后分项积分即可.

$$I_n = \int \tan^n x\mathrm{d}x = \int(\tan^{n-2}x\sec^2 x - \tan^{n-2}x)\mathrm{d}x = \int \tan^{n-2}x\sec^2 x\mathrm{d}x - \int \tan^{n-2}x\mathrm{d}x$$

$$= \int \tan^{n-2}x\,\mathrm{d}\tan x - I_{n-2} = \frac{1}{n-1}\tan^{n-1}x - I_{n-2}.$$

$n = 5$ 时，$I_5 = \int \tan^5 x\,\mathrm{d}x = \frac{1}{4}\tan^4 x - I_3 = \frac{1}{4}\tan^4 x - \frac{1}{2}\tan^2 x + I_1$

$$= \frac{1}{4}\tan^4 x - \frac{1}{2}\tan^2 x + \int \tan x\,\mathrm{d}x = \frac{1}{4}\tan^4 x - \frac{1}{2}\tan^2 x - \ln|\cos x| + C.$$

例 6 已知 $\dfrac{\sin x}{x}$ 是 $f(x)$ 的原函数，求 $\displaystyle\int xf'(x)\,\mathrm{d}x$.

分析 考查原函数的定义及分部积分法的练习. 积分 $\displaystyle\int xf'(x)\,\mathrm{d}x$ 中出现了 $f'(x)$，应马上知道积分应

使用分部积分法，由条件知 $\dfrac{\sin x}{x}$ 是 $f(x)$ 的原函数，应该知道 $\displaystyle\int f(x)\,\mathrm{d}x = \frac{\sin x}{x} + C$.

$$\because \int xf'(x)\,\mathrm{d}x = \int x\,\mathrm{d}(f(x)) = xf(x) - \int f(x)\,\mathrm{d}x$$

又 $\because \displaystyle\int f(x)\,\mathrm{d}x = \frac{\sin x}{x} + C, \therefore f(x) = \frac{x\cos x - \sin x}{x^2}, \therefore xf(x) = \frac{x\cos x - \sin x}{x},$

$$\therefore \int xf'(x)\,\mathrm{d}x = \frac{x\cos x - \sin x}{x} - \frac{\sin x}{x} + C = \cos x - \frac{2}{x}\sin x + C.$$

有理函数和可化为有理函数的不定积分

方法	内容	备注
有理函数积分	给定真分式 $P(x)/Q(x)$，$Q(x)$ 是 n 次多项式，则 $Q(x)$ 总可分解成： $Q(x) = \displaystyle\prod_{j=1}^{s}(x-Q_j)^{m_j}\prod_{j=1}^{t}(x^2+p_jx+q_j)^{k_j}\ (p_j^2-4q_j<0)$ 其中 $\displaystyle\sum_{j=1}^{s}m_j + 2\sum_{j=1}^{t}k_j = n$ $\dfrac{P(x)}{Q(x)} = \displaystyle\sum_{j=1}^{s}\left[\frac{A_1^j}{x-Q_j} + \frac{A_2^j}{(x-Q_j)^2} + \cdots + \frac{A_{m_j}^j}{(x-Q_j)^{m_j}}\right]$ $+ \displaystyle\sum_{j=1}^{t}\left[\frac{B_1^j x + C_1^j}{x^2+p_jx+q_j} + \cdots + \frac{B_{k_j}^j x + C_{k_j}^j}{(x^2+p_jx+q_j)^{k_j}}\right]$ 其中 $A、B、C$ 是待定常数，对上式通分后消去分母，然后比较 $x^{n-1}, x^{n-2},$ $\cdots, x^1, x^0$ 的系数，得 n 个方程组，由这个方程组可得 n 个未知数	最常见真分式积分： $\displaystyle\int \frac{A}{x-a}\,\mathrm{d}x = A\ln|x-a| + C$ $\displaystyle\int \frac{A}{(x-a)^m}\,\mathrm{d}x = \frac{A}{1-m}\frac{1}{(x-a)^{m-1}} + C$ $\displaystyle\int \frac{Bx+c}{(x^2+px+q)^k}\,\mathrm{d}x$ $= B\displaystyle\int \frac{t}{(t^2+a^2)^k}\,\mathrm{d}t + \left(c-\frac{Bp}{2}\right)$ $\displaystyle\int \frac{\mathrm{d}t}{(t^2+a^2)^k}\ \left(a = \sqrt{q-\frac{p^2}{4}}, p^2-4q<0\right)$ $\displaystyle\int \frac{t\,\mathrm{d}t}{t^2+a^2} = \frac{1}{2}\ln(t^2+a^2) + C$ $\displaystyle\int \frac{\mathrm{d}t}{t^2+a^2} = \frac{1}{a}\arctan\frac{t}{a} + C$
三角函数有理积分	$\displaystyle\int R(\sin x, \cos x)\,\mathrm{d}x$ 称为三角有理函数，一定可以积出来，令 $\tan\dfrac{x}{2} = t$，或 $x = 2\arctan t$，则 $\sin x = \dfrac{2t}{1+t^2}, \cos x = \dfrac{1-t^2}{1+t^2}, \mathrm{d}x = \dfrac{2\,\mathrm{d}t}{1+t^2}$ $\displaystyle\int R(\sin x, \cos x)\,\mathrm{d}x = \int R\left(\frac{2t}{1+t^2}, \frac{1-t^2}{1+t^2}\right)\frac{2\,\mathrm{d}t}{1+t^2}$	某些特殊场合的变量替换： (1) $R(-\sin x, \cos x) = -R(\sin x, \cos x)$， 　　可令 $t = \cos x$ (2) $R(\sin x, -\cos x) = -R(\sin x, \cos x)$， 　　可令 $t = \sin x$ (3) $R(-\sin x, -\cos x) = R(\sin x, \cos x)$， 　　可令 $t = \tan x$

$\int R\left(x,\sqrt[n]{\dfrac{ax+b}{cx+d}}\right)\mathrm{d}x$ 型不定积分 $(ad-bc\neq 0)$, 只需 令 $t=\sqrt[n]{\dfrac{ax+b}{cx+d}}$, 则 $x=\dfrac{dt^n-b}{a-ct^n}$ 则 $\int R\left(x,\sqrt[n]{\dfrac{ax+b}{cx+d}}\right)\mathrm{d}x=\int R\left(\dfrac{dt^n-b}{a-ct^n},t\right)\dfrac{n(ad-bc)t^{n-1}}{(a-ct^n)^2}\mathrm{d}t$	特点是: (1) 不能根式套根式 (2) 根式内为同一线性分式
$\int R(x,\sqrt{ax^2+bx+c})\mathrm{d}x$ 型不定积分 $(a>0$ 时, $b^2-4ac\neq 0$; $a<0$ 时, b^2 $-4ac>0)$, 使其等于 $\int R_1(u,\sqrt{Au^2+B})\mathrm{d}u$. A,B 为常数, 根据 A,B 的正负号选择合适变量代换: $u=\alpha\sin t,u=\beta\tan t$, 或 $u=\gamma\sec t$ 等(其中 α,β,γ 为适当常数). 把 $\int R_1(u,\sqrt{Au^2+B})\mathrm{d}u$ 化为 t 的三角函数有理积分	

某些无理函数积分

例7 求下列不定积分:

$$(1)\int\frac{x^5+x^4-8}{x^3-x}\mathrm{d}x;(2)\int\frac{3}{x^3+1}\mathrm{d}x;(3)\int\frac{x+1}{(x-1)^3}\mathrm{d}x;(4)\int\frac{3x+2}{x(x+1)^3}\mathrm{d}x$$

分析 有理函数积分法的练习. 被积函数为有理函数的形式时, 要区分被积函数为有理真分式还是有理假分式, 若是假分式, 通常将被积函数分解为一个整式加上一个真分式的形式, 然后再具体问题具体分析.

$(1)\because\dfrac{x^5+x^4-8}{x^3-x}=\dfrac{(x^5-x^3)+(x^4-x^2)+(x^3-x)+x^2+x-8}{x^3-x}$

$$=x^2+x+1+\frac{x^2+x-8}{x^3-x},$$

而 $x^3-x=x(x+1)(x-1)$,

令 $\dfrac{x^2+x-8}{x^3-x}=\dfrac{A}{x}+\dfrac{B}{x+1}+\dfrac{C}{x-1}$, 等式右边通分后比较两边分子 x 的同次项的系数得

$$\begin{cases}A+B+C=1\\C-B=1\\A=8\end{cases}\quad\text{解此方程组得}\quad\begin{cases}A=8\\B=-4\\C=-3\end{cases}$$

$\therefore\dfrac{x^5+x^4-8}{x^3-x}=x^2+x+1+\dfrac{8}{x}-\dfrac{4}{x+1}-\dfrac{3}{x-1}$

$\therefore\displaystyle\int\frac{x^5+x^4-8}{x^3-x}\mathrm{d}x=\int\left(x^2+x+1+\frac{8}{x}-\frac{4}{x+1}-\frac{3}{x-1}\right)\mathrm{d}x$

$$=\frac{1}{3}x^3+\frac{1}{2}x^2+x+8\ln|x|-4\ln|x+1|-3\ln|x-1|+C.$$

$(2)\because x^3+1=(x+1)(x^2-x+1)$, 令 $\dfrac{3}{x^3+1}=\dfrac{A}{x+1}+\dfrac{Bx+C}{x^2-x+1}$, 等式右边通分后比较两边分子 x 的同次项的系数得

$$\begin{cases}A+B=0\\B+C-A=0\\A+C=3\end{cases}\quad\text{解此方程组得}\quad\begin{cases}A=1\\B=-1\\C=2\end{cases}$$

$$\therefore\frac{3}{x^3+1}=\frac{1}{x+1}+\frac{-x+2}{x^2-x+1}=\frac{1}{x+1}-\frac{\frac{1}{2}(2x-1)-\frac{3}{2}}{\left(x-\frac{1}{2}\right)^2+\left(\frac{\sqrt{3}}{2}\right)^2}$$

$$= \frac{1}{x+1} - \frac{\frac{1}{2}(2x-1)}{\left(x-\frac{1}{2}\right)^2 + \frac{3}{4}} + \frac{3}{2} \frac{1}{\left(x-\frac{1}{2}\right)^2 + \left(\frac{\sqrt{3}}{2}\right)^2}$$

$$\therefore \int \frac{3}{x^3+1} dx = \int \frac{1}{x+1} dx - \int \frac{\frac{1}{2}(2x-1)}{\left(x-\frac{1}{2}\right)^2 + \frac{3}{4}} dx + \frac{3}{2} \int \frac{1}{\left(x-\frac{1}{2}\right)^2 + \left(\frac{\sqrt{3}}{2}\right)^2} dx$$

$$= \ln|x+1| - \frac{1}{2} \int \frac{1}{\left(x-\frac{1}{2}\right)^2 + \frac{3}{4}} d\left(\left(x-\frac{1}{2}\right)^2 + \frac{3}{4}\right)$$

$$+ \sqrt{3} \int \frac{1}{\left(\frac{x-\frac{1}{2}}{\frac{\sqrt{3}}{2}}\right)^2 + 1} d\left(\frac{x-\frac{1}{2}}{\frac{\sqrt{3}}{2}}\right)$$

$$= \ln|x+1| - \frac{1}{2} \ln(x^2 - x + 1) + \sqrt{3} \arctan\left(\frac{2x-1}{\sqrt{3}}\right) + C.$$

(3) 令 $\dfrac{x+1}{(x-1)^3} = \dfrac{A}{x-1} + \dfrac{B}{(x-1)^2} + \dfrac{C}{(x-1)^3}$，等式右边通分后比较两边分子 x 的同次项的系数得

$$\begin{cases} A = 0, \\ B - 2A = 1, \\ A - B + C = 1, \end{cases} \quad \text{解此方程组得} \quad \begin{cases} A = 0, \\ B = 1, \\ C = 2. \end{cases}$$

$$\therefore \frac{x+1}{(x-1)^3} = \frac{1}{(x-1)^2} + \frac{2}{(x-1)^3}$$

$$\therefore \int \frac{x+1}{(x-1)^3} dx = \int \frac{1}{(x-1)^2} dx + \int \frac{2}{(x-1)^3} dx = -\frac{1}{x-1} - \frac{1}{(x-1)^2} + C = -\frac{x}{(x-1)^2} + C.$$

(4) $\because \dfrac{3x+2}{x(x+1)^3} = \dfrac{3}{(x+1)^3} + \dfrac{2}{x(x+1)^3}$，令 $\dfrac{2}{x(x+1)^3} = \dfrac{A}{x} + \dfrac{B}{x+1} + \dfrac{C}{(x+1)^2} + \dfrac{D}{(x+1)^3}$

等式右边通分后比较两边分子 x 的同次项的系数得

$$\begin{cases} A + B = 0 \\ 3A + 2B + C = 0 \\ 3A + B + C + D = 0 \\ A = 2 \end{cases} \quad \text{解此方程组得} \quad \begin{cases} A = 2 \\ B = -2 \\ C = -2 \\ D = -2 \end{cases}$$

$$\therefore \frac{2}{x(x+1)^3} = \frac{2}{x} - \frac{2}{x+1} - \frac{2}{(x+1)^2} - \frac{2}{(x+1)^3}$$

$$\therefore \frac{3x+2}{x(x+1)^3} = \frac{3}{(x+1)^3} + \frac{2}{x} - \frac{2}{x+1} - \frac{2}{(x+1)^2} - \frac{2}{(x+1)^3}$$

$$= \frac{1}{(x+1)^3} + \frac{2}{x} - \frac{2}{x+1} - \frac{2}{(x+1)^2}$$

$$\therefore \int \frac{3x+2}{x(x+1)^3} dx = \int \frac{1}{(x+1)^3} dx - \int \frac{2}{(x+1)^2} dx - \int \frac{2}{x+1} dx + \int \frac{2}{x} dx$$

$$= -\frac{1}{2} \frac{1}{(x+1)^2} + \frac{2}{x+1} - 2\ln|x+1| + 2\ln|x| + C$$

$$= 2\ln\left|\frac{x}{x+1}\right| + \frac{4x+3}{2(x+1)^2} + C.$$

课后习题全解

不定积分概念与基本积分公式(教材上册 P181)

1. **解题过程** (1) 因为 $C' = 0$

   所以 $(f(x) + C)' = f'(x) + C' = f'(x)$

   $$\int f'(x)\mathrm{d}x = f(x) + C$$

   与(3)相比:(1)是求不定积分运算,(3)是求导运算,(1)、(3)互为逆运算,不定积分相差一个常数仍为原不定积分,该常数常用 C 表示,称为积分常数.

   (2) 因为 $\mathrm{d}f(x) = f'(x)\mathrm{d}x$

   所以 $\int \mathrm{d}f(x) = \int f'(x)\mathrm{d}x = f(x) + C$

   与(4)相比:(2)是先求导再积分,因此包含一个积分常数,(4)是先积分再求导,因此右侧不含积分常数.

2. **知识点窍** 导数与切线之间的关系.

   逻辑推理 根据导数利用积分推出原函数的通项表达式,再根据原函数所经过的点(2,5)确定原函数的具体表达式.

   解题过程 由导数的几何意义,知 $f'(x) = 2x$,所以 $f(x) = \int f'(x)\mathrm{d}x = \int 2x\mathrm{d}x = x^2 + C$.

   于是曲线为 $y = x^2 + C$,又因为曲线通过点(2,5)知,当 $x = 2$ 时,$y = 5$,所以有 $5 = 2^2 + C$,解得 $C = 1$,从而所求曲线为 $y = x^2 + 1$.

3. **解题过程** $x > 0$ 时,$y' = \left(\dfrac{x^2}{2}\right)' = x = |x|$

   $x < 0$ 时,$y' = \left(-\dfrac{x^2}{2}\right)' = -x = |x|$

   $x = 0$ 时,$y'_+ = \lim\limits_{x \to 0^+} \dfrac{\frac{x^2}{2}\mathrm{sgn}x - 0}{x - 0} = \lim\limits_{x \to 0^+} \dfrac{\frac{x^2}{2}}{x} = \lim\limits_{x \to 0^+} \dfrac{x}{2} = 0$

   $\qquad\qquad y'_- = \lim\limits_{x \to 0^-} \dfrac{\frac{x^2}{2}\mathrm{sgn}x - 0}{x - 0} = \lim\limits_{x \to 0^-}\left(-\dfrac{x}{2}\right) = 0 = |x|$

   因此 $\qquad y' = y'_+ = y'_- = 0 = |x|$

   综上,得 $y' = \left(\dfrac{x^2}{2}\mathrm{sgn}x\right)' = |x|, x \in (-\infty, +\infty)$.

   故 $y = \dfrac{x^2}{2}\mathrm{sgn}x$ 是 $|x|$ 在 $(-\infty, +\infty)$ 上的一个原函数.

4. **知识点窍** 导数极限定理.

   逻辑推理 在区间 I 上的导函数 f',它在 I 上的每一点,要么是连续点,要么是第二类间断点,也就是说导函数不可能出现第一类间断点. 因此每一个含有第一类间断点的函数都没有原函数.

   解题过程 设 x_0 是 $f(x)$ 的第一类间断点,且 $f(x)$ 在 $U(x_0)$ 上有原函数 $F(x)$,则 $F'(x) = f(x)$,

$x \in U(x_0)$. 从而由导数极限定理得

$$\lim_{x \to x_0^+} f(x) = \lim_{x \to x_0^+} F'(x) = F'_+(x_0) = F'(x_0) = f(x_0)$$

同理 $\quad \lim_{x \to x_0^-} f(x) = F'(x_0) = f(x_0)$. 可见 $f(x)$ 在 x_0 点连续，推出矛盾.

5. 知识 点窍 利用定义求不定积分.

解题 过程 (1) $\int (1 - x + x^3 - \dfrac{1}{\sqrt[3]{x^2}}) dx$

$$= \int 1 dx - \int x dx + \int x^3 dx - \int x^{-\frac{2}{3}} dx$$

$$= x - \dfrac{x^2}{2} + \dfrac{x^4}{4} - 3x^{\frac{1}{3}} + C.$$

(2) $\int \left(x - \dfrac{1}{\sqrt{x}}\right)^2 dx = \int \left(x^2 - 2\sqrt{x} + \dfrac{1}{x}\right) dx = \dfrac{x^3}{3} - \dfrac{4}{3} x^{\frac{3}{2}} + \ln|x| + C.$

(3) $\int \dfrac{dx}{\sqrt{2gx}} = \dfrac{1}{\sqrt{2g}} \int \dfrac{1}{\sqrt{x}} dx = \sqrt{\dfrac{2x}{g}} + C.$

(4) $\int (2^x + 3^x)^2 dx = \int (2^{2x} + 2(2 \cdot 3)^x + 3^{2x}) dx = \int (4^x + 2 \cdot 6^x + 9^x) dx$

$$= \dfrac{4^x}{\ln 4} + \dfrac{2 \cdot 6^x}{\ln 6} + \dfrac{9^x}{\ln 9} + C.$$

(5) $\int \dfrac{3}{\sqrt{4 - 4x^2}} dx = \dfrac{3}{2} \int \dfrac{1}{\sqrt{1 - x^2}} dx = \dfrac{3}{2} \arcsin x + C \left(\text{或} = -\dfrac{3}{2} \arccos x + C_1\right).$

(6) $\int \dfrac{x^2}{3(1 + x^2)} dx = \dfrac{1}{3} \int dx - \dfrac{1}{3} \int \dfrac{1}{1 + x^2} dx$

$$= \dfrac{1}{3} x - \dfrac{1}{3} \arctan x + C \left(\text{或} = \dfrac{1}{3} x + \dfrac{1}{3} \text{arccot} x + C_1\right).$$

(7) $\int \tan^2 x dx = \int (\tan^2 x + 1) dx - \int dx$

$$= \int \sec^2 x dx - \int dx = \tan x - x + C.$$

(8) $\int \sin^2 x dx = \int \dfrac{1 - \cos 2x}{2} dx = \dfrac{1}{2} \int (1 - \cos 2x) dx = \dfrac{1}{2}\left(x - \dfrac{1}{2} \sin 2x\right) + C$

(9) $\int \dfrac{\cos 2x}{\cos x - \sin x} dx = \int \dfrac{\cos^2 x - \sin^2 x}{\cos x - \sin x} dx = \int (\cos x + \sin x) dx$

$$= \sin x - \cos x + C.$$

(10) $\int \dfrac{\cos 2x}{\cos^2 x \cdot \sin^2 x} dx = \int \dfrac{\cos^2 x - \sin^2 x}{\cos^2 x \cdot \sin^2 x} dx = \int \dfrac{1}{\sin^2 x} dx - \int \dfrac{1}{\cos^2 x} dx$

$$= -\cot x - \tan x + C.$$

(11) $\int 10^t \cdot 3^{2t} dx = \int 90^t dx = \dfrac{90^t}{\ln 90} + C.$

(12) $\int \sqrt{x \sqrt{x \sqrt{x}}} dx = \int x^{\frac{1}{2} + \frac{1}{4} + \frac{1}{8}} dx = \int x^{\frac{7}{8}} dx = \dfrac{8}{15} x^{\frac{15}{8}} + C.$

(13) $\int \left(\sqrt{\dfrac{1+x}{1-x}} + \sqrt{\dfrac{1-x}{1+x}}\right) dx = \int \left(\dfrac{1+x}{\sqrt{1-x^2}} + \dfrac{1-x}{\sqrt{1-x^2}}\right) dx = \int \dfrac{2}{\sqrt{1-x^2}} dx = 2\arcsin x + C.$

(14) $\int (\cos x + \sin x)^2 dx = \int (1 + \sin 2x) dx = \int 1 dx + \int \sin 2x dx = x - \dfrac{1}{2} \cos 2x + C$

$(15) \int \cos x \cdot \cos 2x \mathrm{d}x = \int \cos 2x \mathrm{d}\sin x = \int (1 - 2\sin^2 x) \mathrm{d}\sin x$

$$= \sin x - \frac{2}{3}\sin^3 x + C = \frac{1}{2}(\sin x + \frac{1}{3}\sin 3x) + C.$$

$(16) \int (e^x - e^{-x})^3 \mathrm{d}x = \int (e^{3x} - 3e^x + 3e^{-x} - e^{-3x})\mathrm{d}x$

$$= \frac{e^{3x}}{3} - 3e^x - 3e^{-x} + \frac{e^{-3x}}{3} + C.$$

$(17) \int \frac{2^{x+1} - 5^{x-1}}{10^x}\mathrm{d}x = \int (2 \cdot 5^{-x} - \frac{2^{-x}}{5})\mathrm{d}x$

$$= -\frac{2}{\ln 5}5^{-x} + \frac{2^{-x}}{5\ln 2} + C.$$

$(18) \int \frac{\sqrt{x^4 + x^{-4} + 2}}{x^3}\mathrm{d}x = \int \frac{x^2 + x^{-2}}{x^3}\mathrm{d}x = \int (\frac{1}{x} + x^{-5})\mathrm{d}x = \ln|x| - \frac{x^{-4}}{4} + C.$

6. 解题过程 (1) 设 $F(x)$ 为 $e^{-|x|}$ 的原函数,则

$$F(x) = \int e^{-x}\mathrm{d}x = \begin{cases} \int e^{-x}\mathrm{d}x \\ \int e^x \mathrm{d}x \end{cases} = \begin{cases} -e^{-x} + C_0, x \geqslant 0 \\ e^x + C_1, \quad x < 0 \end{cases}$$

取 $C_1 = 0$,据 $F(x)$ 的连续性可得 $C_0 = 2$,则

$$F(x) = \begin{cases} -e^{-x} + 2, & x \geqslant 0 \\ e^x, & x < 0 \end{cases}$$

故 $\int e^{-|x|}\mathrm{d}x = F(x) + C.$

(2) 设 $F(x)$ 为 $|\sin x|$ 的原函数,则

$$F(x) = \int |\sin x|\mathrm{d}x = \begin{cases} \int \sin x \mathrm{d}x \\ \int -\sin x \mathrm{d}x \end{cases} = \begin{cases} -\cos + C_0, x \in [2k\pi, (2k+1)\pi] \\ \cos x + C_1, x \in [(2k-1)\pi, 2k\pi] \end{cases}, k = 0,1,2,\cdots$$

取 $C_0 = 4k$,根据 $F(x)$ 的连续性可得 $C_1 = 4k + 2$,则

$$F(x) = \int |\sin x|\mathrm{d}x = \begin{cases} -\cos x + 4k, & x \in [2k\pi, (2k+1)\pi] \\ \cos x - 2, & x \in [(2k-1)\pi, 2k\pi] \end{cases}, k = 0,1,2,\cdots$$

故 $\int |\sin x|\mathrm{d}x = F(x) + C.$

7. 知识点窍 复合函数的不定积分.

逻辑推理 换元法.

解题过程 令 $\arctan x = t$,则 $\tan t = x$,即为 $f'(t) = (\tan t)^2$.

则 $f(x) = \int f'(x)\mathrm{d}x = \int \tan^2 x \mathrm{d}x = \int (\sec^2 x - 1)\mathrm{d}x = \tan x - x + C.$

8. 解题过程 函数 $y = \frac{1}{x}$ 有第二类间断点 $x = 0$,而 $y = \frac{1}{x}$ 有原函数 $\ln x$.

狄利克雷函数 $D(x)$,其定义域 $\mathbf{R}$ 上每一点都是第二类间断点,所以 $D(x)$ 无原函数.

■ 换元积分法与分部积分法(教材上册 P189) ━━━━━━━

1. 解题过程 (1) $\int \cos(3x+4)\mathrm{d}x \xrightarrow[\mathrm{d}x = \frac{1}{3}\mathrm{d}t]{t = 3x+4} \int \cos t \cdot \frac{1}{3}\mathrm{d}t$

$$= \frac{1}{3}\sin t + C = \frac{1}{3}\sin(3x+4) + C.$$

(2) $\int x e^{2x^2} dx = \frac{1}{2}\int e^{2x^2} dx^2 = \frac{1}{4}\int e^{2x^2} d(2x^2) \xlongequal{2x^2 = t} \frac{1}{4}\int e^t dt$

$$= \frac{1}{4}e^t + C = \frac{1}{4}e^{2x^2} + C.$$

(3) $\int \frac{dx}{2x+1} \xlongequal{t=2x+1} \int \frac{1}{t} d\frac{t}{2} = \frac{1}{2}\ln|t| + C = \frac{1}{2}\ln|2x+1| + C.$

(4) ① 当 $n \neq -1$ 时, $\int (1+x)^n dx \xlongequal{t=x+1} \int t^n dt = \frac{t^{n+1}}{n+1} + C = \frac{(1+x)^{n+1}}{n+1} + C;$

② 当 $n = -1$ 时, $\int (1+x)^n dx = \ln|1+x| + C.$

(5) $\int \left(\frac{1}{\sqrt{3-x^2}} + \frac{1}{\sqrt{1-3x^2}} \right) dx = \int \frac{d\left(\frac{x}{\sqrt{3}}\right)}{\sqrt{1-\left(\frac{x}{\sqrt{3}}\right)^2}} + \frac{1}{\sqrt{3}}\int \frac{d(\sqrt{3}x)}{\sqrt{1-(\sqrt{3}x)^2}}$

$$= \arcsin\frac{x}{\sqrt{3}} + \frac{1}{\sqrt{3}}\arcsin(\sqrt{3}x) + C.$$

(6) $\int 2^{2x+3} dx \xlongequal{2x+3=t} \frac{1}{2}\int 2^t dt = \frac{1}{2}\frac{2^t}{\ln 2} + C = \frac{1}{2}\frac{2^{2x+3}}{\ln 2} + C.$

(7) $\int \sqrt{8-3x} \, dx \xlongequal{8-3x=t} -\frac{1}{3}\int t^{\frac{1}{2}} dt = -\frac{1}{3} \cdot \frac{2}{3}t^{\frac{3}{2}} + C$

$$= -\frac{2}{9}(8-3x)^{\frac{3}{2}} + C.$$

(8) $\int \frac{dx}{\sqrt[3]{7-5x}} \xlongequal{7-5x=t} -\frac{1}{5}\int t^{-\frac{1}{3}} dt = -\frac{1}{5} \cdot \frac{3}{2}t^{\frac{2}{3}} + C$

$$= -\frac{3}{10}(7-5x)^{\frac{2}{3}} + C.$$

(9) $\int x\sin x^2 dx = \frac{1}{2}\int \sin x^2 dx^2 = -\frac{1}{2}\cos x^2 + C.$

(10) $\int \frac{dx}{\sin^2\left(2x+\frac{\pi}{4}\right)} \xlongequal{2x+\frac{\pi}{4}=t} \frac{1}{2}\int \csc^2 t \, dt = -\frac{1}{2}\cot t + C$

$$= -\frac{1}{2}\cot\left(2x+\frac{\pi}{4}\right) + C.$$

(11) $\int \frac{dx}{1+\cos x} = \int \frac{dx}{2\cos^2 \frac{x}{2}} = \int \sec^2 \frac{x}{2} d\left(\frac{x}{2}\right) = \tan \frac{x}{2} + C.$

(12) $\int \frac{dx}{1+\sin x} = \int \frac{dx}{(\sin x/2 + \cos x/2)^2} = \int \frac{dx}{\cos^2 x/2 \cdot (\tan x/2 + 1)^2}$

$$= 2\int \frac{d\tan x/2}{(\tan x/2 + 1)^2} = \frac{-2}{\tan x/2 + 1} + C.$$

(13) $\int \csc x \, dx = \int \frac{1}{2\sin \frac{x}{2}\cos \frac{x}{2}} dx = \int \frac{\sin \frac{x}{2}}{2\sin^2 \frac{x}{2}\cos \frac{x}{2}} dx$

$$= -\int \frac{1}{\cot \frac{x}{2}} d\cot \frac{x}{2} = -\ln\left|\cot \frac{x}{2}\right| + C = \ln\left|\tan \frac{x}{2}\right| + C.$$

数学分析（第四版·上册）同步辅导及习题全解

$(14) \int \frac{x}{\sqrt{1-x^2}}dx = -\frac{1}{2}\int \frac{1}{\sqrt{1-x^2}}d(1-x^2) = -\frac{1}{2}\int (1-x^2)^{-\frac{1}{2}}d(1-x^2)$

$$= -\sqrt{1-x^2}+C.$$

$(15) \int \frac{x}{4+x^4}dx = \frac{1}{4}\int \frac{1}{1+\left(\frac{x^2}{2}\right)^2}d\left(\frac{x^2}{2}\right)$

$$= \frac{1}{4}\arctan\left(\frac{x^2}{2}\right)+C.$$

$(16) \int \frac{dx}{x\ln x} = \int \frac{1}{\ln x}d\ln x \xlongequal{t=\ln x} \int \frac{1}{t}dt = \ln|t|+C = \ln|\ln x|+C.$

$(17) \int \frac{x^4}{(1-x^5)^3}dx = \frac{1}{5}\int \frac{1}{(1-x^5)^3}dx^5 = -\frac{1}{5}\int \frac{1}{(1-x^5)^3}d(1-x^5)$

$$= \frac{1}{10}(1-x^5)^{-2}+C.$$

$(18) \int \frac{x^3}{x^8-2}dx = \frac{1}{4}\int \frac{1}{x^8-2}dx^4 = \frac{1}{8\sqrt{2}}\ln\left|\frac{x^4-\sqrt{2}}{x^4+\sqrt{2}}\right|+C.$

$(19) \int \frac{dx}{x(1+x)} = \int\left(\frac{1}{x}-\frac{1}{1+x}\right)dx = \ln|x|-\ln|1+x|+C$

$$= \ln\left|\frac{x}{1+x}\right|+C.$$

$(20) \int \cot x dx = \int \frac{\cos x}{\sin x}dx = \int \frac{1}{\sin x}d\sin x = \ln|\sin x|+C.$

$(21) \int \cos^5 x dx = \int(1-\sin^2 x)^2 d\sin x = \int(1-2\sin^2 x+\sin^4 x)d\sin x$

$$= \frac{\sin^5 x}{5}-\frac{2}{3}\sin^3 x+\sin x+C.$$

$(22) \int \frac{dx}{\sin x\cos x} = \int \frac{\cos x dx}{\sin x\cos^2 x} = \int \frac{d\tan x}{\tan x} = \ln|\tan x|+C.$

$(23) \int \frac{dx}{e^x+e^{-x}} = \int \frac{e^x}{1+(e^x)^2}dx = \int \frac{de^x}{1+(e^x)^2} = \arctan e^x+C.$

$(24) \int \frac{2x-3}{x^2-3x+8}dx = \int \frac{d(x^2-3x+8)}{x^2-3x+8} = \ln|x^2-3x+8|+C.$

$(25) \int \frac{x^2+2}{(x+1)^3}dx \xlongequal{t=x+1} \int \frac{(t-1)^2+2}{t^3}dt = \int \frac{t^2-2t+3}{t^3}dt$

$$= \int\left(\frac{1}{t}-\frac{2}{t^2}+\frac{3}{t^3}\right)dt = \ln|t|+\frac{2}{t}-\frac{3}{2}t^{-2}+C$$

$$= \ln|x+1|+\frac{2}{x+1}-\frac{3}{2}(x+1)^{-2}+C.$$

(26) 令 $x = a\tan t$，则

$$\int \frac{dx}{\sqrt{x^2+a^2}} = \int \frac{a\sec^2 t dt}{a\sec t} = \ln|\sec t+\tan t|+C_1 = \ln|x+\sqrt{x^2+a^2}|+C$$

(27) 令 $x = a\tan t, -\frac{\pi}{2} < t < \frac{\pi}{2} \Rightarrow dx = a\sec^2 t dt$

$$\int \frac{dx}{(x^2+a^2)^{3/2}} = \int \frac{a\sec^2 t}{a^3\sec^3 t}dt = \frac{1}{a^2}\int \cos t dt = \frac{1}{a^2}\sin t+C$$

$$= \frac{x}{a^2\sqrt{a^2+x^2}}+C.$$

(28) 令 $x = \sin t$，则

$$\int \frac{x^5}{\sqrt{1-x^2}} \mathrm{d}x = \int \frac{\sin^5 t \cos t}{\cos t} \mathrm{d}t = \int \sin^5 t \mathrm{d}t = -\int (1-\cos^2 t)^2 \mathrm{d}\cos t$$

$$= -\cos t + \frac{2}{3}\cos^3 t - \frac{1}{5}\cos^5 t + C = -(1-x^2)^{\frac{1}{2}} + \frac{2}{3}(1-x^2)^{\frac{3}{2}} - \frac{1}{5}(1-x^2)^{\frac{5}{2}} + C.$$

(29) $\displaystyle \int \frac{\sqrt{x}}{1-\sqrt[3]{x}} \mathrm{d}x \xrightarrow{x=t^6} \int \frac{t^3}{1-t^2} \cdot 6 \cdot t^5 \mathrm{d}t = 6 \int \frac{t^2}{1-t^2} \cdot t^6 \mathrm{d}t$

$$= -6\int t^6 \mathrm{d}t + 6\int \frac{t^2}{1-t^2} \cdot t^4 \mathrm{d}t$$

$$= -6\int t^6 \mathrm{d}t - 6\int t^4 \mathrm{d}t - 6\int t^2 \mathrm{d}t - 6\int \mathrm{d}t + 6\int \frac{1}{1-t^2} \mathrm{d}t$$

$$= -\frac{6}{7}t^7 - \frac{6}{5}t^5 - 2t^3 - 6t + 3\ln|1-t^2| + C$$

$$= -\frac{6}{7}x^{\frac{7}{6}} - \frac{6}{5}x^{\frac{5}{6}} - 2x^{\frac{1}{2}} - 6x^{\frac{1}{6}} + 3\ln|1-x^{\frac{1}{3}}| + C.$$

(30) 令 $\sqrt{x+1} = t$，则 $x+1 = t^2$，$\mathrm{d}x = 2t\mathrm{d}t$，

$$\int \frac{\sqrt{x+1}-1}{\sqrt{x+1}+1} \mathrm{d}x = \int \frac{t-1}{t+1} 2t\mathrm{d}t = \int \left(1 - \frac{2}{t+1}\right) 2t\mathrm{d}t = \int \left(2t - \frac{4t}{t+1}\right)\mathrm{d}t = \int \left(2t - 4 + \frac{4}{t+1}\right)\mathrm{d}t$$

$$= t^2 - 4t + 4\ln|t+1| + C_1$$

$$= x + 1 - 4\sqrt{x+1} + 4\ln|\sqrt{x+1}+1| + C_1$$

$$= x - 4\sqrt{x+1} + 4\ln|\sqrt{x+1}+1| + C.$$

(31) $\displaystyle \int x(1-2x)^{99} \mathrm{d}x \xrightarrow{t=1-2x} \frac{1}{2}\int \frac{1-t}{2} \cdot t^{99} \mathrm{d}t = \frac{1}{4}\int (t^{100} - t^{99})\mathrm{d}t$

$$= -\frac{1}{4}\left(\frac{t^{100}}{100} - \frac{t^{101}}{101}\right) + C$$

$$= -\frac{1}{4}(1-2x)^{100}\left(\frac{1}{100} - \frac{1-2x}{101}\right) + C.$$

(32) $\displaystyle \int \frac{\mathrm{d}x}{x(1+x^n)} \xrightarrow{t=1+x^n} \int (t-1)^{-\frac{1}{n}} \cdot \frac{1}{t} \cdot \frac{1}{n}(t-1)^{\frac{1}{n}-1} \mathrm{d}t = \frac{1}{n}\int \frac{1}{t(t-1)} \mathrm{d}t$

$$= \frac{1}{n}\ln\left|\frac{t-1}{t}\right| + C = \frac{1}{n}\ln\frac{x^n}{x^n+1} + C.$$

(33) $\displaystyle \int \frac{x^{2n-1}}{x^n+1} \mathrm{d}x \xrightarrow{t=x^n+1} \int \frac{1}{t}(t-1)^{\frac{2n-1}{n}} \cdot \frac{1}{n}(t-1)^{\frac{1}{n}-1} \mathrm{d}t = \frac{1}{n}\int \frac{t-1}{t} \mathrm{d}t$

$$= \frac{1}{n}(t - \ln|t|) + C' = \frac{1}{n}(x^n + 1 - \ln|x^n+1|) + C'$$

$$= \frac{1}{n}(x^n - \ln|x^n+1|) + C.$$

(34) $\displaystyle \int \frac{\mathrm{d}x}{x\ln x\ln\ln x} \xrightarrow{t=\ln\ln x} \int e^{-e^t} \cdot e^{-t} \cdot \frac{1}{t} \cdot e^t \cdot e^{e^t} \mathrm{d}t = \int \frac{1}{t}\mathrm{d}t$

$$= \ln|t| + C = \ln|\ln\ln x| + C.$$

(35) $\displaystyle \int \frac{\ln 2x}{x\ln 4x} \mathrm{d}x = \int \frac{\ln 2x}{\ln 4x} \mathrm{d}\ln x = \int \frac{\ln 2x + \ln 2 - \ln 2}{\ln 4x} \mathrm{d}\ln 4x$

$$= \int \left(1 - \frac{\ln 2}{\ln 4x}\right) \mathrm{d}\ln 4x = \ln x - \ln 2 \cdot \ln|\ln 4x| + C.$$

(36) $\displaystyle \int \frac{\mathrm{d}x}{x^4\sqrt{x^2-1}} = \int \frac{\mathrm{d}x}{x^5\sqrt{1-\frac{1}{x^2}}} \xrightarrow{t=\frac{1}{x^2}} -\frac{1}{2}\int \frac{t}{\sqrt{1-t}} \mathrm{d}t$

$$= \frac{1}{2} \int \left(\sqrt{1-t} - \frac{1}{\sqrt{1-t}} \right) dt$$

$$\xrightarrow{\mu=1-t} \frac{1}{2} \int (\mu^{-\frac{1}{2}} - \mu^{\frac{1}{2}}) d\mu = \mu^{\frac{1}{2}} - \frac{1}{3} \mu^{\frac{3}{2}} + C$$

$$= (1-t)^{\frac{1}{2}} - \frac{1}{3}(1-t)^{\frac{3}{2}} + C$$

$$= \frac{\sqrt{x^2-1}}{x} - \frac{(x^2-1)^{\frac{3}{2}}}{3x^3} + C.$$

2. 解题过程 (1) $\int \arcsin x \, dx = x \arcsin x - \int \frac{x}{\sqrt{1-x^2}} dx = x \arcsin x + \sqrt{1-x^2} + C.$

(2) $\int \ln x \, dx = x \ln x - \int x \cdot \frac{1}{x} dx = x \ln x - x + C.$

(3) $\int x^2 \cos x \, dx = x^2 \sin x - 2 \int x \sin x \, dx = x^2 \sin x + 2 \int x d \cos x$

$$= x^2 \sin x + 2x \cos x - 2 \int \cos x \, dx$$

$$= x^2 \sin x + 2x \cos x - 2 \sin x + C.$$

(4) $\int \frac{\ln x}{x^3} dx = -\frac{1}{2} \int \ln x \, dx^{-2} = -\frac{1}{2} \left[\ln x \cdot x^{-2} - \int x^{-2} d(\ln x) \right]$

$$= -\frac{1}{2} \left[\ln x \cdot x^{-2} - \int x^{-3} dx \right]$$

$$= -\frac{\ln x}{2x^2} - \frac{1}{4x^2} + C = -\frac{1}{4x^2}(2\ln x + 1) + C.$$

(5) $\int (\ln x)^2 dx = x(\ln x)^2 - \int x \cdot 2\ln x \cdot \frac{1}{x} dx$

$$= x(\ln x)^2 - 2 \int \ln x \, dx \,(参考(2)\,结果)$$

$$= x(\ln x)^2 - 2x \ln x + 2x + C.$$

(6) $\int x \arctan x \, dx = \frac{1}{2} \int \arctan x \, dx^2 = \frac{1}{2} x^2 \arctan x - \frac{1}{2} \int \frac{x^2}{1+x^2} dx$

$$= \frac{1}{2} x^2 \arctan x - \frac{1}{2} \int (1 - \frac{1}{1+x^2}) dx = \frac{1}{2} x^2 \arctan x - \frac{1}{2}(x - \arctan x) + C$$

$$= \frac{1}{2}(x^2+1)\arctan x - \frac{1}{2} x + C.$$

(7) $\int \left[\ln(\ln x) + \frac{1}{\ln x} \right] dx = \int \ln(\ln x) dx + \int \frac{1}{\ln x} dx$

$$= x \ln(\ln x) - \int x \cdot \frac{1}{\ln x} \cdot \frac{1}{x} dx + \int \frac{1}{\ln x} dx$$

$$= x \ln(\ln x) + C.$$

(8) $\int (\arcsin x)^2 dx = x(\arcsin x)^2 - \int x \cdot 2\arcsin x \cdot (1-x^2)^{-\frac{1}{2}} dx$

$$= x(\arcsin x)^2 + \int (1-x^2)^{-\frac{1}{2}} \arcsin x \, d(1-x^2)$$

$$= x(\arcsin x)^2 + 2 \int \arcsin x \, d(1-x^2)^{\frac{1}{2}}$$

$$= x(\arcsin x)^2 + 2(1-x^2)^{\frac{1}{2}} \arcsin x - 2 \int dx$$

$$= x(\arcsin x)^2 + 2(1-x^2)^{\frac{1}{2}} \arcsin x - 2x + C.$$

$(9) \displaystyle\int \sec^3 x \mathrm{d}x = \int \sec x \mathrm{d}\tan x = \sec x \tan x - \int \sec x \tan^2 x \mathrm{d}x$

$\qquad = \sec x \tan x - \displaystyle\int \sec x (\sec^2 x - 1) \mathrm{d}x = \sec x \tan x - \int \sec^3 x \mathrm{d}x + \int \sec x \mathrm{d}x$

$\qquad = \sec x \tan x - \displaystyle\int \sec^3 x \mathrm{d}x + \ln | \sec x + \tan x |$

所以 $\displaystyle\int \sec^3 x \mathrm{d}x = \frac{1}{2}(\sec x \tan x + \ln | \sec x + \tan x |) + C.$

$(10)\ I = \displaystyle\int \sqrt{x^2 \pm a^2} \,\mathrm{d}x (a > 0)$

$\qquad = x(x^2 \pm a^2)^{\frac{1}{2}} - \displaystyle\int x \cdot \frac{1}{2}(x^2 \pm a^2)^{-\frac{1}{2}} \cdot 2x \mathrm{d}x$

$\qquad = x(x^2 + a^2)^{\frac{1}{2}} - \displaystyle\int \frac{x^2 \pm a^2 \pm a^2}{\sqrt{x^2 \pm a^2}} \mathrm{d}x$

$\qquad = x(x^2 \pm a^2)^{\frac{1}{2}} - I \pm a^2 \displaystyle\int \frac{1}{\sqrt{x^2 \pm a^2}} \mathrm{d}x$

$\qquad = x(x^2 \pm a^2)^{\frac{1}{2}} - I \pm a^2 \displaystyle\int \frac{1}{\sqrt{\left(\frac{x}{a}\right)^2 \pm 1}} \mathrm{d}\left(\frac{x}{a}\right)$

则 $I = \dfrac{1}{2}x(x^2 \pm a^2)^{\frac{1}{2}} \pm \dfrac{1}{2}a^2 \displaystyle\int \frac{1}{\sqrt{\left(\frac{x}{a}\right)^2 \pm 1}} \mathrm{d}\left(\frac{x}{a}\right)$

$\qquad = \dfrac{1}{2}(x\sqrt{x^2 \pm a^2} \pm a^2 \ln | \sqrt{x^2 \pm a^2} + x |) + C.$

3. 解题过程 $(1) \displaystyle\int [f(x)]^{\alpha} f'(x) \mathrm{d}x = \int [f(x)]^{\alpha} \mathrm{d}f(x) = \frac{1}{\alpha+1}[f(x)]^{\alpha+1} + C.$

$(2) \displaystyle\int \frac{f'(x)}{1+[f(x)]^2} \mathrm{d}x = \int \frac{1}{1+[f(x)]^2} \mathrm{d}f(x)$

$\qquad = \arctan[f(x)] + C (或 = -\operatorname{arccot}[f(x)] + C_1).$

$(3) \displaystyle\int \frac{f'(x)}{f(x)} \mathrm{d}x = \int \frac{1}{f(x)} \mathrm{d}f(x) = \ln | f(x) | + C.$

$(4) \displaystyle\int \mathrm{e}^{f(x)} f'(x) \mathrm{d}x = \int \mathrm{e}^{f(x)} \mathrm{d}f(x) = \mathrm{e}^{f(x)} + C.$

4. 解题过程 $(1)\ I_n = \displaystyle\int \tan^{n-2} x (\sec^2 x - 1) \mathrm{d}x = \int \tan^{n-2} x \sec^2 x \mathrm{d}x - \int \tan^{n-2} x \mathrm{d}x$

$\qquad = \displaystyle\int \tan^{n-2} x \mathrm{d}\tan x - I_{n-2} = \frac{1}{n-1}\tan^{n-1} x - I_{n-2}$

从而 $I_n = \dfrac{1}{n-1}\tan^{n-1} x - I_{n-2}.$

$(2)\ I(m,n) = \displaystyle\int \cos^m x \sin^n x \mathrm{d}x = \frac{1}{n+1}\int \cos^{m-1} x \mathrm{d}\sin^{n+1} x$

$\qquad = \dfrac{1}{n+1}\left[\cos^{m-1} x \sin^{n+1} x + (m-1)\displaystyle\int \cos^{m-2} x \sin^{n+2} x \mathrm{d}x\right]$

$\qquad = \dfrac{1}{n+1}\left[\cos^{m-1} x \sin^{n+1} x + (m-1)\displaystyle\int \cos^{m-2} x \sin^n x (1 - \cos^2 x) \mathrm{d}x\right]$

$\qquad = \dfrac{1}{n+1}\left[\cos^{m-1} x \sin^{n+1} x + (m-1)(I(m-2,n) - I(m,n))\right]$

所以 $I(m,n) = \dfrac{\cos^{m-1} x \sin^{n+1} x}{m+n} + \dfrac{m-1}{m+n}I(m-2,n)$

同理可得 $I(m,n) = -\dfrac{\cos^{m+1}x\sin^{n-1}x}{m+n} + \dfrac{n-1}{m+n}I(m,n-2)$

5. 解题过程 (1) $\displaystyle\int \tan^3 x\,\mathrm{d}x = \frac{1}{2}\tan^2 x - \int \tan x\,\mathrm{d}x = \frac{1}{2}\tan^2 x + \ln|\cos x| + C.$

(2) $\displaystyle\int \tan^4 x\,\mathrm{d}x = \frac{1}{3}\tan^3 x - \int \tan^2 x\,\mathrm{d}x = \frac{1}{3}\tan^3 x - \tan x + \int \mathrm{d}x$

$\qquad = \dfrac{1}{3}\tan^3 x - \tan x + x + C.$

(3) $\displaystyle\int \cos^2 x\sin^4 x\,\mathrm{d}x = -\frac{\cos^3 x\sin^3 x}{6} + \frac{3}{6}\int \cos^2 x\sin^2 x\,\mathrm{d}x$

$\qquad\qquad = -\dfrac{\cos^3 x\sin^3 x}{6} + \dfrac{1}{8}\displaystyle\int \sin^2 2x\,\mathrm{d}x$

$\qquad\qquad = -\dfrac{\cos x\sin^3 x}{6} + \dfrac{1}{8}\displaystyle\int \dfrac{1-\cos 4x}{2}\,\mathrm{d}x$

$\qquad\qquad = -\dfrac{\cos^3 x\sin^3 x}{6} + \dfrac{x}{16} - \dfrac{1}{64}\sin 4x + C.$

6. 解题过程 (1) $I_n = \displaystyle\int x^n \mathrm{e}^{kx}\,\mathrm{d}x = \frac{1}{k}\int x^n \mathrm{e}^{kx}\,\mathrm{d}(kx) = \frac{1}{k}x^n \mathrm{e}^{kx} - \frac{1}{k}\int \mathrm{e}^{kx}\,\mathrm{d}(x^n)$

$\qquad = \dfrac{1}{k}x^n \mathrm{e}^{kx} - \dfrac{n}{k}\displaystyle\int x^{n-1}\mathrm{e}^{kx}\,\mathrm{d}x = \dfrac{1}{k}x^n \mathrm{e}^{kx} - \dfrac{n}{k}I_{n-1}.$

(2) $I_n = \displaystyle\int (\ln x)^n\,\mathrm{d}x = x(\ln x)^n - \int x\,\mathrm{d}(\ln x)^n = x(\ln x)^n - nI_{n-1}.$

(3) $I_n = \displaystyle\int (\arcsin x)^n\,\mathrm{d}x = x(\arcsin x)^n - \int x\,\mathrm{d}(\arcsin x)^n$

$\quad = x(\arcsin x)^n + n\displaystyle\int (\arcsin x)^{n-1}\,\mathrm{d}(1-x^2)^{\frac{1}{2}}$

$\quad = x(\arcsin x)^n + n(\arcsin x)^{n-1}(1-x^2)^{\frac{1}{2}} - n\displaystyle\int (1-x^2)^{\frac{1}{2}}\,\mathrm{d}(\arcsin x)^{n-1}$

$\quad = x(\arcsin x)^n + n(\arcsin x)^{n-1}(1-x^2)^{\frac{1}{2}} - n(n-1)I_{n-2}.$

(4) $I_n = \dfrac{1}{a}\displaystyle\int \sin^n x\,\mathrm{d}\mathrm{e}^{ax} = \frac{1}{a}\mathrm{e}^{ax}\sin^n x - \frac{n}{a}\int \mathrm{e}^{ax}\sin^{n-1}x\cos x\,\mathrm{d}x$

$\quad = \dfrac{1}{a}\mathrm{e}^{ax}\sin^n x - \dfrac{n}{a^2}\displaystyle\int \sin^{n-1}x\cos x\,\mathrm{d}\mathrm{e}^{ax}$

$\quad = \dfrac{1}{a}\mathrm{e}^{ax}\sin^n x - \dfrac{n}{a^2}\mathrm{e}^{ax}\sin^{n-1}x\cos x + \dfrac{n}{a^2}\displaystyle\int \mathrm{e}^{ax}[(n-1)\sin^{n-2}x\cos^2 x - \sin^n x]\,\mathrm{d}x$

$\quad = \dfrac{1}{a}\mathrm{e}^{ax}\sin^n x - \dfrac{n}{a^2}\mathrm{e}^{ax}\sin^{n-1}x\cos x + \dfrac{n(n-1)}{a^2}I_{n-2} - \dfrac{n^2}{a^2}I_n.$

由此可知

$I_n = \dfrac{1}{n^2 + a^2}\left[\mathrm{e}^{ax}\sin^{n-1}x(a\sin x - n\cos x) + n(n-1)I_{n-2}\right].$

7. 解题过程 (1) $\displaystyle\int x^3 \mathrm{e}^{2x}\,\mathrm{d}x = \frac{1}{2}x^3 \mathrm{e}^{2x} - \frac{3}{2}\int x^2 \mathrm{e}^{2x}\,\mathrm{d}x$

$\qquad\qquad = \dfrac{1}{2}x^3 \mathrm{e}^{2x} - \dfrac{3}{2}\left[\dfrac{1}{2}x^2 \mathrm{e}^{2x} - \displaystyle\int x\mathrm{e}^{2x}\,\mathrm{d}x\right]$

$\qquad\qquad = \dfrac{1}{2}x^3 \mathrm{e}^{2x} - \dfrac{3}{4}x^2 \mathrm{e}^{2x} + \dfrac{3}{2}\left[\dfrac{1}{2}x\mathrm{e}^{2x} - \dfrac{1}{2}\displaystyle\int \mathrm{e}^{2x}\,\mathrm{d}x\right]$

$\qquad\qquad = \mathrm{e}^{2x}\left(\dfrac{1}{2}x^3 - \dfrac{3}{4}x^2 + \dfrac{3}{4}x - \dfrac{3}{8}\right) + C.$

(2) $\displaystyle\int(\ln x)^3\mathrm{d}x = x(\ln x)^3 - 3\int(\ln x)^2\mathrm{d}x$

$$= x(\ln x)^3 - 3\left[x(\ln x)^2 - 2\int\ln x\mathrm{d}x\right]$$

$$= x\left[(\ln x)^3 - 3(\ln x)^2 + 6\ln x - 6\right] + C.$$

(3) $\displaystyle\int(\arcsin x)^3\mathrm{d}x = x(\arcsin x)^3 + 3\sqrt{1-x^2}(\arcsin x)^2 - 6\int\arcsin x\mathrm{d}x$

$$= x(\arcsin x)^3 + 3\sqrt{1-x^2}(\arcsin x)^2 - 6x\arcsin x + 6\int\frac{x\mathrm{d}x}{\sqrt{1-x^2}}$$

$$= x(\arcsin x)^3 + 3\sqrt{1-x^2}(\arcsin x)^2 - 6x\arcsin x - 6\sqrt{1-x^2} + C.$$

(4) 因 $\displaystyle\int\mathrm{e}^x\sin x\mathrm{d}x = \int\sin x\mathrm{d}\mathrm{e}^x = \mathrm{e}^x\sin x - \int\mathrm{e}^x\cos x\mathrm{d}x$

$$= \mathrm{e}^x\sin x - \int\cos x\mathrm{d}\mathrm{e}^x = \mathrm{e}^x\sin x - \mathrm{e}^x\cos x - \int\mathrm{e}^x\sin x\mathrm{d}x,$$

因此，移项解得

$$\int\mathrm{e}^x\sin x\mathrm{d}x = \frac{1}{2}\mathrm{e}^x(\sin x - \cos x) + C$$

故有 $\displaystyle\int\mathrm{e}^x\sin^3 x\mathrm{d}x = \frac{1}{10}\left[\mathrm{e}^x\sin^2 x(\sin x - 3\cos x) + 3\mathrm{e}^x(\sin x - \cos x)\right] + C$

$$= \frac{1}{10}\mathrm{e}^x(\sin^3 x - 3\sin^2 x\cos x + 3\sin x - 3\cos x) + C.$$

■ 有理函数和可化为有理函数的不定积分（教材上册 P200）

1. 解题过程 (1) $\displaystyle\int\frac{x^3}{x-1}\mathrm{d}x = \int\frac{x^3 - 1 + 1}{x-1}\mathrm{d}x = \int\left(x^2 + x + 1 + \frac{1}{x-1}\right)\mathrm{d}x$

$$= \frac{x^3}{3} + \frac{x^2}{2} + x + \ln|x-1| + C.$$

(2) 解法一：$\displaystyle\int\frac{x-2}{x^2 - 7x + 12}\mathrm{d}x = \int\left(\frac{2}{x-4} - \frac{1}{x-3}\right)\mathrm{d}x = \ln\frac{(x-4)^2}{|x-3|} + C.$

解法二：$\displaystyle\int\frac{x-2}{x^2 - 7x + 12}\mathrm{d}x = \frac{1}{2}\int\frac{2x-7}{x^2 - 7x + 12}\mathrm{d}x + \frac{1}{2}\int\frac{3}{x^2 - 7x + 12}\mathrm{d}x$

$$= \frac{1}{2}\int\frac{\mathrm{d}(x^2 - 7x + 12)}{x^2 - 7x + 12} + \frac{3}{2}\int\frac{1}{\left(x - \frac{7}{2}\right)^2 - \frac{1}{4}}\mathrm{d}\left(x - \frac{7}{2}\right)$$

$$= \frac{1}{2}\ln|x^2 - 7x + 12| + \frac{3}{2}\ln\left|\frac{x-4}{x-3}\right| + C.$$

(3) $\displaystyle\frac{1}{1+x^3} = \frac{1}{(1+x)(1-x+x^2)} = \frac{A}{1+x} + \frac{Bx+C}{1-x+x^2}$

去分母得 $1 = A(1 - x + x^2) + (Bx + C)(1 + x)$

令 $x = -1$，得 $A = 1/3$. 再令 $x = 0$，得 $A + C = 1$，于是 $C = 2/3$. 比较上式两端二次幂的系数得 $A + B = 0$，从而 $B = -1/3$，因此

$$\int\frac{\mathrm{d}x}{1+x^3} = \frac{1}{3}\int\frac{\mathrm{d}x}{1+x} - \frac{1}{3}\int\frac{x-2}{1-x+x^2}\mathrm{d}x = \frac{1}{3}\ln|1+x| - \frac{1}{6}\int\frac{2x-1}{1-x+x^2}\mathrm{d}x$$

$$+ \frac{1}{2}\int\frac{1}{1-x+x^2}\mathrm{d}x = \frac{1}{3}\ln|1+x| - \frac{1}{6}\ln(1-x+x^2) + \frac{1}{2}\int\frac{1}{(x-1/2)^2 + 3/4}\mathrm{d}x$$

$$= \frac{1}{6}\ln\frac{(1+x)^2}{1-x+x^2} + \frac{1}{\sqrt{3}}\arctan\frac{2x-1}{\sqrt{3}} + C.$$

(4) $\displaystyle\int\frac{\mathrm{d}x}{1+x^4} = \frac{1}{2}\int\frac{(1+x^2)-(x^2-1)}{1+x^4}\mathrm{d}x = \frac{1}{2}\int\frac{1+x^2}{1+x^4}\mathrm{d}x - \frac{1}{2}\int\frac{x^2-1}{1+x^4}\mathrm{d}x$

$$= \frac{1}{2}\int\frac{1+\frac{1}{x^2}}{x^2+\frac{1}{x^2}}\mathrm{d}x - \frac{1}{2}\int\frac{1-\frac{1}{x^2}}{x^2+\frac{1}{x^2}}\mathrm{d}x = \frac{1}{2}\int\frac{\mathrm{d}\left(x-\frac{1}{x}\right)}{x^2+\frac{1}{x^2}} - \frac{1}{2}\int\frac{\mathrm{d}\left(x+\frac{1}{x}\right)}{x^2+\frac{1}{x^2}}$$

$$= \frac{1}{2}\int\frac{\mathrm{d}\left(x-\frac{1}{x}\right)}{\left(x-\frac{1}{x}\right)^2+2} - \frac{1}{2}\int\frac{\mathrm{d}\left(x+\frac{1}{x}\right)}{\left(x+\frac{1}{x}\right)^2-2}$$

$$= \frac{1}{2\sqrt{2}}\arctan\frac{x-\frac{1}{x}}{\sqrt{2}} - \frac{1}{4\sqrt{2}}\ln\left|\frac{x+\frac{1}{x}-\sqrt{2}}{x+\frac{1}{x}+\sqrt{2}}\right| + C$$

$$= \frac{\sqrt{2}}{4}\arctan\frac{x^2-1}{\sqrt{2}x} - \frac{\sqrt{2}}{8}\ln\left|\frac{x^2-\sqrt{2}x+1}{x^2+\sqrt{2}x+1}\right| + C.$$

(5) $\displaystyle\int\frac{\mathrm{d}x}{(x-1)(x^2+1)^2}$

令 $\dfrac{1}{(x-1)(x^2+1)^2} = \dfrac{A}{x-1} + \dfrac{Bx+C}{x^2+1} + \dfrac{Dx+E}{(x^2+1)^2}$，解得

$A = \dfrac{1}{4}$，$B = C = -\dfrac{1}{4}$，$D = E = -\dfrac{1}{2}$，于是

$$\int\frac{\mathrm{d}x}{(x-1)(x^2+1)^2} = \frac{1}{4}\int\frac{\mathrm{d}x}{x-1} - \frac{1}{4}\int\frac{x+1}{x^2+1}\mathrm{d}x - \frac{1}{2}\int\frac{x+1}{(x^2+1)^2}\mathrm{d}x$$

$$= \frac{1}{4}\ln|x-1| - \frac{1}{8}\ln(x^2+1) - \frac{1}{4}\arctan x + \frac{1}{4}\frac{1}{x^2+1}$$

$$- \frac{1}{4}\left(\arctan x + \frac{x}{x^2+1}\right) + C$$

$$= \frac{1}{4}\left(\ln\frac{|x-1|}{\sqrt{x^2+1}} - 2\arctan x + \frac{1-x}{x^2+1}\right) + C.$$

(6) $\displaystyle\int\frac{x-2}{(2x^2+2x+1)^2}\mathrm{d}x = \frac{1}{4}\int\frac{4x+2}{(2x^2+2x+1)^2}\mathrm{d}x - \frac{5}{2}\int\frac{1}{(2x^2+2x+1)^2}\mathrm{d}x$

其中 $\displaystyle\int\frac{4x+2}{(2x^2+2x+1)^2}\mathrm{d}x = \int\frac{\mathrm{d}(2x^2+2x+1)}{(2x^2+2x+1)^2} = -\frac{1}{2x^2+2x+1} + C$

$$\int\frac{1}{(2x^2+2x+1)^2}\mathrm{d}x = \int\frac{4}{\left[(2x+1)^2+1\right]^2}\mathrm{d}x = 2\int\frac{1}{\left[(2x+1)^2+1\right]^2}\mathrm{d}(2x+1)$$

$$= \frac{2x+1}{(2x+1)^2+1} + \arctan(2x+1) + C$$

参见教材 P186 例 9 或 P194 关于 I_k 的递推公式(7).

于是，有

$$\int\frac{x-2}{(2x^2+2x+1)^2}\mathrm{d}x = -\frac{1}{4}\frac{1}{2x^2+2x+1} - \frac{5}{2}\frac{2x+1}{(2x+1)^2+1} - \frac{5}{2}\arctan(2x+1) + C$$

$$= \frac{5x+3}{2(2x^2+2x+1)} - \frac{5}{2}\arctan(2x+1) + C.$$

2. **解题过程** (1) 令 $t = \tan\dfrac{x}{2}$，则 $\cos x = \dfrac{1-t^2}{1+t^2}$，$\mathrm{d}x = \dfrac{2}{1+t^2}\mathrm{d}t$，于是

$$\int \frac{dx}{5-3\cos x} = \int \frac{1}{5-3\frac{1-t^2}{1+t^2}} \cdot \frac{2}{1+t^2}dt = \int \frac{1}{1+4t^2}dt$$

$$= \frac{1}{2}\int \frac{1}{1+(2t)^2}d2t = \frac{1}{2}\arctan(2t)+C$$

$$= \frac{1}{2}\arctan\left(2\tan\frac{x}{2}\right)+C.$$

(2) $\int \dfrac{dx}{2+\sin^2 x} = \int \dfrac{\sec^2 x dx}{2\sec^2 x+\tan^2 x} = \int \dfrac{d(\tan x)}{3\tan^2 x+2}$

$$= \frac{\sqrt{6}}{6}\int \frac{d\left(\sqrt{\frac{3}{2}}\tan x\right)}{\frac{3}{2}\tan^2 x+1} = \frac{\sqrt{6}}{6}\arctan\left(\frac{\sqrt{6}}{2}\tan x\right)+C.$$

(3) $\int \dfrac{dx}{1+\tan x} = \int \dfrac{\cos x}{\cos x+\sin x}dx = \dfrac{1}{2}\int \dfrac{\cos x+\sin x-\sin x+\cos x}{\cos x+\sin x}dx$

$$= \frac{1}{2}\left(\int dx+\int \frac{d(\cos x+\sin x)}{\cos x+\sin x}\right)$$

$$= \frac{1}{2}(x+\ln|\cos x+\sin x|)+C.$$

(4) 设 $x-\dfrac{1}{2} = \dfrac{\sqrt{5}}{2}\sin t$, 则 $dx = \dfrac{\sqrt{5}}{2}\cos t dt$,

$$\int \frac{x^2}{\sqrt{1+x-x^2}}dx = \int \frac{x^2}{\sqrt{\frac{5}{4}-\left(x-\frac{1}{2}\right)^2}}dx = \int \left(\frac{1}{2}+\frac{\sqrt{5}}{2}\sin t\right)^2 dt$$

$$= \int \left[\frac{1}{4}+\frac{\sqrt{5}}{2}\sin t+\frac{5}{8}(-\cos 2t)\right]dt$$

$$= \frac{7}{8}t-\frac{\sqrt{5}}{2}\cos t-\frac{5}{16}\sin 2t+C$$

$$= \frac{7}{8}\arcsin \frac{2x-1}{\sqrt{5}}-\frac{2x+3}{4}\sqrt{1+x-x^2}+C.$$

(5) 令 $x+\dfrac{1}{2} = \dfrac{1}{2}\sec t, -\dfrac{\pi}{2}<t<\dfrac{\pi}{2}$, $dx = \dfrac{1}{2}\sec t\tan t dt$,

$$\int \frac{dx}{\sqrt{x^2+x}} = \int \frac{dx}{\sqrt{\left(x+\frac{1}{2}\right)^2-\left(\frac{1}{2}\right)^2}}$$

$$= \int \sec t dt = \ln|\sec t+\tan t|+C$$

$$= \ln|(2x+1)+2\sqrt{x^2+x}|+C.$$

(6) 令 $t = \sqrt{\dfrac{1-x}{1+x}} \Rightarrow x = \dfrac{1-t^2}{1+t^2}$, $dx = \dfrac{-4t}{(1+t^2)^2}dt$

$$\int \frac{1}{x^2}\sqrt{\frac{1-x}{1+x}}dx = \int \frac{(1+t^2)^2}{(1-t^2)^2}\cdot t\cdot\left(-\frac{4t}{(1+t^2)^2}\right)dt = -\int \frac{4t^2}{(1-t^2)^2}dt$$

$$= 2\int t\frac{d(1-t^2)}{(1-t^2)^2} = -2\int t d\frac{1}{1-t^2}$$

$$= \frac{2t}{t^2-1}+2\int \frac{dt}{1-t^2} = \frac{2t}{t^2-1}-\ln\left|\frac{1-t}{1+t}\right|+C$$

$$=-\frac{\sqrt{1-x^2}}{x}+\ln\left|\frac{1+\sqrt{1-x^2}}{x}\right|+C.$$

■ 总练习题（教材上册 P200）

1. 解题过程 (1) $\displaystyle\int\frac{\sqrt{x}-2\sqrt[3]{x}-1}{\sqrt[4]{x}}\mathrm{d}x=\int(x^{\frac{1}{4}}-2x^{\frac{1}{12}}-x^{-\frac{1}{4}})\mathrm{d}x=\frac{4}{5}x^{\frac{5}{4}}-\frac{24}{13}x^{\frac{13}{12}}-\frac{4}{3}x^{\frac{3}{4}}+C.$

(2) $\displaystyle\int x\arcsin x\mathrm{d}x=\frac{1}{2}\int\arcsin x\mathrm{d}x^2=\frac{1}{2}\left(x^2\arcsin x-\int x^2\frac{1}{\sqrt{1-x^2}}\mathrm{d}x\right)$

其中 $\displaystyle\int\frac{x^2}{\sqrt{1-x^2}}\mathrm{d}x=\int\frac{\sin^2t}{\cos t}\cos t\mathrm{d}t=\int\frac{1-\cos 2t}{2}\mathrm{d}t=\frac{1}{2}\left(t-\frac{1}{2}\sin 2t\right)+C$

$$=\frac{1}{2}(\arcsin x-x\sqrt{1-x^2})+C$$

所以 $\displaystyle\int x\arcsin x\mathrm{d}x=\frac{1}{2}\left[x^2\arcsin x-\int x^2\frac{1}{\sqrt{1-x^2}}\mathrm{d}x\right]$

$$=\frac{1}{2}\left[x^2\arcsin x-\frac{1}{2}(\arcsin x-x\sqrt{1-x^2})\right]+C$$

$$=\frac{1}{2}x^2\arcsin x-\frac{1}{4}\arcsin x+\frac{1}{4}x\sqrt{1-x^2}+C.$$

(3) $\displaystyle\int\frac{\mathrm{d}x}{1+\sqrt{x}}$

令 $\sqrt{x}=u$，则 $\mathrm{d}x=2u\mathrm{d}u$

$$\int\frac{\mathrm{d}x}{1+\sqrt{x}}=\int\frac{2u\mathrm{d}u}{1+u}=2\int\left(1-\frac{1}{1+u}\right)\mathrm{d}u=2(u-\ln|1+u|)+C$$

$$=2(\sqrt{x}-\ln|1+\sqrt{x}|)+C.$$

(4) $\displaystyle\int\mathrm{e}^{\sin x}\sin 2x\mathrm{d}x=2\int\mathrm{e}^{\sin x}\sin x\cos x\mathrm{d}x=2\int\mathrm{e}^{\sin x}\sin x\mathrm{d}\sin x=2\int\sin x\mathrm{d}\mathrm{e}^{\sin x}$

$$=2(\mathrm{e}^{\sin x}\sin x-\int\mathrm{e}^{\sin x}\mathrm{d}\sin x)=2(\mathrm{e}^{\sin x}\sin x-\mathrm{e}^{\sin x})+C=2\mathrm{e}^{\sin x}(\sin x-1)+C.$$

(5) $\displaystyle\int\mathrm{e}^{\sqrt{x}}\mathrm{d}x\xlongequal{(令\sqrt{x}=u)}\int\mathrm{e}^u 2u\mathrm{d}u=2(\mathrm{e}^u u-\mathrm{e}^u)+C=2\mathrm{e}^{\sqrt{x}}(\sqrt{x}-1)+C.$

(6) 当 $x>1$ 时，$\displaystyle\int\frac{\mathrm{d}x}{x\sqrt{x^2-1}}=\int\frac{\mathrm{d}x}{x^2\sqrt{1-\frac{1}{x^2}}}=-\int\frac{1}{\sqrt{1-\frac{1}{x^2}}}\mathrm{d}\left(\frac{1}{x}\right)=-\arcsin\frac{1}{x}+C.$

当 $x<-1$ 时，$\displaystyle\int\frac{\mathrm{d}x}{x\sqrt{x^2-1}}=\int\frac{\mathrm{d}x}{x^2\sqrt{1-\left(-\frac{1}{x}\right)^2}}=\arcsin\left(-\frac{1}{x}\right)+C.$

(7) 解法一：令 $t=\tan x, x=\arctan t$，则 $\mathrm{d}x=\dfrac{\mathrm{d}t}{1+t^2}.$

$$\int\frac{1-\tan x}{1+\tan x}\mathrm{d}x=\int\frac{(1-t)\mathrm{d}t}{(1+t)(1+t^2)}=\int\frac{\mathrm{d}t}{1+t}-\int\frac{t\mathrm{d}t}{1+t^2}$$

$$=\frac{1}{2}\ln\frac{(1+t)^2}{1+t^2}+C=\frac{1}{2}\ln\frac{(1+\tan x)^2}{1+\tan^2 x}+C$$

$$=\ln|\sin x+\cos x|+C.$$

解法二：$\displaystyle\int\frac{1-\tan x}{1+\tan x}\mathrm{d}x=\int\frac{\cos x-\sin x}{\cos x+\sin x}\mathrm{d}x$

$$= \int \frac{\mathrm{d}(\cos x + \sin x)}{\cos x + \sin x} = \ln |\cos x + \sin x| + C.$$

(8) 令 $t = x - 2$，则

$$\int \frac{x^2 - x}{(x-2)^3} \mathrm{d}x = \int \frac{(t+2)^2 - (t+2)}{t^3} \mathrm{d}t$$

$$= \int (t^{-1} + 3t^{-2} + 2t^{-3}) \mathrm{d}t = \ln |t| - 3t^{-1} - t^{-2} + C$$

$$= \ln |x - 2| - \frac{3}{x-2} - \frac{1}{(x-2)^2} + C.$$

(9) $\int \frac{\mathrm{d}x}{\cos^4 x} = \int \sec^4 x \mathrm{d}x = \int (\tan^2 x + 1) \mathrm{d}\tan x = \frac{1}{3} \tan^3 x + \tan x + C.$

(10) $\int \sin^4 x \mathrm{d}x = \int \left(\frac{1 - \cos 2x}{2} \right)^2 \mathrm{d}x = \int \left(\frac{1}{4} - \frac{1}{2}\cos 2x + \frac{1 + \cos 4x}{8} \right) \mathrm{d}x$

$$= \frac{3}{8}x - \frac{1}{4}\sin 2x + \frac{1}{32}\sin 4x + C.$$

(11) 令 $\dfrac{x-5}{x^3 - 3x^2 + 4} = \dfrac{x-5}{(x+1)(x-2)^2} = \dfrac{A}{x+1} + \dfrac{B}{x-2} + \dfrac{C}{(x-2)^2}$，

则 $x - 5 = A(x-2)^2 + B(x+1)(x-2) + C(x+1)$

令 $x = -1$，得 $A = -\dfrac{2}{3}$；令 $x = 2$，得 $C = -1$. 将 A、C 代入上式，再令 $x = 0$，有 $-5 = -\dfrac{8}{3}$

$-2B - 1$，解得 $B = \dfrac{2}{3}$. 于是

$$\int \frac{x-5}{x^3 - 3x^2 + 4} \mathrm{d}x = -\frac{2}{3} \int \frac{\mathrm{d}x}{x+1} + \frac{2}{3} \int \frac{\mathrm{d}x}{x-2} - \int \frac{\mathrm{d}x}{(x-2)^2}$$

$$= -\frac{2}{3}\ln |x+1| + \frac{2}{3}\ln |x-2| + \frac{1}{x-2} + C$$

$$= \frac{2}{3}\ln \left| \frac{x-2}{x+1} \right| + \frac{1}{x-2} + C.$$

(12) 令 $t = 1 + \sqrt{x} \Rightarrow x = (t-1)^2$，则 $\mathrm{d}x = \mathrm{d}(t-1)^2$.

$$\int \arctan(1 + \sqrt{x}) \mathrm{d}x = \int \arctan t \, \mathrm{d}(t-1)^2$$

$$= (t-1)^2 \arctan t - \int \frac{1 + t^2 - 2t}{1 + t^2} \mathrm{d}t$$

$$= (t-1)^2 \arctan t - t + \ln(1 + t^2) + C_1$$

$$= x \arctan(1 + \sqrt{x}) - \sqrt{x} + \ln(2 + x + 2\sqrt{x}) + C.$$

(13) $\int \dfrac{x^7}{x^4 + 2} \mathrm{d}x = \dfrac{1}{4} \int \dfrac{x^4}{x^4 + 2} \mathrm{d}x^4 = \dfrac{1}{4} \int \left(1 - \dfrac{2}{x^4 + 2} \right) \mathrm{d}x^4$

$$= \frac{1}{4}x^4 - \frac{1}{2}\ln(x^4 + 2) + C.$$

(14) 令 $t = \tan x$，$x = \arctan t$，$\mathrm{d}x = \dfrac{\mathrm{d}t}{1 + t^2}$.

$$\int \frac{\tan x \, \mathrm{d}x}{1 + \tan x + \tan^2 x} = \int \frac{t \, \mathrm{d}t}{(1 + t^2)(1 + t + t^2)} = \int \frac{\mathrm{d}t}{1 + t^2} - \int \frac{\mathrm{d}t}{1 + t + t^2}$$

$$= \int \frac{\mathrm{d}t}{1 + t^2} - \int \frac{\mathrm{d}x}{\left(t + \frac{1}{2} \right)^2 + \frac{3}{4}}$$

$$= \arctan t - \frac{2}{\sqrt{3}} \arctan \frac{2t + 1}{\sqrt{3}} + C$$

$$= x - \frac{2}{\sqrt{3}} \arctan\left(\frac{2\tan x + 1}{\sqrt{3}}\right) + C.$$

(15) 令 $t = x - 1$，则

$$\int \frac{x^2 \mathrm{d}x}{(1-x)^{100}} = \int \frac{(t+1)^2}{t^{100}} \mathrm{d}t = \int (t^{-98} + 2t^{-99} + t^{-100}) \mathrm{d}t$$

$$= -\frac{1}{97}x^{-97} - \frac{1}{49}t^{-98} - \frac{1}{99}t^{-99} + C$$

$$= \frac{1}{97}(1-x)^{-97} - \frac{1}{49}(1-x)^{-98} + \frac{1}{99}(1-x)^{-99} + C.$$

(16) 令 $t = \arcsin x$，则

$$\int \frac{\arcsin x}{x^2} \mathrm{d}x = \int \frac{t \cos t}{\sin^2 t} \mathrm{d}t = -\int t \mathrm{d}\left(\frac{1}{\sin t}\right)$$

$$= -\frac{t}{\sin t} + \int \csc t \mathrm{d}t = -\frac{t}{\sin t} - \ln|\csc t + \cot t| + C$$

$$= -\frac{\arcsin x}{x} - \ln\left|\frac{1 + \sqrt{1-x^2}}{x}\right| + C.$$

(17) $\displaystyle\int x \ln \frac{1+x}{1-x} \mathrm{d}x = \frac{1}{2}\int \ln \frac{1+x}{1-x} \mathrm{d}x^2 = \frac{x^2}{2}\ln\frac{1+x}{1-x} - \int \frac{x^2}{1-x^2}\mathrm{d}x$

$$= \frac{x^2}{2}\ln\frac{1+x}{1-x} + \int \mathrm{d}x - \frac{1}{2}\int \frac{\mathrm{d}x}{1+x} - \frac{1}{2}\int \frac{\mathrm{d}x}{1-x}$$

$$= \frac{x^2}{2}\ln\frac{1+x}{1-x} + x + \frac{1}{2}\ln\frac{1-x}{1+x} + C$$

$$= \frac{x^2-1}{2}\ln\frac{1+x}{1-x} + x + C.$$

(18) $\displaystyle\int \frac{\mathrm{d}x}{\sqrt{\sin x \cos^7 x}} = \int \frac{\mathrm{d}x}{\cos^4 x \tan^{\frac{1}{2}} x} = \int (\tan^2 x + 1)(\tan x)^{-\frac{1}{2}} \mathrm{d}\tan x$

$$= \frac{2}{5}\tan^{\frac{5}{2}} x + 2(\tan x)^{\frac{1}{2}} + C.$$

(19) $\displaystyle\int \mathrm{e}^x \left(\frac{1-x}{1+x^2}\right)^2 \mathrm{d}x = \int \frac{\mathrm{e}^x}{1+x^2}\mathrm{d}x + \int \mathrm{e}^x \frac{-2x}{(1+x^2)^2}\mathrm{d}x$

$$= \int \frac{\mathrm{e}^x}{1+x^2}\mathrm{d}x + \int \mathrm{e}^x \mathrm{d}\frac{1}{1+x^2}$$

$$= \int \frac{\mathrm{e}^x}{1+x^2}\mathrm{d}x + \frac{\mathrm{e}^x}{1+x^2} - \int \frac{\mathrm{e}^x}{1+x^2}\mathrm{d}x = \frac{\mathrm{e}^x}{1+x^2} + C.$$

(20) $\displaystyle I_n = \frac{2}{b_1}\int v_n \mathrm{d}\sqrt{u} = \frac{2}{b_1}v^n\sqrt{u} - \frac{2nb_2}{b_1}\int \sqrt{u}v^{n-1}\mathrm{d}x$

$$\text{而}\int \sqrt{u}v^{n-1}\mathrm{d}x = \int \frac{uv^{n-1}}{\sqrt{u}}\mathrm{d}x = \int \frac{(a_1+b_1x)v^{n-1}}{\sqrt{u}}\mathrm{d}x$$

$$= \int \frac{\dfrac{b_1}{b_2}(a_2+b_2x)v^{n-1}}{\sqrt{u}}\mathrm{d}x + \int \frac{\left(a_1 - \dfrac{b_1}{b_2}a_2\right)v^{n-1}}{\sqrt{u}}\mathrm{d}x$$

$$= \frac{b_1}{b_2}\int \frac{v^n}{\sqrt{u}}\mathrm{d}x + \left(a_1 - \frac{b_1}{b_2}a_2\right)\int \frac{v^{n-1}}{\sqrt{u}}\mathrm{d}x$$

$$= \frac{1}{b_2}[b_1 I_n + (a_1 b_2 - b_1 a_2)I_{n-1}]$$

故 $\displaystyle I_n = \frac{2}{b_1}v^n\sqrt{u} - \frac{2n}{b_1}[b_1 I_n + (a_1 b_2 - a_2 b_1)I_{n-1}]$

移项合并得

$$I_n = \frac{2}{(2n+1)b_1}\left[\sqrt{u}v^n + n(a_2b_1 - a_1b_2)I_{n-1}\right].$$

2. 解题过程 (1) 因为 $\displaystyle\int \frac{x^2+1}{x^4+x^2+1}\mathrm{d}x = \int \frac{1+\dfrac{1}{x^2}}{x^2+\dfrac{1}{x^2}+1}\mathrm{d}x = \int \frac{\mathrm{d}\left(x-\dfrac{1}{x}\right)}{\left(x-\dfrac{1}{x}\right)^2+3}$

$$= \frac{1}{\sqrt{3}}\arctan\frac{x-\dfrac{1}{x}}{\sqrt{3}} + C_1$$

$$\int \frac{1-x^2}{x^4+x^2+1}\mathrm{d}x = \int \frac{\dfrac{1}{x^2}-1}{x^2+\dfrac{1}{x^2}+1}\mathrm{d}x = -\int \frac{\mathrm{d}\left(x+\dfrac{1}{x}\right)}{\left(x+\dfrac{1}{x}\right)^2-1}$$

$$= -\frac{1}{2}\int\left[\frac{1}{\left(x+\dfrac{1}{x}\right)-1} - \frac{1}{\left(x+\dfrac{1}{x}\right)+1}\right]\mathrm{d}\left(x+\dfrac{1}{x}\right)$$

$$= \frac{1}{2}\ln\frac{x+\dfrac{1}{x}+1}{x+\dfrac{1}{x}-1} + C_2 = \frac{1}{2}\ln\frac{x^2+x+1}{x^2-x+1} + C_2$$

所以 $\displaystyle\int \frac{\mathrm{d}x}{x^4+x^2+1} = \frac{1}{2}\int\left(\frac{1-x^2}{x^4+x^2+1} + \frac{x^2+1}{x^4+x^2+1}\right)\mathrm{d}x$

$$= \frac{1}{2\sqrt{3}}\arctan\frac{x-\dfrac{1}{x}}{\sqrt{3}} + \frac{1}{4}\ln\frac{x^2+x+1}{x^2-x+1} + C$$

$$= \frac{1}{2\sqrt{3}}\arctan\frac{2x+1}{\sqrt{3}} + \frac{1}{2\sqrt{3}}\arctan\frac{2x-1}{\sqrt{3}} + \frac{1}{4}\ln\frac{x^2+x+1}{x^2-x+1} + C$$

其中,因为 $\tan\left(\arctan\dfrac{2x+1}{\sqrt{3}} + \arctan\dfrac{2x-1}{\sqrt{3}}\right) = \dfrac{\dfrac{2x+1}{\sqrt{3}} + \dfrac{2x-1}{\sqrt{3}}}{1-\dfrac{4x^2-1}{3}} = \dfrac{\sqrt{3}\,x}{x^2-1}$ ①

$$\tan\left(\arctan\frac{x-\dfrac{1}{x}}{\sqrt{3}}\right) = \frac{x-\dfrac{1}{x}}{\sqrt{3}} = \frac{x^2-1}{\sqrt{3}\,x} = -\cot\left(\arctan\frac{2x+1}{\sqrt{3}} + \arctan\frac{2x-1}{\sqrt{3}}\right)$$ ②

因为 ① $= \dfrac{1}{②}$,所以 $\arctan\dfrac{x-\dfrac{1}{x}}{\sqrt{3}} = \dfrac{\pi}{2} + \left(\arctan\dfrac{2x-1}{\sqrt{3}} + \arctan\dfrac{2x+1}{\sqrt{3}}\right)$.

(2) $\displaystyle\int \frac{x^9}{(x^{10}+2x^5+2)^2}\mathrm{d}x = \int \frac{x^5\,\mathrm{d}x^5}{5(x^{10}+2x^5+2)^2} \xlongequal{t=x^5} \int \frac{t\,\mathrm{d}t}{5(t^2+2t+2)^2}$

$$= \frac{1}{5}\int \frac{t+1-1}{[(t+1)^2+1]^2}\mathrm{d}t$$

$$\xlongequal{\mu=t+1} \frac{1}{5}\int \frac{\mu\,\mathrm{d}\mu}{(\mu^2+1)^2} - \frac{1}{5}\int \frac{\mathrm{d}\mu}{(\mu^2+1)^2}$$

$$= -\frac{1}{10}\frac{1}{\mu^2+1} - \frac{1}{5}\left(\int \frac{\mathrm{d}\mu}{\mu^2+1} + \frac{1}{2}\frac{\mu}{\mu^2+1} - \frac{1}{2}\int \frac{\mathrm{d}\mu}{\mu^2+1}\right)$$

$$= \frac{-1}{10}\arctan\mu - \frac{1}{10}\frac{\mu+1}{\mu^2+1} + C$$

224

数学分析(第四版·上册)同步辅导及习题全解

$$=-\frac{1}{10}\arctan(x^5+1)-\frac{1}{10}\cdot\frac{x^5+2}{x^{10}+2x^5+2}+C.$$

(3) $\displaystyle\int\frac{x^{3n-1}}{(x^{2n}+1)^2}\mathrm{d}x\xlongequal{t=x^n}\int\frac{t^{3-\frac{1}{n}}}{(t^2+1)^2}\cdot\frac{1}{n}\cdot t^{\frac{1}{n}-1}\mathrm{d}t=\frac{1}{n}\int\frac{t^2}{(t^2+1)^2}\mathrm{d}t$

$$=\frac{1}{n}\int\frac{\mathrm{d}t}{t^2+1}-\frac{1}{n}\int\frac{\mathrm{d}t}{(t^2+1)^2}$$

$$=\frac{1}{n}\arctan t-\frac{1}{n}\left[\int\frac{\mathrm{d}t}{t^2+1}+\frac{t}{2(t^2+1)}-\int\frac{\mathrm{d}t}{2(t^2+1)}\right]$$

$$=-\frac{t}{2n(t^2+1)}+\frac{1}{2n}\arctan t+C$$

$$=-\frac{x^n}{2n(x^{2n}+1)}+\frac{1}{2n}\arctan x^n+C.$$

(4) $\displaystyle\int\frac{\cos^3x}{\cos x+\sin x}\mathrm{d}x=\int\frac{\cos^2x\cos x}{\cos x+\sin x}\mathrm{d}x=\int\frac{(\cos^2x-\sin^2x+1-\cos^2x)\cos x}{\cos x+\sin x}\mathrm{d}x$

$$=\int\frac{(\cos^2x-\sin^2x)\cos x+\cos x-\cos^3x}{\cos x+\sin x}\mathrm{d}x$$

则 $\displaystyle 2\int\frac{\cos^3x}{\cos x+\sin x}\mathrm{d}x=\int\frac{(\cos^2x-\sin^2x)\cos x+\cos x}{\cos x+\sin x}\mathrm{d}x$

即 $\displaystyle\int\frac{\cos^3x}{\cos x+\sin x}\mathrm{d}x=\frac{1}{2}\int\left[(\cos x-\sin x)\cos x+\frac{\cos x}{\cos x+\sin x}\right]\mathrm{d}x$

$$=\frac{1}{2}\int\cos^2x\mathrm{d}x-\frac{1}{2}\int\sin x\cos x\mathrm{d}x+\frac{1}{2}\int\frac{\cos x}{\cos x+\sin x}\mathrm{d}x$$

$$=\int\frac{\cos 2x+1}{4}\mathrm{d}x-\frac{1}{2}\int\sin x\mathrm{d}(\sin x)+\frac{1}{2}\int\frac{1}{1+\tan x}\mathrm{d}x$$

$$=\frac{1}{4}\sin 2x+\frac{x}{2}-\frac{1}{4}\sin^2x+\frac{1}{2}\int\frac{1}{\tan x+1}\mathrm{d}x$$

其中 $\displaystyle\int\frac{1}{\tan x+1}\mathrm{d}x\xlongequal{t=\tan x}\int\frac{1}{t+1}\mathrm{d}(\arctan t)=\int\frac{1}{t+1}\cdot\frac{1}{t^2+1}\mathrm{d}t$

$$=\frac{1}{2}\int\left(\frac{-t}{t^2+1}+\frac{1}{t^2+1}+\frac{1}{t+1}\right)\mathrm{d}t$$

$$=\frac{1}{2}\ln|1+t|-\frac{1}{4}\ln|1+t^2|+\frac{1}{2}\arctan t+C$$

$$=\frac{1}{2}\ln|1+\tan x|-\frac{1}{4}\ln|1+\tan^2x|+\frac{1}{2}\arctan(\tan x)+C$$

则 $\displaystyle\int\frac{\cos^3x}{\cos x+\sin x}\mathrm{d}x=\frac{1}{4}\ln|1+\tan x|-\frac{1}{8}\ln|1+\tan^2x|+\frac{1}{4}\arctan(\tan x)$

$$+\frac{1}{8}\sin 2x+\frac{x}{4}-\frac{1}{4}\sin^2x+C$$

$$=\frac{1}{4}\ln\frac{|1+\tan x|}{\sqrt{|1+\tan^2x|}}+\frac{x}{4}+\frac{1}{8}\sin 2x+\frac{x}{4}-\frac{1}{4}\sin^2x+C$$

$$=\frac{1}{4}\ln|\cos x+\sin x|+\frac{x}{2}+\frac{1}{8}\sin 2x-\frac{1}{4}\sin^2x+C.$$

3. 解题过程 (1) $\displaystyle\int\frac{\sqrt[3]{1+\sqrt[4]{x}}}{\sqrt{x}}\mathrm{d}x\xlongequal{\sqrt[4]{x}=t}\int\frac{\sqrt[3]{1+t}}{t^2}4t^3\mathrm{d}t$

$$=4\int t(1+t)^{\frac{1}{3}}\mathrm{d}t$$

$$=4\int\left[(1+t)^{\frac{4}{3}}-(1+t)^{\frac{1}{3}}\right]\mathrm{d}t$$

$$= \frac{12}{7}(1+t)^{\frac{7}{3}} - 3(1+t)^{\frac{4}{3}} + C$$

$$= \frac{12}{7}(1+\sqrt[4]{x})^{\frac{7}{3}} - 3(1+\sqrt[4]{x})^{\frac{4}{3}} + C.$$

(2) $\displaystyle\int \frac{\mathrm{d}x}{\sqrt[4]{1+x^4}} \xlongequal{t = \frac{\sqrt[4]{1+x^4}}{x}} \int \frac{1}{t}(t^4-1)^{\frac{1}{4}}(-t^3)(t^4-1)^{-\frac{5}{4}}\,\mathrm{d}t$

$$= -\int \frac{t^2}{t^4-1}\,\mathrm{d}t = \int \left[\frac{1}{4(t+1)} - \frac{1}{4(t-1)} - \frac{1}{2(t^2+1)} \right]\mathrm{d}t$$

$$= \frac{1}{4}\ln\left| \frac{t+1}{t-1} \right| - \frac{1}{2}\text{arctant} + C$$

$$= \frac{1}{4}\ln\left| \frac{\sqrt[4]{1+x^4}+x}{\sqrt[4]{1+x^4}-x} \right| - \frac{1}{2}\arctan\frac{\sqrt[4]{1+x^4}}{x} + C.$$

(3) $\displaystyle\int \frac{\mathrm{d}x}{x+\sqrt{x^2-x+1}} = \int \frac{\mathrm{d}x}{x+\sqrt{\left(x-\frac{1}{2}\right)^2+\frac{3}{4}}} \xlongequal{t=x-\frac{1}{2}} \int \frac{\mathrm{d}t}{t+\frac{1}{2}\sqrt{t^2+\frac{3}{4}}}$

令 $\sqrt{t^2+\frac{3}{4}} = \mu - t$，有 $\frac{3}{4} = \mu^2 - 2t\mu$，由此 $t = \dfrac{\mu^2 - \frac{3}{4}}{2\mu}$，因此

$$\int \frac{\mathrm{d}t}{t+\frac{1}{2}+\sqrt{t^2+\frac{3}{4}}} = \int \frac{1}{\mu+\frac{1}{2}}\left(\frac{3}{8\mu^2} + \frac{1}{2} \right)\mathrm{d}\mu = \frac{1}{2}\int \frac{\mathrm{d}\mu}{\mu+\frac{1}{2}} + \frac{3}{8}\int \frac{\mathrm{d}\mu}{\mu^2\left(\mu+\frac{1}{2}\right)}$$

$$= \frac{1}{2}\ln\left|\mu+\frac{1}{2}\right| + \frac{3}{8}\int \left[\frac{4}{\mu+\frac{1}{2}} + \frac{2}{\mu^2} - \frac{4}{\mu} \right]\mathrm{d}\mu$$

$$= \frac{1}{2}\ln\left|\mu+\frac{1}{2}\right| + \frac{3}{2}\ln\left| \frac{\mu+\frac{1}{2}}{\mu} \right| - \frac{3}{4}\cdot\frac{1}{\mu} + C$$

$$\xlongequal{\mu=\sqrt{x^2+x+1}+x-\frac{1}{2}} 2\ln\left|\sqrt{x^2-x+1}+x\right| - \frac{3}{2}\ln\left| x \right.$$

$$+ \sqrt{x^2-x+1} - \frac{1}{2} \bigg| - \frac{3}{2(2x+2\sqrt{x^2-x+1}-1)} + C.$$

(4) $\displaystyle\int \frac{1+x^4}{(1-x^4)^{\frac{3}{2}}}\,\mathrm{d}x = \int \frac{(1+x^4)(1-x^4)^{-\frac{1}{2}}}{(1-x^4)}\,\mathrm{d}x$

$$= \int \frac{(1-x^4+2x^4)(1-x^4)^{-\frac{1}{2}}}{1-x^4}\,\mathrm{d}x$$

$$= \int \frac{(1-x^4)^{\frac{1}{2}} + 2x^4(1-x^4)^{-\frac{1}{2}}}{1-x^4}\,\mathrm{d}x$$

$$= \int \frac{(1-x^4)^{\frac{1}{2}} - \dfrac{-4x^3}{2(1-x^4)^{\frac{1}{2}}}x}{1-x^4}\,\mathrm{d}x$$

$$= \int \mathrm{d}\left(\frac{x}{\sqrt{1-x^4}} \right) = \frac{x}{\sqrt{1-x^4}} + C.$$

4. 解题过程 设 $F(x)$ 为 $f(x)$ 的原函数，且 $f(x) = f(x+T)$，则 $F(x)$ 未必为周期函数. 如果 $f(x) = \cos x + 1$ 为周期函数，则其他原函数 $F(x) = \sin x + x + C$ 就不再是周期函数.

5. 解题过程 (1) $I_n = \displaystyle\int \frac{\mathrm{d}x}{\cos^n x} = \int \frac{\sec^2 x}{\cos^{n-2} x}\mathrm{d}x$

$$= \int \frac{1}{\cos^{n-2}x}\mathrm{d}\tan x$$

$$= \frac{\tan x}{\cos^{n-2}x} - \int (n-2)\sec^{n-2}x\tan^2 x\mathrm{d}x$$

$$= \frac{\tan x}{\cos^{n-2}x} - (n-2)\int \frac{\sec^2 x - 1}{\cos^{n-2}x}\mathrm{d}x = \frac{\tan x}{\cos^{n-2}x} - (n-2)I_n + (n-2)I_{n-2}$$

故 $I_n = \dfrac{\sin x}{(n-1)\cos^{n-1}x} + \dfrac{n-2}{n-1}I_{n-2}, n \geqslant 2.$

(2) $I_n = \displaystyle\int \frac{\sin nx}{\sin x}\mathrm{d}x = \int \frac{\sin(n-1)x\cos x + \cos(n-1)x\sin x}{\sin x}\mathrm{d}x$

$$= \int \cos(n-1)x\mathrm{d}x + \int \frac{\sin(n-1)x\cos x}{\sin x}\mathrm{d}x$$

$$= \frac{1}{n-1}\sin(n-1)x + \int \frac{\sin nx + \sin(n-2)x}{2\sin x}\mathrm{d}x$$

$$= \frac{1}{n-1}\sin(n-1)x + \frac{1}{2}\int \frac{\sin nx}{\sin x}\mathrm{d}x + \frac{1}{2}\int \frac{\sin(n-2)x}{\sin x}\mathrm{d}x$$

$$= \frac{1}{n-1}\sin(n-1)x + \frac{1}{2}I_n + \frac{1}{2}I_{n-2}$$

故 $I_n = \dfrac{2}{n-1}\sin(n-1)x + I_{n-2}, n \geqslant 2.$

走近考研

1. 求 $f = \displaystyle\int e^{ax}\cos bx\,\mathrm{d}x, J = \int e^{ax}\sin bx\,\mathrm{d}x,$ 其中常数 a 和 b 满足 $ab \neq 0.$

解　用分部积分法可得

$$I = \int e^{ax}\cos bx\,\mathrm{d}x = \frac{1}{b}\int e^{ax}\,\mathrm{d}(\sin bx) = \frac{1}{b}\left[e^{ax}\sin bx - \int \sin bx\,\mathrm{d}(e^a x) \right]$$

$$= \frac{1}{b}\left(e^{ax}\sin bx - a\int e^{ax}\sin bx\,\mathrm{d}x \right) = \frac{1}{b}e^{ax}\sin bx - \frac{a}{b}J.$$

类似用分部积分法可得 $I = -\dfrac{1}{b}e^{ax}\cos bx + \dfrac{a}{b}I.$

代入上式，即　　$I = \dfrac{e^{ax}}{b^2}(a\cos bx + b\sin bx) - \dfrac{a^2}{b^2}I.$

得出　　$I = \dfrac{e^{ax}}{a^2 + b^2}(a\cos bx + b\sin bx) + C.$

2. 求下列积分：

(1) $\displaystyle\int \frac{\mathrm{d}x}{1 + 2\cos^2 x};$ 　　　　(2) $\displaystyle\int \frac{\mathrm{d}x}{x + \sqrt{1 - x^2}}$

解　(1) $\displaystyle\int \frac{\mathrm{d}x}{1 + 2\cos^2 x} = \int \frac{\sec^2 x}{\sec^2 x + 2}\mathrm{d}x = \int \frac{\mathrm{d}(\tan x)}{\sec^2 x + 2} = \int \frac{\mathrm{d}\tan x}{1 + \tan^2 x + 2} = \int \frac{\mathrm{d}\tan x}{3 + \tan^2 x}$

$$\xlongequal{\tan x = t} \int \frac{\mathrm{d}t}{3 + t^2} = \frac{1}{\sqrt{3}}\arctan\frac{t}{\sqrt{3}} + C = \frac{1}{\sqrt{3}}\arctan\frac{\tan x}{\sqrt{3}} + C.$$

> **评注** 含有正弦和余弦函数的积分采用如下四种换元法进行积分：
>
> $(1)\int f(\cos x)\sin x\,\mathrm{d}x \xlongequal{\cos x=t} \int f(t)\,\mathrm{d}t;\ (2)\int f(\sin x)\cos x\,\mathrm{d}x \xlongequal{\sin x=t} \int f(t)\,\mathrm{d}t;$
>
> $(3)\int f(\tan x)\,\mathrm{d}x \xlongequal{\tan x=t} \int \dfrac{f(t)}{1+t^2}\,\mathrm{d}t;$
>
> (4) 在上述三种换元都不适用时可令 $\tan\dfrac{x}{2}=t$.

(2) 令 $x=\sin t,|t|\leqslant\dfrac{\pi}{2}$，则 $\sqrt{1-x^2}=\cos t,\mathrm{d}x=\cos t,\mathrm{d}x=\cos t\mathrm{d}x$，代入即得

$$\int \frac{\mathrm{d}x}{x+\sqrt{1-x^2}}=\int \frac{\cos t\mathrm{d}t}{\sin t+\cos t}=\int \frac{A(\sin t+\cos t)+B(\sin t+\cos t)'}{\sin t+\cos t}\mathrm{d}t$$

令 $\cos t=A(\sin t+\cos t)+B(\sin t+\cos t)+B(\cos t-\sin t)$

$\qquad\quad =(A-B)\sin t+(A+B)\cos t.$

于是 $A-B=0,A+B=1\Rightarrow A=B=\dfrac{1}{2}.$

从而 $\displaystyle\int \frac{\mathrm{d}x}{x+\sqrt{1-x^2}}=\frac{1}{2}\int -\frac{1}{2}\int \frac{\cos t-\sin t}{\sin t+\cos t}\mathrm{d}t=\frac{1}{2}(t+\ln|\sin t+\cos t)+C$

$\qquad\qquad \dfrac{1}{2}(\arcsin x+\ln|x+\sqrt{1-x^2}|)+C.$

3. 若在 $f(x)=\dfrac{x^2+ax+b}{(1+x)^2(1+x^2)}$ 的原函数 $F(x)$ 的表达式中不包含对数函数，则常数 a 和 b 必须满足条件 $a=2,b=1$.

分析 按真分式的分解公式，有

$$f(x)=\frac{x^2+ax+b}{(1+x)^2(1+x^2)}=\frac{A}{1+x}+\frac{B}{(1+x)^2}+\frac{Cx+D}{1+x^2}$$

其中 A,B,C,D 为待定常数，从而

$$F(x)=A\ln|1+x|-\frac{B}{1+x}+\frac{C}{2}\ln(1+x^2)+D\mathrm{arctan}x+k.$$

上式中 k 为任意常数，由此可见，要使 $F(x)$ 的表达式中不包含对数函数，其充分必要条件为 $A=0,C=0$.

且 $\qquad\qquad \dfrac{x^2+ax+b}{(1+x)^2(1+x^2)}=\sqrt{\dfrac{B}{1+x^2}+\dfrac{D}{(1+x^2)}}$

即 $\qquad\quad x^2+ax+b=B(1+x^2)+D(1+x)^2=(B+D)x^2+2Dx+B+D$

$\Leftrightarrow \qquad\qquad 1=B+D,a=2D,Bb=B+D$

$\Leftrightarrow \qquad\qquad a=2D,b=1,$ 即 a 任意且 $b=1$

第九章

定积分

本章导航

定积分是特殊的不定积分的形式,定积分的概念主要缘起于平面面积的求法和物理上变力所做的功. 在这一章中,我们应该熟练掌握定积分的求解方法.

本章知识结构图如下:

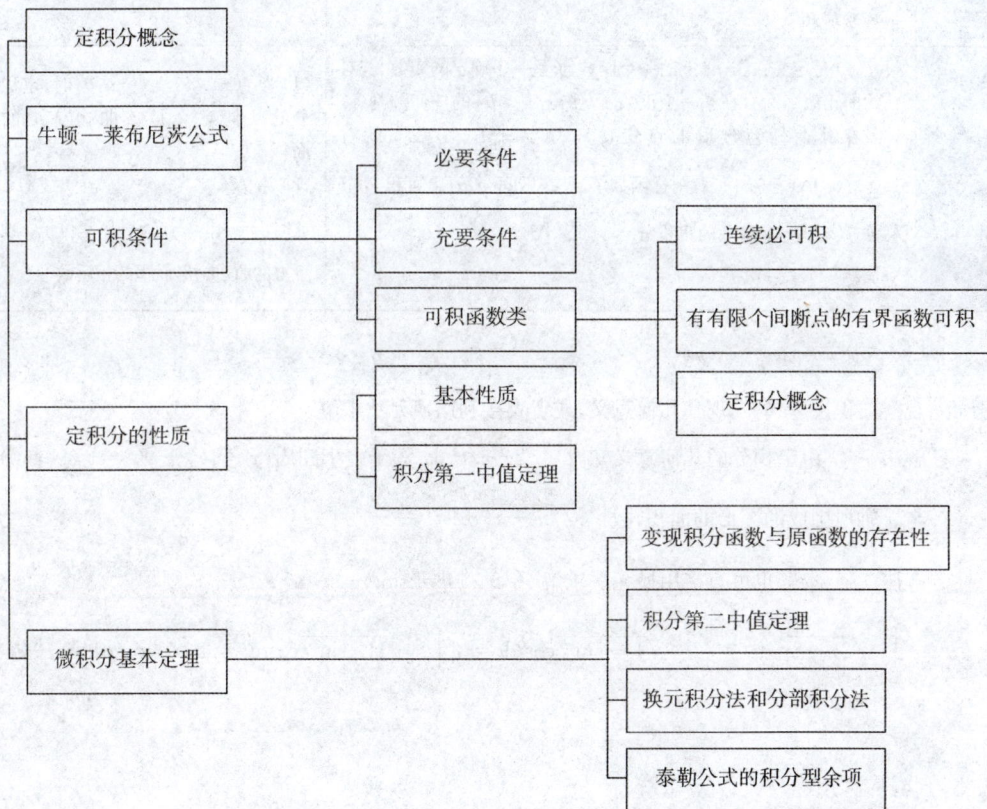

```
┌─────────────┐
│  定积分概念   │
└─────────────┘

┌───────────────┐
│ 牛顿—莱布尼茨公式 │
└───────────────┘

┌─────────┐      ┌─────────┐
│ 可积条件 │──────│ 必要条件 │
└─────────┘      └─────────┘
                 ┌─────────┐      ┌─────────────┐
                 │ 充要条件 │──────│  连续必可积   │
                 └─────────┘      └─────────────┘
                 ┌─────────┐      ┌─────────────────────┐
                 │可积函数类│──────│有有限个间断点的有界函数可积│
                 └─────────┘      └─────────────────────┘
                                  ┌─────────────┐
                                  │  定积分概念   │
                                  └─────────────┘
┌─────────────┐    ┌─────────────┐
│ 定积分的性质 │────│  基本性质     │
└─────────────┘    └─────────────┘
                   ┌─────────────┐
                   │ 积分第一中值定理 │
                   └─────────────┘

                   ┌───────────────────────┐
                   │ 变现积分函数与原函数的存在性 │
                   └───────────────────────┘
                   ┌───────────────┐
                   │ 积分第二中值定理 │
                   └───────────────┘
┌───────────────┐  ┌───────────────────┐
│ 微积分基本定理 │──│ 换元积分法和分部积分法 │
└───────────────┘  └───────────────────┘
                   ┌───────────────┐
                   │ 泰勒公式的积分型余项 │
                   └───────────────┘
```

■ 定积分概念

名称	定义	备注
分割	设闭区间 $[a,b]$ 内有 $n-1$ 个点，依次有 $$a=x_0<x_1<x_2\cdots<x_{n-1}<x_n\leqslant b$$ 它们把 $[a,b]$ 分成 n 个小区间 $\Delta_i=[x_{i-1},x_i],i=1,2,\cdots,n$，这些分点或这些闭子区间构成对 $[a,b]$ 的一个**分割**，记为 $$T=\{x_0,x_1,\cdots,x_n\} \text{ 或}\{\Delta_1,\Delta_2,\cdots,\Delta_n\}$$ 小区间 Δ 的长度为 $\Delta x_i=x_i-x_{i-1}$，并记 $\|T\|=\max\limits_{1\leqslant i\leqslant n}\{\Delta x_i\}$，称为分割 T 的**模**	由于 $\Delta x_i\leqslant\|T\|,i=1,2,\cdots,n$，因此 $\|T\|$ 可用来反映 $[a,b]$ 被分割的细密程度；另外，分割 T 一旦给出，$\|T\|$ 就随之而确定，但具有同一细度 $\|T\|$ 的分割 T 却有无限多个
积分和（黎曼和）	设 $f(x)$ 是定义 $[a,b]$ 上的一个函数，对于 $[a,b]$ 的一个分割 $T=\{\Delta_1,\Delta_2,\cdots\Delta_n\}$，任取点 $\xi_i\in\Delta_i,i=1,2,\cdots,n$，并作和式 $\sum\limits_{i=1}^n f(\xi_i)\Delta x_i$. 称此和式为函数 $f(x)$ 在 $[a,b]$ 上的一个**积分和**，也称**黎曼和**	积分和既与分割 T 有关，又与所选取的点集 $\{\xi_i\}$ 有关
定积分	设 $f(x)$ 是定义在 $[a,b]$ 上的一个函数，J 是一个确定的实数. 若对任给的正数 ε，总存在某一个正数 δ_1，使得对 $[a,b]$ 的任何分割 T，以及在其上任意选取的点集 $\{\xi_i\}$，只要 $\|T\|<\delta_1$，就有 $\left\|\sum\limits_{i=1}^n f(\xi_i)\Delta x_i-J\right\|<\varepsilon$，则称函数 $f(x)$ 在区间 $[a,b]$ 上**可积**，数 J 称为 $f(x)$ 在 $[a,b]$ 上的**定积分**. 记为 $J=\int_a^b f(x)\mathrm{d}x$.	(1) 当 $f(x)\geqslant 0,x\in[a,b]$ 时，定积分的几何意义是该曲边梯形的面积； (2) 当 $f(x)\leqslant 0,x\in[a,b]$ 时，这时 $J=-\int_a^b[-f(x)]\mathrm{d}x$ 是位于 x 轴下方的曲边梯形面积的相反数

例1 $\int_0^2\sqrt{2x-x^2}\,\mathrm{d}x$ 等于多少？

分析 观察被积表达式，发现其几何意义，或者直接利用换元法求解.

解法一 由定积分的几何意义知，$\int_0^2\sqrt{2x-x^2}\,\mathrm{d}x$ 等于上半圆周 $(x-1)^2+y^2=1\,(y\geqslant 0)$ 与 x 轴所围成的图形的面积，故 $\int_0^2\sqrt{2x-x^2}\,\mathrm{d}x=\dfrac{\pi}{2}$.

解法二 本题也可直接用换元法求解. 令 $x-1=\sin t\,(-\dfrac{\pi}{2}\leqslant t\leqslant\dfrac{\pi}{2})$，则

$$\int_0^2\sqrt{2x-x^2}\,\mathrm{d}x=\int_{-\frac{\pi}{2}}^{\frac{\pi}{2}}\sqrt{1-\sin^2 t}\cos t\,\mathrm{d}t=2\int_0^{\frac{\pi}{2}}\sqrt{1-\sin^2 t}\cos t\,\mathrm{d}t=2\int_0^{\frac{\pi}{2}}\cos^2 t\,\mathrm{d}t=\frac{\pi}{2}.$$

■ 牛顿—莱布尼茨公式

若函数 $f(x)$ 在 $[a,b]$ 上连续,且存在原函数 $F(x)$,即 $F'(x) = f(x)$,$x \in [a,b]$,则 $f(x)$ 在 $[a,b]$ 上可积,且

$$\int_a^b f(x)\mathrm{d}x = F(b) - F(a)$$

上式称为牛顿—莱布尼茨公式,也常写成 $\int_a^b f(x)\mathrm{d}x = F(x)\Big|_a^b$.

补充1:在应用牛顿—莱布尼茨公式时,$F(x)$ 可由积分法求得.

补充2:定理条件尚可适当减弱,例如:

a. 对 F 的要求可减弱为:在 $[a,b]$ 上连续,在 (a,b) 上可导,且 $F'(x) = f(x)$,这不影响定理的证明.

b. 对 f 的要求可减弱为:在 $[a,b]$ 上可积(不一定连续). 这时 $F(b) - F(a) = \sum_{i=1}^n [F(x_i) - F(x_{i-1})] = \sum_{i=1}^n F'(\eta_i)\Delta x_i = \sum_{i=1}^n f(\eta_i)\Delta x_i$ 仍成立,且由 f 在 $[a,b]$ 上可积,$F(b) - F(a) = \sum_{i=1}^n [F(x_i) - F(x_{i-1})] = \sum_{i=1}^n F'(\eta_i)\Delta x_i = \sum_{i=1}^n f(\eta_i)\Delta x_i$ 的右边当 $\|T\| \to 0$ 时的极限就是 $\int_a^b f(x)\mathrm{d}x$,而左边恒为一常数.

例2 计算 $\int_{-1}^2 |x|\mathrm{d}x$.

分析 被积函数含有绝对值符号,应先去掉绝对值符号然后再积分. 在使用牛顿—莱布尼茨公式时,应保证被积函数在积分区间上满足可积条件. 如 $\int_{-2}^3 \frac{1}{x^2}\mathrm{d}x = \left[-\frac{1}{x}\right]_{-2}^3 = \frac{1}{6}$,则是错误的. 错误的原因则是由于被积函数 $\frac{1}{x^2}$ 在 $x = 0$ 处间断且在被积区间内无界.

$$\int_{-1}^2 |x|\mathrm{d}x = \int_{-1}^0 (-x)\mathrm{d}x + \int_0^2 x\mathrm{d}x = \left[-\frac{x^2}{2}\right]_{-1}^0 + \left[\frac{x^2}{2}\right]_0^2 = \frac{5}{2}.$$

■ 可积条件

1. 可积条件

必要条件	若函数 $f(x)$ 在 $[a,b]$ 上可积,则 $f(x)$ 在 $[a,b]$ 上必定有界	狄利克雷函数在 $[0,1]$ 上有界,但不可积
充要条件	(可积准则)函数 $f(x)$ 在 $[a,b]$ 上可积的充要条件是:任给 $\varepsilon > 0$,总存在相应的一个分割 T,使得 $S(T) - s(T) < \varepsilon$,$S(T)$、$s(T)$ 为分割 T 下的大小面积	几何意义为:用包围曲线 $y = f(x)$ 的一系列小矩形面积之和可达到任意小
	函数 $f(x)$ 在 $[a,b]$ 上可积的充要条件是:任给 $\varepsilon > 0$,总存在相应的某一个分割 T,使得 $\sum_T \omega_i \Delta x_i < \varepsilon$,$\omega_i = M_i - m_i (i = 1, 2, \cdots, n)$	

2. 可积函数类

(1) 若 $f(x)$ 为 $[a,b]$ 上的连续函数,则 $f(x)$ 在 $[a,b]$ 上可积.

(2) 若 $f(x)$ 是 $[a,b]$ 上的单调函数,则 $f(x)$ 在 $[a,b]$ 上可积.

(3) 若 $f(x)$ 是区间 $[a,b]$ 上只有有限个间断点的有界函数,则 $f(x)$ 在 $[a,b]$ 上可积.

例3 证明:若函数 $f(x)$ 在区间 $[a,b]$ 上连续且单调增加,则有
$$\int_a^b xf(x)\mathrm{d}x \geqslant \frac{a+b}{2}\int_a^b f(x)\mathrm{d}x.$$

分析 **证法一** 令 $F(x)=\int_a^x tf(t)\mathrm{d}t-\frac{a+x}{2}\int_a^x f(t)\mathrm{d}t$,当 $t \in [a,x]$ 时,$f(t) \leqslant f(x)$,则

$$F'(x)=xf(x)-\frac{1}{2}\int_a^x f(t)\mathrm{d}t-\frac{a+x}{2}f(x)=\frac{x-a}{2}f(x)-\frac{1}{2}\int_a^x f(t)\mathrm{d}t$$

$$\geqslant \frac{x-a}{2}f(x)-\frac{1}{2}\int_a^x f(x)\mathrm{d}t=\frac{x-a}{2}f(x)-\frac{x-a}{2}f(x)=0.$$

故 $F(x)$ 单调增加. 即 $F(x) \geqslant F(a)$,又 $F(a)=0$,所以 $F(x) \geqslant 0$,其中 $x \in [a,b]$.
从而

$$F(b)=\int_a^b xf(x)\mathrm{d}x-\frac{a+b}{2}\int_a^b f(x)\mathrm{d}x \geqslant 0. \text{证毕.}$$

证法二 由于 $f(x)$ 单调增加,有 $\left(x-\frac{a+b}{2}\right)\left[f(x)-f\left(\frac{a+b}{2}\right)\right] \geqslant 0$,从而

$$\int_a^b \left(x-\frac{a+b}{2}\right)\left[f(x)-f\left(\frac{a+b}{2}\right)\right]\mathrm{d}x \geqslant 0.$$

$$\int_a^b \left(x-\frac{a+b}{2}\right)f(x)\mathrm{d}x \geqslant \int_a^b \left(x-\frac{a+b}{2}\right)f\left(\frac{a+b}{2}\right)\mathrm{d}x=f\left(\frac{a+b}{2}\right)\int_a^b \left(x-\frac{a+b}{2}\right)\mathrm{d}x=0.$$

故

$$\int_a^b xf(x)\mathrm{d}x \geqslant \frac{a+b}{2}\int_a^b f(x)\mathrm{d}x.$$

定积分的性质

1. 定积分的基本性质

(1) 若 $f(x)$ 在 $[a,b]$ 上可积,k 为常数,则 $kf(x)$ 在 $[a,b]$ 上可积,且 $\int_a^b kf(x)\mathrm{d}x=k\int_a^b f(x)\mathrm{d}x$.

(2) 若 $f(x)$、$g(x)$ 都在 $[a,b]$ 上可积,则 $f(x) \pm g(x)$ 在 $[a,b]$ 上也可积,且
$$\int_a^b [f(x) \pm g(x)]\mathrm{d}x=\int_a^b f(x)\mathrm{d}x \pm \int_a^b g(x)\mathrm{d}x.$$

(3) 若 $f(x)$、$g(x)$ 都在 $[a,b]$ 上可积,则 $f(x) \cdot g(x)$ 在 $[a,b]$ 上也可积

(4) $f(x)$ 在 $[a,b]$ 上可积的充要条件是:任给 $c \in (a,b)$,$f(x)$ 在 $[a,c]$ 与 $[c,b]$ 上都可积,此时又有等式

$$\int_a^b f(x)\mathrm{d}x=\int_a^c f(x)\mathrm{d}x+\int_c^b f(x)\mathrm{d}x.$$

(5) 设 $f(x)$ 为 $[a,b]$ 上的可积函数,若 $f(x) \geqslant 0,x \in [a,b]$,则 $\int_a^b f(x)\mathrm{d}x \geqslant 0$.

(6) 若 $f(x)$ 与 $g(x)$ 为 $[a,b]$ 上的两个可积函数,且 $f(x) \leqslant g(x),x \in [a,b]$,则有

$$\int_a^b f(x)\mathrm{d}x \leqslant \int_a^b g(x)\mathrm{d}x.$$

(7) 若 $f(x)$ 在 $[a,b]$ 上可积,则 $|f(x)|$ 在 $[a,b]$ 上也可积,且 $\left|\int_a^b f(x)\mathrm{d}x\right| \leqslant \int_a^b |f(x)|\,\mathrm{d}x.$

2. 积分中值定理

积分第一中值定理	若 $f(x)$ 在 $[a,b]$ 上连续,则至少存在一点 $\varepsilon \in [a,b]$,使得 $\int_a^b f(x)\mathrm{d}x = f(\varepsilon)(b-a).$
推广的积分第一中值定理	若 $f(x)$ 和 $g(x)$ 都在 $[a,b]$ 上连续,且 $g(x)$ 在 $[a,b]$ 上不变号,则至少存在一点 $\varepsilon \in [a,b]$,使得 $\int_a^b f(x)g(x)\mathrm{d}x = f(\varepsilon)\int_a^b g(x)\mathrm{d}x.$

例4 设函数 $f(x)$ 在 $[0,1]$ 上连续,在 $(0,1)$ 内可导,且 $4\int_{\frac{3}{4}}^1 f(x)\mathrm{d}x = f(0)$. 证明在 $(0,1)$ 内存在一点 c,使 $f'(c)=0$.

分析 由条件和结论容易想到应用罗尔定理,只需再找出条件 $f(\xi) = f(0)$ 即可.

题设 $f(x)$ 在 $[0,1]$ 上连续,由积分中值定理可得

$$f(0) = 4\int_{\frac{3}{4}}^1 f(x)\mathrm{d}x = 4f(\xi)\left(1-\frac{3}{4}\right) = f(\xi),$$

其中 $\xi \in \left[\frac{3}{4},1\right] \subset [0,1]$. 于是由罗尔定理知,存在 $c \in (0,\xi) \subset (0,1)$,使得 $f'(c)=0$. 证毕.

例5 求(1) $\lim\limits_{n\to\infty}\int_0^1 \dfrac{x^n}{1+x}\mathrm{d}x$;(2) $\lim\limits_{n\to\infty}\int_n^{n+p} \dfrac{\sin x}{x}\mathrm{d}x$,$p$ 为自然数.

分析 这类问题如果先求积分然后再求极限往往很困难,解决此类问题的常用方法是利用积分中值定理.

(1) 由积分中值定理 $\int_a^b f(x)g(x)\mathrm{d}x = f(\xi)\int_a^b g(x)\mathrm{d}x$ 可知

$$\int_0^1 \frac{x^n}{1+x}\mathrm{d}x = \frac{1}{1+\xi}\int_0^1 x^n\mathrm{d}x, 0 \leqslant \xi \leqslant 1.$$

又

$$\lim_{n\to\infty}\int_0^1 x^n\mathrm{d}x = \lim_{n\to\infty}\frac{1}{n+1} = 0 \text{ 且} \frac{1}{2} \leqslant \frac{1}{1+\xi} \leqslant 1,$$

故

$$\lim_{n\to\infty}\int_0^1 \frac{x^n}{1+x}\mathrm{d}x = 0.$$

(2) 利用积分中值定理.

设 $f(x) = \dfrac{\sin x}{x}$,显然 $f(x)$ 在 $[n,n+p]$ 上连续,由积分中值定理得

$$\int_n^{n+p} \frac{\sin x}{x}\mathrm{d}x = \frac{\sin\xi}{\xi} \cdot p, \xi \in [n,n+p],$$

当 $n \to \infty$ 时,$\xi \to \infty$,而 $|\sin\xi| \leqslant 1$,故

$$\lim_{n\to\infty}\int_n^{n+p} \frac{\sin x}{x}\mathrm{d}x = \lim_{\xi\to\infty}\frac{\sin\xi}{\xi} \cdot p = 0.$$

■ 微积分学基本定理·定积分计算(续)

1. 变限积分与原函数的存在性

<table>
<tr><td rowspan="3">定义</td><td colspan="2">若 $f(x) \in \mathbf{R}(a,b)$，则对 $\forall x \in [c,b]$，$f(x) \in \mathbf{R}[a,b]$，由此定义了变上限积分函数
$$\Phi(x) = \int_a^x f(t)\mathrm{d}t, x \in [a,b]$$
同理，又有变下限积分函数
$$\Psi(x) = \int_x^b f(t)\mathrm{d}t, x \in [a,b]$$
它们统称为变限积分(函数)</td></tr>
<tr><td rowspan="3">性质</td><td colspan="2">若 $f(x)$ 在$[a,b]$ 上可积，则 $\Phi(x)$ 与 $\Psi(x)$ 在$[a,b]$ 上连续</td></tr>
<tr><td>原函数
存在
定理</td><td>若 $f(x)$ 在$[a,b]$ 上连续，则 $\Phi(x)$ 与 $\Psi(x)$ 在$[a,b]$ 上可导，且有
$$\Phi'(x) = \frac{\mathrm{d}}{\mathrm{d}x}\int_a^x f(t)\mathrm{d}t = f(x)$$
$$\Psi'(x) = \frac{\mathrm{d}}{\mathrm{d}x}\int_x^b f(t)\mathrm{d}t = -f(x)$$</td></tr>
<tr><td>微积分
学基本
定理</td><td>若 $f(x)$ 在$[A,B]$ 上连续，$u(x)$，$v(x)$ 在$[a,b]$ 上可导，且 $u([a,b])$、$v([a,b]) \subset [A,B]$，则有
$$\frac{\mathrm{d}}{\mathrm{d}x}\int_{u(x)}^{v(x)} f(t)\mathrm{d}t = f(v(x))v'(x) - f(u(x))u'(x)$$</td></tr>
</table>

2. 积分第二中值定理

设函数 $f(x)$ 在$[a,b]$ 上可积：

(1) 若 $g(x)$ 在$[a,b]$ 上单调递减，且 $g(x) \geqslant 0$，则 $\exists \varepsilon \in [a,b]$，使得
$$\int_a^b f(x)g(x)\mathrm{d}x = g(a)\int_a^\varepsilon f(x)\mathrm{d}x$$

(2) 若 $g(x)$ 在$[a,b]$ 上单调递增，且 $g(x) \geqslant 0$，则 $\exists \varepsilon \in [a,b]$，使得
$$\int_a^b f(x)g(x)\mathrm{d}x = g(b)\int_\varepsilon^b f(x)\mathrm{d}x$$

(3) 若 $g(x)$ 在$[a,b]$ 上单调，则 $\exists \varepsilon \in [a,b]$，使得
$$\int_a^b f(x)g(x)\mathrm{d}x = g(a)\int_a^\varepsilon f(x)\mathrm{d}x + g(b)\int_\varepsilon^b f(x)\mathrm{d}x$$

3. 换元积分法和分部积分法

<table>
<tr><td>换元积分法</td><td>$\int_a^b f(x)\mathrm{d}x = \int_\alpha^\beta f(\varphi(t))\varphi'(t)\mathrm{d}t$，其中 f 在$[a,b]$ 上连续，φ' 在$[a,\beta]$ 可积，$\varphi(\alpha) = a$，$\varphi(\beta) = b$，$a \leqslant \varphi(t) \leqslant b$</td></tr>
<tr><td>分部积分法</td><td>$\int_a^b u(x)v'(x)\mathrm{d}x = u(x)v(x)\Big|_a^b - \int_a^b u'(x)v(x)\mathrm{d}x$，其中 $u(x)$，$v(x)$ 在$[a,b]$ 上连续可微</td></tr>
</table>

4. 泰勒公式的积分型余项

(1) $R_n(x) = \dfrac{1}{n!}\int_{x_0}^x f^{(n+1)}(t)(x-t)^n\mathrm{d}t = \dfrac{1}{n!}f^{(n+1)}(\varepsilon)\int_{x_0}^x (x-t)^n\mathrm{d}t = \dfrac{1}{n!}f^{n+1}(\varepsilon)(x-x_0)^{n+1}$，其中 $\varepsilon = x_0 + \theta(x-x_0)$，$0 \leqslant \theta \leqslant 1$.

(2) 当 $x_0 = 0$ 时，$R_n(x) = \dfrac{1}{n!} f^{(n+1)}(\theta x)(1-\theta)^n x^{n+1}, 0 \leqslant \theta \leqslant 1$. 此余项称为柯西型余项.

例 6 设 $f(x)$ 是连续函数，且 $f(x) = x + 3\displaystyle\int_0^1 f(t)\mathrm{d}t$，则 $f(x) =$ _____.

分析 本题只需要注意到定积分 $\displaystyle\int_a^b f(x)\mathrm{d}x$ 是常数(a,b 为常数).

因 $f(x)$ 连续，$f(x)$ 必可积，从而 $\displaystyle\int_0^1 f(t)\mathrm{d}t$ 是常数，记 $\displaystyle\int_0^1 f(t)\mathrm{d}t = a$，则 $f(x) = x + 3a$，且 $\displaystyle\int_0^1 (x +$

$3a)\mathrm{d}x = \displaystyle\int_0^1 f(t)\mathrm{d}t = a$.

所以 $\left[\dfrac{1}{2}x^2 + 3ax\right]_0^1 = a$，即 $\dfrac{1}{2} + 3a = a$.

从而 $a = -\dfrac{1}{4}$，所以 $f(x) = x - \dfrac{3}{4}$.

例 7 设 $f(x) = \begin{cases} 3x^2, & 0 \leqslant x < 1 \\ 5 - 2x, & 1 \leqslant x \leqslant 2 \end{cases}$，$F(x) = \displaystyle\int_0^x f(t)\mathrm{d}t, 0 \leqslant x \leqslant 2$，求 $F(x)$，并讨论 $F(x)$ 的

连续性.

分析 由于 $f(x)$ 是分段函数，故对 $F(x)$ 也要分段讨论.

(1) 求 $F(x)$ 的表达式.

$F(x)$ 的定义域为 $[0,2]$. 当 $x \in [0,1]$ 时，$[0,x] \subset [0,1]$，因此

$$F(x) = \int_0^x f(t)\mathrm{d}t = \int_0^x 3t^2 \mathrm{d}t = [t^3]_0^x = x^3.$$

当 $x \in (1,2]$ 时，$[0,x] = [0,1] \bigcup [1,x]$，因此

$$F(x) = \int_0^1 3t^2 \mathrm{d}t + \int_1^x (5-2t)\mathrm{d}t = [t^3]_0^1 + [5t - t^2]_1^x = -3 + 5x - x^2,$$

故

$$F(x) = \begin{cases} x^3, & 0 \leqslant x < 1 \\ -3 + 5x - x^2, & 1 \leqslant x \leqslant 2 \end{cases}.$$

(2) $F(x)$ 在 $[0,1)$ 及 $(1,2]$ 上连续，在 $x = 1$ 处，由于

$$\lim_{x \to 1^+} F(x) = \lim_{x \to 1^+}(-3 + 5x - x^2) = 1, \quad \lim_{x \to 1^-} F(x) = \lim_{x \to 1^-} x^3 = 1, \quad F(1) = 1.$$

因此，$F(x)$ 在 $x = 1$ 处连续，从而 $F(x)$ 在 $[0,2]$ 上连续.

例 8 计算 $\displaystyle\int_0^a \dfrac{\mathrm{d}x}{x + \sqrt{a^2 - x^2}}$，其中 $a > 0$.

分析 令 $x = a\sin t$，则

$$\int_0^a \frac{\mathrm{d}x}{x + \sqrt{a^2 - x^2}} = \int_0^{\frac{\pi}{2}} \frac{\cos t}{\sin t + \cos t}\mathrm{d}t$$

$$= \frac{1}{2}\int_0^{\frac{\pi}{2}} \frac{(\sin t + \cos t) + (\cos t - \sin t)}{\sin t + \cos t}\mathrm{d}t$$

$$= \frac{1}{2}\int_0^{\frac{\pi}{2}} \left[1 + \frac{(\sin t + \cos t)'}{\sin t + \cos t}\right]\mathrm{d}t$$

$$= \frac{1}{2}\left[t + \ln|\sin t + \cos t|\right]_0^{\frac{\pi}{2}} = \frac{\pi}{4}.$$

另一种解法 令 $x = a\sin t$，则

$$\int_0^a \frac{\mathrm{d}x}{x+\sqrt{a^2-x^2}} = \int_0^{\frac{\pi}{2}} \frac{\cos t}{\sin t + \cos t}\mathrm{d}t.$$

又令 $t = \frac{\pi}{2} - u$，则有

$$\int_0^{\frac{\pi}{2}} \frac{\cos t}{\sin t + \cos t}\mathrm{d}t = \int_0^{\frac{\pi}{2}} \frac{\sin u}{\sin u + \cos u}\mathrm{d}u.$$

所以

$$\int_0^a \frac{\mathrm{d}x}{x+\sqrt{a^2-x^2}} = \frac{1}{2}\Big[\int_0^{\frac{\pi}{2}} \frac{\sin t}{\sin t + \cos t}\mathrm{d}t + \int_0^{\frac{\pi}{2}} \frac{\cos t}{\sin t + \cos t}\mathrm{d}t\Big] = \frac{1}{2}\int_0^{\frac{\pi}{2}}\mathrm{d}t = \frac{\pi}{4}.$$

■ 可积性理论补叙

1. 上和和下和的性质

性质 1	对同一个分割 T，相对于任何点集 $\{\xi_i\}$ 而言，上和是所有积分和的上确界，下和是所有积分和 的下确界，即 $S(T) = \sup\limits_{\{\xi_i\}}\sum\limits_{i=1}^{n} f(\xi_i)\Delta x_i, s(T) = \inf\limits_{\{\xi_i\}}\sum\limits_{i=1}^{n} f(\xi_i)\Delta x_i$
性质 2	设 T' 为分割 T 添加 p 个新分点后所得到的分割，则有 $$S(T) \geqslant S(T') \geqslant S(T) - (M-m)p\|T\|$$ $$s(T) \leqslant s(T') \leqslant s(T) + (M-m)p\|T\|$$
性质 3	若 T' 与 T'' 为任意两个分割，$T = T' + T''$ 表示把 T' 与 T'' 的所有分点合并而得的分割，则 $$S(T) \leqslant S(T'), s(T) \geqslant s(T')$$ $$S(T) \leqslant S(T''), s(T) \geqslant s(T'')$$
性质 4	对任意两个分割 T' 与 T''，总有 $s(T') \geqslant S(T'')$
性质 5	$m(b-a) \leqslant s \leqslant S \leqslant M(b-a)$
性质 6 （达布定理）	上、下积分也是上和与下和在 $\|T\| \to 0$ 时的极限，即 $$\lim_{\|T\|\to 0} S(T) = S, \quad \lim_{\|T\|\to 0} s(T) = s$$

2. 可积的充要条件

可积的第一 充要条件	函数 $f(x)$ 在 $[a,b]$ 上可积的充要条件是：$f(x)$ 在 $[a,b]$ 上的上积分与下积分相等，即 $S = s$
可积的第二 充要条件	函数 $f(x)$ 在 $[a,b]$ 上可积的充要条件是：任给 $\varepsilon > 0$，总存在某一分割 T，使得 $S(T) - s(T) < \varepsilon$，即 $\sum\limits_{i=1}^{n} \omega_i\Delta x_i < \varepsilon$. 其中 $\omega_i = M_i - m_i, i = 1,2,\cdots,n$
可积的第三 充要条件	函数 $f(x)$ 在 $[a,b]$ 上可积的充要条件是：任给正数 ε, η，总存在某一分割 T，使得属于 T 的所有 小区间中，对应于振幅 $\omega_{k'} \geqslant \varepsilon$ 的那些小区间 $\Delta k'$ 的总长 $\sum\limits_{k} \Delta x_{k'} < \eta$

课后习题全解

■ 定积分概念(教材上册 P206)

1. **解题过程** $\forall \varepsilon > 0$,对$[a,b]$作任意分割 T,并在其上任意选取点集$\{\varepsilon_i\}$,因为 $f(x) \equiv k, x \in [a,b]$,

$$\sum_{i=1}^n f(\varepsilon_i)\Delta x_i = \sum_{i=1}^n k\Delta x_i = k\sum_{i=1}^n \Delta x_i = k(b-a)$$

任意取定 $\delta > 0$,当 $\|T\| < \delta$ 时,

$$\left| \sum_{i=1}^n f(\varepsilon_i)\Delta x_i - k(b-a) \right| = 0 < \varepsilon$$

所以 k 在$[a,b]$ 上可积,且

$$\int_a^b k \, \mathrm{d}x = k(b-a).$$

2. **解题过程** (1) 因为 $f(x) = x^3$ 在$[0,1]$上连续,所以可积.

将$[0,1]$ n 等分,分点为$\dfrac{k}{n}$,$k = 0,1,\cdots,n$.

在区间$\left[\dfrac{k-1}{n}, \dfrac{k}{n}\right]$上取$\dfrac{k}{n}$ 作为 ε_k,

而$\displaystyle\int_0^1 x^3 \mathrm{d}x = \lim_{n \to +\infty} \sum_{k=1}^n \frac{1}{n} \cdot \left(\frac{k}{n}\right)^3 = \lim_{n \to +\infty} \frac{1}{n^4} \sum_{k=1}^n k^3$

$\qquad = \displaystyle\lim_{n \to +\infty} \frac{1}{n^4} \cdot \frac{1}{4} n^2 (n+1)^2 = \frac{1}{4}.$

(2) 因为 $f(x) = \mathrm{e}^x$ 在$[0,1]$上连续,所以可积.

将$[0,1]$ n 等分,分点为$\dfrac{k}{n}$,$k = 0,1,\cdots,n$.

在区间$\left[\dfrac{k-1}{n}, \dfrac{k}{n}\right]$上取$\dfrac{k}{n}$ 作为 ξ_k,则

$$\int_0^1 \mathrm{e}^x \mathrm{d}x = \lim_{n \to +\infty} \sum_{k=1}^n \mathrm{e}^{\frac{k}{n}} \cdot \frac{1}{n} = \lim_{n \to +\infty} \frac{1}{n} \sum_{k=1}^n \mathrm{e}^{\frac{k}{n}}$$

$$= \lim_{n \to +\infty} \frac{1}{n} \cdot \frac{\mathrm{e}^{\frac{1}{n}}(1-\mathrm{e})}{1 - \mathrm{e}^{\frac{1}{n}}}$$

$$= \lim_{n \to +\infty} \frac{1}{n} \cdot \frac{\left[1 + \dfrac{1}{n} + o\left(\dfrac{1}{n}\right)\right](1-\mathrm{e})}{1 - \left[1 + \dfrac{1}{n} + o\left(\dfrac{1}{n}\right)\right]} = \mathrm{e} - 1.$$

(3) 因为 $f(x) = \mathrm{e}^x$ 在$(-\infty, +\infty)$上连续,$\therefore$ 在$[a,b]$上连续,$\therefore$ 可积.

将$[a,b]$ n 等分,分点为$a + \dfrac{k}{n}(b-a)$,$k = 0,1,\cdots,n$. 在区间$\left[a + \dfrac{k-1}{n}(b-a), a + \dfrac{k}{n}(b-a)\right]$上取

$a + \dfrac{k}{n}(b-a)$ 作为 ξ_k. 则

$$\int_a^b e^x dx = \lim_{n \to +\infty} \sum_{k=1}^{n} \frac{b-a}{n} \cdot e^{a+\frac{k}{n}(b-a)}$$

$$= \lim_{n \to +\infty} \frac{b-a}{n} \cdot e^a \sum_{k=1}^{n} e^{\frac{k(b-a)}{n}} = \lim_{n \to +\infty} \frac{b-a}{n} \cdot e^a \frac{e^{\frac{b-a}{n}}(1-e^{b-a})}{1-e^{\frac{b-a}{n}}}$$

$$= \lim_{n \to +\infty} \frac{b-a}{n} \cdot e^a \frac{\left[1+\frac{1}{n}(b-a)+o\left(\frac{b-a}{n}\right)\right](1-e^{b-a})}{1-\left[1+\frac{1}{n}(b-a)+o\left(\frac{b-a}{n}\right)\right]}$$

$$= e^b - e^a.$$

(4) 取 $\xi_i = \sqrt{x_{i-1} x_i}$ 后,有

$$\sum_{i=1}^{n} \left(\frac{1}{\sqrt{x_{i-1} x_i}}\right)^2 (x_i - x_{i-1}) = \sum_{i=1}^{n} \left(\frac{1}{x_{i-1}} - \frac{1}{x_i}\right) = \frac{1}{x_0} - \frac{1}{x_n} = \frac{1}{a} - \frac{1}{b}$$

将 $[a,b]$ n 等分,分点为 $a+\frac{k}{n}(b-a)$, $k=0,1,2,\cdots,n$. 在区间 $[x_{k-1}, x_k]$ 上取 $\sqrt{x_{k-1} x_k}$ 作为 ξ_k,则

$$\int_a^b \frac{dx}{x^2} = \lim_{n \to \infty} \sum_{k=1}^{n} \left(\frac{1}{\sqrt{x_{k-1} x_k}}\right)^2 (x_k - x_{k-1}) = \frac{1}{a} - \frac{1}{b}.$$

■ 牛顿—莱布尼茨公式(教材上册 P208)

1. 知识点窍 $\int_a^b f(x) dx = F(b) - F(a)$.

解题过程 (1) $\int_0^1 (2x+3) dx = (x^2 + 3x) \Big|_0^1 = 4$.

(2) $\int_0^1 \frac{1-x^2}{1+x^2} = \int_0^1 \frac{-(1+x^2)+2}{1+x^2} dx = \int_0^1 \left(-1 + \frac{2}{1+x^2}\right) dx = (-x + 2\arctan x) \Big|_0^1 = \frac{\pi}{2} - 1$.

(3) $\int_e^{e^2} \frac{dx}{x \ln x} = \int_e^{e^2} \frac{1}{\ln x} d(\ln x) = \ln |\ln x| \Big|_e^{e^2} = \ln 2$.

(4) $\int_0^1 \frac{e^x - e^{-x}}{2} dx = \frac{1}{2}(e^x + e^{-x}) \Big|_0^1 = \frac{1}{2}(e + e^{-1}) - 1$.

(5) $\int_0^{\frac{\pi}{3}} \tan^2 x \, dx = \int_0^{\frac{\pi}{3}} (\sec^2 x - 1) dx = (\tan x - x) \Big|_0^{\frac{\pi}{3}} = \sqrt{3} - \frac{\pi}{3}$.

(6) $\int_4^9 \left(\sqrt{x} + \frac{1}{\sqrt{x}}\right) dx = \left(\frac{2}{3} x^{\frac{3}{2}} + 2x^{\frac{1}{2}}\right) \Big|_4^9 = \frac{44}{3}$.

(7) 令 $\sqrt{x} = t$,代入得 $\int_0^4 \frac{dx}{1+\sqrt{x}} = \int_0^2 \frac{2t dt}{1+t} = 2\int_0^2 \left(1 - \frac{1}{1+t}\right) dx = 4 - 2\ln 3$.

(8) $\int_{\frac{1}{e}}^{e} \frac{1}{x} (\ln x)^2 dx = \int_{\frac{1}{e}}^{e} (\ln x)^2 d(\ln x) = \frac{1}{3}(\ln x)^3 \Big|_{\frac{1}{e}}^{e} = \frac{2}{3}$.

2. 解题过程 (1) $\lim_{n \to \infty} \frac{1}{n^4}(1 + 2^3 + \cdots + n^3) = \lim_{n \to \infty} \frac{1}{n}\left(\frac{1}{n^3} + \left(\frac{2}{n}\right)^3 + \cdots + 1\right)$

$$= \lim_{n \to \infty} \sum_{i=1}^{n} \left(\frac{i}{n}\right)^3 \frac{1}{n} = \int_0^1 x^3 dx = \frac{1}{4}.$$

(2) $\lim\limits_{n\to\infty} n\left[\dfrac{1}{(n+1)^2}+\dfrac{1}{(n+2)^2}+\cdots+\dfrac{1}{(n+n)^2}\right]$

$=\lim\limits_{n\to\infty}\dfrac{1}{n}\left[\dfrac{1}{\left(1+\dfrac{1}{n}\right)^2}+\dfrac{1}{\left(1+\dfrac{2}{n}\right)^2}+\cdots+\dfrac{1}{\left(1+\dfrac{n}{n}\right)^2}\right]$

$=\lim\limits_{n\to\infty}\sum\limits_{i=1}^{n}\dfrac{1}{\left(1+\dfrac{i}{n}\right)^2}\cdot\dfrac{1}{n}=\int_0^1\dfrac{1}{(1+x)^2}\mathrm{d}x=\dfrac{1}{2}.$

(3) $\lim\limits_{n\to\infty} n\left(\dfrac{1}{n^2+1}+\dfrac{1}{n^2+2^2}+\cdots+\dfrac{1}{2n^2}\right)$

$=\lim\limits_{n\to\infty}\dfrac{1}{n}\left[\dfrac{1}{1+\dfrac{1}{n^2}}+\dfrac{1}{1+\left(\dfrac{2}{n}\right)^2}+\cdots+\dfrac{1}{1+\left(\dfrac{n}{n}\right)^2}\right]$

$=\lim\limits_{n\to\infty}\sum\limits_{i=1}^{n}\dfrac{1}{1+\left(\dfrac{i}{n}\right)^2}\cdot\dfrac{1}{n}=\int_0^1\dfrac{1}{1+x^2}=\dfrac{\pi}{4}.$

(4) $\lim\limits_{n\to\infty}\dfrac{1}{n}\left(\sin\dfrac{\pi}{n}+\sin\dfrac{2\pi}{n}+\cdots+\sin\dfrac{n-1}{n}\pi\right)=\lim\limits_{n\to\infty}\sum\limits_{i=1}^{n}\sin\dfrac{i\pi}{n}\cdot\dfrac{1}{n}=\int_0^1\sin\pi x\mathrm{d}x=\dfrac{2}{\pi}.$

3. 解题过程 对$[a,b]$作分割$T=\{a=x_0,x_1,\cdots,x_n=b\}$,使其包含等式$F'(x)=f(x)$不成立的有限个点为部分分点,在每个小区间$[x_{i-1},x_i]$上对$F(x)$使用拉格朗日定理,则分别存在$\eta_i\in(x_{i-1},x_i),i=1,2,\cdots,n$,使得

$$F(b)-F(a)=\sum_{i=1}^{n}[F(x_i)-F(x_{i-1})]=\sum_{i=1}^{n}f(\eta_i)\Delta x_i=\sum_{i=1}^{n}f(\eta_i)\Delta x_i.$$

在上式中令$\|T\|\to 0$,由$f(x)$在$[a,b]$上可积,可得

$$F(b)-F(a)=\lim_{\|T\|\to 0}\sum_{i=1}^{n}f(\eta_i)\Delta x_i=\int_a^b f(x)\mathrm{d}x$$

故$\int_a^b f(x)\mathrm{d}x=F(b)-F(a)$.

■ 可积条件(教材上册 P215)

1. 知识点窍 $f(x)$在$[a,b]$上可积$\Leftrightarrow$对$\forall\varepsilon>0$,$\exists$相应向某一个分割T,使得$\sum\limits_{T}w_i\Delta x_i<\varepsilon.$

逻辑推理 增加分点即意味着将小矩形更加均分.

解题过程 设T增加p个分点,得到T',将p个新分点同时添加到T和逐个添加到T,都同样得到T',所以我们先证$p=1$的情形.

在T上添加一个新分点,它必落在T的某一个小区间Δ_k内,而且将Δ_k分为两个小区间,记作Δ'_k与Δ''_k.但T的其他小区间$\Delta i(i\neq k)$仍旧是新分割T_1所属的小区间,因此,比较$\sum\limits_{T}\omega_i\Delta x_i$与$\sum\limits_{T}\omega'_i\Delta x'_i$的各个被加项,它们之间的差别仅仅是前者中的$\omega_k\Delta x_k$一项换为后者中的$\omega'_k\Delta x'_k+\omega''_k\Delta x''_k$两项.又因函数在子区间上的振幅总是大于其在区间上的振幅,即有$\omega'_k\leqslant\omega_k,\omega''_k\leqslant\omega_k.$故

$$\sum_{T}\omega_i\Delta x_i-\sum_{T}\omega'_i\Delta x'_i=\omega_k\Delta x_k-(\omega'_k\Delta x'_k+\omega''_k\Delta x''_k)$$

$$\geqslant \omega_k \Delta x_k - (\omega_k \Delta x'_k + \omega_k \Delta x''_k)$$
$$= \omega_k \Delta x_k - \omega_k (\Delta x'_k + \Delta x''_k) = 0$$

即 $$\sum_{T'} \omega'_i \Delta x'_i \leqslant \sum_T \omega_i \Delta x_i$$

一般地，对 T_j 增加一个分点得到 T_{j+1}，就有

$$\sum_{T_{j+1}} \omega_i^{(j+1)} \Delta x_i^{(j+1)} \leqslant \sum_{T_j} \omega_i^{(j)} \Delta x_i^{(j)} \quad (j=0,1,\cdots,p-1)$$

故 $\sum_{T'} \omega'_i \Delta x'_i \leqslant \sum_T \omega_i \Delta x_i$，这里 $T_0 = T, T_p = T$.

2. 【解题过程】 $f(x)$ 在 $[a,b]$ 上可积 $\Leftrightarrow$ 对 $\forall \varepsilon > 0$，总存在相应的某一分割 T，使得 $\sum_T w_i \Delta x_i < \varepsilon$.

设 T 的分点为 $a = x_0 < x_1 < x_2 < \cdots < x_n = b$
若 $[\alpha,\beta] \subset (x_{t-1},x_t)$，则取 $T' : \alpha = x_0 < x_n = \beta$

$$\sum_{T'} w'_i \Delta x'_i = w'_i (\beta - \alpha) \leqslant w_t (\beta - \alpha) < \varepsilon$$

$f(x)$ 在 $[\alpha,\beta]$ 上可积.

若 $$x_{t-1} \leqslant \alpha < x_t \leqslant x_{s-1} < \beta \leqslant x_s$$
则取 $T'' : \alpha = x''_0 < x_t < x_{t+1} < \cdots < x_{s-1} < x''_1 = \beta$

$$\sum_{T''} w''_i \Delta x''_i \leqslant \sum_{k=t-1}^{s} w_k \Delta x_k < \sum_T w_i \Delta x_i < \varepsilon$$

$f(x)$ 在 $[\alpha,\beta]$ 上可积.
综上得 $f(x)$ 在 $[\alpha,\beta]$ 上可积.

3. 【解题过程】 设 f 在 $[a,b]$ 上可积，$J = \int_a^b f(x)\mathrm{d}x$，在 $[a,b]$ 中有限个点 $(x_1,x_2,\cdots,x_n)$ 处，$f(x)$ $\neq g(x)$，令 $M = \max\limits_{1 \leqslant k \leqslant n} \{|f(x_k) - g(x_k)|\}$. 因 f 在 $[a,b]$ 上可积，对任给的 $\varepsilon > 0$，存在 $\delta > 0$（不妨设 $\delta < \dfrac{1}{4nM}$），使得当分割 T 的模 $||T|| < \delta$ 时，$|\sum_T f(\xi_i)\Delta x_i - J| < \dfrac{\varepsilon}{2}$.

$$\sum_T |g(\xi_i) - f(\xi_i)| \Delta x_i \leqslant 2nM ||T|| < \dfrac{\varepsilon}{2}$$

从而 $|\sum_T g(\xi_i)\Delta x_i - J| \leqslant |\sum_T g(\xi_i)\Delta x_i - \sum_T f(\xi_i)\Delta x_i| + |\sum_T f(\xi_i)\Delta x_i - J|$

$$< \dfrac{\varepsilon}{2} + \dfrac{\varepsilon}{2} = \varepsilon$$

所以 $\int_a^b g(x)\mathrm{d}x = J = \int_a^b f(x)\mathrm{d}x$.

4. 【解题过程】 不妨设 $\lim\limits_{n\to\infty} a_n = c = a$，$f(x)$ 在 $[a,b]$ 上的振幅为 ω. 对 $\forall \varepsilon > 0$，取 $0 < \delta < \dfrac{\varepsilon}{2\omega}$，因为 $\lim\limits_{n\to\infty} a_n = a$，所以存在 N，当 $n > N$ 时，$a_n \in [a, a+\delta]$，从而 $f(x)$ 在 $[a+\delta,b]$ 上至多只有有限个间断点，由定理 9.5 知 $f(x)$ 在 $[a+\delta,b]$ 上可积，再由可积准则知，存在 $[a+\delta,b]$ 上的分割 T'，使

$$\sum_{T'} \omega_i \Delta x_i < \dfrac{\varepsilon}{2}$$

把 $[a,a+\delta]$ 与 T' 合并，就构成 $[a,b]$ 的一个分割 T，设 ω_0 为 $f(x)$ 在 $[a,a+\delta]$ 上的振幅，则

$$\sum_T \omega_i \Delta x_i = \omega_0 \delta + \sum_{T^*} \omega_i \Delta x_i \leqslant \omega \delta + \sum_{T^*} \omega_i \Delta x_i < \dfrac{\varepsilon}{2} + \dfrac{\varepsilon}{2} = \varepsilon$$

故由可积准则知，$f(x)$ 在 $[a,b]$ 上可积.

5. 【解题过程】 记 $A = \sup\limits_{x\in\Delta} f(x), B = \inf\limits_{x\in\Delta} f(x)$.
(1) 如果 $A = B \Rightarrow f(x) \equiv A, x \in \Delta$. 上述等式两边为零，成立.

(2) 如 $A > B$,则对 $\forall 0 < \varepsilon < \dfrac{1}{2}(A-B)$,及 $\forall x', x'' \in \Delta$,有

$$f(x') - f(x'') \leqslant A - B \text{ 或 } f(x'') - f(x') \leqslant A - B$$

$\Rightarrow |f(x') - f(x'')| \leqslant A - B$

同时 $\exists x', x'' \in \Delta$,使 $f(x') > A - \dfrac{\varepsilon}{2}$,$f(x'') < B + \dfrac{\varepsilon}{2}$

$\Rightarrow |f(x') - f(x'')| > (A - \dfrac{\varepsilon}{2}) - (B + \dfrac{\varepsilon}{2}) = (A - B) - \varepsilon$

$\Rightarrow \sup\limits_{x', x'' \in \Delta} |f(x') - f(x'')| = A - B = \sup\limits_{x \in \Delta} f(x) - \inf\limits_{x \in \Delta} f(x)$.

6. 解题过程 易知,$f(x)$ 在 $[0,1]$ 上有界,且间断点在 $x = \dfrac{1}{n}$ 或 $x = 0$ 处取得$(n = 2,3,4,\cdots)$.

任给 $\varepsilon > 0$,由于 $\lim\limits_{n \to \infty} \dfrac{1}{n} = 0$,因此当 n 充分大时,$\dfrac{1}{n} < \dfrac{\varepsilon}{2}$. 这说明 f 在 $[\dfrac{\varepsilon}{2}, 1]$ 上只有有限个间断点,

则 f 在 $[\dfrac{\varepsilon}{2}, 1]$ 上可积,且存在对 $[\dfrac{\varepsilon}{2}, 1]$ 的某一分割 T',使得

$$\sum_{T'} w_i \Delta x_i < \dfrac{\varepsilon}{2} \sum_{T'} w_i \Delta x_i < \dfrac{\varepsilon}{2}$$

再把小区间 $[0, \dfrac{\varepsilon}{2}]$ 与 T' 合并,成为对 $[0,1]$ 的一个分割 T. 由于 f 在 $[0, \dfrac{\varepsilon}{2}]$ 上的振幅 $w_0 < 1$,因

此有 $\sum\limits_{T} w_i \Delta x_i = w_0 \cdot \dfrac{\varepsilon}{2} + \sum\limits_{T} w_i \Delta x_i < \dfrac{\varepsilon}{2} + \dfrac{\varepsilon}{2} = \varepsilon$

所以 f 在 $[0,1]$ 上可积.

7. 解题过程 对任给 $\varepsilon > 0$,存在 $[a,b]$ 上可积函数 $g(x)$,总存在相应的某一分割 T,使

$$\sum_{T} w_i \Delta x_i < \dfrac{\varepsilon}{2}$$

又因为 $|f(x) - g(x)| < \dfrac{\varepsilon}{4(b-a)}$

则对应分割 T,设 w_i' 为 $f(x)$ 在 $[x_{i-1}, x_i]$ 上的振幅,则

$$\sum_{T} w_i' \Delta x_i \leqslant \sum_{T} (w_i + 2\dfrac{\varepsilon}{4(b-a)}) \Delta x_i$$

$$= \sum_{T} w_i \Delta x_i + \dfrac{\varepsilon}{2}$$

$$< \dfrac{\varepsilon}{2} + \dfrac{\varepsilon}{2} = \varepsilon$$

则 $f(x)$ 在 $[a,b]$ 上可积.

■ 定积分的性质(教材上册 P222)

1. 解题过程 因为 $\lim\limits_{\|T\| \to 0} \sum\limits_{i=1}^{n} f(\xi_i) g(\xi_i) \Delta x_i = \int_a^b f(x) g(x) dx$,于是对任给的 $\varepsilon > 0$,存在 $\delta_1 > 0$,当

$\|T\| < \delta_1$ 时,$|\sum\limits_{i=1}^{n} f(\xi_i) g(\xi_i) \Delta x_i - \int_a^b f(x) g(x) dx| < \dfrac{\varepsilon}{2}$.

因为 f 在 $[a,b]$ 上可积,所以有界,即存在 $M > 0$,使得对任何 $x \in [a,b]$ 都有 $|f(x)| \leqslant M$. 又因

为 g 在 $[a,b]$ 上可积,故存在 $\delta_2 > 0$,当 $\|T\| < \delta_2$ 时,使得 g 在 $[a,b]$ 上的振幅和 $\sum\limits_{T} w_i \Delta x_i < \dfrac{\varepsilon}{2M}$

现在取 $\delta = \min\{\delta_1, \delta_2\}$，当 $\|T\| < \delta$ 时，

$$\left| \sum_{i=1}^{n} f(\xi_i) g(\eta_i) \Delta x_i - \int_a^b f(x) g(x) \mathrm{d}x \right|$$

$$\leqslant \left| \sum_{i=1}^{n} f(\xi_i) g(\eta_i) \Delta x_i - \sum_{i=1}^{n} f(\xi_i) g(\xi_i) \Delta x_i \right| + \left| \sum_{i=1}^{n} f(\xi_i) g(\xi_i) \Delta x_i - \int_a^b f(x) g(x) \mathrm{d}x \right|$$

$$< M \sum_{i=1}^{n} \omega_i \Delta x_i + \left| \sum_{i=1}^{n} f(\xi_i) g(\xi_i) \Delta x_i - \int_a^b f(x) g(x) \mathrm{d}x \right| < \frac{\varepsilon}{2} + \frac{\varepsilon}{2} = \varepsilon$$

所以 $\lim\limits_{\|T\| \to 0} \sum\limits_{i=1}^{n} f(\xi_i) g(\eta_i) \Delta x_i = \int_a^b f(x) g(x) \mathrm{d}x.$

2. 解题过程 (1) 因为在 $(0,1)$ 上 x 与 x^2 都连续，且 $x > x^2$，所以 $\int_0^1 x \mathrm{d}x > \int_0^1 x^2 \mathrm{d}x.$

(2) 因为在 $\left(0, \dfrac{\pi}{2}\right)$ 上 x 与 $\sin x$ 都连续，且 $x > \sin x$，所以 $\int_0^{\frac{\pi}{2}} x \mathrm{d}x > \int_0^{\frac{\pi}{2}} \sin x \mathrm{d}x.$

3. 解题过程 (1) 原式化为 $\displaystyle\int_0^{\frac{\pi}{2}} \frac{1}{1} \mathrm{d}x < \int_0^{\frac{\pi}{2}} \frac{1}{\sqrt{1 - \dfrac{1}{2} \sin^2 x}} \mathrm{d}x < \int_0^{\frac{\pi}{2}} \frac{1}{\sqrt{\dfrac{1}{2}}} \mathrm{d}x$

当 $x \in \left(0, \dfrac{\pi}{2}\right)$ 时，$1 > \sqrt{1 - \dfrac{1}{2} \sin^2 x} > \sqrt{\dfrac{1}{2}}$

则 $\dfrac{1}{1} < \dfrac{1}{\sqrt{1 - \dfrac{1}{2} \sin^2 x}} < \dfrac{1}{\sqrt{\dfrac{1}{2}}}$

$\dfrac{\pi}{2} < \displaystyle\int_0^{\frac{\pi}{2}} \frac{\mathrm{d}x}{\sqrt{1 - \dfrac{1}{2} \sin^2 x}} < \frac{\pi}{\sqrt{2}}.$

(2) 原式化为 $\displaystyle\int_0^1 \mathrm{e}^0 \mathrm{d}x < \int_0^1 \mathrm{e}^{x^2} \mathrm{d}x < \int_0^1 \mathrm{e}^1 \mathrm{d}x$

当 $x \in (0,1)$ 时，$0 < x^2 < 1$

则 $\displaystyle\int_0^1 \mathrm{e}^0 \mathrm{d}x < \int_0^1 \mathrm{e}^{x^2} \mathrm{d}x < \int_0^1 \mathrm{e}^1 \mathrm{d}x$

$1 < \displaystyle\int_0^1 \mathrm{e}^{x^2} \mathrm{d}x < \mathrm{e}.$

(3) 当 $x \in \left(0, \dfrac{\pi}{2}\right)$ 时，$\dfrac{2}{\pi} < \dfrac{\sin x}{x} < 1$，所以有

$1 = \displaystyle\int_0^{\frac{\pi}{2}} \frac{2}{\pi} \mathrm{d}x < \int_0^{\frac{\pi}{2}} \frac{\sin x}{x} \mathrm{d}x < \int_0^{\frac{\pi}{2}} \mathrm{d}x = \frac{\pi}{2}.$

(4) 设 $f(x) = \dfrac{\ln x}{\sqrt{x}}$，先求 f 在 $[\mathrm{e}, 4\mathrm{e}]$ 上的最大值和最小值.

因为 $\left(\dfrac{\ln x}{\sqrt{x}}\right)' = \dfrac{\dfrac{1}{x} \sqrt{x} - \dfrac{1}{2\sqrt{x}} \ln x}{x} = \dfrac{2 - \ln x}{2x \sqrt{x}}$，得稳定点 $x = \mathrm{e}^2$. 计算在稳定点和区间端点处的

函数值 $f(\mathrm{e}) = \dfrac{1}{\sqrt{\mathrm{e}}}$，$f(4\mathrm{e}) = \dfrac{\ln 4\mathrm{e}}{2\sqrt{\mathrm{e}}}$，$f(\mathrm{e}^2) = \dfrac{2}{\mathrm{e}}$. 比较可知 f 在 $(\mathrm{e}, 4\mathrm{e})$ 上的最大值为 $f(\mathrm{e}^2)$

$= \dfrac{2}{\mathrm{e}}$，最小值为 $f(\mathrm{e}) = \dfrac{1}{\sqrt{\mathrm{e}}}$，所以 f 在 $(\mathrm{e}, 4\mathrm{e})$ 上 $\dfrac{1}{\sqrt{\mathrm{e}}} < \dfrac{\ln x}{\sqrt{x}} < \dfrac{2}{\mathrm{e}}$，从而

$$3\sqrt{\mathrm{e}} < \int_{\mathrm{e}}^{4\mathrm{e}} \frac{\ln x}{\sqrt{x}} \mathrm{d}x < 6.$$

4. **解题** 过程 因为 $f(x)$ 在 $[a,b]$ 连续 $\Rightarrow (f(x))^2$ 在 $[a,b]$ 上连续,且 $(f(x))^2 \geqslant 0, x \in [a,b]$. 又因为 $f(x)$ 不恒等于零,即 $\exists x_0 \in [a,b]$,使 $f(x_0) \neq 0 \Rightarrow f^2(x_0) > 0$. 可得

$$\int_b^a (f(x))^2 \,\mathrm{d}x > 0.$$

243

第
九
章

定
积
分

5. **解题** 过程 $M(x) = \max\limits_{x \in [a,b]} \{f(x), g(x)\} = \dfrac{1}{2}(f(x) + g(x) + |f(x) - g(x)|)$

$m(x) = \min\limits_{x \in [a,b]} \{f(x), g(x)\} = \dfrac{1}{2}(f(x) + g(x) - |f(x) - g(x)|)$

由 $f(x), g(x)$ 在 $[a,b]$ 上可积 $\Rightarrow |f(x) - g(x)|$ 在 $[a,b]$ 上可积 $\Rightarrow M(x), m(x)$ 在 $[a,b]$ 上也都可积.

6. **解题** 过程 极径的平均值为 $\dfrac{1}{2\pi}\int_0^{2\pi} a(1 + \cos\theta)\mathrm{d}\theta = \dfrac{1}{2\pi} \cdot a(\theta + \sin\theta)\Big|_0^{2\pi} = a$.

7. **解题** 过程 因 f 在 $[a,b]$ 上可积,对任给的 $\varepsilon > 0$,存在分割 T,使得 $\sum\limits_T \omega_i^f \Delta x_i < m^2\varepsilon$. 对于分割 T 所属的每一个小区间 Δ_i,$\dfrac{1}{f}$ 在 Δ_i 上的振幅

$$\omega_i^{1/f} = \sup_{x',x'' \in \Delta_i} \left| \frac{1}{f(x')} - \frac{1}{f(x'')} \right| = \sup_{x',x'' \in \Delta_i} \frac{|f(x'') - f(x')|}{|f(x')| \cdot |f(x'')|} \leqslant \frac{\omega_i^f}{m^2}$$

所以 $\sum\limits_T \omega_i^{1/f} \Delta x_i \leqslant \sum\limits_T \dfrac{\omega_i^f}{m^2} \Delta x_i = \dfrac{1}{m^2}\sum\limits_T \omega_i^f \Delta x_i < \varepsilon$,因此 $\dfrac{1}{f}$ 在 $[a,b]$ 上可积.

8. **解题** 过程 $M = m$ 时,$f(x) = M = m, \forall x \in [a,b]$.

$$\frac{1}{b-a}\int_a^b f(x)\mathrm{d}x = M$$

任取 $\xi \in (a,b)$,均有 ξ 为中值点.

$M \neq m$ 时,由介值性定理知,因 $f(x)$ 在 $[a,b]$ 上连续,则

$\exists x_0 \in (a,b)$,存在 $f(x_0) = \dfrac{M+m}{2} = m + \dfrac{M-m}{2}$

$\exists U(x_0;\varepsilon) < (a,b)$,使 $f(x) \in \left[m + \dfrac{M-m}{4}, M - \dfrac{M-m}{4}\right]$

$\int_a^b f(x)\mathrm{d}x = \int_a^{x_0-\varepsilon} f(x)\mathrm{d}x + \int_{x_0-\varepsilon}^{x_0+\varepsilon} f(x)\mathrm{d}x + \int_{x_0+\varepsilon}^b f(x)\mathrm{d}x$

$\qquad > m(x_0 - \varepsilon - a) + m \cdot 2\varepsilon + m(b - x_0 - \varepsilon)$

$\qquad = (b-a)m$

$\int_a^b f(x)\mathrm{d}x = \int_a^{x_0-\varepsilon} f(x)\mathrm{d}x + \int_{x_0-\varepsilon}^{x_0+\varepsilon} f(x)\mathrm{d}x + \int_{x_0+\varepsilon}^b f(x)\mathrm{d}x$

$\qquad < M(x_0 - \varepsilon - a) + M \cdot 2\varepsilon + M(b - x_0 - \varepsilon)$

$\qquad = M(b-a)$

所以 $m < \dfrac{1}{b-a}\int_a^b f(x)\mathrm{d}x < M$,$\exists \xi \in (a,b)$,有 $f(\xi) = \dfrac{1}{b-a}\int_a^b f(x)\mathrm{d}x$.

9. **解题** 过程 不妨设 $g(x) \geqslant 0, x \in [a,b]$. 这时有

$$mg(x) \leqslant f(x)g(x) \leqslant Mg(x), x \in [a,b]$$

$$\Rightarrow m\int_a^b g(x)\mathrm{d}x \leqslant \int_a^b f(x)g(x)\mathrm{d}x \leqslant M\int_a^b g(x)\mathrm{d}x$$

若 $\int_a^b g(x)\mathrm{d}x = 0 \Rightarrow \int_a^b f(x)g(x)\mathrm{d}x = 0$(因为 $g(x) \equiv 0, x \in [a,b]$),从而取 $\mu(m \leqslant \mu \leqslant M)$. 公式恒成立.

若 $\displaystyle\int_a^b g(x)\mathrm{d}x>0\Rightarrow m\leqslant\dfrac{\displaystyle\int_a^b f(x)g(x)\mathrm{d}x}{\displaystyle\int_a^b g(x)\mathrm{d}x}\leqslant M$

从而取 $\mu=\dfrac{\displaystyle\int_a^b f(x)g(x)\mathrm{d}x}{\displaystyle\int_a^b g(x)\mathrm{d}x}$，则有 $m\leqslant\mu\leqslant M$ 及 $\displaystyle\int_a^b f(x)g(x)\mathrm{d}x=\mu\int_a^b g(x)\mathrm{d}x$.

10. 解题过程 由积分第一中值定理（习题8）知，存在 $x_1\in(a,b)$，使得 $f(x_1)=\displaystyle\int_a^b f(x)\mathrm{d}x$，所以有 $f(x_1)=0$.

令 $g(x)=(x-x_1)f(x)$，则 $\displaystyle\int_a^b g(x)\mathrm{d}x=\int_a^b xf(x)\mathrm{d}x-\int_a^b x_1 f(x)\mathrm{d}x=0$，$g$ 在 $[a,b]$ 上连续.

假设对任何 $x\in(a,x_1)$，及 $x\in(x_1,b)$ 都有 $g(x)\neq0$，则由 g 在 (a,b) 上连续知，g 在 (a,x_1) 上恒正（或恒负），在 (x_1,b) 上恒负（或恒正），从而 f 在 (a,x_1) 上恒正（或恒负），在 (x_1,b) 上恒负（或恒正），于是 $\displaystyle\int_a^{x_1}f(x)\mathrm{d}x<0$ 且 $\displaystyle\int_{x_1}^b f(x)\mathrm{d}x<0$，所以 $\displaystyle\int_a^b f(x)\mathrm{d}x<0$（或 $\displaystyle\int_a^{x_1}f(x)\mathrm{d}x>0$ 且 $\displaystyle\int_{x_1}^b f(x)\mathrm{d}x>0$，$\displaystyle\int_a^b f(x)\mathrm{d}x>0$），这与 $\displaystyle\int_a^b f(x)\mathrm{d}x=0$ 矛盾，故至少存在一点 $x_2\in(a,b)$，$x_2\neq x_1$，使得 $g(x_2)=0$，从而 $f(x_2)=0$.

11. 解题过程 （1）在 $\dfrac{a+b}{2}$ 点对 $f(x)$ 作泰勒展开，有

$$f(x)=f\Big(\frac{a+b}{2}\Big)+f'\Big(\frac{a-b}{2}\Big)\Big(x-\frac{a+b}{2}\Big)+\frac{f''(\zeta)}{2!}\Big(x-\frac{a+b}{2}\Big)^2,\zeta\in(a,b)$$

则 $f(x)\geqslant f\Big(\dfrac{a+b}{2}\Big)+f'\Big(\dfrac{a+b}{2}\Big)\Big(x-\dfrac{a+b}{2}\Big)$

$$\int_a^b f(x)\mathrm{d}x\geqslant\int_a^b f\Big(\frac{a+b}{2}\Big)\mathrm{d}x+\int_a^b f'\Big(\frac{a+b}{2}\Big)\Big(x-\frac{a+b}{2}\Big)\mathrm{d}x$$

$$=\int_a^b f\Big(\frac{a+b}{2}\Big)\mathrm{d}x+f'\Big(\frac{a+b}{2}\Big)\int_a^b x\mathrm{d}x$$

$$-f'\Big(\frac{a+b}{2}\Big)\cdot\frac{a+b}{2}\cdot\int_a^b\mathrm{d}x$$

$$=(b-a)f\Big(\frac{a+b}{2}\Big)$$

所以 $f\Big(\dfrac{a+b}{2}\Big)\leqslant\dfrac{1}{b-a}\displaystyle\int_a^b f(x)\mathrm{d}x$.

（2）在 y 点对 $f(x)$ 作泰勒展开，$x,y\in[a,b]$

$$f(x)=f(y)+f'(y)(x-y)+f''(\zeta_1)(x-\zeta_1)^2$$

$$\geqslant f(y)+f'(y)(x-y)$$

则 $\displaystyle\int_a^b f(x)\mathrm{d}x\geqslant\int_a^b f(y)\mathrm{d}y+\int_a^b f'(y)(x-y)\mathrm{d}y$

$$=\int_a^b f(y)\mathrm{d}y+(x-y)f(y)\Big|_a^b+\int_a^b f(y)\mathrm{d}y$$

$$=2\int_a^b f(y)\mathrm{d}y+(x-b)f(b)-(x-a)f(a)$$

$$\geqslant 2\int_a^b f(y)\mathrm{d}y=2\int_a^b f(x)\mathrm{d}x$$

所以 $(b-a)f(x)\geqslant 2\displaystyle\int_a^b f(x)\mathrm{d}x,x\in[a,b]$

即 $f(x) \geqslant \dfrac{2}{b-a}\displaystyle\int_a^b f(x)\mathrm{d}x, x \in [a,b]$.

12. `解题` `过程` (1) $\ln(1+n) = \displaystyle\int_0^n \dfrac{1}{1+x}\mathrm{d}x = \sum_{k=1}^n \int_{k-1}^k \dfrac{1}{1+x}\mathrm{d}x < \sum_{k=1}^n \int_{k-1}^k \dfrac{1}{1+(k-1)}\mathrm{d}x$

$$= \sum_{k=1}^n \dfrac{1}{k} = 1 + \dfrac{1}{2} + \cdots + \dfrac{1}{n}$$

$$\ln n = \int_1^n \dfrac{1}{x}\mathrm{d}x = \sum_{k=2}^n \int_{k-1}^k \dfrac{1}{x}\mathrm{d}x > \sum_{k=2}^n \int_{k-1}^k \dfrac{1}{k}\mathrm{d}x$$

$$= \sum_{k=2}^n \dfrac{1}{k} = \dfrac{1}{2} + \dfrac{1}{3} + \cdots + \dfrac{1}{n}$$

所以 $\ln(1+n) < 1 + \dfrac{1}{2} + \cdots + \dfrac{1}{n} < 1 + \ln n$.

(2) 因 $n \to \infty$ 时，$\ln(1+n)$ 和 $\ln n + 1$ 是同阶无穷大量，由两边夹定理得 $\left(1 + \dfrac{1}{2} + \cdots + \dfrac{1}{n}\right)$ 和 $\ln n$

$+1$ 也是同阶无穷大量，所以

$$\lim_{n \to \infty} \dfrac{1 + \dfrac{1}{2} + \cdots + \dfrac{1}{n}}{1 + \ln n} = \lim_{n \to \infty} \dfrac{1 + \dfrac{1}{2} + \cdots + \dfrac{1}{n}}{\ln n} \cdot \dfrac{\ln n}{1 + \ln n} = 1 .$$

微积分学基本定理·定积分计算(续)(教材上册 P232)

1. `解题` `过程` 由复合函数求导法则得

$$\left(\int_0^{v(x)} f(t)\mathrm{d}t\right) = \{G[v(x)]\}' = G'[v(x)]v'(x) = f[v(x)]v'(x)$$

$$\dfrac{\mathrm{d}}{\mathrm{d}x}\int_{u(x)}^{v(x)} f(x)\mathrm{d}t = \dfrac{\mathrm{d}}{\mathrm{d}x}\int_0^{v(x)} f(t)\mathrm{d}t - \dfrac{\mathrm{d}}{\mathrm{d}x}\int_0^{u(x)} f(t)\mathrm{d}t$$

$$= f(v(x))v'(x) - f(u(x))u'(x).$$

2. `解题` `过程` 因为 $F(x) = \displaystyle\int_a^x f(t)(x-t)\mathrm{d}t = x\int_a^x f(t)\mathrm{d}t - \int_a^x tf(t)\mathrm{d}t$

所以 $F'(x) = \displaystyle\int_a^x f(t)\mathrm{d}t + xf(x) - xf(x) = \int_a^x f(t)\mathrm{d}t$

从而 $F''(x) = f(x), x \in [a,b]$.

3. `解题` `过程` (1) $x \to 0$ 时，$\displaystyle\int_0^x \cos t^2\mathrm{d}t \to 0$

$$\lim_{x \to 0} \dfrac{1}{x}\int_0^x \cos t^2\mathrm{d}t = \lim_{x \to 0} \dfrac{\mathrm{d}}{\mathrm{d}x}\int_0^x \cos t^2\mathrm{d}t = \lim_{x \to 0}\cos x^2 = 1.$$

(2) $\displaystyle\lim_{x \to \infty} \dfrac{\left(\int_0^x \mathrm{e}^{t^2}\mathrm{d}t\right)^2}{\int_0^x \mathrm{e}^{2x}\mathrm{d}t} = \lim_{x \to \infty} \dfrac{2\int_0^x \mathrm{e}^{t^2}\mathrm{d}t \cdot \mathrm{e}^{x^2}}{\mathrm{e}^{2x^2}} = \lim_{x \to \infty} \dfrac{2\int_0^x \mathrm{e}^{t^2}\mathrm{d}t}{\mathrm{e}^{x^2}}$

$$= \lim_{x \to \infty} \dfrac{2\mathrm{e}^{x^2}}{\mathrm{e}^{x^2}2x} = \lim_{x \to \infty} \dfrac{1}{x} = 0.$$

4. `解题` `过程` (1) $\displaystyle\int_0^{\frac{\pi}{2}} \cos^5 x \sin 2x\mathrm{d}x = 2\int_0^{\frac{\pi}{2}} \cos^6 x \sin x\mathrm{d}x = -2\int_0^{\frac{\pi}{2}} \cos^6 x\mathrm{d}\cos x$

$$= -\dfrac{2}{7}\cos^7 x \Big|_0^{\frac{\pi}{2}} = \dfrac{2}{7}.$$

(2) $\int_0^1 \sqrt{4-x^2}\,\mathrm{d}x \xrightarrow[\theta\in[0,\frac{\pi}{6}]]{x=2\sin\theta} 2\int_0^{\frac{\pi}{6}} \cos\theta\,\mathrm{d}(2\sin\theta) = 4\int_0^{\frac{\pi}{6}} \cos^2\theta\,\mathrm{d}\theta$

$$= 4\int_0^{\frac{\pi}{6}} \frac{1+\cos\theta}{2}\,\mathrm{d}\theta = (2\theta+\sin2\theta)\Big|_0^{\frac{\pi}{6}} = \frac{\pi}{3}+\frac{\sqrt{3}}{2}.$$

(3) $\int_0^a x^2\sqrt{a^2-x^2}\,\mathrm{d}x (a>0) \xrightarrow{x=a\sin t} \int_0^{\frac{\pi}{2}} a^2\sin^2 t\cdot a\cos t\,\mathrm{d}(a\sin x)$

$$= \frac{a}{4}\int_0^{\frac{\pi}{2}} \sin^2 2t\,\mathrm{d}t = \frac{a}{4}\int_0^{\frac{\pi}{2}} \frac{1-\cos4t}{2}\,\mathrm{d}t$$

$$= \frac{a^2}{8}\left(t-\frac{1}{4}\sin4t\right)\Big|_0^{\frac{a}{2}} = \frac{\pi a^4}{16}.$$

(4) $\int_0^1 \frac{\mathrm{d}x}{(x^2-x+1)^{3/2}} = \frac{4}{3}\int_0^1 \frac{1}{\left[\left(\dfrac{x-\frac{1}{2}}{\sqrt{\frac{3}{4}}}\right)^2+1\right]^{3/2}}\mathrm{d}\left(\dfrac{x-\frac{1}{2}}{\sqrt{\frac{3}{4}}}\right)$

$$\xrightarrow[]{\frac{x-\frac{1}{2}}{\sqrt{\frac{3}{4}}}=\tan t} \frac{4}{3}\int_{-\frac{\pi}{6}}^{\frac{\pi}{6}} \frac{1}{\sec^3 t}\cdot\frac{1}{\cos^2 t}\,\mathrm{d}t$$

$$= \frac{4}{3}\int_{-\frac{\pi}{6}}^{\frac{\pi}{6}} \cos t\,\mathrm{d}t = \frac{4}{3}\sin t\Big|_{-\frac{\pi}{6}}^{\frac{\pi}{6}} = \frac{4}{3}.$$

(5) $\int_0^1 \frac{\mathrm{d}x}{e^x+e^{-x}} = \int_0^1 \frac{e^x}{(e^x)^2+1}\,\mathrm{d}x = \int_0^1 \frac{1}{(e^x)^2+1}\,\mathrm{d}e^x$

$$= \arctan e^x\Big|_0^1 = \arctan e - \frac{\pi}{4}$$

(6) $\int_0^{\frac{\pi}{2}} \frac{\cos x}{1+\sin^2 x}\,\mathrm{d}x = \int_0^{\frac{\pi}{2}} \frac{1}{1+\sin^2 x}\,\mathrm{d}\sin x$

$$\xrightarrow{t=\sin x} \int_0^1 \frac{1}{1+t^2}\,\mathrm{d}t = \arctan t\Big|_0^1 = \frac{\pi}{4}.$$

(7) $\int_0^1 \arcsin x\,\mathrm{d}x = x\arcsin x\Big|_0^1 - \int_0^1 \frac{x}{\sqrt{1-x^2}}\,\mathrm{d}x = \frac{\pi}{2}+\sqrt{1-x^2}\Big|_0^1 = \frac{\pi}{2}-1.$

(8) $\int_0^{\frac{\pi}{2}} e^x\sin x\,\mathrm{d}x = \int_0^{\frac{\pi}{2}} \sin x\,\mathrm{d}e^x = \sin x\cdot e^x\Big|_0^{\frac{\pi}{2}} - \int_0^{\frac{\pi}{2}} e^2\cos x\,\mathrm{d}x$

$$= e^{\frac{\pi}{2}} - \int_0^{\frac{\pi}{2}} \cos x\,\mathrm{d}e^x = e^{\frac{\pi}{2}} - \cos x e^x\Big|_0^{\frac{\pi}{2}} - \int_0^{\frac{\pi}{2}} e^x\sin x\,\mathrm{d}x$$

$$= e^{\frac{\pi}{2}} + 1 - \int_0^{\frac{\pi}{2}} e^x\sin x\,\mathrm{d}x$$

所以 $\int_0^{\frac{\pi}{2}} e^x\sin x\,\mathrm{d}x = \frac{1}{2}(e^{\frac{\pi}{2}}+1).$

(9) $\int_{\frac{1}{e}}^e |\ln x|\,\mathrm{d}x = x|\ln x|\Big|_{\frac{1}{e}}^e - \int_1^e x\cdot\frac{1}{x}\,\mathrm{d}x + \int_{\frac{1}{e}}^1 x\cdot\frac{1}{x}\,\mathrm{d}x$

$$= e - \frac{1}{e} - x\Big|_1^e + x\Big|_{\frac{1}{e}}^1 = 2 - \frac{2}{e}.$$

(10) $\int_0^1 e^{\sqrt{x}} \mathrm{d}x \xrightarrow{t=\sqrt{x}} \int_0^1 e^t \mathrm{d}t^2 = 2\int_0^1 te^t \mathrm{d}t = 2\int_0^1 t\mathrm{d}e^t = 2te^t \Big|_0^1 - 2\int_0^1 e^t \mathrm{d}t = 2.$

(11) $\int_0^a x^2 \sqrt{\dfrac{a-x}{a+x}} \mathrm{d}x (a>0) \xrightarrow{x=a\cos 2\theta} \int_{\frac{\pi}{4}}^0 a^2 \cos^2 2\theta \cdot \tan\theta \mathrm{d}(a\cos 2\theta)$

$$= -4\int_{\frac{\pi}{4}}^0 a^3 \cos^2 2\theta \cdot \sin^2 \theta \mathrm{d}\theta = 2a^3 \int_0^{\frac{\pi}{4}} \cos^2 2\theta (1-\cos 2\theta) \mathrm{d}\theta$$

$$= 2a^3 \int_0^{\frac{\pi}{4}} \cos^2 2\theta \mathrm{d}\theta - 2a^3 \int_0^{\frac{\pi}{4}} \cos^3 2\theta \mathrm{d}\theta$$

$$= a^3 \left(\theta + \frac{\sin 4\theta}{4}\right) \Big|_0^{\frac{\pi}{4}} - a^3 \left(\sin 2\theta - \frac{1}{3} \sin^3 2\theta\right) \Big|_0^{\frac{\pi}{4}}$$

$$= a^3 \left(\frac{\pi}{4} - \frac{2}{3}\right).$$

(12) $I_1 = \int_0^{\frac{\pi}{2}} \dfrac{\cos\theta}{\sin\theta + \cos\theta} \mathrm{d}\theta, I_2 = \int_0^{\frac{\pi}{2}} \dfrac{\sin\theta}{\sin\theta + \cos\theta} \mathrm{d}\theta$

$I_1 + I_2 = \int_0^{\frac{\pi}{2}} \dfrac{\cos\theta + \sin\theta}{\sin\theta + \cos\theta} \mathrm{d}\theta = \dfrac{\pi}{2}$

$I_1 - I_2 = \int_0^{\frac{\pi}{2}} \dfrac{\cos\theta - \sin\theta}{\sin\theta + \cos\theta} \mathrm{d}\theta = \int_0^{\frac{\pi}{2}} \dfrac{\mathrm{d}(\sin\theta + \cos\theta)}{\sin\theta + \cos\theta} = \ln(\sin\theta + \cos\theta) \Big|_0^{\frac{\pi}{2}} = 0$

以上两式相加得，$I_1 = \dfrac{\pi}{4}$.

5. 解题过程 (1) $\int_{-a}^a f(x)\mathrm{d}x = \int_{-a}^0 f(x)\mathrm{d}x + \int_0^a f(x)\mathrm{d}x = \int_a^0 f(-x)\mathrm{d}(-x) + \int_0^a f(x)\mathrm{d}x$

$$= \int_0^a f(-x)\mathrm{d}x + \int_0^a f(x)\mathrm{d}x = \int_0^a [f(-x) + f(x)]\mathrm{d}x = 0.$$

(2) $\int_{-a}^a f(x)\mathrm{d}x = \int_{-a}^0 f(x)\mathrm{d}(-x) + \int_0^a f(x)\mathrm{d}x = \int_a^0 f(-x)\mathrm{d}(-x) + \int_0^a f(x)\mathrm{d}x.$

$$= \int_0^a [f(-x) + f(x)]\mathrm{d}x = 2\int_0^a f(x)\mathrm{d}x.$$

6. 解题过程 $\int_a^{a+p} f(x)\mathrm{d}x - \int_0^p f(x)\mathrm{d}x = \int_a^{a+p} f(x)\mathrm{d}x + \int_p^a f(x)\mathrm{d}x - \int_0^p f(x)\mathrm{d}x - \int_p^a f(x)\mathrm{d}x$

$$= \int_p^{a+p} f(x)\mathrm{d}x - \int_0^a f(x)\mathrm{d}x$$

$$= \int_p^{a+p} f(x)\mathrm{d}x - \int_0^a f(x+p)\mathrm{d}(x+p)$$

$$= \int_p^{a+p} f(x)\mathrm{d}x - \int_p^{a+p} f(x)\mathrm{d}x$$

$$= 0.$$

7. 解题过程 (1) 令 $x = \dfrac{\pi}{2} - y$，则 $y = \dfrac{\pi}{2} - x$.

$$\int_0^{\frac{\pi}{2}} f(\sin x)\mathrm{d}x = \int_{\frac{\pi}{2}}^0 f\left(\sin\left(\frac{\pi}{2} - y\right)\right)\mathrm{d}\left(\frac{\pi}{2} - y\right)$$

$$= \int_0^{\frac{\pi}{2}} f(\cos y)\mathrm{d}y = \int_0^{\frac{\pi}{2}} f(\cos x)\mathrm{d}x.$$

(2) 令 $y = \pi - x$，则 $x = \pi - y$.

$$\int_0^\pi x f(\sin x)\mathrm{d}x = \int_\pi^0 (\pi - y) f(\sin(\pi - y))\mathrm{d}(\pi - y)$$

$$= \int_0^\pi (\pi - y) f(\sin y) \mathrm{d}y = \pi \int_0^\pi f(\sin y) \mathrm{d}y - \int_0^\pi y f(\sin y) \mathrm{d}y$$

移项后得

$$\int_0^\pi x f(\sin x) \mathrm{d}x = \frac{\pi}{2} \int_0^\pi f(\sin x) \mathrm{d}x.$$

8. **解题过程** $J(m,n) = \dfrac{1}{m+1} \displaystyle\int_0^{\frac{\pi}{2}} \cos^{n-1} x \mathrm{d} \sin^{m+1} x$

$$= \frac{1}{m+1} \cos^{n-1} x \sin^{m+1} x \Big|_0^{\frac{\pi}{2}} + \frac{n-1}{m+1} \int_0^{\frac{\pi}{2}} \sin^{m+2} x \cos^{n-2} x \mathrm{d}x$$

$$= \frac{n-1}{m+n} \int_0^{\frac{\pi}{2}} \sin^m x (1 - \cos^2 x) \cos^{n-2} x \mathrm{d}x$$

$$= \frac{n-1}{m+1} J(m, n-2) - \frac{n-1}{m+1} J(m,n)$$

移项,解得 $J(m,n) = \dfrac{n-1}{m+n} J(m, n-2)$

同理 $J(m,n) = -\dfrac{1}{n+1} \displaystyle\int_0^{\frac{\pi}{2}} \sin^{m-1} x \mathrm{d} \cos^{n+1} x$

$$= -\frac{1}{n+1} \sin^{m-1} x \cos^{n+1} x \Big|_0^{\frac{\pi}{2}} + \frac{m-1}{n+1} \int_0^{\frac{\pi}{2}} \sin^{m-2} x \cos^{n+2} x \mathrm{d}x$$

$$= \frac{m-1}{n+1} \int_0^{\frac{\pi}{2}} \sin^{m-2} x (1 - \sin^2 x) \cos^n x \mathrm{d}x$$

$$= \frac{m-1}{n+1} J(m-2, n) - \frac{m-1}{n+1} J(m,n)$$

移项,解得 $J(m,n) = \dfrac{m-1}{m+n} J(m-2, n)$

则 $J(2m, 2n) = \dfrac{2n-1}{2(m+n)} \cdot \dfrac{2n-3}{2(m+n-1)} \cdot \cdots \cdot \dfrac{3}{2(m+2)} \cdot \dfrac{1}{2(m+1)} J(2m, 0)$

$$= \frac{(2n-1)!!}{2^n (m+n)(m+n-1) \cdot \cdots \cdot (m+1)} J(2m, 0)$$

而 $J(2m, 0) = \dfrac{2m-1}{2m} J(2m-2, 0) = \dfrac{2m-1}{2m} \cdot \dfrac{2m-3}{2(m-1)} \cdot \cdots \cdot \dfrac{3}{2 \cdot 2} \cdot \dfrac{1}{2 \cdot 1} J(10, 0)$

$$= \frac{(2m-1)!!}{2^m m!} \cdot \frac{\pi}{2}$$

故 $J(2m, 2n) = \dfrac{(2n-1)!!(2m-1)!!}{2^{m+n}(m+n)!} \cdot \dfrac{\pi}{2}$.

9. **解题过程** 由题设知,当 $x \in (0, +\infty)$ 时,$g'(x) = af(ax) - f(x) = 0$. 于是对任何 $a > 0$ 有 $f(x) = af(ax), x \in (0, +\infty)$,特别对任何 $x > 0$,令 $a = \dfrac{1}{x}$,则有 $f(x) = \dfrac{1}{x} f(1) = \dfrac{c}{x}$,这里 $c = f(1)$ 为常数.

10. **解题过程** $\dfrac{\mathrm{d}}{\mathrm{d}x} \displaystyle\int_a^x (x-t) f'(t) \mathrm{d}t = \dfrac{\mathrm{d}}{\mathrm{d}x} \left[x \int_a^x f'(t) \mathrm{d}t - \int_a^x t f'(t) \mathrm{d}t \right]$

$$= \frac{\mathrm{d}}{\mathrm{d}x} \left[x \int_a^x f'(t) \mathrm{d}t \right] - \frac{\mathrm{d}}{\mathrm{d}x} \left[\int_a^x t f'(t) \mathrm{d}t \right]$$

$$= \int_a^x f'(t) \mathrm{d}t + x f'(x) - x f'(x)$$

$$= \int_0^x f'(t) \mathrm{d}t = f(x) - f(a)$$

由于 $\sin t = (-\cos t)'$，所以

$$\frac{\mathrm{d}}{\mathrm{d}x}\int_0^x (x-t)\sin t\,\mathrm{d}t = -\cos x + \cos 0 = 1 - \cos x.$$

11. 解题过程 作辅助函数 $F(t) = \int_a^t [f(x) - f(a)]\mathrm{d}x - \int_t^b [f(b) - f(x)]\mathrm{d}x$

则 $F(t)$ 在 $[a,b]$ 上连续可导(图 9-1)。由 $f(x)$ 为严格递增函数，可得

$$F(a) = -\int_a^b [f(b) - f(x)]\mathrm{d}x < 0$$

$$F(b) = \int_a^b [f(x) - f(a)]\mathrm{d}x > 0$$

根据根的存在定理，在 (a,b) 内存在一点 ξ，使得 $F(\xi) = 0$，即

$$\int_a^\xi [f(x) - f(a)]\mathrm{d}x = \int_\xi^b [f(b) - f(x)]\mathrm{d}x$$

上式两端恰为两部分面积，故证得结论.

12. 解题过程 令 $g(x) = f(x) - f(2\pi)$.

则 $g(x)$ 在 $[0,2\pi]$ 上非负，单调递减.

$\forall n \in \mathbf{Z}^+$，由积分第二中值定理，有 $\exists \varepsilon_n$，使得 $\int_0^{2\pi} g(x)\sin nx\,\mathrm{d}x = g(0)\int_0^{\varepsilon_n}\sin nx\,\mathrm{d}x = g(0)$

$\dfrac{1 - \cos n\varepsilon_n}{n} \geqslant 0$.

所以 $\int_0^{2\pi} f(x)\sin nx\,\mathrm{d}x = \int_0^{2\pi} f(2\pi)\sin nx\,\mathrm{d}x + \int_0^{2\pi} g(x)\sin nx\,\mathrm{d}x = \int_0^{2\pi} g(x)\sin nx\,\mathrm{d}x \geqslant 0$.

13. 解题过程 令 $u = t^2$，则 $t = \sqrt{u}$，$\mathrm{d}t = \dfrac{1}{2}\dfrac{1}{\sqrt{u}}\mathrm{d}u$.

$$\int_x^{x+c}\sin t^2\,\mathrm{d}t = \frac{1}{2}\int_{x^2}^{(x+c)^2}\sin u\cdot\frac{1}{\sqrt{u}}\,\mathrm{d}u$$

$\dfrac{1}{\sqrt{u}}$ 在 $[x^2, (x+c)^2]$ 上单调递减，应用积分第二中值定理，$\exists \varepsilon \in [x^2, (x+c)^2]$ 使

$$\left|\int_x^{x+c}\sin t^2\,\mathrm{d}t\right| = \frac{1}{2}\cdot\frac{1}{\sqrt{x^2}}\left|\int_x^\varepsilon 2\sin u\,\mathrm{d}u\right|$$

$$\leqslant \frac{1}{2x}\mid\cos x^2 - \cos\varepsilon\mid \leqslant \frac{1}{2x}\cdot 2 = \frac{1}{x}$$

14. 解题过程 设 $\int_a^b f(x)\mathrm{d}x = I$，则由定积分定义知，对任给的 $\varepsilon < 0$，$\exists\delta' > 0$，使得对 $[a,b]$ 的任何分

割 T' 及分点 ξ_i 的任何取法，只要 $\|T'\| < \delta'$，就有 $\left|\sum_{i=1}^n f(\xi_i)\Delta x_i - I\right| < \dfrac{\varepsilon}{2}$.

由 $f(x)$ 在 $[a,b]$ 上可积知，$f(x)$ 在 $[a,b]$ 上有界. 设 $\mid f(x)\mid \leqslant M$，如果 $M = 0$，则 $f(x) \equiv 0$，此时结论显然成立. 现设 $M > 0$，由于 $\varphi(t)$，$\varphi'(t)$ 在 $[\alpha,\beta]$ 上连续，从而一致连续，故存在 $\delta > 0$，使得当 $t', t'' \in [\alpha,\beta]$ 且 $\mid t' - t''\mid < \delta$ 时，恒有

$$\mid\varphi(t') - \varphi(t'')\mid < \delta' \text{ 和 } \mid\varphi'(t') - \varphi'(t'')\mid < \frac{\varepsilon}{2M(\beta - \alpha)}$$

对于 $[\alpha,\beta]$ 上的任何分割 $T(\alpha = t_0 < t_1\cdots < t_n = \beta)$ 及任意分点 $\tau_i \in [t_{i-1}, t_i]$，在 $[t_{i-1}, t_i]$ $(i = 1, 2,\cdots, n)$ 上对 $x = \varphi(t)$ 用拉格朗日定理，得

$$\varphi(t_i) - \varphi(t_i) = \varphi'(\eta_i)\Delta t_i,\ \eta_i \in (t_{i-1}, t_i)$$

令 $\xi_i = \varphi(\tau_i)$，$x_i = \varphi(t_i)$，则得 $[a,b]$ 的一个分割 $T'(a = x_0 < x_1 < \cdots < x_n = b)$ 满足 $\xi_i \in [x_{i-1}, x_i]$，且 $\Delta x_i = \varphi'(\eta_i)\Delta t_i$，$i = 1, 2,\cdots, n$. 从而当 $\|T\| < \delta$ 时(此时 $\mid \tau_i - \eta_i\mid < \delta$，$i = 1, 2,\cdots, n$，

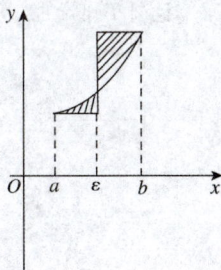

且 $\|T'\|<\delta'$)，有

$$\left|\sum_{i=1}^{n}[\varphi(\tau_i)]\varphi'(\tau_i)\Delta t_i - I\right|$$

$$\leqslant\left|\sum_{i=1}^{n}f[\varphi(\tau_i)]\varphi'(\tau_i)\Delta t_i - \sum_{i=1}^{n}f(\xi)\Delta x_i\right| + \left|\sum_{i=1}^{n}f(\xi)\Delta x_i - I\right|$$

$$<\left|\sum_{i=1}^{n}f[\varphi(\tau_i)]\varphi'(\tau_i)\Delta t_i - \sum_{i=1}^{n}f[\varphi(\tau_i)]\varphi'(\eta_i)\Delta t_i\right| + \frac{\varepsilon}{2}$$

$$\leqslant\sum_{i=1}^{n}|f[\varphi(\tau_i)]||\varphi'(\tau_i)-\varphi'(\eta_i)\Delta t_i| + \frac{\varepsilon}{2}$$

$$<\sum_{i=1}^{n}M\cdot\frac{\varepsilon}{2M(\beta-\alpha)}\Delta t_i + \frac{\varepsilon}{2} = \frac{\varepsilon}{2} + \frac{\varepsilon}{2} = \varepsilon$$

故

$$\lim_{\|T\|\to 0}\sum_{i=1}^{n}f[\varphi(T_i)]\varphi'(\tau_i)\Delta t_i = I$$

即

$$\int_{a}^{b}f(x)\mathrm{d}x = \int_{\alpha}^{\beta}f[\varphi(t)]\varphi'(t)\mathrm{d}t.$$

15. **解题**过程 因为 $f(x)$ 在 $[a,b]$ 上连续可微，则 $f'(x)$ 在 $[a,b]$ 上连续

则令
$$g'(x)=\begin{cases}f'(x) & f'(x)>0,\\ 0, & \text{其他}\end{cases}$$

$$h'(x)=\begin{cases}f'(x) & f'(x)<0\\ 0, & \text{其他}\end{cases}$$

则 $g'(x),h'(x)$ 在 $[a,b]$ 上连续和可积.

且
$$f'(x)=g'(x)+h'(x)$$

对等式两边同时积分，则

$$f(x)=g(x)+h(x)$$

且 $g(x)$ 与 $h(x)$ 分别为 $[a,b]$ 上连续可微的增函数与减函数.

16. **解题**过程 令 $F(x)=\int_{a}^{x}f(t)\mathrm{d}t$

$$\int_{a}^{b}f(x)g(x)\mathrm{d}x = \int_{a}^{b}g(x)\mathrm{d}F(x)$$

$$= g(x)F(x)\Big|_{a}^{b} - \int_{a}^{b}F(x)g'(x)\mathrm{d}x$$

$$= g(b)F(b) - \int_{a}^{b}F(x)g'(x)\mathrm{d}x$$

$F(x)\in C[a,b]\Rightarrow\exists m,M$，使得 $m\leqslant F(x)\leqslant M, x\in[a,b]$.

$g(x)$ 单调 $\Rightarrow g'(x)$ 不变号，从而根据推广的积分第一中值定理知，存在 $\xi\in[a,b]$，使得

$$\int_{a}^{b}f(x)g(x)\mathrm{d}x = g(b)F(b) - F(\xi)\int_{a}^{b}g'(x)\mathrm{d}x$$

$$= g(b)\int_{a}^{b}f(x)\mathrm{d}x - [g(b)-g(a)]\int_{a}^{\xi}f(x)\mathrm{d}x$$

$$= g(a)\int_{a}^{\xi}f(x)\mathrm{d}x + g(b)\int_{\xi}^{b}f(x)\mathrm{d}x.$$

■ 可积性理论补叙（教材上册 P240）

1. **解题**过程 将 p 个新分点同时添加到 T，和逐个添加到 T，都同样得到 T'，所以先证 $p=1$ 的情形.

在 T 上添加一个新分点,它落在 T 的某一小区间 Δ_k 内,而且将 Δ_k 分为两个小区间,记为 Δ'_k 与 Δ''_k.
但 T 的其他小区间 $\Delta_i(i\neq k)$ 仍旧是新分割 T_1 所属的小区间.设 m'_k 与 m''_k 分别是 $f(x)$ 在 Δ'_k 与 Δ''_k 的上下确界,因此比较 $s(T)$ 与 $s(T_1)$ 的各个被加项.它们之间的差别仅仅是 $s(T)$ 中的 $m_k\Delta x_k$ 项被换成了 $s(T_1)$ 中的 $m'_k\Delta'_k$、$m''_k\Delta''_k$ 两项,所以

$$s(T)-s(T_1)=m_k(\Delta'_k+\Delta''_k)-(m'_k\Delta'_k+m''_k\Delta''_k)$$
$$=(m_k-m'_k)\Delta'_k+(m_k-m''_k)\Delta''_k$$

由于　　$m\leqslant m_k\leqslant m'_k$（或 m''_k）$\leqslant M$

故有　　$0\leqslant s(T_1)-s(T)\leqslant (M-m)\Delta'_k+(M-m)\Delta''_k$
$$=(M-m)\Delta_k\leqslant (M-m)\|T\|$$

这就证得 $p=1$ 时,$s(T)\leqslant s(T_1)\leqslant s(T)+(M-m)\|T\|$ 成立.

一般来说,对 T_i 增加一个分点得到 T_{i+1},就有

$$0\leqslant s(T_{i+1})-s(T_i)\leqslant (M-m)\|T\|,\quad i=0,1,2,\cdots,p-1$$

联加得　$0\leqslant s(T')-s(T)\leqslant (M-m)\sum_{i=0}^{p-1}\|T\|=(M-m)P\|T\|.$

2. 解题过程　对 $\forall\varepsilon>0$,由 s 的定义,必存在某一分割 T',使得 $s(T')>s-\dfrac{\varepsilon}{2}$.

设 T' 由 P 个分点所构成,对于任意另一个分割 T 来说,$T+T'$ 至多比 T 多 P 个分点,由性质 2 和性质 3 得到

$$s(T')\leqslant s(T+T')\leqslant s(T)+(M-m)P\|T\|$$
$$s(T)\geqslant s(T')-(M-m)P\|T\|$$

只要 $\|T\|<\dfrac{\varepsilon}{2(M-m)P}$,就有

$$s(T)\geqslant s-\varepsilon$$

所以　　$\lim\limits_{\|T\|\to 0}s(T)=s.$

3. 解题过程　令 $f_1(x)=x,f_2(x)=0,x\in[0,1]$.
由有理数和无理数的稠密性知,$\forall[0,1]$ 的分割 T
上和 $S(T,f)=S(T,f_1)$
下和 $s(T,f)=s(T,f_2)$

所以上积分 $\overline{\int_0^1}f(x)\mathrm{d}x=\int_0^1 f_1(x)\mathrm{d}x=\int_0^1 x\mathrm{d}x=\dfrac{1}{2}$

下积分 $\underline{\int_0^1}f(x)\mathrm{d}x=\int_0^1 f_2(x)\mathrm{d}x=0$

因为 $\overline{\int_0^1}f(x)\mathrm{d}x\neq\underline{\int_0^1}f(x)\mathrm{d}x$,

所以 $f(x)$ 在 $[0,1]$ 上不可积.

4. 解题过程　$g(x)=\sqrt{f(x)}$ 在 $[a,b]$ 上是可积的.事实上,由 $f(x)$ 在 $[a,b]$ 上可积,从而有界,设 $M=\sup\limits_{x\in[a,b]}f(x)$.任给 $\varepsilon>0,\eta>0$,由 $\sqrt{t}$ 在 $[0,M]$ 上一致连续,因此对上述 η,存在 $\delta>0$,当 $t',t''\in[0,M]$ 且 $|t'-t''|<\delta$ 时,有

$$|\sqrt{t'}-\sqrt{t''}|<\eta \qquad\qquad\qquad ①$$

由于 $f(x)$ 在 $[a,b]$ 上可积,对上述正数 δ 和 ε,由可积的第三充要条件知,存在某一分割 T,使得在 T 所属的小区间中,$\omega_{k'}^f\geqslant\delta$ 的所有小区间 $\Delta_{k'}$ 的总长 $\sum_{k'}\Delta x_{k'}<\varepsilon$;而在其余小区间 $\Delta_{k''}$ 上 $\omega_{k''}^f<\delta$.

由以上可知,在 T 的小区间 $\Delta_{k'}$ 上,$\omega_{k'}^f < \delta$,即 $M_{k'}^f - m_{k'}^f < \delta$,由式 ① 知 $|\sqrt{M_{k'}^f} - \sqrt{m_{k'}^f}| < \eta$,注意 $M_{k'}^g,m_{k'}^g = \sqrt{m_{k'}^f}$,于是 $M_{k'}^g - m_{k'}^g < \eta$,即 $\omega_{k'}^g > \eta$;另外,至多在 $\Delta_{k'}$ 上 $\omega_{k'}^g \geqslant \eta$,而这些小区间的点长至多为 $\sum_{k'} \Delta x_{k'} < \varepsilon$. 故由可积的第三充要条件知 $g = \sqrt{f(x)}$ 在 $[a,b]$ 上可积.

5. **解题过程** 若本题中的条件成立,显然定理 9.14 中的充分条件成立. 反之,若定理 9.14 中的充分条件成立,则由定理 9.14 知 $f(x)$ 在 $[a,b]$ 上可积,从而由达布定理知
$$\lim_{\|T\| \to 0} [S(T) - S(T)] = S - s = 0$$
于是,对 $\forall \varepsilon > 0, \exists \delta > 0$,当 $\|T\| < \delta$ 时,有 $\sum_T \omega_i \Delta x_i = S(T) - s(T) < \varepsilon$.

6. **解题过程** (1) 常量函数.

   $\forall T_1, T_2, s_f(T) = S_f(T)$

   当 $T_1 = T_2 = T$ 时,$\sum \omega_i \Delta x_i = S_f(T) - s_f(T) = 0$,故 $\omega_i = 0$,即 $f(x)$ 在每个 Δ_i 上恒为常数.

   因为 T 是任取的,所以 $f(x)$ 为常量函数,而所有常量函数也均满足"任意下和等于任意上和".

   (2) 常量函数.

   $f(x) \in C[a,b]$ 且 $\forall [a,b]$ 的分割 $T_1, T_2, s(T_1) = s(T_2)$.

   若 $f(x)$ 不是常量函数,则 $\exists x_0 \in [a,b]$,使得 $f(x_0) > m = \min_{x \in [a,b]} \{f(x)\}$.

   则 $\exists U(x_0, \delta) < [a,b]$,使得 $f(x) > m, x \in U(x_0, \delta)$.

   作分割 T_1,包含 $x_0 - \delta, x_0 + \delta$ 作为分点,则 $S(T_1) > m(b-a)$.

   而分割 $T_2 = \{a,b\}$,有 $s(T_2) = m(b-a)$.

   $s(T_1) > s(T_2)$,矛盾.

   (3) 不成立.

   $$令 f(x) = \begin{cases} 1, x \in [a,b] \text{ 且 } x \neq \dfrac{a+b}{2} \\ 2, x = \dfrac{a+b}{2} \end{cases}$$

   则 $f(x) \in \mathbf{R}[a,b]$. 且 $\forall [a,b]$ 分割 $T_1, T_2, s(T_1) = s(T_2)$,但 $f(x)$ 不是常数.

7. **解题过程** 由于 $f(x)$ 在 $[a,b]$ 上可积,所以取 ε_1,存在 $[a,b]$ 的一个分割 $T_1[a,b]$,使 $\sum_{T_1} \omega_i \Delta x_i < 1 \cdot (b-a)$,从而可知,在 T_1 的某个小区间 $\Delta_k = [x_{k-1}, x_k]$ 上,$\omega_k = \omega^f[x_{k-1}, x_k] < \varepsilon_1 = 1$. 如若不然,将有 $\sum_{T_1} \omega_i \Delta x_i \geqslant 1 \cdot \sum_{T_1} \Delta x_i = 1 \cdot (b-a)$,产生矛盾.

现取 $[a_1, b_1] \subset (x_{k-1}, x_k)$,满足 $a < a_1 < b_1 < b, b_1 - a_1 \leqslant \dfrac{1}{2}(b-a)$,$\omega^f[a_1, b_1] \leqslant \omega^f[x_{k-1}, x_k]$
$< \varepsilon_1 = 1$,以 $[a_1, b_1]$ 代替 $[a,b]$,对于 $\varepsilon_2 = \dfrac{1}{2}$,同样存在 $T_2[a_1, b_1]$ 及属于 T_2 的某一个小区间的子区间 $[a_2, b_2]$,满足 $a_1 < a_2 < b_2 < b_1, b_2 - a_2 \leqslant \dfrac{1}{2}(b_1 - a_1)$,$\omega^f[a_2, b_2] < \varepsilon_2 = \dfrac{1}{2}$,依次做下去,得一区间套 $\{[a_n, b_n]\}$:
$a < a_1 < a_2 < \cdots < a_n < \cdots < b_n < \cdots < b_2 < b_1 < b$,
$b_n - a_n \leqslant \dfrac{1}{2^n}(b-a) \to 0 (n \to \infty)$,$\omega^f[a_n, b_n] < \varepsilon_n = \dfrac{1}{n}$,

故由闭区间套定理可知,存在 $x^0 \in (a_n, b_n) \subset (a,b), n = 1,2,\cdots$,对于任给的 $\varepsilon > 0$,存在 n,使 $\dfrac{1}{n}$
$< \varepsilon$,取 $\delta = \min\{x_0 - a_n, b_n - x_0\}$,则 $\delta > 0$,且 $U(x_0, \delta) \subset [a_n, b_n]$,故当 $x \in U(x_0, \delta)$ 时,有 $|f(x)$

$-f(x_0)\mid\leqslant\omega^f[a_n,b_n]<\dfrac{1}{n}<\varepsilon.$

现在，任给$(\alpha,\beta)\subset[a,b]$，有$[\alpha,\beta]\subset[a,b]$，$f(x)$在$[\alpha,\beta]$上也可积，从而由上面已证得的结果知，$f(x)$在$[\alpha,\beta]$内连续，故$f(x)$的连续点在$[a,b]$内处处稠密.

■ 总练习题（教材上册 P240）

1. 解题过程 令$y=\dfrac{1}{a}\displaystyle\int_0^a\varphi(t)\mathrm{d}t$，则原式化为$\displaystyle\int_0^a f(\varphi(t))\mathrm{d}t\geqslant af(y)$.

$f''(x)\geqslant0,x\in[0,a]\Rightarrow f(x)\geqslant f(x_0)+f'(x_0)(x-x_0)$

x以$\varphi(t)$代入，x_0以y代入，得

$$f(\varphi(t))\geqslant f(y)+f'(y)(\varphi(t)-y)$$

$$\int_0^a f(\varphi(t))\mathrm{d}t\geqslant\int_0^a f(y)\mathrm{d}t+\int_0^a f'(y)(\varphi(t)-y)\mathrm{d}t$$

$$=af(y)+f'(y)\int_0^a\varphi(t)\mathrm{d}t-f'(y)\cdot ay$$

$$=af(y)+f'(y)\int_0^a\varphi(t)\mathrm{d}t-f'(y)\cdot a\cdot\dfrac{1}{a}\int_0^a\varphi(t)\mathrm{d}t$$

$$=af(y)$$

所以$\dfrac{1}{a}\displaystyle\int_0^a f(\varphi(t))\mathrm{d}t\geqslant f\left(\dfrac{1}{a}\int_0^a\varphi(t)\mathrm{d}t\right)$.

2. 解题过程 (1) 因为$\lim\limits_{x\to a^+}F(x)=\lim\limits_{x\to a^+}\dfrac{1}{x-a}\displaystyle\int_a^x f(t)\mathrm{d}t=\lim\limits_{x\to a^+}f(x)=f(a)=F(a)$，所以$F$在$x=a$连续.

因为f在$[a,b]$上连续增，所以$\displaystyle\int_a^x f(t)\mathrm{d}t\leqslant\int_a^x f(x)\mathrm{d}t=f(x)(x-a)$，于是对任何$x\in(a,b)$，

有$F'(x)=\dfrac{f(x)(x-a)-\displaystyle\int_a^x f(t)\mathrm{d}t}{(x-a)^2}\geqslant0$，从而$F$在$(a,b)$上递增，又因$F$在$x=a$和$x=b$连续，所以$F$为$[a,b]$上的增函数.

(2) $\forall x\in(0,+\infty)$，

$$\varphi'(x)=\dfrac{xf(x)\displaystyle\int_0^x f(t)\mathrm{d}t-f(x)\int_0^x tf(t)\mathrm{d}t}{\left(\displaystyle\int_0^x f(t)\mathrm{d}t\right)^2}=\dfrac{f(x)\left(x\displaystyle\int_0^x f(t)\mathrm{d}t-\int_0^x tf(t)\mathrm{d}t\right)}{\left(\displaystyle\int_0^x f(t)\mathrm{d}t\right)^2}$$

$$=\dfrac{f(x)\left(\displaystyle\int_0^x(x-t)f(t)\mathrm{d}t\right)}{\left(\displaystyle\int_0^x f(t)\mathrm{d}t\right)^2}>0$$

所以φ在$(0,+\infty)$上为严格递增. 要使φ在$[0,+\infty)$上为严格递增，应使φ在$x=0$处右连续，故应补充定义$\varphi(0)=\lim\limits_{x\to0^+}\varphi(x)=\lim\limits_{x\to0^+}\dfrac{\displaystyle\int_a^x tf(t)\mathrm{d}t}{\displaystyle\int_a^x f(t)\mathrm{d}t}=\lim\limits_{x\to0^+}\dfrac{xf(x)}{f(x)}=0.$

3. 解题过程 因为$\lim\limits_{x\to+\infty}f(x)=A$，于是存在$N>0$，使得$f$在$[N,+\infty)$上有界. 又$f$在$[0,N]$上连续，从而$f$在$[0,N]$上有界，所以$f$在$[0,+\infty)$上有界. 设$\mid f(x)\mid\leqslant M$.

将积分 $\dfrac{1}{x}\displaystyle\int_0^x f(t)\mathrm{d}t$ 写成两项：

$$\frac{1}{x}\int_0^x f(t)\mathrm{d}t = \frac{1}{x}\int_0^{\sqrt{x}} f(t)\mathrm{d}t + \frac{1}{x}\int_{\sqrt{x}}^x f(t)\mathrm{d}t$$

对上式右端第一项,有

$$\left|\frac{1}{x}\int_0^{\sqrt{x}} f(t)\mathrm{d}t\right| \leqslant \frac{1}{x}\int_0^{\sqrt{x}}|f(t)|\mathrm{d}t \leqslant \frac{1}{x}\cdot\sqrt{x}M = \frac{M}{\sqrt{x}} \to 0, (x\to+\infty)$$

对第二项用积分第一中值公式,存在 $\xi\in(\sqrt{x},x)$,使得

$$\frac{1}{x}\int_{\sqrt{x}}^x f(t)\mathrm{d}t = \frac{1}{x}(x-\sqrt{x})f(\xi)$$

当 $x\to+\infty$ 时,有 $\sqrt{x}\to+\infty$,于是 $\xi\to+\infty$,从而

$$\lim_{x\to+\infty}\frac{1}{x}\int_{\sqrt{x}}^x f(t)\mathrm{d}t = \lim_{x\to+\infty}\frac{1}{x}(x-\sqrt{x})f(\xi) = \lim_{x\to+\infty}\left(1-\frac{1}{\sqrt{x}}\right)f(\xi) = A$$

所以 $\displaystyle\lim_{x\to+\infty}\frac{1}{x}\int_0^x f(t)\mathrm{d}t = \lim_{x\to+\infty}\frac{1}{x}\int_0^{\sqrt{x}} f(t)\mathrm{d}t + \lim_{x\to+\infty}\frac{1}{x}\int_{\sqrt{x}}^x f(t)\mathrm{d}t = A.$

4. 解题过程 对任何 $x>0$,存在自然数 n 与 $x'\in(0,p)$,使得 $x=np+x'$. 于是有

$$\frac{1}{x}\int_0^x f(t)\mathrm{d}t = \frac{1}{np+x'}\left[\int_0^p f(t)\mathrm{d}t + \int_p^{2p} f(t)\mathrm{d}t + \cdots + \int_{(n-1)p}^p f(t)\mathrm{d}t\right] + \frac{1}{np+x'}\int_p^{p+x'} f(t)\mathrm{d}t$$

$$= \frac{n\displaystyle\int_0^p f(t)\mathrm{d}t}{np+x'} + \frac{1}{np+x'}\int_p^{p+x'} f(t)\mathrm{d}t$$

所以, $\displaystyle\lim_{x\to+\infty}\frac{1}{x}\int_0^x f(t)\mathrm{d}t = \lim_{n\to\infty}\frac{n\displaystyle\int_0^p f(t)\mathrm{d}t}{np+x'} + \lim_{n\to\infty}\frac{1}{np+x'}\int_p^{p+x'} f(t)\mathrm{d}t$

而

$$\lim_{n\to\infty}\frac{1}{np+x'}\int_p^{p+x'} f(t)\mathrm{d}t = \lim_{n\to\infty}\frac{1}{np+x'}\int_0^{x'} f(s+np)\mathrm{d}s = \lim_{n\to\infty}\frac{1}{np+x'}\int_0^{x'} f(s)\mathrm{d}s = 0$$

$$\lim_{n\to\infty}\frac{n\displaystyle\int_0^p f(t)\mathrm{d}t}{np+x'} = \frac{1}{p}\int_0^p f(t)\mathrm{d}t$$

所以 $\displaystyle\lim_{x\to+\infty}\frac{1}{x}\int_0^x f(t)\mathrm{d}t = \frac{1}{p}\int_0^p f(t)\mathrm{d}t$

5. 解题过程 若 $f(x)$ 为连续奇函数,则 $f(t)=-f(-t)$,对 $\forall t$, $f(x)$ 的一切原函数均可表示为

$$F(x) = \int_0^x f(t)\mathrm{d}t + C$$

则

$$F(-x) = \int_0^{-x} f(t)\mathrm{d}t + C = \int_0^x [-f(-t)]\mathrm{d}t + C = \int_0^x f(t)\mathrm{d}t + C$$
$$= F(x)$$

若 $f(x)$ 为连续偶函数,则 $f(t)=f(-t)$,对 $\forall t$, $f(x)$ 的一切原函数均可表为

$$F(x) = \int_0^x f(t)\mathrm{d}t + C$$

若 F 是奇函数,则 $F(x)+F(-x)=0$

$$F(x)+F(-x) = \int_0^x f(t)\mathrm{d}t + C + \int_0^x f(t)\mathrm{d}(t) + C$$

$$= \int_0^x f(t)\mathrm{d}t + \int_0^x f(-t)\mathrm{d}(-t) + 2C$$

$$= \int_0^x [f(t) - f(-t)]\mathrm{d}t + 2C$$

$$= 2C = 0$$

即只有 $C = 0$ 时,原函数 $F(x) = \int_0^x f(t)\mathrm{d}t$ 满足 $F(x)$ 是奇函数.

6. 解题过程 $\forall t \in \mathbf{R}$,考虑非负函数 $[tf(x) + g(x)]^2$ 的积分,有

$$\int_a^b [tf(x) + g(x)]^2 \mathrm{d}x \geqslant 0$$

即 $\left[\int_a^b f^2(x)\mathrm{d}x\right]t^2 - 2\left[\int_a^b f(x)g(x)\mathrm{d}x\right]t + \left[\int_a^b g^2(x)\mathrm{d}x\right] \geqslant 0$,这是关于 t 的二次三项式,且非负,

则 $\left[\int_a^b f(x)g(x)\mathrm{d}x\right]^2 - \left[\int_a^b f^2(x)\mathrm{d}x\int_a^b g^2(x)\mathrm{d}x\right] \leqslant 0$

所以 $\left(\int_a^b f(x)g(x)\mathrm{d}x\right)^2 \leqslant \int_a^b f^2(x)\mathrm{d}x \cdot \int_a^b g^2(x)\mathrm{d}x.$

7. 解题过程 (1) 在施瓦茨不等式中令 $g(x) = 1$,则

$$\left(\int_a^b f(x)\mathrm{d}x\right)^2 \leqslant \int_a^b 1^2 \mathrm{d}x \int_a^b f^2(x)\mathrm{d}x = (b-a)\int_a^b f^2(x)\mathrm{d}x.$$

(2) 由 $f(x)$ 可积,且 $f(x) \geqslant m > 0$ 知,$\dfrac{1}{f(x)}$ 可积,从而 $\sqrt{f(x)}$,$\dfrac{1}{\sqrt{f(x)}}$ 可积,于是根据施瓦茨不

等式,有

$$\int_a^b f(x)\mathrm{d}x \cdot \int_a^b \frac{1}{f(x)}\mathrm{d}x \geqslant \left(\int_a^b \sqrt{f(x)} \cdot \frac{1}{\sqrt{f(x)}}\mathrm{d}x\right)^2$$

$$= \left(\int_a^b \mathrm{d}x\right)^2 = (b-a)^2.$$

(3) 由施瓦茨不等式,得

$$\int_a^b (f(x) + g(x))^2 \mathrm{d}x = \int_a^b f^2(x)\mathrm{d}x + 2\int_a^b f(x)g(x)\mathrm{d}x + \int_a^b g^2(x)\mathrm{d}x$$

$$\leqslant \int_a^b f^2(x)\mathrm{d}x + 2\left[\int_a^b f^2(x)\mathrm{d}x \cdot \int_a^b g^2(x)\mathrm{d}x\right]^{\frac{1}{2}} + \int_a^b g^2(x)\mathrm{d}x$$

$$= \left[\left(\int_a^b f^2(x)\mathrm{d}x\right)^{\frac{1}{2}} + \left(\int_a^b g^2(x)\mathrm{d}x\right)^{\frac{1}{2}}\right]^2$$

故 $\left(\int_a^b (f(x) + g(x))^2 \mathrm{d}x\right)^{\frac{1}{2}} \leqslant \left(\int_a^b f^2(x)\mathrm{d}x\right)^{\frac{1}{2}} + \left(\int_a^b g^2(x)\mathrm{d}x\right)^{\frac{1}{2}}.$

8. 解题过程 由第 1 题的结论得,若 $g(x)$ 在 $[0, b-a]$ 上连续,$h(x)$ 二阶可导,且 $h''(x) \geqslant 0$,则

$$\frac{1}{b-a}\int_0^{b-a} h(g(x))\mathrm{d}x \geqslant h\left(\frac{1}{b-a}\int_0^{b-a} g(x)\mathrm{d}x\right)$$

令 $g(x) = f(x+a)$

$h(x) = \ln x$

则 $h''(x) = \dfrac{1}{x^2} > 0$

$$-\frac{1}{b-a}\int_a^b \ln f(x)\mathrm{d}x = -\frac{1}{b-a}\int_0^{b-a} \ln f(x+a)\mathrm{d}x = \frac{1}{b-a}\int_0^{b-a} h(g(x))\mathrm{d}x$$

$$\geqslant h\left(\frac{1}{b-a}\int_0^{b-a} g(x)\mathrm{d}x\right) = -\ln\left(\frac{1}{b-a}\int_a^b f(x)\mathrm{d}x\right)$$

所以 $\ln\left(\dfrac{1}{b-a}\int_a^b f(x)\mathrm{d}x\right) \geqslant \dfrac{1}{b-a}\int_a^b \ln f(x)\mathrm{d}x.$

9. 解题过程 $a_n = f(1) + \sum_{k=2}^n \int_{k-1}^k f(k)\mathrm{d}x - \sum_{k=2}^n \int_{k-1}^k f(x)\mathrm{d}x$

$$= f(1) + \sum_{k=2}^{n} \int_{k-1}^{k} [f(k) - f(x)] dx$$

则 $a_{n+1} - a_n = \int_{n}^{n+1} [f(n+1) - f(x)] dx \leqslant 0$

又 $a_n = \sum_{k=1}^{n} f(k) - \int_{1}^{n} f(x) dx = \sum_{k=1}^{n} f(k) - \sum_{k=1}^{n-1} \int_{k}^{k+1} f(x) dx$

$$\geqslant \sum_{k=1}^{n} f(k) - \sum_{k=1}^{n-1} f(k)(k+1-k) = f(n) > 0$$

所以 a_n 有下界且 a_n 单调递减.

由单调有界定理得 $\{a_n\}$ 为收敛数列.

10. **解题过程** $\int_{0}^{a} |f(x)f'(x)| dx \leqslant \int_{0}^{a} |f(x)| d|f(x)| = \dfrac{f^2(x)}{2}\Big|_{0}^{a} = \dfrac{f^2(a)}{2}$，又因为 $f(a)$

$= \int_{0}^{a} f'(x) dx$，则利用施瓦茨不等式可知

$$原式 = \frac{\int_{0}^{a} f'(x) dx \int_{0}^{a} f'(x) dx}{2} \leqslant \frac{(a-0) \int_{0}^{a} [f'(x)]^2 dx}{2} = \frac{a \int_{0}^{a} [f'(x)]^2 dx}{2}.$$

11. **解题过程** 由 §6 习题 7 结论知，$\exists x_0 \in (a,b), x_0$ 是 $f(x)$ 的连续点，则 $\exists U(x_0, \delta) < (a,b)$

使得 $f(x) > \dfrac{1}{2} f(x_0) > 0$

$$\int_{a}^{b} f(x) dx = \int_{a}^{x_0-\delta} f(x) dx + \int_{x_0-\delta}^{x_0+\delta} f(x) dx + \int_{x_0+\delta}^{b} f(x) dx$$

$$\geqslant \int_{x_0-\delta}^{x_0+\delta} f(x) dx \geqslant f(x_0) > 0.$$

走近考研

1. (2010 数学一) 求 $f(x) = \int_{1}^{x^2} (x^2 - t) e^{-t^2} dt$ 的单调区间与极值.

解答
$$f(x) = \int_{1}^{x^2} (x^2 - t) e^{-t^2} dt = x^2 \int_{1}^{x^2} e^{-t^2} dt - \int_{1}^{x^2} t e^{-t^2} dt,$$

令 $f'(x) = 2x \int_{1}^{x^2} e^{-t^2} dt = 0$，得 $x = -1, x = 0, x = 1$.

$$f''(x) = 2 \int_{1}^{x^2} e^{-t^2} dt + 4x^2 e^{-x^4},$$

因为 $f''(\pm 1) = \dfrac{4}{e} > 0, f''(0) = -2 \int_{0}^{1} e^{-t^2} dt < 0$，

所以 $x = -1, x = 1$ 为 $f(x)$ 的极小点，极小值为 $f(\pm 1) = 0, x = 0$ 为 $f(x)$ 的极大点，极大值

为 $f(0) = \int_{0}^{1} t e^{-t^2} dt = \dfrac{1}{2}\left(1 - \dfrac{1}{e}\right)$.

$f(x)$ 在 $(-\infty, -1]$ 及 $[0,1]$ 上单调递减，$f(x)$ 在 $[-1,0]$ 及 $[1,+\infty)$ 上单调递增.

2. (2010 数学一) $\int_{0}^{\pi^2} \sqrt{x} \cos \sqrt{x} \, dx = \underline{\qquad}$.

解答 $\displaystyle\int_0^{\pi^2}\sqrt{x}\cos\sqrt{x}\,\mathrm{d}x\xrightarrow{\text{令}\sqrt{x}=t}=2\int_0^{\pi}t^2\cos t\,\mathrm{d}t=2\int_0^{\pi}t^2\,\mathrm{d}(\sin t)$

$\qquad\qquad =2t^2\sin\Big|_0^{\pi}-4\int_0^{\pi}t\sin t\,\mathrm{d}t=-4\int_0^{\pi}t\sin t\,\mathrm{d}t$

$\qquad\qquad =4\int_0^{\pi}t\,\mathrm{d}\cos t=4t\cos t\,\Big|_0^{\pi}-4\int_0^{\pi}\cos t\,\mathrm{d}t$

$\qquad\qquad =-4\pi-4\sin t\,\Big|_0^{\pi}$

3. (2009 数学一) 设函数 $y=f(x)$ 在区间 $[-1,3]$ 上的图形如图 9-2 所示.

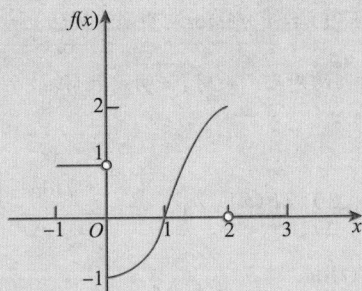

图 9-2

则函数 $F(x)=\displaystyle\int_0^x f(t)\,\mathrm{d}t$ 的图形为

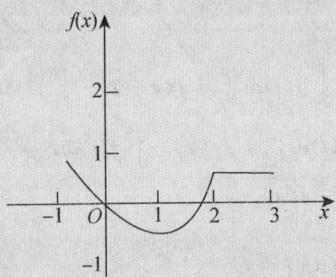

A

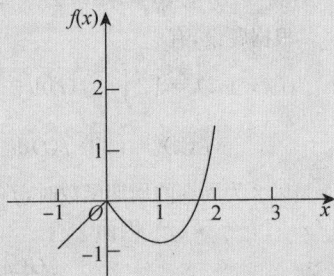

B

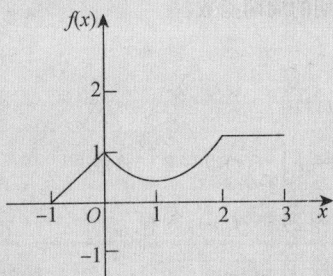

C

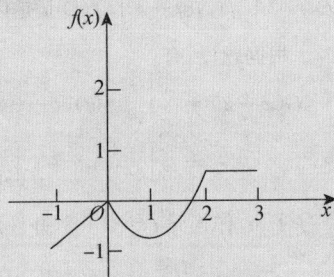

D

解析 此题为定积分的应用知识考核,由 $y=f(x)$ 的图形可见,其图像与 x 轴及 y 轴、$x=x_0$ 所围的图形的代数面积为所求函数 $F(x)$,从而可得出几个方面的特征:

(1)$x\in[0,1]$ 时,$F(x)\leqslant 0$,且单调递减.

(2)$x\in[1,2]$ 时,$F(x)$ 单调递增.

(3)$x\in[2,3]$ 时,$F(x)$ 为常函数.

(4)$x\in[-1,0]$ 时,$F(x)\leqslant 0$ 为线性函数,单调递增.

由于 $F(x)$ 为连续函数,结合这些特点,可见正确选项为 D.

4. (2008 数学一) 设 $f(x)$ 是连续函数,

(Ⅰ)利用定义证明函数 $F(x)=\displaystyle\int_0^x f(t)\mathrm{d}t$ 可导,且 $F'(x)=f(x)$;

(Ⅱ)当 $f(x)$ 是以 2 为周期的周期函数时,证明函数 $G(x)=2\displaystyle\int_0^x f(t)\mathrm{d}t-x\displaystyle\int_0^2 f(t)\mathrm{d}t$ 也是以 2 为周期的周期函数.

证明 (Ⅰ) $F'(x)=\displaystyle\lim_{\Delta x\to 0}\frac{F(x+\Delta x)-F(x)}{\Delta x}=\lim_{\Delta x\to 0}\frac{\displaystyle\int_0^{x+\Delta x}f(t)\mathrm{d}t-\int_0^x f(t)\mathrm{d}t}{\Delta x}$

$\qquad\qquad =\displaystyle\lim_{\Delta x\to 0}\frac{\displaystyle\int_x^{x+\Delta x}f(t)\mathrm{d}t}{\Delta x}=\lim_{\Delta x\to 0}\frac{f(\xi)\Delta x}{\Delta x}=\lim_{\Delta x\to 0}f(\xi)=f(x)$

评注 不能利用洛必达法则得到 $\displaystyle\lim_{\Delta x\to 0}\frac{\displaystyle\int_x^{x+\Delta x}f(t)\mathrm{d}t}{\Delta x}=\lim_{\Delta x\to 0}\frac{f(x+\Delta x)}{\Delta x}$.

(Ⅱ)**证法一** 根据题设,有

$$G'(x+2)=\left[2\int_0^{x+2}f(t)\mathrm{d}t-(x+2)\int_0^2 f(t)\mathrm{d}t\right]'=f(x+2)-\int_0^2 f(t)\mathrm{d}t,$$

$$G'(x)=\left[2\int_0^x f(t)\mathrm{d}t-x\int_0^2 f(t)\mathrm{d}t\right]'=2f(x)-\int_0^2 f(t)\mathrm{d}t.$$

当 $f(x)$ 是以 2 为周期的周期函数时,$f(x+2)=f(x)$.

从而 $G'(x+2)=G'(x)$. 因而

$$G(x+2)-G(x)=C.$$

取 $x=0$ 得,$C=G(0+2)-G(0)=0$,故 $G(x+2)-G(x)=0$.

即 $G(x)=2\displaystyle\int_0^x f(t)\mathrm{d}t-x\displaystyle\int_0^2 f(t)\mathrm{d}t$ 是以 2 为周期的周期函数.

证法二 根据题设,有

$$G(x+2)=2\int_0^{x+2}f(t)\mathrm{d}t-(x+2)\int_0^2 f(t)\mathrm{d}t$$

$$=2\int_0^2 f(t)\mathrm{d}t+x\int_2^{x+2}f(t)\mathrm{d}t-x\int_0^2 f(t)\mathrm{d}t-2\int_0^2 f(t)\mathrm{d}t.$$

对于 $\displaystyle\int_2^{x+2}f(t)\mathrm{d}t$,作换元 $t=u+2$,并注意到 $f(u+2)=f(u)$,则有

$$\int_2^{x+2}f(t)\mathrm{d}t=\int_0^x f(u+2)\mathrm{d}u=\int_0^x f(u)\mathrm{d}u=\int_0^x f(t)\mathrm{d}t,$$

因而 $x\displaystyle\int_2^{x+2}f(t)\mathrm{d}t-x\displaystyle\int_0^2 f(t)\mathrm{d}t=0$.

于是

$$G(x+2)=2\int_0^x f(t)\mathrm{d}t-x\int_0^2 f(t)\mathrm{d}t=G(x).$$

即 $G(x) = 2\int_0^x f(t)\mathrm{d}t - x\int_0^2 f(t)\mathrm{d}t$ 是以 2 为周期的周期函数.

5. (2008 数学一) 设函数 $f(x) = \int_0^{x^2} \ln(2+t)\mathrm{d}t$, 则 $f'(x)$ 的零点个数为( ).

A. 0　　　　　　B. 1　　　　　　C. 2　　　　　　D. 3

分析 $f'(x) = \ln(2+x^2) \cdot 2x = 2x\ln(2+x^2)$.

显然 $f'(x)$ 在区间 $(-\infty, +\infty)$ 上连续, 且 $f'(-1) \cdot f'(1) = (-2\ln3) \cdot (2\ln3) < 0$, 由零点定理知 $f'(x)$ 至少有一个零点.

又 $f''(x) = 2\ln(2+x^2) + \dfrac{4x^2}{2+x^2} > 0$, 恒大于零, 所以 $f'(x)$ 在 $(-\infty, +\infty)$ 上是单调递增的.

又因为 $f'(0) = 0$, 根据其单调性可知, $f'(x)$ 至多有一个零点.

故 $f'(x)$ 有且只有一个零点. 故应选 B.

6. (2008 数学一) $\displaystyle\int_1^2 \dfrac{1}{x^3}\mathrm{e}^{\frac{1}{x}}\mathrm{d}x = \dfrac{1}{2}\mathrm{e}^{\frac{1}{2}}$.

分析 先作变量代换, 再分部积分.

详解 $\displaystyle\int_1^2 \dfrac{1}{x^3}\mathrm{e}^{\frac{1}{x}}\mathrm{d}x \xlongequal{\frac{1}{x}=t} \int_1^{\frac{1}{2}} t^3\mathrm{e}^t\left(-\dfrac{1}{t^2}\right)\mathrm{d}t = \int_{\frac{1}{2}}^1 t\mathrm{e}^t\mathrm{d}t$

$\qquad\qquad = \displaystyle\int_{\frac{1}{2}}^1 t\mathrm{d}\mathrm{e}^t = t\mathrm{e}^t\Big|_{\frac{1}{2}}^1 - \int_{\frac{1}{2}}^1 \mathrm{e}^t\mathrm{d}t = \dfrac{1}{2}\mathrm{e}^{\frac{1}{2}}$.

7. $\displaystyle\int_0^\pi x\sqrt{\cos^2 x - \cos^4 x}\,\mathrm{d}x = $ _____.

分析　**分析一**　因 $\sqrt{\cos^2 x - \cos^4 x} = \sqrt{\cos^2 x \cdot \sin^2 x} = |\sin x\cos x|$. 故

$\qquad\qquad$ 原式 $= \displaystyle\int_0^\pi x|\sin x\cos x|\,\mathrm{d}x = \int_0^{\frac{\pi}{2}} x\sin x\cos x\,\mathrm{d}x - \int_{\frac{\pi}{2}}^\pi x\sin x\cos x\,\mathrm{d}x$

$\qquad\qquad = \dfrac{1}{2}\left(x\sin^2 x\Big|_0^{\frac{\pi}{2}} - \displaystyle\int_0^{\frac{\pi}{2}}\sin^2 x\,\mathrm{d}x\right) - \dfrac{1}{2}\left(x\sin^2 x\Big|_{\frac{\pi}{2}}^\pi - \int_{\frac{\pi}{2}}^\pi\sin x\,\mathrm{d}x\right) = \dfrac{\pi}{4} + \dfrac{\pi}{4} = \dfrac{\pi}{2}$.

$\qquad$ **分析二**　令 $\sqrt{\cos^2 x - \cos^4 x} = \dfrac{1}{2}|\sin 2x| = f(x)$, 则

$\qquad\qquad f(\pi - x) = \dfrac{1}{2}|\sin(2\pi - 2x)| = \dfrac{1}{2}|\sin 2x| = f(x)$.

$\qquad\qquad$ 故　$\displaystyle\int_0^\pi xf(x)\mathrm{d}x \xlongequal{x=\pi-t} \int_0^\pi (\pi-t)f(t)\mathrm{d}t = \pi\int_0^\pi f(t)\mathrm{d}t - \int_0^\pi tf(t)\mathrm{d}t$.

$\qquad\qquad$ 即　$\displaystyle\int_0^\pi xf(x)\mathrm{d}x = \dfrac{\pi}{2}\int_0^\pi f(t)\mathrm{d}t = \dfrac{\pi}{4}\int_0^\pi |\sin 2t|\,\mathrm{d}t$

$\qquad\qquad\qquad\qquad\xlongequal{2t=y} \dfrac{\pi}{8}\int_0^{2\pi}|\sin y|\,\mathrm{d}y = \dfrac{\pi}{2}\int_0^{\frac{\pi}{2}}\sin y\,\mathrm{d}y = \dfrac{\pi}{2}$.

$\qquad$ **分析三**　同样令 $\sqrt{\cos^2 x - \cos^4 x} = \dfrac{1}{2}|\sin 2x| = f(x)$. 则

$\qquad\qquad f\left(x+\dfrac{\pi}{2}\right) = \dfrac{1}{2}|\sin(2x+\pi)| = \dfrac{1}{2}|-\sin 2x| = \dfrac{1}{2}|\sin 2x| = f(x)$.

$\qquad\qquad$ 故　$\displaystyle\int_0^\pi xf(x)\mathrm{d}x \xlongequal{x=t+\frac{\pi}{2}} \int_{-\frac{\pi}{2}}^{\frac{\pi}{2}}\left(t+\dfrac{\pi}{2}\right)f\left(t+\dfrac{\pi}{2}\right)\mathrm{d}t$

$\qquad\qquad$ 又因 $f(x)$ 为偶函数, 于是 $xf(x)$ 是奇函数, 即得

$$\int_0^\pi xf(x)\mathrm{d}x = \pi \int_0^{\frac{\pi}{2}} f(x)\mathrm{d}x = \frac{\pi}{2}\int_0^{\frac{\pi}{2}} |\sin2x|\,\mathrm{d}x = \frac{\pi}{2}\int_0^{\frac{\pi}{2}} \sin x\mathrm{d}x$$

$$= \frac{\pi}{4}\int_0^\pi \sin u\mathrm{d}u = \frac{\pi}{2}.$$

8. $\displaystyle\int_0^{2\pi} |\sin x - \sqrt{3}\cos x|\,\mathrm{d}x = \underline{\qquad}$.

分析 因为 $\sin x - \sqrt{3}\cos x = 2\left(\dfrac{1}{2}\sin x - \dfrac{\sqrt{3}}{2}\cos x\right) = 2\sin\left(x - \dfrac{\pi}{3}\right)$，且它是以 2π 为周期的函数，故

$$\int_0^{2\pi} |\sin x - \sqrt{3}\cos x|\,\mathrm{d}x = 2\int_0^{2\pi}\left|\sin\left(x - \frac{\pi}{3}\right)\right|\,\mathrm{d}x = 2\int_{-\pi+\frac{\pi}{3}}^{\pi+\frac{\pi}{3}}\left|\sin\left(x - \frac{\pi}{3}\right)\right|\,\mathrm{d}x$$

$$\xrightarrow{x - \frac{\pi}{3} = t} 2\int_{-\pi}^{\pi} |\sin t|\,\mathrm{d}t = 4\int_0^\pi \sin t\mathrm{d}t = 8.$$

评注 由于 $\sin\left(x - \dfrac{\pi}{3}\right)$ 以 2π 为周期，从而 $\left|\sin\left(x - \dfrac{\pi}{3}\right)\right|$ 也以 2π 为周期(但 2π 不是它的最小正周期). 用以 T 为周期的连续函数定积分的性质:对于 $\forall x$ 有

$$\int_x^{x+T} f(t)\mathrm{d}t = \int_0^T f(t)\mathrm{d}t.$$

从而可化简积分 $\displaystyle\int_0^{2\pi} |\sin x - \sqrt{3}\cos x|\,\mathrm{d}x$ 的计算，在本例中我们选择了用在区间 $\left[-\pi+\dfrac{\pi}{3}, \pi+\dfrac{\pi}{3}\right]$ 上的积分来代替在 $[0,2\pi]$ 上的积分，结合换元法与被积函数为偶函数，大大简化了计算.

9. (Ⅰ) 设非负函数 $f(x)$ 在区间 $[0,1]$ 上连续且单调非增，常数 a 与 b 满足 $0 < a < b \leqslant 1$. 求证:

$$\int_0^a f(x)\mathrm{d}x \geqslant \frac{a}{b}\int_a^b f(x)\mathrm{d}x;$$

(Ⅱ) 设 $a(t)$ 在 $[a,b]$ 上连续，$u(t) > 0$，证明:

$$\ln\left(\frac{1}{b-a}\int_a^b u(t)\mathrm{d}t\right) \geqslant \frac{1}{b-a}\int_a^b \ln u(t)\mathrm{d}t$$

证明 (Ⅰ) **方法一** 由于 $\displaystyle\int_0^a f(x)\mathrm{d}x \geqslant \frac{a}{b}\int_a^b f(x)\mathrm{d}x \Leftrightarrow \frac{1}{a}\int_0^a f(x)\mathrm{d}x \geqslant \frac{1}{b}\int_a^b f(x)\mathrm{d}x$,

又 $\displaystyle\int_0^b f(x)\mathrm{d}x = \int_0^a f(x)\mathrm{d}x + \int_a^b f(x)\mathrm{d}x \geqslant \int_a^b f(x)\mathrm{d}x$,故只需证明当 $0 < a < b \leqslant 1$ 时

$$\frac{1}{a}\int_0^a f(x)\mathrm{d}x \geqslant \frac{1}{b}\int_a^b (x)\mathrm{d}x.$$

引入函数 $F(x) = \dfrac{1}{x}\displaystyle\int_a^x f(t)\mathrm{d}t$,利用当 $t \in [0,x]$ 时 $f(x) \leqslant f(t)$ 可知，当 $x \in (0,1)$ 时，有

$$F'(x) = \frac{f(x)}{x} - \frac{1}{x^2}\int_a^x f(t)\mathrm{d}t = \frac{1}{x^2}\int_a^x (f(x) - f(t))\mathrm{d}t \leqslant 0.$$

故 $F(x) = \dfrac{1}{x}\displaystyle\int_0^x f(t)\mathrm{d}t$ 在区间 $(0,1)$ 上非增，即当 $0 < a < b \leqslant 1$ 时

$$\frac{1}{a}\int_0^a f(x)\mathrm{d}x \geqslant \frac{1}{b}\int_0^b f(x)\mathrm{d}x \geqslant \frac{1}{b}\int_a^b f(x)\mathrm{d}x.$$

方法二 把结论中的积分上限 b 改为变量 x,并把积分变量 x 改为 t,从而转化为证明:当 $0 < a < z < 1$ 时，不等式

$$\int_0^a f(x)\mathrm{d}x \geqslant \frac{a}{x}\int_a^x f(t)\mathrm{d}t$$

成立. 注意

$$\int_0^a f(x)\mathrm{d}x \geqslant \frac{a}{x}\int_a^x f(t)\mathrm{d}t \Leftrightarrow x\int_0^a f(x)\mathrm{d}x - a\int_a^x f(t)\mathrm{d}t \geqslant 0$$

构造辅助函数 $F(x) = x\int_0^a f(t)\mathrm{d}t - a\int_0^x f(t)\mathrm{d}t$，不难得出 $F(a) = a\int_0^a f(t)\mathrm{d}t \geqslant 0$. 且当 $x \in (a,1)$ 时，有

$$F'(x) = \int_0^a f(t)\mathrm{d}t - af(x) = \int_0^a [f(t) - f(x)]\mathrm{d}t \geqslant 0.$$

由此可见函数 $F(x)$ 在区间 $[a,1]$ 上单调非减，从而 $F(x) \geqslant F(a) \geqslant 0$.

方法三　利用定积分的换元法把 $\int_a^b f(t)\mathrm{d}x$ 化为区间 $[0,a]$ 上的定积分后再作比较.

令 $t = \frac{a}{b-a}(x-a)$，于是 $x = a + \frac{b-a}{a}t$，且 $x:a \to b \Leftrightarrow t:0 \to a$，$\mathrm{d}x = \frac{b-a}{a}\mathrm{d}t$，代入即得

$$\frac{a}{b}\int_a^b f(x)\mathrm{d}x = \frac{b-a}{b}\int_0^a f\left(a + \frac{b-a}{a}t\right)\mathrm{d}t$$

注意 $a + \frac{b-a}{a}t \geqslant a \geqslant t \geqslant 0$，利用函数 $f(x)$ 在区间 $[0,1]$ 上单调非增可知 $f\left(a + \frac{b-a}{a}t\right) \leqslant f(t)$，再用 $f(x) \geqslant 0$，就有

$$\frac{a}{b}\int_a^b f(x)\mathrm{d}x = \frac{b-a}{b}\int_0^a f\left(a + \frac{b-a}{a}t\right)\mathrm{d}t \leqslant \frac{b-a}{b}\int_0^a f(t)\mathrm{d}t$$

$$\leqslant \int_0^a f(t)\mathrm{d}t = \int_0^a f(x)\mathrm{d}x$$

方法四　由函数 $f(x)$ 的连续性与积分中值定理可得，分别存在 $\xi \in (0,a)$ 与 $\eta \in (a,b)$，使得

$$\int_a^b f(x)\mathrm{d}x = af(\xi), \int_a^b f(x)\mathrm{d}x = (b-a)f(\eta)$$

利用函数 $f(x)$ 在区间 $[0,1]$ 上单调非增与 $\xi < \eta$ 可得 $f(\xi) \geqslant f(\eta)$，即

$$\frac{1}{a}\int_0^a f(x)\mathrm{d}x = f(\xi) \geqslant f(\eta) = \frac{1}{b-a}\int_a^b f(x)\mathrm{d}x.$$

因为 $a > 0$ 且 $f(x) \geqslant 0$，所以

$$\int_0^a f(x)\mathrm{d}x \geqslant \frac{a}{b-a}\int_a^b f(x)\mathrm{d}x \geqslant \frac{a}{b}\int_0^b f(x)\mathrm{d}x.$$

（Ⅱ）由泰勒公式得

$$\ln x = \ln x_0 + \frac{1}{x_0}(x - x_0) - \frac{1}{2\xi^2}(x - x_0)^2,$$

其中 ξ 介于 x 与 x_0 之间，从而有

$$\ln x < \ln x_0 + \frac{1}{x_0}(x - x_0).$$

将 $x = u(t)$ 与 $x_0 = \frac{1}{b-a}\int_a^b u(t)\mathrm{d}t$ 代入上式，并将两端在 $[a,b]$ 上取积分，注意到 $u(t) > 0, b > a$.

可知 $x_0 > 0$，则有

$$\int_a^b \ln x\,\mathrm{d}t < \ln x_0 \cdot (b-a) + \frac{1}{x_0}\int_a^b (x - x_0)\mathrm{d}t.$$

$$\int_a^b \ln u(t)\mathrm{d}t < \ln\left(\frac{1}{b-a}\int_a^b u(t)\mathrm{d}t\right) \cdot (b-a) + \frac{1}{x_0}\int_a^b u(t)\mathrm{d}t - (b-a)$$

$$= \ln\left(\frac{1}{b-a}\int_a^b u(t)\mathrm{d}t\right) \cdot (b-a).$$

因此有 $\quad \ln\left(\dfrac{1}{b-a}\displaystyle\int_a^b u(t)\,\mathrm{d}t\right) \geqslant \dfrac{1}{b-a}\displaystyle\int_a^b \ln u(t)\,\mathrm{d}t$

10. 设常数 $a > 0$，求心脏线 $r = a(1+\cos\theta)$ 的全长以及它所围平面图形的面积.

解 当 $-\pi \leqslant \theta \leqslant \pi$ 时可得到整条心脏线，如图 9-3 所示，故其全长

$$s = \int_{-\pi}^{\pi}\mathrm{d}s = \int_{-\pi}^{\pi}\sqrt{r^2(\theta)+r'(\theta)^2}\,\mathrm{d}\theta$$

$$= \int_{-\pi}^{\pi}\sqrt{a^2(1+\cos\theta)^2 + a^2\sin^2\theta}\,\mathrm{d}\theta$$

$$= \int_{-\pi}^{\pi}\sqrt{2}\,a\sqrt{1+\cos\theta}\,\mathrm{d}\theta = \int_{-\pi}^{\pi}2a\left|\cos\frac{\theta}{2}\right|\mathrm{d}\theta$$

$$= 4a\int_0^{\pi}\cos\frac{\theta}{2}\,\mathrm{d}\theta = 8a\int_0^{\frac{\pi}{2}}\cos t\,\mathrm{d}t = 8a.$$

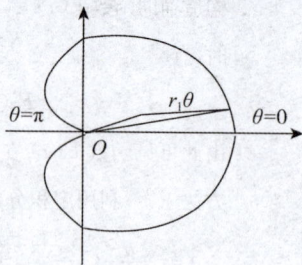

图 9-3

它所围平面图形的面积

$$S = \frac{1}{2}\int_{-\pi}^{\pi}\frac{r^2(\theta)}{r}\frac{\mathrm{d}\theta}{\theta} = \frac{a^2}{2}\int_{-\pi}^{\pi}(1+\cos\theta)^2\,\mathrm{d}\theta = a^2\int_0^{\pi}(1+2\cos\theta+\cos^2\theta)\,\mathrm{d}\theta$$

$$= a^2\int_0^{\pi}(1+\cos^2\theta)\,\mathrm{d}\theta = a^2\left(\pi+\frac{\pi}{2}\right) = \frac{3}{2}\pi a^2.$$

11. 已知点 A 与 B 的直角坐标分别为 $(2,0,0)$ 与 $(0,1,2)$，线段 AB 绕 z 轴旋转一周的旋转曲面为 S，求由 S 及两平面 $z=0, z=2$ 所围成的立体体积.

分析 只需求出此旋转体被垂直于 z 轴的平面所截的截面（是一个圆形区域）的面积 $A(z)$，再用已知平行截面面积的立体体积公式计算即可，而为了求出 $A(z)$，只需求该圆的半径.

解题过程 线段 AB 在直线 $\dfrac{x-2}{-2} = \dfrac{y}{1} = \dfrac{z}{2}$ 上，若以 z 为参数，则线段 AB 上点 M 的直角坐标

(x,y,z) 满足：$x = 2-z,\ y = \dfrac{z}{2},\ 0 \leqslant z \leqslant 2.$

过点 M 垂直于 z 轴的平面与旋转体的截面是半径

$$R = \sqrt{x^2+y^2} = \sqrt{(2-z)^2 + \frac{z^2}{4}}$$

的圆域，故旋转体的体积

$$V = \int_0^2 \pi R^2\,\mathrm{d}z = \pi\int_0^2\left[(2-z)^2 + \frac{z^2}{4}\right]\mathrm{d}z$$

$$= \pi\int_0^2\left(4-4z+\frac{5}{4}z^2\right)\mathrm{d}z = \pi\left(8-8+\frac{10}{3}\right) = \frac{10}{3}\pi.$$

12. 设曲线 $y = \sqrt{1-x^2}$ 与直线 $x = a\,(0<a<1)$ 以及 $y=0, y=1$ 围成的平面图形（图 9-4 的阴影部分）绕 x 轴旋转一周所得旋转体的体积为 $V(a)$，求 $V(a)$ 的最小值与最小值点.

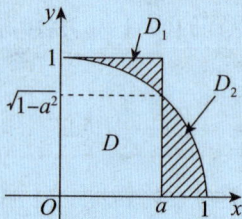

图 9-4

解题过程　**解法一**　由曲线 $y=\sqrt{1-x^2}$ 与直线 $x=a(0<a<1)$ 以及 $y=0,y=1$ 围成的平面图形可分为两部分区域

$$D_1=\{(x,y)\mid 0\leqslant x\leqslant a,\ \sqrt{1-x^2}\leqslant y\leqslant 1\}.$$
$$D_2=\{(x,y)\mid a\leqslant x\leqslant 1,\ 0\leqslant y\leqslant \sqrt{1-x^2}\ \}.$$

在 D_1 中 $x\to x+\mathrm{d}x$ 的小窄条绕 x 轴旋转产生一个圆环形薄片,其内半径为 $y=\sqrt{1-x^2}$.外半径为 $y=1$,厚度为 $\mathrm{d}x$,从而其体积 $\mathrm{d}V=\pi[1-(\sqrt{1-x^2})^2]\mathrm{d}x$.故区域 D_1 绕 x 轴旋转一周所得旋转体的体积

$$V_1(a)=\int_0^a \pi[1-(\sqrt{1-x^2})^2]\mathrm{d}x=\pi\int_0^a x^2\mathrm{d}x=\frac{\pi}{3}a^3.$$

在 D_2 中 $x\to x+\mathrm{d}x$ 的小窄条绕 x 轴旋转产生一个圆形薄片,其半径为 $y=\sqrt{1-x^2}$.厚度为 $\mathrm{d}x$,从而其体积 $\mathrm{d}V=\pi(1-x^2)\mathrm{d}x$.故区域 D_2 绕 x 轴旋转一周所得旋转体的体积

$$V_2(a)=\int_a^1 \pi(1-x^2)\mathrm{d}x=\pi\left(1-a-\frac{1-a^3}{3}\right)=\pi\left(\frac{2}{3}-a+\frac{2}{3}a^3\right)$$

把 $V_1(a)$ 与 $V_2(a)$ 相加,即得

$$V(a)=\frac{\pi}{3}a^3+\pi\left(\frac{2}{3}-a+\frac{a^3}{3}\right)=\pi\left(\frac{2}{3}-a+\frac{2}{3}a^3\right)$$

由于　　　　$V'(a)=\pi(2a^2-1)$

令 $V'(a)=0$,得 $a=\dfrac{1}{\sqrt{2}}$ $\left(a=-\dfrac{1}{2}\ \text{舍去}\right)$

$$V''(a)=4\pi a$$

$$V''\left(\frac{1}{\sqrt{2}}\right)=\frac{4\pi}{\sqrt{2}}>0.$$

所以 $V\left(\dfrac{1}{\sqrt{2}}\right)$ 为极小值,从而也是最小值.

$V\left(\dfrac{1}{\sqrt{2}}\right)=\pi\left(\dfrac{2}{3}-\dfrac{1}{\sqrt{2}}+\dfrac{1}{3\sqrt{2}}\right)=\dfrac{2\pi}{3}\left(1-\dfrac{1}{\sqrt{2}}\right)$,即 $V(a)$ 的最小值是 $\dfrac{2\pi}{3}\left(1-\dfrac{1}{\sqrt{2}}\right)$,最小

值点是 $a=\dfrac{1}{\sqrt{2}}$.

解法二　由曲线 $y=\sqrt{1-x^2}$ 与直线 $x=a(0<a<1)$ 以及 $y=0,y=1$ 围成的平面圆形可分为两部分区域

$$D_1=\{(x,y)\mid \sqrt{1-a^2}\leqslant y\leqslant 1,\ \sqrt{1-y^2}\leqslant x\leqslant a\}.$$
$$D_2=\{(x,y)\mid 0\leqslant y\leqslant \sqrt{1-a^2},\ a\leqslant x\leqslant \sqrt{1-y^2}\ \}.$$

在 D_1 中 $y\to y+\mathrm{d}y$ 的小窄条绕 x 轴旋转产生一个薄壁圆筒,其高度为 $a-\sqrt{1-y^2}$.半径为 y,厚度为 $\mathrm{d}y$.

从而其体积 $\mathrm{d}V=2\pi y(a-\sqrt{1-y^2})\mathrm{d}y$.故区域 D_1 绕 x 轴旋转一周所得旋转体的体积

$$V_1(a)=\int_{\sqrt{1-e^2}}^1 2\pi y(a-\sqrt{1-y^2})\mathrm{d}y=\pi\left[ay^2+\frac{2}{3}(1-y^2)^{\frac{1}{2}}\right]\Big|_{\sqrt{1-y^2}}^1$$

$$=\pi\left(a^3-\frac{2}{3}a^3\right)=\frac{\pi}{3}a^3.$$

在 D_2 中 $y\to y+\mathrm{d}y$ 的小窄绕 x 轴旋转产生一个薄壁圆筒,其高度为 $\sqrt{1-y^2}-a$,半径为 y,厚度为 d,从而其体积 $\mathrm{d}V=(\sqrt{1-y^2}-a)\mathrm{d}y$,故区域 D_2 绕 x 轴旋转一周所得旋转体的体积

$$V_2(a) = \int_0^{\sqrt{1-a^2}} 2\pi y(\sqrt{1-y^2} - a)\mathrm{d}y = -\pi\left[ay^2 + \frac{2}{3}(1-y^2)^{\frac{3}{2}}\right]\Bigg|_0^{\sqrt{1-a^2}}$$

$$= \pi\left[\frac{2}{3} - a(1-a^2) - \frac{2}{3}a^3\right] = \pi\left(\frac{2}{3} - a + \frac{a^3}{3}\right)$$

把 $V_1(a)$ 与 $V_2(a)$ 相加,即得

$$V(a) = \frac{\pi}{3}a^3 + \pi\left(\frac{2}{3} - a + \frac{a^3}{3}\right) = \pi\left(\frac{2}{3} - a + \frac{2}{3}a^3\right).$$

(以下同解法一).

解法三 记图形中由 $x=0, x=a, y=\sqrt{1-x^2}$ 所围的梯形区域为 $D. D_1, D_2$ 如图 9-3 所示. 区域 D_1 绕 z 轴旋转一周所得旋转体的体积 $V_1(a)$ 可以表示成矩形区域旋转得到的圆柱体积减去区域 D 绕 x 轴旋转一周所得旋转体体积. 即

$$V_1(a) = \pi a - \pi\int_0^a (1-x^2)\mathrm{d}x.$$

区域 D_2 绕 x 轴旋转一周所得旋转体的体积 $V_2(a)$ 可以表示成半球减去区域 D 绕 x 轴旋转一周所得旋转体体积,即

$$V_2(a) = \frac{2}{3}\pi - \pi\int_0^a (1-x^2)\mathrm{d}x,$$

$$V(a) = V_1(a) + V_2(a) = \pi a + \frac{2}{3}\pi - 2\pi\int_0^a (1-x^2)\mathrm{d}x = \pi\left(\frac{2}{3} - a + \frac{2}{3}a^3\right)$$

(以下同解法一).

第十章

定积分的应用

本章导航

本章知识结构图如下:

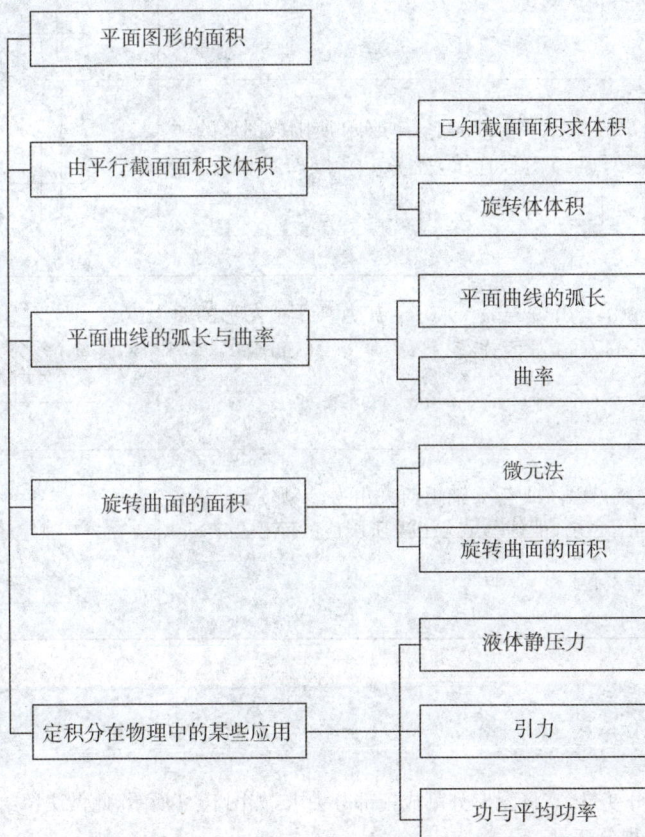

```
┌─ 平面图形的面积

├─ 由平行截面面积求体积 ──┬─ 已知截面面积求体积
│                        └─ 旋转体体积

├─ 平面曲线的弧长与曲率 ──┬─ 平面曲线的弧长
│                        └─ 曲率

├─ 旋转曲面的面积 ──┬─ 微元法
│                  └─ 旋转曲面的面积

└─ 定积分在物理中的某些应用 ──┬─ 液体静压力
                            ├─ 引力
                            └─ 功与平均功率
```

■ 平面图形的面积

名称	公式	图例
直角坐标	$x=a,x=b(a<b),y=f(x)$（分段连续非负）及 x 轴所围成曲边梯形的面积 $$S=\int_a^b f(x)\mathrm{d}x$$	
	$y=\alpha,y=\beta(\alpha<\beta),x=\varphi(y)$ 及 y 轴所围成的图形面积 $$S=\int_\alpha^\beta \varphi(y)\mathrm{d}y$$	
	$x=a,x=b(a<b),y=f(x),y=g(x)$ 所围成图形的面积，其中 $f(x),g(x)$ 分段连续，且 $f(x)\geqslant g(x)$，则 $$S=\int_a^b (f(x)-g(x))\mathrm{d}x$$	
直角坐标	$y=\alpha,y=\beta(\alpha<\beta),x=\varphi(y),x=\phi(y)$ 所围成图形的面积，其中 $\varphi(y),\phi(y)$ 分段连续，且 $\varphi(y)\geqslant \phi(y)$，则 $$S=\int_\alpha^\beta (\varphi(y)-\phi(y))\mathrm{d}y$$	
极坐标	曲线 $AB:r=r(\theta)$，OA 与 x 轴正向夹角为 α，OB 与 x 轴正向夹角为 $\beta(\alpha<\beta)$，曲线与 OA、OB 所围成的面积 $$S=\frac{1}{2}\int_\alpha^\beta r^2(\theta)\mathrm{d}\theta$$	

例 1 求由曲线 $y=\dfrac{1}{2}x,y=3x,y=2,y=1$ 所围成的图形的面积.

分析 若选 x 为积分变量,需将图形分割成三部分去求,如图 10-1 所示,此做法留给读者去完成. 下面选取以 y 为积分变量.

解 选取 y 为积分变量,其变化范围为 $y\in[1,2]$,则面积元素为

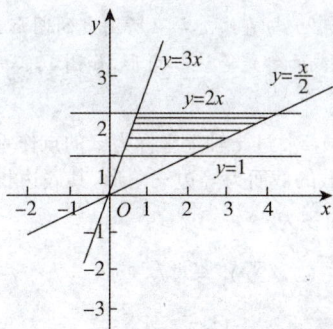

图 10-1

$$dA = |\, 2y - \frac{1}{3} y\, |\, dy = (2y - \frac{1}{3} y)dy.$$

于是所求面积为

$$A = \int_1^2 (2y - \frac{1}{3} y)dy = \frac{5}{2}.$$

■ 由平行截面面积求体积

名称	公式	图例
平行截面体	物体位于 $x = a, x = b(a < b)$ 之间,任一垂直于 x 轴平面与物体相交的截面面积为 $A(x), x \in [a,b]$,则物体体积为 $$V = \int_a^b A(x)dx$$	
旋转体	$y = f(x)$ 为 $[a,b]$ 上的单值连续函数,$a \leqslant x \leqslant b, 0 \leqslant y \leqslant f(x)$,曲线 $y = f(x)$ 绕 Ox 轴旋转成旋转体的体积为 $$V_x = \pi\int_a^b f^2(x)dx$$ $x = \varphi(y)$ 为 $[c,d]$ 上的单值连续函数,$c \leqslant y \leqslant d, 0 \leqslant x \leqslant \varphi(y)$,曲线 $x = \varphi(y)$ 绕 Oy 轴旋转成旋转体的体积为 $$V_y = \pi\int_c^d \varphi^2(y)dy$$	

例 2 求圆域 $x^2 + (y - b)^2 \leqslant a^2$(其中 $b > a$)绕 x 轴旋转而成的旋转体的体积.

分析 如图 10-2 所示,选取 x 为积分变量,得上半圆周的方程为

$$y_2 = b + \sqrt{a^2 - x^2},$$

下半圆周的方程为

$$y_1 = b - \sqrt{a^2 - x^2}.$$

则体积元素为

$$dV = (\pi y_2^2 - \pi y_1^2)dx = 4\pi b\sqrt{a^2 - x^2}\, dx.$$ 于是所求旋转体的体积为

$$V = 4\pi b\int_{-a}^a \sqrt{a^2 - x^2}\, dx = 8\pi b\int_0^a \sqrt{a^2 - x^2}\, dx = 8\pi b \cdot \frac{\pi a^2}{4} = 2\pi^2 a^2 b.$$

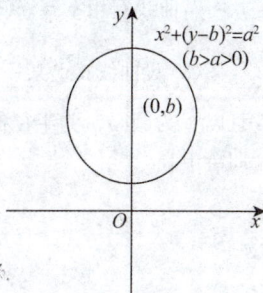

图 10-2

例 3 有一立体以抛物线 $y^2 = 2x$ 与直线 $x = 2$ 所围成的图形为底，而垂直于抛物线的轴的截面都是等边三角形，如图 10-3 所示．求其体积．

分析 选 x 为积分变量且 $x \in [0, 2]$．过 x 轴上坐标为 x 的点作垂直于 x 轴的平面，与立体相截的截面为等边三角形，其底边长为 $2\sqrt{2x}$，得等边三角形的面积为

$$A(x) = \frac{\sqrt{3}}{4}(2\sqrt{2x})^2 = 2\sqrt{3}\, x.$$

于是所求体积为 $V = \int_0^2 A(x)\mathrm{d}x = \int_0^2 2\sqrt{3}\, x \mathrm{d}x = 4\sqrt{3}$．

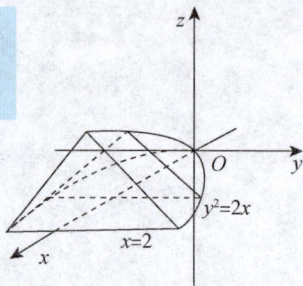

图 10-3

■ 平面曲线的弧长与曲率

1. 曲线弧长公式

分类	公式
直角坐标	若曲线 $y = f(x)$ 为光滑曲线，则在 $[a, b]$ 段上弧长为 $l = \int_a^b \sqrt{1 + [f'(x)]^2}\,\mathrm{d}x$
极坐标	设 $r = r(\theta)$，且 $r'(\theta)$ 在 $[\alpha, \beta]$ 上连续，则其弧长为 $S = \int_\alpha^\beta \sqrt{r^2(\theta) + [r'(\theta)]^2}\,\mathrm{d}\theta$
参数方程	光滑曲线段 $x = x(t), y = y(t), t \in [\alpha, \beta]$ 的弧长计算公式为 $S = \int_\alpha^\beta \sqrt{x'^2(t) + y'^2(t)}\,\mathrm{d}t$

2. 曲率

（1）曲率是用来描述曲线上各点处的弯曲程度的，按定义，曲线 C 在点 P 的曲率为

$$K = \left| \lim_{\Delta t \to 0} \frac{\Delta \alpha}{\Delta s} \right|_P = \left| \frac{\mathrm{d}\alpha}{\mathrm{d}s} \right|_P$$

式中，$\alpha(t)$ 表示曲线 $C[x = x(t), y = y(t)]$ 在点 $P(x(t), y(t))$ 处切线的倾角；$\Delta \alpha = \alpha(t + \Delta t) - \alpha(t)$ 表示动点由点 P 沿曲线移至点 $Q(x(t + \Delta t), y(t + \Delta t))$ 时切线倾角的增量；ΔS 表示曲线段 $\overset{\frown}{PQ}$ 的弧长．

（2）曲率 $\qquad k = \dfrac{|x'y'' - x''y'|}{(x'^2 + y'^2)^{3/2}}$

若曲线 C 由 $y = f(x)$ 表示时，则 $\qquad k = \dfrac{|y''|}{(1 + y'^2)^{3/2}}$

（3）设曲线 C 上某一点 P 处的曲率 $k \neq 0$，在 P 处的曲线凹侧法线上取点 G，使 $|PG| = \dfrac{1}{k} = \rho$，且以 G 为圆心、ρ 为半径作圆，此圆及其半径和圆心分别称为曲线 C 在点 P 处的曲率圆、曲率半径和曲率中心．

■ 旋转曲面的面积

名称	公式
参数方程	如果光滑曲线 C 由参数方程 $x=x(t),y=y(t),t\in[\alpha,\beta]$ 给出,且 $y(t)\geqslant 0$,那么由弧微分知识推知绕 x 轴旋转所得旋转曲面的面积为 $$S=2\pi\int_a^\beta y(t)\sqrt{x'^2(t)+y'^2(t)}\,\mathrm{d}t$$
极坐标	光滑曲线 $r=r(\theta),\alpha\leqslant\theta\leqslant\beta$,绕 Ox 轴旋转所成旋转体的侧面积为 $$A_x=2\pi\int_a^\beta r(\theta)\sqrt{r^2(\theta)+[r'(\theta)]^2}\,\mathrm{d}\theta$$
直角坐标	光滑曲线 $y=f(x),a\leqslant x\leqslant b$,绕 Ox 轴旋转所成旋转体的侧面积为 $$A_x=2\pi\int_a^b f(x)\sqrt{1+[f'(x)]^2}\,\mathrm{d}x$$
	光滑曲线 $x=\varphi(y),y\in[c,d]$,绕 Oy 旋转所成旋转体的侧面积为 $$A_y=2\pi\int_a^b \varphi(y)\sqrt{1+[\varphi'(y)]^2}\,\mathrm{d}y$$

■ 定积分在物理中的某些应用

1. 微分法

设某物理量 $\Phi=\Phi(x)$ 分布(定义)在区间 $[a,x]$ $(a\leqslant x\leqslant b)$ 上,当 $x=b$ 时,$\Phi(b)$ 为最终所求量,若在微小区间 $[x,x+\Delta x]$ 上,Φ 的微小增量 $\Delta\Phi$ 用 Φ 的微分来近似,即 $\Delta\Phi\approx\mathrm{d}\Phi=f(x)\Delta(x)$,则 $\Phi(x)=\int_a^x f(t)\mathrm{d}t$,而 $\Phi(b)=\int_a^b f(x)\mathrm{d}t$.

注意:① 所求量 Φ 关于分布区间必须是代数可加的;② 需要保证 $\Phi-f(x)\Delta(x)=o(\Delta x)$.

2. 在物理中的应用

名称	公式	图例
液体静压力	曲边梯形 $0\leqslant y\leqslant f(x),a\leqslant x\leqslant b$ 直立地浸没在相对密度为 ν 的液体中,整个曲边梯形所受的静压力(每侧)为 $$F=\int_a^b \nu x f(x)\mathrm{d}x$$	

名称	公式	图例
引力	取坐标轴Oz如图所示,圆弧在平面$Z=h$上,在圆弧上取中心角为$\mathrm{d}\varphi$的弧微元$\mathrm{d}s$,对质点m的引力作引力微元,即把$\mathrm{d}s$近似看作质点,其质量为 $$\mathrm{d}M=\frac{M}{2\pi r}\cdot r\mathrm{d}\varphi=\frac{M}{2\pi}\mathrm{d}\varphi$$ 其引力微元为 $$\mathrm{d}F=\frac{kMm}{2\pi(h^2+r^2)}\mathrm{d}\varphi$$ 对$\mathrm{d}F$分水平力$\mathrm{d}F_x$和竖直力$\mathrm{d}F_z$,因此 $$F_z=\int_0^Z\mathrm{d}F_z=\frac{kmMh}{(h^2+r^2)^{3/2}}$$	
变力做功	直线方向上在变力$F(x)$作用下,由$x=a$运动到$x=b$所做的功 $$W=\int_a^b F(x)\mathrm{d}x$$	

例4 某建筑工程打地基时,需用汽锤将桩打进土层,汽锤每次击打,都将克服土层对桩的阻力而做功,设土层对桩的阻力的大小与桩被打进地下的深度成正比(比例系数为$k,k>0$),汽锤第一次将桩打进地下$a(\mathrm{m})$,根据设计方案,要求汽锤每次击打桩时所做的功与前一次击打时所做的功之比为常数$r(0<r<1)$.问:

(1)汽锤击桩3次后,可将桩打进地下多深?

(2)若击打次数不限,汽锤至多能将桩打进地下多深?(注:m表示长度单位米)

分析 本题属于变力作功问题,可用定积分来求.

(1)设第n次击打后,桩被打进地下x_n,第n次击打时,汽锤所做的功为$W_n(n=1,2,\cdots)$.由题设,当桩被打进地下的深度为x时,土层对桩的阻力的大小为kx,所以

$$W_1=\int_0^{x_1}kx\mathrm{d}x=\frac{k}{2}x_1^{\,2}=\frac{k}{2}a^2,W_2=\int_{x_1}^{x_2}kx\mathrm{d}x=\frac{k}{2}(x_2^{\,2}-x_1^{\,2})=\frac{k}{2}(x_1^{\,2}-a^2).$$

由$W_2=rW_1$得

$$x_2^{\,2}-x_1^{\,2}=ra^2,\text{即}\ x_2^{\,2}=(1+r)a^2,$$

$$W_3=\int_{x_2}^{x_3}kx\mathrm{d}x=\frac{k}{2}(x_3^{\,2}-x_2^{\,2})=\frac{k}{2}[x_3^{\,2}-(1+r)a^2].$$

由$W_3=rW_2=r^2W_1$得

$$x_3^{\,2}-(1+r)a^2=r^2a^2,\text{即}\ x_3^{\,2}=(1+r+r^2)a^2.$$

从而汽锤击打3次后,可将桩打进地下的深度为$x_3=a\sqrt{1+r+r^2}\ (\mathrm{m})$.

(2)问题是要求$\lim_{n\to\infty}x_n$,为此先用归纳法证明:$x_{n+1}=a\sqrt{1+r+\cdots+r^n}$.

假设$x_n=\sqrt{1+r+\cdots+r^{n-1}}a$,则

$$W_{n+1}=\int_{x_n}^{x_{n+1}}kx\mathrm{d}x=\frac{k}{2}(x_{n+1}^{\,2}-x_n^{\,2})=\frac{k}{2}[x_{n+1}^{\,2}-(1+r+\dots+r^{n-1})a^2].$$

由

$$W_{n+1}=rW_n=r^2W_{n-1}=\dots=r^nW_1,$$

得

$$x_{n+1}^2 - (1 + r + \ldots + r^{n-1})a^2 = r^n a^2.$$

从而

$$x_{n+1} = \sqrt{1 + r + \cdots + r^n}\, a.$$

于是 $\lim\limits_{n \to \infty} x_{n+1} = \lim\limits_{n \to \infty} \sqrt{\dfrac{1 - r^{n+1}}{1 - r}}\, a = \dfrac{a}{\sqrt{1 - r}}.$

若不限击打次数, 汽锤至多能将桩打进地下的深度为 $\dfrac{a}{\sqrt{1-r}}(m).$

例5 有一等腰梯形水闸. 上底为 6 米, 下底为 2 米, 高为 10 米. 试求当水面与上底相接时闸门所受的水压力.

分析 建立如图 10-4 所示的坐标系, 选取 x 为积分变量. 则过点 $A(0,3)$, $B(10,1)$ 的直线方程为 $y = -\dfrac{1}{5}x + 3.$

于是闸门上对应小区间 $[x, x+dx]$ 的窄条所承受的水压力为 $dF = 2xy\rho g\,dx.$ 故闸门所受水压力为 $F = 2\rho g \displaystyle\int_0^{10} x\left(-\dfrac{1}{5}x + 3\right)dx = \dfrac{500}{3}\rho g$, 式中, ρ 为水密度, g 为重力加速度.

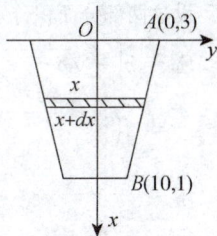

图 10-4

■ 定积分的近似计算

梯形法	$\displaystyle\int_a^b f(x)dx \approx \dfrac{b-a}{n}\left(\dfrac{y_0}{2} + y_1 + y_2 + \cdots + y_{n-1} + \dfrac{y_n}{2}\right)$
抛物线法	$\displaystyle\int_a^b f(x)dx \approx \dfrac{b-a}{6n}\left[y_0 + y_{2n} + 4(y_1 + y_3 + \cdots + y_{2n-1}) + 2(y_2 + y_4 + \cdots + y_{2n-2})\right]$

课后习题全解

■ 平面图形的面积 (教材上册 P246)

1. 解题过程 该图形如图 10-5 所示.

先由 $\begin{cases} y = x^2 \\ y = 2 - x^2 \end{cases}$

求出两线交点 $(\pm 1, 1)$, 所求面积为

$A = \displaystyle\int_{-1}^{1}\left[(2 - x^2) - x^2\right]dx = \int_{-1}^{1}(2 - 2x^2)dx$

$= \left(2x - \dfrac{2}{3}x^3\right)\Big|_{-1}^{1} = \dfrac{8}{3}.$

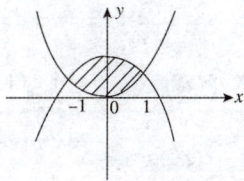

图 10-5

2. 解题过程 该图形如图 10-6 所示.

$$A = -\int_{0.1}^{1} \ln x \, dx + \int_{1}^{10} \ln x \, dx$$

$$= (-x\ln x + x)\Big|_{0.1}^{1} + (x\ln x - x)\Big|_{1}^{10}$$

$$= \frac{1}{10}(99\ln 10 - 81).$$

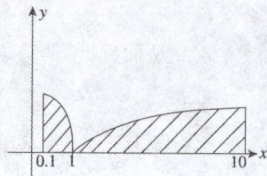

图 10-6

3. 解题过程 先由 $\begin{cases} y^2 = 2x \\ x^2 + y^2 = 8 \end{cases}$

求出圆与抛物线的交点为 $(2, \pm 2)$.

设这两部分面积分别为 S_1 及 S_2（图 10-7 所示）

$$S_1 = 2\int_{0}^{2}\left(\sqrt{8-y^2} - \frac{y^2}{2}\right)dy$$

$$= 2\left(\frac{y}{2}\sqrt{8-y^2} + \frac{8}{2}\arcsin\frac{y}{2\sqrt{2}} - \frac{1}{6}y^3\right)\Big|_{0}^{2}$$

$$= 2\pi + \frac{4}{3}$$

显然，$S_1 + S_2 = 8\pi$，所以 $S_1/S_2 = (3\pi+2)/(9\pi-2)$.

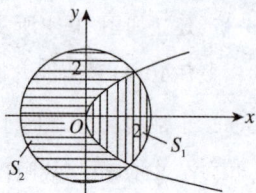

图 10-7

4. 解题过程 $S = 4\int_{0}^{a} y \, dx = 4\int_{\frac{\pi}{2}}^{0}(-3a^2\sin^4 t\cos^2 t)dt$

$$= 12a^2\int_{0}^{\frac{\pi}{2}}(\sin^4 t - \sin^6 t)dt = \frac{3\pi a^2}{8}.$$

5. 解题过程 如图 10-8 所示.

$$S = 2 \cdot \frac{1}{2}\int_{0}^{\pi} a^2(1+\cos\theta)^2 d\theta = \frac{3}{2}\pi a^2.$$

6. 解题过程 如图 10-9 所示.

$$S = 6 \cdot \frac{1}{2}\int_{0}^{\frac{\pi}{6}} a^2\sin^2 3\theta \, d\theta = \frac{\pi a^2}{4}.$$

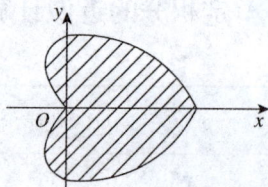

图 10-8

7. 解题过程 曲线与 x 轴，y 轴的交点的坐标分别为 $(a,0),(0,b)$.
所求面积为

$$S = \int_{0}^{a} b\left(1 - \sqrt{\frac{x}{a}}\right)^2 dx = b\int_{0}^{a}\left(1 + \frac{x}{a} - 2\sqrt{\frac{x}{a}}\right)dx$$

$$= b\left(x + \frac{x^2}{2a} - \frac{4}{3\sqrt{a}}x^{\frac{3}{2}}\right)\Big|_{0}^{a}$$

$$= b\left(a + \frac{a}{2} - \frac{4}{3}a\right) = \frac{ab}{6}.$$

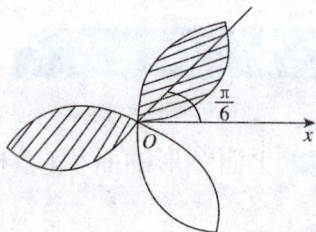

图 10-9

8. 解题过程 $S = \int_{-1}^{1}(1-t^4)(1-3t^2)dt = \int_{-1}^{1}(1 - t^4 - 3t^2 + 3t^6)dt$

$$= \left(t - \frac{t^5}{5} - t^3 + \frac{3}{7}t^7\right)\Big|_{-1}^{1} = \frac{16}{35}.$$

9. 解题过程 由 $\begin{cases} r = \sin\theta \\ r = \sqrt{3}\cos\theta \end{cases}$，求出交点 $\left(\frac{\sqrt{3}}{2}, \frac{\pi}{3}\right)$

$$S = \frac{1}{2}\int_{0}^{\frac{\pi}{3}}\sin^2\theta \, d\theta + \frac{1}{2}\int_{\frac{\pi}{3}}^{\frac{\pi}{2}} 3\cos^2\theta \, d\theta$$

$$= \frac{1}{2}\left(\frac{1}{2}\theta - \frac{\sin 2\theta}{4}\right)\bigg|_0^{\frac{\pi}{3}} + \frac{3}{2}\left(\frac{1}{2}\theta + \frac{\sin 2\theta}{4}\right)\bigg|_{\frac{\pi}{3}}^{\frac{\pi}{2}}$$

$$= \frac{5}{24}\pi - \frac{\sqrt{3}}{4}.$$

10. **解题**过程 设所求图形的面积为 S,

由方程组 $\begin{cases} \dfrac{x^2}{a^2} + \dfrac{y^2}{b^2} = 1 \\ \dfrac{x^2}{b^2} + \dfrac{y^2}{a^2} = 1 \end{cases}$,解得两曲线在第一象限内交点坐标为 $\left(\dfrac{ab}{\sqrt{a^2+b^2}}, \dfrac{ab}{\sqrt{a^2+b^2}}\right)$.

故 $S = 8\displaystyle\int_0^{\frac{ab}{\sqrt{a^2+b^2}}}\left(b\sqrt{1-\dfrac{x^2}{a^2}} - x\right)\mathrm{d}x = 8ab\displaystyle\int_0^{\arcsin\frac{1}{\sqrt{a^2+b^2}}}\cos^2 t\,\mathrm{d}t - \dfrac{4a^2b^2}{a^2+b^2}$

$$= 4ab\arcsin\frac{b}{\sqrt{a^2+b^2}} + 4ab \cdot \frac{ab}{a^2+b^2} - \frac{4a^2b^2}{a^2+b^2} = 4ab\arcsin\frac{b}{\sqrt{a^2+b^2}}\,(a > b > 0).$$

11. **解题**过程 等分分割 T_n. $x = x_0 < x_1 < \cdots < x_n = b, n = 1, 2, \cdots$

$$\Delta i = [x_{i-1}, x_i], \Delta x_i = x_i - x_{i-1} = \frac{b-a}{n}$$

取 $N_i = \sup\limits_{x \in \Delta_i} f_1(x), m_i = \inf\limits_{x \in \Delta_i} f_1(x)$

$N_i = \sup\limits_{x \in \Delta_i} f_2(x), n_i = \inf\limits_{x \in \Delta_i} f_2(x)$

$\because$

$$S_{U_n} = \sum_{k=1}^n (N_k - m_k)\Delta x_k = \sum_{k=1}^n N_k \Delta x_k - \sum_{k=1}^n m_k \Delta x_k.$$

$$S_{W_n} = \sum_{k=1}^n (n_k - M_k)\Delta x_i = \sum_{k=1}^n n_k \Delta x_i - \sum_{k=1}^n M_k \Delta x_k,$$

又 $\because y = f_2(x)$ 与 $y = f_1(x)$ 在 $[a,b]$ 上连续,$\therefore$ 可知,

$$\lim_{n \to \infty}\sum_{k=1}^n N_k \Delta x_k = \int_a^b f_2(x)\mathrm{d}x = \lim_{n \to \infty}\sum_{k=1}^n n_k \Delta x_k$$

$$\lim_{n \to \infty}\sum_{k=1}^n m_k \Delta x_k = \int_a^b f_1(x)\mathrm{d}x = \lim_{n \to x}\sum_{k=1}^n M_k \Delta x_k.$$

$\therefore$

$$\lim_{n \to \infty} S_{U_n} = \lim_{n \to \infty} S_{W_n}$$

由平行截面面积求体积(教材上册 P251)

1. **解题**过程 如图 10-10 所示,用垂直于 Oy 轴的平面截割,得一直角三角形 PQR,设 $OP = z$,则高

$OR = \dfrac{5}{10}x = \dfrac{1}{2}x$. 从而它的面积为 $\dfrac{1}{2} \cdot x \cdot \dfrac{1}{2}x = \dfrac{1}{4}x^2$.

xOz 平面上椭圆方程为 $\dfrac{x^2}{10^2} + \dfrac{z^2}{4^2} = 1$,

则 $\triangle PRQ$ 面积为 $25\left(1 - \dfrac{z^2}{4^2}\right)$. 于是所求体积

$$V = 2\int_0^4 25\left(1 - \frac{z^2}{4^2}\right)\mathrm{d}z = 2\left(\frac{25z - 100}{16} \cdot \frac{z^3}{3}\right)\bigg|_0^4 = \frac{400}{3}.$$

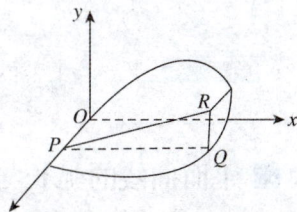

图 10-10

2. **解题**过程 (1) $V = \pi\displaystyle\int_a^b \sin^2 x\,\mathrm{d}x = \dfrac{\pi}{2}\displaystyle\int_0^x (1 - \cos 2x)\mathrm{d}x$

$$= \frac{\pi}{2}\left(x - \frac{\sin 2x}{2}\right)\Big|_0^{\pi} = \frac{\pi^2}{2}$$

(2) $V = \pi\int_a^b y^2(t)\,\mathrm{d}x(t) = \pi\int_0^{2\pi} a^2(1-\cos t)a(1-\cos t)\,\mathrm{d}t = 5\pi^2 a^3.$

(3) 由方程 $r = a(1+\cos\theta)(a>0)$ 可知，其为心形线方程.

∴ 极轴之上部分的参数方程为

$$\begin{cases} x = a(1+\cos\theta)\cos\theta \\ y = a(1+\cos\theta)\sin\theta \end{cases}$$

∴ $V = \pi\int_{-\frac{a}{4}}^{2a} y^2\,\mathrm{d}\theta - \pi\int_{-\frac{a}{4}}^{0} y^2\,\mathrm{d}\theta$

$\quad = \pi a^3\int_0^a (\sin^3+\theta+2\sin 3\theta\cos\theta+\sin^3\theta\cos^2\theta)(1+2\cos\theta)\,\mathrm{d}\theta$

$\quad = \frac{8}{3}\pi a^3$

(4) 由 $\frac{x^2}{a^2} + \frac{y^2}{b^2} = 1 \Rightarrow x = a\sqrt{1 - \frac{y^2}{b^2}}$

$$V = \pi\int_{-b}^{b} x^2\,\mathrm{d}y = 2n\int_{\theta}^{b} a^2\left(1 - \frac{y^2}{b^2}\right)\mathrm{d}y = \frac{4}{3}\pi a^2 b$$

3. **解题过程** 可看作由曲线 $y = \sqrt{1^2 - x^2}\,(r-h \leqslant x \leqslant r)$ 绕 x 轴旋转而成的旋转体(图 10-11).

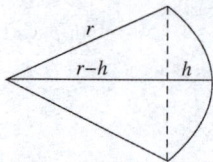

图 10-11

∴ $V = \pi\int_a^b [f(x)]^2\,\mathrm{d}x$

$\quad = \pi\int_{r-h}^{r} (r^2 - x^2)\,\mathrm{d}x$

$\quad = \pi h^2\left(r - \frac{h}{3}\right)$

4. **解题过程** $V = 2\pi\left|\int_0^{\frac{\pi}{2}} (a\sin^3 t)^2 \cdot 3a\cos^2 t\sin t\,\mathrm{d}t\right|$

$\quad = 6\pi a^2\left(\int_0^{\frac{\pi}{2}} \sin^7 t\,\mathrm{d}t - \int_0^{\frac{\pi}{2}} \sin^9 t\,\mathrm{d}t\right)$

$\quad = 6\pi a^3\left(\frac{6!!}{7!!} - \frac{8!!}{9!!}\right) = \frac{32}{105}\pi a^3.$

5. **解题过程** 在区间 $[x, x+\mathrm{d}x]$ 上的柱壳体积即为体积元素，

$\Delta V = \pi[(x+\Delta x)^2 - x^2]y(x)$（近似长方体）$= 2\pi xy(x)\Delta x$

于是由微元法知所求体积为

$V = 2\pi\int_a^b xy(x)\,\mathrm{d}x.$

6. **解题过程** $V = 2\pi\int_0^{\pi} x\sin x\,\mathrm{d}x = (x\cos x - \sin x)\Big|_0^{\pi} = 2\pi^2.$

■ 平面曲线的弧长与曲率(教材上册 P258)

1. **解题过程** (1) $S = \int_a^b \sqrt{1 + y'^2(x)}\,\mathrm{d}x$

$$S = \int_0^4 \sqrt{1 + \frac{9}{4}x}\, dx = \frac{8}{27}(10\sqrt{10} - 1).$$

(2) $x = \cos^4 t, y = \sin^4 t$

$$S = \int_0^{\frac{\pi}{2}} \sqrt{x_t'^2 + y_t'^2}\, dt = \int_0^{\frac{\pi}{2}} 4\sin t\cos t \sqrt{\cos^4 t + \sin^4 t}\, dt$$

$$= 2\int_0^{\frac{\pi}{2}} \left[2\left(\sin^2 t - \frac{1}{2}\right)^2\right]^{\frac{1}{2}} d\left(\sin^2 t - \frac{1}{2}\right) = 1 + \frac{\sqrt{2}}{2}\ln(1+\sqrt{2}).$$

(3) 化为 $x^{\frac{2}{3}} + y^{\frac{2}{3}} = a^{\frac{2}{3}}$，设 $x = a\cos^3 t, y = a\sin^3 t (a > 0, 0 \leqslant t \leqslant 2\pi)$，则

$$S = \int_0^{2\pi} 3a\sqrt{\sin^2 t\cos^2 t(\sin^2 t + \cos^2 t)}\, dt$$

$$= \frac{3}{2}a\int_0^{2\pi} |\sin 2t|\, dt = 6a.$$

(4) $\sqrt{x'^2(t) + y'^2(t)} = \sqrt{a^2 t^2 \cos^2 t + a^2 t^2 \sin^2 t} = at, \ S = \int_0^{2\pi} at\, dt = \frac{a}{2}t^2 \Big|_0^{2\pi} = 2\pi^2 a.$

(5) $\sqrt{r^2(\theta) + r'^2(\theta)} = a\sin^2 \frac{\theta}{3}$（图 10-12）

$$S = \int_0^{3\pi} a\sin^2 \frac{\pi}{3}\, d\theta = \frac{3\pi a}{2}.$$

(6) $S = \int_0^{2\pi} \sqrt{a^2\theta^2 + a^2}\, d\theta$

$$= a\left[\frac{\theta}{2}\sqrt{\theta^2 + 1} + \frac{1}{2}\ln(\theta + \sqrt{\theta^2 + 1})\right]\Big|_0^{2\pi}$$

$$= a\left[\pi\sqrt{1 + 4\pi^2} + \frac{1}{2}\ln(2\pi + \sqrt{1 + 4\pi^2})\right].$$

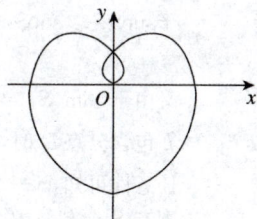

图 10-12

2. 解题过程 (1) $y = \frac{4}{x}, y' = -\frac{4}{x^2}, y'' = \frac{8}{x^3}$，于是曲线在点 $(2,2)$ 处的曲率为

$$K = \frac{\left|\frac{8}{x^3}\right|}{\left(1 + \frac{16}{x^4}\right)^{\frac{3}{2}}}\Bigg|_{x=2} = \frac{\sqrt{2}}{4}.$$

(2) $y = \ln x, y' = \frac{1}{x}, y'' = -\frac{1}{x^2}$，于是曲线在点 $(1,0)$ 处的曲率为

$$K = \frac{\left|\frac{1}{x^2}\right|}{\left(1 + \frac{1}{x^2}\right)^{3/2}}\Bigg|_{x=1} = \frac{\sqrt{2}}{4}.$$

(3) $x' = a(1 - \cos t), x'' = a\sin t$

$y' = a\sin t, y'' = a\cos t$

$$k = \frac{|a(1 - \cos t)a\cos t - a\sin t a\sin t|}{[a^2(1 - \cos t)^2 + a^2\sin^2 t]^{3/2}}\Bigg|_{t=\frac{\pi}{2}} = \frac{\sqrt{2}}{4a}.$$

(4) $x' = 3a\cos^2 t(-\sin t), x'' = 6a\cos t - 9a\cos^3 t$

$y' = 3a\sin^2 t\cos t, y'' = 6a\sin t - 9a\sin^3 t$

$$k = \frac{|1 - 3a\cos t\sin t + (6a\sin t - 9a\sin^3 t) - (6a\cos t - 9a\cos^3 t)3a\sin^2 t\cos t|}{[(-3a\cos^2 t\sin t)^2 + (3a\sin^2 t\cos t)^2]^{3/2}}\Bigg|_{t=\frac{\pi}{4}} = \frac{2}{3a}.$$

3. 解题过程 椭圆周长 $S_1 = \int_0^{2\pi} \sqrt{(a\sin t)^2 + (b\cos t)^2}\, dt$ （若 $a > b$）

$$= \int_0^{2\pi} \sqrt{a^2 - c^2\cos^2 t}\, \mathrm{d}t \quad (c^2 = a^2 - b^2)$$

而正弦曲线在 $[0, 2\pi]$ 上的弧长为

$$S_2 = \int_0^{2\pi} \sqrt{1 + \cos^2 t}\, \mathrm{d}t = \int_0^{2\pi} \sqrt{2 - \sin^2 t}\, \mathrm{d}t = \int_0^{2\pi} \sqrt{2 - \cos^2 t}\, \mathrm{d}t$$

则令 $a^2 = 2, c^2 = a^2 - b^2 = 1$ 即可.

由此可知 $a = \sqrt{2}, b = 1$.

若 $b > a$, 则同理得 $a = 1, b = \sqrt{2}$.

4. **解题**过程 （1）现证对 $\forall S_T \in W$, 都有 $S_T \leqslant S$.

（反证法）假设 $\exists \widehat{AB}$ 的分割 T_0, 使 S_{T_0} 细分 T_0, 得到新的 $\widehat{AB}$ 的分割 T'_0, 令 $\|T'_0\| \to 0$, 则 $S_{T'_0} \geqslant S_{T_0} > S$, 但 $\lim\limits_{\|T'_0\| \to 0} S_{T'_0} = S > \lim\limits_{\|T'_0\| \to 0} S = S$, 则矛盾.

（2）（ⅰ）对 $\forall S_T \in W$, 存在 $S_T \leqslant S$; （ⅱ）由 $\lim\limits_{\|T\| \to 0} S_T = S$ 可知, 对 $\forall \varepsilon > 0$, 存在 $\widehat{AB}$ 的分割 T, 使 $S_T > S - \varepsilon$. 综上两点, $S = \sup W$.

（3）由于 $T = T' + T''$ 为 $\widehat{AB}$ 的分割, 且 $S_T = S_{T'} + S_{T''}$, $S_{T'}, S_{T''} < S_T$, 故 W', W'' 都是有界集. 由于 $\sup S_T \geqslant \sup\limits_{T',T''} S_T$, 而 $\sup S_T = S$, $\sup\limits_{T',T''} S_T = \sup(S_{T'} + S_{T''}) = \sup\limits_{T'} S_{T'} + \sup\limits_{T''} S_{T''} = S' + S''$, 即 $S \geqslant S' + S''$.

又由于 $\lim\limits_{\|T\| \to 0} S_T = S$, 则对 $\forall \varepsilon > 0, \exists \sigma > 0$, 当 $\|T\| < \sigma$ 时, 有 $S - \varepsilon < S_T < S + \varepsilon$. 当分割 T 包含分点 D 时, 有 $S_{T'} + S_{T''} = S_T > S - \varepsilon$, 即有 $\sup\limits_{T',T''}(S_{T'} + S_{T''}) = S' + S'' > S - \varepsilon$, 又由 ε 的任意性可知, $S' + S'' \geqslant S$.

则有 $S = S' + S''$.

（4）用反证法求证 $\widehat{AD}$ 的弧长为 S', 即证 $\lim\limits_{\|T\| \to 0} S_{T'}$ 存在且为 S'.

假设 $\lim\limits_{\|T'_0\| \to 0} S_{T'}$ 不存在, 那么 $\exists \varepsilon_0 > 0$, 对 $\forall \sigma > 0, \exists \|T'_0\| < \sigma$, 有 $S_{T'} \leqslant S' - \varepsilon$. 故

$$S_{T'} + S_{T''} = S_T \leqslant S' - \varepsilon + S'' = S - \varepsilon,$$

其中 $S_{T''} \leqslant S''$ 可由（3）知. 则上式与 $\lim\limits_{\|T\| \to 0} S_T = S$ 矛盾. 则

$$\lim\limits_{\|T'\| \to 0} S_{T'} = S' = \sup W'$$

同理可证 $\widehat{DB}$ 弧长为 S''.

5. **解题**过程 $\quad x = r\cos\theta, y = r\sin\theta$

$x' = r'\cos\theta - r\sin\theta$

$x'' = r''\cos\theta - r'\sin\theta - r'\sin\theta - r\cos\theta$

$y' = r'\sin\theta + r\cos\theta$

$y'' = r''\sin\theta + r'\cos\theta + r'\cos\theta - r\sin\theta$

$x'y'' - x''y' = r^2 + 2r'^2 - r''$

$x'^2 + y'^2 = (r'\cos\theta - r\sin\theta)^2 + (r'\sin\theta + r\cos\theta)^2 = r^2 + r'^2$

$k = \dfrac{|x'y'' - x''y'|}{(x'^2 + y'^2)^{3/2}} = \dfrac{|r^2 + 2r'^2 - rr''|}{(r^2 + r'^2)^{3/2}}.$

6. **解题**过程 $\quad r = a(1 + \cos\theta)\mid_{\theta=0} = 2a,$

$r' = -a\sin\theta\mid_{\theta=0} = 0$

$r'' = -a\cos\theta\mid_{\theta=0} = -a$

$K = \dfrac{|4a^2 + 2a^2|}{(4a^2)^{3/2}} = \dfrac{3}{4a}$

$R = \dfrac{4a}{3}$

曲率圆为 $\left(x - \dfrac{2}{3}a\right)^2 + y^2 = \dfrac{16}{9}a^2$.

7. 解题过程 因为 $y' = 2ax + b, y'' = 2a$

所以曲率为 $K = \dfrac{|2a|}{[1 + (2ax + b)^2]^{3/2}}$

显然当 $2ax + b = 0$ 时,K 最大,即 $x = -\dfrac{b}{2a}$.

而当 $x = -\dfrac{b}{2a}$ 时,$y = c - \dfrac{b^2}{4a}$,正是抛物线 $y = ax^2 + bx + c$ 的顶点,即抛物线 $y = ax^2 + bx + c$ 在

顶点 $\left(-\dfrac{b}{2a}, c - \dfrac{b^2}{4a}\right)$ 时曲率最大,最大曲率为 $K_{\max} = |2a|$.

8. 解题过程 $y' = y'' = e^x$

$K = \dfrac{e^x}{(1 + e^{2x})^{3/2}}$

令 $K' = \dfrac{e^x(1 + e^{2x})^{3/2} - e^x \cdot \dfrac{3}{2}(1 + e^{2x})^{\frac{1}{2}} \cdot 2e^{2x}}{(1 + e^{2x})^3}$

$= \dfrac{e^x(1 - 2e^{2x})}{(1 + e^{2x})^{5/2}} = 0, K'' < 0.$

所以 $x = -\dfrac{\ln 2}{2}$ 是稳定点,且是极大值点.

即点 $\left(-\dfrac{\ln 2}{2}, \dfrac{\sqrt{2}}{2}\right)$ 是 $y = e^x$ 上的曲率最大点.

■ 旋转曲面的面积(教材上册 P262)

1. 解题过程 (1) $y' = \cos x$,由旋转体侧面积公式得

$$S = 2\pi \int_0^\pi \sin x \sqrt{1 + \cos^2 x} \, dx = -2\pi \int_0^\pi \sqrt{1 + \cos^2 x} \, d\cos x = 2\pi[\sqrt{2} + \ln(\sqrt{2} + 1)].$$

(2) $S = 2\pi \int_0^{2\pi} a(1 - \cos t) \sqrt{x'^2(t) + y'^2(t)} \, dt$

$\qquad = 2\pi \int_0^{2\pi} a(1 - \cos t) \cdot 2a \sin \dfrac{t}{2} \, dt = 16\pi a^2 \int_0^\pi \sin^3 u \, du = \dfrac{64}{3}\pi a^2.$

(3) $\varphi'(y) = \left(a \cdot \sqrt{1 - \dfrac{y^2}{b^2}}\right)' = -\dfrac{a}{b}\left(1 - \dfrac{y^2}{b^2}\right)^{-\frac{1}{2}} \cdot y$

$\qquad [\varphi'(y)]^2 = \left[-\dfrac{a}{b}\left(1 - \dfrac{y^2}{b^2}\right)^{-\frac{1}{2}} \cdot y\right]^2 = \dfrac{a^2}{b^2}\left(1 - \dfrac{y^2}{b^2}\right)^{-1} \cdot y^2$

$\qquad = \dfrac{a^2}{b^2}\left(\dfrac{b^2 - y^2}{b^2}\right)^{-1} \cdot y^2 = \dfrac{a^2 y^2}{b^2 - y^2}$

$\qquad S = 2\pi \int_{-b}^b \varphi(y) \sqrt{1 + \varphi'^2(y)} \, dy = 2\pi \int_{-b}^b a\sqrt{1 - \dfrac{y^2}{b^2}} \cdot \sqrt{1 + \dfrac{a^2 y^2}{b^2 - y^2}} \, dy$

$\qquad = 2\pi \int_{-b}^b \dfrac{a}{b^2} \sqrt{b^4 + (b^2 - a^2)y^2} \, dy$

当 $a = b$ 时,$S = 4\pi a^2$;

当 $a < b$ 时，$S = 2\pi a \left[a + \dfrac{b^2}{\sqrt{b^2 - a^2}} \arcsin \dfrac{\sqrt{b^2 - a^2}}{b} \right]$；

当 $a > b$ 时，$S = 2\pi a \left[a + \dfrac{b^2}{\sqrt{a^2 - b^2}} \ln \dfrac{\sqrt{a^2 - b^2} + a}{b} \right]$.

(4) 此圆分成两个单支

$$y = a + \sqrt{r^2 - x^2} \ \text{及} \ y = a - \sqrt{r^2 - x^2}$$

$$S = 2\pi \int_{-r}^{r} (a + \sqrt{r^2 - x^2}) \frac{r}{\sqrt{r^2 - x^2}} dx + 2\pi \int_{-r}^{r} (a - \sqrt{r^2 - x^2}) \cdot \frac{r}{\sqrt{r^2 - x^2}} dx$$

$$= 4\pi^2 ar.$$

2. **解题过程** $\quad y = r\sin\theta, x = r\cos\theta$

$$y' = r'\sin\theta + r\cos\theta, x' = r'\cos\theta - r\sin\theta$$

旋转曲面面积

$$S = 2\pi \int_{\alpha}^{\beta} y(\theta) \sqrt{x'^2(\theta) + y'^2(\theta)} \, d\theta$$

$$= 2\pi \int_{\alpha}^{\beta} r\sin\theta \sqrt{(r'\cos\theta - r\sin\theta)^2 + (r'\sin\theta + r\cos\theta)^2} \, d\theta$$

$$= 2\pi \int_{\alpha}^{\beta} r\sin\theta \sqrt{r^2(\theta) + r'^2(\theta)} \, d\theta.$$

3. **解题过程** (1) $S = 2\pi \int_{0}^{\pi} a(1 + \cos\theta)\sin\theta \sqrt{a^2(1 + \cos\theta)^2 + a^2\sin^2\theta} \, d\theta$

$$= 2\pi \int_{0}^{\pi} 4a\cos^3\theta \sin\frac{\theta}{2} \sqrt{\left(2a\cos\frac{\theta}{2}\sin\theta\right)^2} \, d\theta$$

$$= 2\pi \int_{0}^{\pi} 8a^2\cos^4\frac{\theta}{2}\sin\frac{\theta}{2} \, d\theta = \frac{32}{5}\pi a^2.$$

(2) $S = 2 \cdot 2\pi \int_{0}^{\frac{\pi}{4}} a\sqrt{\cos 2\theta} \cdot \sin\theta \cdot \dfrac{a}{\sqrt{\cos 2\theta}} d\theta = 4\pi a^2(2 - \sqrt{2}).$

4. **解题过程** 对光滑曲线 C，过点 $(x, f(x))$ 作其切线．则取该切线在 $[x, x + \Delta x]$ 的一段绕 x 轴旋转成一圆台，则旋转曲面在 $[x, x + \Delta x]$ 上的侧面积近似可用此圆台侧面积 ΔS 表示，即

$$\Delta'S = \pi[f(x) + f(x) + \Delta x f'(x)]\Delta x \sqrt{1 + f'^2(x)}$$

$$= \pi[2f(x) + \Delta x f'(x)]\Delta x \sqrt{1 + f'^2(x)}$$

因此由 $f'(x)$ 的连续性可以保证

$$\pi[2f(x) + \Delta x f'(x)]\Delta x \sqrt{1 + f'^2(x)} - 2\pi f(x)\Delta x \sqrt{1 + f'^2(x)} = o(\Delta x)$$

所以得到

$$\Delta'S \approx 2\pi f(x) \sqrt{1 + f'^2(x)} \Delta x$$

$$ds = 2\pi f(x) \sqrt{1 + f'^2(x)} \, dx$$

$$s = 2\pi \int_{a}^{b} f(x) \sqrt{1 + f'^2(x)} \, dx.$$

■ 定积分在物理中的某些应用（教材上册 P266）

1. **解题过程** 如图 10-13 所示．阴影部分（从深度 x 到 $x + \Delta x$ 这一窄条）上的静压力为

$$\Delta F = P\Delta S$$

$$= ux \cdot \Delta x \left(10 - \frac{10-6}{20} \cdot x \right)$$

$$= ux \left(10 - \frac{x}{5} \right) \Delta x \text{(v 为液体密度,下同)}$$

所以所求静压力为

$$F = \int_0^{20} ux \left(10 - \frac{x}{5} \right) dx = v \left(5x^2 - \frac{x^3}{15} \right) \Big|_0^{20}$$

$$= 9.8 \times \left(5 \times 20^2 - \frac{20^3}{15} \right) = 14373.33 (\text{kN}).$$

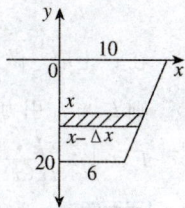

图 10-13

2. 解题过程 如图 10-14 所示建立坐标系. 在液体内 x 处,作用在薄板条(阴影部分)上的微压力为

$$dF = a \cdot \frac{dx}{\sin\alpha} \cdot xvg$$

则积分区间从 h 到 $h+b\sin\alpha$. 故薄板每侧所受的静压力为

$$F = \int_h^{h+b\sin\alpha} a \cdot \frac{xvg}{\sin\alpha} dx$$

$$= \frac{1}{2} \frac{avg}{\sin\alpha} x^2 \Big|_h^{h+b\sin\alpha} = \frac{1}{2} abvg(2h + b\sin\alpha).$$

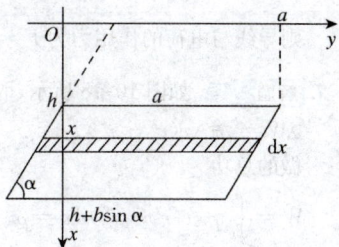

图 10-14

3. 解题过程 如图 10-15 所示建立坐标系. 球面在水深 x m 处所受压力的微元为

$$dF = 2\pi \sqrt{3^2 - (x-10)^2} dx$$

所以球面所受总压力为

$$F = 2\pi \int_7^{13} x \sqrt{3^2 - (x-10)^2} dx \approx 1108.35 (\text{kN})$$

即球面上所受总压力为 1108.35kN.

4. 解题过程 如图 10-16 所示,以质点为原点,取一微元 Δx,距原点为 x,m 与 Δx 间的引力为

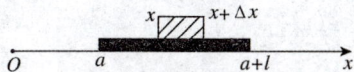

图 10-15

图 10-16

$$\Delta F = \frac{km \cdot M \frac{\Delta x}{l}}{x^2}$$

所以 m 与 M 间的引力为

$$F = \int_a^{a+l} \frac{kmM}{l} \frac{1}{x^2} dx = \frac{kmM}{l} \cdot \left(\frac{1}{a} - \frac{1}{a+l} \right) = \frac{kmM}{a(a+l)}.$$

5. 解题过程 如图 10-17 所示.

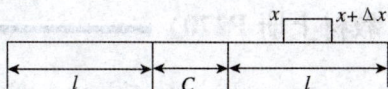

图 10-17

在 l_2 上取一微元 Δx，则 Δx 与 l_1 的引力为 $\Delta F = \dfrac{kM \cdot m \cdot \dfrac{\Delta x}{l}}{x \cdot (x+l)}$

则 l_1 与 l_2 引力为

$$F = \int_c^{c+l} \frac{k \cdot M^2}{lx(x+c)} \mathrm{d}x = \frac{k \cdot N^2}{l^2} \int_c^{c+l} \left(\frac{1}{x} - \frac{1}{x+c} \right) \mathrm{d}x = \frac{kM^2}{l^2} \ln \frac{(c+l)^2}{c(c+2l)}.$$

6. **解题过程** 取 $\Delta\theta$ 所对应的一段导线，电荷电量为 $\mathrm{d}Q = \delta \cdot r \mathrm{d}\theta$

它与圆心处正电荷在垂直方向上引力为

$$\Delta F = k \frac{\delta r \Delta\theta \cdot \sin\theta}{r^2} = \frac{k\delta \Delta\theta}{r} \sin\theta$$

则导线与电荷的作用力为 $F = \int_0^\pi \left| \dfrac{k\delta \sin\theta}{r} \right| \mathrm{d}\theta = \dfrac{2k\delta}{r}.$

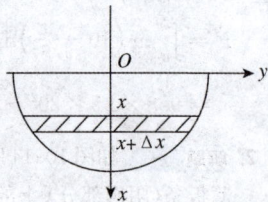

图 10-18

7. **解题过程** 如图 10-18 所示，取一小薄层为微元.

$$\Delta W = \rho\pi\Delta x (r^2 - x^2) x$$

做的总功

$$W = \int_0^{10} \rho\pi x (r^2 - x^2) \mathrm{d}x = \rho\pi \cdot \left(\frac{1}{2}x^2 r^2 - \frac{1}{4}x^4 \right) \Big|_0^{10}$$

$$= 2500\rho\pi = 76969.02(\text{kJ}).$$

8. **解题过程** 取铁索的一小段为微元，如图 10-19 所示，

$$\Delta W = x \cdot 8g \cdot \Delta x$$

$$\mathrm{d}W = 8gx\mathrm{d}x$$

于是 $W = \int_0^{10} 8gx\mathrm{d}x \approx 3920(\text{J}).$

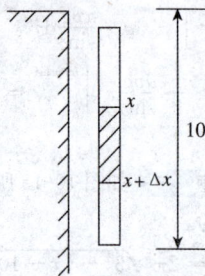

图 10-19

9. **解题过程** $W = \int_0^a f(x)\mathrm{d}x, \quad \mathrm{d}x = 3ct^2\mathrm{d}t$

$$f = k\left(\frac{\mathrm{d}x}{\mathrm{d}t} \right)^2 = 9c^2 kt^4$$

则 $W = \int_0^{\left(\frac{a}{c} \right)^{\frac{1}{3}}} 9c^2 kt^4 \cdot 3ct^2 \mathrm{d}t = 27c^3 k \int_0^{\left(\frac{a}{c} \right)^{\frac{1}{3}}} t^6 \mathrm{d}t$

$$= 27c^3 k \cdot \frac{t^7}{7} \Big|_0^{\left(\frac{a}{c} \right)^{\frac{1}{3}}} = \frac{27}{7} ka^{\frac{7}{3}} c^{\frac{2}{3}}.$$

10. **解题过程** 如图 10-20 所示，取一水平层的微元，对此微元需做功.

$$\Delta W = g(2r-x)\Delta v = g(2r-x)\pi[r^2 - (r-x)^2]\Delta x$$

$$= g(2r-x)\pi(2rx - x^2)\Delta x$$

$$W = \pi \int_0^{2r} g(2r-x)(2rx - x^2)\mathrm{d}x = 2r^2 x^2 - \frac{4}{3}rx^3 + \frac{1}{4}x^4 \Big|_0^{2r}$$

$$= \frac{4}{3}\pi r^4 g(\text{kJ}).$$

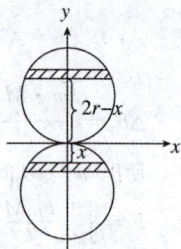

图 10-20

定积分的近似计算（教材上册 P270）

1. **解题过程** 将 $[1,2]$ 10 等分，则 $y_i = \dfrac{1}{1+0.1i}$

梯形法

$$\int_1^2 \frac{dx}{x} \approx \frac{2-1}{10}\left(\frac{1}{2} + \frac{1}{1.1} + \frac{1}{1.2} + \cdots + \frac{1}{1.9} + \frac{1}{2}\right) = 0.69377$$

抛物线法

$$\int_1^2 \frac{dx}{x} = \frac{2-1}{6 \times 5}\left[1 + \frac{1}{2} + 4\left(\frac{1}{1.1} + \frac{1}{1.3} + \cdots + \frac{1}{1.9}\right) + 2\left(\frac{1}{1.2} + \frac{1}{1.4} + \cdots + \frac{1}{1.8}\right)\right]$$

$$= 0.69315.$$

2. 解题 过程 用抛物线法公式计算.

当 $n = 2$ 时,

$$\int_0^\pi \frac{\sin x}{x} dx \approx \frac{\pi}{12}\left[1 + 4\left(\frac{2\sqrt{2}}{\pi} + \frac{2\sqrt{2}}{3\pi}\right) + 2 \cdot \frac{2}{\pi}\right]$$

$$= 1.8569$$

当 $n = 4$ 时,

$$\int_0^\pi \frac{\sin x}{x} dx \approx \frac{\pi}{24}\left[1 + 4\left(\frac{8}{\pi}\sin\frac{\pi}{8} + \frac{8}{3\pi}\sin\frac{3}{8}\pi + \frac{8}{5\pi}\sin\frac{5}{8}\pi + \frac{8}{7\pi}\sin\frac{7}{8}\pi\right)\right.$$

$$\left. + 2\left(\frac{2\sqrt{2}}{\pi} + \frac{2}{\pi} + \frac{2\sqrt{2}}{3\pi}\right)\right]$$

$$\approx 1.8522$$

当 $n = 6$ 时,

$$\int_0^\pi \frac{\sin x}{x} dx \approx \frac{\pi}{36}\left[1 + 4\left(\frac{12}{\pi}\sin\frac{\pi}{12} + \frac{2\sqrt{2}}{\pi} + \frac{12}{5\pi}\sin\frac{5}{12}\pi + \frac{12}{7\pi}\sin\frac{7}{12}\pi + \frac{4}{3\pi} \cdot \frac{\sqrt{2}}{2}\right.\right.$$

$$\left.\left. + \frac{12}{11\pi}\sin\frac{11}{12}\pi\right) + 2\left(\frac{3}{\pi} + \frac{3\sqrt{3}}{2\pi} + \frac{2}{\pi} + \frac{3\sqrt{3}}{4\pi} + \frac{3}{5\pi}\right)\right]$$

$$\approx 1.8519.$$

3. 解题 过程 设该河截面积为 S, 由定积分抛物线公式近似计算.

$$S \approx \frac{8}{6 \times 5}\left[0 + 0 + 4(0.50 + 1.30 + 2.00 + 1.20 + 0.55) + 2 \times (0.85 + 1.65 + 1.75 + 0.85)\right]$$

$$= 8.64 \text{m}^2.$$

4. 解题 过程 (1) (i) 用矩形法公式计算 (保留两位小数):

$$\frac{1}{b-a}\int_a^b f(t) \approx \frac{1}{12}(y_0 + y_1 + \cdots + y_{10} + y_{11}) = 28.71$$

(ii) 梯形法:

$$\frac{1}{b-a}\int_a^b f(t)dt \approx \frac{1}{12}\left(\frac{y_0}{2} + y_1 + y_2 + \cdots + y_{11} + \frac{y_{12}}{2}\right) = 28.68$$

(iii) 抛物线法:

$$\frac{1}{b-a}\int_a^b f(t)dt \approx \frac{1}{36}\left[y_0 + y_{12} + 4(y_1 + y_3 + y_5 + y_7 + y_9 + y_{11}) + 2(y_2 + y_4 \right.$$

$$\left. + y_6 + y_8 + y_{10})\right]$$

$$\approx 28.67.$$

(2) 算术平均算法的两种算法正是矩形法的两种算法. 因为它们公式相同, 对矩形法有公式

$$\frac{1}{b-a}\int_a^b f(t)dt \approx \frac{1}{24}\sum_{i=1}^{12} f(t_i) \cdot 2 = \frac{1}{12}\sum_{i=1}^{12} f(t_i) = \frac{1}{12}\sum_{i=1}^{12} C_i.$$

或 $$\frac{1}{b-a}\int_a^b f(t)dt \approx \frac{1}{24}\sum_{i=1}^{12} f(t_{i-1}) \cdot 2 = \frac{1}{12}\sum_{i=1}^{12} f(t_{i-1}) = \frac{1}{12}\sum_{i=1}^{12} C_{i-1}.$$

而两种算术平均算法求和的平均值正是梯形算法的结果,有公式

$$\frac{1}{b-a}\int_a^b f(t)\,\mathrm{d}t \approx \frac{1}{12}\left(\frac{C_0}{2}+C_1+C_2+\cdots+C_{11}+\frac{C_{12}}{2}\right)$$

$$= \frac{1}{2}\left(\frac{1}{12}\sum_{i=1}^{12}C_{i-1}+\frac{1}{12}\sum_{i=1}^{12}C_i\right)$$

走近考研

数学分析(第四版·上册)同步辅导及习题全解

1. (2003 数学一)过坐标原点作曲线 $y=\ln x$ 的切线,该切线与曲线 $y=\ln x$ 及 x 轴围成平面图形 D.
   (1) 求 D 的面积 A;
   (2) 求 D 绕直线 $x=\mathrm{e}$ 旋转一周所得旋转体的体积 V.

分析 先求出切点坐标及切线方程,再用定积分求面积 A;旋转体体积可用一大立体(圆锥)体积减去一小立体体积进行计算,为了帮助理解,可画一个草图(图 10-21).

详解 (1) 设切点的横坐标为 x_0,则曲线 $y=\ln x$ 在点 $(x_0,\ln x_0)$ 处的切线方程是

$$y=\ln x_0+\frac{1}{x_0}(x-x_0).$$

由该切线过原点知 $\ln x_0-1=0$,从而 $x_0=\mathrm{e}$. 所以该切线的方程为

$$y=\frac{1}{\mathrm{e}}x.$$

平面图形 D 的面积

$$A=\int_0^1(\mathrm{e}^y-\mathrm{e}y)\,\mathrm{d}y=\frac{1}{2}\mathrm{e}-1.$$

(2) 切线 $y=\frac{1}{\mathrm{e}}x$ 与 x 轴及直线 $x=\mathrm{e}$ 所围成的三角形绕直线 $x=\mathrm{e}$ 旋转所得的圆锥体积为

$$V_1=\frac{1}{3}\pi\mathrm{e}^2.$$

曲线 $y=\ln x$ 与 x 轴及直线 $x=\mathrm{e}$ 所围成的图形绕直线 $x=\mathrm{e}$ 旋转所得的旋转体体积为

$$V_2=\int_0^1\pi(\mathrm{e}-\mathrm{e}^y)^2\,\mathrm{d}y,$$

因此所求旋转体的体积为

$$V=V_1-V_2=\frac{1}{3}\pi\mathrm{e}^2-\int_0^1\pi(\mathrm{e}-\mathrm{e}^y)^2\,\mathrm{d}y=\frac{\pi}{6}(5\mathrm{e}^2-12\mathrm{e}+3).$$

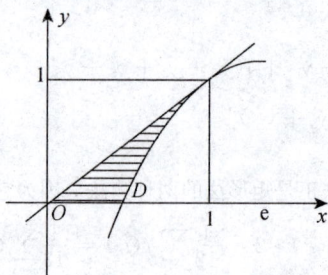

图 10-21

2. (2014 数学三) 设 $\varphi(y)$ 有连续导数，L 为半圆周：$\left(x-\dfrac{\pi}{2}\right)^2+\left(y-\dfrac{\pi}{2}\right)^2=\dfrac{\pi^2}{2}(y\geqslant x)$，从

点 $O(0,0)$ 到点 $A(\pi,\pi)$ 方向（图 10-22），求曲线积分.

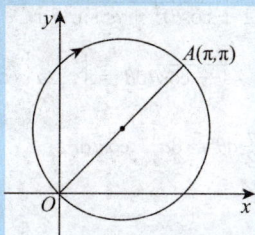

图 10-22

分析
$$I=\int_L[\varphi(y)\cos x-y]\mathrm{d}x+[\varphi'(y)\sin x-1]\mathrm{d}y.$$

$$I=\int_L\varphi(y)\mathrm{d}\sin x+\sin x\mathrm{d}(y)-\mathrm{d}y-y\mathrm{d}x$$

$$=[\varphi(y)\sin x-y]\Big|^{(\pi,\pi)}(0,0)-\int_L y\mathrm{d}x=-\pi-\int_L y\mathrm{d}x$$

L 的参数方程是

$$x=\frac{\pi}{2}=\frac{\pi}{\sqrt{2}}\cos t,\qquad y-\frac{\pi}{2}=\frac{\pi}{\sqrt{2}}\sin t,t\in\left[\frac{5}{4}\pi,\frac{\pi}{4}\right].$$

$$\Rightarrow\int_L y\mathrm{d}x=\int_{\frac{5}{4}}^{\frac{\pi}{4}}\left(\frac{\pi}{2}+\frac{\pi}{2}\sin t\right)\frac{\pi}{\sqrt{2}}(-\sin x)\mathrm{d}t$$

$$=\frac{\pi^2}{2\sqrt{2}}\cos t\Big|_{\frac{5}{4}}^{\frac{\pi}{4}}\pi+\frac{\pi^2}{2}\int_{-\frac{\pi}{2}}^{\frac{\pi}{2}}\sin^2 t\mathrm{d}t=\frac{\pi^2}{2}+\frac{1}{4}\pi^3.$$

因此，
$$I=-\pi-\frac{1}{2}\pi^2-\frac{1}{4}\pi^3.$$

3. (2014 数学一) 已知点 A 与 B 的直角坐标分别为 $(2,0,0)$ 与 $(0,1,2)$，线段 AB 绕 z 轴旋转一周的旋转曲面为 S，求由 S 及两平面 $z=0,z=2$ 所围成的立体体积.

分析 只需求出此旋转体被垂直于 z 轴的平面所截的截面（是一个圆形区域）的面积 $A(z)$，再用已知平行截面面积的立体体积公式计算即可，而为了找出 $A(z)$，只需求出该圆的半径.

解答 线段 AB 在直线 $\dfrac{x-2}{-2}=\dfrac{y}{1}=\dfrac{z}{2}$ 上，若以 z 为参数，则线段 AB 上点 M 的直角坐标 (x,y,z) 满

足：$x=2-z,y=\dfrac{z}{2},0\leqslant z\leqslant 2.$

过点 M 垂直于 z 轴的平面与旋转体的截面半径是

$$R=\sqrt{x^2+y^2}=\sqrt{(2-z)^2+\frac{z^2}{4}}$$

故旋转体的体积

$$V=\int_\pi^2 R^2\mathrm{d}z=\pi\int_0^2\left[(2-z)^2+\frac{z^2}{4}\right]\mathrm{d}z$$

$$=\pi\int_0^2\left(4-4z+\frac{5}{4}z^2\right)\mathrm{d}z=\pi\left(8-8+\frac{10}{3}\right)=\frac{10}{3}\pi.$$

4. (2001 数学一) 设常数 $a>0$，求心脏线 $r=a(1+\cos\theta)$ 的全长以及它所围平面图形的面积.

解答 当 $-\pi \leqslant \theta \leqslant \pi$ 时可得到整条心脏线,如图 10-23 所示,故其全长

$$s = \int_{-\pi}^{\pi} \mathrm{d}s = \int_{-\pi}^{\pi} \sqrt{r^2(\theta) + r'^2(\theta)} \, \mathrm{d}\theta$$

$$= \int_{-\pi}^{\pi} \sqrt{a^2(1+\cos\theta)^2 + a^2\sin^2\theta} \, \mathrm{d}\theta$$

$$= \int_{-\pi}^{\pi} \sqrt{2a} \sqrt{1+\cos\theta} \, \mathrm{d}\theta = \int_{-\pi}^{\pi} 2a \left| \cos\frac{\theta}{2} \right| \mathrm{d}\theta$$

$$= 4a \int_{0}^{\pi} \cos\frac{\theta}{2} \, \mathrm{d}\theta = 8a \int_{0}^{\frac{\pi}{8}} \cos t \, \mathrm{d}t = 8a.$$

它所围平面图形的面积

$$S = \frac{1}{2}\int_{-\pi}^{\pi} r^2(\theta)\mathrm{d}\theta = \frac{a^2}{2}\int_{-\pi}^{\pi} (1+\cos\theta)^2 \mathrm{d}\theta = a^2 \int_{0}^{\pi}(1+2\cos\theta$$

$$+\cos^2\theta)\mathrm{d}\theta$$

$$= a^2 \int_{0}^{\pi}(1+\cos^2\theta)\mathrm{d}\theta = a^2\left(\pi+\frac{\pi}{2}\right) = \frac{3}{2}\pi a^2.$$

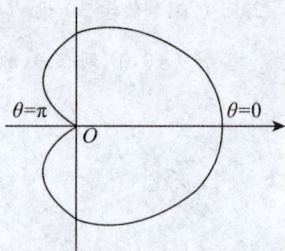

图 10-23

5. (2001 数学一) 已知曲线 L 的方程为 $\begin{cases} z = \sqrt{z-x^2-y^2} \\ z = x \end{cases}$,起点为 $A(0,\sqrt{2},0)$ 终点为 $B(0,-\sqrt{2},0)$,计算曲线积分

$$\int_L (y+z)\mathrm{d}x + (z^2-x^2+y)\mathrm{d}y + (x^2+y^2)\mathrm{d}z.$$

解答 曲线 L 的参数方程为 $\begin{cases} x = \cos t \\ y = \sqrt{2}\sin t, \\ z = \cos t \end{cases}$

起点为 $A(0,\sqrt{2},0)$ 对应 $t = \frac{\pi}{2}$;终点为 $B(0,-\sqrt{2},0)$ 对应 $t = \frac{\pi}{2}$.

$$\int_L (y+z)\mathrm{d}x + (z^2-x^2+y)\mathrm{d}y + (x^2+y^2)\mathrm{d}z.$$

$$= \int_{\frac{\pi}{2}}^{\frac{\pi}{2}} (\sqrt{2}\sin t + \cos t)\mathrm{d}\cos t + (\sqrt{2}\cos t)\mathrm{d}(\sqrt{2}\cos t) + (2-\cot^2 t)\mathrm{d}\cos t$$

$$= 2\sqrt{2}\int_{0}^{\frac{\pi}{2}} \sin^2 t \, \mathrm{d}t = \frac{\sqrt{2}}{2}\pi.$$

第十一章

反常积分

本章知识结构图如下：

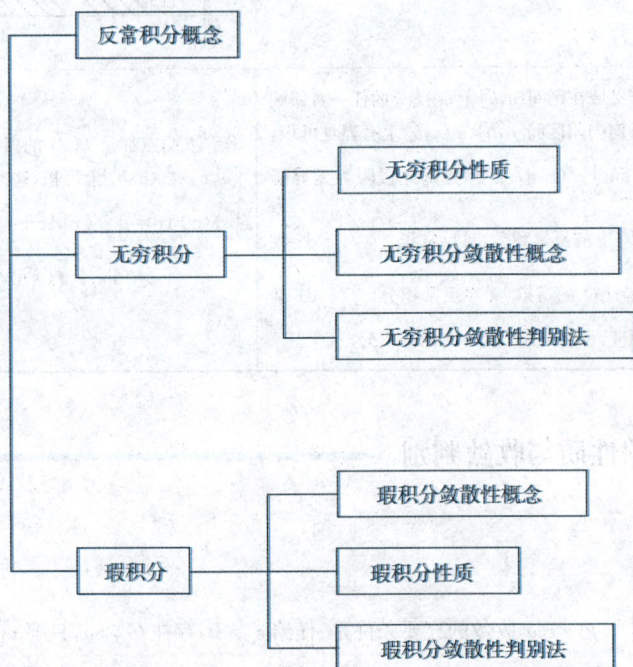

```
反常积分概念

                          ┌─── 无穷积分性质
无穷积分 ──────┼─── 无穷积分敛散性概念
                          └─── 无穷积分敛散性判别法

                          ┌─── 瑕积分敛散性概念
瑕积分 ────────┼─── 瑕积分性质
                          └─── 瑕积分敛散性判别法
```

各个击破

■ 反常积分概念

名称	定　义	备注
无穷积分	设函数 $f(x)$ 定义在无穷区间 $[a,+\infty)$ 上，且在任何有限区间 $[a,u]$ 上可积，如果存在极限 $\lim\limits_{u\to+\infty}\int_a^u f(x)\mathrm{d}x = J$，则称此极限 J 为函数 $f(x)$ 在 $[a,+\infty)$ 上的**无穷积分**，记作 $J = \int_a^{+\infty} f(x)\mathrm{d}x$，并称 $\int_a^{+\infty} f(x)\mathrm{d}x$ **收敛**.　同理，可定义在 $(-\infty,b]$ 上的无穷积分，$\int_{-\infty}^b f(x)\mathrm{d}x = \lim\limits_{u\to-\infty}\int_u^b f(x)\mathrm{d}x$	(1) $\int_{-\infty}^{+\infty} f(x)\mathrm{d}x = \int_{-\infty}^a f(x)\mathrm{d}x + \int_a^{+\infty} f(x)\mathrm{d}x$ (2) $\int_a^{+\infty} f(x)\mathrm{d}x$ 收敛的几何意义： 若 $f(x)$ 在 $[a,+\infty)$ 上为非负连续函数，则图中介于曲线 $y = f(x)$，直线 $x=a$ 以及 x 轴之间那一块向右无限延伸的阴影区域有面积 J
瑕积分	设函数 $f(x)$ 定义域在区间 $(a,b]$ 上，在点 a 的任一右邻域内无界，但在任何内闭区间 $[u,b]\subset(a,b]$ 上有界且可积，如果存在极限 $\lim\limits_{u\to a^+}\int_u^b f(x)\mathrm{d}x = J$，则称此极限为无界函数 $f(x)$ 在 $(a,b]$ 上的**反常积分**，且反常积分 $\int_a^b f(x)\mathrm{d}x$ 收敛，则点 a 称为 $f(x)$ 的**瑕点**.　无界反常积分 $\int_a^b f(x)\mathrm{d}x$ 又称为**瑕积分**.　同理，可定义瑕点为 b 时的瑕积分	若 a,b 两点都是 $f(x)$ 的瑕点，且 $f(x)$ 在任何 $[u,v]\subset(a,b)$ 上可积，这时瑕积分 $\int_a^b f(x)\mathrm{d}x = \int_a^c f(x)\mathrm{d}x + \int_c^b f(x)\mathrm{d}x$ $= \lim\limits_{u\to a^+}\int_u^c f(x)\mathrm{d}x + \lim\limits_{v\to b^-}\int_c^v f(x)\mathrm{d}x$

■ 无穷积分的性质与收敛判别

1. 无穷积分的性质

(1) 无穷积分 $\int_a^{+\infty} f(x)\mathrm{d}x$ 收敛的充要条件是：任给 $\varepsilon>0$，存在 $G\geqslant a$，只要 $u_1,u_2>G$，便有

$$\left|\int_a^{u_2} f(x)\mathrm{d}x - \int_a^{u_1} f(x)\mathrm{d}x\right| = \left|\int_{u_1}^{u_2} f(x)\mathrm{d}x\right| < \varepsilon$$

(2) 若 $\int_a^{+\infty} f_1(x)\mathrm{d}x$ 与 $\int_a^{+\infty} f_2(x)\mathrm{d}x$ 都收敛，k_1,k_2 为任意常数，则 $\int_a^{+\infty}[k_1 f_1(x)+k_2 f_2(x)]\mathrm{d}x$ 也收敛，且

$$\int_a^{+\infty}[k_1 f_1(x)+k_2 f_2(x)]\mathrm{d}x = k_1\int_a^{+\infty} f_1(x)\mathrm{d}x + k_2\int_a^{+\infty} f_2(x)\mathrm{d}x$$

(3) 若 $f(x)$ 在任何有限区间 $[a,u]$ 上可积，$a<b$，则 $\int_a^{+\infty} f(x)\mathrm{d}x$ 与 $\int_b^{+\infty} f(x)\mathrm{d}x$ 同敛态，且有

$$\int_a^{+\infty} f(x)\mathrm{d}x = \int_a^b f(x)\mathrm{d}x + \int_b^{+\infty} f(x)\mathrm{d}x (其中 \int_a^b f(x)\mathrm{d}x 是定积分)$$

(4) 若 $f(x)$ 在任何有限区间 $[a,u]$ 上可积，且有 $\int_a^{+\infty} |f(x)|\mathrm{d}x$ 收敛，则 $\int_a^{+\infty} f(x)\mathrm{d}x$ 亦必收敛，并有

$$\left| \int_a^{+\infty} f(x)\mathrm{d}x \right| \leqslant \int_a^{+\infty} |f(x)|\mathrm{d}x$$

2. 无穷积分收敛判别法

名称		判别法
比较判别法	比较原则	设定义在 $[a,+\infty)$ 上的两个函数 $f(x)$ 和 $g(x)$ 都在任何有限区间 $[a,u]$ 上可积，且满足 $\|f(x)\| \leqslant g(x), x \in [a,+\infty)$，则当 $\int_a^{+\infty} g(x)\mathrm{d}x$ 收敛时，$\int_a^{+\infty} \|f(x)\|\mathrm{d}x$ 必收敛(或者，当 $\int_a^{+\infty} \|f(x)\|\mathrm{d}x$ 发散时，$\int_a^{+\infty} g(x)\mathrm{d}x$ 必发散)
	比较原则的极限形式	若 $f(x)$ 和 $g(x)$ 都在任何有限区间 $[a,u]$ 上可积，$g(x)>0$，且 $\lim\limits_{x \to +\infty} \dfrac{\|f(x)\|}{g(x)} = c$，则有 (1) 当 $0<c<+\infty$ 时，$\int_a^{+\infty} \|f(x)\|\mathrm{d}x$ 与 $\int_a^{+\infty} g(x)\mathrm{d}x$ 同敛态； (2) 当 $c=0$ 时，由 $\int_a^{+\infty} g(x)\mathrm{d}x$ 收敛，可推知 $\int_a^{+\infty} \|f(x)\|\mathrm{d}x$ 也收敛； (3) 当 $c=+\infty$ 时，由 $\int_a^{+\infty} g(x)\mathrm{d}x$ 发散，可推知 $\int_a^{+\infty} \|f(x)\|\mathrm{d}x$ 也发散
比较判别法	柯西判别法	设 $f(x)$ 定义于 $[a,+\infty)(a>0)$，且在任何有限区间 $[a,u]$ 上可积，则有 (1) 当 $\|f(x)\| \leqslant \dfrac{1}{x^p}, x \in [a,+\infty)$，且 $p>1$ 时，$\int_a^{+\infty} \|f(x)\|\mathrm{d}x$ 收敛； (2) 当 $\|f(x)\| \geqslant \dfrac{1}{x^p}, x \in [a,+\infty)$，且 $p \leqslant 1$ 时，$\int_a^{+\infty} \|f(x)\|\mathrm{d}x$ 发散
		设 $f(x)$ 定义于 $[a,+\infty)$，在任何有限区间 $[a,u]$ 上可积，且 $\lim\limits_{x \to +\infty} x^p \|f(x)\| = \lambda$ 则有 (1) 当 $p>1, 0 \leqslant \lambda < +\infty$ 时，$\int_a^{+\infty} \|f(x)\|\mathrm{d}x$ 收敛； (2) 当 $p \leqslant 1, 0 < \lambda \leqslant +\infty$ 时，$\int_a^{+\infty} \|f(x)\|\mathrm{d}x$ 发散
狄利克雷判别法		若 $F(u) = \int_a^u f(x)\mathrm{d}x$ 在 $[a,+\infty)$ 上有界，$g(x)$ 在 $[a,+\infty)$ 上当 $x \to +\infty$ 时单调趋于 0，则 $\int_a^{+\infty} f(x)g(x)\mathrm{d}x$ 收敛
阿贝尔判别法		若 $\int_a^{+\infty} f(x)\mathrm{d}x$ 收敛，$g(x)$ 在 $[a,+\infty)$ 上单调有界，则 $\int_a^{+\infty} f(x)g(x)\mathrm{d}x$ 收敛

■ 瑕积分的性质与收敛判别

1. 瑕积分的性质

(1) 瑕积分 $\int_a^b f(x)\mathrm{d}x$（瑕点为 a）收敛的充要条件是：任给 $\varepsilon > 0$，存在 $\delta > 0$，只要 $u_1, u_2 \in (a, a+\delta)$，总有

$$\left| \int_{u_1}^b f(x)\mathrm{d}x - \int_{u_2}^b f(x)\mathrm{d}x \right| = \left| \int_{u_1}^{u_2} f(x)\mathrm{d}x \right| < \varepsilon$$

(2) 设函数 $f_1(x)$ 和 $f_2(x)$ 的瑕点同为 $x = a$，k_1, k_2 为常数，则当瑕积分 $\int_a^b f_1(x)\mathrm{d}x$ 与 $\int_a^b f_2(x)\mathrm{d}x$ 都收敛时，瑕积分 $\int_a^b [k_1 f_1(x) + k_2 f_2(x)]\mathrm{d}x$ 必定收敛，并有

$$\int_a^b [k_1 f_1(x) + k_2 f_2(x)]\mathrm{d}x = k_1 \int_a^b f(x)\mathrm{d}x + k_2 \int_a^b f_2(x)\mathrm{d}x$$

(3) 设函数 $f(x)$ 的瑕点为 $x = a$，$c \in (a, b)$ 为任一常数，则瑕积分 $\int_a^b f(x)\mathrm{d}x$ 与 $\int_a^c f(x)\mathrm{d}x$ 同敛态，并有

$$\int_a^b f(x)\mathrm{d}x = \int_a^c f(x)\mathrm{d}x + \int_c^b f(x)\mathrm{d}x \text{（其中} \int_c^b f(x)\mathrm{d}x \text{为定积分）}$$

(4) 设函数 $f(x)$ 的瑕点为 $x = a$，$f(x)$ 在 $[a,b]$ 的任一内闭区间 $[u,b]$ 上可积，则当 $\int_a^b |f(x)|\mathrm{d}x$ 收敛时，$\int_a^b f(x)\mathrm{d}x$ 也必定收敛，并有

$$\left| \int_a^b f(x)\mathrm{d}x \right| \leqslant \int_a^b |f(x)|\mathrm{d}x$$

2. 瑕积分的收敛判别法

比较原则	设定义在 $(a,b]$ 上的两个函数 $f(x)$ 和 $g(x)$，瑕点同为 $x = a$，则在任何 $[u,b] \subset (a,b]$ 上可积，且满足 $\|f(x)\| \leqslant g(x), x \in (a,b)$
	(1) $\int_a^b g(x)\mathrm{d}x$ 收敛，则 $\int_a^b \|f(x)\|\mathrm{d}x$ 收敛；
	(2) $\int_a^b \|f(x)\|\mathrm{d}x$ 发散，则 $\int_a^b g(x)\mathrm{d}x$ 发散
	推论 若 $f(x) \geqslant 0, g(x) > 0$，且 $\lim\limits_{x \to a^+} \dfrac{\|f(x)\|}{g(x)} = c$，则有
	(1) 当 $0 < c < +\infty$ 时，$\int_a^b \|f(x)\|\mathrm{d}x$ 与 $\int_a^b g(x)\mathrm{d}x$ 同敛态；
	(2) 当 $c = 0$ 时，由 $\int_a^b g(x)\mathrm{d}x$ 收敛，可推知 $\int_a^b \|f(x)\|\mathrm{d}x$ 也收敛；
	(3) 当 $c = +\infty$ 时，由 $\int_a^b g(x)\mathrm{d}x$ 发散，可推知 $\int_a^b \|f(x)\|\mathrm{d}x$ 也发散

比较原则	设 $f(x)$ 定义于 (a,b)，a 为其瑕点，且在任何 $[u,b]\subset(a,b)$ 上可积，则有 (1) 当 $\lvert f(x)\rvert\leqslant\dfrac{1}{(x-a)^p}$，且 $0<p<1$ 时，$\displaystyle\int_a^b\lvert f(x)\rvert\,\mathrm{d}x$ 收敛；(2) 当 $\lvert f(x)\rvert\geqslant\dfrac{1}{(x-a)^p}$，且 $p\geqslant 1$ 时，$\displaystyle\int_a^b\lvert f(x)\rvert\,\mathrm{d}x$ 发散
	设 $f(x)$ 定义于 (a,b)，a 为其瑕点，且在任何 $[u,b]\subset(a,b)$ 上可积，如果 $\displaystyle\lim_{x\to a^+}(x-a)^p\lvert f(x)\rvert=\lambda$ 则有 (1) 当 $0<p<1,0\leqslant\lambda<+\infty$ 时，$\displaystyle\int_a^b\lvert f(x)\rvert\,\mathrm{d}x$ 收敛；(2) 当 $p\geqslant 1,0<\lambda\leqslant+\infty$ 时，$\displaystyle\int_a^b\lvert f(x)\rvert\,\mathrm{d}x$ 发散

课后习题全解

■ 反常积分概念（教材上册 P276）

1. **解题过程** (1) $\displaystyle\int_0^{+\infty}xe^{-x^2}\,\mathrm{d}x=\lim_{u\to+\infty}\int_0^a xe^{-x^2}\,\mathrm{d}x=\lim_{a\to+\infty}\left(-\frac{1}{2}e^{-x^2}\right)\Big|_0^a$

$$=\lim_{a\to+\infty}\left(-\frac{1}{2}e^{-a^2}+\frac{1}{2}\right)=\frac{1}{2}.$$

该无穷积分收敛，且值为 $\dfrac{1}{2}$.

(2) $\displaystyle\int_{-\infty}^{+\infty}xe^{-x^2}\,\mathrm{d}x=\lim_{a\to-\infty}\int_a^0 xe^{-x^2}\,\mathrm{d}x=\lim_{b\to+\infty}\int_0^b xe^{-x^2}\,\mathrm{d}x$

$$=\lim_{a\to-\infty}\left(-\frac{1}{2}e^{-x^2}\right)\Big|_a^0+\lim_{b\to+\infty}\left(-\frac{1}{2}e^{-x^2}\right)\Big|_0^b$$

$$=\lim_{a\to-\infty}\left(-\frac{1}{2}+\frac{1}{2}e^{-a^2}\right)+\lim_{b\to+\infty}\left(-\frac{1}{2}e^{-b^2}+\frac{1}{2}\right)$$

$$=-\frac{1}{2}+\frac{1}{2}=0.$$

该无穷积分收敛，且值为 0.

(3) $\displaystyle\int_0^{+\infty}\frac{1}{\sqrt{e^x}}\,\mathrm{d}x=\int_0^{+\infty}e^{-\frac{x}{2}}\,\mathrm{d}x=\lim_{a\to+\infty}\int_0^a e^{-\frac{x}{2}}\,\mathrm{d}x$

$$=\lim_{a\to+\infty}\left(-2e^{-\frac{x}{2}}\right)\Big|_0^a=\lim_{a\to+\infty}\left(-2e^{-\frac{a}{2}}+2\right)=2.$$

该无穷积分收敛，且值为 2.

(4) $\displaystyle\int_1^{+\infty}\frac{\mathrm{d}x}{x^2(1+x)}=\lim_{a\to+\infty}\int_1^a\frac{1}{x^2(1+x)}\,\mathrm{d}x=\lim_{a\to+\infty}\int_1^a\left(-\frac{1}{x}+\frac{1}{x^2}+\frac{1}{1+x}\right)\mathrm{d}x$

$$=\lim_{a\to+\infty}\left[-\ln x-\frac{1}{x}+\ln(1+x)\right]_1^a$$

$$= \lim_{a \to +\infty} \left[-\ln a - \frac{1}{a} + \ln(1+a) + 1 - \ln 2 \right]$$

$$= \lim_{a \to +\infty} \left(\ln \frac{1+a}{a} - \frac{1}{a} + 1 - \ln 2 \right) = 1 - \ln 2.$$

该无穷积分收敛，且值为 $1 - \ln 2$.

(5) $\displaystyle\int_{-\infty}^{+\infty} \frac{\mathrm{d}x}{4x^2 + 4x + 5} = \int_{-\infty}^{+\infty} \frac{\mathrm{d}x}{(2x+1)^2 + 2^2} = \frac{1}{4} \arctan \left(x + \frac{1}{2} \right) \Big|_{-\infty}^{+\infty}$

$$= \frac{1}{4} \cdot \frac{\pi}{2} - \frac{1}{4} \cdot \left(-\frac{\pi}{2} \right) = \frac{\pi}{4}.$$

该无穷积分收敛，且值为 $\dfrac{\pi}{4}$.

(6) (6) $\displaystyle\int \mathrm{e}^{-x} \sin x \,\mathrm{d}x = -\int \sin x \,\mathrm{d}\mathrm{e}^{-x} = -\sin x \mathrm{e}^{-x} + \int \mathrm{e}^{-x} \cos x \,\mathrm{d}x$

$$= -\sin x \mathrm{e}^{-x} - \left(\cos x \mathrm{e}^{-x} + \int \mathrm{e}^{-x} \sin x \,\mathrm{d}x \right)$$

$$= -\sin x \mathrm{e}^{-x} - \cos x \mathrm{e}^{-x} - \int \mathrm{e}^{-x} \sin x \,\mathrm{d}x$$

即 $\displaystyle\int \mathrm{e}^{-x} \sin x \,\mathrm{d}x = -\frac{1}{2}(\sin x + \cos x)\mathrm{e}^{-x}$

所以 $\displaystyle\int_0^{+\infty} \mathrm{e}^{-x} \sin x \,\mathrm{d}x = \lim_{a \to +\infty} -\frac{1}{2} \mathrm{e}^{-x}(\sin x + \cos x) \Big|_0^a$

$$= \frac{1}{2}$$

(7) $\displaystyle\int_0^{+\infty} \mathrm{e}^x \sin x \,\mathrm{d}x = \lim_{a \to +\infty} \int_0^A \mathrm{e}^x \sin x \,\mathrm{d}x = \lim_{a \to +\infty} \frac{\sin x - \cos x}{2} \Big|_0^A$

$$= \lim_{a \to \infty} \frac{1}{2}(\sin A - \cos A + 1) \quad (发散)$$

$\displaystyle\int_{-\infty}^0 \mathrm{e}^x \sin x \,\mathrm{d}x = \lim_{b \to -\infty} \int_b^0 \mathrm{e}^x \sin x \,\mathrm{d}x = \lim_{b \to -\infty} \frac{\sin x - \cos x}{2} \Big|_b^0$

$$= \lim_{b \to -\infty} \left[-\frac{1}{2} - \frac{1}{2} \mathrm{e}^b (\sin b - \cos b) \right] \quad (发散)$$

所以 $\displaystyle\int_{-\infty}^{+\infty} \mathrm{e}^x \sin x \,\mathrm{d}x$ 发散.

(8) $\displaystyle\int_0^u \frac{\mathrm{d}x}{\sqrt{1+x^2}} = \ln|u + \sqrt{u^2+1}|$, $\displaystyle\lim_{u \to +\infty} \int_0^u \frac{\mathrm{d}x}{\sqrt{1+x^2}} = +\infty$

该无穷积分发散.

2. 解题过程 (1) 被积函数 $f(x) = \dfrac{1}{(x-a)^p}$ 在 $(a,b]$ 上连续，从而在任何 $[u,b] \subset (a,b]$ 上可积，$x=a$ 为其瑕点，依定义 2 求得

$$\int_a^b \frac{\mathrm{d}x}{(x-a)^p} = \lim_{u \to a^+} \int_u^b \frac{\mathrm{d}x}{(x-a)^p}$$

而 $\displaystyle\lim_{u \to a^+} \int_u^b \frac{\mathrm{d}x}{(x-a)^p} = \begin{cases} \dfrac{(b-a)^{1-p}}{1-p}, & p < 1 \\ \infty, & p \geqslant 1 \end{cases}$

当 $p < 1$ 时，该瑕积分收敛至 $\dfrac{(b-a)^{1-p}}{1-p}$；当 $p \geqslant 1$ 时，该瑕积分发散.

(2) 被积函数 $f(x) = \dfrac{1}{1-x^2}$ 在 $[0,1)$ 上连续，从而在任何 $[0,u] \subset [0,1)$ 上可积，$x=1$ 为其瑕点，

依定义 2 求得

$$\int_0^1 \frac{\mathrm{d}x}{1-x^2} = \lim_{u\to 1^-}\int_0^u \frac{\mathrm{d}x}{1-x^2} = \lim_{u\to 1^-}\frac{1}{2}\left[\ln(u+1)-\ln(1-u)\right] = +\infty$$

因此该瑕积分发散.

(3) 被积函数 $f(x) = \dfrac{1}{\sqrt{|x-1|}}$ 在 $[0,1)\bigcup(1,2)$ 上连续,$x=1$ 为其瑕点,依定义 2 得

$$\int_0^1 \frac{\mathrm{d}x}{\sqrt{|x-1|}} = \lim_{u\to 1^-}\int_0^u \frac{\mathrm{d}x}{\sqrt{|x-1|}} = \lim_{u\to 1^-}\int_0^u \frac{\mathrm{d}x}{\sqrt{1-x}}$$
$$= \lim_{u\to 1^-}(2-2\sqrt{1-u}) = 2$$

$$\int_1^2 \frac{\mathrm{d}x}{\sqrt{|x-1|}} = \lim_{u\to 1^+}\int_u^2 \frac{\mathrm{d}x}{\sqrt{|x-1|}} = \lim_{u\to 1^+}\int_u^2 \frac{\mathrm{d}x}{\sqrt{x-1}}$$
$$= \lim_{u\to 1^+}(2-2\sqrt{u-1}) = 2$$

则
$$\int_0^2 \frac{\mathrm{d}x}{\sqrt{|x-1|}} = \int_0^1 \frac{\mathrm{d}x}{\sqrt{|x-1|}} + \int_1^2 \frac{\mathrm{d}x}{\sqrt{|x-1|}} = 4,\text{瑕积分收敛}.$$

(4) 被积函数 $f(x) = \dfrac{x}{\sqrt{1-x^2}}$ 在 $[0,1)$ 上连续,从而在任何 $[0,u]\subset[0,1)$ 上可积,$x=1$ 为其瑕点,依定义 2 得

$$\int_0^1 \frac{x}{\sqrt{1-x^2}}\mathrm{d}x = \lim_{u\to 1^-}\int_0^u \frac{x}{\sqrt{1-x^2}}\mathrm{d}x = \lim_{u\to 1^-}(1-\sqrt{1-u^2}) = 1.$$

(5) 被积函数 $f(x) = \ln x$ 在 $(0,1]$ 上连续,从而在任何 $[u,1]\subset(0,1)$ 上可积,$x=0$ 为其瑕点,依定义 2 得

$$\int_0^1 \ln x\,\mathrm{d}x = \lim_{u\to 0^+}\int_u^1 \ln x\,\mathrm{d}x = \lim_{u\to 0^+}\left[-1-u(\ln u-1)\right] = -1$$

因此该瑕积分收敛至 -1.

(6) 令 $x = \sin^2 t, t\in\left[0,\dfrac{\pi}{2}\right]$,则

$$\int_0^1 \sqrt{\frac{x}{1-x}}\,\mathrm{d}x = \int_0^{\frac{\pi}{2}}\sqrt{\frac{\sin^2 t}{1-\sin^2 t}}\,\mathrm{d}\sin^2 t = \int_0^{\frac{\pi}{2}}(1-\cos 2t)\mathrm{d}t = \frac{\pi}{2}.$$

(7) 令 $x = \sin^2 t, t\in\left[0,\dfrac{\pi}{2}\right]$,则

$$\int_0^1 \frac{\mathrm{d}x}{\sqrt{x-x^2}} = \int_0^{\frac{\pi}{2}}\frac{\mathrm{d}\sin^2 t}{\sqrt{\sin^2 t\cos^2 t}} = \int_0^{\frac{\pi}{2}}2\mathrm{d}t = \pi.$$

(8) $\displaystyle\int_0^1 \frac{\mathrm{d}x}{x(\ln x)^p} = \int_0^{\frac{1}{2}}\frac{\mathrm{d}x}{x(\ln x)^p} + \int_{\frac{1}{2}}^1 \frac{\mathrm{d}x}{x(\ln x)^p}$

$$= \int_0^{\frac{1}{2}}(\ln x)^{-p}\mathrm{d}(\ln x) + \int_{\frac{1}{2}}^1 (\ln x)^{-p}\mathrm{d}(\ln x)$$

$$= \lim_{u\to 0^+}\int_0^{\frac{1}{2}}(\ln x)^{-p}\mathrm{d}(\ln x) + \lim_{u\to 1^-}\int_{\frac{1}{2}}^0 (\ln x)^{-p}\mathrm{d}(\ln x)$$

$$= \lim_{u\to 0^+}\frac{1}{1-p}(\ln x)^{1-p}\Big|_0^{\frac{1}{2}} + \lim_{u\to 1^-}\frac{1}{1-p}(\ln x)^{1-p}\Big|_{\frac{1}{2}}^0$$

$$= \lim_{u\to 0^+}\frac{1}{1-p}\left[\left(\ln\frac{1}{2}\right)^{1-p} - (\ln x)^{1-p}\right]$$
$$+ \lim_{x\to 1^+}\frac{1}{1-p}\left[(\ln x)^{1-p} - \ln\left(\frac{1}{2}\right)^{1-p}\right].$$

因此该瑕积分发散.

3. 解题过程 瑕积分 $f(x) = \dfrac{x}{\sqrt{1-x^2}} \displaystyle\int_0^1 \dfrac{x}{\sqrt{1-x^2}} \mathrm{d}x = 1$, 收敛.

但 $\displaystyle\int_0^1 \dfrac{x^2}{1-x^2} \mathrm{d}x = \int_0^1 \left(\dfrac{1}{1-x^2} - 1 \right) \mathrm{d}x = \int_0^1 \dfrac{1}{1-x^2} \mathrm{d}x - 1 = \infty$, 发散.

4. 解题过程 例如 $f(x) = \begin{cases} \dfrac{1}{x^2}, & x \text{ 不为自然数} \\ 1, & x \text{ 为自然数} \end{cases}$

则 $\displaystyle\int_1^{+\infty} \dfrac{1}{x^2} \mathrm{d}x = \lim_{A \to +\infty} \int_1^A \dfrac{1}{x^2} \mathrm{d}x = \lim_{A \to +\infty} \left[-\dfrac{1}{x} \right] \Big|_1^A = 1$ 收敛.

而且 $f(x) = \dfrac{1}{x^2}$ 在 $[1, +\infty)$ 上连续.

$\displaystyle\lim f(x)$ 当 $x \to +\infty$ 时, 极限不存在(趋于两个不同值).

5. 解题过程 $\displaystyle\lim_{x \to +\infty} f(x) = A$, 取 $\varepsilon = \dfrac{A}{2}$, 则存在 $M > 0$, 当 $x > M$ 时, $f(x) > \dfrac{A}{2}$

所以 $\displaystyle\int_a^u f(x) \mathrm{d}x > \int_a^u \dfrac{A}{2} \mathrm{d}x$, $\displaystyle\lim_{u \to +\infty} \int_a^u f(x) \mathrm{d}x > \lim_{u \to +\infty} \int_a^u \dfrac{A}{2} \mathrm{d}x$

$\displaystyle\int_a^{+\infty} f(x) \mathrm{d}x > \int_a^{+\infty} \dfrac{A}{2} \mathrm{d}x = -\infty (A \ne 0 \text{ 时})$, 与 $\displaystyle\int_{-\infty}^{+\infty} f(x) \mathrm{d}x$ 收敛矛盾, 因此 $A = 0$.

6. 解题过程 由 $\displaystyle\int_a^{+\infty} f'(x) \mathrm{d}x$ 收敛知, 对 $\forall \varepsilon > 0, \exists M > a$, 当 $x', x'' > M$ 时

$$\left| \int_{x'}^{x''} f'(x) \mathrm{d}x \right| < \varepsilon$$

即 $| f(x') - f(x'') | < \varepsilon$.

$\therefore \displaystyle\lim_{x \to +\infty} f(x)$ 存在.

若 $\displaystyle\lim_{x \to +\infty} f(x) = A \ne 0$ (设 $A > 0$)

则对 $\varepsilon_1 = \dfrac{A}{2}$, 有 M_1 存在, 当 $x > M_1$ 时, 有 $f(x) \geqslant \dfrac{A}{2}$, 从而 $\displaystyle\int_{M_1}^{+\infty} f(x) \mathrm{d}x \geqslant \int_{M_1}^{+\infty} \dfrac{A}{2} \mathrm{d}x$.

$\therefore \displaystyle\int_{M_1}^{+\infty} f(x) \mathrm{d}x$ 发散. 由此可得积分 $\displaystyle\int_0^{+\infty} f(x) \mathrm{d}x$ 也发散, 与题设矛盾, 故有 $\displaystyle\lim_{x \to +\infty} f(x) = 0$.

■ 无穷积分的性质与收敛判别(教材上册 P282)

1. 解题过程 (1) 定理 11.2 的证明:

由 $\displaystyle\int_a^{+\infty} g(x) \mathrm{d}x$ 收敛, 根据柯西准则, 任给 $\varepsilon > 0$, 存在 $G \geqslant a$, 当 $u_2 > u_1 > G$ 时, 总有

$\left| \displaystyle\int_{u_1}^{u_2} g(x) \mathrm{d}x \right| < \varepsilon$

$| f(x) | \leqslant g(x) \Rightarrow \left| \displaystyle\int_{u_1}^{u_2} | f(x) | \mathrm{d}x \right| \leqslant \left| \displaystyle\int_{u_1}^{u_2} g(x) \mathrm{d}x \right| < \varepsilon$

再由柯西准则, 证得 $\displaystyle\int_a^{+\infty} | f(x) | \mathrm{d}x$ 收敛.

(2) 推论 1 的证明:

(ⅰ) $\displaystyle\lim_{x \to +\infty} \dfrac{| f(x) |}{g(x)} = C, g(x) > 0$

$$\Rightarrow \text{取 } \varepsilon = \frac{C}{2}, \text{存在 } M > 0, \text{当 } x > M \text{ 时, 有}$$

$$0 < \frac{C}{2} g(x) < | f(x) | < \frac{3C}{2} g(x) < +\infty$$

$| f(x) | < \frac{3C}{2} g(x)$, 由定理 11.2 知, $\int_a^{+\infty} g(x) \mathrm{d}x$ 收敛, 可推出 $\int_a^{+\infty} | f(x) | \, \mathrm{d}x$ 收敛.

$| f(x) | > \frac{C}{2} g(x) > 0$, 由定理 11.2 知, $\int_a^{+\infty} g(x) \mathrm{d}x$ 发散, 可推出 $\int_a^{+\infty} | f(x) | \, \mathrm{d}x$ 发散.

$\Rightarrow 0 < C < +\infty$ 时, $\int_a^{+\infty} | f(x) | \, \mathrm{d}x$ 与 $\int_a^{+\infty} g(x) \mathrm{d}x$ 同敛态.

（ ii ） $\lim\limits_{x \to +\infty} \dfrac{| f(x) |}{g(x)} = 0, g(x) > 0$

$\Rightarrow$ 取 $\varepsilon = 1$, 存在 $M > 0$, 当 $x > M$ 时, 有 $\dfrac{| f(x) |}{g(x)} < \varepsilon = 1 \Rightarrow | f(x) | < g(x)$.

由定理 11.2 知, $\int_a^{+\infty} g(x) \mathrm{d}x$ 收敛时, $\int_a^{+\infty} | f(x) | \, \mathrm{d}x$ 必收敛.

（ iii ） $\lim\limits_{x \to +\infty} \dfrac{| f(x) |}{g(x)} = +\infty, g(x) > 0$.

$\Rightarrow$ 取 $N = 1$, 存在 $M > 0$, 当 $x > M$ 时, 有 $\dfrac{| f(x) |}{g(x)} > 1$

$\Rightarrow | f(x) | > g(x) > 0$.

由定理 11.2 知, $\int_a^{+\infty} g(x)$ 发散时, $\int_a^{+\infty} | f(x) | \, \mathrm{d}x$ 必发散.

2. 解题过程 对一切实数 t, 恒有 $[tf(x) - g(x)]^2 \geqslant 0$, 从而有

$$\int_a^{+\infty} [tf(x) - g(x)]^2 \mathrm{d}x = t^2 \int_a^{+\infty} f^2(x) \mathrm{d}x - 2t \int_a^{+\infty} f(x)g(x) \mathrm{d}x + \int_a^b g^2(x) \mathrm{d}x \geqslant 0$$

由此推得关于 t 的二次三项式的判别式为负, 即

$$\left(2 \int_a^{+\infty} f(x)g(x) \mathrm{d}x \right)^2 - 4 \int_a^{+\infty} f^2(x) \mathrm{d}x \cdot \int_a^{+\infty} g^2(x) \mathrm{d}x \leqslant 0$$

$$\left(\int_a^{+\infty} f(x)g(x) \mathrm{d}x \right)^2 \leqslant \int_a^{+\infty} f^2(x) \mathrm{d}x \int_a^{+\infty} g^2(x) \mathrm{d}x$$

$\int_a^{+\infty} f^2(x) \mathrm{d}x, \int_a^{+\infty} g^2(x) \mathrm{d}x$ 收敛 $\Rightarrow \int_a^{+\infty} f(x)g(x) \mathrm{d}x$ 收敛.

由无穷积分性质 1 得 $\int_a^{+\infty} [f(x) + g(x)]^2 \mathrm{d}x = \int_a^{+\infty} f^2(x) \mathrm{d}x + 2 \int_a^{+\infty} f(x)g(x) \mathrm{d}x + \int_a^{+\infty} g^2(x) \mathrm{d}x$ 收敛.

3. 解题过程 由已知有 $h(x) \leqslant f(x) \leqslant g(x)$, 对于任给 $u > a$, 由积分性质有

$$\int_a^u h(x) \mathrm{d}x \leqslant \int_a^u f(x) \mathrm{d}x \leqslant \int_a^u g(x) \mathrm{d}x$$

(1) 若 $\int_a^{+\infty} h(x) \mathrm{d}x$ 及 $\int_a^{+\infty} g(x) \mathrm{d}x$ 收敛, 即 $\lim\limits_{u \to +\infty} \int_a^y h(x) \mathrm{d}x$ 及 $\lim\limits_{u \to +\infty} \int_a^u g(x) \mathrm{d}x$ 存在. 由夹逼定理有

$\lim\limits_{u \to +\infty} \int_a^u f(x) \mathrm{d}x$ 也存在, 即 $\int_a^{+\infty} f(x) \mathrm{d}x$ 收敛.

(2) 若 $\lim\limits_{u \to +\infty} \int_a^u h(x) \mathrm{d}x = \int_a^{+\infty} h(x) \mathrm{d}x = A$, $\lim\limits_{u \to +\infty} \int_a^u g(x) \mathrm{d}x = \int_a^{+\infty} g(x) \mathrm{d}x = A$, 由夹逼定理有

$$\int_0^{+\infty} f(x) \mathrm{d}x = \lim\limits_{u \to +\infty} \int_a^u f(x) \mathrm{d}x = A.$$

4. 解题过程 (1) $\lim\limits_{x \to +\infty} x^{\frac{4}{3}} \dfrac{1}{\sqrt[3]{x^4 + 1}} = 1$

由定理 11.2 的推论 3$\left(p=\dfrac{4}{3},\lambda=1\right)$,推知 $\displaystyle\int_0^{+\infty}\dfrac{\mathrm{d}x}{\sqrt[3]{x^4+1}}$ 收敛.

(2) $\displaystyle\lim_{x\to+\infty}x^2\cdot\left|\dfrac{x}{1-\mathrm{e}^x}\right|=\lim_{x\to+\infty}\dfrac{x^3}{\mathrm{e}^x-1}=0$,由定理 11.2 的推论知 $\displaystyle\int_1^{+\infty}\dfrac{x}{1-\mathrm{e}^x}\mathrm{d}x$ 收敛.

(3) $\displaystyle\lim_{x\to+\infty}x^{\frac{1}{2}}\cdot\dfrac{1}{1+\sqrt{x}}=1$

由定理 11.2 的推论 2$\left(p=\dfrac{1}{2},\lambda=1\right)$,推知 $\displaystyle\int_a^{+\infty}\dfrac{\mathrm{d}x}{1+\sqrt{x}}$ 发散.

(4) $0<\dfrac{x\arctan x}{4x^3}<\dfrac{x\cdot\dfrac{\pi}{2}}{1+x^3}$

而 $\displaystyle\lim_{x\to+\infty}x^2\cdot\dfrac{x\cdot\dfrac{\pi}{2}}{1+x^3}=\dfrac{\pi}{2}$,由定理 11.2 的推论 3$\left(p=2,\lambda=\dfrac{\pi}{2}\right)$ 推知 $\displaystyle\int_1^{+\infty}\dfrac{x\cdot\dfrac{\pi}{2}}{1+x^3}\mathrm{d}x$ 收敛.

再由定理 11.2 推知 $\displaystyle\int_1^{+\infty}\dfrac{x\arctan x}{1+x^3}\mathrm{d}x$ 收敛.

(5) 当 $n\leqslant1$ 时,由定理 11.2 的推论 3$(p\leqslant1,\lambda=+\infty)$ 推知 $\displaystyle\int_1^{+\infty}\dfrac{\ln(1+x)}{x^n}$ 发散;

当 $n>1$ 时,由定理 11.2 的推论 3$(p>1,\lambda=0)$ 推知 $\displaystyle\int_1^{+\infty}\dfrac{\ln(1+x)}{x^n}$ 收敛.

(6)
$$\int_0^{+\infty}\dfrac{x^m}{1+x^n}\mathrm{d}x=\int_0^1\dfrac{x^m\mathrm{d}x}{1+x^n}+\int_1^{+\infty}\dfrac{x^m}{1+x^n}\mathrm{d}x$$

先考虑积分 $\displaystyle\int_0^1\dfrac{x^m}{1+x^n}\mathrm{d}x$

$$x^{-m}\cdot\dfrac{x^m}{1+x^n}=\dfrac{1}{1+x^n}\xrightarrow{x\to0^+}1$$

故当且仅当 $m>-1$ 时,积分 $\displaystyle\int_0^1\dfrac{x^m}{1+x^n}\mathrm{d}x$ 收敛.

再考虑积分 $\displaystyle\int_1^{+\infty}\dfrac{x^m}{1+x^n}\mathrm{d}x$

$$x^{n-m}\cdot\dfrac{x^m}{1+x^n}=\dfrac{x^n}{1+x^n}\xrightarrow{x\to+\infty}1$$

故当且仅当 $n-m>1$ 时,积分 $\displaystyle\int_1^{+\infty}\dfrac{x^m}{1+x^n}\mathrm{d}x$ 收敛.

综上所述,$\because m\geqslant0$,当 $n-m>1$ 时,积分 $\displaystyle\int_0^{+\infty}\dfrac{x^m}{1+x^n}\mathrm{d}x(n\geqslant0)$ 收敛,否则发散.

5. 解题过程 (1) $\displaystyle\lim_{x\to+\infty}x^{\frac{1}{2}}\left|\dfrac{\sin\sqrt{x}}{x}\right|=1$

由定理 11.2 推论 3$\left(p=\dfrac{1}{2},\lambda=1\right)$ 推知 $\displaystyle\int_1^{+\infty}\left|\dfrac{\sin\sqrt{x}}{x}\right|\mathrm{d}x$ 发散.

$F(u)=\displaystyle\int_1^u\dfrac{\sin\sqrt{x}}{\sqrt{x}}\mathrm{d}x=2\cos1-2\cos\sqrt{u}$,$|F(u)|\leqslant4,u\in[1,+\infty)$

$\Rightarrow F(u)$ 在 $[1,+\infty)$ 上有界.

$g(x)=\dfrac{1}{\sqrt{x}}$ 在 $[1,+\infty)$ 上当 $x\to+\infty$ 时单调趋于 0,由狄利克雷判别法知 $\displaystyle\int_1^{+\infty}\dfrac{\sin\sqrt{x}}{x}\mathrm{d}x$ 收敛.

由条件收敛的定义知 $\displaystyle\int_1^{+\infty}\dfrac{\sin\sqrt{x}}{x}\mathrm{d}x$ 条件收敛.

294

(2) $\left| \dfrac{\mathrm{sgn}(\sin x)}{1+x^2} \right| \leqslant \dfrac{1}{1+x^2}, \lim\limits_{x \to +\infty} x^2 \cdot \dfrac{1}{1+x^2} = 1,$

由定理 11.2 的推论 3($p=2, \lambda=1$) 推知 $\displaystyle\int_0^{+\infty} \left| \dfrac{1}{1+x^2} \right| \mathrm{d}x = \int_0^{+\infty} \dfrac{1}{1+x^2} \mathrm{d}x$ 收敛.

由定理 11.2 推知 $\displaystyle\int_0^{+\infty} \left| \dfrac{\mathrm{sgn}(\sin x)}{1+x^2} \right| \mathrm{d}x$ 收敛 $\Rightarrow \displaystyle\int_0^{+\infty} \dfrac{\mathrm{sgn}(\sin x)}{1+x^2} \mathrm{d}x$ 绝对收敛.

(3) $\lim\limits_{x \to +\infty} x^{\frac{3}{4}} \cdot \left| \dfrac{\sqrt{x}\cos x}{100+x} \right| = \lim\limits_{x \to +\infty} \dfrac{x}{100+x} \cdot |x^{\frac{1}{4}} \cdot \cos x| = +\infty$

由定理 11.2 的推论 3 推知 $\displaystyle\int_0^{+\infty} \left| \dfrac{\sqrt{x}\cos x}{100+x} \right| \mathrm{d}x$ 发散.

$F(u) = \displaystyle\int_0^u \cos x \mathrm{d}x = \sin u, |F(u)| \leqslant 1, u \in [0, +\infty)$

$\Rightarrow F(u)$ 在 $[0, +\infty)$ 上有界.

$g(x) = \dfrac{\sqrt{x}}{100+x}$ 在 $[0, +\infty)$ 上当 $x \to +\infty$ 时单调趋于 0,由狄利克雷判别法知 $\displaystyle\int_0^{+\infty} \dfrac{\sqrt{x}\cos x}{100+x} \mathrm{d}x$ 收敛.

综上所述,$\displaystyle\int_1^{+\infty} \dfrac{\sqrt{x}\cos x}{100+x} \mathrm{d}x$ 条件收敛.

(4) $\lim\limits_{x \to +\infty} x \cdot \left| \dfrac{\ln(\ln x)}{\ln x} \sin x \right| = +\infty$

由定理 11.2 的推论 3 推知 $\displaystyle\int_e^{+\infty} \left| \dfrac{\ln(\ln x)}{\ln x} \sin x \right| \mathrm{d}x$ 发散.

$F(u) = \displaystyle\int_e^u \sin x \mathrm{d}x = \cos e - \cos u, |F(u)| \leqslant 2, u \in [e, +\infty)$

$\Rightarrow F(u)$ 在 $[e, +\infty)$ 上有界.

$g(x) = \dfrac{\ln(\ln x)}{\ln x}$ 在 $[e, +\infty)$ 上当 $x \to +\infty$ 时单调趋于 0,由狄利克雷判别法知 $\displaystyle\int_e^{+\infty} \dfrac{\ln(\ln x)}{\ln x} \sin x \mathrm{d}x$ 收敛.

综上所述,$\displaystyle\int_e^{+\infty} \dfrac{\ln(\ln x)}{\ln x} \sin x \mathrm{d}x$ 条件收敛.

6. 解题过程 (1) 取 $f(x) = \dfrac{\sin x}{x^{\frac{5}{4}}}$, $\displaystyle\int_1^{+\infty} \dfrac{\sin x}{x^{\frac{5}{4}}} \mathrm{d}x$ 条件收敛,且对于 $\displaystyle\int_1^{+\infty} \dfrac{\sin^2 x}{x^{\frac{5}{2}}} \mathrm{d}x$,因 $\lim\limits_{x \to +\infty} x^{\frac{1}{2}} \cdot \dfrac{\sin^2 x}{x^{\frac{5}{2}}} = 1$,

由定理 11.2 的推论 3($p = \dfrac{1}{2}, \lambda = 1$) 推知 $\displaystyle\int_1^{+\infty} \dfrac{\sin^2 x}{x^{\frac{5}{2}}} \mathrm{d}x$ 发散.

(2) 取 $f(x) = \dfrac{\sin x}{\sqrt{x}}$, $\displaystyle\int_1^{+\infty} \dfrac{\sin x}{\sqrt{x}} \mathrm{d}x$ 收敛,且 $\lim\limits_{x \to +\infty} \dfrac{\sin x}{\sqrt{x}} = 0$,但因 $\displaystyle\int_1^{+\infty} \dfrac{\sin^2 x}{x} \mathrm{d}x = \dfrac{1}{2} \displaystyle\int_1^{+\infty} \left(\dfrac{1}{x} - \dfrac{\cos 2x}{x} \right) \mathrm{d}x$,其中 $\displaystyle\int_1^{+\infty} \dfrac{\cos 2x}{x} \mathrm{d}x$ 收敛,$\displaystyle\int_1^{+\infty} \dfrac{1}{x} \mathrm{d}x$ 发散,故 $\displaystyle\int_1^{+\infty} \dfrac{\sin^2 x}{x} \mathrm{d}x$ 发散.

7. 解题过程 由已知知 $\lim\limits_{x \to +\infty} f(x) = 0$,即当 $x \to +\infty$ 时,必 $\exists x' > 0$,当 $x \geqslant x'$ 时,相应的 $f(x)$ 的值总在 $0 \sim 1$ 之间,此时必有 $f^2(x) \leqslant |f(x)|$.

由定理 11.2 知,当 $\displaystyle\int_a^{+\infty} |f(x)| \mathrm{d}x$ 收敛时必有 $f^2(x)$ 收敛.即 $\displaystyle\int_0^{+\infty} f(x) \mathrm{d}x$ 绝对收敛时必有 $\displaystyle\int_a^{+\infty} f^2(x) \mathrm{d}x$ 收敛.

8. 解题过程 设 $f(x)$ 单调递减,则必有 $f(x) \geqslant 0$,否则若存在 $x = b$,使 $f(x) < 0$,则当 $x > b$ 时,

$f(x) \leqslant f(b) < 0$, 从而 $\int_a^{+\infty} f(x)\mathrm{d}x = \int_a^b f(x)\mathrm{d}x + \int_b^{+\infty} f(x)\mathrm{d}x$ 发散, 与已知条件矛盾.

由 $\int_a^{+\infty} f(x)\mathrm{d}x$ 收敛, 则对 $\forall \varepsilon > 0, \exists M > a$, 当 $x > M$ 时, 有

$$\frac{\varepsilon}{2} > \int_{\frac{x}{2}}^x f(t)\mathrm{d}t \geqslant f(x) \cdot \int_{\frac{x}{2}}^x \mathrm{d}t = \frac{x}{2} f(x)$$

故有 $0 < xf(x) \leqslant \varepsilon$, 因此 $\lim\limits_{x \to +\infty} xf(x) = 0$.

所以 $f(x) = o\left(\dfrac{1}{\lambda}\right), \lambda \to +\infty$, 且 $\lim\limits_{x \to +\infty} f(x) = 0$.

9. 解题过程 用反证法. 假设 $\lim\limits_{x \to +\infty} f(x) \neq 0$, 则存在 $\varepsilon_0 > 0$, 对任意 $G > 0$, 存在 $x' > G$, 使得
$|f(x')| \geqslant \varepsilon_0$, 即 $f(x') \geqslant \varepsilon_0$ 或 $f(x') \leqslant -\varepsilon_0$.
因为 $f(x)$ 在 $[a, +\infty)$ 上一致连续,

则给定 $\varepsilon = \dfrac{\varepsilon_0}{2}$, 存在 $\delta > 0$, 当 $|x - x'| < \delta$ 时, 有

$$|f(x) - f(x')| < \varepsilon \Rightarrow f(x') - \frac{\varepsilon_0}{2} < f(x) < f(x') + \frac{\varepsilon_0}{2}$$

由假设 $|f(x')| \geqslant \varepsilon_0 \Rightarrow f(x) > \dfrac{\varepsilon_0}{2}$ 或 $f(x) < -\dfrac{\varepsilon_0}{2} \Rightarrow |f(x)| > \dfrac{\varepsilon_0}{2}$.

即对任意 G 有 $x, x' > G$, 使得 $\left| \int_{x'}^x f(x)\mathrm{d}x \right| > \dfrac{\varepsilon_0}{2} |x - x'| = \dfrac{\varepsilon_0 \delta}{2}$, 与 $\int_a^{+\infty} f(x)\mathrm{d}x$ 收敛矛盾.

所以假设错误, 原命题结论正确, 即 $\lim\limits_{x \to +\infty} f(x) = 0$.

10. 解题过程 $\int_a^{+\infty} f(x)\mathrm{d}x$ 收敛 $\Rightarrow$ 任给 $G \geqslant A$, 有 $\left| \int_a^A f(x)\mathrm{d}x \right| \leqslant M$ 成立, M 是常数.

$\Rightarrow F(u) = \int_a^u f(x)\mathrm{d}x$ 在 $[a, +\infty)$ 上有界.

$g(x)$ 单调有界, 不妨设 $\lim\limits_{x \to +\infty} g(x) = P$, 则 $\lim\limits_{x \to +\infty} (g(x) - P) = 0$,

由狄利克雷判别法有 $\int_a^{+\infty} f(x)(g(x) - P)\mathrm{d}x$ 收敛.

由无穷积分的性质有

$$\int_a^{+\infty} f(x)g(x)\mathrm{d}x = \int_a^{+\infty} f(x)(g(x) - P)\mathrm{d}x + \int_a^{+\infty} Pf(x)\mathrm{d}x$$

$$= \int_a^{+\infty} f(x)(g(x) - P)\mathrm{d}x + P\int_a^{+\infty} f(x)\mathrm{d}x$$

$\int_a^{+\infty} f(x)\mathrm{d}x$ 收敛 $\Rightarrow \int_a^{+\infty} f(x)g(x)\mathrm{d}x$ 收敛.

■ 瑕积分的性质与收敛判别(教材上册 P286)

1. 解题过程 性质3的证明: 由 $\int_a^b |f(x)|\mathrm{d}x$ 收敛, 根据柯西准则, 任给 $\varepsilon > 0$, 存在 $\delta > 0$, 只要 u_1, u_2
$\in (a, a+\delta)$, 总有 $\left| \int_{u_1}^{u_2} |f(x)|\mathrm{d}x \right| = \int_{u_1}^{u_2} |f(x)|\mathrm{d}x < \varepsilon$ (不妨设 $u_2 > u_1$).
利用定积分的绝对值不等式, 又有

$$\left| \int_{u_1}^{u_2} f(x)\mathrm{d}x \right| = \int_{u_1}^{u_2} |f(x)|\mathrm{d}x < \varepsilon$$

由柯西准则(充分性),证得$\int_a^b f(x)\mathrm{d}x$收敛.

又因$\left|\int_u^b f(x)\mathrm{d}x\right|\leqslant\int_u^b |f(x)|\mathrm{d}x(u<b)$,令$u\to a^+$,取极限,即得到不等式

$$\left|\int_a^b f(x)\mathrm{d}x\right|\leqslant\int_a^b |f(x)|\mathrm{d}x.$$

2. 解题过程 (1) 定理 11.6 的证明:

由$\int_a^b g(x)\mathrm{d}x$收敛,根据定理11.5知,任给$\varepsilon>0$,存在$\delta>0$,只要$u_1,u_2\in(a,a+\delta)$,设$u_2>u_1$,

总有$\left|\int_{u_1}^{u_2}(x)\mathrm{d}x\right|<\varepsilon$,

$$|f(x)|\leqslant g(x)\Rightarrow\left|\int_{u_1}^{u_2}|f(x)|\mathrm{d}x\right|\leqslant\left|\int_{u_1}^{u_2}g(x)\mathrm{d}x\right|<\varepsilon$$

再由定理 11.5 证得$\int_a^b |f(x)|\mathrm{d}x$收敛(同理可证发散).

(2) 推论 1 的证明:

(ⅰ) $\lim\limits_{x\to a^+}\dfrac{|f(x)|}{g(x)}=c,g(x)>c\Rightarrow$取$\varepsilon=\dfrac{c}{2}$,存在$\delta>0$,当$a<x<a+\delta$时,有

$$0<\frac{c}{2}<\frac{|f(x)|}{g(x)}<\frac{3}{2}c$$

$$\Rightarrow 0<\frac{1}{2}cg(x)<|f(x)|<\frac{3}{2}cg(x)<+\infty$$

$|f(x)|<\dfrac{3}{2}cg(x)$,由定理 11.6 知,$\int_a^b g(x)\mathrm{d}x$收敛,可推出$\int_a^b |f(x)|\mathrm{d}x$收敛;

$|f(x)|>\dfrac{1}{2}cg(x)$,由定理 11.6 知,$\int_a^b g(x)\mathrm{d}x$发散,可推出$\int_a^b |f(x)|\mathrm{d}x$发散.

$\Rightarrow 0<c<+\infty$时,$\int_a^b |f(x)|\mathrm{d}x$与$\int_a^b g(x)\mathrm{d}x$同敛态.

(ⅱ) $\lim\limits_{x\to a^+}\dfrac{|f(x)|}{g(x)}=0,g(x)>0\Rightarrow$取$\varepsilon=1$,存在$\delta>0$,当$a<x<a+\delta$时,有

$$\frac{|f(x)|}{g(x)}<\varepsilon=1\Rightarrow|f(x)|<g(x)$$

由定理 11.6 知,$\int_a^b g(x)$收敛时,$\int_a^b |f(x)|\mathrm{d}x$必收敛.

(ⅲ) $\lim\limits_{x\to a^+}\dfrac{|f(x)|}{g(x)}=+\infty,g(x)>0\Rightarrow$取$N=1$,存在$\delta>0$,当$a<x<a+\delta$时,有

$$\frac{|f(x)|}{g(x)}>1\Rightarrow|f(x)|>g(x)>0$$

由定理 11.6 知,$\int_a^b g(x)$发散时,$\int_a^b |f(x)|\mathrm{d}x$必发散.

3. 解题过程 (1) $x=1$是瑕点.

$\lim\limits_{x\to 1^-}(1-x)\cdot\dfrac{1}{(x-1)^2}=+\infty$,由定理 11.6 推论 3 知$\int_0^2\dfrac{\mathrm{d}x}{(x-1)^2}$发散.

(2) $x=0$是瑕点.

$\lim\limits_{x\to 0^+}x^{\frac{1}{2}}\cdot\dfrac{\sin x}{x^{3/2}}=1,p=\dfrac{1}{2}<1$,故积分$\int_0^2\dfrac{\sin x}{x^{3/2}}\mathrm{d}x$收敛.

(3) 此瑕积分的瑕点为$x=0,x=1$,可将该反常积分写为

$$\int_0^1 \frac{\mathrm{d}x}{\sqrt{x}\ln x} = \int_0^{\frac{1}{2}} \frac{\mathrm{d}x}{\sqrt{x}\ln x} + \int_{\frac{1}{2}}^1 \frac{\mathrm{d}x}{\sqrt{x}\ln x}$$

由于 $\lim\limits_{x \to 1^-}(x-1) \cdot \dfrac{-1}{\sqrt{x}\ln x} = 1$，则 $p = 1, \lambda = 1$. 由比较原则的推论 3 知积分 $\int_{\frac{1}{2}}^1 \dfrac{\mathrm{d}x}{\sqrt{x} \cdot \ln a}$ 发散，

从而积分 $\int_0^1 \dfrac{\mathrm{d}x}{\sqrt{x} \cdot \ln x}$ 发散.

(4) $x = 1$ 是瑕点，因为

$$\lim_{x \to 1^-}(1-x)^{\frac{1}{2}} \mid f(x) \mid = \lim_{x \to 1^-} \frac{-\ln x}{(1-x)^{\frac{1}{2}}} = \lim_{x \to 1^-} \frac{2(1-x)^{\frac{1}{2}}}{x} = 0$$

$p = \dfrac{1}{2}, \lambda = 0$，由比较原则推论 3 知 $\int_0^1 \dfrac{\ln x}{1-x}\mathrm{d}x$ 收敛.

(5) 此瑕积分的瑕点为 $x = 1$，当取 $p = 3$ 时，由

$$\lambda = \lim_{x \to 1^-}(1-x) \cdot \frac{\arctan x}{1-x^3} = \lim_{x \to 1^-} \frac{(1-x)}{1-x^3} \cdot \arctan x = \frac{\pi}{12}$$

由比较原则的推论 3 知 $\int_0^1 \dfrac{\arctan x}{\mid 1-x^3 \mid}\mathrm{d}x = \int_0^1 \dfrac{\arctan x}{1-x^3}\mathrm{d}x$ 发散.

(6) 此瑕积分的瑕点为 $x = 0$.

$$\lambda = \lim_{x \to 0^+} x^{m-2} \left| \frac{1-\cos x}{x^m} \right| = \lim_{x \to 0^+} x^{m-2} \frac{1-\cos x}{x^m} = \lim_{x \to 0^+} \frac{1-\cos x}{x^2}$$

$$= \lim_{x \to 0^+} \frac{1}{2}\left(\frac{\sin \dfrac{x}{2}}{\dfrac{x}{2}} \right)^2 = \frac{1}{2}$$

当 $m < 3$ 时，$m-2 < 1$，由比较原则的推论 3 知 $\int_0^{\frac{\pi}{2}} \dfrac{1-\cos x}{x^m}\mathrm{d}x$ 收敛；

当 $m \geqslant 3$ 时，$m-2 \geqslant 1$，由比较原则的推论 3 知 $\int_0^{\frac{\pi}{2}} \left| \dfrac{1-\cos x}{x^m} \right| \mathrm{d}x = \int_0^{\frac{\pi}{2}} \dfrac{1-\cos x}{x^m}\mathrm{d}x$ 发散.

(7) 此瑕积分的瑕点为 $x = 0$.

由定理 11.6 推论 2 知 $\mid f(x) \mid = \left| \dfrac{1}{x^a} \cdot \sin\dfrac{1}{x} \right| \leqslant \dfrac{1}{x^a}$

此时 $p = \alpha$.

当 $0 < \alpha < 1$ 时，$\int_0^1 \left| \dfrac{1}{x^a} \cdot \sin\dfrac{1}{x} \right| \mathrm{d}x$ 绝对收敛.

又因为 $x \in (0,1)$，有

$$\frac{1}{x^{a-1}} < \left| \frac{1}{x^a} \cdot \sin\frac{1}{x} \right|$$

当 $p = \alpha - 1$ 时，则 $p \geqslant 1$，即 $\alpha - 1 \geqslant 1, \alpha \geqslant 2$ 时，

由推论 2 的 (ii) 知积分发散. 当 $1 \leqslant \alpha < 2$ 时，由狄利克雷判别法知 $\int_0^1 \dfrac{\sin\dfrac{1}{x}}{x^a}\mathrm{d}x$ 条件收敛.

(8) 此瑕积分的瑕点为 $x = 0$，该反常积分可写为

$$\int_0^{+\infty} \mathrm{e}^{-x}\ln x\mathrm{d}x = \int_0^1 \mathrm{e}^{-x}\ln x\mathrm{d}x + \int_1^{+\infty} \mathrm{e}^{-x}\ln x\mathrm{d}x$$

式中，$\int_0^1 \mathrm{e}^{-x}\ln x\mathrm{d}x$ 为瑕积分，$\int_1^{+\infty} \mathrm{e}^{-x}\ln x\mathrm{d}x$ 为无穷积分.

数学分析（第四版·上册）同步辅导及习题全解

1) 对于 $\int_0^1 e^{-x}\ln x\,dx$，$\lim\limits_{x\to 0^+} x^{\frac{1}{2}}\cdot|e^{-x}\ln x| = \lim\limits_{x\to 0^+} e^{-x}\cdot\left|\dfrac{\ln x}{x^{-\frac{1}{2}}}\right| = 0$，由比较原则的推论 3 知

$\int_0^1 |e^{-x}\ln x|\,dx$ 收敛；

2) 对于 $\int_1^{+\infty} e^{-x}\ln x\,dx$，$\lim\limits_{x\to+\infty} x^2\cdot|e^{-x}\ln x| = \lim\limits_{x\to+\infty} x^2 e^{-x}\cdot\ln x = \lim\limits_{x\to+\infty}\dfrac{x^2\ln x}{e^x} = 0$，

由比较原则的推论 3 知 $\int_1^{+\infty} |e^{-x}\ln x|\,dx$ 收敛.

综上，得 $\int_0^{+\infty} e^{-x}\ln x\,dx$ 收敛.

4. **解题** 过程 (1) 记 $I_n = \int_0^1 (\ln x)^n\,dx = \lim\limits_{\varepsilon\to 0^+}\int_\varepsilon^1 (\ln x)^n\,dx = \lim\limits_{\varepsilon\to 0^+}\left[x(\ln x)^n\,\big|_v^1 - n\int_\varepsilon^1 (\ln x)^{n-1}\,dx\right]$
$$= -nI_{n-1}.$$

因为 $I_0 = \int_0^1 dx = 1$，推得 $I_n = -nI_{n-1} = (-1)n(n-1)I_{n-2} = \cdots = (-1)^n n!$.

(2) 令 $x = \sin^2\theta$，则 $dx = 2\sin\theta\cdot\cos\theta\,d\theta$

于是 $I_n = \int_0^1 \dfrac{x^n}{\sqrt{1-x}} = 2\int_0^{\frac{\pi}{2}} \sin^{2n}\theta\cdot\sin\theta\,d\theta$

$$= 2\left(-\sin^{2n}\theta\cdot\cos\theta\,\Big|_0^{\frac{\pi}{2}} + 2n\int_0^{\frac{\pi}{2}}\cos^2\theta\cdot\sin^{2n-1}\theta\,d\theta\right)$$

$$= 2\left(2n\int_0^{2\pi}\sin^{2n-1}\theta\cdot d\theta - 2\int_0^{\frac{\pi}{2}}\sin^{2n-1}\theta\,d\theta\right)$$

$$= 2n(I_{n-1} - I_n)$$

因此 $I_n = \dfrac{2n}{2n+1}I_{n-1}$，而 $I_0 = 2\int_0^{\frac{\pi}{2}}\sin\theta\,d\theta = 2$

故 $I_n = \dfrac{(2n)!!}{(2n+1)!!}\cdot 2 = \dfrac{2^{2n+1}\cdot(n!)^2}{(2n+1)!}$.

5. **解题** 过程 此瑕积分的瑕点为 $x=0$，$x\in(0,\frac{\pi}{2})$ 时，

$$\lim_{x\to 0^+} x^{\frac{1}{2}}\cdot|\ln(\sin x)| = \lim_{x\to 0^+}\frac{|\ln(\sin x)|}{\dfrac{1}{x^{\frac{1}{2}}}} = \lim_{x\to 0^+}\frac{\left|\dfrac{\cos x}{\sin x}\right|}{-\dfrac{1}{2}\pi^{-\frac{3}{2}}}$$

$$= \lim_{x\to 0^+}(-2)\cos x\cdot x^{\frac{1}{2}}\cdot\frac{x}{\sin x} = 0$$

由定理 11.6 的推论 3 知，$\int_0^{\frac{\pi}{2}} |\ln(\sin x)|\,dx$ 收敛 $\Rightarrow \int_0^{\frac{\pi}{2}}\ln(\sin x)\,dx$ 收敛.

$2\int_0^{\frac{\pi}{2}}\ln(\sin x)\,dx = \int_0^{\frac{\pi}{2}}\ln(\sin x)\,dx + \int_0^{\frac{\pi}{2}}\ln(\sin x)\,dx$

$$= \int_0^{\frac{\pi}{2}}\ln\left(\frac{\sin x}{2}\right)dx = \int_0^{\frac{\pi}{2}}\ln(\sin x)\,dx - \frac{\pi}{2}\ln 2$$

令 $2x = t$，则 $\int_0^{\frac{\pi}{2}}\ln(\sin x)\,dx = \int_0^{\pi}\ln(\sin t)\,\frac{1}{2}\,dt$

$$= \frac{1}{2}\Big[\int_0^{\frac{\pi}{2}}\ln(\sin t)\,dt + \int_{\frac{\pi}{2}}^{\pi}\ln(\sin t)\,dx\Big]$$

$$= \frac{1}{2}\Big[\int_0^{\frac{\pi}{2}}\ln(\sin t)\,dt + \int_0^{\frac{\pi}{2}}\ln(\cos t)\,dt\Big]$$

$$= \int_0^{\frac{\pi}{2}} \ln(\sin t) dt = J$$

故　　$2J = J - \dfrac{\pi}{2}\ln 2, J = -\dfrac{\pi}{2}\ln 2.$

6. 解题过程 (1) 令 $x = \pi - \theta$，则

$$\int_0^{\pi} \theta \ln(\sin\theta) d\theta = \int_0^{\pi} \pi \ln(\sin x) dx - \int_0^{\pi} x \cdot \ln(\sin x) dx.$$

$$\int_0^{\pi} \theta \ln(\sin\theta) d\theta = \frac{\pi}{2} \int_0^{\pi} \ln(\sin x) dx$$

$$= \frac{\pi}{2} \int_0^{\frac{\pi}{2}} \ln(\sin x) dx + \frac{\pi}{2} \int_{\frac{\pi}{2}}^{\pi} \ln(\sin x) dx = \frac{\pi}{2} \left(-\frac{\pi}{2}\right) \cdot \ln 2 + \frac{\pi}{2} \int_0^{\frac{\pi}{2}} \ln(\sin u) du$$

$$= -\frac{\pi^2}{4}\ln 2 - \frac{\pi^2}{4}\ln 2 = -\frac{\pi^2}{2}\ln 2.$$

(2) $\displaystyle\int_0^{\pi} \frac{\theta\sin\theta}{1 - \cos\theta} d\theta = \int_0^{\pi} \theta d\ln(1 - \cos\theta)$

$$= \theta\ln 2 - \lim_{u \to 0^+} u\ln(1 - \cos u) - \int_0^{\pi} \ln(1 - \cos\theta) d\theta$$

$$= \pi\ln 2 - \int_0^{\pi} \ln(1 - \cos\theta) d\theta = \pi\ln 2 - \int_0^{\pi} \ln 2 d\theta - \int_0^{\pi} \ln\left(\sin^2\frac{\theta}{2}\right) d\theta$$

$$= -2\int_0^{\pi} \ln\left(\sin\frac{\theta}{2}\right) d\theta$$

令 $\dfrac{\theta}{2} = t$，则 $\displaystyle\int_0^{\pi} \ln\left(\sin\frac{\theta}{2}\right) d\theta = 2\int_0^{\frac{\pi}{2}} \ln(\sin\theta) dt = -\pi\ln 2$

$$\Rightarrow \int_0^{\pi} \frac{\theta\sin\theta}{1 - \cos t} d\theta = -(-\pi\ln 2) = 2\pi\ln 2.$$

7. 解题过程 定理 11.7 的证明：

由 $F(u)$ 在 (a, b) 上有界可知 $\exists M > 0$，

$$\left| \int_u^b f(x) dx \right| = |F(u)| \leqslant M, u \in (a, b).$$

由 $\displaystyle\lim_{x \to a^+} g(x) = 0$ 可知，对 $\forall \varepsilon > 0, \exists \sigma > 0$，当 $0 < x - a < \sigma$ 时，有

$$|g(x)| < \frac{\varepsilon}{4M}$$

因为 $g(x)$ 在 $[a, b]$ 上单调，则利用积分第二中值定理有，对 $\forall u_1, u_2 \in (a, a + \sigma), \exists \xi \in (u_1, u_2)$ 使

$$\int_{u_1}^{u_2} f(x)g(x) dx = g(u_1)\int_{u_1}^{\xi} f(x) dx + g(u_2)\int_{\xi}^{u_2} f(x) dx$$

则　　$\left| \displaystyle\int_{u_1}^{u_2} f(x)g(x) dx \right| \leqslant |g(u_1)| \left| \int_{u_1}^{\xi} f(x) dx \right| + |g(u_2)| \left| \int_{\xi}^{u_2} f(x) dx \right|$

$$\leqslant |g_{u_1}| \left| \int_{u_1}^b f(x) dx - \int_{\xi}^b f(x) dx \right| + |g_{u_2}| \left| \int_{\xi}^b f(x) dx - \int_{u_2}^b f(x) dx \right|$$

$$\leqslant \frac{\varepsilon}{4M} \cdot 2M + \frac{\varepsilon}{4M} \cdot 2M = \varepsilon$$

则由柯西准则可知 $\displaystyle\int_a^b f(x)g(x) dx$ 收敛.

定理 11.8 的证明：

令 $F(u) = \displaystyle\int_u^b f(x) dx, u \in [a, b]$，由于 $\displaystyle\int_a^b f(x) dx$ 收敛，则 $F(u)$ 在 (a, b) 上有界. 而 $g(x)$ 在 $[a, b]$ 上单调有界. 则存在极限，即

$$\lim_{x\to a^+} g(x) = A,$$

其中 A 为常数,且函数 $g(x) - A$ 在 $(a,b]$ 上有界. 则有

$$\lim_{x\to a^+}[g(x) - A] = 0,$$

则 $\int_a^b f(x)g(x)\mathrm{d}x = \int_a^b f(x)[g(x)-A]\mathrm{d}x + A\int_a^b f(x)\mathrm{d}x$,其等式右边第一项可由定理11.7知收敛,而 $A\int_a^b f(x)\mathrm{d}x$ 亦收敛,则 $\int_a^b f(x)g(x)\mathrm{d}x$ 收敛.

■ 总练习题(教材上册 P287)

1. 解题过程 (1) 令 $t = \dfrac{1}{x}$,则

$$\int_0^1 \frac{x^{p-1}}{x+1}\mathrm{d}x = \lim_{\varepsilon\to 0^+}\int_\varepsilon^1 \frac{x^{p-1}}{x+1}\mathrm{d}x = \lim_{\varepsilon\to 0^+}\int_{\frac{1}{\varepsilon}}^1 \frac{\left(\frac{1}{t}\right)^{p-1}}{\frac{1}{t}+1}\cdot\left(-\frac{1}{t^2}\right)\mathrm{d}t$$

$$= \lim_{\varepsilon\to 0^+}\int_1^{\frac{1}{\varepsilon}} \frac{t^{-p}}{t+1}\mathrm{d}t = \int_1^{+\infty}\frac{t^{-p}}{t+1}\mathrm{d}t = \int_1^{+\infty}\frac{x^{-p}}{x+1}\mathrm{d}x.$$

(2) $0 < p < 1 \Rightarrow x = 0$ 是瑕积分 $\int_0^{+\infty}\dfrac{x^{p-1}}{x+1}\mathrm{d}x$ 的瑕点

当 $x \to 0$ 时,$t = \dfrac{1}{x} \to +\infty$

由(1)题证明过程得

$\int_0^{+\infty}\dfrac{x^{p-1}}{x+1}\mathrm{d}x = -\int_{+\infty}^0 \dfrac{t^{-p}}{1+t}\mathrm{d}t = \int_0^{+\infty}\dfrac{t^{-p}}{t+1}\mathrm{d}t \Rightarrow \int_0^{+\infty}\dfrac{x^{p-1}}{x+1}\mathrm{d}x = \int_0^{+\infty}\dfrac{x^{-p}}{x+1}\mathrm{d}x$

因 $0 < p < -1, x = 0$ 也是瑕积分 $\int_0^{\infty}\dfrac{x^{-p}}{x+1}\mathrm{d}x$ 的瑕点.

2. 解题过程 (1) $\displaystyle\int_0^1 \frac{\mathrm{d}x}{\sqrt{1-x^4}} < \int_0^1 \frac{\mathrm{d}x}{\sqrt{1-x^2}} = \frac{\pi}{2}$

$$\int_0^1 \frac{\mathrm{d}x}{\sqrt{1-x^4}} = \int_0^1 \frac{\mathrm{d}x}{\sqrt{(1+x^2)(1-x^2)}} > \frac{1}{\sqrt{2}}\int_0^1 \frac{\mathrm{d}x}{\sqrt{1-x^2}} = \frac{\pi}{2\sqrt{2}}$$

所以 $\dfrac{\pi}{2\sqrt{2}} < \displaystyle\int_0^1 \frac{\mathrm{d}x}{\sqrt{1-x^2}} < \frac{\pi}{2}$.

(2) $\displaystyle\int_0^{+\infty} \mathrm{e}^{-x^2}\mathrm{d}x = \int_0^1 \mathrm{e}^{-x^2}\mathrm{d}x + \int_1^{+\infty} \mathrm{e}^{-x^2}\mathrm{d}x < \int_0^1 \mathrm{d}x + \int_1^{+\infty} x\cdot\mathrm{e}^{-x^2}\mathrm{d}x = 1 + \frac{1}{2\mathrm{e}}$

$$\int_0^{+\infty} \mathrm{e}^{-x^2}\mathrm{d}x = \int_0^1 \mathrm{e}^{-x^2}\mathrm{d}x + \int_1^{+\infty} \mathrm{e}^{-x^2}\mathrm{d}x > \int_0^1 \mathrm{e}^{-x^2}\mathrm{d}x > \int_0^1 x\cdot\mathrm{e}^{-x^2}\mathrm{d}x$$

$$= -\frac{1}{2}\mathrm{e}^{-x^2}\Big|_0^1 = \frac{1}{2}\left(1-\frac{1}{\mathrm{e}}\right)$$

所以 $\dfrac{1}{2}\left(1-\dfrac{1}{\mathrm{e}}\right) < \displaystyle\int_0^{+\infty} \mathrm{e}^{-x^2}\mathrm{d}x < 1 + \frac{1}{2\mathrm{e}}$.

3. 解题过程 (1) $\displaystyle\int_0^{+\infty} \mathrm{e}^{-ax}\cos bx\,\mathrm{d}x = \lim_{A\to+\infty}\int_0^A \mathrm{e}^{-ax}\cos bx\,\mathrm{d}x$

$$= \lim_{A\to+\infty}\frac{\mathrm{e}^{-ax}}{a^2+b^2}(b\sin bx - a\cos bx)\Big|_0^A = \frac{a}{a^2+b^2}.$$

(2) $\int_0^{+\infty} e^{-ax} \sin bx\, dx = \lim_{A \to +\infty} \int_0^A e^{-ax} \sin bx\, dx$

$$= \lim_{A \to +\infty} \frac{e^{-ax}}{a^2 + b^2}(-a \sin bx - b \cos bx)\Big|_0^A = \frac{b}{a^2 + b^2}.$$

(3) 原式 $= \int_0^1 \frac{\ln x}{1 + x^2}\, dx + \int_1^{+\infty} \frac{\ln x}{1 + x^2}\, dx$

令 $x = t^{-1}, dx = -t^{-2}\, dt$,

$$\int_1^{+\infty} \frac{\ln x}{1 + x^2}\, dx = -\int_1^0 \frac{-\ln t}{1 + t^{-2}} \cdot t^{-2}\, dt = \int_0^1 -\frac{\ln t}{1 + t^2}\, dt$$

所以 $\int_0^{+\infty} \frac{\ln x}{1 + x^2}\, dx = 0.$

(4) 由(3)题证明过程知 $\int_0^{\frac{\pi}{2}} \ln(\tan\theta)\, d\theta = \int_0^{+\infty} \frac{\ln x}{1 + x^2}\, dx = 0.$

4. 解题过程 设 $I = \int_0^{+\infty} \frac{\sin bx}{x^\lambda}\, dx, I_1 = \int_0^{\frac{1}{b}} \frac{\sin bx}{x^\lambda}\, dx, I_2 = \int_{\frac{1}{b}}^{+\infty} \frac{\sin bx}{x^\lambda}\, dx$

先讨论积分 I_1, 当 $\lambda \leqslant 1$ 时, 有

$$\lim_{x \to 0} \frac{\sin bx}{x^\lambda} = \lim_{x \to 0} bx^{1-\lambda} \frac{\sin bx}{bx} = \begin{cases} 0, \lambda < 1 \\ b, \lambda = 1 \end{cases}$$

从而 I_1 是正常积分. 当 $\lambda > 1$ 时 $x = 0$ 是瑕点.

由于 $\lim_{x \to 0} x^{1-\lambda} \frac{\sin bx}{x^\lambda} = b \in (0, +\infty)$

故当 $1 < \lambda < 2$ 时, I_1 绝对收敛.

当 $\lambda \geqslant 2$ 时, I_1 发散. (因为在 $(0, \frac{1}{b})$ 上 $\frac{\sin bx}{x^\lambda} > 0$)

由于积分 I_2 为无穷限非正常积分.

当 $x \leqslant 0$ 时, 令 $A_n = (2n\pi + \frac{\pi}{4}) \frac{1}{b}, B_n = (2n\pi + \frac{\pi}{2}) \frac{1}{b}$

则 $A_n \to +\infty, B_n \to +\infty (n \to \infty$ 时),

$$\left| \int_{A_n}^{B_n} \frac{\sin bx}{x^\lambda}\, dx \right| = b^\lambda \cdot \int_{2n\pi + \frac{\pi}{4}}^{2n\pi + \frac{\pi}{2}} \frac{\sin u}{u^\lambda}\, du \geqslant \left(2n\pi + \frac{\pi}{4} \right)^{-\lambda} \cdot b^\lambda \cdot \frac{\sqrt{2}}{2} \cdot \frac{\pi}{4} \geqslant \frac{\pi}{8} b^\lambda \sqrt{2} > 0$$

由柯西准则知, 当 $\lambda \leqslant 0$ 时, I_2 发散.

当 $0 < \lambda \leqslant 1$ 时, 由狄利克雷判别法知, 积分 I_2 收敛. 但由于 $\int_{\frac{1}{b}}^{+\infty} \frac{\sin bx}{x}\, dx$ 不绝对收敛, 再由

$\left| \frac{\sin bx}{x^\lambda} \right| \geqslant \left| \frac{\sin bx}{x} \right| (0 \leqslant \lambda \leqslant 1, x > 1)$ 可知, 当 $0 < \lambda \leqslant 1$ 时, 积分 I_2 条件收敛.

当 $\lambda > 1$ 时, 由于 $\left| \frac{\sin bx}{x^\lambda} \right| \leqslant \frac{1}{x^\lambda}$, 从而积分 I_2 绝对收敛.

综上所述, 有下面结果:

当 $0 < \lambda \leqslant 1$ 时, I 条件收敛;

当 $0 < \lambda < 2$ 时, I 绝对收敛;

当 $\lambda \leqslant 0$ 或 $\lambda \geqslant 2$ 时, I 发散.

5. 解题过程 (1) 令 $x = at$, 则 $\quad\quad \int_\varepsilon^A \frac{f(ax)}{x}\, dx = \int_{a\varepsilon}^{aA} \frac{f(t)}{t}\, dt \quad (0 < \varepsilon < A)$

令 $bx = u$, 有 $\quad\quad\quad\quad\quad\quad \int_\varepsilon^A \frac{f(bx)}{x}\, dx = \int_{b\varepsilon}^{bA} \frac{f(u)}{u}\, du$

由上可得 $\displaystyle\int_{\varepsilon}^{A}\frac{f(ax)-f(bx)}{x}\mathrm{d}x=\int_{a\varepsilon}^{aA}\frac{f(u)}{u}\mathrm{d}u-\int_{b\varepsilon}^{bA}\frac{f(u)}{u}\mathrm{d}y$

$$=\int_{a\varepsilon}^{b\varepsilon}\frac{f(u)}{u}\mathrm{d}u-\int_{aA}^{bA}\frac{f(u)}{u}\mathrm{d}u$$

$$=\int_{a}^{b}\frac{f(\varepsilon t)}{t}\mathrm{d}t-\int_{a}^{b}\frac{f(At)}{t}\mathrm{d}t$$

$$=[f(\varepsilon\xi)-f(A\eta)]\cdot\int_{a}^{b}\frac{1}{t}\cdot\mathrm{d}t$$

其中 ξ,η 介于 a,b 之间,令 $\varepsilon\to 0^{+},A\to+\infty$,得

$$\int_{0}^{+\infty}\frac{f(ax)-f(bx)}{x}=[f(0)-k]\int_{a}^{b}\frac{1}{t}\mathrm{d}t=[f(0)-k]\ln\frac{b}{a}.$$

(2) 若 $\displaystyle\int_{a}^{+\infty}\frac{f(x)}{x}\mathrm{d}x$ 收敛,依照柯西准则 $\Rightarrow$ 对 $\forall\varepsilon>0,\exists G\geqslant a$,只要 $u_1,u_2>G$,就有

$\displaystyle\left|\int_{u_1}^{u_2}\frac{f(x)}{x}\mathrm{d}x\right|<\varepsilon$,由 ε 的任意性 $\Rightarrow\displaystyle\lim_{u\to+\infty}\int_{au}^{bu}\frac{f(x)}{x}\mathrm{d}x=0$

由(1)知,$\displaystyle\int_{0}^{+\infty}\frac{f(ax)-f(bx)}{x}\mathrm{d}x=\lim_{u\to 0^{+}}f(\xi)\int_{av}^{bv}\frac{\mathrm{d}x}{x}-\lim_{u\to+\infty}\int_{au}^{bu}\frac{f(x)}{x}\mathrm{d}x$

$$=f(0)\ln\frac{b}{a}.$$

6. 解题过程 (1) 取 $M=\max\{|a|,1\}$,则由 $\displaystyle\int_{0}^{+\infty}xf(x)\mathrm{d}x$ 收敛,可知 $\displaystyle\int_{M}^{+\infty}xf(x)\mathrm{d}x$ 也收敛,而

$$0\leqslant\int_{M}^{+\infty}f(x)\mathrm{d}x\leqslant\int_{M}^{+\infty}xf(x)\mathrm{d}x$$

所以 $\displaystyle\int_{M}^{+\infty}f(x)\mathrm{d}x$ 收敛,从而 $\displaystyle\int_{a}^{+\infty}f(x)\mathrm{d}x$ 也收敛.

(2) 由已知知,在 $(a,+\infty)$ 上 $f(x),f'(x)$ 均为连续函数,$A>a$,

$$\int_{a}^{A}xf'(x)\mathrm{d}x=\int_{a}^{A}x\mathrm{d}f(x)=xf(x)\big|_{a}^{A}-\int_{a}^{A}f(x)\mathrm{d}x \qquad ①$$

设 $\displaystyle\int_{a}^{+\infty}f(x)\mathrm{d}x$ 收敛,由 $f(x)$ 的单调性及第十一章 §2 习题 8 知

$$\lim_{A\to+\infty}f(x)\big|_{a}^{A}=-af(a)$$

从而由式①知,$\displaystyle\lim_{A\to+\infty}\int_{a}^{A}xf'(x)\mathrm{d}x$ 存在,即 $\displaystyle\int_{a}^{+\infty}xf'(x)\mathrm{d}x$ 收敛.

若 $\displaystyle\int_{a}^{+\infty}xf'(x)\mathrm{d}x$ 收敛. 则对 $\forall\varepsilon>0,\exists M>|a|$,当 $A>x>M$ 时,有

$$\left|\int_{x}^{A}f'(t)\mathrm{d}t\right|<\varepsilon$$

由于 $f'(x)$ 不变号($\leqslant 0$),故由积分中值定理知,存在 $\xi\in[x,A]$ 使

$$\int_{x}^{A}tf(t)\mathrm{d}t=\xi\int_{x}^{A}f(t)\mathrm{d}t=\xi[f(A)-f(x)]$$

于是 $\quad 0\leqslant x\,|\,f(A)-f(x)\,|\leqslant\xi[f(A)-f(x)]<\varepsilon$

可知 $\quad 0\leqslant x\,|\,f(A)-f(x)\,|<\varepsilon(A>x>M)$ \qquad ②

令 $A\to+\infty$,由 $\displaystyle\lim_{A\to+\infty}f(A)=0$ 知

$$|\,xf(x)\,|=x\,|\,f(x)\,|\leqslant\varepsilon\quad(x>M)$$

故 $\displaystyle\lim_{x\to+\infty}x\cdot f(x)=0$,于是,$\displaystyle\lim_{A\to+\infty}xf(x)\big|_{a}^{A}=-af(a)$.

即上式极限存在.

所以由式②知,$\displaystyle\lim_{A\to+\infty}\int_{a}^{A}f(x)\mathrm{d}x$ 存在,即 $\displaystyle\int_{a}^{+\infty}f(x)\mathrm{d}x$ 收敛.

故 $\int_a^{+\infty} f(x)\mathrm{d}x$ 收敛等价于 $\int_a^{+\infty} xf'(x)\mathrm{d}x$ 收敛.

7. 解题过程 由 $\lim\limits_{x\to\infty} f''(x) = +\infty$ 可知,对 $\forall M > 0$,$\exists x_0 \in [1, +\infty)$,当 $x > x_0$ 时,有 $f''(x) > M$. 进而有 $f'(x) > f'(x_0) + M(x - x_0)$,$x > x_0$. 则 $\exists x_1 > x_0$,有 $f'(x_1) > 0$. 将 $f(x)$ 进行泰勒展开.

$$f(x) = f(x_1) + f'(x_1)(x - x_1) + \frac{1}{2}f''(\xi)(x - x_1)^2,$$

其中 $\xi \in (x_1, x)$,因为 $f(x_1), f'(x_1) > 0$,可知

$$f(x) > \frac{1}{2}f''(\xi)(x - x_1)^2,$$

则两边取倒数有

$$\frac{1}{f(x)} < \frac{2}{f''(\xi)(x - x_1)^2},\ x > x_1.$$

而 $\int_{x_1}^{+\infty} \dfrac{2}{f''(\xi)(x - x_1)^2}\mathrm{d}x = \dfrac{2}{f''(\xi)}\int_{x_1}^{+\infty} \dfrac{1}{(x - x_1)^2}\mathrm{d}x$ 收敛,由比较原则即知 $\int_{x_1}^{+\infty} \dfrac{1}{f(x)}\mathrm{d}x$ 也收敛,则无穷积分 $\int_{x_1}^{+\infty} \dfrac{1}{f(x)}\mathrm{d}x = \int_1^{x_1} \dfrac{1}{f(x)}\mathrm{d}x + \int_{x_1}^{+\infty} \dfrac{1}{f(x)}\mathrm{d}x < \infty$ 收敛,即 $\int_1^{+\infty} \dfrac{1}{f(x)}\mathrm{d}x$ 收敛.